中国环境通史

第一卷（史前—秦汉）

王利华　编著

中国环境出版集团·北京

图书在版编目（CIP）数据

中国环境通史. 第一卷，史前—秦汉/王利华编著. —北京：
中国环境出版集团，2019.9
ISBN 978-7-5111-3830-9

Ⅰ．①中… Ⅱ．①王… Ⅲ．①环境—历史—中国—石
器时代—秦汉时代 Ⅳ.①X-092

中国版本图书馆 CIP 数据核字（2018）第 212043 号

审图号：GS（2018）5892 号

ZHONGGUO HUANJING TONGSHI DI-YIJUAN SHIQIAN—QINHAN

出 版 人 武德凯
责任编辑 季苏园
责任校对 任　丽
封面设计 宜然鼎立文化发展（北京）有限公司

出版发行 中国环境出版集团
　　　　　（100062　北京市东城区广渠门内大街 16 号）
　　　　　网　　　址：http://www.cesp.com.cn
　　　　　电子邮箱：bjgl@cesp.com.cn
　　　　　联系电话：010-67112765（编辑管理部）
　　　　　发行热线：010-67125803，010-67113405（传真）
印　　刷 北京中科印刷有限公司
经　　销 各地新华书店
版　　次 2019 年 9 月第 1 版
印　　次 2019 年 9 月第 1 次印刷
开　　本 787×1092　1/16
印　　张 33.5
字　　数 550 千字
定　　价 180.00 元

弁 言

  《中国环境通史》编纂工作从立项至今已逾 10 年，现在终于要出版了。作为编者，我们百感交集，心情忐忑，于此略赘数言，述其原委，表明心迹，谨致谢忱。

  2008 年 7 月间，全国环境史学同仁在南开大学举行"社会—生态史研究圆桌会议"，探讨中国环境史学科理论和研究进路等问题。会议期间我们获悉原环境保护部拟组织编纂《中国环境通史》和《中国环境百科全书·环境史卷》，我和几位环境史领域的同仁也被授权负责或参与编纂工作。这个突然降临的重要信息让我们感到既兴奋又纠结。所以兴奋者，是主管部门已把支持环境史研究列入工作计划，同仁将学有所用；所以纠结者，是国内环境史学研究刚刚起步，基本学理尚且不明，知识体系更待建构，素来拘谨的历史学者何敢贸然编纂"通史"并且还要编撰《中国环境百科全书·环境史卷》？经过一番"讨价还价"，我们决定组织力量先启动中国环境史编写工作，至于百科全书的环境史卷则暂且搁置，以待时机成熟。

  以当时的相关学术积累，编纂一套大型的中国环境史实有极大困难，我们勉力承接这一重要任务，既是鉴于国际环境史学发展迅速，洋学者已经编写出版了两部通史性质的中国环境史，我们必须加快步伐迎头赶上；更是因为中国环境保护事业发展如火如荼，形势催人奋进，同时也是受到环保战线同志白手创业、勇往直前精神的感召。

  众所周知，新中国环境保护事业，从最初对突发环境事件的临时应急，到如今生态文明建设事业全面展开，经历了一个从无到有、从小到大，由局部到整体、由表层向基底，日益壮阔和不断深化的过程。在我们承接本书编纂任务之前不久，2007年10月中国共产党第十七次全国代表大会胜利召开，首次明确提出了"建设生态文明"的战略任务，不仅更加确认了环境保护这个基本国策，而且做出了意义极其深远的新型文明抉择。作为一个坚定的国家意志，中国率先提出的建设生态文明，关乎中华民族永续发展和长远福祉，引领人类文明前进方向，是一个空前伟大的文明壮举。作为历史学者，我们对其丰富而深刻的时代意蕴及其在历史坐标上的重要地位具有特殊体认，深感探究历史上的人与自然关系演变过程和规律，积极服务生态文明建设大业，是新时代历史学者必须担当的重大学术责任。

我们注意到：当代环境保护事业自20世纪70年代肇兴以来，相关行政、法制、科技、工程、产业等硬件建设一日千里，而生态文化建设则相当滞后，作为其重要基础的中国环境史研究更加显得迟缓，优质学术产品严重短缺，导致大众对当今环境生态问题缺乏应有的历史理性认知，一些错误观点广泛流播，对此我们身负重责。作为中国环境史研究较早的一批寻路垦荒者，我们自认肩负着一项特殊文化使命，胸怀着推动这门新史学在本土落地生根和建构中国特色环境史学体系的强烈愿望；我们理解国家环境保护管理部门专门设置这个项目的良苦用心：虽然此前已有学者开展了许多有益的探索，发表了数量可观的论著，但中国环境史研究总体处于随机、零散、话语分异和各自为战状态，思想知识缺少必要的整合和汇通，组织开展一项大型编纂工程，有助于相关知识的系统化，有利于加快推出紧缺学术产品以满足生态文明建设事业迅猛发展之亟需，这与历史学者骎骎汲汲、志欲提升中国环境史学水平的愿望极相契合。

在原环境保护部政策法规司和原中国环境科学出版社有关领导的召唤下，来自多所高校和科研机构的一众学人集结起来。起初，大家因学术背景差异，视角不同，腔调各异，其情形颇似黄梅戏发展初期的"草台班子"和"三打七唱"。但是基于共同的学术理想和文化使命感，10多年来，我们互相学习，彼此砥砺，凝结共识，很快成为了亲密无间的同志。我们深知：这项编纂任务很光荣也极繁重，因为它是一次必须跨越人文、社会和自然科学疆界和鸿沟的漫长思想旅行，在框架设计、资料搜集、内容拣择、事象解说、价值判断等方面都无可循之先例，进路不明，必须面对大量不曾有过的困难和障碍。事实证明：即便我们从一开始就做了最为困难的估计，实际遭遇的困难仍然远超当初预期。

编纂工作前后迁延了 10 多年，其间发生了多次人事等方面的变动，几位主要编写者的科研、教学任务层层叠加，一位老同志还因之过劳成疾。唯一感到心安的是，我们认真地付出过，顽强地坚持了。全书四卷二百余万字，单论卷帙字数，或可算得上是一项有规模的"工程"，但显而易见它是一项应急的工程，其成果更毫无疑问只是一个"急就章"，对此我们深有自知之明。我们努力将各种资料和史实摞到一起，尽量编写成一部我们心中想象的环境史。一些章节是我们独立探究的新成果，但也有许多章节是汇集和吸收了历史地理学、农林渔牧史、生物学史、灾荒史、气候史……众多领域学者的相关论著，好在"集众家之长，参之以己意，立一家之言"是符合规范的大型历史编纂通例的。由于所涉历史问题和学科知识过于庞杂，难免错会和误解前人之意，相信众多前贤愿意宽宥。更需坦白的是：一个大型编纂能否成为"通史"具有若干基本标准，比如是否具有圆融自洽的学理架构，是否提供了上下贯通、左右周顾的完整知识体系等。以此衡之，这套《中国环境通史》恐有名不符实之嫌。站在编者角度，我们更愿意称之为《中国环境史初稿》。对环境史同仁和相邻领域学者来说，它很可能只是一个批判的靶子。换言之，我们理想中的编纂目标并未实现。

即便如此，作为迄今最大的一套多卷本中国环境史，本书承载着不少领导同志的期望，浸透了多位编辑老师的心血。项目进行期间，原环境保护部的有关部领导给予我们很多重要勉励和支持；杨朝飞同志曾是项目的直接领导者，若无他的卓越努力就不可能有此项编纂；李庆瑞、别涛以及冯燕等同志也一直关心、支持项目进展。唐大为同志在前期策划和组织中付出了不少辛劳。李恩军同志在中后期编纂工作中做了许多协调组织工作。十分感谢中国环境出版集团的领导，没有他们的支持，也不可能取得今天的成果。另外特别感谢季苏园、陶克菲、李雪欣等几位责任编辑，正是他们的敬业精神和辛勤工作使得本书增色许多。李雪欣编辑还参加了个别章节的编写工作，付出了辛劳。还有许多同志为本书编纂出版提供过支持和帮助，在此一并表示衷心感谢！

最后还要特别感谢一位刚刚逝世的长者——著名的马克思主义经济史家、中国环境史研究的重要引路人，大家都非常崇敬的李根蟠先生。李先生曾经多次参加本书编纂工作会议并提供真知灼见，还审阅过部分书稿并提出具体修改意见。但是天妒贤才，不待本书出版，他便猝然驾鹤远游，我们失去了一位最具高卓识见的明师，这是一件多么令人痛惜和感伤的事情！然则哲人虽逝，其道犹存。我们将赓续其学术，绍述其志业，更加努力探寻中华民族的"生生之道"，守护中国文明的自然之根，传载祖国河山的文化之魂，为生态文明和美丽中国建设不断提供历史文化资源！

编著者（王利华代笔）

2019 年 9 月 11 日凌晨

目　录

绪　论

　　根据全书的编纂任务分工，远古至唐代部分原来计划撰写一卷。但在实际编写过程中，我们发现：由于历史时间极其漫长，前后变化非常巨大，牵连问题过于复杂，一卷章节设计和问题展开甚是不便，最终决定分作两卷。第一卷叙事迄止东汉末年，内容以黄河中下游（或黄土中心地带）为主，关于南方的叙述较少；第二卷始于三国，止于五代，关于南方环境变迁和区域崛起占据了较大篇幅，大体上是南北各半。

　　历史学家早就发现：在中古以前，"黄土文明"一直居于中国文明发展的强势与中心地位，黄河两岸是华夏民族生存和发展的主要舞台，秦汉帝国的政治边疆虽然已经向南延伸到了今天的越南北部，但长江流域及其以南广大区域实际上还长期处于相当蛮荒的状态。中古是一个承先启后的重大历史转折时期，经济、社会、政治和文化诸多方面都较此前时代发生了巨大变化。在我们看来，最根本性的变化是中国文明空间的移动，"黄河轴心"时代逐渐终结，南方的地位不断上升。自东汉帝国崩溃开始，黄土地带由于频繁的战争动荡和自然环境的负面改变，逐渐丧失了其原有的优势地位，而广大南方则因水、土、光、热和物种资源更加丰富，伴随着曾经的"蛮獠之地"逐渐完成"华夏化"过程，自然环境的潜在优势也不断显现出来，社会发展更具活力，经济重心逐渐南移。大运河的全线贯通，既标志着南方社会经济崛起，也意味着黄河、长江两大流域的政治、经济和文化不断走向整合，南北并重的历史局面逐渐形成。这一重大转变过程极其错综复杂，对中华民族生存和发展的历史意义极其重大而深远，必须浓墨重彩地予以叙述。因此，我们特将中古时代单独作为一卷，不仅有利于问题展开，有助于追溯中国文明演进的历史时空过程，且更能凸显广大南方对于中华民族的特殊意义，同时有利于解说中国文明何以能在经历汉末以降数个世纪巨大创伤之后，非但不像一些古老的文明那样衰落甚至中断，反而以更加雄健的历史姿态向前发展演进。

一、对前人研究的简要评述[1]

按照历史编纂的常规方式，我们首先需要对前人研究成果进行一番梳理。

环境史研究是一门非常年轻的学问，自诞生至今不过 50 来年，作为一个专门术语为国内学者所知是在 20 世纪 90 年代。但中国学者运用科学范式研究历史自然环境问题可以上溯至 20 世纪前期，其中历史自然地理学家做出了突出成绩，考古学、地质学、气象学、古生物古人类学、第四纪研究和农林史、水利史、灾荒史诸多领域的学者亦颇多建树。因此，环境史在我国成为专门之学虽晚，却具有颇深的学术渊源。

中国文化多元起源，在漫长的历史上，各地区经济、社会和文明发展进程快慢不一，在第一卷所叙述的时代，黄土地带明显居于先导和优势地位。这里是中华文明的摇篮，人类开发利用自然资源的历史最悠久，生态环境面貌变化最显著，历史文献记录相对更加持续而丰富，前期研究亦较充分。因此，这里介绍和评述的前人成果也就明显地偏重这个区域。由于此前研究者都是分别从不同学科视角关注历史上的环境问题，学科背景差异导致他们研究取径各不相同，问题关注各有侧重。简略观察前人相关论著的标题，大致可以做如下分类：

一是针对特定地理单元而开展的研究：不同学者根据课题研究内容，选用不同的地理空间概念，很多成果指明其地理范围是华北地区、北方地区、西北地区、黄河中下游地区、中原地区、南方地区、华南地区、西南地区、长江中下游地区……或者根据现代行政区划以某个省区为限，也有一些成果冠以"农牧交错带"、温带地区、亚热带地区、草原地区等；二是针对自然环境结构要素而开展的研究：常见的有气候变迁，森林植被和野生动物变迁，水资源环境（河流湖泊）变迁，水土流失与地貌变迁，沙漠扩张和盐碱问题，灾害和疾病问题等；三是根据人类活动范畴而进行的研究：许多学者的论著致力于揭示农业与

---

[1] 由于最初分工的关系，这里的回顾和评述涵盖了第一、第二卷所涵盖的时代。为使篇幅不致过长，仅以举例方式提及前人相关论著，我们所借鉴和引用的更多学者的成果则无法一一述及，留待各章节再具体说明。

环境、畜牧业与环境、工商业与环境、交通运输与环境，以及聚落城市与生态环境等之间的历史关系。学者在问题研究中，往往都会选取一定的时代范围和时间尺度，因具体问题、学科方法的不同而互不相同，长则数百年、数千年乃至数万、数十万年，短则具体到某个特殊年份。大致而言，自然科学家和地球环境变迁研究者一般采用较长时间尺度，而历史学者则既有长时段考察，亦有短时间探讨。以下先分 4 个地区、然后再按 6 个专题进行简要评述。

1. 黄土高原

由于特殊的自然和历史原因，黄土高原环境变迁史最早得到较系统的研究。早在 20 世纪前期，地理学、地质学和农业科学领域的许多研究者已在一定程度上触及了相关历史问题。新中国成立以后，为配合黄土高原环境治理和经济、社会发展，以史念海、谭其骧、侯仁之、朱士光为代表的大批历史地理学家，就黄土高原生态环境的历史面貌、人类经济活动对当地环境变迁的影响等问题开展了大量艰苦卓绝的探研，史念海、朱士光等率领的陕西师范大学研究团队，数十年来有计划、有系统地探讨了该区域的历史气候变迁、土地利用方式和农牧经济发展变化、森林植被破坏、黄土侵蚀和水土流失、地貌演变、水系变化，以及黄土高原环境变迁对黄河下游的巨大影响等问题，推出了诸多值得赞叹的学术成果。侯仁之就毛乌素沙漠的成因与变化，谭其骧就黄土高原农牧消长、土地利用方式与黄河"安流"和决溢移徙的关系，都提出了具有开创性的研究思路。大体而言，他们之后研究者的关注重点主要包括三个方面：一是对区域环境的历史面貌进行复原，二是揭示不同人类活动对环境变迁的历史作用，三是关于黄土高原环境变迁对下游平原的巨大历史影响。除了历史地理学家之外，何炳棣、辛树帜等一大批农林史家和经济史学者，也就黄土地带的农业起源、黄土高原的森林状况与农牧经济发展变动等进行了深入研究。例如何炳棣《黄土与中国农业的起源》一书，结合黄土地带的气候、土壤、植被等多种自然因素，论述中国旱作农业起源的独特自然条件及其早期历史特征，堪称学术经典。

最近十多年来，相关研究课题在原有基础上进一步拓展、深化和细化，环境史研究的兴起提供了新的思维和问题意识，研究视野更加开阔而多维，对人类各种活动与环境变迁关系的分析、探讨更加专业化，研究工作在大区域观察的基础上，不断向具体小地区或小河流域细化，人文、政治和社会等多重因素逐渐被纳入思考范围，呈现出区域环境变迁史与区域社会史、文化史乃至地方政治史相互渗透与结合的趋向，反映了环境史与社会史相互渗透的新趋势。例如王尚义关于汾河流域、王元林关于泾洛流域环境历史变迁、张萍对黄土高原环境变迁与商业市场发展关系等探讨，以及许多学者对森林、沙漠、水利、城市等方面的研究，都颇有成绩。

2. 黄淮海平原

运用科学知识探讨黄淮海平原环境变迁，可以上溯到 20 世纪初的考古学、古生物学和地质学。由于诸多具有环境变迁指示意义的喜温喜湿动植物遗存的发现，特别是殷墟出土有野象等多种喜温动物遗骨，学者推测古今气候、森林植被和野生动物分布可能发生了重大变化。早在民国时期，蒙文通、徐中舒等历史学家就分别对气候和野象分布等问题进行了考论，竺可桢则开始了他对中国东部历史气候变迁的考察研究。

新中国成立以后，关于华北平原与海岱地区的环境变迁史研究亦渐次展开，并且取得了丰富成果。学者所关注的问题与黄土高原相比重点有所不同，更多的研究指向气候冷暖干湿变化、大河变迁（特别是黄河和运河水系变化）、湖泊形成和堙废、地层堆积、水旱灾害、盐碱化以及海岸线变化等问题。相对而言，在 20 世纪 80 年代之前，自然科学家贡献了大部分成果，进入 80 年代之后，区域环境变迁问题越来越受到历史地理学者重视，经济史（农业史）、水利史、灾荒史和一般断代史研究者亦纷纷介入其中，推出了众多成果，其中以谭其骧、邹逸麟等为代表的历史地理学家所开展的研究最为系统深入。如谭其骧关于黄河、海河水系变迁的研究多属经典之作；邹逸麟及其课题组在对黄淮海平原经济发展与环境演变关系长期研究基础上撰写了《黄淮海平原历史地理》，对该地区的气候、植被、土壤、河流、湖沼、海岸、人口、农业、水利、城市变迁等进行了系统考察，在历史地理学领域，其引证文献史料之丰富、考论史实问题之精审，短时期内恐怕难以逾越。近十多年来，相关研究在地域、时代和问题视角上同样不断开拓和细化，一批有价值的成果相继问世。

与上述两个分区密切联系但常常自成语境的课题，是关于北部"农牧交错带"的研究，所牵涉的地区除陕、晋、冀诸省北部之外，常常连带宁夏、内蒙古和辽西，相关探讨往往是农牧分界线移动、民族关系变化和长城沿线环境变迁互相粘连，虽然自有其所关注的重点问题，但基本上亦不外乎农牧活动与环境变迁（如气候变化、森林破坏、草原变迁、沙漠化等）的相互影响。

3．秦岭—淮河以南地区

秦岭—淮河以南地区的人类活动历史同样十分悠久，而且区域内部的地理、生态单元更具多样性，人与自然关系表现出更为复杂的历史样态。但是，该区域大规模的自然资源开发和自然环境改造，与黄河中下游地区相比，起步较晚，早期推进速度明显缓慢，直到两汉时期，大部分地区仍然处于人烟稀少的原始状态。因此，在第一卷所涵盖的时间范围中，可以讲述的人与自然交往的"故事"相对较少，已有研究成果也远远不及北方。但最近十多年的研究快速增多，除某些整体连带性的话题（如气候变迁、野生动物分布变化）之外，若干方面的研究具有显著的区域针对性，这不仅为作者思考历史早期的南方环境问题，更为撰写第二卷、重点讨论南方崛起过程中的人与自然关系演变，提供了重要基础。相关成果比较集中在以下几方面：

一是考古学家（特别是农业考古学家）关于南方生态环境与早期文化（文明）起源和发展的研究：包括自然条件与远古上古南方生计体系、稻作农业起源和早期农耕方式（如火耕水耨）、聚落城市、文化兴衰（如气候变化与良渚文化衰落的关系），以及对早期南方发展迟缓原因的探讨。

二是关于南方风土环境和自然资源的认识、发现和利用，主要是农林渔业史和生物史家的研究，虽然并非采用环境史视角，但提供了大量背景知识。最近几年来，一些学者采用环境景观、意象和地理感觉区等概念，探讨古人对南方生态—人文认识的历史变化，是一个颇新颖的视角。

三是关于南方水土环境和水利发展，这是持续时间最长、成果最丰富的课题，谭其骧、陈桥驿、张修桂、伊懋可（Mark Elvin）等众多历史学家和地理学家对江河湖泊和海岸线变化，缪启愉、张芳、牟发松、李伯重等一批水利史、农业史和经济史专家对长江中下游土地开发、围湖造田和塘浦圩田等，都曾进行过系统的探讨。

四是关于南方瘴疠、巫蛊等与生态环境的关系研究，在最近十余年形成一个热点，王子今、左鹏、龚胜生等关于南方瘴疠和疾病的研究，于赓哲关于巫蛊的研究等均颇有成绩。

五是一般史学家结合南方经济开发、"经济重心南移"、流民研究等传统史学课题，对南方生态环境问题亦多有讨论，例如郑学檬等曾对经济重心南移的环境基础进行了讨论。也有一些学者在传统断代史的框架下展开了不少探讨，相关论著众多，难以尽述。

4．西北内陆和东北

早在 20 世纪初就有一些西方学者开始涉及相关问题，例如美国地理学家亨廷顿关于"亚洲历史脉动"的论说、拉铁摩尔关于草原文明的论述，都已涉及这两卷所涵盖时段西北草原和内陆的环境生态问题。从问题视角来看，主要从农牧关系、边疆屯田开发等角度展开，具体讨论的问题则包括草原森林变迁、水利工程与河湖变化、沙漠扩张、绿洲农业环境以及古国文明与城市消失等方面；从地域上说，新疆、河西走廊、鄂尔多斯、黄河河套地区和西辽河上游等地成果相对较多。考古学、历史地理学、民族史和社会经济史等不同领域专家，都有所介入。从 20 世纪前中期开始，一些考古学家和汉唐史家就分别利用考古遗址、出土简牍、敦煌吐鲁番出土文献甚至岩画开展相关研究，在若干方面取得重要成果，例如侯仁之、景爱等对沙漠和古城遗址的研究，李并成等人对河西走廊的系列研究等。20 世纪末期以来，特别是进入 21 世纪以来，随着西北生态环境的日益恶劣与国家的西部大开发战略的实施，学者对西北的关注度逐渐提高，一批学者相继介入有关研究，例如朱士光、吴晓军分别从整体上对历史时期西北地区的生态环境变迁问题进行了探讨，王子今曾发表多篇论文讨论河西地区的环境生态问题，个别地区成为研究热点（例如关于统万城、黑水河、居延泽的研究）。由于该区域社会经济历来以游牧为主，在胡汉民族进退的历史过程中，农牧消长及其环境影响自然也就成为学者重点关注的问题，关于农牧分界线和农牧交错带的变化曾有过不少讨论。此外，最近半个多世纪以来，考古学和历史学界对东北地区的民族活动、与中原内地的历史联系，陆续推出了众多成果，其中一些涉及了当地历史自然环境对民族生计的历史影响，但整体较薄弱。

相比较而言，以往学人更加重视对结构性环境要素的专题考察，论著更多。

以下按 6 个专题兹略概述。[1]

5．关于气候变迁的研究

在构成人类生存环境的诸多结构性自然要素中，气候无疑是最重要的一个环境因子，同时也是人类力量难以掌握和支配的因子。气候冷暖干湿变迁往往带来一系列自然生态变化，进而可能诱发重大社会历史变动。关于我国历史上的气候及其周期性变迁，早在 20 世纪 20 年代就有学者撰文探讨，特别是竺可桢积数十年之思考锤炼，发表《中国近五千年来气候变迁的初步研究》一文，具有标志性的意义。在他之后，徐近之、张丕远、文焕然、张德二、张家诚、郑斯中、王绍武、满志敏、刘昭民、牟重行、于希贤等一大批气象学家和地理学家相继开展相关研究。除了考察地质年代的长期气候变迁外，关于历史时期气候变迁的研究成果亦是蔚然大观，已发表的论文数以百计、专门著作数十种，研究方法不断多样化、专业化，不仅利用丰富的历史文献记录，树木年轮、地衣、盐湖沉积、冰川雪线、孢粉等，亦被当作代用资料。一般来说，学者立足于大时空尺度下的周期性干湿冷暖气候变迁及其对人类历史的影响，但仍有不少学者撰文对某个时代或局部区域的气候状况及其经济、社会影响进行专论，例如胡厚宣对殷代气候的研讨，雷海宗关于古代华北气候与农事关系的论述，王子今、马新对秦汉气候的研究，蓝勇、吴宏岐等对唐代气候的考察等，均提出了有价值的见解。

仅就华北地区而言，专门论著亦不可谓少，如文焕然于 1959 年出版《秦汉时代黄河中下游气候研究》一书，依据文献资料，从冷暖和干湿变化两个方面对秦汉时期黄河中下游的气候进行探析，着重探讨了黄河中下游大区域的常年气候状况，对蒙文通、胡厚宣、竺可桢等人的观点进行了辩驳；满志敏曾发表多篇文章，对历史时期黄淮海平原气候变迁进行了系统考论，其基本观点反映在所著《中国历史时期气候变化研究》和一系列论文之中；朱士光等则利用关中地区的考古资料、孢粉分析研究成果和传世文献中的记载构建了一个较为完

---

[1] 需要说明的是，对不同结构性环境要素的专题性研究，往往古今纵观，时代跨度很长，而不专门针对其中某个朝代或者断代。我们重点关注其中与本书第一卷、第二卷所涉时代相关的部分，但这里的综述有时并不局限于唐代以前。例如，气候史家往往采用大时间尺度开展专题性研究，动辄针对数千年、上万年乃至更长时期的气候变迁趋势进行代用数据取样，现有绝大多数论著并不局限于本书第一卷、第二卷划定的时间范围之内，但它们对于叙述自远古自唐代不同历史阶段的气候状况，仍然具有重要参考价值。

整的序列，认为历史时期关中地区的气候经历了全新世早期寒冷、全新世中期暖温、西周冷干、春秋至西汉前期暖湿、西汉后期至北朝冷干、隋和唐前中期暖润、唐后期至北宋凉干、金前期暖干、金后期至元凉干、明清冷干等十个气候变化阶段。

　　大致而言，自竺可桢以后，中国历史气候干湿冷暖变迁具有周期性逐渐成为共识。只是对于气候冷暖周期的具体划分、各个时代的气候究竟是干冷或者暖湿，则颇多争议，不同学者往往根据自己的研究试图建立气候变迁的时间序列。例如，满志敏等曾对竺可桢的观点提出了一些不同意见，他们将中国历史气候变迁划分为仰韶温暖期、西周至西汉降温期、魏晋至五代寒冷期、北宋至元中叶温暖期、元后期至清末寒冷期，其中的唐代寒冷期、南宋温暖期，与竺氏的观点颇有差异。这样一个极其复杂的历史问题，诸家存在分歧是很正常的，持论不一正说明相关问题存在着很大的继续讨论空间。

　　值得注意的是，不少学者特别重视从气候冷暖变迁中寻求对古代中国重大政治、经济和社会变动（如农牧关系变化、周期性经济盛衰与社会治乱，以及都城移动等）的新解释。例如王会昌曾对北方游牧民族南迁与气候变化的关系作了长时段考察，将气候变化视为王朝兴衰更替、北方游牧民族南进北撤的直接诱发因素；满志敏、葛全胜、张丕远以北魏迁都平城、元代中叶岭北移民、12世纪初科尔沁沙漠演变、明初兀良哈三卫南迁等四个具体历史实例为依据，探讨气候干冷时期农牧过渡带的变化及其相应的社会变动现象，认为气候变化对农牧过渡带的影响是通过人类社会子系统起作用的，不同社会状态和组合产生不同的农牧过渡带实况和相应的社会问题。近年来，一批中外自然科学家也介入关于中国气候变化及其与王朝兴亡关系的讨论。只是，一些研究虽然相当自然科学化，但对于气候与人类社会文明历史关系的认识，未免失之简单化。

6. 关于森林植被破坏和物种分布变迁

　　在陆地生态系统中，森林、草地和其中的各种动植物无疑处于能量生产和转换的中心地位，它们既依存于一定的有机和无机的自然环境条件，本身又是生态环境的重要组成部分，其历史演变既是环境变迁的一部分，也导致其他环境因素的改变，并广泛地影响人类的生存和发展。

　　对森林植被历史变迁的关注亦始于20世纪前期。早在1929年，地质学和古生物学家杨钟健赴晋陕地区考察，已注意到历史上的森林破坏。新中国成立以后，农林史和历史地理学家逐渐开展对黄河中游森林变迁的系统考察，例如，何炳棣在《黄土与中国农业的起源》一书中，以很长的篇幅，将考古学、古生物学和《诗经》等上古文献资料相互印证，详细讨论了远古至上古时期黄土地带的植被状况和草木种类。史念海在《历史时期黄河中游的森林》这篇长文中，梳理了该区域的森林破坏的基本过程，认为可以划分为四个阶段：第一阶段是西周春秋战国时期，一开始尚无大规模的森林破坏，但后期林区明显缩小，今陕西中部和山西西南部等所谓平原地区的森林绝大部分都受到破坏；第二阶段是秦汉魏晋南北朝时期，上述平原地区的森林受到了更严重的破坏，到这个时期行将结束之时，平原上已经基本上没有林区；第三个阶段是隋唐时期，由于平原已无林区，森林破坏开始移向更远的山区；第四阶段是明清以来，特别是明中叶以后，黄土高原森林遭到了摧毁性破坏，除少数几处深山外，各处都已经达到难于恢复的地步。自他以后，学人对有关问题的探讨不断细化，陆续有不少学者撰文讨论，例如史氏本人与曹尔琴、朱士光合作编著有《黄土高原森林与草原的变迁》一书，对有关问题进一步做了系统讨论，朱士光曾撰文探讨华北平原的植被变化，张春生利用《五藏山经》考察了黄河中游的森林及其破坏情况，徐海亮探讨了历史时期河南天然森林的变迁规律及变化特征，文焕然、陈加良、鲜肖威、李并成、周云庵、马雪芹、王会昌、暴鸿昌等亦曾分别对历史时期宁夏、甘肃、秦岭山区、长城沿线的森林植被变迁进行了考察。不过，关于该区域特别是黄土高原在历史上是否存在广袤森林，学界意见并不一致。大体上，持肯定意见的一方，以史念海、朱士光为代表；持否定意见的一方，则以李希霍芬（德国地质学家）、刘东生等为代表，何炳棣对黄土地带的森林覆盖率亦作了较低的估计。

关于历史上黄河流域之外区域，包括长江中下游、东南沿海、西南诸省以及西北内陆和东北等地区的森林植被变化、典型树种（如名贵树种、竹林）分布等问题，早年陈桥驿、文焕然、何业恒、陈嵘等历史地理学家、农林史学家即根据《山海经》《水经注》、地理志、方物志等方面的相关文献开展了不少研究。最近几十年来，相关研究成果不断增多，亦有颇多专著出版。由于这些地区的历史发展进程较为滞晚，大规模的自然资源开发利用特别是森林砍伐亦相对较晚，宋代以后才陆续发生显著变化，故兹不多予介绍。

　　野生动物种类和种群数量的减少及其分布区域之萎缩，是生态环境变迁的一个重要标志。关于野生动物的历史变迁，不同区域的研究情况亦有所不同。对华北地区，自 20 世纪前期以来，考古学和历史学家陆续进行了不少有价值的研究，比如德日进、杨钟健、刘东生等曾对殷墟出土的典型动物进行鉴定和考论；徐中舒撰有《殷人服象及象之南迁》，对殷商以来象的分布变化进行了考论；袁靖从动物考古学角度，对新石器时代野生动物种群、分布与人类谋生方式的变化曾进行了讨论；还有一批学者曾对新石器时代至《诗经》时代该区域的水陆野生动物与捕猎活动进行了考察，相关成果可谓丰富。然而关于战国以后的情况，则研究成果相当之少，这可能与该区域农业垦殖和森林草地破坏最早，后世历史文献对当地野生动物的记载较少有关。王子今在《秦汉时期生态环境研究》中以专节讨论了野生动物，多是关于华北区域的材料；王利华曾对中古华北鹿类动物的分布、利用及其与生态环境变化的关系进行了全面考察，对汉唐时代当地的水产资源和渔业生产情况也进行了论述。至于广大南方地区历史早期的野生动物，研究成果明显偏少，仅有个别学者对南方野生动物资源之丰富情况及其特异种类、唐代江淮"虎患"等问题有所探讨。西北、东北地区仅见论著零星涉及。

　　在目前所见之相关研究文献中，文焕然、何业恒等人的系列论文和著作比较系统，他们重点讨论了中国一批典型珍稀野生植物和动物分布变迁；英国学者伊懋可在《大象的退却》一书中也对三千多年间中国森林和野生动物分布变迁的历史脉络进行了较系统勾勒，提出了一些重要观点。其中关于野生动物变迁，前辈学者重点探讨了大象、犀牛、熊猫、鳄鱼、金丝猴和若干鸟类的历史变化。近年来，一些青年学者如尹玲玲、李玉尚等结合渔业史和环境史探讨了中国沿海和南方若干地区的鱼类水产资源，但所涉及的时代都比较晚。

7. 关于河流湖泊变迁和水资源利用

　　对当代中国来说，水资源短缺无疑是最严重的环境问题之一，能否有效地解决这个问题，将直接关系到经济和社会发展的未来命运。然而，如此严重缺水并非历史上的本来情形，而是在各种因素综合作用下长期变迁的结果，若干区域水环境古今变化差异之巨，达到了令人难以置信的程度。

　　20 世纪初以来，学界关于中国水资源环境变迁的研究成果之丰富程度超乎寻常，相关论文累以千计，专门论著亦达数百种之多。就第一、二卷所涉及的时代而言，以往研究主要集中于黄河中下游地区，关于其他地区的论著则相对较少。研究者的主要关注点包括：黄、淮、海诸大河的水道变迁，因河流决溢改道所致的水患及其治理，湖沼的变化和消失，水利工程建设，大运河的历史变迁，西部高原、山地水土流失对黄、淮、海河乃至整个下游地区水土环境的影响等。

　　黄河作为中华民族的母亲河和北方最大的河流，其历史变迁最具标志性意义，对整个流域特别是下游地区环境生态的影响亦至广至巨，自然而然成为研究的重点。自民国时期以来，关于黄河历史变迁的著作和论文堆积成山，甚至还有专门刊物出版。根据学者不完全的评述，20 世纪以来，仅关于有清一代黄河史的研究论著已近百篇（部）。因此，对各家著述一一加以介绍，殆无可能。总而言之，近一个世纪以来，地理学家、水利史家和一般历史学家对其频繁决溢、改道和水患及其治理的史实已经述之甚详，对其变迁的自然和人为原因（如气候变化、中游经济开发所致的严重水土流失）、显著改变下游整体水土环境（如对下游湖沼的改变、夺淮入海导致淮河水系紊乱、巨量泥沙导致华北平原地层堆积、对运河的影响等）和深刻影响区域经济、社会乃至国家政治的历史情态，亦已论之甚深。除黄河之外，近半个多世纪以来，学者积极开展对黄河主要支流（如泾、渭、汾、涑）和华北的其他重要河流（如淮河、海河、滹沱河、桑干河、永定河等）的系统探讨，发表了数量可观的论著。关于该区域的湖沼变迁，专门论著数量虽不及河流，但亦相当可观。根据这些研究，我们了解到古代前期华北区域湖泊沼泽星罗棋布的事实，对其在近 2 000 年来逐渐堙废、消失的过程大致有所认识。总体来看，在现有关于华北区域河流湖泊变迁的众多研究成果中，史念海关于黄河中游河道、水量以及泾渭等支流历史变迁的研究（主要成果汇集于其所著《黄河流域诸河流的演变与治理》一书），谭其骧、邹逸麟和张修桂等关于黄淮海平原区域河流与湖沼变迁的成果（邹逸麟主编《黄淮海平原历史地理》集中体现了其学术成就）最称系统而且精湛，其中不乏经典之作。此外，侯仁之、李元芳等多位学者曾对渤海湾西岸海岸线变迁以及沿海海侵问题进行了探讨。

　　与之相关的另一大类是关于该区域水利发展史的成果，论著数量更为宏富。不但中国学者的研究成果为数众多，根据伊懋可的搜集整理，日本学者所发表的论著亦达到数百篇，论文数十部，欧美学者也有不少相关论著发表。研究群体除一批水利史专家外，不少历史地理学家、经济史（农业史）家和一般历史研究者都纷纷介入。的确，重视水利是中国社会和文明的一大特质，这一特质首先是在"黄河轴心"时代形成的，黄河中下游地区向来就是水利事业发展的重点区域。

概括而言，过去一个世纪学人对古代北方水利事业发展的史实已经做了全面而详细的清理，成果十分丰富，其中既包括数量可观的农田水利史论著，更包括大量关于大运河以及其他人工漕渠的研究成果。从中我们不仅了解到古代人民在充分利用水资源、改善水土环境以便发展经济和沟通南北方面所取得的巨大历史成就，同时也了解到由于自然环境的改变和政治、经济重心的转移，导致历史后期当地水资源自西向东逐渐枯竭、水利事业逐渐衰落、经济发展渐遇阻滞的事实。大运河的发展和演变关系古代国家经济命脉，与政治、军事密切相关，故向来是古史研究的一个重要课题，论著数量亦称众多，前人观察重点虽非环境历史变迁，但仍有相当数量的论著涉及水环境变化对运河的影响。

近年来，鉴于当代华北水资源严重短缺的现实困境，一些学者逐渐转换角度，着重考察和探讨历史上水资源利用方式的变化、水资源由相当丰富走向严重短缺的过程，以及围绕水源利用、水权分割所产生的社会矛盾、制度和习俗。王利华曾在多种论著中，对中古华北水资源环境的基本状态进行了评估，对水环境之于农业、渔业、加工和交通的影响进行了较系统的讨论；邹逸麟则多次强调水资源环境退化对华北经济生产的负面影响。另一方面，最近社会史学界关于"水利社会"的讨论相当热烈。这一学术命题渊源于西人魏特夫（Karl August Wittfogel）的中国"治水专制主义"理论和日本学者的"水利共同体"理论，真正深入到地方社会进行文献与田野相结合的研究，属于一种新的学术风气。随着社会史的深入发展，从社会史角度切入水利问题的论著显著增多，将社会史与环境史相结合，无疑有助于对生态—经济—社会的历史互动关系进行更好的呈现与解释。只是社会史家大多数的相关成果所涉及的时代都比较晚，基本上是关于宋代以后。总体上说，对该区域水资源逐渐走向枯竭的历史过程，仍有很多具体细致的工作需要开展。

8. 关于水土流失、地貌变迁、沙漠扩张和盐碱化问题

华北和西北地区特别是黄土高原具有独特的环境禀赋，表现在地形地貌、地质土壤和气候条件等多个方面，总体上说，那里属于生态脆弱地带。进入农耕时代以来，由于人类与自然两种力量的长期共同作用，相关区域的大地表面发生了沧海桑田式的巨大改变，大规模伐林剪草和农地垦殖活动使地表植被遭到严重破坏，并导致严重水土流失（包括水蚀、风蚀等），引起了区域自然环境的连锁反应，包括黄河中游的侵蚀、切割和地面破碎，中下游平原的泥沙堆积，西北部地区的不断沙漠化，以及低湿土地的盐碱化等。从 19 世纪末开始，中外地质、地理学家开始运用现代科学方法研究黄土高原的形成和演变问题，新中国成立以后以刘东生为代表的一大批科学家更组织开展了大规模的考察研究工作。真正研究历史时期人类活动对于区域地貌变迁的影响，则是以史念海为代表的历史地理学家。20 世纪七八十年代，史念海以文献史料与实地考察相结合，对黄河流域的地表侵蚀和地貌改变，进行了卓越的开创性研究，陆续发表《历史时期黄河流域的侵蚀与堆积》《历史时期黄土高原沟壑的演变》《历史时期黄河在中游的下切》《周原的变迁》等一批著名论文，就区域地貌演变的历史原因、过程和水土治理提出了诸多重要见解。自史念海之后，相关问题一直受到学界关注，桑广书、邓成龙、王尚义、王元林、任世芳、戴英生、黄春长等，都分别对历史上黄土塬区沟谷发育与土壤侵蚀、黄河下游沉积速率、黄河中游黄土高原沟谷侵蚀—堆积过程、汾河水库上游耕地发展与土壤侵蚀之关系、黄河中游古气候与高原水土流失等一系列问题进行探讨并发表了一批成果。大致而言，学者们都肯定人类的不合理活动造成水土流失不断加剧，引起黄土高原地表显著改变，并给黄河下游带来严重的生态问题。只是在如何评估人类因素与自然因素作用之轻重，以及人类活动导致地貌改变的具体历史机制方面，尚存在一些意见分歧。

关于西北沙漠的历史变迁，以侯仁之、景爱为代表的一批历史地理学和考古学家进行了大量研究。20 世纪六七十年代，侯仁之先后发表《从人类活动的遗迹探索宁夏河东沙区的变迁》《从红柳河上的古城废墟看毛乌素沙漠的变迁》等著名论文，开创了沙漠变迁的历史地理学研究。景爱运用文献史料与实地考察结合的跨学科方法，对中国北方沙漠化的原因与对策、秦长城与腾格尔沙漠

的关系等进行了讨论。近几十年来，相关成果不断增多，研究方法和具体课题日益多样化，或对某个沙漠（如毛乌素沙漠）历史演变的原因与过程进行综合考察，或以具体古城（如统万城）兴废为个案展开讨论，单是关于毛乌素沙漠的论文就相当可观。艾冲、何彤慧、王乃昂、孙佳、程弘毅、杨林海、周杰、黄银洲、牛俊杰、韩昭庆、邓辉等，均发表论文，论述历史时期人类活动、植被破坏、风蚀与沙漠扩张的关系。

关于历史上的盐碱问题则专门论著不算很多。就目前所见，文焕然等人最早专门予以讨论，在1964年即发表了《周秦两汉时代华北平原与渭河平原盐碱土的分布及利用改良》《北魏以来河北省南部盐碱土的分布和改良利用初探》等论文。邹逸麟主编《黄淮海平原历史地理》亦仅有很小篇幅稍做叙述。农业史和水利史研究者时或提及，只是有关讨论大多放在农地垦殖、改良和农田水利建议的话题下附带涉及，很少专题讨论。华北地区是我国盐碱地分布的主要区域，盐碱化曾是历史上当地农业生产发展的重要环境障碍之一，随着水资源环境的逐步改变，盐碱问题亦发生了重大变化，至今在不少地方仍然构成严重不利影响，因此尚需加强研究。

在第一、二卷所涉及的时代，中国东南、西南和东北各地水土流失、地貌变迁、荒漠化和盐碱化等问题，均无引人注目的突出表现，故亦少见相关研究的成果。

9．关于灾荒和疾疫

灾荒和疾疫是人与自然矛盾和冲突的集中反映。自古以来，人类不仅始终依存于特定的生态环境，通过各种方式向大自然索取生存资料，同时还要随时应对来自周遭环境的各种威胁，包括各种自然灾害和疫病。

中国自古灾害频仍，洪涝、旱蝗、风霜、地震、瘟疫高频率发生，对人类社会的危害巨大。这些灾害有许多是由于大自然运动的异常所致，但不可否认的是，也有许多灾害和疫病是由于不合理的人类活动所造成的。在环境史研究中，这两个方面都自然而然地成为重要内容，从中更可以看到人类与自然历史互动的另外一个侧面。

过去一个世纪，历史自然灾害和疫病问题一直受到学者高度重视。随着灾害学研究的兴起，相关探讨不断展开并且系统化，我们所搜集到的相关论文数以百计，专门著作和史料汇编亦达数十部。史料汇编方面，或按行业，或按省区，或据流域而编订，如中央气象局、中央气象研究所编《华北、东北近五百年旱涝史料》，张波、冯风编《中国农业自然灾害史料集》，河北省旱涝预报课题组编《海河流域历代自然灾害史料》，宋正海主编《中国古代重大自然灾害和异常年表总集》等。有的学者根据历史资料编制地图和纪年表，如张兰生《中国自然灾害地图集》等，不能详细列举。研究论著方面，自1937年邓云特（邓拓）出版《中国救荒史》，其后陆续有学者出版相关专著，例如袁祖亮主编的多卷本《中国灾害通史》，上起先秦、下迄清代，是目前卷帙最大的一部中国古代灾害通史。最近几十年来，随着经济史、社会史、灾害史和环境史相继兴起和兴盛，相关成果大批涌现。研究者选取不同的时代、分区（通常是以行政省区为单位）和灾害类型（例如黄、淮、海及其他河患，旱灾、蝗灾、地震等）进行多方面的考察，大体是针对不同时空下灾害疫病的种类、发生机理、社会影响以及社会应对方式特别是灾荒预防、赈济（或荒政）等展开探讨。除若干全国灾荒、疾病通史、通论之外，就时代而言，关于先秦以来历代的灾害史，都有不少专门论文发表，甚至有断代灾害史专著出版。大致而言，越是晚近时代，研究越充分、成果越多；就地区而言，不仅有大区域灾害史（如袁林的《西北灾荒史》），而且有不少关于各省、市自然灾害史的专著，如北京、山东、河北、河南、陕西、山西都有专门灾害史著作出版，更有大量论文散见于各种杂志和会议论集，甚至关于某一次灾害就有许多篇论文发表。近期以来，关于南方自然灾害和疾病，也陆续有学者推出了一些论著。值得注意的是，学者们越来越自觉地将灾害、疾病与生态环境紧密联系起来进行观察，积极追寻历史上的灾害、疾疫背后的环境原因，对它们进行生态学的解释，试图揭示生态破坏与灾荒频发之间的恶性循环关系。这是环境史兴起以来灾害、疾病史研究的一个新趋向。作为早期中国经济、社会、政治和文化发展的中心区域，华北地区的自然环境对于人类的生存和发展，一方面存在若干有利条件，另一方面也存在着多种不利的因素（例如降水的季节变差和年际变差很大等）；同时，当地人类对自然环境的高强度开发、利用与改造起步较早，亦较早地引起了自然生态环境的负面变化，人与自然关系的紧张与冲突亦较早地表现出来。所以，在第一、二卷所叙述的时代，自然灾害和疾病主要发生在黄河中下游地区，而其他地区，由于早期相关记载明显欠缺，未能成为重点。

10. 关于自然—经济—社会的互动关系

根据国内外学者已经达成的最基本共识，环境史研究历史上的人与自然关系，这意味着历史学者所努力建构的环境史学，具有自己特定的界域。它不同于自然科学家的地球史、自然史或者环境变迁研究，着重点并非大自然的自行演变，而是自然环境之于人类生存发展的影响和人类活动在环境变迁过程中的作用。环境史研究当然必须关注历史上的自然环境及其变化，这是它作为一个新的史学分支出现和存在的主要理由。但环境史家并不试图研究整个自然界的历史，他们主要关注那些曾经与人类活动发生了历史关联的方面或者部分，即曾经影响了人类和受到人类影响的那些部分。环境史的主要任务是叙述和解说人类经济、社会系统与所在自然环境之间交相作用和协同演变的历史关系，主要目的是对人类环境思想和环境行为进行历史反思，为更好地调适人与自然关系，实现环境—经济—社会协调、持续发展提供历史文化资源。

一定社会形态和文化模式下的经济活动是人与自然交往的主要领域。在不同历史条件下，由于资源、人口、技术、制度、观念等众多因素的变化，以经济为主的人类活动不仅逐渐形成了不同行业和部门，而且各行业和部门的人类活动内容和方式亦处于不断变化之中，造成人与自然之间的关系呈现出丰富多彩而且愈来愈复杂的历史样态。中国是举世闻名的农业文明古国，农业生产曾长期居于社会经济的支配地位。在工业时代到来之前，所谓的"人类活动""经济开发"，都主要是农业活动和农业开发，人类活动对环境的改变乃至破坏主要发生在农业生产领域；另一方面，自然环境对人类的制约以及各种自然变动包括气候变迁、自然灾害等之于经济和社会的影响，也首先而且主要表现在农业生产上。因此农业活动与环境变迁的关系理所当然地成为研究重点，以往研究者不论是农林史学者还是历史地理学者，所关注的重点均在于斯，可以说两者在此有许多共同的课题。有不少成就卓著的老一代学者（如史念海、谭其骧、邹逸麟、朱士光等）和部分青年学者，既是历史地理学家，又很熟悉农业历史，在他们的研究中，不论是侧重对区域自然环境变迁的思考，还是着重对经济变动如农牧消长、农作结构调整的探讨，都非常重视考察两者之间的相互关系。

值得注意的是，最近十年来，一些青年学者更试图综合环境承载力、人口变动、社会制度、技术条件等多种因素对相关问题进行生态分析，并与传统史学所探讨的某些重要命题相联系。例如，王利华曾专门考察中古时期黄河中下游畜牧业的变动，对农耕和畜牧两种具有不同生态适应性和能量转换效率的经济生产方式之间的竞争与消长关系进行了生态学分析，指出畜牧比重和畜产结构的重大变化与人口升降、游牧民族的内徙直接相关，并与所谓"胡化"和"汉化"过程互为表里，这为分析经济、社会发展与环境变迁的关系，构建了一个应可自圆其说的生态学分析框架。

在自然—经济—社会关系的历史思考中，还有一个值得重视的领域，这就是聚居城市发展与生态环境变迁的关系。从事这一研究的主要是考古学家和历史地理学家。在考古学中，早期人类聚落和城市起源、发展与环境变迁的关系，很早就成为一个很受重视的课题，历史学视野下的城市发展与环境变迁的关系，则是古都城研究（古代）和城市史（主要是近代）的重要内容。就华北地区而言，重点研究对象是历史上的著名古都如殷墟、长安、开封、洛阳、北京等，但某些具有重要环境变迁指示意义的城市亦成为学者的兴趣点，比如关于统万城的变迁，就先后有不少学者进行过专门研究。从我们所掌握的文献来看，关于商代都城的生态环境面貌以及环境对都城形制和兴衰的影响，李民、朱彦民、李建党、郭睿姬等先后进行过研究，朱彦民且有专著出版。关于长安城市发展与环境变迁的研究成果更加丰富，除单篇论文以及一些著作中的专门章节外，中日学者曾就"中国黄土高原的都城与生态环境的变迁"进行了多年合作研究，史念海主编的《汉唐长安与黄土高原》《汉唐长安与关中平原》两部论文集收录了中日学者的不少论文，对黄土高原、关中平原的环境演变和经济发展之于长安城的影响，以及长安城自身的环境面貌进行了相当详细的论述；关于开封城，则有程遂营的《唐宋开封生态环境研究》一书进行专门探讨；关于洛阳及其周边地区的生态环境也陆续有些论文发表。作为中国古代后期的主要都城，历史上北京城的生态环境和环境变迁问题也逐渐受到重视，侯仁之、于希贤、韩光辉等一批历史地理学家曾做过不少有益探讨。关于其他城市，亦偶尔见有论文发表，如邹逸麟曾撰文综论黄河流域环境变迁对城市的影响。

城市是人类按照自己的意愿营造的一个典型人工生态系统，往往是全国性或地方性政治、经济和文化中心，具有人口密集、财富集中、物资消耗和能量流动巨大等诸多特征，环境变迁具有自身的特殊问题，如环境污染和公共卫生问题等。一些学者逐渐注意到了这些问题，比如李健超曾经撰文专门讨论汉唐长安城的地下水污染问题。不过，总体来说，这方面的研究还只是刚刚开始，需要大力开拓。

也有一些学者从更宏观的理论层次探讨自然—经济—社会历史互动关系。此类探讨渊源于近代以来"环境决定论"与"文化决定论"的多次论战，尽管最终未能取得非常一致的共识，但仍然有助于深化对相关问题的认识。过去几十年的一些讨论，比如中国封建社会的长期延续，古代经济重心南移，周期性社会动荡、少数民族内迁等，近年来逐渐与自然环境发生联系，亦反映历史学者日益关注环境与经济、社会之间的历史互动关系。

二、主要任务和理想目标

通过以上粗略介绍，我们可以得出这样的结论：在过去一个世纪中，学者对中国古代环境的研究可谓成绩斐然，已经发表的论著数以百千计，有些方面的问题已经探讨得相当系统和深入。为便于对各方面的情况进行分析，我们对目前所收集到的相关成果进行了简单分类统计，结果发现：

其一，从这些论著所关注的地区来看，在各大区域中，关于黄河中下游地区的研究成果明显集中，而关于长江流域以及其他地区的研究成果明显偏少。就黄河中下游地区而言，黄土高原和华北平原相差不远。不过被单列出来的"农牧交错带和草原地区"中，除了辽西和冀北山地之外，有不少内容亦与黄土高原有关。这样一来，单纯从数量上看，黄土高原受到重视的程度更高一些。如果考虑其在唐代以前中国经济、社会发展中的特殊地位，这也是合情合理的。

其二，在各种环境要素中，河流湖泊变迁和水资源利用明显地受到最高程度的重视，这一方面是由于河流湖泊情况复杂，可单独设题研究的具体对象较多，仅关于黄河的研究论著即占有很大比例；另一方面则与水利（包括农田水利和漕运）在经济史研究中一向特受重视有关。

其三，按照人类活动的类别统计所得出的结果，既在情理之中，亦显然反映出以往研究的偏颇。在可以明确归类的成果中，与农业（大农业）有关的论著所占比例远远高于工商业、交通运输和城市诸项之和。

认真检视已有成果，关于先秦至唐代中国生态环境史的以往研究成果，虽然相对比较丰富，但仍然存在一些明显的缺陷和不足：

第一，研究课题零散，思想知识有待归纳和综合。以往学者分别从不同领域介入环境历史研究，选择各自所擅长和感兴趣的课题开展具体实证探讨。从学术发展的逻辑来说，这是合情合理而且也是十分必要的。不过，当具体研究积累到一定程度，就有必要进行归纳和概括，如若始终停留于分散、具体的研究，缺乏必要的汇集和整理，只会使人"只见树木，不见森林"。事实上正是因为这个原因，尽管目前的相关成果已是非常丰富，但对该区域不同时代生态环境的基本面貌、环境历史变迁的整体过程，我们却依然不甚了了。

第二，自然—经济—社会有机结合的探讨严重不足。这一方面与以往研究相当零散有关，同时亦由于研究者的生态系统意识还不够强。伊懋可认为：以往中国学者的环境史研究明显偏重于自然探讨，对社会、经济方面的问题重视不够，两者需要很好地结合起来。我们阅读已有论著，得出了与他相同的印象。事实上，以往不仅是对待自然问题和社会问题明显厚此薄彼，而且对构成自然环境的诸多结构性因素，在研究过程中亦缺少充分的彼此关照，不少论著常常只就自然层面的单个事象或问题进行论说，只言其一、不及其他，难以对环境变迁史进行圆融的分析和解说。近年来，一批学者逐渐认识到环境变迁是由众多因素综合驱动的复杂历史过程，人口、技术、经济、制度等社会性因素逐渐被纳入思想的框架，不过这类成果仍然稀有，大多数学者的论说相当模式化和简单化。有人归纳出了这样一个共同的论说模式，即："概述区域自然地理概况—考察区域开发过程—探求经济开发对环境的负面影响—分析环境变化对区域经济发展的影响与制约—总结人地关系的演进特点及相关历史经验教训"。[1]大致来说，这种模式虽然便于实际操作，但却是一种单线性和直线性的思维，不利于对环境变迁复杂历史机制进行圆融而且深刻的分析解说。在我们所试图建构的环境史框架中，环境史的研究对象，既不只是自然生态系统，也不只是人类社会系统，甚至也不只是两者的简单相加，而是历史上由自然、经济、社会及其文化共同构成的"人类生态系统"，各种自然和社会要素之间存在着复杂的生态关系，为了避免简单化的解说，今后应借鉴"自然—经济—社会复合生态系统"理论，注重综合理论分析，鉴于以往的不足，尤其需要注重考察人类（社会）驱动力的历史作用。只有这样，才能深刻认识自然系统和社会

[1] 佳宏伟：《近十年来生态环境变迁史研究综述》，《史学月刊》2004年第6期，第112-119页。

系统协同演进的历史关系。

第三，跨学科对话和多学科成果会通明显不够。环境变迁史研究既是一门具有强烈现实关怀的学问，又是一门多学科交汇的学问，这是研究者们的共识。对历史问题进行深入综合的研究，以为当代环境保护和生态建设服务，史念海、谭其骧、朱士光、邹逸麟等老一辈学者已经做出了很好的榜样，应继续发扬光大这种服务精神。由于多种原因，以往环境史研究者不仅与当代环境科学家和生态学家之间的交流、沟通明显不够，在问题意识和学术话语上存在严重的隔膜，历史学者基本上处于"自说自话"的状态，而且对于不同学科学者相关研究成果的汇集、整合和综合吸收也存在明显不足。

必须承认：迄今为止，中国环境史学尚未建立起一套成熟的学术框架，有许多基本学理问题尚待深入探讨。按照我们的初步设想，中国环境史应以深入揭示和深刻认识中华民族与所在自然环境之间的历史关系为鹄的，环境史叙述亦应当围绕中华民族生存和发展这条主线，沿着中国历史演变的基本脉络渐次展开，揭示中国社会经济、政治和文化变迁过程中人类社会与自然环境之间的交相作用，透过对纷繁复杂历史事实的实证考察和具体叙事，合理地揭示"人类系统"与"自然系统"众多因素之间彼此因应、协同演变的复杂"生态关系"和"生态过程"。然而，对于作者来说，这是一个目前尚无法达到的太高的学术企图，不论从思想理论、技术方法还是就知识储备来说，我们都面临许多一时无法解决的问题。根据目前的研究基础，我们似乎首先需要完成对中国自然环境历史变化过程的某种程度的"重建"，这是深入探讨"人与自然关系"的一个前提。因此，我们将主要致力于综合汇集前人的研究成果，尽量完整地概述各个时代主要区域生态环境的基本面貌，追寻自然生态系统主要结构性要素的历史变迁轨迹，揭示生态环境变迁的主要自然驱动力和社会驱动力，以便为深入探讨自然—经济—社会之间的协同演变关系打下基础，同时整理和总结与环境相关的历史经验教训和思想资源，为当代生态保护和生态文明建设提供参照。

然而，以上所言，只是我们的理想目标，从短期来看甚至还只是一种学术梦想。从远古至中古，跨越时间长达数百万年，其间的人与自然关系演变乃是何等复杂！对于这一漫长时代的环境史，前人虽然已从不同角度予以触及，甚至对不少专题问题已经做了很专深的研究，但还存在着太多的空白，综合性论述更是缺少。以作者的有限积累与浅薄功力，承担这项编撰工作实属不自量力。

坦白地说，我们在编写过程中所遭遇的困难远远超出了先前的估计。因有太多的障碍无法克服，对很多问题不得不暂时回避；对特意提出的一些问题，虽然觉得重要，却无法给予最起码的论述；已经有所叙述和讨论的许多史实和问题，也有不少并非基于作者本人的专门研究，对它们的叙述与解说也很不周全、圆融。事实上，我们目前所能做的工作，只是尽可能汇集、综合前人的相关成果，博采众家之长，参以己意，根据自己对中国环境史的粗浅理解，拉出一个极不完善的编纂框架，对基本史实进行尽量比较合理的编排，描出一幅上下贯通的草图——这是目前情形之下开展中国环境通史编纂工作唯一可行的路径和差可接近的目标。正因为如此，本书第一、第二卷虽由作者本人署名，其实凝集了几代学人的汗水和心血，当然其中所存在的疏漏与错误应由作者本人负责；而由于编者功力非常有限，努力攒出的文字虽然已经十分冗长，但距离所谓"通史"的要求实在非常遥远，无法让读者感到满意，对此我要深表歉意。

还有一点需要说明。我们知道：有什么材料说什么话，是历史研究的一个基本原则。然而，作者在试图述说许多问题之时，由于直接材料非常寡少，往往不得不试着根据生态学及其他学科知识对有限材料作"延展性"解读，对相关问题进行自认为比较合理的推测和联想，其中所提出的许多观点，自然就只能是"或然"而非"必然"的判断。专门做此说明，乃是担心自己的失察和偏颇，可能误导广大读者，尤其是那些刚刚涉足中国环境史的同学们。这里特别想要表达的意思是：在环境史这个新兴史学领域，我们都是初学者。

三、本卷叙事的基本脉络

本卷叙事上起蒙昧时代，下迄东汉末期，涵盖时间长达二三百万年。在此数百万年中，中国大地上的经济、社会和文明发展经历了多次重大历史跨越。举其要端，可以归纳为以下三次重大转变，本卷的叙述将它们作为基本线索渐次展开：

一是由采捕社会向农牧社会转变：原始时期，中国先民经历了数百万年的漫长采集捕猎生活，在此期间，各种经验、知识、技术与工具逐渐积累、发明，人口数量缓慢增加。在距今约 1 万年前后的新石器时代，开始发生所谓"农业革命"，从那以后，人们不再完全仰赖于自然界中现成的资源，在无边的荒野不断游荡，而是逐渐通过主动地干预动、植物的生命过程来获得生存资料，逐渐走向定居的农业生活，人与自然关系由此而发生革命性的转变。

二是由野蛮社会向文明社会转变：大约距今 5 000 年，中国开始跨入文明时代的门槛。生态—社会变迁表现在生产力和物质生活方式上是铜器的发明和使用，种植和饲养进一步取代了采集、捕猎而取得经济主导地位，人们索取自然资源和改造自然环境的能力都有明显提高，不同的生计方式和经济类型开始出现分化；表现在经济和社会形态上，是农耕与游牧两种生计体系逐渐分野，一些先进农业部族（或地区）开始大规模燔林垦殖、蒟除草莱、种植百谷，生产经营方式逐渐由原始形态向粗放形态演变，并逐渐获得在社会经济中的主导地位；以此为基础，私有制、阶级、国家、城市和文字等相继出现。

三是由城邦王国向"大一统"帝国转变：夏、商、周三代，以中原为中心的华夏文明体系逐渐生成，但在相当长的历史时期里，黄河中下游地区血缘部族众多，城邦王国林立。随着以农耕作为主要生业的华夏族逐渐壮大，草莱逐渐垦辟，人口逐渐增长，空荒地带逐渐缩小，众多民族（部族）交错杂居局面亦相应改变，这个区域的经济、政治和文化不断走向整合。血缘和宗法关系是华夏社会的主要纽带，等级贵族统治下的大、小家族或氏族公社则是经济生产和社会生活的基础单位。殷商时期，社会劳动分工不断走向细化，行业（职业）的家族特色显著，繁荣灿烂的青铜文化显示了生产力水平的显著提高，农业经济取得较大发展，但经营方式依然粗放，畜牧业和采集、捕猎仍然具有重要地位。姬周时期，中原地区进一步走向农耕化，中国传统社会的诸多特质初步形成，宗法制、井田制、分封制和世卿世禄制成为政治统治和社会经济运行的主要制度框架。春秋、战国时期的一系列历史巨变，推动血缘贵族政治和封建领主制经济不断瓦解，皇帝专制、中央集权政体和"大一统"帝国统治逐步建立，土地私有制不断发展，以家庭为基本单位的小农生产逐渐成为社会经济主体；铁器和牛耕的出现、大型水利工程的兴建、土地垦殖和耕作方式的变化等，促进农业生产不断由粗放经营走向精耕细作，国家"以农为本"，以人口与土地控制作为主要手段，征收赋税和征发徭役，成为统治者奉行罔替的基本国策，农业社会的人与自然关系模式随之确立。

上古三代至战国、秦、汉，中国社会经济发展的中心区域是黄河两岸，我们称之为"黄河轴心时代"。这个时代在五千年中华文明史上具有极其重要的意义，中国文明的基本性格和人与自然关系的基本特质正是这个时代形成的。在此后的漫长时期，社会演进蜿蜒曲折，历史发展波澜起伏，文明空间不断开拓，中华民族在地区差异愈来愈显著的复杂生态环境之中谋求生存和发展，不断认识、开发、利用和改造各地自然环境条件，谋取物质生活资料，维持家庭生计，延续族群血脉，生态意识和环境行为亦呈现出愈来愈异彩纷呈的复杂情态。至中古时代，南方不断崛起并且后来居上，"黄河轴心时代"渐告终结，但在占据人口绝大多数的汉族之中，在黄河中下游地区率先确立的"以农为本"生存方式，以及由它所决定的人与自然关系基本模式，在 20 世纪之前并没有发生根本性的改变。

第一章

史前时代：自然演变与人类进化

环境史的研究主题是历史上的人与自然关系，其所考察的"自然"并非一般意义上的自然界，而是人类生存和发展的周遭环境。这个"环境"，是与人类社会相对应和以人类生命活动为中心来界定的。因而，环境史考察的时间上限应是人类之诞生。

第一节　时代概述和资料说明

本章试图概要叙述文明时代到来之前中国境内人类与所在自然环境之间的关系，其中涉及远古人类起源、体质和文化进化以及自然环境变迁的诸多复杂问题。由于我们的相关专业知识阙如，对许多专门问题无力进行深入解说并提供系统新见，只好尽可能地借助相关领域的学术成果，梳理出一个自以为比较符合逻辑的大致过程。为方便读者把握本章叙事脉络，兹先对远古中国人类与自然关系的演进历程和主要参考资料作一概述。

一、时代概述

关于人类的起源和进化历程，一般划分为南方古猿、能人（Homo habilis，约 250 万到 150 万年前）、直立人（Homo erectus，约 200 万到 20 万年前）、智人（分为早期智人和晚期智人）等不同阶段。南方古猿属于"正在形成中的人类"，南方古猿中的一支逐渐进化成为"能人"，为早期猿人，猿人继续进化至晚期能直立行走，是为"直立人"，进一步则进化成为"智人"，都属于"完全形成的人"。从人类进化水平和阶段来说，我们都属于"智人"。

根据现有考古学、古生物和古人类学的最新资料，迄今为止中国境内所发现的最早人类化石，属于 1985 年在重庆巫山县庙宇镇龙坪村龙骨坡所发现的"巫山人"，经测定：其年代距今有 200 多万年。倘若结论可靠，则"巫山人"比起一般《中国通史》教科书所指的云南"元谋猿人"（距今约 170 万年前）还要早 30 万年。[1]

自从有了人类，也就出现了人与自然的关系。从距今 200 万多年前开始，直到文明国家出现，乃是一个极其古老而且漫长的岁月，我们称之为"史前"或"远古"。从社会形态说，那个时代属于原始社会，其中又可划分为蒙昧（Stage of Savagery）和野蛮（Stage of Barbarism）两个阶段；考古学家则根据当时的主要工具类型和技术水平，将其划分为旧石器时代和新石器时代（两者之间还有中石器时代、细石器时代之说），因金属冶炼技术和工具器物出现而终结；在地质年代学上，远古时代的人类历史跨越了第四纪之更新世和全新世。

在这个漫长时代里，中国南北各地曾经生活过许许多多的原始人群，留下了丰富的文化足迹，他们分别处于不同的发展阶段，创造了不同的文化类型。例如，著名的北京人、陕西蓝田人、安徽和县人、湖北长阳人、南京汤山人，直至北京周口店山顶洞人，生活时代分别属于考古学上的旧石器、中（细）石器时代，相当于地质学上的新生代第四纪之早更新世至晚更新世时期。在距今约 1 万年前，中国进入新石器时代和全新世，北方的红山文化、仰韶文化、龙山文化和南方的河姆渡文化、良渚文化等都属于这个时代。

远古时代中国人口非常稀少，工具技术简陋，经济文化水平低下，采集和捕猎是我们祖先的主要生计方式，只是到了最后 1 万年，才开始出现植物种植和动物饲养（除狗之外）。在采集捕猎经济时代，人们完全依赖于自然界中现成的食物及其他生活资源，过着游动的生活，生活居所不固定，同一般的高等动物，特别是灵长类动物，没有太大的差别。与许多动物所不同的是，人是一种

[1] 黄万波：《从巫山龙骨坡文化探索人类的起源》，《四川三峡学院学报》1999 年第 6 期，第 1-8 页。按：学术媒体上还有关于中国境内古人类化石和石器的更早报道，但都颇有争议。个人认为关于"三峡人"的报道和研究具有一定可信度，或可以此作为中国环境史（即人与自然关系史）叙事的起点。

杂食性动物，一切可以采捕的动物和植物，都可能成为食品。当时人们的食物是非常广谱性的，种类十分丰富。人们运用简单的文化手段同生态环境打交道，开始利用天然火种，后来发明了人工取火；制造粗糙简陋的石器和木器工具（史称旧石器时代）；后来还发明了弓箭、陷阱、投索等捕猎手段和编织器物。因此，在那个时代，人类活动对大自然的影响非常微弱，生态环境变迁几乎完全是大自然自身运动变化的结果。从另一方面来看，那个时代的人们面对大自然及其种种变化，表现得非常孱弱无力，他们不得不完全依赖和屈从于大自然，而种种自然环境因素及其变化决定人们的劳作休息、生死存亡和迁徙活动，人类与其他高等动物之间的差别相当微小。

然而，人之所以为人，是因为他能够制造工具、使用符号，具有文化能力，能够利用文化手段开展有目标的劳动，谋取所需的生活资料，这与其他动物完全依靠自然本能觅食活动，有着根本性的差异。在远古时代，"人猿揖别"已经发生，人类社会与其所在生存环境的关系同其他动物与其栖息地的关系已经分道扬镳，并且沿着两条路线不断进化，即体质进化与文化进化。由于体质进化，人类祖先逐渐由南方古猿的一支进化为能人，然后又进化为直立人（如元谋人、北京人），再进化为智人，其中又分早期智人（Early Homo sapiens，约25万到3万年前，如中国境内的大荔人、马坝人、丁村人、许家窑人等）和晚期智人（Late Homo sapiens，大约5万至1万年前，例如中国境内的山顶洞人、河套人、柳江人、麒麟山人、峙峪人等）两个阶段，最后进化为现代人。在此过程中，人类体形结构发生了显著变化，脑容量明显增大，智力水平大大提高。人类在"能人"阶段已经开始制造工具，到"直立人"阶段则具备了基本的语言符号能力，并能够控制火种。

在与大自然不断交往的过程中，人类对周遭资源环境的认识水平和利用能力缓慢提高，社会文化首先是生存技术逐渐取得进步：从打制粗糙简陋的旧石器，到制作磨光石器和多部件组合的生产工具；从偶然发现和保持自然火种，到发明和采用人工取火；从利用纯天然材料制作使用木、石、骨、蚌工具，到发明和使用弓箭、飞石索、陷阱，再到利用陶土大量烧制各类器物；从采集猎获天然食料，到人工栽种植物和饲养动物；从茹毛饮血、生食冷饮，到烹饪食物、酿酒造醢等都是具有重要意义的发展，不断增强了人类认识、适应、利用乃至改变自然环境的能力。以这些方面为物质技术基础，人类的社会组织结构、家庭婚姻制度、栖息居处方式等众多方面亦不断发生变化，表意符号、生命意识、宗教仪式、审美观念等逐渐产生，更使人类不断进化为具有精神智慧的"万物灵长"。到距今 1 万年前，中国开始进入氏族社会阶段，经济生产逐渐由采集、狩猎走向农耕、畜牧，社会形态逐渐由母系社会过渡到父系社会，社会人口规模逐渐扩大，经济、政治关系趋于复杂化。至距今 5 000 年左右，一些地区已经出现大型部落联盟和军事酋长制，私有制和阶级亦逐渐产生。此时，文明时代的到来已是晨光熹微了（见表 1-1）。

表 1-1 史前时代的文化进化

时 期	生产力标志	主要发明	生计方式	社会关系	人与自然关系
200 万—1 万年前（旧石器时代）	打制石器	用火技术、弓箭、陷阱、抛索等	采集和捕猎	原始人群杂居群婚	人类完全依赖天然资源
1 万—5 000 年前（新石器时代）	磨制石器	驯化动植物，发明作物种植、动物饲养、编（纺）织技术、建造定居村落、大量制作和使用陶器、木器、骨蚌器物	采集、捕猎与种植、饲养并重	母系氏族社会血族群体族外群婚制	人类开始主动干预动植物生命过程，营造农业生态系统
约 5 000 年前（原始社会末）	出现红铜	冶炼金属，农耕、畜牧和手工业分工，水利技术，筑城技术	采集、捕猎和种植、饲养并存，农牧经济比重提高	父系氏族社会族外对偶婚制部落联盟和军事酋长制	人类开始营造早期城市生态系统

二、资料说明

史前时代，中国先民心智未开，直至夏朝尚未发现系统的文字，那个时代发生在人与自然之间的故事，并无可靠的文字记载，因而关于那个时代的环境史，我们无法从历史文献中找到确实的证据。

古史传说已经涉及了远古祖先如何同大自然打交道，如何看待天地万物、利用自然资源获得生活资料，盘古开天辟地、女娲补天、精卫填海、伏羲演八卦、有巢氏构筑居室、燧人氏取火、神农氏发明农业和医药、黄帝"垂衣裳而天下治"、嫘祖发明养蚕缫织，以及较晚时代的尧帝颁历、大禹治水、后稷教稼……这些远古文化英雄故事至今依然广泛流传，其中都透露出人与自然关系史上的某些古老信息。然而所有这些"故事"都只是后世"层累地形成"的推源历史神话传说，可以理解为后人对遥远时代历史的想象性重构，并不足以作为充分理解史前人与自然关系的真凭实据。重构这样一段漫长的历史，必须另辟蹊径。所幸，20世纪以来，多门自然科学都很重视考察地球环境变迁，以及地质年代的生命演化史，而考古学更是致力于根据地下遗存进行远古人类历史的重建，留下了丰富的科学研究文献，为我们提供了丰富的科学证据。

首先是地质学（Geology），它不仅研究地球的物质组成、内部构造、外部特征及其各个圈层之间的相互作用，而且关注地球演变的历史过程，其中包括生物作为重要营力影响地质（或者生物与地质互相影响）的自然史。随着学科不断发展，地质学家对近几百万年以来人类适应和改造地质环境的历史亦予以高度重视，注意到人类利用地质资源（如用坚硬岩石制作工具、用矿石冶炼金属、兴建各种土木工程等）对环境造成了愈来愈显著的影响，积极考察地质年代的人与自然关系演变。在地质学的众多分支中，地质年代学、地层与古生物学、历史地质学、古地理学等学科常常引入历史观念，将大时间尺度下的地球环境变迁、生命演化和人类活动等方面纳入研究视野，积累了非常丰富的资料。例如，通过不同地层古生物化石，了解地质年代的生物形态、构造和活动；通过对各种古生物化石进行分类，考察古生物的演化；通过古生物的分布，了解各地区不同地质年代的地理环境等，这些对于重建史前人类生存环境和人与自然关系，无疑具有重要的参考价值。

其次是古生物学（Palaeontology）和古人类学（Palaeoanthropology）。作为生命科学与地球科学的交叉科学，古生物学一方面根据保存在不同地层的生物遗体、遗迹、化石，确定地层的顺序、时代，了解地质史上的水陆分布、气候变迁和沉积矿产形成与分布等自然变化规律；另一方面采用一定时间尺度，考察生命起源、发展和演化的漫长历程，建构生物进化的历史模型和时代序列，寻找生命演化的节奏和机制，以及生物进化与环境变迁之间的相互影响。根据研究对象不同，古生物学主要包括古植物学和古动物学两大分支，其中古植物学又有古孢粉学和古藻类学两个分支，古动物学则分支出古无脊椎动物学和古脊椎动物学，从古脊椎动物学中又衍生出了古人类学。

古人类学亦称人类古生物学（Human Palaeontology），是研究人类起源和早期发展的一门边缘科学，简要地说是关于人类进化的科学，其主要理论基础是进化论，主要研究对象是古人类和古猿类的化石遗骸。自达尔文创立"进化论"以来，科学家一直努力采用科学方法，探索人类由猿向人进化的历程，最近100

多年的古人类学发展，不仅建立了人类在体质、形态和智力由类人猿向直立人、智人和现代人缓慢进化的知识体系，提出了关于人类起源、迁徙的多种假说，对史前人类生存环境和社会文化及其演变的认识亦不断取得新进展。在中国，以吴汝康、贾兰坡等为代表的古人类学家对中华大地的古人类来源、化石遗骸分布与鉴定，以及史前人类体质和文化进化的历程，都进行了卓有成就的科学探索，积累了大量的实物资料和科学文献，为思考史前时代的人与自然关系提供了丰富素材。

大致而言，古人类学研究亦有广义、狭义之分：狭义的古人类学研究主要利用体质人类学、比较解剖学等学科知识和方法，通过对古人类和古猿类遗骸结构、机能之比较，探索两者的体质构造在时间上的变化规律，通过在不同地区所发现的遗骸化石了解其历史空间分布的变化，探索远古人类的迁徙过程。广义的古人类学研究，还利用古人类制造、使用过的工具和其他遗物，以及与远古人类共存的古动物、古植物化石，乃至古气候、古地理以及年代学等方面的资料，阐明古人类的行为（物质生产、饮食习惯、精神生活、社会结构等）、文化、社会及其生息于其中的自然环境状况。例如，古人类学家吸收和借鉴考古学、民族学等学科理论、知识和技术，对石器、骨器及其他人工制品进行鉴定，考察早期人类体质和智力的进化，进而考察其社会文化的进化与差异，这些方面与考古学已经相当接近。

考古学是根据古代实物遗存探索人类历史的一门科学。其主要分支之一——史前考古学，主要考察文字出现之前的人类历史，包括旧石器时代和新石器时代的历史，与地质学、古生物学、古人类学和民族学等学科之间存在着密切的学术关联。虽然考古学一开始更重视人类所创造的各种实物遗存，但与一般的历史研究相比，它从一开始就比较关注古代人类的生存环境，早在20世纪前期（如殷墟发掘与研究中），学者们已注意到了大量的野生动植物遗存，从中发现了古今自然环境的显著差异。随着考古学的不断发展，新的分支陆续产生，植物考古学和动物考古学的兴起，对于了解史前生态环境尤其具有重要意义。植物考古学（Archaeobotany），主要通过对考古遗址里植物的种子、果实、叶、茎、组织、树干、根、孢粉、气孔、表皮、淀粉、化学组成、树脂、植物硅酸体等的研究，了解人类生存的气候背景，遗址区的植被特征，人类的食物特征，并进一步了解人类获取自然资源、利用自然资源的行为。简要而言，植物考古学家重点关注古老文化遗址中的植物遗存，探索这些植物遗存对人类生存的影响，并据以复原古代人类所在的生态环境，考察不同文化与自然环境的关系。动物考古学（Zooarchaeology），或称骨骼考古学，则通过对文化遗址中的动物遗存，研究和探索人类与动物之间的关系。研究内容包括动物的种类，养殖和捕捞，动物的栖息、生活习性、季节特征、年龄、性别和动物资源的规模，屠宰、运输和重新分配。这些数据还可以提供捕捞、屠宰等技术信息，人口数量、气候信息、贸易等，这种研究对于古代人类狩猎生产、禽畜饲养的起源和发展、史前人类食物结构、营养状况乃至社会经济关系等，都具有重要意义，并有助于了解史前人类所在的自然生态环境。

最近几十年来，考古学的另一重要分支方兴未艾，这就是环境考古学。它产生于 20 世纪 60 年代，致力于透过古老实物遗存，认识地质、地貌、气候、资源等环境因素及其演变对人类食、衣、住、行的影响，重建自然环境与人类自身及其社会、经济、政治、文化、军事活动等之间的动态关系，寻求人类社会与生态环境的互动变迁规律，其学术旨趣和目标与环境史高度一致，两者的差别只在于时代分工不同、所用资料有别和采用了不同的工作方式：环境考古学亦有助于认识有史以来的环境史，但其主要任务是重建有文字之前的人与自然关系，所依靠的主要是实物而非文献资料，而其工作方式乃以田野考古为主。[1]事实上，最近一二十年来，环境考古学已经取得相当傲人的成绩，关于环境考古学的专著和教材陆续出版，已经刊发了大量的学术论文，由一批知名学者汇集历届环境考古学大会论文而编辑的《环境考古研究》，至少已经出版了四辑，其中包含着许多宝贵的资料和学术观点。[2]应当说，环境考古学家是史前环境研究的主要群体，他们所取得的丰富成果，很自然地为本卷编者所重点参考。

最后，我们必须提到一个广泛综合的跨学科研究，这就是"第四纪研究"，从学科归属来看，第四纪科学是地球科学的一个分支，但它广泛涉及和涵盖地球科学、环境科学和人文科学众多分支学科。我们不妨引用《中国第四纪科学

---

[1] 杨晓燕、夏正楷、崔之久：《环境考古学发展回顾与展望》，《北京大学学报（自然科学版）》2005 年第 2 期，第 329-334 页。按：本书引用各高校学报，凡未特别标注"自然科学版"者皆为"哲学社会科学版"或"人文社会科学版"。

[2] 周昆叔主编：《环境考古研究》（第一辑），科学出版社，1991 年；周昆叔、宋豫秦主编：《环境考古研究》（第二辑），科学出版社，2000 年；周昆叔、莫多闻、佟佩华、袁靖、张松林主编：《环境考古研究》（第三辑），北京大学出版社，2006 年；莫多闻、曹锦炎、郑文红、袁靖、曹兵武主编：《环境考古研究》（第四辑），北京大学出版社，2007 年。

研究会简介》来说明它的性质和任务：

第四纪（最近 258 万年）是地球演化历史上最新的一个地质时期，是现今地球环境形成和现代人类出现的关键时段。第四纪时期，地球环境经历了山岳冰川和大陆冰盖的周期性进退、全球海面的大幅度升降以及全球大气环流和海洋环流型式的急剧重组。伴随着全球性的气候变化和海陆变迁，动植物发生了相应变化，人类逐渐进化。第四纪地质档案记录的地球环境演变史涵盖不同时空尺度、不同速率的环境变化信息，为认识过去环境演变规律、理解现今环境变化原因、评估未来环境发展趋势提供了科学依据。第四纪研究具有重要的理论意义和实践价值。[1]

从该学科的代表性刊物——《第四纪研究》杂志所刊论文可见：考察地质年代的环境变迁，是该学科是主要任务之一，研究者广泛涉及了第四纪沉积与地层、第四纪沉积环境与古气候，第四纪资源（金属、非金属及自然资源）开发利用与管理、环境工程与应用，第四纪动植物演化与新发现，全球变化与人类环境相关性，天文周期与气候演化，第四纪新构造运动与地质事件（包括灾害性事件）与国土整治等众多方面。研究地球和人类共同的历史，谋求人与自然的和谐，是它的终极学术旨归。近百年来，大批自然科学家和人文社会科学家都曾介入相关研究，广泛涉及第四纪以来中国气候、地质地貌、水土资源、海陆关系、生物演变及其演变与人类活动之间的相互影响，取得了极其丰富的科学成果，许多方面达到了世界先进水平（例如刘东生对黄土高原的研究），不仅为我们思考漫长时代的人与自然关系提供了科学资料，而且大大拓展了环境史的思想空间。[2]

由上可见，虽然对于史前环境，我们几乎没有传世古籍可资利用，但相关领域的学科研究为我们准备了丰富的素材，有助于史前人类与自然关系的重建。但应当指出：充分吸收和利用众多学科的相关成果，殊非易事，一方面是因为它们所涉及的自然历史信息和自然学科知识极其广泛，任何一位博学

---

[1] 引自中国第四纪科学研究会官方网站（http://www.chiqua.org.cn/xhjs/xhjj）。

[2] 有兴趣的学者可以参阅《第四纪研究》历年所刊论文。该杂志于 1958 年创刊，原名《中国第四纪研究》，1989 年更名为《第四纪研究》。

的环境史学者都会"望洋兴叹"，因此对于如何利用相关文献，选择其中的科学证据重构一段遥远时代漫长的环境史，我们感到相当茫然，了无自信，只能勉力而为；另一方面，虽然这些学科的研究都涉及了人类社会初期的环境问题，但其理论基础、技术方法和学术诉求都有所不同，与环境史致力于以人类生存发展为主线、系统地重建人与自然关系的思想导向之间存在诸多差别，如何做到"以我为主，博采众长"，还有待于在研究和编纂实践中逐步探索。

第二节　人猿揖别：环境适应与人类进化

在传统历史观念中，"历史是人的历史"，而"人"是通过人类社会中的各种关系来界定的，偏好追根溯源的历史学家对以往的人类群体、民族、国家、经济、文化等进行考察，探寻它们的发展变化规律，基本工作局限于人类社会这个范畴。他们有时会提到人以外的事物和现象，像"自然""天道"等这些不可琢磨、难于言状的神秘力量也经常出现在历史文本之中，但在大多情况下只不过是一些抽象的概念或符号，并非真实而具象的历史叙事对象。然而，单纯观察人与人和人与社会之间的关系，无法完整地讲述人类的历史，更不能从根本上认识人类及其社会文化的历史本质。

环境史致力于探索人与自然之间的既往关系，让"人类回归自然，自然进入历史"，不仅为了认识当今环境生态问题的来龙去脉，了解以往人类是在怎样的自然环境中生存发展，而且为了更加全面地认识人类自身。在环境史的视野中，人类从属于地球生物圈，经济、社会和文化体系的起源、发展和变迁是地球生命系统演变的一部分。大自然的运动造就了奇丽瑰玮的地球生命世界，大地母亲生育、滋养了人类。

多个学科的研究成果清楚地告诉我们：人类的历史尽管漫长，但与地球的历史相比只是极其短暂的一瞬间，即使在生物进化时间表上，由猿变人也只是在最近一个片刻才发生的事情。然而，大地母亲的这群初生之子具有极其超凡的能力，他们会制造工具，会取用火种，能用符号传递思想、知识和表达情感，这些都是其他动物所不具备的独特能力；大约1万年前，当地球演变到"全新世"，他们中的一些人开始不再被动地接受大地母亲所提供的现成食物，而是主动地干预动植物的生命过程、通过种植作物和饲养动物谋取生活资料，由此开创了"农业时代"，人与自然的关系发生了第一次也是意义最为深远的一次革命；到了 18 世纪，由于新兴资本主义对市场利润的狂热追逐，一群英国人士进行了一系列技术机器发明和改进，制造出了"珍妮纺纱机""单动式蒸汽机"等众多前所未有的"魔兽怪物"，掀起了波澜壮阔的科技革命和工业革命，再次彻底改变了人类社会对自然资源的利用方式和人与自然之间的关系。从那时起，至今不过短短 300 年，伴随着人口、科技、产业、城市和市场经济的高速增长，人类文明发展到了难以置信的高度，而人类本身变成了"生物圈中的第一个有能力摧毁生物圈的物种"和"生物圈中比生物圈力量更大的第一个居民。"[1]地球环境演变由此进入了所谓"人类世"。[2]如今，人类活动已成地球环境变迁的主导力量和主要营力，贪婪、狂傲的人类不断戕害摧残着大地母亲的躯体生命，使整个地球的大气圈、水圈、岩石圈、冰冻圈、生物圈都变得百孔千疮，反过来严重地威胁着人类文明的继续发展，甚至危及人类自身的未来生存。

面对日益严峻的挑战和危机，人类不能不认真探询令自身陷入困境的各种前因后果，不能不反省自己的错误，甚至不得不重新追问这样一些问题："我们是谁？""从哪里来？""应向何处去？"在环境史视野下全面系统地探求和解答这些问题，无疑具有特殊时代意义。事实上，几千年来，中外史家一直在探询此类问题，不仅历史学家关心这些问题，包括人文、社会和自然科学在内的众多领域的学者都在努力求索，试图予以回答，因为在人类思想与知识求索之中，它们是根本性的问题，不仅关乎对人类自身的理解，亦关乎对自然世界的认识，最终还关乎人类的未来命运。正是由于多门自然学科的共同关注，历史学家有可能借鉴、学习和取资于自然科学材料以弥补历史文献之不足。这一点，对于描述史前自然环境，追寻人类与环境互动的早期经历尤其具有

---

[1]［英］阿诺德·汤因比著，徐波等译：《人类与大地母亲》，上海人民出版社，2001 年，第 18 页。

[2] "人类世"（The Anthropocene）是诺贝尔化学奖得主、荷兰大气化学家保罗·克鲁岑（P J Crutzen）等人所提出的一个新地质学概念。他们认为：自工业革命以来，人类成为地球环境变迁最主动活跃的地质变化营力和主要地质因素，进入了一个继"更新世"和"全新世"之后的另一个地质学纪元——"人类世"。2008 年在伦敦召开的地质学会大会上，地层委员会大多数委员通过表决将"人类世"这一非正式术语"正式化"，中国地质学界也有越来越多的学者接受这个概念。但国际科学界还存在不同意见。参见 Crutzen P J, Stoermer E F. The Anthropocene. IGBP Newsletter, 2000, 41: 17-18；刘东生：《开展"人类世"环境研究，做新时代地学的开拓者——纪念黄汲清先生的地学创新精神》，《第四纪研究》2004 年第 4 期，第 369-378 页；张志强等编译：《新的地质时期——人类世》，《地球科学进展》2010 年第 9 期，第 997-1000 页。

重要意义。本章正是综合地质学、古生物学、古人类学和考古学的相关成果而展开叙述。

一、鸿蒙初开：环境演变与中国人类起源

如前所言，我们所定义的环境史是以人类诞生作为起点。自从有了人类，就发生了人与自然之间的关系。根据比较可信的古人类学和考古学资料，若从腊玛古猿算起，由猿进化到人经历了 1 000 多万年；从南方古猿算起亦经历了 200 万至 300 万年。学界多将更新世作为人类起源时代。然而在此之前，地球上已经过了 40 亿年的漫长生命发生和演化历程，直到最近的地质代纪，特别是第三纪以后，伴随着地球生物圈生成和演化，在庞大、复杂而精密的生态系统中，人类从南方古猿中脱胎而出、呱呱降生。目前见于报道的中国境内最早人类化石和石器，早于云南元谋猿人者，有安徽繁昌、河北蔚县、重庆巫山等地的新发现，年代大致在距今 300 万至 200 万年前，时间约在地质年代的新生代第四纪之早更新世。

在那样遥远的年代，中国自然环境究竟如何？环境演变对于这片土地上的生命特别是人类生命起源和演化究竟产生了怎样的影响？要回答这些问题，有必要追述一下更早以来中国环境演变的宏观态势。

众所周知，中国东部面朝浩瀚的海洋，背靠亚欧大陆，现代自然环境既有南北之分，更有东西之别：从气候分带来看，中国东部地区环境的纬向水平分布性明显，由南到北跨越了热带、亚热带、温带和寒温带；西部则表现出垂直分带性，而水平分带不明显：南部青藏高原为高寒气候区，北部为内陆温带区。东西部的温度变化和降水特征差异十分显著。中国的地势由西向东递降呈三级阶梯结构：青藏高原为第一级台阶，以昆仑山—祁连山—横断山为外缘，平均海拔 4 000 米；第二级台阶和第三级台阶以大兴安岭—太行山—巫山—雪峰山一线分界，此线以西，主要包括蒙新高原、黄土高原、四川盆地、云贵高原，平均海拔 1 000～2 000 米；此线以东，主要包括东北平原、华北平原、长江中下游平原和南方丘陵、山地、海岛，平均海拔 200～500 米。严格说来，还有一个第四级阶梯——近陆领海和由陆地向海洋自然延伸的大陆架。纬度、地势和海陆位置，不仅深刻地影响中国的气候，而且影响中国自然环境中的地质、土

壤、水文和动植物等众多方面，亦为自远古以来在这片大地上生息繁衍的人类设定了基本的生存条件。

地质学和古生物学研究表明：现代中国乃至东亚地区的环境轮廓与特征基本形成于新生代之第三纪。经历了第三纪至第四纪的一系列重大地质变化事件，包括青藏高原隆起和喜马拉雅山形成、黄土堆积、海平面和海岸线变化等，中国气候、地形、地貌、水土和生物的一系列重大变迁，逐渐形成中国现代自然环境的主要面貌和特征。其中，青藏高原的隆起和喜马拉雅山的形成具有决定性的影响。刘东生等人一方面认为中第三纪以来中国大陆和海洋环境的形成和发展，与"全球性事件"如地质构造运动、海陆变迁、气候带的形成和气候波动，以及动植物群的迁徙和分布历史是不可分的，而且这些因素是"第一位的"；另一方面又特别指出，自中第三纪以来，由于地质构造运动引起了巨大变化——古老印度板块向北推挤俯冲，形成了喜马拉雅山脉，导致青藏高原大幅隆起，对中国古环境变迁产生了巨大的影响。从物理层面看，它造成了中国地势西高东低，由西向东呈三级阶梯下降的基本格局；这种新格局又彻底改变了中国自然环境包括气候带和植被、动物分布的地带性。他们指出：

总的说来，现代中国自然环境的东部纬向水平地带性和西部垂向分带性的明显差异的特征，是由于亚洲大陆东部中第三纪以来的巨大地形变化——青藏高原隆起这一重大事件的兴起，形成以青藏高原为最高一级台阶并向东递降的阶梯状地形的建立而逐渐发展起来的。当上新世早更新世，青藏高原隆起高度还没有达到使这种阶梯状地形突出起来，自然地带的分布仍然显示出水平的分带性特征。自中更新世起，青藏高原的隆起高度已使中国地形结构的三大阶梯突出起来，自然地带的水平地带受破坏，以青藏高原为中心的垂向分布的地带性特征开始建立。晚更新世，青藏高原隆起对大陆寒冷干燥气候强化更趋加剧，使中国东部水平分布的自然地带向南又有较大移动，从而接近和完成中国现代自然环境的区域性特征。[1]

---

[1] 刘东生、丁梦林：《晚第三纪以来中国古环境的特征及其发展历史》，《地球科学——武汉地质学院学报》1983年第4期，第15-28页。

　　正是由于青藏高原的隆起和喜马拉雅山的形成，中国大气环流模式发生了显著的改变，形成了现代气候干湿冷暖季节变化的基本特征：

　　概括地说，青藏高原对大气环流影响的季节变化，表现在冬半年，当中亚西风急流比较偏南，一遇到青藏高原就被分成南北两支。一支绕经青藏高原北边，一支绕经青藏高原的南边，南支急流尤其强烈。因此在青藏高原的南边和东边急流的位置特别偏南，冷空气也南下的特别远，那时由高空急流引导而来的反气旋受青藏高原的抑制，阻碍其向南发展，并加强了东亚西北地区的反气旋活动，在其东移过程中逐渐摆脱青藏高原的影响，而向南爆发。当夏季时，西风带北移，西风带的主要部分被限制在青藏高原以北，西风带分支现象不再出现，夏季风自海洋吹向大陆。青藏高原南边和东边的西南季风的暖空气向北伸进，降雨带由长江以南，北移至长江与淮河之间，随着西风带更往北移和强度的减弱，雨带也更向北移至黄河流域。[1]

　　杨怀仁等人的研究也表明：中国东西部地区新生代晚期气候变化记录虽与世界其他地区相比具有很大一致性，但中国新生代晚期气候无疑是在按照其本身的发展机制而演变着，中国新生代晚期古环境演化反映岩石圈演化过程的影响绝不亚于外动力的作用和影响。具体来说，青藏高原隆起及其所引起的更大范围的地质构造运动或造貌运动，对中国气候环境的影响具有决定性作用。他们指出：

　　青藏高原在上新世晚期尚未超过 1 000m 的高度，当时的高原仍保持着温暖湿润的气候特征，生长着茂盛的植被并发育有淡水湖群。在最近 200 余万年以来，青藏高原从海拔 1 000 余米上升到 4 500m，总的上升量约 3 500m，平均上升速率可达 1.8mm/a……

　　这一巨大的高原在夏季起着热源的作用，在冬季成为冷源。喜马拉雅山脉与青藏高原作为巨大的屏障在季风演化过程中起着重要的作用。

　　……

　　青藏高原及其邻近高山的隆起，由于屏障作用使我国气候的大陆性增加，

---

[1] 刘东生、丁梦林：《晚第三纪以来中国古环境的特征及其发展历史》，《地球科学——武汉地质学院学报》1983年第 4 期，第 15-28 页。

与此同时更诱发了季风，所以青藏高原及其邻近高山导致我国冰期气候极端严寒而干燥，而间冰期气候极端湿润而酷暑。由于青藏高原对太阳辐射十分敏感，所以间冰期中升温迅速。相反冰期中青藏高原被冰雪覆盖，而雪面对太阳辐射的反射率比无积雪地高一倍以上，因而冰期中冰川面积进一步扩大。这种反馈机制的结果，使我国冰期中夏季风迅速萎退，而寒潮频繁深入使我国东部地区较同纬度其他地区气温降低；间冰期中夏季风又深入我国北方一直到内蒙古地区。

......

由于青藏高原大规模隆起引致东北寒冷气流的加强，冰期中极锋和气旋路径都更突出地向南迁移，此外由于受来自西伯利亚和蒙古寒冷气团的推动，热带辐合带在东亚地区向南退缩，夏季风衰退，所以，中国北方和东部地区第四纪中期以来所发生的气候带水平和垂直迁移幅度较大于同纬度其他地区。在中国东部和中部地区，这种气候带南移规模最大，称之为冷弧。Verstappen 研究南亚印度尼西亚一带环境也得出同样的结论，足见青藏高原隆起后其影响所及不仅中国东部，而且包括西太平洋及南亚海域诸岛屿。[1]

正是由于这些变化，中国自然环境曾经具有的水平地带性，包括气候和植被、动物分布的水平地带性，都随之发生了极其巨大的变化。将地质学家所描述的早第三纪气候带和青藏高原隆起前后的中国自然环境分区情况，与现代生态学家所描述的中国生态区划进行对比，可以发现两者之间具有十分显著的差异。[2]

在杨怀仁等人看来：这一巨大地质构造运动，不只使青藏地区本身的环境由温暖湿润地带（曾经大部分属于南亚热带气候）变成了高寒地带，地形、地貌、土质、水文以及动植物组成都发生了根本性改变；而且对中国其他地区乃至整个东亚环境的多个方面都造成了巨大影响，中国西北地区的干旱化和沙漠化，青藏高原之隆起"难辞其咎"。他们指出：

---

[1] 杨怀仁、徐馨、李国胜：《第四纪中国自然环境变迁的原因机制》，《第四纪研究》1989 年第 2 期，第 91-111 页。
[2] 若欲直观地了解青藏高原隆起后的自然环境地带变化，可参阅上揭刘东生、丁梦林文所附地图——青藏高原隆起与中国自然环境地带的变化，有兴趣的读者可对照中国现代生态分区情况，如对照谢高地等：《保持县域边界完整性的中国生态区划方案》，《自然资源学报》2012 年第 1 期，第 154-162 页。

　　中国北方及西北地区的沙漠化和干旱作用是自然与人为的双重因素所导致，而自然因素中青藏高原的隆起为主要原因之一。近年来用类比方法研究表明，早更新世中国华北及西北地区气候比较湿润，而日趋干旱并沙漠化的原因可归结为以下几点：（1）喜马拉雅山脉及青藏高原隆起造成了西南气流的巨大屏障，阻挡了水汽进入中国北方和西北地区；（2）由于青藏高原隆起抬升，下沉气流形成。高原北侧的气流下沉作用，对塔克拉玛干沙漠的沙漠化进程以及甘肃、宁夏等地区的干旱作用过程起重要的作用……

　　中更新世以来，由于高原隆起抬升愈趋强烈，中国西北地区的气候愈趋干燥，"进入中国东部湿润地区的水汽总量，约三倍于进入西北干旱—半干旱地区的总量，虽然前者的面积仅为后者的33%"。

　　当然，大气环流及其气候冷暖干湿变化是一个极其复杂的过程，理解了由于青藏高原隆起所形成的大气环流格式和气候变化模式，并不意味着就能够说明数百万年来中国气候变迁的全部过程与机制，气候冷暖干湿波动亦不会因此而"定格"。事实上，自第四纪以来，中国气候变迁存在着一种多次气候旋回的模式，这种模式不仅可以与全球性的深海气候记录相对比，而且可以对比于中国东部的其他沉积，中国古土壤的发育、动植物的迁移、海平面的升降以及湖泊和平原沉积中的众多证据，都可证明这种模式的存在。事实上，自然环境是一个系统整体，众多方面的因素互相影响、协同演变，分析和整理不同方面的证据，可以理解环境变化的不同侧面，不同侧面的材料可以互相参照、互相印证，而无须担心陷入循环论证。

　　举例来说，黄土在中国自然环境和人类社会的发展变迁中都具有重大意义，这不仅是自然科学界所公认的事实，亦为历史学家所高度认同。

　　黄土是地质时期特别是第四纪以来由尘土和粉沙细粒堆积而成，质地均一，含多量钙质或黄土结核，具有多孔隙性、垂直节理发育、无层理、透水性强和容易剥落、侵蚀和沉陷等性状特征。典型黄土呈黄灰色或棕黄色，黄土沉积范围主要位于中国北方（约北纬30°～48°之间），西起新疆西部，东至沿海岛屿，北起戈壁、沙漠及阴山山脉南缘，南达昆仑山、祁连山和秦岭北麓都有分布，有的可达长江流域，约占全国土地面积的1/5，仅黄河流域就有大约53万平方千米。黄土高原是最集中的分布区，黄土层深厚，其中山西、陕西境内黄土厚度 50～80 米，有的可达 170～180 米甚至 200 多米。

　　根据刘东生等一批中外地质学家的研究：黄土是由风力搬运而来，是干旱半干旱环境下所形成的堆积物。经岩石组合和古生物地层学分析，主要包括早更新世午城黄土、中更新世离石黄土、晚更新世马兰黄土和全新世黄土等地层。典型完整的黄土剖面，反映自早更新世以来（240 万年以来）曾多次沉积，同时还反映了漫长地质时代的气候干湿交替变化。因此，它们是最近数百万年来中国气候变迁的重要结果之一，无声地记录了这一漫长时代的气候冷暖干湿变化。刘秀铭等人明确地指出："最直观、最直接的古气候记录莫过于陆相黄土地层，它由许多黄土和古土壤层叠覆而成，详细地记录了第四纪以来的古气候变化"；"黄土代表着干冷气候条件下的尘土堆积，古土壤则是在温湿气候环境下发育形成的，是古气候作用的产物"。[1]事实上，气候变化不仅影响以黄土高原为中心地区的黄土堆积，还影响了中国黄土与红土分布的历史进退——与黄土分布区域不断扩张相反，地质年代的中国红土不断向南退缩。正如刘东生等所指出：

　　青藏高原对大气环境影响表现为冬半年寒冷干燥气候向南扩大，夏季温暖湿润气候向北推进的特点，如果从大尺度上来看，第四纪以来代表干冷时期黄土堆积的分布逐渐向南扩展、黄土与古土壤多次的迭覆出现和代表湿热气候指标的红土分布界线逐渐向南退缩现象，则是这一特点在第四纪沉积物中的历史反映。早更新世，黄土分布主要在秦岭以北地区；中更新世，向南扩展分布到长江中下游一带；晚更新世，达到北纬 25°～30°地带，分布范围也更大。[2]

　　自晚第三纪以来，中国东部滨太平洋海岸线也不断发生显著的变化，除受地壳运动影响外，主要反映了全球性海平面变化。刘东生等对其变化过程做了如下概括叙述：

　　上新世时期，中国东部海岸线基本轮廓与现代一致，但位于更东。东海、

---

[1] 刘秀铭、刘东生、John Shaw：《中国黄土磁性矿物特征及其古气候意义》，《第四纪研究》1993 年第 3 期，第 281-287 页。并参见刘东生、张宗祜：《中国的黄土》，《地质学报》1962 年第 1 期，第 1-14 页。
[2] 刘东生、丁梦林：《晚第三纪以来中国古环境的特征及其发展历史》，《地球科学——武汉地质学院学报》1983 年第 4 期，第 15-28 页。

黄海南部通过琉球群岛等岛屿与外海相沟通。台湾岛的西部及雷州半岛地区仍受海水淹没。

早更新世时期，海岸线一般向东退却，使台湾岛与大陆相连接。但在华北仍有海水浸入，如北京附近地面下深 400 米左右还有数层早更新世海相地层与陆相地层交互出现。

中更新世时期，台湾岛仍与大陆相连。但在北部海水向大陆侵进，海域扩大到黄海北部，在江苏东部、山东半岛北部都有海相层出现。

晚更新世时期，为最大海退时期，海岸线位于现代海平面以下 110～120 米，长江口以东海岸线向东退约 600 公里。海南岛、台湾岛和露出海面的东海、黄海平原及朝鲜、日本与大陆相连。

全新世时期，距今约 6000 年前，最高海浸岸线高出现海平面 5～10 米，在渤海湾西岸向西侵入内陆最远达 100 公里。此后略有下降，并在渤海湾西部保存有 3—4 道海退遗留下来的贝壳堤。[1]

这不能不令人感慨自然力量之强大，油然兴生"沧海桑田"之叹！总之，第三纪以降特别是进入第四纪以后，中国自然环境包括气候、地形地势、岩石土壤、河流海洋、动植物乃至微生物等，都经历了极其复杂的演变过程，其间既表现出环境演变的整体性，又表现出不同区域之间的环境分异；而自然环境分异，在一些方面表现出显著的地带性，另一些方面则表现出非地带性，是一个多元而又统一的过程。[2]

毫无疑问，上述自然环境的这些变化，都对中国境内早期的人类生活产生了重大影响。其中影响最大的无疑是生物系统的演化，包括动物、植物和微生物的起源、分化、生灭、分布和迁移。数百万年乃至更长时期以来，伴随着地质运动和气候变化，地球生物从原核生物出现到动植物的分化，已经历了数十亿年。此后的数十亿年，动植物分别进化：动物进化从海洋软体动物、硬壳动物再到脊椎动物、哺乳动物直至人类出现；植物从菌类、藻类到裸子植物繁盛，

---

[1] 刘东生、丁梦林：《晚第三纪以来中国古环境的特征及其发展历史》，《地球科学——武汉地质学院学报》1983 年第 4 期，第 15-28 页。
[2] 详情参见周廷儒：《中国第四纪古地理环境的分异》，《地理科学》1983 年第 3 期，第 191-206 页。关于第三纪与第四纪以来中国自然环境的地带性与非地带性变化，还可参见周氏：《中国第三纪与第四纪以来地带性与非地带性的分化》，《北京师范大学学报（自然科学版）》1960 年第 2 期，第 63-78 页。

再到被子植物占据主导地位，发展、演替过程同样极其漫长而复杂。作为人类生存资料特别是食物最直接的来源，动物和植物的演变与远古人类的关系最为紧切。[1]

所有这一切，一方面为人类这个特殊种群的体质进化、文化起源和社会发展提供了环境资源基础；另一方面也不断给人类提出新的挑战，人类依靠生物本能和文化能力，通过迁徙、组织、工具技术发明和经验知识积累，顽强地适应着不同区域的自然环境及其变化，逐渐增强了自身的力量，人口数量缓慢地增加，社会文化随之缓慢地发展起来。最终，人类从众多动物之中卓然挺立，成为唯一具有思想智慧的"万物之灵长"。

二、荒野觅食：旧石器时代中国先民生计

让我们回到本书的主题，从历史学的叙事脉络讲述那段遥远的人与自然故事。历史学叙事通常以"旧石器时代"作为人类社会的起始阶段。旧石器时代是考古学的年代学术语，作为历史学的姊妹学科，考古学（史前考古学）承担了探询文字出现之前人类故事的主要职责，与古生物学、古人类学等相关学科联系十分紧密。这些学科在 20 世纪都取得了重大发展，发现了旧石器时代人类化石地点近 70 处，旧石器地点多达 1 000 余处，分布地点几乎遍及全国所有的省区。正是这些学科最早关注了史前时代的人与自然关系。如今，不论是寻找中国环境史学的本土渊源，还是讲述远古环境史，都不能不首先借鉴和吸收他们的丰硕成果。事实上，早在"环境史"这个学科术语出现之前，中国学者就针对史前人类与环境的关系进行了相当系统的探索，尝试进行史前人类与自然关系的系统历史重建。

1960 年，裴文中综合当时的古人类和古生物学资料，发表《中国原始人类的生活环境》一文。[2]他将更新世初期作为中国人类的孕育时期，根据在南北各地所发现的大量脊椎动物与古人类化石资料，讲述中国猿人、古人和新人时代的生存环境状况，认为：当第四纪之时，除西部地区之外，中国可以大致以

---

[1] 关于人类起源和远古发展时期中国各大区域动植物分布及其变化的基本情况，可参阅周廷儒：《中国第四纪古地理环境的分异》，《地理科学》1983 年第 8 期，第 191-206 页。下节将结合人类生计活动视具体情况略予叙述，兹暂从略。

[2] 裴文中：《中国原始人类的生活环境》，《古脊椎动物与古人类》1960 年第 1 期，第 9-21 页。

秦岭为界分成南北两个大区，有不同的堆积生成和动物群；淮河流域和长江下游可能是地理上南北两大区的中间地带，生活着南北两区的混合动物；而东北地区在新四纪晚期生成了含腐殖质很多的黑土，生活着代表寒冷气候的动物群。不同地区环境下的动物群与人类形成共生的关系。总体上说，第四纪时期的中国生态环境适宜人类长期生息繁衍。20 世纪 60 年代以来的考古发现，进一步丰富了对中国史前人类及其生活环境的认识。1999 年，吴汝康、吴新智等人对"直立人阶段""早期智人阶段"和"晚期智人阶段"三个阶段的 81 处人类遗址进行了系统介绍，为讲述那个时代的人与自然关系提供了较完整的线索，下面挑选若干个典型稍做叙述。

1. 直立人阶段

古生物和考古发现证实：上新世初期之后，中国气候经历了一次转冷过程，动植物相应发生了变化，一些喜温动物逐渐向南迁徙或消失（例如非洲型长颈鹿等），一些地区的森林逐渐减少，生活于其中的猿人，由于气候变凉、森林树木果实和林地野兽减少，被迫下地觅食，逐渐习惯在地面直立行走，更充分地利用双手采集食物，这一环境适应过程，促进了以手足分工为主的人类体质形态和智力进化，进入直立人阶段。[1]这个阶段所涵盖的时代，在距今 200 万至 20 万年前。

中国南方在早更新世时期出现大熊猫—剑齿象动物群，与现代东南亚特别是马来西亚生存的动物种类相似。那时，云南、两广等地生长着茂密的森林，森林中有丰富的果实，气候湿润而温热，适宜于高级灵长类的生活，在广西大新县牛睡山黑洞和柳城巨猿洞都发现有巨猿化石，众多的食肉类、啮齿类、有蹄类、长鼻类和灵长类动物与古猿人共生；[2]最具有代表性的则是云南元谋猿人。元谋猿人生活的年代距今 180 万至 160 万年。根据动物化石和植物孢粉分析：那时的气候较之今天略微凉爽，当地属于亚热带森林间稀树草原或草原—稀树林环境，众多种类的草木可给人们提供果实。根据考古学和古生物古人类学家陆续发表的报告，与元谋猿人共生的哺乳动物达数十个种属，其中包括泥河湾剑齿虎、复齿鼠兔、竹鼠、水獭、华南豪猪、元谋狼、鸡骨山狐、桑氏鬣

---

[1] 裴文中：《中国原始人类的生活环境》，《古脊椎动物与古人类》1960 年第 1 期，第 9-21 页。

[2] 裴文中：《中国原始人类的生活环境》，《古脊椎动物与古人类》1960 年第 1 期，第 9-21 页。

狗、小灵猫、虎、豹、猎豹、类象剑齿象、云南马、爪兽、中国犀、野猪、龙川始柱角鹿、狍后麂、湖麂、山西轴鹿、云南水鹿、斯氏鹿、纤细原始狍、羚羊等。在遗址的第四段即元谋人生活的年代，有蹄类食草动物明显增多，应是主要的捕猎对象，而那些食肉猛兽则对元谋猿人构成生命威胁。元谋猿人利用石英和石岩砾石打制石核、刮削器等简陋的石器工具，他们可能开始用火烧烤猎物，因为在大量发现的炭屑堆层中常常伴有哺乳动物化石。当然，可能是利用和控制天然火种，应当尚未发明人工取火的技术。[1]

长江中下游地区也有多处发现了同一时代或稍早的古人类遗址，例如重庆巫山县"巫山人"距今约 204 万至 201 万年，已经使用石器甚至骨器，在他们的生活环境中，动物种类非常丰富，与之共生的动物化石多达 100 余种，其中包括象、鹿、牛等。[2]

华北地区的早更新世人类，河北省桑干河流域阳原县泥河湾遗址群的古人类可以作为一个代表。马圈沟遗址出土化石和石器证实：这里早在 200 万至 180 万年前就有人类生活，在持续 100 余万年的漫长时期，这里的古人类经受了复杂的气候冷暖干湿变迁以及随之发生的各种自然变化，顽强地生息和繁衍。在人们的周围环境里，栖息着众多种类的大小动物，人们使用渐趋多样化的旧石器工具，从事捕捞和采集生活。例如马圈沟时期，与人类共生的哺乳动物有 20 多种，包括象、犀、鹿、马、犬、猬，以及费鼠、中华模鼠、杨氏鼢鼠等啮齿类动物，人们已使用石核、石片、石锤、刮削器等石器捕获猎物、加工食料，在其第三文化层中还发现了人类餐食大象的场景，说明当时人类具备了猎食大象之类大型动物的能力。[3]在时代较晚的小长梁、东谷坨等遗址（距今 100 万年以上）中，陆续发现有大量哺乳动物化石，可以鉴定的种类有貂、古菱齿象、中国三趾马、三门马、披毛犀、鹿、羚羊、牛类等，出土石器以小型为主，但石器种类更加丰富，已经出土的各种石器工具数以千计，人们甚至还打击骨片，

[1] 综合下列文献概述：尤玉柱、祁国琴：《云南元谋更新世哺乳动物化石新材料》，《古脊椎动物与古人类》1973 年第 1 期，第 66-80 页；李炎贤：《我国南方第四纪哺乳动物群的划分和演变》，《古脊椎动物与古人类》1981 年第 1 期，第 67-76 页；刘东生、丁梦林：《关于元谋人化石地质时代的讨论》，《人类学学报》1983 年第 1 期，第 40-48 页；吴汝康、吴新智主编：《中国古人类遗址》，上海科技教育出版社，1999 年，第 1-6 页。

[2] 武仙竹等：《中国三峡地区人类化石的发现与研究》，《考古》2009 年第 3 期，第 49-56 页。按：关于"巫山人"是否属于人类目前学界尚有一些争议。

[3] 蔡保全、李强：《泥河湾早更新世早期人类遗物和环境》，《中国科学》（D 辑：地球科学）2003 年第 5 期，第 418-424 页；蔡保全、李强、郑绍华：《泥河湾盆地马圈沟遗址化石哺乳动物及年代讨论》，《人类学学报》2008 年第 2 期，第 127-140 页。

利用兽骨制作骨器。[1]

及至中更新世时期，华北气候总体较温暖，在环境适宜地区生息繁衍着中国古人类，最典型的是生活于今陕西省蓝田的蓝田猿人和今北京周口店一带的北京人。

公王岭遗址发掘材料证明：约距今 115 万至 110 万年，这里已有人类活动，众多动物与人类共生，该遗址中出土了 42 种动物化石，其中包括多种啮齿类、有蹄类动物和大型猛兽，如麝掘鼹、复齿拟鼠兔、䶄鼠、高冠灞河鼠、德氏费鼠、黑线仓鼠、丁氏杨氏鼢鼠、姬鼠、毛冠鹿、梅氏鹿、公王岭大角鹿、葛氏斑鹿、秦岭苏门羚、短角丽牛、华南豪猪、李氏野猪、三门马、东方剑齿象、中国貘、梅氏犀、变异狼、中国鬣狗、金丝猴、大熊猫等，多数属于华北地区中更新世常见的种类，也有一些第三纪的残存种和第四纪早期典型种，还有少数华南中更新世动物群中常见种。从动物种类构成来看，那时，当地气候温暖湿润，属于亚热带湿润气候，拥有广大的森林。人们使用砍砸器、直刃刮削器、石片、石核、大尖状器、石球和手斧等石制工具，可能还学会了用火，以各种野生动物特别是有蹄类食草动物为生，防御各种猛兽的威胁。到了距今约 70 万至 60 万年的陈家窝遗址时期，由于秦岭山脉抬高和全球气候变迁的影响，气候和森林植被发生了显著变化，所出土的动物化石基本上属于华北中更新世常见的动物，而缺少南方动物种类，时人的生存环境变成了温凉的草原。[2]

我们更加熟悉的是闻名世界的"北京人"。其遗址在今北京市西南房山区周口店村龙骨山。近百年来，古生物古人类学家和考古学家在附近地区发现了大量人类化石、文化遗物和与人类共生的动植物的化石，还有用火遗留下来的大量灰烬堆积。这些古老的遗存，承载着一部漫长岁月的人与自然关系史。

周口店地处山区与平原交接带，北面重山叠嶂，西面和西南面为低缓山峦，东南则连接着广袤的华北平原，山上有大片的森林，有众多天然的洞穴，平原上则有广阔的草地，生息着众多林栖和草原野生动物。龙骨山东边有一条河流，还有大面积的沼泽湿地，鱼类资源丰富，还有众多鸟类，水獭、居氏巨河狸、

---

[1] 裴树文：《泥河湾盆地大长梁旧石器地点》，《人类学学报》2002 年第 2 期，第 116-125 页；汤英俊、李毅、陈万勇：《河北阳原小长梁遗址哺乳类化石及其时代》，《古脊椎动物学报》1995 年第 1 期，第 74-83 页；吴汝康、吴新智主编：《中国古人类遗址》，上海科技教育出版社，1999 年，第 71-76 页。

[2] 徐钦琦、尤玉柱：《华北四个古人类遗址的哺乳动物群及其与深海沉积物的对比》，《人类学学报》1982 年第 2 期，第 180-190 页；吴汝康、吴新智主编：《中国古人类遗址》，上海科技教育出版社，1999 年，第 6-15 页。

河狸等水栖哺乳动物亦曾栖息其中。根据出土遗物地层分析：大约距今 70 万年前，一群原始人类来到这里，居住时间长达 50 万年之久。他们属于直立人，处在由古猿进化到智人的中间阶段。学者将他们生活的时代划分为早、中、晚三期，其中早期距今 70 万至 40 万年，中期距今 45 万至 30 万年，晚期距今 30 万至 20 万年。

多个学科的分析证明：北京人生活时期这里是温带气候，与今天的北京相似但较为温和湿润。在漫长的数十万年中，当地气候经历过多次波动，故从第 11 层起，大致可分为三大段落：第 11～10 层可能为温带气候，第 9～5 层为温暖潮湿的气候，第 4～1 层为温带半干旱的气候。[1]由于气候的波动，在不同地层中的动物化石构成存在明显差异：早期气候偏冷，约当明德—里斯间冰期的初期，相关地层中的动物化石以喜冷动物如狼獾、洞熊、扁角大角鹿、披毛犀等占据优势；中、晚期比较温暖，竹鼠、硕猕猴、德氏水牛、无颈鬃豪猪等喜湿动物居多。其间可能还曾有过干旱时期，甚至有过沙漠，故安氏鸵鸟和巨副驼等动物化石亦有所发现。植被类型亦发生了相应的改变（见表 1-2）。

表 1-2　地层分析所反映的北京人时期气候变化

层次	哺乳动物分析	岩性分析	孢粉分析
1	↑ 温带半干旱气候，草原动物为主，喜干燥种类多 ↓	↑ 温带半干旱 ↓	
2			
3			
4		湿润	↑ 顶部趋于干旱凉爽，森林逐渐发育，有一些喜暖的品种（8 层顶部为最暖和）
5	↑ 温暖潮湿森林动物为主，喜水或近水种类较多 ↓	↑ 温带半干旱	
6			
7			
8			
9			↑ 灌丛茂密，植物群不复杂，无特别喜暖的品种 ↓
10	↑ 温带气候，草原动物为主 ↓		
11			
12			
13			
底砾层		↕ 温暖	↕ 冰期

资料来源：李炎贤、计宏祥：《北京猿人生活时期自然环境及其变迁的探讨》，《古脊椎动物与古人类》1981 年第 4 期，第 346 页。

---

[1] 李炎贤、计宏祥：《北京猿人生活时期自然环境及其变迁的探讨》，《古脊椎动物与古人类》1981 年第 4 期，第 337-347 页。

大量出土动物化石证明：与北京人共生的动物非常丰富，虽然一一明确鉴定尚存在技术困难，更无法做出完整的统计。据李炎贤等人文章的列表，在各地层所出土的哺乳动物化石遗存中，目前已经比较确定的种类包括：灵长目的硕猕猴；食虫目的原始麝鼹、步氏水鼩、麝鼩；翼手目的更新菊头蝠、鼠耳蝠（两种，种名未定）、南蝠、长翼蝠；兔形目的柯氏鼠兔；啮齿目的蒙古旱獭、复齿旱獭、河狸、居氏大河狸、古仓鼠、绞背仓鼠、小林姬鼠、卞氏鼠、黑鼠、野原鼠、似布氏田鼠、简田鼠、大丁氏鼢鼠、豪猪、竹鼠；食肉目的狼、变种狼、豺狼、中国貉、豺、赤狐、沙狐、犬科（种、属未定）、柯氏中国黑熊、棕熊、洞熊、大熊猫（不能确定）、獾、水獭、狼獾、黄鼬、鼬属、中国鬣狗、最后斑鬣狗、剑齿虎、虎、豹、德氏狸、猫属（两种，种名未定）、野狸、猎豹；长鼻目的纳玛古菱齿象；奇蹄目的周口店双角犀、燕山犀、三门马；偶蹄目的李氏野猪、巨副驼、北京麝、葛氏斑鹿、肿骨鹿、扁角鹿、鹿属（种未定）、羚羊、裴氏转角羚羊、盘羊、盘羊属（种名未定）、德氏水牛、野牛、牛科（种、属名未定）。估计那个时代这一带还应当栖息着更多种类的哺乳动物，鸟类、鱼类以及其他低等动物更是不计其数。

种类丰富的动植物特别是动物给北京人提供了食物来源，大大小小的陆地食草动物（如鹿类、啮齿类野兽），众多的鸟类、鱼类和其他水生动物，都是他们的捕猎和食用对象。随着狩猎能力逐渐增强，犀牛、野牛、野猪等大型动物，甚至一些食肉猛兽，亦都可能成为捕猎目标。从远古直至文明时代初期，鹿科动物在中国各地广泛分布，种群数量庞大，华北地区更是随处可见鹿群活动，一直是人类的主要肉食来源，相信在北京人时代亦是如此。由两种大型鹿类鹿角保存情况之差异推测：他们猎鹿有季节上的不同，夏秋之交可能更多地狩猎斑鹿，而大角鹿则可能在初冬猎取。[1]各种小型动物，例如昆虫、鸟蛋、幼鸟和蛙类等，自然也是重要食物来源。除狩猎之外，采集植物果实、嫩叶、块根也是谋食活动的重要内容，在北京人居住的洞穴中，烧焦的朴树籽成层地堆积，说明那是他们的重要食物。

另一方面，许多大型食肉猛兽如剑齿虎、鬣狗、狼、熊等经常在周围出没，甚至进入人类居住的洞穴，时刻威胁着人们的生命安全。例如，当时周口店一

---

[1] 吴汝康、吴新智主编：《中国古人类遗址》，上海科技教育出版社，1999 年，第 42-45 页。

带有不少剑齿虎，形态和大小与现代虎近似，上犬齿扁平，前后有锯齿，利如短剑，非常凶猛，很容易袭击人类，北京人一直过着穴居生活，天然洞穴是他们的安全蔽所。早在第三纪时期，这里的石灰岩山地在水力侵蚀作用下形成了众多洞穴，在人类到来之前，它们是野兽特别是鬣狗的巢穴。人类到来之后，把一些山洞据为己有，其中一处洞穴东西长约 140 米，为北京人长期居住的地方，即著名的"猿人洞"。毫无疑问，人类与鬣狗为了争夺洞穴进行了长期战斗，这是一个长期冲突与博弈的历史故事。

制造和使用工具，既是早期人类诞生和发展的主要标志，也是社会生产力进步的标志。北京人在适应环境和利用自然资源的漫长历程中，创造了古朴而灿烂的文化。北京人的文化成就，首先是表现在大量地制造各种形制与功能的石器，可能还制作和使用了骨器和木器。古人类学和考古学家在周口店遗址中所发现的各种器用制品达 10 万多件，主要是石器。北京人从附近的河滩、山地挑选石英、燧石、砂岩石等各种石材料，采用直接打击、碰砧和砸击等多种方法，以石击石，打制出刮削器、钻具、尖状器、雕刻器和砍斫器等不同类型的工具，用于分解猎物、制作骨器木器、砍伐树木和挖掘。他们使用石锤、石砧制作其他各种石器工具，选用大、小不一的石片制成锋利的石器，形状不一，有盘状、直刃、凸刃、凹刃、多边刃等多种，主要用于刮削，这是当地出土数量最多的一类石器；"尖状器"和"雕刻器"制作精致，尺寸较小，显出其石器制作水平高超，优于同时代世界其他地区的人类。

人工利用和控制火种，是北京人的另一伟大进步。火不仅能够给人们带来温暖、驱除潮湿、吓走野兽，更用于烧煨食物，在他们居住过的洞穴中发现了大量堆积的灰烬，灰烬之中伴随有丰富的动植物遗存，表明他们已经开始熟食，这对于增进消化吸收、减少疾病，都具有非常重大的意义，是由猿进化到人的伟大一步。

据综合各种材料分析，我们大致可以判断：北京人时期，自然环境中的动植物资源非常丰富，但食物来源并不稳定，季节气候变化、自然灾害、猛兽侵袭、疾病困扰都给人类带来巨大的威胁，生命安全缺少保障，因此人均寿命非常之短。有人类学家根据所发现的北京人化石进行分析，结果发现：在可以鉴定死亡年龄的猿人之中，死于 14 岁以下的约占 62.8%，死于 15～30 岁的约占

13.6%，即 76.4%死于 30 岁之前；只有 1 名女性活到 50 岁以上。[1]人类生存条件之恶劣，以及他们适应自然环境、谋取生存养料能力之低下，可以想见。然而，在这种恶劣环境下，人们仍然非常顽强地生存着，并且缓慢地走向更高级的智人阶段。

2. 智人阶段

从直立人进化为现代人，人类又经历了漫长的智人阶段，包括早期智人阶段和晚期智人两个阶段，根据对人类化石进行同位素测定，中国境内的智人阶段大致在距今 20 万至 1 万年前[2]。考古学家已在全国 50 多个地点发现了智人阶段的古人类化石，著名的大荔人、丁村人、马坝人、长阳人、山顶洞人、资阳人、河套人、柳江人都属于这个阶段。在智人阶段，中国境内的人类仍然延续着采集—狩猎生活方式，依靠简陋的生产工具、简单的社会组织和有限的经验知识，适应所在地区的自然环境，谋取自然界现成的食物资源。不过，在这个漫长时代中，自然环境发生了很多变化，人类文化逐渐有所进步，因而，人与自然的关系亦并非对前一阶段的简单重复。

距今约 20 万至 15 余万年前的中更新世晚期，生活在今陕西大荔县一带的大荔人处在早期智人阶段。他们与河狸、古菱齿象、三门马、野驴、犀、披毛犀、肿骨大解鹿、葛氏斑鹿、加拿大鹿、普氏羚羊、水牛等大型哺乳动物共生，附近河流中有河蚌、螺和鲤鱼、鲶鱼等，其中多有比较喜温的动物，相信当时生态环境气候应较温湿。然而分布的植物主要有蒿、菊、藜等草本植物和松、柏、云杉等针叶树种，反映气候偏于干燥。从出土的 564 件石器来看，他们用石英石、燧石等为原料，采用打片、锤击和砸击方法制作各种类型的石器，包括边刮器、尖状器、钻具、端刮器、凹缺器和雕刻器等，石器的尺寸较小，属轻型工具。[3]

距今 3 万至 2 万年前，在今山西襄汾一带的汾河两岸，生活着著名的"丁

---

[1] 吴汝康、吴新智主编：《中国古人类遗址》，上海科技教育出版社，1999 年，第 34 页。

[2] 吴汝康、吴新智主编：《中国古人类遗址》，上海科技教育出版社，1999 年，第 91 页。按：从生物学和人类进化史的意义上说，包括我们自己在内的"现代人"都属于"智人"，是智人发展的高级阶段。一般认为：在新石器时代，人类已基本上完成了体质进化成为现代人。

[3] 吴新智、尤玉柱：《大荔人遗址的初步观察》，《古脊椎动物与古人类》1979 年第 4 期，第 294-303 页；吴汝康、吴新智主编：《中国古人类遗址》，上海科技教育出版社，1999 年，第 93-94 页。

村人"。根据丁村遗址地层的植物孢粉分析，在"丁村人"的生活时代，该地区属于森林草原景观，植被以草地为主，生长有多种禾谷类植物，此外还有藜、蒿、沙草等；高等植物则以裸子和针叶林种居多，主要包括松、杉等种类。众多野生动物与丁村人共生，在古生物学家所称的"丁村动物群"中，经鉴定有将近30种哺乳动物，其中包括鼹鼠、狼、貉、狐、熊、獾、野驴、野马、披毛犀、梅氏犀、野猪、赤鹿、葛氏斑鹿、大角鹿、河套大角鹿、羚羊、转角羚羊、水牛、原始牛、德永古菱齿象、纳玛象、印度象、河狸、鼠、鼠兔等。此外还有龟鳖、鸵鸟等爬行动物和鸟类，汾河之中则栖息着鲤鱼、青鱼、鲩鱼、厚壳蚌等多种鱼类和软体动物。当然，在此漫长时期中，气候经历了显著的变化，大致而言，前期气候炎热，后期则较凉爽。根据出土器物分析，"丁村人"的石器文化可分为早、中、晚三段，其中早段处于旧石器时代前期，石器制作技术已比"北京人"先进，主要石器有三棱大尖状器、斧状器、宽型斧状器和石球等，有的属于掘土器，有的则是狩猎工具，大多取当地的角页岩为原料制作，且多为重型工具；中段距今10万年左右，石器工具类型同前，但制作技术已经比较精细；晚段大致距今3万年，此时已经进入了旧石器时代晚期，人们使用燧石作为原料，制作成多种细石器，如锥形石棱、锥钻、尖头、刮刀、雕刻器、修背小刀等。这些或尖，或刃，或钝的石器工具形成了砍砸、刮削、挖掘等必要的功能组合，或用于挖植物根茎，或用于砍砸植物坚果及其他硬物，或用于打击和宰杀动物，割刮动物的皮肉，是"丁村人"适应当地生态环境，开展各种生产生活的必要手段。[1]

同时代南方地区也生活着处于早期智人阶段的原始人类，例如距今约13万年前今广东曲江一带的"马坝人"。他们生活的时代正值全球性降温阶段，气候不似当今湿热，而是偏于湿凉，但因地处低纬度，仍属温暖湿润气候，四季变化分明，生物资源丰富。由于当地位于山区，气候和动、植物都表现出一定垂直分布特征；山地森林茂密，山间和低地则有众多河流和广阔湿地。与马坝人共生的动物至少有8个目38个种属，其中已鉴定的脊椎动物就有17种，基本上属于华南地区大熊猫—剑齿象动物群的成员，多数种类适应于潮湿温热环境，主要有水鹿、獐鹿、水牛、巨貘、中国犀、大灵猫、花面狸等；也有些更适应

[1] 陈万勇：《山西"丁村人"生活时期的古气候》，《人类学学报》1983年第2期，第184-195页。

于凉爽甚至偏冷气候，如金丝猴、大熊猫、小野猫、豪猪、纳玛象等；林栖动物种类占较大的比例，有的则属于广栖性动物；水生、两栖和爬行动物也有不少，鳖、鲤鱼、鲶鱼、黄颡鱼、蛇、蚌、蚬等动物化石都有发现。这些都让我们对南方古人类的生活环境产生想象。[1]

随着时间的缓慢推移，由于文化进化和自然环境的胁迫作用，大约在距今5万年前，中国原始人类进入晚期智人阶段。迄止20世纪末，中国各地已经发现了近50处晚期智人时代的古人类文化遗址。他们之中的典型代表是北京"山顶洞人"。

考古学和人类学研究证明，在今北京周口店一带，数十万年以来一直都有人类活动。距今约20万至10万年前，北京人进化成为早期智人，考古学上称为"新洞人"；到了"山顶洞人"时期，已进化到了晚期智人阶段。根据新近的测定和校正："山顶洞人"生活的年代，大约在距今3万年前而不是距今1.8万年前，相当于旧石器时代晚期。

"山顶洞人"生活的时代，正值第四纪末次冰川期到来之前，气候温暖湿润，尚未转冷，附近森林茂密，草地广大，并有许多大小河流和湿地，水资源相当丰富。那里栖息着众多的野生动物，其中包括软体动物（甚至有海贝）、两栖动物、爬行动物、鸟类，更有大量哺乳动物。据测定：山顶洞遗址出土的哺乳动物化石多达49种，其中包括虎、狼、猎豹、黑熊、洞熊、沙狐、北豺、狗獾、花面狸、鬣狗、刺猬、蝙蝠等大小食肉动物，众多种类的鼠、鼬、兔等啮齿类动物，野象、野驴、狍、羚羊和多种鹿科动物随处可见。这些动物有的已经灭绝，也有不少依然存在的现生种类。它们既是当时生态环境的一部分，也反映了自然面貌的整体状况，例如花面狸、猎豹、真象等林栖、喜暖动物存在，证明当时气候确实比较温暖湿润，而鲩、鲤等多种鱼类骨骸的发现，证明当地还有较大的水域。

正是在这样一种自然环境条件下，山顶洞人以渔猎和采集作为谋生方式，相关遗址中发现了大量的野兔和数百个北京斑鹿个体的骨骸，说明这些性情温顺的食草类动物，是他们的主要捕猎对象，而水域中的各种鱼类、贝类也是他们重要的肉食来源。当然，他们还大量采集林草地中的各种果实和块茎。

---

[1] 谭斌：《马坝人遗址生态环境初探》，《南方文物》1992年第4期，第19-25页。

毫无疑问，山顶洞人的生产技术和生活水平依然低下，为了得到较安定的居所，他们不得不同鬣狗、老虎等猛兽反复争夺可以栖身的洞穴。他们所使用的仍然是打制石器，现已发现的石器数量较少，制作粗糙，主要原料是石英、燧石和砂岩，与北京人的石器相比进步不太显著。但他们已经掌握磨光和钻孔技术，而且使用了骨器，其中最有代表性的是骨针。考古学家发现了一根骨针，针身保存完好，仅针孔残缺，残长82毫米，针身微弯，刮磨得很光滑，针孔是用小而细锐的尖状器挖成的，这是迄今为止在中国境内出土的最早的缝纫工具。在人与自然关系史上，缝纫技术的出现具有重要意义，它使人类逐渐摆脱赤身裸体状态，通过缝制衣物抗御寒冷气候，同时亦逐渐使人类发展了男女性别意识和羞耻心。此外，考古工作者还发现1件赤鹿角，枝杈被截去，表面经过刮磨，尖头残缺，可能是矛头。

大量出土材料证明山顶洞人已具有一定审美意识，开始装饰自己。考古学家在山顶洞人遗址内发现了141件装饰品，其中有穿孔小砾石1件，石珠7件，其余都是用动物的齿牙、骨骸和硬壳制成，而各种野兽的牙齿是他们制作装饰品的主要材料，共有各类穿孔的兽牙125件。他们的钻孔、磨制技术即主要体现在装饰品制作上，牙齿和砾石的孔多是从两面对钻或者对挖而成，周围多带红色，可能多是用红色的条带串联佩戴，说明可能已有染色技术。考古学家还发现：山顶洞人骨周围散布着红色的赤铁矿粉末，这是埋葬死者的标志，证明他们具有原始的丧葬习俗。[1]

除山顶洞人之外，南北各地都有晚期智人活动。在北方，黄河河套地区有著名的河套人（萨克乌苏），生活时代在距今5万至2万年间，他们已经大量使用典型的细石器；在今山西省南部的沁水县下川遗址，考古学家也发现了大量石制品，主要用燧石等优质石料制成，包括细石核、细石叶和石叶工具，类型丰富，技术规范，制作精美，反映石器文化进一步向前发展。在辽宁海城，考古学家在小孤山旧石器晚期遗址中发现了10 000件以上用脉英石打制的石器，其中不乏精美的小型制品；还发现了用火遗迹和大量的骨制器，其中有骨角制作的鱼叉、标枪头各1件，骨针3件。骨叉是用偶蹄类动物的"炮骨"制成，呈双排倒钩型；骨针精作精良，以对钻法穿孔做针眼；还有一些骨制的装饰品。

[1] 吴汝康、吴新智主编：《中国古人类遗址》，上海科技教育出版社，1999年，第136-147页。

在南方也有这个时代的人类活动，例如广西柳江县有著名的"柳江人"，生活年代约在距今 4 万年前。

上述这些遗址，既具有一些共同性，亦存在诸多差异性。表现在自然方面：与人类共生的野生动物种类众多、种群数量庞大，综合反映了那个时代人类和其他动物栖息地——自然环境的原始性，包括原始森林和草原植被的生态状况。这些野生动物，既是实际和潜在的食物资源，是人们维持其混迹禽兽、觅食荒野、茹毛饮血生活的天然条件，其中的许多种类又对人类生存构成实际和潜在的威胁。但这些遗址同时反映：与不同地区古人类共生的野生动物种类各不相同，南北差异尤其显著；同一区域不同时代的动物种类，由于气候变化等因素的影响，也不断发生相当显著的变化。这些情况意味着，具体的原始人群其实是依存于不同的自然环境条件。表现在文化方面：以石器为主，兼有骨器和其他材质的工具，是那个时代人们适应各自生态环境和利用可取自然资源的共同手段，但同样存在显著的时空差异。从空间上说，不同遗址中的工具都是就地取材而制作，所用石料时见差异，制造方法、工具形制、使用功能以及器物组合都常常表现出一些差异；从时间上看，则可以发现其缓慢的发展进步，总体而言，主要经历了由旧石器向细石器的发展进步。这些共同性和差异性，让我们对人类"婴幼时代"的自然生态环境、文化适应方式以及人与自然关系复杂状态，产生无限的遐想。

三、几点归纳

自中第三纪以来，青藏高原的强烈隆起导致周边乃至整个东亚地区自然环境发生了巨大变化，亦奠定了中国三级阶梯和气候带、植被带和动物区系水平和垂直分布的基本格局。第四纪以来中国乃至全球气候波动导致植物、动物、地质、土壤等发生一系列巨大改变，形成了中国境内人类起源和文化最初发展的基本条件。具体来说：

（1）气候波动。

多方面的证据表明：第四纪以来，地球环境经历了多次重复出现的冰期与间冰期旋回变迁，对大气环流、季风强弱变化、黄土堆积、海平面升降、土壤发育和动植物分布都产生了巨大影响，中国气候亦处于不断变化波动之中：在距今 250 万至 200 万年前，气候整体比较暖湿；距今 200 万至 160 万年前气候有所转冷；距今 160 万至 100 万年前，气候经历了一次转暖过程；距今 100 万至 70 万年前经历了一次强烈降温过程；至距今 20 万年前左右，气候再次由干冷转为暖湿；到距今 11 万年前进入末次冰期，直至距今 1 万年前左右结束，其间在距今 6 万至 3 万年前气候较温暖，此后气候又走向显著寒冷，至距今 1.8 万年前后处于末次冰期盛冰期。黄土沉积以来的地层比较准确地反映出气候波动的情况，一些学者认为：中国黄土剖面反映 250 万年来气候经历了 37 次气候冷暖旋回，不同时期气候旋回周期或以 10 万年为主，或以 4 万年为主；另有学者将距今 260 万至 240 万年以来的气候变化划分为 25 个旋回，每个旋回一般由一个冷干阶段和一个温湿阶段构成，气候变化周期为 10 万年左右。利用深海沉积物中的氧同位素记录所提供的气候变化资料，同样证明了上述气候变迁过程。[1]

（2）地质、土壤和海洋变化。

第四纪以来，不仅青藏高原强烈隆起造成了中国地质、地势和地貌的巨大变化，黄土堆积也是一个重大环境变迁事件，对动植物分布和人类生活都造成了巨大影响，同时中国东部和东南部海平面和海岸线也经历了频繁而重大的变迁，尤其是在距今约 2 万至 1.5 万年前的末次冰期最盛阶段，中国东部海平面曾经一度下降了 100 多米，渤海、黄海和东海的大部分都曾成为陆地，大陆与台湾连成一体。此后海平面再次升高，形成了现代面貌，但仍然经历了许多短时期和局部性的变化。

（3）上述这些变化，直接影响了植物和动物分布。

大致而言，在气候暖湿时期，喜温湿的植物分布区域向北推移，特定地区所生长的植物种类具有较多南方成分；反之，喜温湿的植物分布区则向南方退却，在华北地区则出现森林特别是阔叶树种林减少和草原扩展等情况。在古动物学方面更多、更直接的证据，则是喜温喜湿和林栖动物种类，不断随着气候冷暖干湿变化而南北进退，在北方古人类遗址中所发现的动物化石中，这一点表现得更加明显。在气候暖湿时期，各种古象、犀、貘、大熊猫、大灵猫、扬子鳄等喜好暖湿气候、森林或湿地水域的动物曾经广泛分布于秦岭—淮河以北

[1] 丁仲礼、刘东生等：《250 万年以来的 37 个气候旋回》，《科学通报》1989 年第 19 期，第 1494-1496 页；赵景波：《第四纪气候变化的旋回和周期》，《冰川冻土》1988 年第 2 期，第 117-124 页。并参考施雅风主编：《中国第四纪冰川与环境变化》第三章《第四纪冰川、冰期间冰期旋回与环境变化》，河北科学技术出版社，2005 年。

地区；而在气候干冷时期，华北各地的动物种类则更多地表现出草原动物组分。例如，晚更新世时期北方哺乳动物按时代排列，可有许家窑、萨拉乌苏、山顶洞、小孤山、阎家岗、峙峪等动物群，都是北方草原动物为主。但是在山顶洞和萨拉乌苏动物群中，有古菱齿象、真象、猎豹、水牛和花面狸等喜温湿的动物，说明距今 6 万至 3 万年前北方的气候较为温暖湿润。比较来说，南方动物群相对稳定，不如北方变化显著，更新世时期主要分布着大熊猫—剑齿象群。但由于气候的冷暖干湿变化，该动物群的分布区域也有所伸缩。

总体而言，经过长期地球气候变迁和生命演化，至更新世时期，中国辽阔土地上的气候环境比较适宜于人类生息繁衍，而丰富的动植物资源，给人类谋食生存提供了客观条件。[1]在这个漫长时代里，中国南北各地都逐渐有了人类活动，人们艰难地适应着各种不同的自然环境，缓慢地积累起采集捕猎的经验知识，发展起相应的工具技术。这个时代的一系列文化发明，虽然都是初始的和极其落后的，但不论对于当时人类生存还是后世社会发展，都具有非常重要的影响：

首先是制造工具，主要是石器。人类根据各地的具体条件，选择燧石、石英岩、砾石等不同的石料，采用锤击、砸击等多种方法，制造出形制和功能各异的石器工具，广泛应用于采掘植物、捕猎野兽、切割食物等各种生产、生活活动；随着时代发展，石器工具逐渐由随意打造和厚粗笨大，逐渐发展为制作规范和细小精制，并且出现了穿孔钻刀和磨光技术；动物的牙齿和骨骸亦逐渐被加工成各种用具和装饰品，甚至出现了缝制衣服的细小穿孔骨针。毫无疑问，这些发展，意味着人类适应自然环境、利用自然资源的能力在缓慢提高，是石器时代人类同自然交往的主要技术手段。

其次是发明用火技术。从旧石器时代考古遗址的用火痕迹推测：人们从偶尔利用天然野火发展到主动而且长期控制火种，经历了极其漫长的摸索过程，最后才发明人工取火技术方法。[2]大量考古资料反映了中国境内原始人类用火技术缓慢演进的历程：大约在直立人向智人转变的阶段，人们便已经学会人工

---

[1] 参考裴文中：《中国原始人类的生活环境》，《古脊椎动物与古人类》1960 年第 1 期，第 9-21 页。吴汝康、吴新智主编：《中国古人类遗址》，上海科技教育出版社，1999 年，第 219-275 页。
[2] 在中国古史传说中，人工取火技术被认为是"燧人氏"时代的发明。如《白虎通·号》云："谓之燧人氏何？钻木燧取火，教民熟食，养人利性，避臭去毒，谓之燧人也。"（清）陈立撰，吴则虞点校：《白虎通疏证》卷 2《号》，中华书局，1994 年，第 52 页。

控制火种，在距今大约 28 万年前的辽宁营口金牛山人遗址中已经出现了"火塘"；长江三峡地区距今 12.6 万至 1 万年前的不少遗址中都有"火塘"，仅在重庆奉节鱼腹浦遗址中即发现有火塘 12 个。火塘的出现，表明人类已经比较固定地保存火种，对火的使用更具有计划性；而在河北阳原虎头梁旧石器时代晚期遗址中还发现了炉灶，这是可以肯定的人类最早的炉灶。炉灶的使用毫无疑问是一个很重要的技术进步，反映了人类已经通过特殊的建造，更加集中地利用柴火燃烧的热量，使之发挥更大的能量效率，也增加了居所用火的安全性，同时还为后来制陶、冶炼等积累了可贵的技术经验。考古资料还显示：那个时代，不少地方的人们已经采用"石烹法"即通过"烧石"加热的方法烹煮食物。采用这种方法，不同于在火上烤炙或者在火堆里烧煨，而是以"烧石"作为传热媒介加热食物。"烧石"可以说是最早的一种烹饪工具，尽管极为原始简陋，但毕竟是远古人类在利用工具加工熟食方面向前迈进了重要的一步。[1]

火是人类主动利用的第一种伟大的自然力，火的利用不仅使人类逐渐从生食走向熟食，大大提高了食物消化和能量营养吸收能力，加快了人类体质进化，而且大大提高了人们御寒、驱湿、防毒虫猛兽乃至细菌和病毒侵害等能力，生命健康安全得到了更多保障。永不熄灭的火堆或火塘，是原始人类休憩生活的中心，幽暗的洞穴于是真正开始有了"家"的味道。随着心智逐渐提高，人类将火应用于捕猎，到了新石器时代，更成为焚林开荒、烧制陶器、开展农业和手工业生产的重要手段。

毫无疑问，旧石器时代人类还处在蒙昧状态，心智未开，工具和技术极其简陋，只能完全仰赖于自然界的现成食物资料，通过采集植物、捕猎动物获得基本生存条件，寻找各种洞穴作为栖身之所。虽然周围环境中的天然资源非常丰富，但他们的获取能力十分低下，还要随时随地受到各种不利自然因素（包括猛兽、毒虫、疾病）的侵害，严重缺乏生存保障。正因如此，那时人们必须群居，共同抵抗饥饿和危险，增加生存概率，过着原始共产主义生活。

然而，正是在这样艰苦恶劣的自然环境和低下落后的文化条件下，人类与自然交往的历史在中国大地上正式开篇。在顽强的生存斗争中，我们的祖先不仅实现了由猿到人的体质进化，由四脚匍匐、攀缘而行进化为直立行走，实现

---

[1] 相关考古报告和研究成果甚多，可参见武仙竹、肖琳：《三峡地区旧石器时代人工用火遗迹的重要发现》一文的罗列和介绍。该文刊于《重庆师范大学学报》2010 年第 3 期，第 95-98 页。

了手脚分工，被解放的双手变得愈来愈灵巧，成为开展社会实践活动、战胜一切困难的第一重要"武器"，而且逐渐发明创造了各种各样的工具，特别是种类众多、数量庞大的石器，走上了与其他动物分道扬镳的文化进化道路，谱写了中国环境史即人与自然关系史的首要一章。

第三节　农业起源：人与自然关系的革命

末次冰期盛冰期结束后，地球气候逐渐回暖，至距今 1.3 万年前后，气候转暖相当明显，亚欧和北美大陆冰川逐渐消融，森林草原扩张，海平面显著上升，野生动物向北迁移，中国黄海、渤海重新被海水淹没，这一切似乎都在朝着有利于人类生存的方向演变。然而，距今 1.2 万年前后发生了所谓"新仙女木事件"（Younger Dryas Event，YD），气温骤然下降，世界各地重新转入严寒，持续时间约 1 000 余年，对动植物和人类生存都造成了摧毁性的影响。[1]在地球气候长期变迁史上，这次气候骤冷只是一个突如其来的短暂事件，是在末次冰消期持续升温过程中突然发生的典型非轨道事件。该事件结束以后，全球气温急速上升，回归朝着温暖方向发展的正常轨道。此时，地球环境变迁开始进入地质学上的"全新世时期"，人类社会演化则进入考古学家所谓"新石器时代"。

在人类历史长河中，新石器时代是一段令人激动的光荣岁月。在这个时代，人类经过漫长体质进化，已经发展成为"现代人"，并且走上了以文化进化为主的生命系统演化道路。随着文化能力不断提高，人类开始凌驾于其他生物之上，成为"万物之灵长"，开始摆脱对大地母亲的被动依赖，逐渐按照自己的意志认识、适应、利用乃至初步改造周遭自然环境。发明植物栽培和动物饲养，是这个时代最伟大的文化成就，由此，人类不再完全仰赖于天然生成的食物资源，而是通过积极主动干预其他物种的生命过程，亦即通过发展农业和畜牧业来获取生存资料。这既引发了人与自然关系的一系列革命性变化，亦在通向文明发

---

[1] 刘焱光等：《新仙女木事件的发生及其全球性意义》，《黄渤海海洋》2000 年第 1 期，第 74-83 页；王建民等：《晚冰期新仙女木事件的研究历史及现状》，《冰川冻土》1994 年第 4 期，第 371-379 页。李潮流等：《全球新仙女木事件的恢复及其触发机制研究进展》，《冰川冻土》2006 年第 4 期，第 568-576 页；施雅风主编：《中国第四纪冰川与环境变化》，河北科学技术出版社，2005 年，第 27-29 页。关于该事件的起止时间，目前说法并不统一，一般认为其 ^{14}C 年期在距今 11 000～10 000 年前之间，或日历年期在距今 12 900～11 500 年前之间。至于事件发生的动力机制，更存在诸多争议。

展道路上迈出了最具决定性意义的伟大一步。

一、关于农业起源的假说和争论

一般认为，人类进入所谓"新石器时代"的时间大约在距今 1 万年前，其社会生产力标志是广泛使用制作更加精细、功能组合更加配套的磨光石器。日益丰富的考古资料证实：约略在同一时间，世界上多个地区特别是中东、北非和中国的原始居民都开始栽培植物和饲养动物，踏上了原始农业发展道路。[1]

经历了数以百万年计漫长采集和捕猎生活的人类，何以在那个时代突然改变其谋食策略和生计体系？这种改变背后有何特殊的自然环境与社会文化缘由？对人与自然的关系将会造成哪些影响？这些都是中外学界探讨已久而环境史研究者仍需继续探询的关键性问题。

1936 年，英国考古学家柴尔德（V. G. Childe）出版了《人类创造自己》一书。[2]虽然其宗旨是探寻人类文化（文明）的远古源流而非人与自然的关系，且思想方法和材料证据都带有明显的时代局限性，但当我们从环境史角度进行重新品读时，仍不得不承认这部名著具有重要的思想启发性。作者围绕农业起源问题，对远古人类生计变化、文化发展与自然环境的关系，进行了今天看来仍然是非常精彩的论述。

柴尔德认为：史前人类经历了两次革命。一是"新石器时代的革命"，二是"城市革命"。前者发生于新石器时代前期，奠定了文明起源的基础；后者发生在新石器时代晚期，标志着文明的形成。"新石器时代的革命"的生产力标志是广泛使用磨制石器，但农业发明具有更加重大而深远的意义，在人类史上的重要性与近代工业革命相比毫不逊色。

在柴尔德看来，冰河时代结束之前，人类对大自然的态度一直没有改变，冰河时代结束之后不久即发生了革命性的变化，人类开始"控制"自然，变更经济体系，第一步就是控制自己的食物补给，选择栽种和改良那些可以提供食物的禾谷、块根（块茎）类植物和树木，并且驯养动物，农耕和饲养因之起源。

---

[1] 本章论说"农业起源"，若非分别提到农业和畜牧业，通常都是采用"大农业"的概念，包括植物驯化、栽培和动物驯化、饲养。为避免过多纷扰，对动物饲养和畜牧业起源问题不单独作讨论。

[2] V. G. Childe, *Man Makes Himself*, London: Watts, 1936。1954 年群联出版社出版周进楷中译本，题名为《远古文化史》。

"生产食物经济建立的时期，是一个气候的危机恰正对干燥的次热带地区发生不利影响的时期，最早的农夫，即出现在那个地带，而种植的谷物和家畜两者的野生祖先，也确实都生活在那个地带。"[1]因此这一革命之发生与冰河末期气候由冷湿向暖干转变有关。由于气候变化，动植物只能在接近水源的地方栖息生长，人类亦不得不选择居住在河谷和绿洲地带，用心地观察周围的动物和植物，逐渐驯化它们。一些学者将他的观点概括为关于农业起源的"绿洲理论"，由于他把农业起源归因于气候环境，却没有对气候变化促发农业起源的机制进行详细论证，曾被批评为"环境决定论者"。[2]

毫无疑问，柴尔德观察"新石器时代的革命"、探讨农业起源的区域对象是相当有限的，基本上局限于尼罗河和两河流域，但这不是他的过错。在他之前，考古学资料积累远远不如当今丰厚，许多历史学家、人类学家，特别是文化传播论者都曾经把西亚、北非当作世界农业起源中心，对东亚和美洲这两个同样重要的农业起源中心缺少认识。自柴尔德之后，无论在西方还是中国，考古学、文化人类学（民族学）都取得了超乎寻常的发展，农业和畜牧业起源则一直是众多学者非常痴迷的重大课题，综合运用自然科学和人文社会科学理论知识与思想方法，是这项研究的突出特点，应当说它是最早的多学科研究，相关成果散发出独特的学术魅力，对同样是多学科交叉的环境史研究，更是具有突出的参考价值和启发作用。

然而，由于问题本身的极端复杂性，更由于史前没有文献记录，而考古发现又具有随机性，农业起源之谜并不容易得到破解。一个世纪以来，关于农业起源的地点、契机、动因、机制以及种植和饲养出现之先后，中外都有众多考古学、历史学、人类学（民族学）、动物学、植物学家及其他领域学者参与探讨，人口压力论、技术决定论、共同进化论、社会结构变迁论、竞争宴享说、富裕采集文化说、神灵祭祀说，甚至上帝恩赐说、游戏模仿说、垃圾堆启示说等五花八门的理论假说不断涌现，纷纭聚讼，迄无定论。擅长理论建构的西方学者，先后提出了许多农业起源模型：有的侧重环境分析，强调气候等自然变化的触发和驱动作用；有的侧重社会、文化的解释，强调它是社会发展和文化进步的

---

[1]　[英]柴尔德著，周进楷译：《远古文化史》，群联出版社，1954年，第70页。
[2]　张修龙、吴文祥、周扬：《西方农业起源理论评述》，《中原文物》2010年第2期，第36-45页。

结果；还有的试图从人类的认知能力和心理因素等方面进行解说。[1]这些歧见迭出的假说和模型之提出，既与不同学科学术基础和学者个人条件有关，亦大抵不能脱离 19—20 世纪不同思想理论冲突的大背景，特别是"进化论"与"非进化论"和"环境决定论"与"文化决定论"的交锋与对抗。

由于农业发生不仅需要经济需求之动力，而且必须具备适宜的气候、土壤、植物物种等前提条件，因此，自柴尔德以来，绝大多数研究者都很重视自然环境及其变化对农业起源的影响，只是对其影响程度和作用机制存在着不同的判断。

一些学者首先从环境变化方面探询农业起源的原因，柴尔德等人所提出的"绿洲模型"就是如此。该模型的思想逻辑是：末次冰期结束后，近东地区进入一个干旱期，为了获得食物和水，人类和动物都被迫汇集到尼罗河、幼发拉底河、底格里斯河河谷和绿洲地区，共生在这些地区的人类与动植物密切接触，人们认识到动植物作为食物来源的重要性，逐渐尝试进行选择性的控制、栽种和驯养，由此导致了农业的发生。换言之，是环境条件的改变（气候变得干旱）强化人类与动植物间的共生关系。更有一些学者把农业起源与"新仙女木事件"直接关联起来，认为该事件导致气候陡然寒冷，使禾谷类植物生长减少，区域环境承载能力降低，迫使人类开始种植野生谷类以增加产量，进而走上农业道路。[2]将一个复杂经济生产体系之起源归因于气候变化，自然未免有些简单化，但这一非轨道典型气候变化事件与农业起源在时间点上的接近确实令人产生遐想。另一些学者提出或赞同所谓"季节模型"，认为动植物驯化只是历史偶然事件的结果，并非一种大规模的全球性进程，机遇、技术、社会组织及需求是农业开始的必要条件，而特定地区气候季节性导致食物供给季节性匮乏，是人们

---

[1] 郑建明：《西方农业起源研究理论综述》，《农业考古》2005 年第 3 期，第 33-38 页；杜水生：《中西方农业起源研究思想比较》，《晋阳学刊》2006 年第 6 期，第 81-85 页；张修龙、吴文祥、周扬：《西方农业起源理论评述》，《中原文物》2010 年第 2 期，第 36-45 页。

[2] Bar-Yosef O and Kislev M，Early Farming Communities in the Jordan Valley，In Harris D and Hillman G，eds. Foraging and Farming: The Evolution of Plant Exploitation，Unwin Hyman，London，1989，632-642. Bar-Yosef O and Belfer-Cohen A，The Origins of Sedentism and Farming Communities in the Levant，Journal of World Prehistory，1989a 3：447-498. Bar-Yosef O and Meadow R. H. The Origins of Agriculture in the Near East，In Price T D，and Gebauer A B eds，Last Hunters-First Farmers: New Perspectives on the Prehistoric Transition to Agriculture，School of American Research Press，Santa Fe，1995，39-94.

实施作物种植的原因。[1]然而季节性差异是一个地区气候长期而稳定的特征，并非只是在某个特定时期才出现的现象，显然无法解释何以只在这个时期出现农业问题。

随着相关研究的不断进步，研究者的思想空间不断拓展，日益重视对众多环境和社会因素的综合考察，人类系统中的人口、技术、居住方式、社会组织和自然系统中的气候、土地、物种等，都被当作考察人与自然关系变化和农业发生的重要变量，像"共同进化模型""路径依赖模型""人口压力模型""丘陵侧面模型""社会经济竞争模型""边缘化模型"等这些解说体系，虽然侧重点彼此各不相同，但逐渐走向了彼此借鉴、互相吸收。认真梳理相关论著可以发现：针对农业起源的前后研究发生了下列明显变化，其一，研究者始终高度注重揭示自然环境因素及其变化的重要影响，但单纯的环境解释，甚至将农业起源归因于某一环境事件的做法逐渐被摈弃；其二，越来越多的学者逐渐认识到农业起源并非发生于某个特定地区的特定时间点，而是一个连续不断的发明、创新过程，构成农业生产体系的许多经验知识、技术手段甚至生产行为（例如，通过清除其他植物、驱赶鸟兽对经常采集地点的可食植物实行保护），在很久之前其实就已经陆续出现，耕种和饲养替代采集和狩猎乃是一个长期动态的消长过程；其三，"人口压力说"逐渐受到了更多的支持，但亦不再简单地将农业起源视为人口增长唯一的必然结果，学者日益注重从特定区域人口与资源关系的动态变化之中考察人们如何做出生存策略选择；其四，越来越多的学者注意到，人类与动植物之间是一种共生、互惠和共同进化的关系，物种驯化、作物种植和动物饲养是这种关系不断发展变化的结果；人类与环境之间是彼此反馈的，众多自然环境和社会文化因素之间的相互作用，甚至人类社会系统内部诸要素之间的相互作用，都对农业起源产生了影响。

举例来说：关于人口增长对农业起源的影响，在宾福德等人所提出的"边缘理论"中就受到了重视。他们推论农业起源机制和过程是：最佳栖息地（有富裕资源的地方）的人口增长导致了环境资源不足，迫使人们向边缘地带迁移，

---

[1] McCorriston J，Hole E，The Ecology of Seasonal Stress and the Origins of Agriculture in the Near East，American Anthropologist，1991，93：46-69. Wright H E，Environmental Determinism in Near Eastern Prehistory，Current Anthropology，1993，34（4）：458-469. Blumler M A，Ecology，Evolutionary Theory and Agricultural Origins，In Harris，D.R. ed.，The Origins and Spread of Agriculture and Pastoralism in Eurasia，Smithsonian Institution Press，Washington，D C，1996，25-50.

一些禾谷类植物被带到这些地方并逐渐被驯化。在他们看来，农业起源是一种生存（谋食）策略不断调整的过程——在人口—资源矛盾的压力下，人们采用某些已有的技术、强化对动植物的控制，以期增强产量应对环境变化所导致的食物来源不足，至于农业发生的具体时间点，则并不那么重要。这事实上是一种强调人口、局部生存系统平衡与环境变化关系的"人口—资源平衡模式"。继宾福德之后，柯恩更是"人口压力论"的坚定支持者。他观察到：在大约 15 000 年前，几个农业起源地就开始加强对谷物、贝壳等一些过去不屑一顾的资源的利用，此前早就曾经发生过食物危机，而导致食物危机的原因是：一些地区食物资源本来非常丰富，人们就在那里定居下来，然而定居导致人口的增加，继而导致食物匮乏，迫使人们逐渐干预作物的生长过程，以便增加产量，农业由此而起源。人口增长显然是农业起源的主要动力。然而，他并不认为这是人类走上农业道路的唯一原因，他对自己所提出的模型进行了如下说明：

　　在这个模型中，不断增加的人口（伴随着环境变迁和变化了的社会环境条件）可以或多或少地造成持续不断的适应策略调整，人口在时间上的任何一点都可以在几种适应策略中选择，但只有一种策略即通过使用农业技术增加资源从长时期来说是大多数群体的可行选择，其他选择不是提供暂时性的解决办法，延缓而不是阻止农业的到来，就是走向进化终点，因为它们最终无法与农业群体展开竞争（另有一种选择是掠夺其他农业者，这种方法自然可行，但仅适用于少数群体）。这里的观点是，尽管在所有的时候人们都意欲保持人口与资源的平衡，但系统的设计并非简单地为了保持平衡，人口增长的持久趋势和既有的可用以增加资源的技术（农业），意味着时常要重新确立新平衡。然而这并不意味着人口增长从任何简单的意义上讲都是一个独立的变量，很显然，人口增长率要受到文化选择的影响，而且这一模型绝不否定技术或社会的变革对人口增长的反馈作用，特定农业生产力水平下所取得的成就（例如定居生活的发展）也能随之改变与人口增长有关的生物因素和文化价值观。[1]

　　由此可见，柯恩是在人口与资源的动态平衡关系之中论说农业问题的，农

---

[1] ［美］马克·柯恩著，王利华译：《人口压力与农业起源》，《农业考古》1990 年第 2 期，第 53-60 页。

业作为一种适应环境、利用资源和满足生存需要的策略，其发生与选择是人类社会和自然环境众多复杂因素，包括人口、技术、生物因素、文化价值观甚至不同社会群体之间的生计差异和生存竞争，综合作用的结果。

　　总而言之，农业起源是一个极其复杂的动态过程，尽管在世界范围内已经过了一个多世纪的多学科探索，但关于它的历史动因、发生机制与实际过程，仍然存在诸多争论和待解之谜。可以非常确定的是：农业起源是人类系统与自然系统诸多因素和条件因缘际会、交互作用的结果，它在新石器时代同时发生于亚欧、非洲和美洲大陆不同地区，说明那个时代的人与自然关系确实经历了一场巨大的革命性变化。

二、中国古史传说和考古学证据

　　让我们回到中国。

　　考古发现证明：世界上共有三大农作物或者农业起源中心，一是地中海东岸的新月形地带，那里最早驯化和栽培小麦和大麦，也最早驯化和饲养绵羊和山羊；二是中国，是最早种植粟类（还有黍类）和水稻的地区，且最早驯养猪和水牛；三是中美洲，是玉米的起源地。与其他两个起源中心不同，中国由于南北气候和自然环境不同，实际上包括以黍、稷栽培为主的旱地农业和以水稻栽培为主的水田农业起源区。逐渐明确这些事实，是20世纪考古学、农学、动植物和遗传学等相关学科不断发展的成果。

　　近代意义上的中国农业起源研究，可以追溯到19世纪晚期。1882年，瑞士植物学家德塔多在所著《栽培作物的起源》一书中指出中国是栽培稻的起源中心。从20世纪二三十年代开始，植物学家、农学家和考古学家日益重视对相关问题的研究，提出了多种不同观点，随着考古学的发展，中国农业的"本土起源说"逐渐取代了"外来说"。历来学者研究中国农业起源，大抵依据两个方面的材料：一是文献古籍，具体来说是现存古籍记载的关于农业发明的古史传说；二是考古材料，是目前学界探讨相关问题的主要依据。除此之外，民族学资料包括在少数民族之中流传的那些创世神话传说，亦时或被研究者所引证，但只是作为补充和参考材料，用于解说民族经济起源和初始发展的逻辑过程。

1. 古史传说

文字出现之前史事杳渺难知，然而人类天性好追根溯源。在春秋、战国至秦、汉时代，人们逐渐建构起一套自盘古开天地到三皇五帝的完整古史世系。顾颉刚考证这些世系是不断向上累叠的结果，愈是古老的世代，在文献之中出现的时间反而愈晚，是即所谓"层累地造成的中国古史"。在这一古史建构之中，许多事物被"推原"到远古、归功于某位文化英雄，其中包括有不少与农事有关的事物。这些虽非信史，但在一定程度上反映了中国农业文化发生的历史逻辑过程。

根据古史传说，中国农业起源于神农之世。在此之前的伏羲氏时代，人们以采集、狩猎谋生，过着漂泊不定的生活。那个时候，人民稀少而野生动植物资源非常丰富，可以提供足够的天然食物，所谓"丈夫不耕，草木之实足食也；妇人不织，禽兽之皮足衣也。"[1]伏羲氏时代，先民心智初开，已经具备了符号表达能力，并能制造网罟之类的渔猎工具，《周易·系辞》云："古者包牺氏之王天下也，仰则观象于天，俯则观法于地，观鸟兽之文与地之宜，近取诸身，远取诸物，于是始作八卦，以通神明之德，以类万物之情。作结绳而为网罟，以佃以渔，盖取诸离。"[2]据称伏羲是受到了蜘蛛结网的启发，所谓"……太昊师蜘蛛而结网"是也。[3]历来人们都将伏羲时代作为中国文化萌生之世，如东汉班固《白虎通》云："古之时未有三纲，六纪，民人但知其母，不知其父，能覆前而不能覆后，卧之詓詓，行之吁吁，饥即求食，饱即弃余，茹毛饮血，而衣皮苇。于是伏羲仰观象于天，俯察法于地，因夫妇，正五行，始定人道。画八卦以治下，下伏而化之，故谓之伏羲也"。[4]将"三纲""六纪"、夫妇伦理和八卦都归功于伏羲氏当然不正确，但指出那时自然界中现成的食物资源丰富，而人民缺少生活资料积累，则大致可信。

古史传说把发明农业归功于神农氏，《周易·系辞下》云："包羲氏没，神农氏作，斫木为耜，揉木为耒，耒耜之利，以教天下。"[5]这是关于神农氏的最

[1]（清）王先慎撰，钟哲点校：《韩非子集解》卷19《五蠹第四十九》，中华书局，1998年，第443页。

[2]（汉）王弼注，（唐）孔颖达正义：《周易正义》卷8《系辞下》，中华书局，1980年影印本，第86页。

[3]（晋）葛洪：《抱朴子·对俗篇》，中华书局，1985年，第40页。

[4]（清）陈立撰，吴则虞点校：《白虎通疏证》卷2《号》，中华书局，1994年，第50-51页。

[5]（汉）王弼注，（唐）孔颖达正义：《周易正义》卷8《系辞下》，中华书局，1980年影印本，第86页。

早说法。而在战国时期人庄周的历史想象中，"古者禽兽多而人少，于是民皆巢居以避之，昼拾橡栗，暮栖木上，故命之曰有巢氏之民。古者民不知衣服，夏多积薪，冬则炀之，故命之曰知生之民。神农之世，卧则居居，起则于于，民知其母，不知其父，与麋鹿共处，耕而食，织而衣，无有相害之心，此至德之隆也。"[1]按照今天的理解，庄子想象的神农时代，社会发展处于母系氏族阶段，那时，人们通过耕织亦即农业生产谋取生活，人与自然、人与人之间的关系都很和谐，所以庄子很是向往。两汉时期，神农氏的形象逐渐丰满起来，他的伟大功业被汉代文人反复提起。如汉初陆贾《新语·道基》称：远古"民人食肉饮血，衣皮毛；至于神农，以为行虫走兽，难以养民，乃求可食之物，尝百草之实，察酸苦之味，教人食五谷。"[2]其后《淮南子·修务训》亦云："古者，民茹草饮水，采树木之实，食赢蛖之肉，时多疾病毒伤之害，于是神农乃始教民播种五谷，相土地宜，燥湿肥硗高下，尝百草之滋味，水泉之甘苦，令民知所辟就。当此之时，一日而遇七十毒。"[3]班固《白虎通·号》云："古之人民，皆食禽兽肉。至于神农，人民众多，禽兽不足。于是神农因天之时，分地之利，制耒耜，教民农作。神而化之，使民宜之，故谓之神农也"。[4]

毫无疑问，神农氏并非一个真实的历史人物，而是一个时代的象征。以上传说所提到的那些事迹都并不属于某位特殊的文化英雄，而是广大先民集体功绩的历史浓缩。不过，远古先民的生计确实经历了由采集、狩猎到耕种、饲养的缓慢转变，这种转变之所以发生是因为"人民众多，禽兽不足"，正符合学界较公认的农业起源"人口压力说"。用环境史术语来说，就是由于特定地区人口增长改变了社会经济生活需求与自然资源供给能力之间的关系。

古人已经认识到：农业起源并不只是播莳五谷这么简单，而是伴随着一系列重要的发展进步。关于动植物、土地、水泉等自然条件的经验知识积累达到一定水平，发明耒耜等垦耕工具技术，都是农业起源的基本条件，并且还伴随着生活方式和其他诸多方面的一系列变化。因此古史传说称：远古人类生存环境中充满了危险，生命健康和安全缺乏保障，所以在"神农之世"前后，"有巢氏"发明了建造房屋，"燧人氏"发明了人工取火。《韩非子·五蠹》云："古之

---

[1]（清）王先谦撰：《庄子集解》，中华书局，1987年，第262页。

[2] 王利器撰：《新语校注》，中华书局，1986年，第10页。

[3] 刘文典撰，冯逸、乔华点校：《淮南鸿烈集解》（下册），中华书局，1988年，第629-630页。

[4]（清）陈立撰，吴则虞点校：《白虎通疏证》卷2《号》，中华书局，1994年，第51页。

世，人民少而禽兽众，人民不胜禽兽虫蛇；有圣人作，构木为巢，以避群害，而民悦之，使王天下，号之曰有巢氏。民食果蓏蚌蛤，腥臊恶臭而伤害腹胃，民多疾病；有圣人作，钻燧取火，以化腥臊，而民说之，使王天下，号之曰燧人氏"。[1]班固《白虎通·号》亦云："谓之燧人何？钻木燧取火，教民熟食，养人利性，避臭去毒，谓之燧人也"。[2]

古人还注意到：火不仅可以化除腥臊恶臭、使人们由生食改为熟食，对于农业也具有特殊重要的意义。因此，古史传说中还有一个"烈山氏"。《左传·昭公二十九年》说："稷，田正也。有烈山氏之子曰柱，为稷，自夏以上祀之。"[3]《国语·鲁语上》也说："昔烈山氏之有天下也，其子曰柱，能殖百谷百蔬。"[4]这些材料透露了两个重要信息：其一，远古曾有一个擅长农业生产的部族叫作"烈山氏"，其之所以得名，应与刀耕火种的古老农业习俗有关，"烈山"就是放火烧荒的意思；其二，该部落有一位领袖名叫"柱"，像后来姬周民族的男性始祖"弃"一样，在夏代以前曾被尊奉为农神而享受祭祀，而他的名字或许暗示了当时采用木棒之类作为播种工具的史实。既然他"能殖百谷百蔬"，说明其时的栽培谷物、蔬菜种类较多。有人将"烈山氏"与炎帝神农氏联系起来，也许两者之间确实有所关联。

与炎帝神农氏约略同时代或稍后的黄帝轩辕氏，一向被尊为中华民族的人文初祖。根据古史传说，黄帝是一系列重要物质文化的发明者，亦很擅长农业。不过，在他那个时代，中国原始农业发展已经达到了一定水平。史称：在与炎帝部落交战期间，黄帝"治五气，艺五种，抚万民，度四方，教熊罴貔貅䝙虎"；平定天下之后，"时（莳）播百谷草木，淳化鸟兽虫蛾"，[5]亦即他不仅发展作物种植，而且进行动物驯化，其中应当包括禽类、兽类和昆虫的驯化和利用；他的正妃——嫘祖则因发明养蚕被后世尊为"先蚕"。由此看来，在黄帝时代，人们不仅进行谷物、蔬果种植，而且从事禽畜饲养，还开始栽桑养蚕、缫丝织帛，用丝织品制作衣裳。所以古史又称：黄帝、尧、舜"垂衣裳而天

[1]（清）王先慎撰，钟哲点校：《韩非子集解》，中华书局，1998年，第442页。

[2]（清）陈立撰，吴则虞点校：《白虎通疏证》，中华书局，1994年，第52页。

[3]（周）左丘明传，（晋）杜预注，（唐）孔颖达疏：《春秋左传正义》卷53《昭公二十九年》，中华书局，1980年影印本，第422页。

[4]上海师范大学古籍整理组：《国语》卷4《鲁语上》，上海古籍出版社，1978年，第166页。按，该书相传为左丘明撰。

[5]《史记》卷1《五帝本纪》，中华书局，1959年，第3、第6页。

下治。"[1] 至此，作物栽培与畜禽饲养结合、农耕种植与桑麻绩织并举的古代农业生产结构已经初步形成，这个在中华民族中延续了成千上万年的主要生计体系，决定了漫长历史时期中国大地人与自然关系的最基本模式。

这些古史传说大致描述了一幅关于中国农业起源的模糊图像。只是这样一段古史之建构，何以这样"层累"地进行，直到春秋、战国至秦汉时代才逐渐完整起来，本身也是一个很值得探究的问题。事实上，自古以来，在不同民族或部落中流传着不同的文化创始传说，在若干少数民族中，相关传说一直口耳相传至当代。

2．考古证据

20世纪以来的考古学发展，为探讨中国农业起源问题提供了日益丰富的实物资料，学界已开展了大量研究。不论历史学、考古学还是其他相关领域学者，在探讨农业起源问题之时，都在相当程度上涉及了远古自然环境变化及其对农业发生的重要影响。

如上所言，农业起源是一个相当缓慢的过程，是自然系统与人类系统诸多因素交互作用的结果，必须具备相应的气候、物种、土地、人口、工具技术条件和经验知识积累，目前仍然难给出一个非常明确的时间点，并且往往难以确立某个单一的标志——通常根据出土动植物遗存（如动物骨骸、植物籽粒）是否经鉴定被确认为人工驯化的栽培作物和家养畜禽进行判断。在那些环境和社会条件最合适、自然与人类因素因缘际会的地区，相关遗存被大量发现，因而被确定为农业起源中心。不过，由于自然环境和原始文化存在诸多差异，各个地区的农业发生，不仅时间有早有晚，内容亦存在着显著的差别。中国是世界学界公认的农业起源中心之一，由于自然环境差异显著，南北农业从一开始就表现出显著的地域差异：黄河中下游是旱地粟作农业起源中心，以耐旱的黍稷为主种作物一直是北方旱地农业的主要特色，直到中古才逐渐发生显著变化；长江中下游地区是稻作农业起源中心，水稻栽培需要更加充分的水热资源条件，因此以水稻种植为主形成的水田农业体系，一直主要分布在降水丰沛、气候湿热的南方地区。下面分别予以述说。

---

[1]《周易正义》卷8《系辞下》，中华书局，1980年影印本，第75页。

　　首先看北方。上古文献谈论主粮作物，以黍稷并称，[1]它们乃是中国北方地区最早的栽培作物。其中，黍的抗逆性更强，更耐干旱和杂草，常常被种植在新开荒地上成为先锋作物，但在后代历史上没落较早。稷亦即粟，在汉魏时期被称为"百谷之长"，在唐代的国家租税制度中仍被视为正粮，其余作物则为"杂种"。因此这里我们主要讨论粟类栽培的起源，兼及其他。

　　根据农史学者的意见，粟类作物由野生到人工栽培，需要具备四个前提条件：一是需要适宜的地区气候和自然环境；二是要有野生祖本即狗尾草的存在；三是远古人类有能力将野生狗尾草驯化为人工栽培的粟类农作物；四是有进行栽培粟作农业的需求。四个条件缺一不可。在距今1万年左右的新石器时代（全新世）早期，黄河中下游地区、太行山脉东西两侧，正具备粟作农业的自然环境和社会文化条件。[2]

　　根据现有的考古资料，黄河中下游地区的磁山文化、裴李岗文化、北辛文化和老官台文化等，都属于粟作农业诞生及其早期发展阶段。[3]其中磁山文化遗址分布于冀中、冀南和豫北地区，分布最密集的地区在太行山东南麓的今河北省武安市境内，主要有磁山、牛洼堡、西万年（第一区）等。出土资料证明：磁山文化已有发达的磨制石器、陶器、粟作农业和家畜饲养业。石器大多为农业生产工具和谷物加工工具，属于农业生产工具的有石斧、铲、锛、镰，谷物加工工具有石磨盘和磨棒。更重要而直接的证据是：在磁山遗址中发现了大量粟的遗存，在80个窖穴内部都发现有粮食堆积，一般堆积厚度为0.3～2米，有10个窖穴堆积在2米以上。出土时有一部分颗粒清晰可见，不久即风化成灰。经过对灰坑标本进行灰象分析，可知其中有大量碳化的粟，还有榛子、胡桃、

---

[1]　关于这两种作物，自古以来争论不休，歧见纷纭，经常被混为一谈。其实它们并非同属作物：前者在植物分类上属禾本科的"黍属"（*Panicum*），栽培黍的学名为 *Panicum miliaceum*；后者则属于禾本科的"狗尾草属"（*Setaria*），栽培粟的学名是 *Setaria italica*。它们的形态比较接近，并且生境相同，常常共生一地。第一、二卷将要反复提到这两种作物，为了避免文字过于繁琐累赘，我们只取其中较合理之说，而不拟展开讨论。

[2]　王星光、李秋芳：《太行山地区与粟作农业的起源》，《中国农史》2002年第1期，第27-36页。

[3]　张之恒：《黄河流域的史前粟作农业》，《中原文物》1998年第3期，第5-11页。随着考古学界不断有新的发现，粟作农业起源时间有可能向前推移。如于德源、侯毅、赵志军等人认为：生活在距今9 000～10 000年前的北京东胡林人已经拥有农业文明（文化），但东胡林遗址考古发掘报告均未提到有经鉴定的人工驯化粟，而于德源也承认：在东胡林遗址尚没有关于发现粟类和禾本科植物的遗物、遗迹的报道，而考古学者慎重地认为：当时东胡林人是否已发明了农业，尚待进一步研究。于德源：《浅议北京东胡林遗址的新发现》，《农业考古》2006年第4期，第14-18页；侯毅：《从东胡林遗址发现看京晋冀地区农业文明的起源》，《首都师范大学学报》2007年第1期，第25-28页；赵志军：《中国古代农业的形成过程——浮选出土植物遗存证据》，《第四纪研究》2014年第1期，第73-84页。

小叶朴等植物果实。学者估计：磁山遗址中出土的粟作遗存可达 13 万斤之多，表明当时粟作农业不是初始面貌，而是已经跨越驯化、起源阶段，达到了相当高的发展水平。对两座灰坑（H145、H48）内的两件木炭标本进行 ^{14}C 年代测定，知其分别距今 7 355 年和 7 235 年左右，树轮校正年代为公元前 6 032 年至公元前 5 750 年。此外，在磁山文化遗址中还出土了猪、狗、牛和鸡等动物的骨架，其中前两种可以确定为家畜，另两种可能亦开始家养。这些情况说明：那时人们已经开始了种植与饲养相结合的农业经济生活。[1]与磁山文化年代大体相当的裴李岗文化，分布中心地域是华北平原南端西缘与伏牛山东麓的接壤地带，其磨制石器、陶器和农业发展水平亦大体与磁山文化相当，磨制石器属于生产工具的有石铲、斧、镰，谷物加工工具有石磨盘和磨棒，陶器则较磁山文化更加发达。从这些生产工具推测：当地也已经有了比较发达的农业，而在裴李岗遗址第二次发掘时，曾经出土少量炭化谷物，据初步观察可能是粟；在河南新郑沙窝李遗址地层中也发现了炭化粟粒。裴李岗文化遗址中所出土的家畜骨骼有猪、狗、羊等，说明当地同样是作物种植与家畜饲养相结合。[2]

约略同一时期，西辽河流域也开始了粟作农业，考古学家在内蒙古赤峰市兴隆沟聚落遗址的发掘土样中浮选出了数量较多的炭化粟，经鉴定是人工栽培的粟，由此断定在兴隆洼文化中期，已经出现了原始农业经济。[3]

由磁山文化和裴李岗文化遗存推测：黄河中下游地区以粟作为主的农业起源年代，可以上推到距今约 1 万年前。有的研究者认为："……粟类作物的驯化工作大体开始于下川文化时期，真正的栽培可能始于全新世之初，即距今一万多年前。"事实上，下川文化的主人已经大量制作和使用锛状器，具备了规模化森林砍伐和垦荒的能力，这正是开展农业生产的一个重要条件。[4]而兴隆沟遗址的相关发现，证明在更北方的西辽河地区，距今七八千年前亦已开始了粟类

---

[1] 邯郸市文物保管所等：《河北磁山新石器遗址试掘》，《考古》1977 年第 6 期，第 361-372 页；河北省文物管理处等：《河北武安磁山遗址》，《考古学报》1981 年第 3 期，第 303-338 页；周本雄：《河北武安磁山遗址的动物骨骸》，《考古学报》1981 年第 3 期，第 339-347 页。

[2] 中国社会科学院考古所河南一队：《1979 年裴李岗遗址发掘报告》，《考古学报》1984 年第 1 期，第 23-51 页；开封地区文管会等：《河南新郑裴李岗新石器时代遗址》，《考古》1978 年第 2 期，第 73-79 页；中国社会科学院考古研究所河南一队：《河南新郑沙窝李新石器时代遗址》，《考古》1983 年第 12 期，第 1057-1065 页；王吉怀：《新郑沙窝李遗址发现碳化粟粒》，《农业考古》1984 年第 2 期，第 276 页。

[3] 中国社会科学院考古研究所内蒙古第一工作队：《内蒙古赤峰市兴隆沟聚落遗址 2002—2003 年的发掘》，《考古》2004 年第 7 期，第 3-8 页。

[4] 王星光等：《太行山地区与粟作农业的起源》，《中国农史》2002 年第 1 期，第 27-36 页。

栽培。

下面再说南方。早在 19 世纪末，瑞士植物学家德堪多就曾指出中国是栽培稻的起源中心。然而，苏联植物学家瓦维洛夫却认为南亚才是栽培稻的起源中心，他的观点影响颇大，在相当长的一个时期，不少人都认为中国水稻是由印度传入，甚至国人所悉知的籼稻和粳稻亦分别被命名为"印度稻"（*Oryza sativa* subsp.*indica*）和"日本稻"（*Oryza sativa* subsp.*japonica*）。20 世纪 70 年代，随着河姆渡遗址的发掘，水稻以及其他农业遗存被大量发现，学术界逐步确立了长江流域是世界水稻起源中心的观点。在距今约 7 000 年的河姆渡时代，先民已经使用骨耜及多种石、木农具开展农业生产，形成了从耕种—收获—加工的完整农业生产工具系列，人们大量种植水稻，其中主要是籼稻，也有粳稻，还有一些中间型品种；此外，人们还栽培葫芦等植物；狗、猪和牛被成功驯化和家养，养猪的规模相当可观，人们已经过上了作物栽培、家畜饲养与采集捕猎相结合的比较稳定的定居生活。[1]多方面的证据表明：那时的稻作农业并非刚刚开始，而是已经进入了相当发达的耜耕农业阶段。[2]

20 世纪 80 年代，考古学家陆续在位于长江中游的湖北省枝城市城背溪、湖南省澧县彭头山等遗址中发现了距今 8 500 年至 7 000 年前的大量水稻籽粒或谷壳遗存；1983—1987 年，又在位于今河南省舞阳县城北的贾湖新石器时代遗址中发现了大量的稻谷遗存，其年代约在公元前 7 000 年至公元前 5 000 年的新石器时代中期，说明在距今 1 万至 9 000 年前，长江中游甚至中原某些地区的水稻生产都已经达到相当高的水平。1993 年和 1995 年，考古学家在湖南省道县玉蟾岩进行了两次发掘，发现了 4 粒稻谷，经 ^{14}C 测定的年代约在公元前一万年以前，这一发现，意味着中华民族早在 12 000 年前就已经开始了水稻的人工驯化和栽培，它的萌芽期可能还更早。大致同一时间，考古学家在江西省万年县仙人洞、吊桶环等地也发现了距今约 12 000 年前的稻谷遗存或水稻的植物硅酸体，以及一些可以反映稻作生产的其他遗存，进一步证实在旧石器末期和新石器初期，长江中游已经开始稻作生产。

---

[1] 浙江文物考古研究所：《河姆渡——新石器时代遗址考古发掘报告》（上册），文物出版社，2003 年，第 216-217 页，第 271-274 页。

[2] 考古学家从浙江浦江县上山遗址出土的夹炭陶片中普遍发现有意识掺和进去的稻壳、稻叶遗存，联系同时出土的石磨盘、石磨棒和镰形工具，令人设想在 10 000—8 500 年前当地已经开展稻作生产。参见浙江省文物考古研究所、浦江博物馆：《浙江浦江县上山遗址发掘简报》，《考古》2007 年第 9 期，第 7-18 页。

以上这些发现，逐渐将中国水稻栽培起源时间不断向古推早，并逐渐形成了较完整的稻作农业起源和早期发展时间系列：距今约 12 000 至 13 000 年前，南方先民已开始栽培水稻；距今 1 万年左右，稻作区域扩展到了淮河流域；至距今 7 000 年前左右，长江下游河姆渡一带的耜耕农业已达到相当发达的程度，栽培水稻成为当地人民重要而且稳定的食物来源。可以说，河姆渡时代繁荣的稻作文化，标志着距今约 7 000 年前水稻开始确立其在中国南方粮食生产中的主体地位。从那以后，以长江中下游为中心的水稻经济不断发展。据不完全统计，从 1954 年在湖北省京山县屈家岭遗址首先发现稻谷遗存至 1993 年年底，全国各地原始稻谷遗存出土地点已经达到 146 处，其中长江中下游 105 处，约占 71.9%；黄淮地区 21 处，约占 14.4%；其余分布在华南、西南及其他地区，它们主要属于新石器时代中期以后，特别是晚期文化遗址。[1]栽培稻遗存密集分布于长江中下游地区并随着时代推移而不断增多，正表明那里乃是中国甚至世界栽培水稻起源中心，是最为古老的水稻生产区。

三、农业起源的环境史意义

通过以上叙述，我们可以明确：距今约 1 万年，中国农业在黄河和长江流域几乎同时起源，并从一开始就出现两个不同类型，即北方粟作（旱地）与南方稻作（水田）农业。

不论从人类史还是就自然史而言，农业之发生都具有无法估量的巨大意义，历史学和考古学家公认：农业特别是谷物栽培起源是人类由蒙昧走向野蛮，然后再向文明迈进的最重要一步。确实，随着生计方式逐渐由采集、捕猎向耕种、饲养转变，人类生活亦从四处漂游走向长期定居，食物来源渐趋稳定，这有利于生产技术和物质财富积累，有利于累进式文化创造，促进了社会劳动分工和社会组织发展，进而为私有制、阶级和国家产生提供了必要的物质经济基础。从全球范围来看，最古老的文明国家都诞生于栽培作物起源中心或早期农业发达地区：在西亚，美索不达米亚文明（苏美尔文明）所在的两河流域是麦作起源中心；在北非，古埃及文明的经济基础是尼罗河冲积平原上的灌溉农业；在

---

[1] 严文明：《农业发生与文明起源》，科学出版社，2000 年，第 1 页。

南欧，一向被视为海洋—工商文明源头的古希腊、罗马文明，最初也是建立在农业发展的基础之上；在美洲，玉米的驯化和栽培造就了中美洲古文明；在南亚，古印度文明亦以麦作和稻作的发展为基础。在中国，正是由于粟作和稻作农业的起源与发展，黄河、长江两大流域相继跨入文明的门槛。考古学家石兴邦认为："……中华文明，从其整个发展的历程来说，可以说是'二米文明'（大米和小米），她是以小米文明为基础，并融合大米文明所形成的。这和黄河、长江这两条东方双子河的独特生态环境是密切相关的……中华文明最早形成于黄河流域，是在粟作农业文化发展基础上形成的"。[1]

从环境史角度看，农业起源的伟大意义，首先在于它彻底改变了人与自然关系演变的历史走向：从人类角度说，因为有了农业，人类才一步一步地挣脱大自然的襁褓，逐渐由一群被动地接受大地母亲喂养的婴儿，成长为主动参赞天地化育的物质生产者，愈来愈依靠知识、技术、组织、制度等，"文化地"而非"本能地"认识、适应、利用乃至改造大自然；从自然角度看，自从人类开始农业生产，植物生长、动物繁衍生息、土地和水体变化……便不再是一个纯粹的自然过程，而是愈来愈受到人类活动的影响，受到社会力量的驱动，直至经历沧海桑田的巨变。对比农业起源前后的人与自然关系，我们可以清楚地发现，至少在下列几个方面发生了显著的变化。

首先，农业（包括种植业和饲养业）起源，意味着人类与特定种类的动物和植物之间形成了紧密依存的互利、共生和协同进化关系。在以往两百万年乃至更加漫长时期中，人类采集、捕猎和食用的对象曾经是相当广谱性的，在一个特定的区域，由于气候、物种特别是人口—资源关系的变化，人类的采集和捕猎对象曾经发生过不少改变，能够获得哪些产品和能否获得充足"产品"都曾经是相当随机性的。不过，早期人类与那些资源相对丰富且易于获得的动物和植物种类，具有比较稳定的依赖关系，对它们的了解更加深入，逐渐将其中那些最合适的动植物种驯化成"作物"和"家畜（家禽）"，按照人的需求和意愿进行种植和饲养。这意味着：人类不再完全仰给于天然资源，但另一方面也将自己的生存、发展和种群延续托付给了为数有限的驯化物种。时至今日，我们已经无法想象：如果没有麦、稻、粟、豆、玉米、薯芋、棉、麻等作物，如

---

[1] 石兴邦：《粟作农业与中国文明的形成》，收入 The Influence of Agriculture Origin on Formation of Chinese Civilization--Proceedings of CCAST（World Laboratory）Workshop（中国知网 CNKI 收录会议论文集），第 23-26 页。

果没有马、牛、羊、驴、猪、犬、鸡、鸭、鹅这些畜禽，人类将何以生存和延续？对于那些被驯化的动植物种来说，自它们从自然野生状态被驯化、栽培和饲养为农牧生产的稳定对象，便根植于人类经济—文化系统，成为"人化"或"文化"的物种，其生长、发育和繁殖便不再是一个纯粹的自然过程，而是同时作为人类劳动实践对象的一部分进入社会经济过程。一旦离开了人类的帮助，其生命过程要么中断、完结，要么退化到原来的野生状态。

事实上，从古至今一直延续下来的那些农牧生产对象——栽培植物和牧养动物，与其生产主体——人类之间，始终保持着互利共生和协同演化的关系。一方面，它们不断被人类实施定向驯化和繁育，日益远离天然状态，与其野生祖先相比，形态、性状、生长习性和生态环境适应性，都逐渐发生了显著的变化。另一方面，这些物种又始终保持着它们某些固有的生物学特性：不同物种的生长、发育和繁殖，需要各不相同的自然环境条件；不同物种所能提供的碳水化合物、蛋白质、微量元素以及其他产品亦不完全相同。这就决定了下列基本事实：其一，在任何一个特定区域，由于物种特性和自然环境的双重制约，人们所种植、饲养的植物和动物种类（甚至品种）都是有限的；其二，不同区域和社会的农牧生产对象——栽培植物和饲养动物，具有各不相同的组分或者种类构成，这决定了不同类型的经济体系和生计模式；其三，不同类型的经济体系或生计模式，决定人们具有不同的食物生产与消费结构，进而决定了不同的热量来源和营养结构，而这些方面又显著地影响人们的饮食偏好，甚至影响他们的体质、性情乃至更加广泛的方面。俗语云："靠山吃山，靠水吃水"，又云："一方水土养一方人"。这直接地通过农牧生产和食物结构表现出来，反映了农牧时代人类系统与自然系统之间的紧密依存关系。

当然，问题还存在另外一个方面：自从农业出现，人们开始通过栽培、饲养等劳动活动，日益深度地介入和参与一些动植物的生命过程，与它们的关系变得日益亲密。然而对于大自然中不同动植物种的"分别心"亦随之产生：有些物种与人类之间的关系变得松弛和疏远，特别是那些被认为不利于作物生长、威胁家养畜禽的动植物，则逐渐被视为"敌人"，被称为"杂草""草秽""害虫""害兽"，成为人们必欲清除、驱赶和消灭的对象。

其二，农业起源，意味着人类开始根据自己的意志建立人造的生态系统，即农业生态系统（更确切地说，是一种以人、栽培植物和家养动物为中心，包括农田、村落、沟渠、道路……在内的复合生态系统）。自农业发生之后，人们不但直接介入和参与动、植物的生命过程，而且要为动、植物生长营造更有利的局部环境，这意味着人们从此开始对大自然进行日益深度的改造。相比较而言，这更突出表现在作物种植而非畜禽饲养方面。

以作物种植为中心的农耕生产，需要在不同程度上改变自然环境的原始状态，首先是烧砍树林、清除草莱，开垦出有利于作物生长的耕地，建立起"农田生态系统"。相对于自然生态系统，农田生态系统是一种人工建立、蓄意简化了的生态系统，导致简化的原因主要有几点：一是土地垦辟即意味着焚林剪草，农田扩展即意味着自然林草地减少，在被垦辟出来的农地上，一般不允许作物之外的其他植物生长；二是在大多数情况下，同一土地、同一生长季节，通常只种植一种作物，最多亦不过间作、套种几种作物，与原始状态下的植物群落相比，物种的多样性和复杂性显然都不可同日而语；三是为了帮助作物更好地生长，农民还要翻耕土壤、驱除害虫害兽，农田系统中的动物种类也大大地减少。最终，数以百十计的"杂草"被清除，各种被认为对作物有害的大、小动物被驱杀。即便最原始的农田，也已经被蓄意地简化，与自然生态系统相比，农田生态系统之下的物种构成的复杂性大大降低。

从更大范围来看，农耕生产对自然环境的影响，远不只表现在农田垦殖和土壤耕作本身，而是不断地扩展和深化。由于作物生长需要适量的水分，而水资源的空间和季节分布往往不如人意，因此农地之中需有垄、亩、畖、缦，农地之间需有川、遂、沟、洫，从而形成农田水利系统。由于农田劳作需要往来通行，农田分配需要明确归属，故田野之中还需要有阡陌、道路、疆界。更重要的是，由于作物生长不能脱离固定的土地，而农地是不可移动的，因此农耕者必然要走向定居，不能像采集、狩猎民和游牧民那样随时游动，与麋鹿共处，与鬣狗争夺洞穴，而必须建造稳定的驻地，长期生息于其中，人口密集的村落（聚落）于焉出现。定居的农耕社会生活，还带来了其他方面的需要并对生态环境造成影响。例如，需要大量采伐林木、需要开展陶器制作和其他手工业生产，这些都进一步导致原始生态环境发生诸多改变。考古资料证实：原始自然环境被改变最早和最明显的地方，正是在原始农业村落附近：那里的猛禽野兽被驱离，与人类共生、同处的大型动物是家畜和家禽，附近的树林被砍伐，用于炊煮食物、取暖、建造房屋……动植物的种类和数量都开始不断减少。

　　要之，自农业起源之后，由于作物种植的需要，人类开始了不断营造人工生态系统的历史进程，农田生态系统和以之为基础的人居生态系统逐渐扩大，与纯粹的自然生态系统之间开始发生空间上的分野和功能上的划分。[1]从那以后的人类文明史，就是人工生态系统不断扩张，而自然生态系统相应不断地缩小的历史。

　　需要说明的是：考古资料证实，作物栽培和动物饲养在发生初期并未分离，甚至与采集、捕猎也是长期混合在一起。随着社会经济发展，在原始社会末期，开始发生了所谓"第一次社会大分工"：一些部族日益倚重于农耕种植，另一些则更依赖于动物饲养，形成了农耕与游牧两种不同的生计模式和两大经济文化类型，它们的自然适应和资源利用方式迥然有别，在地域上亦逐渐发生空间隔离。相比较而言，游牧活动对于自然环境的影响，远远小于农耕生产。

　　畜牧史研究和人类学、民族学调查证实：从远古动物捕猎到当代动物牧养，大体经历了以下六个逻辑阶段。一是随机捕食：在旧石器时代的大部分时间里，人类尚未掌握动物活动的规律性，因而无法对动物群实施控制，只是碰到什么就捕猎什么；二是有控制地进行捕猎：通过驱赶、围聚，对动物群实施某些控制，但人与动物之间并不存在长期稳定的联系；三是跟踪兽群：特定的人群与特定的动物群之间保持较长时间接触，形成比较持久的联系，这距离放牧生产已经相当接近；四是松散性地放牧，对动物活动规律已有较高程度的了解，故对它们实行季节性控制；五是贴近放牧：对动物群进行终年控制，此时已经形成了稳定的放牧经济；六是"工厂化"放牧：例如农业社会的家畜圈养和现代牧场经营，在全人工环境下实施动物饲养。大致而言，除最后一个阶段（或者最后一种方式）之外，自古以来，典型的放牧业和游牧民都是"逐水草而居"，人们只需要对动物群本身进行控制和管理，而不需要蓄意地改造自然环境，不需要建造永久性的居所，更不需要营建大规模的聚落和城市。

　　其三，农业起源，从根本上改变了人类开发、利用自然资源特别是土地的方式，为提高单位面积土地资源的人口承载力提供了巨大空间。在原始自然生态系统中，任何一片土地所能承载的人口都是非常有限的。原因之一是该土地

---

[1]《尔雅·释地》以人工建造的城邑为中心，将不同土地由内向外进行了差序划分，称："邑外谓之郊，郊外谓之牧，牧外谓之野，野外谓之林，林外谓之坰。"实际情况自然并非如此严整有序，但仍在一定程度上反映了早期农业时代的空间与功能结构。中华书局，1980年影印本，第2616页。

上天然出产的食物资料十分有限——即便能给人类提供食物的植物或者动物是这片土地上的优势种。原因之二是这些天然的食物资料并非由人类所独占，而是为许多食性相近相同的动物所"共同分享"。正因如此，在采集狩猎时代，一个地区和单个原始群的人口规模都非常小。[1]一旦采用农业生产方式，单位面积土地能养活的人口可以成十倍、成百倍地增加，其原因与上面所举正好相反：一方面，人类清除各种"无用""有害"植物，使那些有用的植物（农作物）单独密集而茂盛地生长，更兼水土条件改善，可供人类享用的植物生产总量可以成十倍、成百倍地增加；另一方面，农民不仅想方设法提高单位面积的产量，而且通过灭杀害虫、驱赶鸟兽等保护措施，排斥各种食物竞争者，从而独占这片土地的产品。相应地，单位面积土地所能供养的人口可以大大增加。按照学者的一般估计：即使在原始落后的技术条件下，1 平方千米的土地所能养活的人口，亦可增加到 25 人甚至更多。[2]单就这一点来说，农业起源对于人类生存和发展的巨大意义，就是无法估量的。

其四，农业起源，还预示着人类对于自然界的认知途径、行为方式、思想观念和经验知识，都将发生一系列显著变化。我们曾经反复指出：包括人类在内的所有动物都是大自然的一部分，都必须适应于一定的生态环境条件。与其他动物不同，人类具有自由意志和自我意识，拥有创造和运用工具、符号，通过互相学习传承知识、技能等独特本领，这使得人类可以不断发展出远远超过天然躯体和动物本能的各种能力，不仅通过生理本能反应来适应环境，而且通过（事实上是愈来愈依靠）文化方式来利用资源和改造环境。换言之，与一般动物的环境行为相比，人类的环境行为有着本质不同，它是以一定的经验知识、技术方法、观念意识和情感态度为基础的。

这些经验知识、技术方法、观念意识和情感态度，并非从天而降、与生俱来，而是在各种生产、生活实践中不断发现、创造、积累和学习而来的。不同的社会实践决定人们创造、积累和学习不同的经验知识、技术方法，形成不同

---

[1] 根据西方人类学家调查：在采集—捕猎经济制度下，每平方英里（约 2.7 平方千米）所供养的人口不到 1 个人；现代狩猎—采集者的活动半径通常为数英里（活动半径太大将导致他们采捕所获得的食物能量抵不上消耗，得不偿失）。假若半径为 6 英里，其活动区域面积可达 100 平方英里以上（270 平方千米以上），而一个居住点的人数很少超过 100 人，一般只接近此数的 1/4 到 1/2。换言之，在采集捕猎时代，需要若干平方千米土地上的资源才能养活一个人口。[美] 马克·柯恩著，王利华译：《人口压力与农业起源》，《农业考古》1990 年第 2 期，第 53-60 页。

[2] 潘纪一：《人口生态学》，复旦大学出版社，1988 年，第 60 页。

的观念意识和思想情感。由采集、捕猎向农耕、畜牧转变，是人类发展史上最伟大的一场革命，由于这场革命，人类对周遭自然世界和环境资源的思想态度和行为方式，相应地发生了一系列重大的方向性改变。毫无疑问，从事采集、捕猎活动需具备一定的经验、知识和技能，人们至少应当知道哪些动植物（的哪些部分）可以食用？生长或栖息于何处？什么时候生长得最饱满、最肥美？等等。然而，农牧民特别是农民需要了解、掌握和利用的东西要复杂得多、丰富得多：他们不仅需要更深入地认识、掌握并充分地利用众多物种本身的生物特性，而且需要更细致地认识、掌握、利用和应对影响它们生长、活动的众多环境因素（如水土光热、山川原隰、林麓泽薮、地势地形……），需要了解如何改善各种环境因素以利于作物和家畜生长，此外还需要熟练地把握大自然的季节变化规律，准确地掌握不同季节寒暑燥湿的气候变化，制订并实施相应的生产劳作计划。显而易见，与采集、捕猎经济时代简单的攫食活动相比，农业生产是诸多因素综合作用下的一种高度复杂化的社会实践活动。在农业生产领域，人的一切活动都必须基于相应的自然环境条件，但人与自然关系的发展方向已经发生了根本改变：人们不再凭借本能、被动地仰赖于大自然的恩赐，而是积极主动地适应、利用甚至改造自然环境，努力摆脱不利环境因素的制约，通过生产劳动获取物质能量支持和生命健康保障。

第四节　新石器时代的自然环境与社会生活

自中国先民开始放弃延续时间长达几百万年的攫食经济而转向农耕和牧养，人与自然关系的发展便随之进入一个崭新阶段，我们不妨将其称之为环境史的农业时代。这个时代从新石器时期开始，直至20世纪中国工业化进程起步，经历了上万年的时间。在此期间，采集、捕猎活动始终没有完全消失，但是它的经济地位不断下降，在社会经济发达地区只是作为一种生计补苴策略甚至娱乐活动而存在；与之相反，农业的重要性持续不断提高，并逐渐居于绝对支配地位，农业活动因此成为中华民族与自然环境交往互动的主要领域，人与自然关系亦主要围绕各种农事而展开。

上下一万年的农业时代，与漫漫数百万年的采集捕猎时代相比，可谓"弹指一挥间"。然而正是在这一万年中，在中国辽阔的大地上，人与自然共同演绎了一部无与伦比的宏伟史诗，其间发生了无法计数的人与自然故事，或惊心动魄，或诡谲变幻，或隽永绵长。这些故事，推动了中国自然环境演变的实际历史过程，是中华民族生存发展和中国文明成长演变宏大历史进程的一部分，与中国政治、经济、社会、文化等的历史发展相伴随行，彼此映照。伴随着中华民族以农耕为主要生业的生产活动不断展开，自然环境的变迁可谓翻天覆地，人类活动改变自然环境的规模、深度和速率，都远非过去数百万年可以比拟。

作为这部宏伟史诗的开篇，新石器时代的环境史在众多方面具有显著的"原始性"。那时，中国境内人口稀少，社会生产力十分落后，人类认识自然环境和开发、利用自然资源的能力非常低下，对自然环境所造成的影响十分微弱，总体上仍然是人类依附和屈从于大自然。以下简要叙说那个时代主要区域的环境面貌，及其与经济生产和社会生活之间的相互影响。

一、自然环境的基本面貌

下面我们分别从气候、植被、野生动物等方面入手，对新石器时代中国生态环境的基本面貌作一个概述。

1. 气候波动

从以往的全部历史经验看，气候是自然环境中最为活跃而且善变的因素，冷暖干湿变化十分频繁，并且表现出一定的周期性，它可以说是地球生态系统演变的导因或者原动力。气候变化对于人类生存、发展的影响是非常广泛而且深刻的，不仅影响社会经济生产和物质生活，而且深刻地影响到政治治乱甚至文明兴衰。

关于新石器时代的气候状况，多个领域的学者已开展了大量研究，形成了不少共识，其中"全新世大暖期"之说已经得到公认，自新石器文化繁荣期开始，直至商代殷墟文化遗址时期，大约 5 500 年时间，被学者认为是一个显著的气候温暖时期。早年竺可桢根据大量考古资料特别是竹类植物和竹鼠等喜温湿动物的分布情况，形成了他的初步研究结论，认为：自距今 5 000 多年前的仰韶文化（全新世大暖期之晚期）以后，黄河下游和长江下游各地正月份的平均温度减低 3～5℃，年平均温度大约减低 2℃。换言之，在新石器时代相当长的一个时期，中国气候较之现代明显温暖。[1]此后，许多学者根据丰富的地层、古土壤、植物孢粉、动物骨骼、古湖相沉积、古海岸和冰岩芯资料，陆续进行中国气候变化的历史重建。1992—2005 年，施雅风研究团队发表了一系列研究成果，对第四纪冰川期包括全新世大暖期的气候变化进行了详细探讨，大致认为：自经历了以"新仙女木事件"为标志的急剧气候变化之后，大约在距今 1.1 万至 1 万年前进入全新世时期，至距今约 8 500 年前，气温急剧上升，进入全新世大暖期，一直延续到距今约 3 000 年前。祁连山德敦冰芯中的全新世气候记录表明：这一长达 5 000 多年的气候温暖期，经历了多次冷暖干湿波动过程，可以划分为若干个阶段；不同阶段的气候状况，对当时的降水、植被和野生动物分布以及新石器文化的盛衰，都产生了重要影响：

……中国全新世大暖期（Megathermal）出现于 8.5～3kaBP，延续达 5.5ka，其间有多次剧烈的气候波动与寒冷事件，8.5～7.2kaBP 为不稳定的暖、冷波动阶段，伴随着降水增加和植被带的北迁西移，新石器文化的迅速发展。7.2～6kaBP 为稳定的暖湿阶段，即大暖期的鼎盛阶段（Megathermal Maximum），夏季风降水及新疆与蒙古，北方降水显著增加，植被空前繁茂，为仰韶文化的盛期。6～5kaBP 是气候波动剧烈，环境较差的阶段，出现强降温事件，影响文化发展。5.0kaBP 后，气候和环境较前改善，文化遗址数量猛增。4kaBP 左右，气候一度恶化，出现大洪水灾害，此后直到 3kaBP 左右气候仍相当暖湿。[2]

秦小光、刘东生等人则将距今 8 500 至 4 000 年前称为"距今最近的全新世适宜期。"他们综合多方面的证据并参考前人研究成果，推测那个时期夏季梅雨带从现在的长江中下游向北移到了华北一带，降水明显要比现在丰沛，故在华北地区出现了众多湖泊，类似于现在的两湖地区；长江中下游及其以南地区，则受热带天气系统的影响，降水更加丰沛，影响地表水文状况，在今湖北地区形成了面积广大的云梦泽。同一时期，黄土高原、内蒙古高原和青藏高原和天山南北干旱半干旱地区的降水量亦明显高于现在，其中，海岱地区的年均降水量比现在高

[1] 竺可桢：《中国近五千年来气候变迁的初步研究》，《考古学报》1972 年第 1 期，第 15-38 页。

[2] 施雅风等：《中国全新世大暖期的气候波动与重要事件》，《中国科学》：（B 辑：化学　生命科学　地学）1992 年第 12 期，第 1300-1308 页；施雅风主编：《中国全新世大暖期气候与环境》，海洋出版社，1992 年，第 1-18 页；施雅风主编：《中国第四纪冰川与环境变化》，河北科学技术出版社，2005 年，第 30-32 页。

40%，内蒙古中东部年均降水量比现在估计高 100 毫米，青海湖年均降水量达 600～650 毫米，比现在高 70%～80%；鄂尔多斯地区年均降水量可达 650 毫米，都远高于现在。由于降水较为丰沛，西北内陆、内蒙古高原和青藏高原的水体发育都可谓良好，有大面积湖泊分布，一些著名湖泊的水面明显高于现在。所有这些，都反映当时的气候比现在要湿润。气候暖湿状况还表现在海平面和海岸线的变化上。他们估计：在距今 6 000 年至 7 000 年前，气候温暖导致海平面上升了 1～3 米，沿海海岸线明显西移，其中天津附近的海岸线比现在偏西约 50 千米，江苏阜宁地区的海岸线比现在西移了 50～100 千米，广州海侵达到今广州以北 40 千米的花县附近。[1]这些变化，对沿海地区的先民生活无疑造成了重要影响。

2. 植被状况

在地球生态系统中，植被处于基础地位，森林草原状况反映了诸多自然环境的综合作用。从各地发掘的众多新石器时代遗址来看，这个时代森林茂密，东部平原地区是沼泽、河流、湖泊、森林相间，中西部高原、山地亦分布着广袤的天然森林和草原。由于气候温暖湿润，植被分布具有明显的南方倾向，各种森林植被带的分布明显北移。具体来说，温带、暖温带、亚热带北界比现在更北，但热带界线变化不明显。[2]秦小光、刘东生等认为：那个时代，东北的北方林带南界北移了 2°（纬度，下同），温带针叶林和落叶阔叶林带北移了 5°，亚热带落叶和常绿阔叶林带北移 2°～3°，但中南亚热带常绿阔叶林北移 1°，热带常绿雨林北移不到 1°。同一时期，湿润森林的西移亦很明显，今内蒙古东部、山西大部和陕西北部地区少有森林，而当时这些地区属于森林—草原地带，今西北大部分荒漠地区当时属于草原或灌丛草原，塔里木盆地也有大片绿洲和原始胡杨林。[3]

朱士光曾划分 30 个小区，对全新世中期（距今 8 000 至 3 000 年）属于现今中国版图内的各地天然植被分布情况进行了整体考察。他认为："全新世中期，特别是其前期即大西洋期，正处于全球性气候转暖过程中，我国也不例外。当

[1] 秦小光、刘东生等：《中国北方典型时段环境格局与植被演替区带及其对生态环境建设的启示》，《中国水土保持科学》2003 年第 2 期，第 1-7 页。

[2] 蓝勇：《中国历史地理学》，高等教育出版社，2004 年，第 63 页。

[3] 秦小光、刘东生等：《中国北方典型时段环境格局与植被演替区带及其对生态环境建设的启示》，《中国水土保持科学》2003 年第 2 期，第 1-7 页。

时绝大部分地区之气候均较现今温暖湿润；加之青藏高原隆起程度没有现今高峻，西北内陆干旱化程度也未达到目前之状况。因此可以断言，中全新世我国天然植被分布状况与当前有明显的不同。主要表现在许多植被带具有程度不等地向北和向西推展的现象。总的看来当时天然森林与草原分布面积十分广阔，干旱荒漠与高寒荒漠面积较小。"他还指出："全新世中期我国天然植被之分布，纵然受控于当时总的自然地理条件，但也如同今日之植被分布一样，仍受到纬度地带性、经度地带性与垂直地带性等植被分布规律的制约"；"从总体来看，中全新世时我国植被可分为东部森林区、西北草原与荒漠区、青藏高原草原—灌丛—森林区。在上述三大植被区内，又因各部分所处纬度、经度与地形、海拔高度的差异，植被之地带属性、内部结构与建群种属有所不同，而需再分为若干个二级植被区"。根据他的归纳，当时各地植被状况大致可做如下概述：

其时，东部森林区分布于大兴安岭—大马群山—晋陕长城—六盘山北端—乌鞘岭—日月山—西倾山—岷山—青藏高原东缘山脉（邛崃山、大雪山等）一线以东。全新世中期气候较今温润，东北、华北地区反映尤甚，因此东北北部已无寒温带森林；由北而南依纬度地带性逐次分布着温带、暖温带、亚热带、热带森林区。其中，温带森林区仅分布于东北北部大兴安岭山地北段一角，为温带针阔叶混交林；暖温带森林区广泛分布于东北、华北与黄土高原的大部分地区及山东半岛。受地形等非地带性因素的影响，小兴安岭、长白山、辽西与赤峰南部丘陵山地、黄土高原西部之陇西等地为暖温带针阔叶混交林区，三江平原、松嫩平原、辽河平原与辽东半岛则为暖温带落叶阔叶林区；燕山与京津唐平原、河北平原、山东半岛、黄土高原中北部，为暖温带落叶阔叶林区，但也含有一些亚热带植物种属，处于暖温带向亚热带的过渡地带。

亚热带森林是当时各类森林中分布最广阔的一种。其北界已越过秦岭—淮河一线，向北扩展到陕西黄龙山、山西霍山与山东蒙山南麓。其南界与今差相仿佛，大致在北纬 23°一线。在此森林带中，黄土高原东南部平原、华北平原中南部及苏北徐海平原为北亚热带落叶阔叶与常绿阔叶混交林区；长江三角洲与太湖平原、安徽省江淮之间的丘陵平原、湖北省江汉平原与鄂西山地、陕南秦巴山地为中亚热带常绿阔叶林区；而偏南之杭州湾沿岸与宁绍平原、浙闽沿海地区与台湾岛北部、江南丘陵、珠江三角洲则为南亚热带常绿阔叶林区，且均含有热带植物种属；四川盆地因有秦岭巴山之屏障，气温高于同纬度之长江中下游平原地区，亦为南亚热带含热带植物种属之常绿阔叶林区；云贵高原则因海拔较高，气温略低于同纬度之江南丘陵区，所以植被为亚热带针阔叶混交林。那个时代的热带森林分布区域，与今日之状况差异不大。

西北草原与荒漠区分布于大兴安岭—大马群山—晋陕长城—六盘山北端—乌鞘岭—白月山一线以西与昆仑山以北。由于当地气候状况较为温润，大部分面积是暖温带草原，也有一部分温带草原，许多草原还生长有乔木；荒漠范围较今日要小，而一些高耸的山地则因垂直地带性因素的影响，分布着多种带谱的植被。其时，内蒙古高原东部与鄂尔多斯高原、柴达木盆地、河西走廊均为暖温带稀树草原区，塔里木盆地罗布泊一带则为暖温带荒漠草原区；天山与河西走廊以北，除阿拉善高原与准噶尔盆地为温带荒漠草原外，其余部分为温带草原或温带稀树草原区。至于天山、阿尔泰山、祁连山、贺兰山、阴山山地，植被具有垂直分布特征，且带谱较今偏高，山间盆地植被为温带森林草原。

青藏高原草原—灌丛—森林区，北以昆仑山为界，东部包括有川西与云南西部之高山峡谷。全新世中期，这一高原海拔高度较今低数百米，加之气候较今温暖湿润，植被状况好于现今。另一方面，这一地区垂直高差大，有高山、高原、山间盆地、峡谷深涧、河谷平原等多种地形，因此各部分之植被均为多种类型的组合：青藏高原南部阿里高原与喜马拉雅山地区为稀树草原—高山灌丛—针阔叶混交林区；青藏高原北部藏北高原与昆仑山地为高山草原—草甸草原区；青藏高原东南部高山峡谷为暖湿性森林区。[1]

至于那个时代现今中国境内森林资源的总体状况，以及各个区域的森林覆盖率，一些学者曾经做过不同的推测和估计，凌大燮认为：按今天的国土面积推算，公元前2700年我国森林覆盖率约为49.6%；[2]赵冈推算远古时期中国"至少有56%的国土是被森林覆盖着"；[3]樊宝敏、马忠良等人则分别推算原始社会末期全国森林覆盖率高达60%和64%。[4]这些推算和估计自然都不是很准确，但至少说明中国境内曾经有过非常丰富的森林资源。林业史家已经注意到：由于自然环境不同，史前时代各个地区的森林资源之丰富程度天然地存在着巨大差异（见表1-3）。

[1] 朱士光：《全新世中期中国天然植被分布概况》，《中国历史地理论丛》1988年第1辑，第19-43页。
[2] 凌大燮：《我国森林资源的变迁》，《中国农史》1983年第2期，第26-36页。
[3] 赵冈：《中国历史上生态环境之变迁》，中国环境科学出版社，1996年，第106页。
[4] 樊宝敏、董源：《中国历代森林覆盖率的探讨》，《北京林业大学学报》2001年第4期，第60-65页。

表 1-3　公元前 2700 年我国森林面积估计表

单位：万平方千米

省（区）	土地总面积	森林面积	森林面积占土地总面积的百分比/%	无林地面积	无林地说明
合计	（约）960	476	49.6	480	
河北	22[1]	15	68	7	草原、沼泽
山西	16	10	63	6	草原
内蒙古	45	9	20	36	沙漠
辽宁	23	16	69	7	草原、沙漠
吉林	29	22	76	7	草原、沙漠
黑龙江	72	67	93	5	沼泽、沙漠
江苏	11	7	64	4	沼泽、草原
浙江	10	9	90	1	
安徽	13	9	69	4	沼泽
福建	12	10	83	2	
江西	17	14	82	3	
山东	15	7	46	8	草原、沼泽
河南	16	10	63	6	草原
湖北	19	15	79	4	
湖南	21	19	90	2	
广东	22	20	91	2	
广西	23	21	91	2	
四川	56	47	84	9	高山
贵州	18	16	89	2	
云南	38	30	79	8	高山
西藏	122	10	8	112	高原
陕西	20	9	45	11	沙漠、草原
甘肃	58	45	77	13	高山
青海	72	10	14	62	高原
宁夏	17	5	29	12	沙漠
新疆	165	20	12	145	沙漠、高山
台湾	4	4	100	0	

资料来源：凌大燮：《我国森林资源的变迁》，《中国农史》1983 年第 2 期，第 33 页。

---

[1] 引按：此面积应当包括北京、天津两市，凌氏原文没有说明。

　　必须指出：新石器时代虽然总体上处于暖湿期，但其间跨越了五六千年，气候并非一成不变，而是经历了若干冷暖干湿变动过程，对当时各地区的植物组分和森林、草原分布无疑都产生过不同程度的影响，地质学和考古学资料都证明了这一点。例如，全新世时期，太行山东麓拥有茂密的森林和辽阔的草原，但不同时期的植被组分经历了变化。据研究：在位于午河洪积扇前缘柏乡县城关镇的地质钻孔中，埋深 11 米左右是褐黄色黏土，木本花粉占花粉总量的 51%，主要为松、栎、榆等，草本花粉占花粉总量的 42%，主要是藜科、蒿属；埋深 7 米左右则为灰黑色黏土，木本花粉上升到 61%，主要有松、柳、桦、云杉，草本花粉下降到 38%，主要是禾本科和莎草科，反映了早全新世时期当地气候由温凉偏干转为温暖稍湿的过程[1]。对自仰韶文化至龙山文化时期诸多遗址（如西安半坡遗址、河北省徐水县南庄头遗址）不同地层（标志早晚不同时期）的植物孢粉分析，同样证明了这种影响。[2]

　　安徽淮河流域全新世初至距今 4 000 年前期间可以划分为三个孢粉带、三个气候阶段，即：距今 12 000 至 7 500 年前全新世早期（相当于第 I 孢粉带），其时气候温凉偏湿，植被是以针叶林为主的针阔叶混交林—草原，含栗、栎、柳等阔叶树种的针叶林成片分布，由蒿、藜组成的草原分布面积广；距今 7 500 至 5 300 年前的全新世中期（相当于第 II 孢粉带），气候温暖潮湿，那时亚热带北界可能在北纬 35.5°，比现今亚热带北界（淮河主流一线，北纬 33°）偏北 2.5 个纬度，年平均气温比现今高 1.5℃左右，故植被为含针叶林成分的落叶阔叶林，以栎、栗为优势种，夹有亚热带的珙桐、鹅耳枥等；距今 5 300 至 4 000 年前阶段（相当于第 III 孢粉带），气候温暖偏干，植物群为针阔叶混交林—草原植被，林地稀疏，草原广布，以蒿、藜为主。[3]

　　全国其他地区的情况可以类推。

---

[1] 吴忱主编：《华北平原四万年来自然环境演变》，中国科学技术出版社，1992 年，第 55-56 页。

[2] 周昆叔：《西安半坡新石器时代遗址的孢粉分析》，《考古》1963 年第 9 期，第 520-522 页；李月丛、王开发、张玉兰：《南庄头遗址的古植被和古环境演变与人类活动的关系》，《海洋地质与第四纪地质》2000 年第 3 期，第 23-30 页。

[3] 黄润、朱诚、郑朝贵：《安徽淮河流域全新世环境演变对新石器遗址分布的影响》，《地理学报》2005 年第 5 期，第 742-750 页。

3．野生动物资源

新石器时代尚无文字记录，更没有今天这样大范围的野生动物资源调查，全面叙述那个时代各个地区的野生动物资源是不可能的。不过，自20世纪以来，考古发现的动物遗存日益丰富，不少地方还发现了史前狩猎民族刻有众多动物形象的岩画，这些都有助于我们对特定地区野生动物及其种群数量进行一些推测性叙述。由于这些动物遗存都是发现于原始文化遗址及附近地点，因此大抵均属于与人类同栖共生且与社会经济生活关系密切的种类，其中有家畜、家禽，但种类和数量更多的是野生动物。

综合各地考古学和古岩画资料，我们对新石器时代的野生动物资源状况，有以下几点基本判断：

其一，那个时代森林和草原广袤，给野生动物提供了良好的栖息条件，广大沼泽湿地则是那些水生和两栖动物的家园。因此那时南北各地野生动物种类繁多，种群数量庞大，资源丰富程度远远超出今人想象。如果形容那时人类周围处处都不亚于一个个动物园，也不算过分夸大其辞。

其二，其时北方地区的野生动物具有显著的南方成分，大象、犀牛、扬子鳄、大熊猫、竹鼠、孔雀等如今只在南方地区栖息、甚至在中国境内完全灭绝的野生动物种类，那时在黄河中下游地区仍然成群地活动。

其三，各地遗址出土的动物种类构成通常比较复杂。根据黄河中下游新石器时代遗址的出土情况，我们就可以开列一份长长的野生动物名录，其中包括陆地哺乳动物，如狼、獐、犀、豺貉、狐、貉、黄牛、野牛、山羊、羚羊、野狸马、野马、野驴、鹿、麋鹿（四不像）、狍鹿、黑鹿、梅花鹿（斑鹿）、马鹿、獐、狍、麝、兔、獾、豪猪、野猪、猫、鼬、田鼠、黄鼠、鼢鼠、仓鼠、竹鼠、中华鼢鼠、东北鼢鼠等；鸟类动物如鸵鸟、水鸟、白枕鹤、岩鸽、大白鹭等；水生和两栖类动物，如鳄鱼、蛙、蚌螺、长形蚌、丽蚌、螺蛳、青鱼、草鱼、龟、鳖、鸡鳖、文蛤、毛蚶、中国圆田螺、黑鲷、兰点马鲛、玉螺、红螺、大连湾牡蛎、蛤仔、杂色蛤仔、等边浅蛤等。既有种群数量庞大、性情温顺的食草类、杂食类动物，也有大量的食肉类猛兽和猛禽，种类之多难以计数。它们构成了完整的原始生态系统食物链。

其四，野生动物种类、种群数量及分布情况，综合反映了那个时代生态环境和人与自然关系的整体状况，可与气候、森林植被、水土环境以及以农业为主的社会经济生活互相印证，其多个方面的发展变化都在出土动物遗存中有所反映。例如，气候史家认为新石器时代处于"全新世大暖期"，亚热带北端曾经抵达燕山南麓，其间虽有波动但整体明显暖湿，这种气候允许那些喜温喜湿动物在纬度较高的地区活动；再如，当时北方地区水资源环境良好，河流众多，水量丰富，华北平原湖沼广大，南方地区更是"水乡泽国"，这些都是水生动物资源丰富的基础。由于农牧起源和早期发展，同一地区出土的新石器早期和晚期动物遗存种类发生了一些微妙的变化。

下面我们通过两种方式举例说明当时野生动物资源的情况。首先看典型动物的分布。

大量考古资料证明：在众多野生动物中，鹿科动物不仅属种众多，而且种群数量最庞大、分布区域最广泛，是中国野生食草动物中的最典型种类。虽然鹿科动物始终未能被完全驯化为家养动物，但它们对于人类曾经具有的巨大经济意义似乎大大被低估。事实上它们曾是人类的首选捕猎对象和主要肉食来源。如今中国境内仍分布有 22 种鹿科动物，但种群数量和分布区域都已大大缩小，与远古时代遍地成群的情形完全不可同日而语。在华北地区，最典型的鹿科动物是梅花鹿（斑鹿）和麋鹿（四不像），此外还有獐、麝等种类。梅花鹿生活于森林边缘或山地草原地区，喜栖于混交林，一般不进入密林，春秋则在空旷少树地区活动，冬季多在阳坡低凹背风处，夏季喜荫凉，多在阴坡开阔透风的地方，有时为了避免蚊蝇叮咬也到高山草原活动；麋鹿则生活在沼泽、滩涂地带，群居日行，喜水善泳，以湿生水生植物为食。从仰韶文化到龙山文化直至商周时期，鹿类动物在华北地区一直巨量分布，许多遗址所出土的骨骸遗存往往以十、百计乃至千计，其中麋鹿数量最为庞大。大量鹿科动物遗骸出土，既意味着它们曾是远古华北居民的主要经济来源之一，亦表明该区域存在广袤的森林草场和沼泽湿地。令人遗憾的是，到了汉代，由于农田区域扩展和长期大量猎杀，麋鹿率先在这个区域几乎绝迹。[1]

与麋鹿生活习性相近的动物有野猪，亦是曾经分布广泛的一种野生动物，

---

[1] 王利华：《中古华北的鹿类动物与生态环境》，《中国社会科学》2002 年第 3 期，第 188-208 页。

常常聚集于河湖沼泽地区，喜于泥水中睡眠洗浴，与麋鹿同为"泽兽"。野猪冬天喜于向阳山坡的栎林中栖息，既因阳坡相对温暖，而栎林之下有大量的橡果，野猪依靠橡果过冬；夏季则在近水地方活动，山岭阴坡的山杨林、白桦林、落叶松林、云杉林下也都是野猪夏季经常活动的良好场所。考古材料证明：新石器时代野猪在黄河中下游的陕西、山东等地大量分布，数量众多，亦为当时人们的重要捕猎对象。正因为如此，将野猪驯化成为家猪，可能也首先开始于这个区域。在新石器时代后期特别是龙山文化时期，家猪成为最重要的家养动物，拥有家猪的数量多少成为贫富的重要标志。这是考古学家和农业史家公认的史实。

至于以上提到的喜温喜湿动物，大象曾在华北大量分布，已是大家共知的事实。这里我们仅以犀牛、猕猴和鳄鱼为例，说明北方地区的喜湿野生动物分布情况。犀牛这种动物，喜欢生活在多水的森林或草原地带，常常栖息于水泽之中，好以泥浆涂身，如今仅在东南亚热带地区有分布，在中国早已完全绝迹。然而考古材料证明：在新石器时代，不仅长江下游河姆渡文化遗址中多有发现，在河南淅川下王岗中也发现了苏门犀的标本，说明那时它的足迹曾经到达黄河中下游。直到《诗经》时代，文献之中还偶尔提及，人们猎杀犀牛，取其皮制作犀甲。猕猴的生活环境通常要求气候较温暖，森林茂密的河畔、岩穴是它们理想的栖息场所，现在这种动物主要分布在华南和西南等地亚热带和热带森林山区，如今虽然还有河南济源太行山猕猴自然保护区，但黄河以北已经很少分布。地质学化石记录表明：更新世时期，陕西蓝田一带曾有成群的猕猴栖息；考古学者在距今六七千年前的河北磁山、陕西姜寨、北首岭等黄河流域新石器遗址中，都发现有不少猕猴的遗骸，表明那时候的渭水流域、太行山东南部都具有良好自然环境，很适宜野生猕猴生活。鳄鱼是与恐龙同样古老的动物，在三叠纪至白垩纪的中生代（约两亿年前）由两栖类进化而来，性情凶猛，曾对人类的水上活动构成严重威胁。考古资料和历史文献都证明：中国境内曾经分布有三种鳄鱼，即扬子鳄、马亚鳄和湾鳄。在新石器时代，这三种凶猛动物曾经是中国黄淮以南水域的霸主，扬子鳄在黄河中下游的山东、河南、苏北、皖北等地都有不少分布，在《夏小正》的时代，捕杀鳄鱼仍是淮河居民的一项生产活动，[1]如今仅长江中下游水域有少量分布；而曾经大量栖息于华北地区的马亚鳄和湾鳄，在唐宋时期仍然是人们特别恐惧的动物，如今在中国境内已经完全绝迹。[2]由此可见，新石器时代至今的野生动物发生了何其巨大的变化！

下面根据重要遗址的出土情况，推测当时先民生活环境中野生动物的丰富程度。

属于仰韶文化时期的西安半坡遗址，读者早已熟知。综合各种因素分析，当时那里具有适宜人类生存的自然条件，其中包括丰富的野生动物资源。考古学家不仅发现了猪、狗、马、牛、羊等家养或者可能家养的动物，而且发现了众多野生动物，包括斑鹿、獐、竹鼠、野兔和短尾兔等陆地食草动物，其中獐的遗骨出土数量最多，仅次于猪。此外还有狸、羚羊、貛、貉、狐、田鼠，以及多种鱼类和鸟类。[3]在河南淅川下王岗遗址中，考古学家一共发现了31种动物（包括少数未鉴定属和种的动物在内），以它们现在的分布范围而论，其中有11种动物，如孔雀、猕猴、大熊猫、苏门犀、亚洲象、鹿、水鹿、轴鹿、水牛、苏门羚和豪猪等是适于温暖或现今分布更偏南的动物，占35.48%，只有狍的不同亚种现产于欧亚大陆靠北部地区，是比较适应寒冷的动物，仅占全体的3.23%，其余是长江南北均可见到的适应性较强的动物，占全体的61.29%。根据动物遗存情况可以推知：当时附近必然有茂盛的森林，因为有猕猴、黑熊、豹、虎、豹猫、苏门犀、亚洲象、野猪、麝、苏门羚等适于森林或多树的山区动物。山区也会有稀树草地或灌木丛的开阔地带，因为有孔雀、梅花鹿、狍、水鹿、豪猪等。附近还必然有较大的水域——江河或湖泊，因为有相当大的鱼、龟、鳖、水獭等。附近还有茂盛的竹林，虽然其中未见嗜食竹笋的竹鼠，但发现了生活适于海拔 2 000～4 000 米的多竹山区以食竹笋和嫩枝叶为生的大熊猫。当然，不同地层中的动物种类构成不尽一致，一定程度上反映了气候冷暖干湿变化的影响。[4]

---

[1] 王利华：《〈月令〉中的自然节律与社会节奏》，《中国社会科学》2014年第2期，第185-203页。

[2] 变化详情，参见何业恒：《中国珍稀爬行类两栖类和鱼类的历史变迁》，湖南师范大学出版社，1997年，第33-70页。

[3] 李有恒、韩德芬：《陕西西安半坡新石器时代遗址中之兽类骨骼》，《古脊椎动物与古人类》1959年第4期，第173-185页。

[4] 贾兰坡、张振标：《河南淅川县下王岗遗址中的动物群》，《文物》1977年第6期，第41-49页。

　　在著名的浙江河姆渡文化遗址中，考古学家发现和鉴定出来的动物更多，其中有红面猴、猕猴、家猪、水牛、青羊、梅花鹿、麋鹿、水鹿、赤麂、小麂、獐、犀、亚洲象、狗、虎、黑熊、貉、青鼬、猪獾、水獭、大灵猫、小灵猫、猫（未定种）、花面狸、黑鼠、豪猪、穿山甲、鸬鹚、鹭、鹤、野鸭、雁、鹰、扬子鳄、乌龟、中华鳖、鲤、鲫、青鱼、鲇鱼、黄颡鱼、鳢、裸顶鲷、鲻鱼、无齿蚌等47种，简直像是一个巨大的野生动物园。按照现代动物学分类，它们包括哺乳类灵长目2种、偶蹄目9种、奇蹄目1种、长鼻目1种、食肉目11种、啮齿目2种、鳞甲目1种、鸟类8种、爬行类3种、鱼类8种、软体动物1种。其中仅猪、犬、水牛为家养动物，其余均为野生。与黄河中下游地区相比，这个地区的野生动物反映在种类构成上，是喜温喜湿动物占据绝大多数，说明当地自然环境中既有丰富的森林，亦有广阔的河湖沼泽。值得注意的是，在出土动物骨骸中，鹿科动物如梅花鹿、水鹿、四不像、麋、獐等的标本数量占据绝大多数，是当地人们制作骨器的主要材料来源。[1]同样的情形亦见于上海马桥、嵩（崧）泽新石器文化遗址。考古学家已经鉴定的动物有近20个属种，包括家犬、豺、虎、獾、水獭、象、家猪、麋、梅花鹿、麋鹿、獐、水牛、乌龟、鼍、裸顶鲷、鲤、裂齿鲨、蟹、牡蛎，绝大多数属于野生动物。[2]

　　北方草原地区的自然环境与黄河流域及其以南地区迥然不同，那里后来发展成为游牧而非农耕经济文化区域，野生动物资源同样丰富。童永生、惠富平曾运用内蒙古岩画资料，对新石器时代至殷商时期北方草原动物群落及其生态环境进行了考察，他们从阴山和乌兰察布两地岩画中一共辨识出45种动物并进行了分组讨论，以考察气候变化对这两个地区动物种类构成的影响。他们将阴山岩画中的40余种动物分为5组：第一组包括狼、虎、豹、黑熊、野兔、狐、鹰、蛇、家马、家犬、绵羊和龟，是分布很广、适应性很强的动物；第二组有野牛和麋鹿两种，都是喜湿、喜温动物，反映作画时代的阴山具有相对温和的气候条件；第三组有马鹿、驼鹿、驯鹿、梅花鹿、狍子和白唇鹿等，活动于山地森林或森林边缘地带，习性喜凉、喜湿，既反映作画年

---

[1] 浙江省博物馆自然组：《河姆渡遗址动植物遗存的鉴定研究》，《考古学报》1978年第1期，第95-107页。
[2] 黄象洪、曹克清：《上海马桥、崧泽新石器时代遗址中的动物遗骸》，《古脊椎动物与古人类》1978年第1期，第60-66页。

代气候较冷，亦说明那时森林面积相当可观；第四组有野马、大角鹿、野驴、黄羊、羚羊、双峰驼和鸵鸟等动物，适宜于荒漠草原的喜干冷气候，属于草原—荒漠开阔地带的动物。说明这一带还有广阔的草原或荒漠区；第五组有岩羊、北山羊、盘羊和羚牛，喜凉干气候，活动于高山裸岩地带。这几组动物，第二组出现的时间应是新石器时代中期或稍早，当时气候温和，雨水充足。后三组出现的时间约在新石器时代末期、青铜时代至早期铁器时代，这些动物反映相关时期阴山地区及其附近，既有大片森林山地，也有岩石裸露的山地，山前山后地带，草原广阔，荒沙漫漠，是干旱、半干旱之地，气候比今天略冷些。作者特别指出：阴山一带在"大约距今六千年左右，是温湿环境，其后漫长的时间却是寒冷而干燥"。

关于时代稍晚的乌兰察布地区的野生动物，作者则划分为 6 组：其中第一组动物不受气候条件限制，地理分布较广，包括狐、狼、虎、豹、家犬、家马、野牛、家牛、家猪、野猪、野兔、蛇和云雀 13 种；第二组适应于温带寒温带草原环境，有黄羊、羚羊、绵羊和大角鹿 4 种；第三组有貂、鼬、野马、驴、披毛犀、北山羊、岩羊、盘羊、驯鹿、梅花鹿、马鹿、狍和鹰 13 种，适应于寒温带自然环境（包括疏林草原和草原）；第四组是适应于水域环境的龟和天鹅；第五组动物为双峰驼和鸵鸟，适应于荒漠环境；第六组则是寒冷高地动物——牦牛。通过对比两地岩画上的动物，作者认为："乌兰察布岩画中岩画动物群落中的成员以适应寒温带的草原类型为多数，其反映的气候要比阴山岩画中的动物群落冷一些"。[1]

动物考古学家袁靖曾对 20 世纪中国南北各地出土新石器时代动物遗存情况进行了较系统的清理，并分区进行了讨论和列表。兹将其文附表所列之野生动物挑选出来，略做补充，列表如下（见表 1-4），以便概略了解当时中国先民生活环境中的野生动物种类，以及人们的主要捕猎对象和动物性食料来源。[2]

---

[1] 童永生、惠富平：《内蒙古岩画中的动物群落结构及其生态环境的研究——以阴山和乌兰察布两地岩画对比研究为例》，《干旱区资源与环境》2011 年第 11 期，第 138-144 页。
[2] 袁靖：《论中国新石器时代居民获取肉食资源的方式》，《考古学报》1999 年第 1 期，第 1-22 页。按袁氏附表较长，虽然仍有不少缺漏，却是目前所见关于中国新石器时代野生动物种类的最详细的分区罗列，有助于读者对当时南北各地野生动物种类及分布情况获得一个比较全面的了解，故兹予以全录，非为掠人之美也。特此说明。

表 1-4　各地新石器时代遗址出土野生动物情况

地区	遗址	文化、类型或分期	年代	动物种类
东北内蒙古地区	新开流遗址	新开流文化	距今 6 189—5 945 年	狗獾9、狼4、犬科5、鹿9、马鹿9、棕熊2、野猪9、狍子5、赤狐1、青鱼、鲤鱼、鲶鱼、鸟类、鳖类、贝类★
	富河沟门遗址		距今 5 460—5 057 年	鹿、野猪、黄羊、狐、松鼠等，以鹿科动物为主
	左家山遗址	一期	距今 6 886—6 723 年	鼢鼠2、灰狐狸8、獾2、水獭3、虎4、野猪18、东北狍40、獐5、斑鹿15、牛2、马1、鸡14、鳖3、鲶鱼2、蚌类★
		二期		灰狐狸7、草原野猫1、虎2、野猪2、东北狍31、獐3、马鹿1、斑鹿5、麝1、牛5、鸡2、鳖1、蚌类★
		三期	距今 4 871—4 653 年	鼢鼠3、狼4、灰狐狸24、北极狐1、沙狐1、豺1、獾7、黑貂2、貉2、草原野猫5、野猪56、东北狍63、獐16、马鹿15、斑鹿28、牛8、马6、鸡47、鸭1、鳖8、鲤鱼3、鲶鱼3、贝类★
	马城子遗址B洞	下层		狍子4、鳖2、鱼类★
	小珠山遗址	下层		鹿
		中层	距今 6 427—6 029 年	鹿、獐
		上层	距今 4 982—4 653 年	鹿、獐
	郭家村遗址	大汶口文化、龙山文化	距今 5 600—4 430 年	黑鼠1、獾7、豹2、貉1、野猪1、狼1、熊1、斑鹿70、马鹿1、獐10、麝3、狍子1、麂1、贝类、鱼类★
黄河中上游地区	南庄头遗址		距今 10 500—9 700 年	中华圆田螺、珠蚌、萝卜蚌、扁卷螺、鳖、鸡、鹤、狼、狗、猪、麝、马鹿、麋鹿、斑鹿
	磁山遗址	磁山文化	距今 7 934—7 730 年	丽蚌、草鱼、鳖、豆雁、东北鼢鼠、蒙古兔、猕猴、狗獾、花面狸、金钱豹、野猪、梅花鹿、马鹿、麋鹿、狍子、獐、赤鹿、短角牛（以鹿类为最多）
	姜寨遗址	一期	距今 6 740—6 480 年	鲤鱼2、草鱼2、鸫鹕1、雉1、鸡1、鹤1、刺猬1、鹿鼹1、猕猴、中华鼹鼠4、中华竹鼠2、兔1、豺1、貉5、黑熊2、狗獾4、猪獾2、虎1、猫1、麝3、獐21、梅花鹿48、鹿19、黄羊2

地区	遗址	文化、类型或分期	年代	动物种类
黄河中上游地区	姜寨遗址	二期	距今6 450—5 950年	中华竹鼠2、兔1、貉1、獐4、梅花鹿7、鹿7
		四期	距今5 550—4 950年	中华竹鼠2、兔2、貉4、狗獾1、猪獾1、猫1、獐16、梅花鹿19、鹿5、黄羊1
		五期	距今4 250—3 950年	貉3、狗獾1、獐1、梅花鹿11、鹿6、黄羊1
	紫荆遗址	老官台文化	距今7 330—7 050年	斑鹿18、獐5、贝类★
		仰韶文化半坡类型	距今6 950—6 450年	鸟1、青蛙77、鳖53、蛇2、苏门犀1、獐20、斑鹿44、贝类★
		仰韶文化西王村类型	距今5 550—4 950年	獐16、斑鹿57、贝类（野生动物）★
		龙山文化	距今4 845—4 240年	鼹鼠11、夜猫1、獐3、斑鹿4★
	白营遗址	龙山文化	距今4 293—4 028年	贝类、草鱼、鳖、獐、马鹿、麋鹿、野猪、虎（以鹿类为主）
	班村遗址	裴李岗文化层	距今7 450—6 850年	猴1、兔1、梅花鹿5、小型鹿科动物6、鱼类
		仰韶文化庙底沟类型	距今5 950—5 550年	梅花鹿2、小型鹿科动物1、鱼类
		庙底沟二期文化	距今4 850—4 750年	梅花鹿1、小型鹿科动物2、鱼类
	下王岗遗址	仰韶文化	距今6 950—4 950年	鳖、龟、孔雀、猕猴、貉、黑熊、大熊猫、狗獾、猪獾、水獭、豹猫、虎、苏门犀、亚洲象、野猪、麝、鹿、斑鹿、水鹿、豪猪
		屈家岭文化	距今4 950—4 550年	狗獾、斑鹿、狍子
		龙山文化	距今4 550—3 950年	龟科、黑熊、虎、斑鹿、狍子、水鹿
	白家遗址	白家文化	距今7 330—7 050年	马鹿111、獐108、黄羊36、貉12、竹鼠10、其他10★
	半坡遗址	仰韶文化	距今6 950—4 950年	斑鹿、獐、竹鼠、野兔、短尾兔、狸、羚羊、鸟类、鱼类
	案板遗址	仰韶文化、龙山文化	距今5 300—4 800年	竹鼠1、豪猪1、中华鼢鼠1、貉2、野猪4、斑鹿10、獐10、羊3、龟类1、贝类★
	北首岭遗址	仰韶文化	距今7 100—5 740年	猕猴、中华鼢鼠、中华竹鼠、貉、狐、棕熊、野猪、马鹿、狗獾、麝、狍子、鳖、鱼、螺、蛙

地区	遗址	文化、类型或分期	年代	动物种类
黄河中上游地区	傅家门遗址	马家窑文化石岭下类型	距今 5 452—5 097 年	鹰 1、雉 1、竹鼠 1、兔 1、梅花鹿 1
		马家窑文化马家窑类型	距今 5 250—4 850 年	雉 1、竹鼠 1、鼠 1、兔 1（野生动物）
	大何庄遗址	齐家文化	距今 4 022—3 712 年	鹿 4、狍子 1（野生动物）★
	秦魏家遗址	齐家文化	距今 3 950 年	鼬（野生动物）★
黄淮地区	石山子遗址		距今 6 900 年	贝类 46、鱼 1、獾 2、鹿类 353★
	尉迟寺遗址	大汶口文化	距今 4 600 年	兔 1、獾 1、虎 1、野猪 3、麂 4、梅花鹿 14、麋鹿 21、獐 6、贝类、鱼类、鳖类、鸟类
		龙山文化		兔 1、獾 1、虎 1、鹿 6、梅花鹿 9、麋鹿 7、獐 1、贝类、鱼类、鳖类、鸟类
	大汶口遗址	大汶口文化	距今 6 022—5 983 年	斑鹿 3、鸟 1、鳄 7、狸 3、麋鹿 2、獐 4★
	鲁家口遗址	龙山文化	距今 3 910—3 655 年	鹿类占 21%（野生动物）★
	西吴寺遗址	龙山文化	距今 4 162—3 405 年	麋鹿 7、梅花鹿 13、獐 3、豹猫 1、龟 2、其他 4
	尹家城遗址	龙山文化	距今 4 473—4 222 年	鹿 125、虎 1、狐 1、禽类 1★
	万北遗址	一期		麋鹿 11、梅花鹿 6、贝类、鱼类、龟类
		二期		麋鹿 23、梅花鹿 3、贝类、鱼类、龟类
长江三峡地区	欧家老屋遗址	大溪文化	距今 6 350—5 250 年	中华竹鼠 1、麂 2、鹿 1、鱼类（鱼类较多）
	大溪遗址	大溪文化	距今 6 350—5 250 年	麂 1、扬子鳄 1、鹿 1、鱼类（鱼类数量极多）
	魏家梁子遗址	魏家梁子文化		麂 4、鹿 2、鱼类、鸟类（鱼类较多）
长江三角洲地区	河姆渡遗址	河姆渡文化	距今 6 595—6 319 年	贝类、鱼类、鸟类、红面猴、猕猴、青羊、梅花鹿、麋鹿、水鹿、赤麂、小鹿、獐、犀、亚洲象、虎、黑熊、貉、青鼬、猪獾、水獭、大灵猫、小灵猫、花面狸、黑鼠、豪猪、穿山甲
	罗家角遗址	马家浜文化	距今 7 202—6 902 年	鹿科（野生动物）
	圩墩遗址	马家浜文化	距今 5 877—5 509 年	貉 17、猪獾 5、小灵猫 3、梅花鹿 130、麋鹿 22、獐 71、贝类、鳖类、鱼类、鸟类★
	崧泽遗址		距今 6 123—5 784 年	水獭 2、獾 1、梅花鹿 59、麋鹿 40、獐 24★

地区	遗址	文化、类型或分期	年代	动物种类
长江三角洲地区	福泉山遗址		距今 5 607—5 306 年	麂、獐、梅花鹿、麋鹿、鱼类（以鹿类最多）
	龙南遗址	崧泽文化晚期—良渚文化早期		野猪 11、梅花鹿 33、麋鹿 30、獐 7、贝类、鱼类、鸟类（野生动物）★
	马桥遗址	良渚文化	距今 5 250—4 150 年	梅花鹿 3、小型鹿科动物 2、麋鹿 1
华南地区	仙人洞遗址		距今 10 000 年	猕猴 2、野兔 3、狼 1、貉 1、猪獾 1、鼬 1、果子狸 1、豹 1、野猪 4、獐 2、斑鹿 8、水鹿 45、麂 1、羊 1、鸟类、龟类、贝类（鹿科动物数量最多）★
	甑皮岩遗址		距今 8 123—7 670 年	亚洲象 1、秀丽漓江鹿 4、水牛、麂 100 以上、梅花鹿（数量最多，至少在 100 以上）、猴 2、苏门羚 1、水鹿 1、豹 1、猫 3、椰子猫 1、小灵猫 1、大灵猫 1、中华竹鼠 1、豪猪 2、褐家鼠 1、板齿鼠 1、猪獾 2、狗獾 1、貉 1、狐 1、贝类、鱼类、鳖类、鸟类★
	昙石山遗址		距今 3 603—3 371 年	棕熊 1、虎 1、印度象 1、梅花鹿 18、水鹿 2、牛 2、贝类、鱼类、爬行类（野生动物）★

原注：★使用"可鉴定标本数量"的方法确认动物的数量；无★而有数字者为该动物的最小个体数；无数字者原报告没有提及。

资料来源：据袁靖：《论中国新石器时代居民获取肉食资源的方式》，《考古学报》1999 年第 1 期，第 18-22 页，改编。

通过以上考古资料，读者自可结合动物生态学知识，对距今约 10 000 至 3 000 年前中国南北各地的野生动物资源乃至整个自然环境状况做出合理想象。正如袁靖所揭示的那样：新石器时代前期到后期，人类与动物的关系逐渐发生变化，如果将他原表中所列的所有动物资料放到统一的时间标尺上进行排列和观察，即可发现：就总体情况而言，愈是时代较晚，家养动物（包括猪、牛、羊、狗、鸡等）出土数量愈多，野生动物所占比重则呈下降趋势。这种数量变化，从经济史角度而言是社会进步的表现，说明伴随着农牧业起源和发展，中国先民愈来愈倚重于人工饲养动物获得肉食，家畜的经济地位逐渐提高；然而从环境史角度看，这种变化却具有不同的历史意味，说明野生动物所能提供的天然肉食资源逐渐不能满足先民生活需求，同时亦说明由于人类经济活动的影响，野生动物的种群数量在逐渐耗减之中。

二、资源条件与生计体系

前面我们罗列多方面的证据，努力描绘新石器时代我国自然环境的大致面貌。本节将要重点探讨的是，在那样的自然条件下，先民们拥有怎样的生计体系？他们如何开展经济生产和物质生活，特别是如何获得食物资料？

我们在前面讨论农业和畜牧业起源问题之时已经特别指出：农耕和牧养的起源，既标志着人类谋生方式的历史转向，亦意味着人与自然关系的革命性巨变。根据南北各地陆续出土不同阶段的动植物遗存，我们大致可以做出两点判断：其一，新石器时代，作物种植和动物饲养的经济地位逐渐提高，至新石器晚期，可能已在某些地区的生计体系中占据了主导地位；其二，由于自然环境不同，中国经济结构从一开始就表现出较大的地域差异，主要是南北差异。

1. 作物栽培及其区域差异

北方黄河中下游地区主要是旱作农业，一些地区也栽培水稻，已经发现的主要栽培作物有黍、粟和水稻等作物。

黍（*Panicum miliaceum*），又称穈子、黄米，其野生祖本——野生黍——在我国北方地区广泛分布。目前所发现的年代最早的栽培黍，是甘肃东部渭水上游秦安大地湾一期文化遗址中出土的少量黍炭化种子，经北京大学考古教研室用 ^{14}C 测定，年代为公元前 5200 年，经树轮校正，距今达曼表为 7 150±90 年，新表为 7 370—8 170 年。这表明：中国人工栽培黍的历史至少已有 7 000 至 8 000年，将野生黍驯化为栽培作物还应当经历了一个较长时间，如此一来，中国黍类驯化、栽培可以上溯至 1 万年前左右。考古学家在新疆、甘肃、陕西、河北、山东等省区不少新石器文化遗址中都相继发现了黍类的遗存，其中甘肃东乡马家窑文化遗址所出土，是迄今为止年代较早、保存最完好的考古标本，黍的堆积面积达 1.8 立方米，叶及带着小穗的圆锥花序虽然已经炭化，但保存得相当完好。[1]黍类的主要生物学特征是籽实具黏性，生长期短，分蘖力强，耐旱、耐瘠、耐盐碱，相比粟类等农作物，更易于栽培在初垦的农地上，因而在古代通常作为新开荒地的先锋作物。自新石器时代至秦汉时期，黍类一直是中国北方特别是西北地区的主粮之一。

分布更普遍同时也更重要的禾谷类作物是粟类。粟（*Setaria italica*）即先秦

---

[1] 甘肃省博物馆等：《一九八〇年秦安大地湾一期文化遗存发掘简报》，《考古与文物》1982 年第 2 期，第 1-4 页；魏仰浩：《试论黍的起源》，《农业考古》1986 年第 2 期，第 248-251 页；孔昭宸等：《山东滕州市庄里西遗址植物遗存及其在环境考古学上的意义》，《考古》1999 年第 7 期，第 59-62 页；李春华：《北方地区史前旱作农业的发现与研究》，《农业考古》2005 年第 3 期，第 10-15 页。

文献中经常与黍并提的稷（对此学界尚有争议，有人认为稷是黍之不黏者），籽粒脱壳后即为俗称的小米，其中谷穗较长较大、穗形下垂、滋味较好的一种，古时称为粱（*Setaria italica* Beauv.var.maxima AL.）。一般认为：粟是从狗尾草（*Setaria vividis*）——一种分布极广、环境适应性强的禾本科植物驯化而来，生长期比麦类和水稻短，耐干旱，可贮藏时间长，对土壤要求亦不甚严格，在砂土、黏土和盐碱土地上都能生长，即使种植在陡坡瘠薄的地里亦可获得一定收成，单位面积产量高于黍，因此适合在我国北方各省份种植。根据考古发现：在距今 8 000 至 7 000 年前的磁山、裴李岗、老官台和北辛等文化遗址中，都发现有大量炭化的粟粒或者相关遗存，综合各种因素分析，那时的粟作栽培已经远非最初形态，故学界一般认为：栽培粟类的起始时间应在距今一万年前后。从粟类遗存遍布于黄河中下游各地遗址的情况来看，自磁山文化、裴李岗文化开始至龙山文化时期，黄河中下游地区的粟类种植范围不断扩大，逐渐成为当地人民的主粮，一些遗址中发现了大量炭化粟的堆积。例如，在磁山遗址的 88 个窖穴内都发现有堆积，一般厚度为 0.3～2 米，其中有 10 个窖穴的堆积达 2 米以上。有学者估计：88 个窖穴的堆积体积约为 109 立方米，折合重量约为 138 200 余斤，取其标本进行灰象分析，可知其中有粟；在河北武安牛洼堡遗址中，两个灰坑的下半部发现有粮食堆积，其中一个灰坑堆积厚达 1.4 米，经鉴定为粟；在山东胶县三里河遗址第一期（大汶口文化时期）遗存中，一处窖穴内也遗留有体积超过 1.2 立方米的粟，折合成新粟当可达到三四千斤。[1]龙山文化时期的遗址中不时出土有酒器，证明以粟米作为主粮，已经出现了消费剩余，故有条件进行酿酒。

水稻（*Oryza sativa*）的主要产区在淮河流域以南。然而，新石器时代黄河中下游地区亦多有水稻种植。考古学家在属于裴李岗文化时期的贾湖遗址中就发现有栽培稻的遗存，说明北方地区的水稻种植早在距今 8 000 年前就已经开始。最近半个多世纪以来，在西起甘肃、东至山东沿海的不少新石器时代遗址中都出土了栽培稻的遗存，说明分布相当广泛。那时，中国北方气候暖湿，地表水资源丰富，辽阔的华北平原上更有数量众多、面积广大的沼泽湖泊，具备

[1] 佟伟华：《磁山遗址的原始农业遗存及其相关的问题》，《农业考古》1984 年第 1 期，第 194-207 页；张之恒：《黄河流域的史前粟作农业》，《中原文物》1998 年第 3 期，第 5-11 页；昌潍地区艺术馆、考古研究所山东队：《山东胶县三里河遗址发掘简报》，《考古》1977 年第 4 期，第 262-267 页；中国社会科学院考古研究所编著：《胶县三里河》，文物出版社，1988 年，第 11 页。

适合水稻生长的良好环境，因而在黄河下游众多新石器文化遗址中都发现了水稻遗存，例如在今山东省境内，兖州王因遗址、栖霞杨家圈遗址、滕州庄里西遗址、日照两城镇遗址……中都有栽培水稻的遗存出土[1]，稻米在那个时代北方人民饮食中的重要性可能远远超出今人所能想象。

秦岭—淮河以南广大地区特别是长江中下游流域作为世界稻作起源中心，在新石器时代已经有了发达的稻作农业，考古学家在这个区域发现了大量的原始稻作遗存，农史学家也已经取得了相当丰富的成果，早期发展、进步脉络逐渐清晰。严文明根据各地出土稻谷遗存情况，将史前水稻生产划分为若干个时期，其中："公元前 1 万年以前至前 7000 年的新石器早期，可视为稻作农业的萌芽期或发轫期"；"新石器时代中期（公元前 7000—前 5000 年）稻作农业得到初步发展，已成为人们食物资源的重要组成部分"，是"稻作农业的确立期"；新石器时代晚期（公元前 5000—前 3000 年）是"稻作农业的发展期"，"这时稻米已成为人们的主要食粮"，考古学家在江苏吴县草鞋山遗址中发现了连片的稻田以及水沟、储水坑等灌溉设施，说明人们为了种植水稻，已经人工创造了规模较大的稻作农业生产系统；而公元前 3000 年至公元前 2000 年，是"史前稻作农业的兴盛期"，已经发现这个时期稻谷遗存的地点有 70 多处，其中长江中下游地区约有 60 处，其余分布在黄淮流域、四川和广东北部。在长江下游的良渚文化中已率先使用石犁、破土器、耘田器、镰和爪镰等一整套稻作农具，以稻作为主体的南方农业经济体系已经基本成立。[2]

还有一批其他植物在新石器时代相继被驯化为栽培作物，其中包括麻、豆、薏苡和多种蔬菜，某些果树可能也被人工种植，不一一介绍。

新石器时代南北粮食作物种植的起步和发展，显示了距今 1 万至 4 000 多年前中国先民谋食方向与生计体系的重大变化——由采集各种自然生长植物可供食用的根、茎、叶、花、果，逐渐专注于驯化、栽培若干种禾本科植物，以其籽粒作为主要食粮。虽然栽培作物替代天然植物是一个非常漫长的过程，新石器时代仍然大量采食野生植物，他们的食物结构仍然具有广谱性，但黍、粟和稻等逐渐成为中华民族主要的食物热量来源乃是一个必然的发展趋向；也正是从这个时期开始，少数几种禾谷类作物，在无数的植物种类之中脱颖而出，

---

[1] 何德亮：《山东新石器时代农业试论》，《农业考古》2004 年第 3 期，第 58-69 页。
[2] 严文明：《农业发生与文明起源》，科学出版社，2000 年，第 20-21 页。

不断凸显其之于人类生存的巨大经济意义，为中华民族生存和中国文明发展奠定了不可替代的生态—经济基础。当然，在中国漫长历史进程中的不同阶段，这些作物先后具有不同的重要性：黍曾担任过北方旱农种植的先锋；粟曾经长期是北方的主谷与正粮，但中古以后，随着华夏文明空间自西向东、复由北向南不断开拓，粟类逐渐丧失了主粮地位——在北方地区逐渐屈居于较晚发展起来的麦类，就全国而言则逐渐让位于水稻，至晚从宋代开始，水稻即成为中华民族的第一主粮。在对中国大地人与自然的历史关系进行深度思考之时，需要随时记住这个重要史实：在长达一万年的农业时代，中华民族对自然环境的适应、利用和改造，包括草莱垦辟、土地整治、水利建设、气候适应、生物利用等，都主要围绕禾谷类植物栽培这个中心而不断展开。离开了这个中心，许多环境历史问题将无法得到正确解说。

毫无疑问，由于工具简陋、技术低下而劳动力依然寡少，新石器时代的农作地点很受局限，农作方式也非常粗放。在北方地区，已经发现的农业村落遗址基本上位于大小河流两岸台地或者山前洪积冲积扇上；南方地区的稻田则主要分布在不乏水源但水体不深的低浅泥泽之地。这是因为，那些地方的土质松软、植被多为草莱灌丛，少有成片的高大乔木，相对容易被开垦为农田，同时亦较少水患。人们所采用的耕作方式，最初普遍采用火耕，即放火焚烧灌丛、杂草，清理出可以耕种的土地，草木灰可以补充土壤肥力；"象耕鸟耘""麇田"等古老传说表明：南方人民似乎还曾在野生动物践踏过后的湿地中种植水稻。随着农具的逐渐进步，新石器中期以后，人们逐渐使用石锄、骨耜等进行开垦，实行锄耕或耜耕，直至新石器时代末期，个别地区才开始进入犁耕阶段。可以想象这是一个何等艰辛的过程！

2. 畜禽饲养：新型的人与动物关系

新石器时代经济发展的另一个重要标志，是畜禽饲养业的兴起。它同样是人类积极主动地利用自然环境条件干预生命过程的一项重要活动，从另一方面反映了人类对大自然影响作用的加深；从经济层面上说，由于畜禽饲养的出现和发展，人们逐渐摆脱了对天然肉食来源的被动依赖，而增加了动物性食料来源的稳定性。当然，这同样是一个逐渐替代的过程。

根据现有考古资料，可知黄河流域早在磁山文化时期就已经饲养了猪、狗、牛，[1]在裴李岗文化、仰韶文化至龙山文化时期遗址中，猪、鸡、犬、马、牛、羊等家畜、家禽都相继被发现，说明人们常说的"六畜"在那个时代已经齐备。从此之后，这些家养动物一直是中华民族肉、蛋、乳等动物性食料的主要来源。随着经济生产和社会生活不断复杂化，这些家畜和家禽逐渐扮演着愈来愈多的角色，发挥着各种不同的作用，而不仅仅是提供食物能量：它们有些逐渐主要充当役畜，成为开展生产、战争、交通运输等许多活动的重要帮手；有些被豢养为宠物，在娱乐、休闲和竞赛活动中担当重要角色；有的还为人们提供用于生产各种器物和用品的毛、皮、骨、齿、筋、角，甚至连它们的粪便亦被逐渐加以利用。总而言之，这些不断被驯化家养的动物，是人类生存和发展不可缺少的重要支撑。

　　由于自然环境因素的影响，这些畜禽被驯化家养的时间先后、品种构成，以及饲养的目的、规模和方式等，都存在诸多差异。狗是最早被驯化家养的动物，关于何时、何地的人们最早开始养狗，目前仍有争论，但在亚欧大陆，狗早在旧石器时代晚期（至晚在 14 000 年前）就已经被驯化，这是中外学者所公认。[2]考古材料证明：在中国，养狗的历史至少可以上溯到距今 8 000 年以前，新石器时代的磁山、裴李岗文化遗址中都发现狗骨遗存，经鉴定属于家犬。[3]考古学家在大地湾遗址中所发现的"狗的标本多达 301 件，最小个体数为 15 个，其中以二期最多，在哺乳动物中，数量仅次于鹿科、猪科，极有可能是先民们饲养的家畜之一。"[4]新石器时代中国南北各地养狗相当普遍，北方的仰韶文化、大汶口文化、龙山文化、齐家文化和南方的河姆渡文化、马家浜文化、

[1] 河北省文物管理处等：《河北武安磁山遗址》，《考古学报》1981 年第 3 期，第 303-338 页。

[2] 关于家犬的起源时间、地点等问题，国际学术界有所不少研究，意见分歧也很大。关于起源地大致有四种说法：一是欧洲起源说，二是中东起源说，三是东亚或中国南方起源说，四是多起源说；至于起源时间，则自 1.4 万～3.2 万年不等。中国科学家张亚平与瑞典皇家生物技术学院的彼得·萨沃莱南（Peter Savolainen）等进行了长期合作研究，发表了一系列论文，认为家犬起源于中国长江以南，东亚灰狼是其祖先。最近他们又对来自全球范围的 151 只雄性家犬、10 只狼以及 2 只土狼的 14 000 个 Y 染色体碱基对进行测序对比，进一步支撑其观点，参见 Z-L Ding et al., Origins of Domestic Dog in Southern East Asia is Supported by Analysis of Y-chromosome DNA, Heredity, 2012（108）：507-514；另参见：Savolainen, P. et al. Genetic Evidence for an East Asian Origin of Domestic Dogs. Science, 2002（298）：1610-1613；Leonard, J.A. et al. Ancient DNA Evidence for Old World Origin of New World Dogs. Science, 2002（298）：1613-1616；Hare, B. et al. The Domestication of Social Cognition in Dogs. Science, 2002（298）：1634-1636.

[3] 河北省文物管理处等：《河北武安磁山遗址》，《考古学报》1981 年第 3 期，第 303-338 页；中国社会科学院考古研究所河南一队：《1979 年裴李岗遗址发掘简报》，《考古》1982 年第 4 期，第 337-340 页。

[4] 甘肃文物考古研究所：《秦安大地湾——新石器时代遗址发掘报告》（上册），文物出版社，2006 年，第 705 页。

崧泽文化、良渚文化遗址中都发现有家犬骨骼遗存。[1]关于狗在最初何以能够被人类驯养，研究者也提出过许多假说，较为合理的推想是：某些狼种由于特殊的生物学特性尤其是食残、食溷特性，天生地比较亲近人类，在被正式驯化成为家犬以前，彼此之间已经保持了漫长的"伙伴"关系。这些狼种常常跟随人群活动，吃食人的粪便和人们遗弃的动物残剩骨肉，而原始人类在长期狩猎实践中亦很早就发现了它们机敏灵活、攻击性强、善于捕杀其他弱小动物却很依顺于人等特点，逐渐将它驯化为狩猎的帮手。

　　常常与犬并提的是鸡。一般认为：家鸡是由原鸡经人工驯养而成。现代原鸡（*Gallus gallus* L.）现代主要分布于印度北部及中国南部的云南和广西南部、海南岛等地，但历史上特别是气候温暖时期，其分布区域可能曾经北抵中国中部，故华北和华中地区已有多处新石器时代遗址中出土有家鸡骨头或陶鸡。更早的考古学报告则是磁山文化遗址出土鸡骨，考古学和动物学家经过清理、鉴定，发现当地出土的跗跖骨，除一根无距的似代表雌鸡以外，其余全部为雄鸡，共有 13 件雄鸡标本，这似可证明乃是经过人工选择和驯化、饲养的家鸡。若果然如此，则中国先民早在距今 7 000 多年以前就已经养鸡。[2]至龙山文化时期，家鸡已经成为常见的家养动物，在不少遗址中都有家鸡的骨头出土。家鸡可以提供肉食，还能生蛋，磁山遗址出土鸡骨几乎全是雄鸡，似乎暗示当时人们可能有意留养母鸡下蛋。此外有的地方似乎已用鸡骨来占卜，或许还可能养鸡报晓。[3]

　　但那个时代最重要的肉畜是猪。目前所知的最早的家猪遗存，出自河北武安磁山文化遗址，距今 8 000 年左右。考古学家发现：在该遗址的几个窖穴中，都埋葬有 1 岁左右完整的猪，然后在上面堆积小米，在整个遗址之中，猪的年龄结构都相当小，1～2 岁的猪占据绝大多数，其上下臼齿的测量数据已与野猪

[1] 周本雄：《中国新石器时代的家畜》，《新中国考古发现和研究》，文物出版社，1984 年，第 194-198 页。
[2] 迄止 1980 年，考古记录已出土鸡骨或陶鸡的遗迹有：庙底沟二期（龙山早期，公元前 2780 年）出土 4 块鸡骨（大、小腿骨及前臂骨）；屈家岭遗址（公元前 2695 年），出土有陶鸡，可能是依据家鸡仿制；湖北天门也有陶鸡发现；西安半坡遗址（公元前 4770—前 4290 年），出土有两段鸡胫骨、三段股骨和一根跗跖骨；陕西宝鸡北首岭遗址（公元前 4515 年）出土有较多的鸡骨。周本雄：《河北武安磁山遗址的动物骨骸》，《考古学报》1981 年第 3 期，第 339-347 页。
[3] 李根蟠提示："磁山遗址出土的鸡骨均属雄性，由此证明其为家养（野鸡不可能都是雄性），亦由此推断当时养鸡首先是为了报晓。甲骨文的鸡字，就是雄鸡打鸣时头部的特写。这表明，用以报晓起码是最初养鸡的主要目的之一。"（李先生对本书的评审修改意见）。

有区别，而与家猪比较接近。[1]甘肃秦安大地湾出土的猪骨骸，不仅年代较早，而且数量很大，总数达到 5 677 件，最小个体数为 243 个，占可鉴定哺乳动物骨骼的 38%，考古学家根据年龄分析，认为其中"绝大多数应该是驯养的家猪"。[2]有人对截至 2003 年的相关考古资料进行统计分析，证实中国境内有猪骨或陶猪模型出土的新石器文化遗址达到 160 多处，遍及 26 个省级行政区，占全国 3/4 强，与已经发现的农业文化遗存在地域空间上基本重合。[3]说明当时养猪作为与作物种植相搭配的一个生产项目已经遍及了全国的农区，而猪作为最普遍饲养的家畜也已经成为先民的主要肉食来源之一。事实上，在仰韶文化至龙山文化时期，拥有多少猪已经成为贫富的重要标志之一，因此在众多墓葬中，猪（或猪骨骸）是最重要的随葬品。养猪业的发展兴盛，首先因为猪是一种杂食性动物，体肥肢短，容易饲养，繁殖很快，养猪能带来很高的经济效益；还因为它具有很强的环境适应能力，既适宜在各种山泽野地放养，亦易于在村舍之中圈养，以人的残剩食物甚至粪便喂养。可以说，从远古至当代中国，猪在农耕地区一直是最重要的肉畜，普遍养猪既是环境适应的必然选择，亦是源远流长的一种文化。

羊作为肉食来源的重要性仅次于猪，被人工驯化饲养的时间可能也比猪晚一些。大地湾文化二期（距今约 6 500 至 5 500 年）曾经出土过盘羊、绵羊的骨骸，但均无法肯定为家养。[4]不过，甘肃省永靖县大何庄遗址和相邻的秦魏家遗址这两个遗址中，分别出土了 50 多块羊下颌，羊肩胛骨也被作为卜骨来使用，其时间距今 4 000 年左右。在仰韶文化（如西安半坡遗址）、马家窑文化（如傅家门遗址）亦分别出土羊骨。特别到了龙山文化时期，养羊明显增多，在朱开沟遗址、白营遗址、尹家城遗址中都有羊的遗骨遗骸出土，说明此时黄河中下游不少地方都已经饲养羊了。[5]

牛在近 8 000 年前就被驯化家养，并且有黄牛、水牛之分。黄牛更适应北方地区的气候环境，故黄牛遗骨遗骸在黄河中下游地区有更多发现，磁山、裴李岗、北辛、仰韶、大汶口等文化时期的众多遗址中都曾出土黄牛骨骸，可见

[1] Yuan Jing and Rowan Flad, Pig Domestication in Ancient China, Antiquity, 2002, Vol. 76, No.293, pp. 724-732.
[2] 甘肃文物考古研究所：《秦安大地湾——新石器时代遗址发掘报告》（上册），文物出版社，2006 年，第 705 页。
[3] 黄英伟、张法瑞：《考古资料所见中国新石器时期家猪的分布》，《古今农业》2007 年第 4 期，第 30-35 页。
[4] 甘肃文物考古研究所：《秦安大地湾——新石器时代遗址发掘报告》（上册），文物出版社，2006 年，第 705 页。
[5] 参见上揭袁靖：《论中国新石器时代居民获取肉食资源的方式》文后列表，《考古学报》1999 年第 1 期，第 18-22 页。

它也是新石器时代普遍饲养的一种家畜。南方湿热多水地区则适合水牛栖息，在河姆渡、马家浜以及其他新石器文化遗址中，都曾出土过水牛的遗骸。但多处出土资料证明：当时南方居民也饲养黄牛。作为后代中国农民最珍重的一种家畜，牛在最初应是人们为了获得肉食而饲养的，新石器时代人们是否开始利用牛来"负重致远"，目前尚无资料可以证明。

马匹在古代军事、交通运输史具有极其重要的意义，但在新石器时代的黄河中下游及其以南地区还很少养马，养马更可能是亚欧大陆其他古代人类的发明，后来逐渐传到中国，因而目前我国境内的出土资料相当缺乏。这个时期还可能有一些其他动物被驯化和家养，比如北方地区的驴、南方地区的鸭鹅等，因资料缺乏，无法详述。

上述这些从自然野生变成人工饲养的动物，与黍、粟、稻以及其他粮食、纤维、蔬菜和果树作物，共同构成了中华民族主要的衣食资料来源，其巨大经济意义是无法估量的。从环境史角度看，家养动物与人类之间一直保持着互利共生和协同进化的关系：一方面，在人类生存系统中，家养动物是最重要的物质能量支柱之一，作为持久而稳定的能量转换者，它们"消费"人类无法食用消化的那些植物以及人类食余废弃物，却不断给人们提供肉、乳、蛋等营养价值高、易消化吸收的优质食料，以及人类所需的毛、皮、骨、齿、筋角等材料，滋养人的肠胃，温暖人的身体，分担人的辛劳（实际上也是节省人类活动的能量消费）。不仅如此，它们在精神情感和文化层面对人类的影响亦非常广泛而且深刻，是人类最亲密的"伙伴"。另一方面，这些动物亦愈来愈依赖于人类饲养，人们按照自己的意愿和需要，对它们进行定向驯化和繁育，在野外放牧中实施管束，为之营造人工栖息环境包括圈养环境，甚至不断改变它们的形态、体质和生物习性，从而形成一种新型的人与动物关系。自从两者之间建立了这种稳定而持久的相互依存关系，也就形成了最亲密的"生命共同体"，彼此依存，不可分离。当然，彼此过分密切的接触也会造成了某些不利影响，例如人畜共患病因此增多。

由于自然环境的地域差异，在环境—经济—社会互动演变的漫长历史进程中，各地人民与其饲养动物之间的关系，逐渐形成了不同的共生模式、种间关系、种群规模和栖居方式：在黄河中下游及其以南区域，动物饲养似乎从一开始就是以种植业发展作为基础的，后来更逐渐蜕变成农耕稼穑的附属项目和经济补充；畜产构成和饲养方式则伴随着人地关系的变化而逐渐发生改变：在农地垦辟未广、荒闲草场充裕的时代，有条件放养数量较多的单纯食草性家畜如马、牛、羊等。随着草场逐渐被农地所挤占，饲养对象逐渐以那些对草场要求不高的杂食性种类如猪、鸡、犬等为主（中古时期稍有例外）；最初家畜饲养往往在附近的林草地野放饲养（汉代仍颇有于草泽牧猪的记载），后来则逐渐发展为圈养，饲养规模亦呈逐渐缩小趋势，栖息方式的总体发展趋势是愈来愈附着于固定的农田和村庄。与之相对，在北方草原地区，人们逐渐建立和发展了另外一种类型的生态——经济系统，即游牧生态系统中，人类生计依恃于广袤的牧场和大型的畜群，而主要牧养对象则是羊、马、牛、驼、骡等对草场要求较高的动物，大范围地游动放牧和"逐水草而居"，乃是当地人民的基本生存方式，这就形成了与农耕地区迥然不同的游牧经济文化。在后代历史上，这两种生计类型逐渐由彼此错杂到彼此分野，形成两个不同的区域社会和文明体系，在长期历史互动中曾经反复地演绎着波澜壮阔的军事战争、人口迁移、经济变动和王朝兴衰，这是后话。

3. 采捕经济的存续及其环境基础

大量考古资料显示：在新石器时代，随着人口缓慢增长和农耕饲养逐步发展，中国先民的基本生计特别是饮食生活，愈来愈倚重于若干种类的栽培作物和家养动物，这是几乎所有考古学家和历史学家的共识。大致而言，在新石器时代早期，野生动植物占据主导地位，经济生产和物质生活以采集、渔猎为主；至新石器中期，野生动物和家养动物比重有所消长，家养动物渐居优势，出土谷物堆积亦更加普遍，农牧经济与采猎经济此长彼消的趋势渐趋显著；至新石器时代后期，家养动物和栽培作物的比重进一步上升，而取自野生动植物的食料则逐渐退居次要地位。这意味着：中国先民的生计体系，从采集渔猎向农业畜牧转变的趋势不断加强。尽管由于多种原因，不同地点和具体遗址中动植物遗存的出土情况，并不一定全部都能清晰地呈现出上述数量变化，但各地出土野生动物与家养畜禽的数量消长，相当清楚地反映了上述经济转变和生计变化。下面主要对黄河中下游各地的情况稍做说明。

河北徐水南庄头遗址处于全新世初期（或新石器时代早期），距今 10 500 至 9 700 年。其中出土动物骨骼主要有鸡、鹤、狼、狗、家猪、麝、马鹿、麋鹿、狍等，此外还有斑鹿、鳖和蚌、螺等5种水生软体动物。除狗和猪有可能为家畜，其余均为野生动物，大都属于鹿科动物。在整理出来的比较完整的104块动物骨骸中，鹿类达70块，占67%，有马鹿、斑鹿、麋鹿、麝和狍等，至少代表着9个个体。[1]显然，当地人们的肉食主要来源于野生动物，特别是鹿科动物。在河北武安磁山遗址中，出土野生动物骨骸包括兽、鸟、龟鳖、鱼和蚌五大类，其中有东北鼢鼠、蒙古兔、猕猴、狗獾、花面狸、金钱豹、犬科未定种、家犬、梅花鹿、马鹿、麋鹿、狍、獐、赤麂、鹿科未定种、短角牛、野猪、家猪、家鸡、豆雁、鳖（种属未定）、草鱼、丽蚌等。这23种动物，除家犬和家猪两种家畜以外，牛不能肯定是家畜，鸡有可能是家禽，其余皆为野生动物。从绝对个数来看，"野生动物的骨骸数量相当大（约占1/2以上）"。显然，磁山文化中的农业已有相当程度的发展，但是传统生产方式——狩猎和采集经济仍占相当大的比重。鱼镖和网梭的发现证明捕捞活动也很重要。猎获对象既有大型动物，也有中小型动物；既有随季节移迁的雁类和鹿类，也有常年栖息当地的动物，可以说是包括各种各样的飞禽走兽，说明狩猎活动是全年进行的，带有广谱狩猎的性质，而不是闲暇时的活动。此外，大量的朴树籽、炭化山胡桃亦说明采集活动在当时经济中有一定的重要性。因此，磁山文化遗址所说明的，是一种农耕饲养与采集捕猎并存的混合经济。[2]

河南渑池班村遗址的新石器文化层，自下而上分别为裴李岗文化层、仰韶文化庙底沟类型层、庙底沟二期文化层等，不同文化层的动物组分，比较典型地反映了野生动物与家养动物随着时间推移而发生的数量消长关系。据袁靖统计：在裴李岗文化层中，猪等家养动物占全部动物总数的59%，鹿科等野生动物占41%；仰韶文化庙底沟类型层里猪等家养动物占84%，鹿科等野生动物占16%；庙底沟二期文化层里猪等家养动物占83%，鹿科等野生动物占17%。家养动物在各层中均占主要地位，而愈往后，家养动物愈占优势。与此类似，陕西商县紫荆遗址新石器时代文化层，包括老官台文化、仰韶文化半坡类型、西王村类型和龙山文化等。有学者对该遗址出土动物骨骼可鉴定标本数量的统计结果是：在老官台文化层中，以猪为代表的家养动物占全部哺乳动物总数的20%，而以鹿科动物为代表的野生动物占80%；在半坡类型地层中，前者占25%，

[1] 保定地区文物管理所等：《河北徐水县南庄头遗址试掘简报》，《考古》1992年第11期，第961-970页。
[2] 周本雄：《河北武安磁山遗址的动物遗骸》，《考古学报》1981年第3期，第339-347页。

后者占 75%；在西王村类型中，前者占 40%，后者占 60%；而在龙山文化层中，前者已占 76%，后者则下降为 24%。这非常清晰地呈现出家养动物数量逐渐增多而野生动物不断减少的趋势。[1]

但是袁靖也提到了出土家养动物和野生动物个体数量反向变化的情况：在包含有仰韶文化类型层、史家类型层、庙底沟类型层、半坡晚期类型层和客省庄二期文化层的临潼姜寨遗址中，出土动物骨骼分属鹿、猪、狗、獾、鱼和蚌螺等类动物。有学者统计：在半坡类型层，猪等家养动物占全部动物总数的 42%，鹿科等野生动物占 58%；在史家类型层，前者占 31%，后者占 69%；半坡晚期类型层中，前者占 18%，后者占 82%；在客省庄二期文化层，前者占 21%，后者占 79%。[2]这种反向变化，反映具体地区经济发展和人与自然关系演变的复杂情形，却不能作为否定家养动物逐渐增长趋势的证据。

在甘肃秦安大地湾遗址中，考古学家共整理出可鉴定的哺乳动物骨骼达14 856 件，其中鹿科动物 7 179 件，占总数的 48%，说明当时人们的主要捕猎对象为鹿类。然而，在该遗址的第四期，鹿科动物标本比第二、三期均少，反映狩猎经济地位有所下降。[3]武山傅家门遗址包括石岭下类型和马家窑类型两个文化层，研究者统计，在石岭下类型层中，猪等家畜动物占全部动物总数的80%，鹿科等野生动物占 20%；而马家窑类型层中，猪等家畜动物占 83%，兔等野生动物占 17%。[4]属于齐家文化的永靖大何庄遗址，出土的动物骨骼有猪、狗、牛、羊、马、鹿、狍等，据统计，猪等家养动物占全部动物总数的 98%，鹿科等野生动物仅占 2%，家养动物占据了绝对多数。[5]

今山东境内新石器时代属于大汶口和龙山文化的遗址中出土动物骨骼数量，同样大致反映了上述趋势。例如，泰安大汶口遗址中，猪等家养动物占全

[1] 袁靖：《论新石器时代居民获取肉食资源的方式》。关于紫荆遗址出土动物，可参见王宜涛：《紫荆遗址动物群及其古环境意义》，收入周昆叔主编：《环境考古研究》（第一辑），科学出版社，1991 年，第 96-99 页。

[2] 袁靖：《论新石器时代居民获取肉食资源的方式》。关于该遗址出土动物详细情况分析，可参见祁国琴：《姜寨新石器时代遗址动物群的分析》，见于半坡博物馆，陕西省考古研究所，临潼县博物馆：《姜寨——新石器时代遗址发掘报告》（上），附录三，文物出版社，1988 年，第 504-538 页。

[3] 甘肃文物考古研究所：《秦安大地湾——新石器时代遗址发掘报告》（上册），第 704-705 页。

[4] 袁靖：《论新石器时代居民获取肉食资源的方式》。

[5] 中国科学院考古研究所甘肃工作队：《甘肃永靖大何庄遗址发掘报告》，《考古学报》1974 年第 2 期，第 29-61 页。

部动物总数的 51%，鹿科等野生动物占 49%，两者基本持平[1]；潍县鲁家口遗址包括大汶口和龙山两个文化层，其出土动物遗骸至少可以代表 21 个种属，包括家猪、牛、鸡、猫、鼠、东北鼢鼠、四不像、梅花鹿、獐、狐、貉、獾、青鱼、草鱼、龟、鳖、文蛤、毛蚶、螺类、蟹类、大型禽类等，野生动物多为沼泽和森林附近的种类。经周本雄鉴定统计，猪等家养动物占全部动物总数的 78.727%，鲁家口遗址的鹿科等野生动物占 21.27%，说明狩猎经济所占比重已经不大，家养动物为主要肉食来源。[2]

上述发展变化趋势，不独黄河中下游地区为然，长江中下游地区亦经历了大致相同的道路——只不过在史前和历史早期阶段（中古以前），后者转变较前者迟缓，变化节奏亦不像前者那样清晰明显；直到汉代，楚越之地的野生动植物资源仍然非常丰富，"果蓏蠃蛤，不待贾而足。"[3]然而，正如我们多次指出的那样，农耕饲养对采集捕猎的替代，是一个非常漫长的过程。农牧起源之后并不能立即完全替代采集和捕猎，两者之间是一种长期地互相并存、缓慢地互为消长的关系。在整个新石器时代，采集和捕猎仍然具有十分重要的经济地位。这自然首先表现在其之于人类饮食生活的重要性。虽然考古资料并不足以支持我们判断那个时代通过种植、饲养而获得的食料，与取自野生动植物的天然食料，各占据了多大比重，但后者毫无疑问仍然是非常重要的，以上所引的众多事实充分证明了这一点。

因此，如果想对这个时代中国先民的生计体系、生活状况及其与自然环境之间的关系进行归纳的话，我们不妨概括出几点：其一，在人类活动频繁、人口较多的地方，自然资源虽不及以往那样取之不尽，但野生植物和动物继续为人们提供丰富的食物及其他生活资源。人们采集和捕猎的对象是非常广谱性的。其二，天然资源毕竟逐渐有所不足，因此，掌握了农耕和牧养技术方法的原始人类，逐渐增加作物栽培和畜禽饲养，其在社会经济生活中的地位逐渐上升，至新石器时代末期，在黄河中下游的一些地区已经占据主导地位。但总体上说，仍然是两者并存，经济形态是一种混合性的，远未达到后世那样"以农为本"的畸轻畸重程度。其三，在农牧与采捕混合经济条件下，人们逐渐倚重于栽培

[1] 李有恒：《大汶口墓群的兽骨及其他动物骨骼》，收入山东省文物管理处，济南市博物馆编：《大汶口——新石器时代墓葬发掘报告》，文物出版社，1974 年，第 156-158 页。
[2] 周本雄：《山东潍县鲁家口遗址动物遗骸》，《考古学报》1985 年第 3 期，第 349-350 页。
[3]《史记》卷 129《货殖列传》，中华书局，1959 年，第 3270 页。

作物和家养动物，食谱（食料）有逐渐简化的发展趋势，但是那个时代人们所食之物仍然是广谱性的。其四，那个时代的人口、经济、技术与资源关系，给上述生产和消费结构提供了自然与文化条件，特别是由于各地自然环境和农牧发展水平不同，食物生产和消费结构无疑存在相当显著的地域差异。其五，农耕牧养对采集捕猎的逐渐替代，在动物考古资料中表现得比较明显，最突出表现在出土动物骨骼数量中，以鹿科动物为代表的野生动物数量逐渐下降，而以猪为代表的家养动物数量在不断上升。从一定意义上，我们不妨将鹿猪数量的变化，视为两种不同生产方式、生计体系互相竞争消长的表现，乃至当作整个环境与经济变迁的一个表征。

考古发现的不同时期文化遗址出土鹿、猪数量的彼此消长趋势，是远古自然资源—经济生产—社会生活协同演变关系中一个非常有趣的现象。大量资料证明：自旧石器至新石器时代，鹿科动物一直是中国先民的主要捕猎对象和主要肉食来源，各地遗址出土鹿科动物的骨骼数量非常之惊人，让我们不由得产生处处麋鹿成群的古老想象。然而，这类曾经供养了人类数百万年的温驯动物，却始终未被人类完全驯化成"六畜"那样的家养动物。令人唏嘘感慨的是：在最近一万年特别是近三千年的历史变迁中，由于它们被大量过度捕杀，更由于农业垦殖不断破坏其栖息地，进入文明时代之后，鹿科动物的种群数量急剧下降，其中最庞大的一个家族——麋鹿在汉代黄河中下游地区就已几乎绝迹，至清朝末期，全国仅北京郊区南海子皇家苑囿有些存留，1900年八国联军攻入北京时又被劫掠一空，运往英国乌邦寺放养，从此麋鹿在中国境内完全绝迹。直到1985年，麋鹿被当作外交礼物回赠给它们的父母之邦。与鹿类的境遇完全不同，猪在那个时代被驯化家养之后，在中国众多民族的经济生产和饮食生活中，一直占据非常重要的地位，养猪吃肉和后来的养猪积肥，形成了几乎上万年持续不变的牢固文化传统。鹿和猪的历史境遇所反映的人与动物关系，非常令人深思，可以说，它们的背后隐藏着一部中国环境史。

4．工具、器物和栖居方式

（1）自然资源与工具器物。

人类自诞生以来，不仅向大自然索取食物、水分、空气等生存资料，而且向大自然中索取制造生产工具、生活器物所需的资源（原料），以便更广泛、高效地谋取和利用生活资料。工具和器物的制造与使用，同样紧密地依存于一定的环境资源条件，关乎人与自然的关系及其历史发展。

　　史前时代之所以被称为"石器时代"，毫无疑问是因为用石料打制或磨制的石器乃是那个时代人类经济活动最重要的生产手段。对于蒙昧时代的人类来说，这并不是一件轻而易举的事情，必须同时具备两个基本条件：一是生存环境之中拥有丰富的有用石料，二是人们了解这些石料的质地、性状和利用价值。大量制造和使用石器，不仅增强了人类适应环境和利用资源的能力，而且在一定程度上导致自然环境发生局部改变。因此，从旧石器向新石器的转变，既是史前技术和文化进步的一个重要标志，也伴随着人与自然关系的演变。不仅如此，考古学者的最近研究表明：在石器工具发展和人与自然关系演变的实际过程中，自然环境和生计体系的区域特征，在石器的种类、形制和功能等方面亦有相当显著的反映。向金辉近期对中国早期磨制石器起源的南北差异进行了比较和梳理[1]，简况如图 1-1 所示。

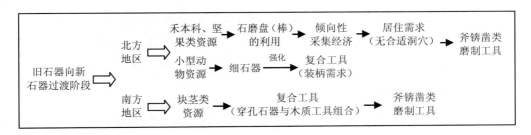

资料来源：向金辉：《中国磨制石器起源的南北差异》，《南方文物》2014 年第 2 期，第 107 页。

图 1-1　中国早期磨制石器起源的南北差异简图

　　在他看来："磨制石器的起源与生业经济紧密相关，中国旧石器向新石器过渡阶段对于植物资源的利用促使了中国磨制石器的起源。由于中国南北环境的差异，对于植物资源的利用种类和利用方式有所区别，因此导致中国南北磨制石器种类的不同。"具体来说：在北方地区，由于逐渐强化了对禾本科、坚果类的利用，石磨盘、磨棒得以出现和发展；对小型动物资源的强化利用亦使得复合工具日益重要；此外，在无合适天然洞穴的北方地区，人们栖居之所是以木作建筑为主，也促进了斧锛凿类工具的普遍发展。与之相对照：南方地区在利

[1] 向金辉：《中国磨制石器起源的南北差异》，《南方文物》2014 年第 2 期，第 100-109 页。

用植物根茎中逐渐发展出穿孔石器与木棒相组合的复合工具，并因此促进了斧锛凿类工具的产生；在居住方面，由于南方多有天然洞穴可供早期人类栖身，故"旧石器向新石器过渡阶段的相关发现来看，利用天然洞穴的穴居仍是主要栖居方式"，相应地，木作工具发展亦较北方为迟缓。

上述论说无疑带有较大的推论成分，作者本人也意识到其中还存在一些问题。"问题之一是植物根茎类在此时南方地区广谱经济中的比重仍不可知。我们推测植物根茎类的比重应不是很大，正如南方地区虽发现绝对数量较多的穿孔石器，但各个遗址中的比重并不很大……"不过，他结合自然环境和生业体系的具体差异（如物种、洞穴、采集经济，食物和居住方式等），探析同一历史进化脉络之下石器发展的区域差异性，对于我们认识远古自然环境与工具器物之间的相互"因应"关系，仍然具有一定的启发性。

新石器时代的先民，不仅在石器制造与使用方面取得了显著的进步，而且还大量利用另外一些重要自然资源来制造各种器物，其中之一就是利用某些特殊泥土来制作各种生产、生活器物，这就是陶器。这个时代，中国境内曾经有过繁荣发达的黑陶文化和彩陶文化，陶器的种类、器型和功能千变万化，对社会生活具有广泛的影响。在考古学上，陶器不仅是技术和经济发展水平的重要标志，而且是区分不同文化类型的重要标志。关于这些，学术界已经取得了极其丰富的成果，无须赘言。

从环境史角度看，陶器制造不仅需要一整套更加复杂的技术体系，这项原始工业发展对于自然环境的影响，较之石器制造亦更加显著，因为它不仅需要大量采掘适用的泥土，而且还要进行烧制——而这又需要大量砍伐森林作为燃料，在长期作为陶器制作工场的地点附近，森林砍伐甚至可能是破坏性的。与石器制造和使用更加显著不同的是：人们制作陶器从一开始就带有艺术化地表现自然事物和自然环境的企图，众多陶器对各种动物形象的塑模，大量陶纹对天地、山水、动植物的刻画，都相当广泛体现了中国先民的朴素自然知识和环境意识。这些珍贵的资料，迄今还不见有人从环境史的角度予以系统探讨。

虽然考古学家通常是根据出土石器和陶器来判定不同的文化阶段与类型，但他们也普遍肯定木器在远古社会生产和生活之中的广泛制作和应用。也就是说，远古人类用以制作工具器物的材料，并不只有那些特殊的石料和泥土，还有同样取诸大自然的丰富的生物材料——既包括植物，也包括动物。

在漫长的生存实践中，人类对于周遭环境之中的各种植物之质地、性状不断加深认识和了解，并且不断广泛地用来制作各类器具，其中最重要的自然是木器，就中国的实际情况而言，或者可以更加准确地说，竹木器。此外还包括不少木质化程度较高、植株较大的草本植物，如芦、荻等。[1]学者公认：在生产工具发展史上，曾经有过漫长的"木石并用"时代。由于木质器具易于腐朽，出土完整的木器远远不及石器、陶器，但中国南北远古文化遗址中所出土木器依然是种类繁多，遍及于先民生产、生活、战争、建筑、娱乐等各个方面，要想开列一份清单殆无可能。这里想要特别指出的是，与石器、陶器相比，在利用木材制作器具方面，涉及更大的自然知识广度与深度：木器制作者不仅需要了解众多种类的树木具有怎样的坚硬性、柔韧性、弹性、可分割性、耐腐性、抗挫性、抗压性、中空性，甚至毒性，还需要了解何时采伐树木、采伐多大树木以及取用树木的哪些部分更适合制作自己所想要的工具器物，而用于制作器具的不只是树木的主杆，还有枝条、根须、韧皮、叶子、果壳甚至汁液。

与竹木材料相比，史前时代还有一类十分重要的自然资源曾经广泛地影响了手工业生产和社会物质生活，其情形可能更加让今人感到陌生甚至讶异，这就是众多哺乳动物的骨、齿、角和爬行类、软体类动物的甲、壳。在以往研究中，考古学、农业史等领域的学者都曾经不断提到骨、蚌器，农史学者认为中国农业史上曾经有过一个"耜耕阶段"，而骨耜是一种很典型的农耕工具。然而总体来说，学人对动物骨、角、齿和甲、壳之于史前经济生产和物质生活的重要性，尚未给予足够充分的估量。事实上，因动物骨、齿、角、甲、壳是人类最初能够获得的最坚硬耐久的材料之一，其质地的优越性在某些方面甚至超过石料，故从旧石器时代开始就被加以利用；至新石器时代，利用方式和应用范围更加广泛，各地文化遗址中大量出土的骨、角、齿、蚌器物，都充分证明它们堪与石器、陶器和木器并列成为那个时代按照制作材料来划分的四大器物类型之一。由于这类材料利用和器具制作对于考察远古人类如何利用自然资源特别是动物资源具有特殊重要意义，而以往环境史学者几乎未予探讨，故这里稍做详细引证和解说。

为了解新石器时代黄河中下游地区骨、角、齿、蚌器的制造和使用情况，

---

[1] 事实上，在现代植物分类学上，竹子也是草本植物，属于禾本科竹亚科，但古人往往将它视同为木。

我们曾尽力从《考古》《考古学报》《文物》等杂志搜寻相关的考古报告，初步分类、整理出一份较系统的材料（见表1-5），结果发现：新石器时代及其前后，该区域远古居民利用野生和家养动物的骨、齿、角、甲、壳等制作器物非常普遍，已出土的器物包括镞、凿、锥、刀、矛、镰、铲、锄、刮削器、鱼镖、叉、针、管、环、匕、笄等许多种类，其中既有大量的生产工具、生活器具，也有众多用于装饰、占卜和祭祀的物事；从细小的骨针、镞矢、挂饰，到大型的挖掘、砍砸工具，可谓无所不有。其中用于制作生产工具的，除兽骨为最大宗之外，鹿角、蚌壳也是普遍利用的材料。这些情况，一方面反映了当时动物资源的丰富程度，另一方面也说明了远古人类对特定资源利用的广泛性。

表 1-5　黄河中下游新石器时代文化遗址出土骨、角、齿、蚌器物

序号	出土地点	出土工具和制作材料（骨：●；角：▲；蚌：¤；牙：△）														资料来源
		镞	锥	凿	镰	铲	锯	刀	矛	钩	针	镖	环	管	其他	
	河北省															
1	磁县下潘汪村	●¤	●	●¤	¤		¤	●¤			●		¤		●¤	唐云，《考古学报》，1975/1
2	滹沱河流域	●	▲	▲		●					●				●	吴东风，《考古》，1993/4
3	滦平县金沟屯镇后台子	●	●												●	沈军山，《文物》，1994/3
4	徐水县南庄头		●▲								●				●	河北省文物研究所等，《考古学报》2010/3
5	容城县上坡		●													段宏振等，《考古》，1999/7
6	三河县孟各庄	●														金家广，《考古》，1983/5
7	张家口石嘴子村		●													贺勇，《考古》，1992/2
8	唐山大城山	●	●								●	●			●	陈慧等，《考古学报》，1959/3
9	武安磁山	●¤	▲●▲△	●			¤	●	▲	●▲	●	▲			●▲¤△	孙德海等，《考古学报》，1981/3
10	永年县台口村	●¤					¤						¤		●¤	钟庆梁，《考古》，1962/12
11	张家口土龙山														¤●	河北省文化局文物工作队，《考古》，1959/7
12	张家口蔚县		●												●▲	孔哲生，《考古》，1981/2
	河南省															
13	安阳后冈高楼庄村	●	●	●	¤		¤				●				●	中国社会科学院考古研究所安阳工作队，《考古》，1982/6

序号	出土地点	出土工具和制作材料（骨：●，角：▲，蚌：▢，牙：△）														资料来源
		镞	锥	凿	镰	铲	锯	刀	矛	钩	针	镖	环	管	其他	
14	安阳洹河	●	●					▢			●				●	杨锡璋，《考古》，1965/7
15	巩义市里沟		●					▢								王文华，《考古》，1995/6
16	巩义瓦窑嘴	●	●		▢										●▢	吴茂林，《考古》，1996/7 周军，《考古》，1999/11-13
17	焦作地区城乡金城村														▲●	陈星灿，《考古》，1996/11
18	涞水北封村	●													▲	吴东风，《考古》，1992/10
19	临汝大张村	●	●	●				●	▢	●			▢		●	赵青云，《考古》，1960/6
20	临汝煤山	● ▢	● ▢	●			▢	● ▢			●				●	赵芝荃，《考古》，1982/4； 方孝廉，《考古》，1975/5
21	灵宝市北阳平	●	▲												●▲	黄卫东，《考古》，1999/12
22	灵宝县南万村	●	●												●	黄河水库考古工作队河南分队，《考古》，1960/7
23	鲁山邱公城	●	●	●				●							●△	张建中，《考古》，1962/11
24	洛阳王湾	●	●					▢			●				●△ ▢	李仰松，《考古》，1961/4
25	孟县许村	●	●					▢								赵新平，《考古》，1999/2
26	密县新寨	●	●									●			●	赵芝荃，《考古》，1981/9
27	唐河茅草寺										●				●▲	汤文兴，《考古》，1965/1
28	新郑县裴李岗	●	●								●				●▲	李友谋，《考古》，1979/3
29	淇县花窝	●									●				●	耿青岩，《考古》，1981/3
30	淇县王庄村	●													▢	袁广阔，《考古》，1999/5
31	杞县鹿台岗	● ▢	●	●	▢			▢		●					●▲	张国硕，《考古》，1994/8
32	渑池西河庵村	●		●							●					杨宝顺，《考古》，1965/10
33	长葛县裴李岗文化遗址		●								●					邢贵东，《中原文物》，1982/1
34	郸城县段寨村	●														曹桂岑，《中原文物》，1981/3
35	汤阴白营	▢	● ▲	●	▢	● ▢		▢ ▢		●	● △				●▢	方西生，《考古》，1980/3
36	唐河寨茨岗		●												●	刘东亚，《考古》，1963/12
37	陕县七里铺	●	●			▢	▢								●	黄河水库考古队，《考古》，1959/4
38	新安县西沃	●	●		▢						●		●	●	●	樊温泉，《考古》，1999/8
39	新乡刘庄营							▢					▢		●	齐泰定，《考古》，1966/3
40	偃师二里头	● ▢	●					▢			●				●	张国柱，《考古》，1982/5
41	偃师汤泉沟												●		●▢	刘笑春，《考古》，1962/11
42	荥阳台点军	●	●								●				●▢ ▲	赵清，《中原文物》，1982/4

序号	出土地点	出土工具和制作材料（骨：●；角：▲；蚌：⌀；牙：△）														资料来源
		镞	锥	凿	镰	铲	锯	刀	矛	钩	针	镖	环	管	其他	
43	禹县谷水河	●													⌀	河南省博物馆，《考古》，1979/4
44	镇平赵湾	●	●													河南省文化局文物工作队，《考古》，1962/1
45	郑州大河村	●⌀	●▲	●		⌀		⌀	▲		●		⌀	●	●▲△	郑州市博物馆，《考古学报》，1979/3
46	郑州大河村	●				●		●			●				●⌀▲	李昌韬，《考古》，1995/6
47	郑州马庄	●⌀	●	●	⌀						●				●	李昌韬，《中原文物》，1982/4
48	郑州牛寨	●	●		⌀	●	⌀								●▲	安金槐，《考古学报》，1958/4
49	登封程窑	●	●	●											●	赵会军，《中原文物》，1982/2
50	洛阳西吕庙	●⌀	●▲⌀	●				⌀			●				●	贺官保，《中原文物》，1982/3
							陕西省									
51	子长县栾家坪	●														吴耀利，《考古》，1991/9
52	宝鸡北首岭	●	●			●									●	刘随盛，《考古》，1979/2
53	宝鸡第四中学球场	●	●					●	●						⌀	考古研究所渭水调查研究队，《考古》，1960/2
54	宝鸡市金陵河西岸台地	●		●		●					●					考古所宝鸡发掘队，《考古》，1959/5
55	宝鸡市福临堡	●	●												●	张天恩，《考古》，1992/8
56	宝鸡市高家村		●								●					张天恩，《考古》，1998/4
57	邠县下孟村	●	●			●		⌀			●				⌀	山西考古所泾水队，《考古》，1960/1
58	长安花楼子		●▲												●▲	赵辉，《华夏考古》，1994/3
59	长安县南堡寨		●					⌀							⌀	冯其庸，《考古》，1981/1
60	朝邑大荔沙苑														●⌀	安志敏，《考古学报》，1957/3
61	扶风县案板	●▲	●▲												●	王世和，《考古》，1987/10
62	华县柳子镇		●			●	●	⌀		●▲	⌀				●⌀▲	黄河水库考古队华县队，《考古》，1959/2
63	华县虫陈村	●													●	张忠培，《考古学报》，1980/3
64	华县老官台		▲			●										张忠培，《考古学报》，1980/3
65	华县南沙村	●	●			●		⌀			●				●▲	张忠培，《考古学报》，1980/3
66	华县涨村		●													张忠培，《考古学报》，1980/3
67	华阴南城子	●	●	●												李遇春，《考古》，1984/6
68	华阴县横阵	●	●		⌀	●		⌀			●				●⌀△▲	李遇春，《考古》，1960/9

序号	出土地点	出土工具和制作材料（骨：●；角：▲；蚌：¤；牙：△）														资料来源
		镞	锥	凿	镰	铲	锯	刀	矛	钩	针	镖	环	管	其他	
69	蓝田泄湖	●	●								●				△	袁靖，《考古》，1989/6
70	临潼白家村	●	●▲		△¤	●		●¤		●						△¤	王仁湘，《考古》，1984/11
71	临潼姜寨遗址	●▲¤	●▲		●	●		●¤	●	▲	●		●		●¤	西安半坡博物馆，《考古》，1973/3；刘莉，《华夏考古》，2001/1
72	临潼城白庙							●								张瑞苓，《考古》，1983/3
73	临潼姜寨	●	●			●					●				●¤	西安半坡博物馆，《考古》，1973/3
74	临潼县骊山西麓														●¤	临潼县文管会，《考古》，1996/12
75	洛河焦村	●	●												●	陕西省商洛地区图书馆，《考古》，1983/1
76	商县紫荆	●▲	●▲	●▲		●	●	¤		●	●		¤		●▲	王世和，文博，1987/3
77	商州市庾原		●													董雍斌，《考古》，1995/10
78	绥德小官道					●										陕西省考古研究所陕北考古队，《考古与文物》，1983/5
79	铜川李家沟	●▲	●▲¤			●	△	▲			●				●¤	西安半坡博物馆等，《考古与文物》，1984/1
80	渭南北刘	●	●	●			¤	¤	●		●					西安半坡博物馆等，《考古与文物》，1982/4
81	武功黄家河村														●¤	梁星彭，《考古》，1988/7
82	西安半坡	●				●					●				●	梁星彭，《考古》，1973/3
83	西安浐灞二河流域	●	●	●	¤			¤							●	张彦煌，《考古》，1961/11
甘肃省																
84	秦安大地湾遗址（前仰韶和仰韶文化时期，共2 227件）	●	●	●	●	●	●	●	●	●	●		¤		▲△¤	余翀，《农业考古》，2009/1
85	崇信县梁坡		●													陶荣，《考古》，1995/1
86	景泰张家台		●								●				●	韩集寿，《考古》，1976/3
87	兰州曹家嘴		●													甘肃省博物馆，《考古》，1973/3
88	兰州花寨子										●			●	●	张朋川，《考古学报》，1980/2
89	兰州青岗岔		●													郭德勇，《考古》，1972/3
90	兰州西果园陆家沟村	●	●								●	●			●	宁笃学，《考古》，1960/9

序号	出土地点	出土工具和制作材料（骨：●；角：▲；蚌：¤；牙：△）														资料来源
		镞	锥	凿	镰	铲	锯	刀	矛	钩	针	镖	环	管	其他	
91	临夏大何庄		●	●		●					●				●△	黄河水库考古队甘肃分队，《考古》，1960/3
92	临夏范家村		●								●		●	●		郑乃武，《考古》，1961/5
93	临夏姬家川	●									●				●	谢端琚，《考古》，1962/2
94	临夏莲花台	●									●				●	蒲朝绂，《文物》，1988/3；石龙，《文物》，1984/9
95	临夏马家湾		●													黄河水库考古队甘肃分队，《考古》，1961/11
96	临夏秦魏家									●	●					黄河水库考古队甘肃分队，《考古》，1960/3
97	岷县杏林齐家		●								●					杨益民，《考古》，1985/11
98	秦安大地湾	●	●▲	●											¤△　●	郎树德，《文物》，1983/11；阎渭，《文物》，1981/4
99	宁县阳坡		●												●	许俊臣，《考古》，1983/10
100	天水市西山坪		●	●			●				●					王仁湘等，《考古》，1988/5
101	天水赵村														●	赵信等，《考古》，1990/7
102	武山傅家门	●	●	●											●	赵信，《考古》，1995/4
103	武威皇娘娘台	●	●			●					●					魏怀珩，《考古学报》，1978/4
104	天水市西山坪														●	王吉怀，《考古》，1990/7
105	永昌鸳鸯池		●					●			●			●	●▲△	蒲朝绂等，《考古学报》，1982/2
106	永靖大何庄	●	●	●▲		●		●			●				●△▲	中国科学院考古研究所甘肃工作队，《考古学报》，1974/2
107	永靖莲花台	●	●	●		●					●			●	●¤▲	谢端琚，《考古》，1980/4
108	永靖马家湾		●													谢端琚，《考古》，1975/2
109	永靖秦魏家	●	●			●					●			●	●△¤	谢端琚，《考古学报》，1975/2
110	永靖县张家嘴		●			●					●		●	●		黄河水库考古队甘肃分队，《考古》，1959/4
山西省																
111	汾阳县杏花村	●	●	●							●				●	陈冰白等，《文物》，1989/4
112	平陆盘南村														●	蒋忠义等，《考古》，1960/8
113	曲沃县方城	●	●								●					赵慧民，《考古》，1988/4
114	襄汾县丁村	●	●					¤			●		¤			李永宪等，《考古》，1991/10
115	太原市光社村	●	●	●		●			●						●△▲	解希恭，《文物》，1962/4
116	太原义井村	●	●								●				●△	代尊德，《考古》，1961/4
117	闻喜汀店							¤							●▲	邓林秀等，《考古》，1961/5
118	五台县阳白村	●	●	●							●				●	胡建等，《考古》，1997/4

序号	出土地点	出土工具和制作材料（骨：●；角：▲；蚌：¤；牙：△）														资料来源
		镞	锥	凿	镰	铲	锯	刀	矛	钩	针	镖	环	管	其他	
119	夏县东下冯	●	●	●		●					●		¤		●△	黄石林等,《考古学报》,1983/1
120	襄汾陶寺	●¤	●			●				●	●				●△	高天麟等,《考古》,1980/1；高炜等,《考古》,1983/1；高天麟等,《考古》,1986/9
121	忻州市游邀	●				●		¤							●	忻州考古队,《考古》,1989/4
122	垣曲古城镇	●¤	●▲	●		●					●				●	佟伟华等,《文物》,1986/6
123	垣曲龙王崖	●¤	●	●		●					●				●¤▲	张岱海,《考古》,1986/2
124	垣曲县小赵村		▲												▲	郑文兰,《考古》,1998/4
	山东省															
125	曹县莘冢集	●	●	●						●					●	郅田夫,《考古》,1980/5
126	昌乐县河西村														●¤	曹元启等,《考古》,1987/7
127	长岛北庄	●¤	●					¤		●						严文明等,《考古》,1987/5
128	费县崮子遗址	●	●		¤			¤			●					潘振华,《考古》,1986/11
129	广饶县傅家遗址等				¤			¤							●	何德亮,《考古》,1985/9
130	淄博后李官庄	▲	●▲	▲	¤					▲					●▲¤	王守功,《华夏考古》,1995/2
131	即墨县		●												●△	孙善德,《考古》,1981/1
132	济宁琵琶山	●	●								●	¤			●	郑伟,《考古》,1960/6
133	济宁市张山		●▲					¤							●▲	李德渠等,《考古》,2007/9
134	嘉祥县大山头镇长直集村											¤			●	李卫星等,《考古》,1993/2
135	胶东白石村	●	●					△	●		●				●	杨治国,《北方文物》,2004/2
136	临朐朱封	●													●△	韩榕,《考古》,1990/7
137	临沂大范庄	●														刘心建等,《考古》,1975/1
138	临沂土城子		●													刘敦愿,《考古》,1961/11
139	临沂王家三岗		●													冯沂,《考古》,1988/8
140	临淄后李官庄		●	●	¤										●	王永波等,《考古》,1992/11；1994/2
141	牟平照格庄	●△	●△	●		●		●¤	▲	●			●		●▲	韩榕,《考古学报》,1986/4
142	宁阳县堡头村	●	●	●							●				●	杨子范,《文物》,1959/10
143	蓬莱县城于家店		▲													蒋英炬,《考古》,1963/7
144	蓬莱紫荆山														●▲¤	山东省博物馆,《考古》,1973/1
145	平阴县于家林	●														山东省文管处,《考古》,1959/6
146	齐河县曹庙村	●														李开岭,《考古》,1996/4

序号	出土地点	出土工具和制作材料（骨：●；角：▲；蚌：○；牙：△）													资料来源
		镞	锥	凿	镰	铲	锯	刀	矛	钩	针	镖	环	管	其他	
147	安丘县	○	●▲				○	○			●					王思礼，《考古》，1963/10
148	曲阜南兴埠		●													何德亮，《考古》，1984/12
149	曲阜西夏侯村	●○	●								●			○	●○	高广仁，《考古学报》，1964/2
150	荏平县尚庄村	●△○	●△	●△	○	○	○	△○		●	●				●▲△○	吴师池，《考古学报》，1985/4
151	日照两城镇	●	●													山东省文物管理处，《考古》，1960/9
152	乳山县		●								●				●	姜树振，《考古》，1990/12
153	长岛县砣矶岛大口		●												●	吴汝祚，《考古》，1985/12
154	荏平县南陈庄	●	●	●	○						●		●		○●	马良民，《考古》，1985/4
155	海阳县司马台	●				●			●		●		●		●	王洪明，《考古》，1985/12
156	桓台县史家遗址						○								●▲△○	张光明等，《考古》，1997/11
157	泗水尹家城														●○	于海广等，《考古》，1985/7
158	潍县鲁家口村	●○	●	●	○			●○		●					●	韩榕，《考古学报》，1985/3
159	泗水尹家城	●	●▲					○		●	●				●○△	任相宏等，《考古》，1989/5
160	滕县北辛文化遗址	●○	●	●	○	○			▲	●	●		●		●▲△○	吴汝祚，《考古学报》，1984/2
161	滕县岗上村	●						○								王思礼等，《考古》，1963/7
162	滕州市西康留村	●	●								●				●	李鲁滕等，《考古》，1994/3
163	章丘市王官村	○	▲			○●									●▲○	王守功，《华夏考古》，1995/2
164	潍县狮子行	●	▲							角						曹元启等，《考古》，1984/8
165	文登县石羊村														●	蒋英炬，《考古》，1963/7
166	汶上县东贾柏村		●								●				●▲	胡秉华，《考古》，1993/6
167	烟台白石村	●	●						●		●			●	●	王锡平，《考古》，1992/7
168	烟台市郊邱家庄	●	●				●			●	●				▲△	李游，《考古》，1963/7
169	烟台杨家圈	●							●	●	●	●			●	王富强，《北方文物》，2004/2
170	兖州王因		●								●				●△▲	胡秉华，《考古》，1979/1
171	兖州西吴寺		●						●	●						李季等，《文物》，1986/8

序号	出土地点	出土工具和制作材料（骨：●；角：▲；蚌：⌷；牙：△）														资料来源
		镞	锥	凿	镰	铲	锯	刀	矛	钩	针	镖	环	管	其他	
172	阳谷县景阳岗	●	●⌷	●	⌷			⌷			●				●▲	李繁玲，《考古》，1997/5
173	禹城县城关镇周尹村							⌷								李开岭，《考古》，1996/4
174	禹城县邢寨汪遗址	●	●▲					●⌷			●				●⌷	陈骏，《考古》，1983/11
175	禹城县姚高村							⌷								李开岭，《考古》，1996/4
176	枣庄市南部	●	●	●								●			●▲	文光，《考古》，1984/4
177	章丘市焦家村	●	●▲							●	●	⌷			●▲⌷	宁荫棠，《考古》，1998/6
178	章丘县小荆山		▲									●			⌷▲	宁荫棠，《考古》，1994/6
179	诸城呈子村	●	●	●	⌷	●⌷					●				⌷	杜在忠，《考古学报》，1980/3
180	邹平县苑城		▲			⌷									●▲⌷	栾丰实，《考古》，1989/6

　　尽管上面已经不避赘重之嫌列了一个很长的表格，以图反映新石器时代黄河中下游地区先民广泛使用骨器的情况，但与实际相比，它们仍然只具有示例性的意义。事实上，在那个时代，骨、角、齿、蚌乃是极其普通的器具。在一些遗址中出土的以骨、角、齿、蚌器为材料制作的器具，数量之多、种类之繁，达到了令人惊讶的程度。举例来说，在著名的河北武安磁山遗址中，第一文化层即共出土骨、角、齿、蚌器物达343件，器形有铲、凿、镞、鱼镖、针、笄等，每个器形往往又有多个式样；第二文化层亦出土128件器形多样的骨器，包括凿、刀、镞、鱼镖、梭、针、锥、笄等。它们与同时出土的石器和陶器形成三足鼎立的局面。而同一遗址中所出土兽、鸟、龟鳖、鱼和蚌五大类动物遗存的丰富性，则不仅反映了磁山人赖以谋取食物的环境条件，亦证实他们大量制作和使用骨、角、齿、蚌器，具有天然的资源基础条件（见图1-2）。[1]

---

[1] 河北省文物管理处、邯郸市文物保管所：《河北武安磁山遗址》，《考古学报》1981年第3期，第303-338页。

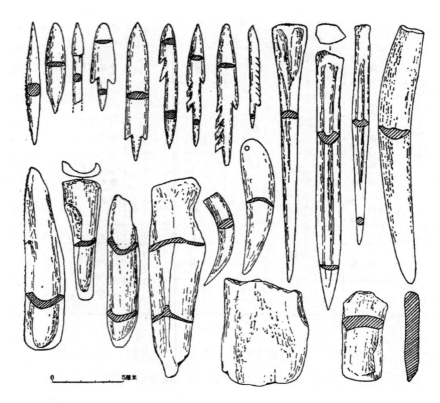

资料来源：河北省文物管理处、邯郸市文物保管所：《河北武安磁山遗址》，《考古学报》1981 年第 3 期，第 311 页。引用时稍做处理。

图 1-2　河北武安磁山遗址第一文化层出土骨、角、牙器

河北唐山大城山遗址同样出土有种类众多的动物遗存，经裴文中、周明镇等鉴定，其中有牛、羊、猪、狗、鹿、鱼、田鼠、狸、水鸟等，还有多种软体动物，包括长形蚌、厚壳蚌、青蛤、田螺以及海生的小型动物——文蛤。这些动物既为当地先民提供了食物，也提供了制作器物的材料，遗址之中出土的骨、蚌器有骨刀、骨镞、骨镖、骨钩、骨锥、骨匕、骨笄、骨针、加工骨板、角制小方片、卜骨、蚌刀、蚌镞以及装饰品；骨器大多制作精细，打磨光滑，保存完整，反映了当地家畜饲养和渔猎经济的繁荣面貌，文化内涵丰富（见图 1-3）。[1]

---

[1] 河北省文物管理委员会：《河北唐山市大城山遗址发掘报告》，《考古学报》1959 年第 3 期，第 17-35 页。

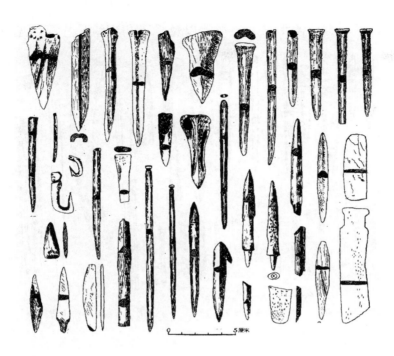

资料来源：河北省文物管理委员会：《河北唐山市大城山遗址发掘报告》，《考古学报》1959 年第 3 期，第 32 页。
引用时略有修改。

图 1-3　河北唐山市大城山遗址出土骨器

　　同样情况亦见于北方草原和森林——草原地带。例如，考古学家在内蒙古
巴林左旗富河沟门遗址发掘出了丰富的实物，除石器和陶器外，还有大量动物
骨骼和骨制的器物，主要有骨锥、骨镞、带齿骨条、骨匕、骨鱼钩、骨鱼镖、
骨刀柄和骨针等，其中骨锥数量最多，大多用劈开的动物肢骨做成，一端磨尖。
此外还有一些骨卜和蚌、贝和牙制饰品。[1]

　　位于松花江流域的吉林省农安左家山新石器时代遗址，第一期文化遗存出
土骨角器 14 件，以动物的长骨和鹿角等为原料，均为磨制，一部分器物上保留
有刮磨痕迹，主要器物有锥、针、梭形器、笄、镞、钻、矛、铲、凿形器和骨
管；第二期遗存则出土骨角器 15 件，"……多经过锯劈、刮削、打磨等步骤"，
主要有：骨锥、针、匕、凿、凿形器、角器以及锯断的鹿角和刻纹骨片等；第
三期遗存中则发现骨角器多达 40 件，亦均为磨制，主要器物有笄、刀、锥、针、

---

[1] 中国科学院考古研究所内蒙古工作队：《内蒙古巴林左旗富河沟门遗址发掘简报》，《考古》1964 年第 1 期，
第 1-5 页。

镞、凿、匕、铲、镖、凿形器、梭形器以及骨管和刻纹骨片等（见图1-4）。[1]

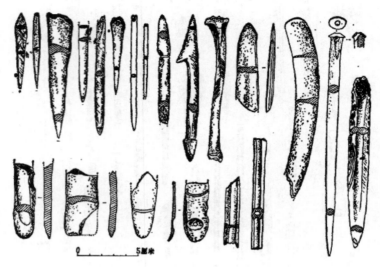

资料来源：吉林大学考古教研室：《农安左家山新石器时代遗址》，《考古学报》1989 年第 2 期，第 204 页。引用时略有修改。

图1-4　吉林省农安左家山新石器时代遗址第三期出土骨器

　　从现有考古资料来看，南方人民对脊椎动物骨骼和软体动物外壳的利用，可能比北方更广泛，最典型的是河姆渡人对动物骨、角、齿的广泛利用。根据考古报告，在河姆渡第一期文化中，共清理出陶、石、骨、木器物 3 991 件，其中陶器 1 285 件，石器 427 件，木器 343 件，骨器则独占 1 936 件，骨器数量差不多占据了同期出土器物总数的 1/2，单是骨镞即达到 1 000 余件，骨耜亦多达 154 件；第二期文化中出土骨器亦达 999 件，数量仍多于石、木器等，是主要的生产工具和生活用具。[2]可见当地骨制生产工具丰富多样甚至曾超越石、木器占据了主导地位，考古发掘报告总结说："河姆渡遗址第一、第二期文化出土的石器不占主导地位……骨器是河姆渡文化的主要生产工具，尤以斜铤镞（A型）、钝锋柱型镞（C 型 II 式）、骨耜、骨哨、管状针、梭形器等最具特色。"[3]由于统计口径不同，有学者得出了另外的数据，称：在该遗址的第一次发掘中，共出土石、骨、木、陶制生产工具 829 件，骨角器独占 621 件，占 75%；第二

[1] 吉林大学考古教研室：《农安左家山新石器时代遗址》，《考古学报》1989 年第 2 期，第 187-212 页。
[2] 浙江文物考古研究所：《河姆渡——新石器时代遗址考古发掘报告》，文物出版社，2003 年，第 29 页、第 71 页、第 84-128 页、第 265-287 页。
[3] 浙江文物考古研究所：《河姆渡——新石器时代遗址考古发掘报告》，文物出版社，2003 年，第 380 页。

次发掘出土文物总数为 4 670 件，骨、角、齿、蚌器竟然多达 2 270 余件，占 48.6%。其中，骨镞和骨耜数量最大，是主要生产工具，此外是锥、凿。其他器物还包括匕、哨、匙、梭、针、管状针、鱼镖、笄、珠、器柄、靴形器等，按照用途可划分为农具、渔猎具、木作工具、纺织工具、餐具、乐器和装饰品等类，几乎包括了北方出土骨器的全部类型。用于制作这些骨器的原料包括鸟兽的四肢骨、肩胛骨、肋骨、脊椎骨，鹿角、兽牙，甚至鲨鱼的牙齿等，一切可用材料都被加以利用，有些（比如象牙雕刻品）已经达到了很高的艺术水平。因此有学者充分肯定："利用动物的各种骨骼和角为原料，加工制作成生产工具、装饰品、艺术品等，是河姆渡文化的一大显著特征"。[1]

南方骨器文化并非独盛于河姆渡，几乎同样的情形亦见于其他许多遗址之中，江苏高邮的龙虬庄遗址即是一例。李民昌、张敏等人对该遗址进行研究，证明当地拥有十分丰富的动物资源，不仅给史前人类供应了食物，而且提供了制造工具的丰富材料。由于该遗址附近无山，缺少可以用来制造石器的优质石料，哺乳类动物的角枝、肢骨等大形骨骼，自然而然便成为人类制造工具的首选。在该遗址中所出土的 5 103 件骨角碎块中，有 666 件标本上保留人工砍砸、锯割、磨削、钻孔等痕迹，占 13.1%，这一部分是人类断取骨料、加工骨器后的剩余品。遗址出土的骨器种类多达数十种，其中生产工具占据绝大多数，有叉、镐、斧、凿、锥、铲、镞、鱼镖、叉形投掷器等；生活用具有匕、杯、勺等；装饰品则有笄、坠、器柄等，数量亦达几百件。不同文化层中的动物骨骼，不仅反映了人类食物来源和经济生活手段，也反映了人类对自然资源的充分利用，说明遗址附近的野生动物与史前人类有着密切关系。[2]

除了生产、生活用具和装饰、祭祀用品之外，各地出土骨哨之类器物亦很值得关注，这些器物既是一种生产工具，用于传递消息、引诱动物，也是一种娱乐工具。事实上，中国远古吹奏乐器的起源，与动物骨骼特别是肢骨中空性之利用关系相当密切，已有音乐史、乐器史专家做过专门介绍（见图1-5）。[3]

---

[1] 林华东：《河姆渡文化初探》，浙江人民出版社，1992 年，第 115 页。

[2] 李民昌、张敏等：《高邮龙虬庄遗址史前人类生存环境与经济生活》，《东南文化》1997 年 2 期，第 31-40 页。详细出土材料，见张敏：《龙虬庄——江淮东部新石器时代遗址发掘报告》，科学出版社，1999 年。

[3] 相关情况，可参阅方建军：《中国古代乐器概论》（远古—汉代），陕西人民出版社，1996 年，第 129-130 页；浙江自文物管理委员会等：《河姆渡遗址第一期发掘报告》，《考古学报》1978 年第 1 期；林华东：《河姆渡文化初探》，彩版二，浙江人民出版社，1992 年。

资料来源：林华东：《河姆渡文化初探》，浙江人民出版社，1992年，图版页。

图 1-5　河姆渡文化遗址出土骨哨

　　带着"历史的同情"考察和认识远古人类对动物骨、齿、角、壳的利用，我们一方面可以看到：那个时代人们大量使用骨、齿、角、壳器物用品，是由于生存需求、资源条件和技术知识共同驱动的结果。捕狩、耕作、加工以及其他方面的生活需求，驱动人们不断追求坚硬、耐久、锋利的材料，制作各种生产、生活用品；那个时代极其丰富的动物资源，为满足人们对相关质地材料的需求提供了可能性；而关于各种动物特性（特别是关于骨、齿、角、壳特性）的知识不断丰富，相关经验技术逐步提高，则使得潜在的利用可能性变成为现实的使用价值，造就出那个时代丰富多彩的"骨器文化"。相关器物用品的材料特征，充分显示了原始人类在选择利用材料方面的创造性，他们有意识而且非常智慧地选择了不同动物的不同部位及其特征，例如利用鹿科动物角枝的自然形态，利用大型哺乳动物骨骼的坚硬、厚实，利用动物肢骨管状中空性，利用兽齿尖利和蚌壳薄而有刃……制造出了种类繁多、各具功能的器物用品。如果没有对各种动物形态、骨骼结构及其性状相当深入的认识和了解，这些都是难以想象的。

　　毫无疑问，远古先民普遍制造和使用骨、角、齿、蚌材料制作工具、器物，是以十分丰富的动物资源作为生态基础的，基于不同的生存需要，人们积极利用这些资源，创造了今人已经不易理解的独特文化现象，从一个侧面反映了那个时代生计、技术、器物与环境资源相互"适应"关系的历史面貌。不仅如此，由于环境资源条件的差异，那个时代各地骨、角、齿、蚌器物，在种类、形制和功能上既具有时代共同性，亦呈现出一定的地域特征，例如河姆渡遗址出土的大量骨耜即表现出鲜明的区域特色。

在漫长的人与自然关系史上，"骨器文化"繁荣是一个特定历史阶段性的现象，虽然盛行于新石器时代，但并未伴随金属时代的到来而马上消失。在一些地区，骨器一直延续使用到青铜时代甚至更晚。内蒙古赤峰一带的夏家店文化已经进入青铜时代，然而各处遗址中不仅出土有青铜器，而且仍然有许多骨器，其中数量最多的生产工具是骨锥和骨镞，出土骨器的地方往往伴有大量动物骨骼。例如内蒙古赤峰蜘蛛山夏家店文化遗址上、下层即出土了众多家养和野生动物的骨骼，可以识别的动物种类有猪、狗、羊、牛、马等家畜，以及兔、鹿等野生动物，出土的骨器则主要有骨镞、骨锥等，说明骨器仍为重要生产工具。[1]在著名的殷墟文化遗址中，骨器已经比较少见，然而大量出土带有占卜文字的甲骨。这一石破天惊的巨大发现，彻底改变了中国古史。如果追溯其历史源流，我们有理由将殷商甲骨文视为中国先民长期利用动物骨、甲、角、齿的一个自然发展结果，是古老骨器文化漫长积累、演变的一个极致形态。事实上，历史文献的记载表明：直到战国、秦、汉时代，各种动物的骨、齿、角和甲、壳仍然是受到高度重视的自然资源，是十分重要的手工业生产原料。不过，随着新材料不断被发现，特别是随着冶炼技术的发明和金属时代的到来，人类拥有了更加坚硬、锋利和更便于加工的材料，经济生产和物质生活对于骨、齿、角、壳等材料的依赖程度逐渐下降，以至于今人已经无法想象它们曾经具有的重要地位。[2]总而言之，新石器时代中国先民生活在与当今迥然不同的环境资源条件之下，人与自然的关系在工具器物方面亦表现出与当今判然有别的历史特征，大量制作和广泛使用骨、齿、角、蚌器物只是其中表现之一。

---

[1] 中国社会科学院考古研究所内蒙古工作队：《赤峰蜘蛛山遗址的发掘》，《考古学报》1979年第2期，第215-243页。

[2] 关于骨、角、齿、蚌器逐渐被金属器所替代而退出历史舞台的过程，史籍记载极不明朗，但考古出土实物资料约略能够反映这一过程。李根蟠曾讨论先秦农器发展阶段，认为夏商是第一阶段，"这一阶段出土的农具以石骨蚌器为多。……夏商石骨蚌农具出土虽多，但以收割用的刀镰为主"；"西周到春秋中期以前是第二阶段。这是青铜农具进一步发展，石、骨、蚌器进一步受到排斥的时代。"大致而言，在春秋时代经济、文化发展水平较高的黄河中下游地区，骨、角、齿、蚌器已经逐渐退出生产领域，应是一个可以接受的判断。参见李根蟠：《先秦农器名实考辨——兼谈金属农具代替石木骨蚌农具的过程》，《农业考古》1986年第2期，第122-134页。

（2）栖居方式与环境适应。

通过一定方式寻找或营造栖身之所，是几乎所有动物的本能。依靠这种本能，动物在一定程度上克服了某些不利的环境因素，增加了个体和种群的生存能力与机会。与许多鸟类、昆虫（如白蚁、蜜蜂）和哺乳动物（如鼹鼠、海狸）相比，人类并非天生的建筑能手，最初只能依赖天然洞穴（崖洞、树洞）或遮蔽良好的大树（包括树下或树杈）栖身。随着文化逐渐进化，人类逐渐按照自己的意愿和需要建造各种类型的居所，建筑技术不断提高，建筑规模亦在逐渐扩大：从最初搭建临时性的简陋风篱、窝棚、毡帐，到营建草房聚辏的村落，屋宇麟比的城邑，发展到今天大厦林立的超级城市群。人类在努力追求良好居住条件的过程中，不断改变地球生态景观，终于成为这个星球上所有其他居民都无法匹敌的顶级建筑大师。

营建居所作为人类能动适应和积极改造自然环境的主要活动之一，是以不断加强和完善自身生命防卫系统为目标，其理念、方式和技术伴随着文化进化和经济社会发展而不断前进，始终贯穿着人与自然彼此影响、交相作用的复杂关系。最初的目的只是为了营造一个相对安全舒适的小环境，遮挡风雨、霜露，减轻暴晒、冷湿之苦，防避虫兽之害；后来逐渐追求保护私密、登临观赏以及其他目标。在这些方面，全人类的居所建筑具有一定共同性。然而在不同地域和时代，居所建造所凭借的条件和所需要解决的问题不尽相同，不论从目的、功能，还是选址、样式、材料或其他方面来说，居所建筑都表现出了特定的生态环境适应性。

就中国情形而言，南北建筑就有分别重点针对风寒和下湿的差异。具体到不同小区域，建筑方式和途径亦因地、因时而变化，山川形势、地质状况、气候条件、林木植被等众多自然因素，对选址、材料、布局、样式、规模乃至色调都可能产生影响；经济条件、技术能力、风俗习惯、家庭传统乃至宗教信仰等社会性因素，则从另外一些方面影响并反映于建筑。正因如此，古今中外的居所建筑呈现出超乎寻常的差异性和多样性，作为最外显的人文—生态景观，集中标识着各个地区和民族的国风和民情，体现了文化与环境的有机统一。

一如在其他领域的表现那样，在居所营建方面，中国先民同样显示出了卓越的生态智慧和非凡的创造能力。自远古开始，人们就熟谙居所建筑需与自然环境互相适应的道理，这不仅体现于大量的古代建筑遗址，亦记载于众多古老的文献之中。例如《管子·乘马》讨论国都选址和营建，就已经考虑到了地形、水文、建材等多方面的因素。如"凡立国都，非于大山之下，必于广川之上，高毋近旱而水用足，下毋近水而沟防省。因天材，就地利，故城郭不必中规矩，道路不必中准绳。"[1]如今，当人们前往中国各地旅行，首先能够领略到的就是当地独特的民居建筑风情——不论黄土高原的窑洞、川藏地区的碉楼、新疆地区的土坯房，还是闽广地区或方或圆的多层聚居围楼，或者西南瑶乡的吊脚楼、傣乡的干栏式竹楼，都具有独特风格和悠久渊源。一座座充满民俗（民族）风情的建筑，都包含着丰富的环境历史信息，无声地诉说着人与自然共同演绎的古老故事。这些故事，在史前时代就开始发生了。

新石器时代，与农业的起源和发展相适应，人们开始从游荡走向定居生活，围绕着居地选择和房屋、聚落和城邑建设而展开的人与自然关系渐趋复杂，考古学家已做过不少研究。这里将主要探讨两个问题：一是史前中国先民倾向选择怎样的环境栖居？居住场所前后发生了什么变化？二是在从穴居、木栖发展到村庄、聚落和城市的过程中，人们如何根据各地自然环境特点进行规划和建设？居住方式和建筑样式存在哪些区域差异？

先谈第一个问题。大量考古发现证明：自旧石器时代至新石器时代，中国先民的生息场所前后发生了显著变化，总体趋势是逐渐从山地向低平地区推进，最初从山丘开始，尔后逐渐走向山前洪积冲积扇地带、河流两岸台地，直至低湿的大平原，依次逐渐成为人们的栖居生息之地（见图 1-6）。对此，环境考古学家周昆叔曾经概括指出：在旧石器时代，人们过着采集、狩猎、穴居、茹毛饮血的生活，依山而居是那个时代人类居住的一个重要特点。随着农业时代到来，至新石器时代初期，人类生活能力显著增强，生活空间亦开始由山地、山原之交向平坦的原地进发；新石器时代中期至夏商周三代，正值气候适宜期，高海面出现，河湖发育，农业扩展，畜牧业发展形成，人们多定居在较高的台原上，如黄河中下游的关中盆地、环嵩山、环泰山以及北京地区，其遗址多分布于河流两侧的高阶地（台地）上，并且一般上、中游遗址多于下游。由于各地构造地质地貌条件的不同，形成阶地（台地）级数有别，各级台原上的人类文化亦不尽相同，一般来说，人类是由高台原向

---

[1] 黎凤翔撰，梁运华整理：《管子校注》，中华书局，2004 年，第 83 页。

低台原迁移，文化遗存是高台原早，低台原和平原晚。由于洪水等原因，偶尔亦见相反的情况，例如晋豫间黄河北岸古城镇东关新石器时代遗址的龙山时代人类向高阶地迁移。[1]

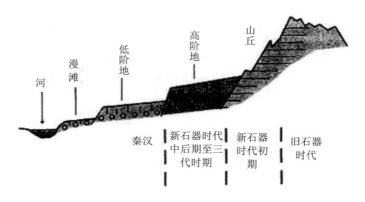

资料来源：周昆叔：《十五年来的中国环境考古》，收入周昆叔、莫多闻等主编：《环境考古研究》（第三辑），北京大学出版社，2006年。

图1-6　人类迁移模式图

他的这个判断是具有充分的考古学证据的，为众多的具体研究所证实。

张之恒曾排列华南地区、长江流域、黄河流域和北方沙漠草原地区的众多新石器时代文化遗址，试图寻找其变化规律，认为："中国幅员辽阔，不同地区的地形、地貌及生态环境都直接影响史前遗址的分布。武夷山至南岭一线以南的华南地区，石灰岩洞穴较多，新石器时代早中期多洞穴遗址，新石器时代晚期洞穴遗址基本消失，贝丘、台地、沙丘、山岗遗址增多。长江流域，新石器时代早期有少量洞穴遗址；新石器时代中期遗址大多分布在大的山脉与两湖平原的过渡地区，新石器时代中期晚段和新石器时代晚期遗址大多扩展到两湖平原和长江下游平原。黄河流域，新石器时代早中期遗址分布于太行山和豫西山地与华北平原的交汇区，新石器时代晚期遗址则扩展到渭河平原、华北平原和黄淮平原。北方沙漠草原地区，新石器时代遗址大多分布在既有利于狩猎上，又有利于农业的河流沿岸"。[2]

[1] 周昆叔：《十五年来的中国环境考古》，收入周昆叔、莫多闻等主编：《环境考古研究》（第三辑），北京大学出版社，2006年，第12-26页。

[2] 张之恒：《中国新石器时代遗址的分布规律》，《四川文物》2007年第1期，第50-53页。

许多学者对各个分区具体情况进行的探讨，大体都能反映当时人们居地选择的上述变化趋向。例如胡松梅认为：前仰韶文化早期虽有少量定居的居址，但是零星、不稳定、小规模和短时的，大多数裴李岗文化和磁山文化遗址往往分布在浅山丘陵地区，所处的地势往往较高，距河床较远；仅有少数分布在近河岗丘，或离河床较近的阶地，如白家文化。这些文化遗址的地理环境基本相似，大多数位于中小河流转弯处或两河交汇处三角地带的台地上，台地一般高出现代河床 20～70 米，位于河床二级阶地后缘，遗址附近地形开阔、平坦。[1]而据王守功、李芳等人的研究，距今 8 500 至 7 500 年前的后李文化，主要分布于泰沂山系北侧山前地带，其时，由于农业初步取得发展，人们已经离开山地到低山丘陵边缘及山前冲积平原居住，然而新居址的选择和建设受到了自然环境的多重制约。目前已经发现的后李文化遗址：一类分布在山前冲积平原，如后李、茄庄、小坡、彭家庄等遗址；另一类分布于近山坡地，如小荆山、西河、前埠下、孙家等。当时人们选择居住条件主要考虑两点，即：依山、傍水。[2]

李龙探讨中原地区（主要是河南）的史前聚落分布及其变化，认为中原地区的聚落选址有丘岗台地型、河谷阶梯型、平原台地型等几种。丘岗台地型主要分布在山地向平原的过渡地带，距离河床位置较高，聚落规模较小，布局受地势的影响较大，在豫中、豫北比较常见；河谷阶梯型在豫西、豫南、豫北地区多见，主要分布于河流两岸较平缓的阶地上，距离现代河床一般较低，因地势较平坦而面积大小不一，容易形成规模不同的聚落群；平原台地型聚落遗址主要分布在平原高丘台地上，距现代河床一般较低，由于地势平坦，容易形成较大聚落，多见于豫中、豫北、豫东地区。[3]

随着社会经济逐步发展，经过仰韶文化到龙山文化时期，黄河中下游人类生存空间发生了许多变化：一方面，在河流上、中游及一些山间河谷、盆地，龙山文化遗址分布点的地势普遍比仰韶文化遗址要高，可能与洪水有关；相反，另一方面，在河流下游，一些仰韶文化的发展中心地区（如关中、豫西）被大

[1] 胡松梅：《黄河中游地区前仰韶文化遗址分布的规律与古环境变迁的关系》，收入周昆叔、莫多闻等主编：《环境考古研究》（第三辑），北京大学出版社，2006 年，第 223 页。
[2] 王守功、李芳：《后李文化时期环境与社会生活初探》，收入周昆叔、莫多闻等主编：《环境考古研究》（第三辑），北京大学出版社，2006 年，第 36-45 页。
[3] 李龙：《中原史前聚落分布与特征演化》，《中原文物》2008 年第 3 期，第 29-35 页。

量放弃，出现了所谓"空心化运动"，像豫东南、鲁西北和皖西北这些原本文化并不发达的低湿地区却得到显著开发，成为遗址密集地区，仰韶文化时期不同文化区之间的空白带和缓冲区域迅速消失，人类生存空间明显向低平地区推进。[1]然而在向低平地区推进的过程中，人们必然地遭遇到如何面对多水的问题。考古学家发现：在北辛文化和大汶口文化早、中期，鲁西南还是无人居住的沼泽地；至大汶口文化晚期，人们陆续迁移到这里栖居，至龙山文化时期已经十分繁荣，这个时期的遗址被大量发现。由于黄河恣意泛滥，当时又正值多雨期气候，水患严重，对社会经济乃至人的生命安全都造成了极大威胁。为了避水，当地人民普遍筑台而居，留下了大量的堌堆遗址，仅在菏泽地区就已发现了 112 处堌堆遗址，面积小者仅几百平方米，大者可达 2 万～5 万平方米，一般在 1 000～8 000 平方米。[2]这一情况说明：早在新石器时代，中国先民就开始积极应对黄河水患，谋取生存空间。

自远古直至战国时代，黄河下游地区一直有着广袤的沼泽湿地，黄河水道尚未受到人类约束，河水自由无羁地泛流，不少地区一直不适合建造固定的居地和聚落。历史地理学家谭其骧发现：在"河北平原的中部一直存在着一片极为宽广的空白地区。在这一大片土地上，没有发现过这些时期的文化遗址，也没有任何见于可信的历史记载的城邑或聚落。新石器时代的遗址在太行山东麓大致以今京广铁路线为限，在鲁中山地西北大约以今徒骇河为限，京广线以东徒骇河以西东西相去约自百数十公里至三百公里，中间绝无遗址。"[3]说明史前和历史早期那里的多水环境特别是泛溢不定的黄河，严重限制了当地先民的生存空间。这种情形大大出乎今人一般的想象。

南方地区的情形，与北方地区相比既有相同之处，亦有不少差异。根据王海明的考察：大致而言，浙江地区的情形，在新石器时代农业发生初期，人们的生存栖居地点大抵亦是依山傍水，在以后历史进程中才逐渐向低地平原

[1] 曹兵武：《从仰韶到龙山：史前中国文化演变的社会生态学考察》，收入周昆叔、宋豫秦主编：《环境考古研究》（第二辑），科学出版社，2000 年，第 23 页。
[2] 何德亮：《山东史前自然环境的考古学观察》，收入周昆叔、宋豫秦主编：《环境考古研究》（第二辑），科学出版社，2000 年，第 100 页；何德亮：《山东新石器时代的自然环境》，收入周昆叔、莫多闻等主编：《环境考古研究》（第三辑），北京大学出版社，2006 年，第 60 页。
[3] 谭其骧：《长水集》下，人民出版社，1987 年，第 58-59 页。

推进。[1]

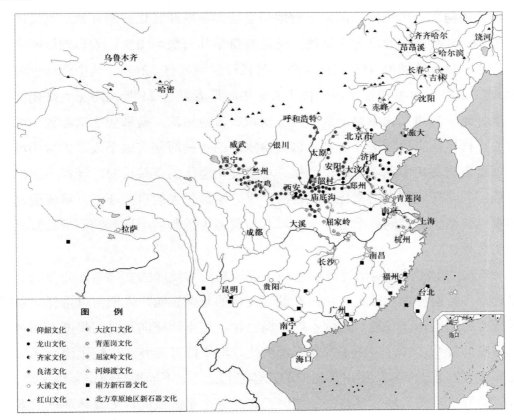

资料来源：王玉哲：《中华远古史》，上海人民出版社，1999 年，图版第 33 页。

图 1-7　中国新石器时代文化遗址分布示意图

　　河姆渡文化遗址都是分布在山前坡地上，全属山坡型遗址，它们的所在地绝大多数为孤丘遗址，依山傍水，逐水而居，与杭嘉湖地区的马家浜文化遗址非常相似，说明人类对环境的选择是相通的。但总的发展趋势仍然是由山前丘陵走向平原，甚至渡海到达舟山群岛。马家浜文化遗址一般都是分布在近水的山前丘陵坡地和高岗台地，丘陵地区以山坡型为主，平原水网地带台地型居多。从大环境考察，山坡型遗址大多是孤丘型遗址，所在的山丘常常独立，一般比较低矮平缓，周围是平原，即便是逼近大山的遗址，遗址所在的小丘亦往往相对独立。余杭吴家埠、南庄桥、梅园里、荀山东坡、湖州上山、德清瓦窑和安

---

[1] 王海明：《浙江史前考古学文化之环境观》，收入周昆叔、莫多闻等主编：《环境考古研究》（第三辑），北京大学出版社，2006 年，第 124-133 页。

吉窑墩遗址都是这种情况。时代较晚的桐乡罗家角遗址、嘉兴马家浜遗址、吴家浜遗址与之有所不同，都属于台地型遗址。从崧泽文化晚期开始，到良渚文化中期，社会发展速度异常迅速，遗址数量呈几何级数增长，人口规模随之急剧膨胀。良渚遗址群 115 处遗址中，时代较明确者有 32 处，其中台地型遗址 24 处。这些台地型遗址中属于良渚文化中晚期者多达 21 处，可见大规模堆土筑墩开始于良渚文化中期以后。堆土筑墩、营建聚落，是适应于低海拔水网环境的一种聚落文化创造，也是防御内涝水患的一种简便有效手段。大规模堆土筑墩是良渚文化中期以后水患严重、环境开始恶化的直接反映，堆积中间淤土间歇层的存在正是良渚文化时期内涝严重、水域扩大的直接证据。单就避水、御水以营造生存空间这个方面来说，其与黄河下游鲁西南地区的堌堆颇有异曲同工之处。

　　当然，史前人类对居住地的选择（表现在考古发现的文化遗址分布地上）受到众多自然环境和社会文化因素及其变化的复杂影响，人们何以选择、保留或放弃他们的那些驻地，原因不能一概而论，在不同空间和时间尺度上都表现出高度的复杂多样性。由于气候干湿变化、海平面升降和海岸线进退、河流迁徙等众多因素的影响，在由高向低的总体趋势之下，不同地方的实际情况复杂，有时会发生反向运动。仅就江浙地区而言，各个小区域的许多具体环境因素对当地人类居地选择都有显著影响，沿海的成陆过程和太湖的扩张、萎缩过程，更是深刻地影响了这个区域人民的居地选择。[1]

　　接下来是第二个问题：不同地区人们是如何根据环境特点进行居地建设？聚落环境规划、房屋建筑样式等主要存在哪些地区差异？

　　最近 100 多年来，考古学资料日益丰富，关于聚落发展与自然环境的关系，前人已经做了大量的细致考察。关于黄河流域的聚落发展，就有多部专著和论文集出版（见上文注）。综合前人的成果大致可以得出下列几点印象：第一，从旧石器时代寻找洞穴、搭建临时窝棚开始，到新石器时代前中期形成大型聚居

---

[1] 相关问题，除上引诸篇论文之外，还可参考《环境考古研究》（第二辑）收录的吴建民：《江苏新石器时代遗址分布与环境演变》；（第三辑）收录的王青：《鲁北地区的先秦遗址分布与中全新世海岸变迁》，朱诚等：《苏北地区新石器时代至商周时期人类遗址时空分布问题探讨》，郑祥民等：《太湖全新世的环境演化与古人类生存》；王红星：《长江中游地区新石器时代人地关系研究》等论文，以及王妙发：《黄河流域聚落论稿——从史前聚落到早期都市》，知识出版社，1999 年；张新斌主编：《黄河流域史前聚落与城址研究》，科学出版社，2010 年。其他许多论著亦有大量涉及。

村落，再到文明诞生前夜出现中心都城，中国先民的居住文化包括住地选择、聚落布局、规模数量、建筑样式和材料、内部分区和外围防御设施……都经历了复杂的演变过程，呈现出繁复的样态，但发展进步的轨迹清晰。总体上是规模逐渐扩大，功能区划分渐趋细致合理，生活舒适度和交际便利性则逐渐增强。这些发展进步，既是远古经济类型、生活方式和社会关系演变的反映，也是人类环境适应能力不断增强的反映。第二，各地居住方式包括建筑形式，既凭借自然环境所提供的条件，又需要针对不同的环境问题，总体上说，体现了社会生活需要、文化技术能力、自然资源条件和特殊环境问题的综合作用。第三，由于自然环境和社会文化差异，东西南北的人类居住状况，表现出了高度的复杂性和多样性，但背后也存在某些共同性。除遮挡烈日暴晒和风霜雨雪、便于憩息生活之外，规避和防范周遭环境的各种威胁包括水患、虫兽之害、敌对社会集团侵袭等，是这些聚落在建设过程中的重要考虑，也是它们的共同功能。

毫无疑问，史前时代居地聚落受到自然环境影响和制约的程度远比当今严重，表现在众多的方面：从聚落要素的形态特征，到聚落功能布局及其发展演变都无不如此。首先是对房屋建筑形式的影响。

考古材料证实：远古房屋主要有竖穴式、窑洞式、地面式、干栏式和夯土高台式等，这些房屋建筑形式的分布地域非常耐人寻味，体现了不同地区的自然环境特点和人类适应方式。

竖穴式房屋是由地面垂直下挖成竖向土坑，以坑壁作为房屋的部分或全部墙壁，屋顶用树干、茅草等物搭盖，深度多在 0.5～2 米之间，可分为全地穴式和半地穴式两种。这类房屋建筑主要分布于新石器时代的北方地区，尤其是气候干燥的西北高地，后来它们逐渐被地面式建筑所取代而消失。

窑洞式或横穴式房屋，利用断崖或先在斜坡上挖出垂直断面，然后再挖成横向洞穴作为居室，大约在仰韶文化晚期开始出现，主要分布于黄土高原一带，今陕西和山西北部尤其典型，至今仍然是这个地区最具特色的住居形式之一，其产生和延续毫无疑问是以黄土高原土壤地质、地貌为基础的。

地面式房屋直接从地面上开始筑基、立柱、起墙、盖顶，是最普遍的一种土木建筑，大约出现在距今 8 000 年前后的长江流域，在史前聚落遗址中很常见。从仰韶文化早期开始，它传播到北方的黄河流域，与竖穴式、窑洞式房屋共同流行。应当说这是一种具有更广泛环境适应性的居住建筑形式，因而在各地逐渐占据支配地位。

干栏式房屋是在木（竹）柱底架上铺板、筑墙、盖顶而建成的屋面高于地面的房屋，常见于长江下游、华南、西南广大地区的史前聚落遗址，河姆渡文化遗址的干栏式建筑是其典型。在后代历史进程中，此类建筑由北向南逐渐退隐，近现代华南和西南许多地区仍然大量存留，但与历史早期的情形已经不可同日而语。干栏式房屋建筑是以南方极其丰富的森林资源作为自然基础的，同时适应于那里土地卑湿、气候炎热、多虫兽之害的生态环境特点。

夯土高台式房屋，是在高于地面之台状夯土基上建造的住房，最早可能出现在南方低湿地区特别是江浙之间的太湖流域，筑台建房的最初目的可能是为了防水防潮。同样由于地势下湿，当地还普遍流行所谓土墩墓葬，给死者营造避水的休憩之所。但正如前述的那样，夯土筑台建造居所在龙山文化时期的鲁西北地区亦很常见，与那时该地区土地下湿、易遭水患的环境特点直接相关，因此它是一种适应于低湿多水环境的建筑形式。

房屋是在世人生的安身场所，坟墓则是死者休憩之区。史前时代的墓葬区通常位于在居地附近，许多聚落都有专门的墓葬区，受自然环境的影响亦很明显。史前的墓葬形式主要有竖穴土坑墓、土洞墓、积石墓、堆土墓、岩洞墓等，南方一些地区流行山崖悬棺葬。不同的墓葬形式适应于不同地区的自然环境特点。

关于住所和墓葬与自然环境的关系，钱耀鹏曾经做过一段概括。他指出：

这种房屋、墓葬等聚落要素形态特征的多样性特点及其在特定区域内分布并非无故，明显是由我国自然环境的多样性特点导致的。中国地域辽阔，各地自然环境条件差异较大，因而导致聚落要素的形态特征也各具特色。其中以黄河流域为核心的北方地区，由于气候较为寒冷干燥，地下水位也普遍较深，加之黄土广阔而丰厚，且具有直立性特点，所以较早流行的是竖穴式房屋和墓葬等，地面式房屋流行时间稍晚，可能与建筑技术的发展水平有关。黄土高原地带沟壑纵横且多峁梁地形，遂有窑洞式房屋和土洞墓的流行。长城沿线及东北的一些区域地表土状发育较差而基岩发达，相应就有积石墓等的流行，长江流域及华南地区气候炎热多雨，土壤黏性大且持水力强，导致河流纵横而地下水位甚浅，所以不仅形成了特色鲜明的"干栏"式房屋建筑，而且也较早出现了地面式和夯土高台建筑。堆土墓也是适应南方地区自然环境特征的结果之一，岩洞墓的长期延续则与华南地区岩溶地形发育密切相关。另外，作为储藏物品的窖穴，在南方地区则极少见到北方地区普遍流行的地下窖穴。凡此皆充分反映出自然环境因素对聚落要素形态特征的制约和影响作用，说明人类改造自然的基础首先是认识和适应自然。[1]

　　自然环境不仅影响建筑形式，而且影响聚落的整体布局和功能区划。由于环境影响，那时在丘陵山地、丘岗台地和平原台地分别形成了不同类型的聚落，风格面貌变化多姿。一般说来，丘陵山地型建筑主要分布在低矮山丘和黄土高原的峁、梁之上，距离河床较高，人们在进行规划设计之时需要充分考虑并且利用地形特点，因而此类聚落的平面形态往往与地形地貌保持一致，聚落内部房屋等建筑常常按照山坡高度呈台梯状弧形分布，错落有致，但不甚规整。丘岗台地型聚落主要分布于山区—平原过渡地带，距离河床相对低些，当丘岗台地面积较广阔时，比较容易形成圆形、方形或二者变化形式的聚落平面布局，防御设施亦往往利用丘岗本身的特点。平原台地型聚落主要分布在平原或河流两岸较平缓的阶地上，距离河床一般较低。由于地势平坦广阔，便于整体布局规划，因此最易形成圆形、方形或二者变化形式的聚落平面形态，聚落形态比较规整，特别是方形或长方形城址的平面形态更规整。

　　具体的聚落形态受制于局部小环境的诸多因素如地形、地貌、地质和河流流向等，区域性的聚落风貌则反映各大区域之间的环境差异。事实上，黄河、长江两大流域以及内蒙古中南部等不同地区的聚落形态，始终都存在一些宏观差异。总体而言，黄河流域上中游多台地、台塬，下游则是广袤的平原，地面较平坦开阔，便于进行聚落城市规划设计，故该地区的聚落城市形态布局较为规整，为其他地区所不能及，由于黄土地质特点的影响，这个地区的夯打、版筑等技术比较发达；内蒙古中南部、长城沿线地区多属低矮山丘，又处在沙漠草原游牧经济与黄河流域农业经济的接触带，其聚落平面形状大多不太规整，军事防御性质突出，依山而建的山城比较常见，筑城技术则比较简单；长江流域平原、丘陵、山地都比较多，但地理单元往往很细碎，很少有黄河中下游那

---

[1] 钱耀鹏：《史前聚落的自然环境因素分析》，《西北大学学报（自然科学版）》2002 年第 4 期，第 417-420 页。本节叙述主要采用该文的观点。

样的一望平陆，并且当地降水丰富，土壤黏性大，土地卑湿，由于这些自然因素的影响，当地聚落城址的平面形态多不及黄河流域规整，夯打、版筑的建房、筑城方式并不适合当地环境，相关技术亦很不发达。这些情况说明：从大区范围来看，环境因素亦是形成各大区域聚落形态特征的主要原因。

按照我们的理解，聚落（包括村落和城市）作为人们生息活动的基本场所，属于人类生态系统中的生命防卫系统。我们注意到：当时南北聚落建设都将防御洪水作为重要的考虑，除前面所说的堆土筑台避水之外，人们还通过建筑城垣、开挖环壕和环沟抵御和宣泄洪水。例如，后李文化中晚期的小荆山遗址（位于今山东省章丘市刁镇茄庄村南），曾经巧妙地利用地形地势，将人工开挖的壕沟与自然冲沟互相结合，形成围绕整个聚落的壕沟，周长达 1 130 米，宽窄深度不等。这些城垣和壕沟，避免了山谷积水的直接冲刷，平时保持环壕内常年有水，雨季则将积水排泄到漯河。当然，环壕不仅可以抵御洪水，亦可以防犯其他部族袭扰（人的因素）和防止野猪、狼、虎等野兽侵犯。[1]类似情况亦见于长江中游地区。考古学家在该地区已经发现了 9 处城壕聚落，始建年代多在第三次洪水期的屈家岭文化晚期阶段，其中阴湘城和城头山在第二次洪水期已挖掘了环壕，这些城壕聚落都位于两湖平原或其北缘海拔不太高的地点，附近都有河流或湖泊，说明城壕的作用与防洪和抵御洪水期灾民的侵犯有关。这些城壕都是当地人民适应于自然环境特点而兴筑起来的，显著地改变了局部地区的微地貌。[2]

基于防御或防卫功能的重要性，一些学者将防卫设施的发展作为主线，考察中原地区的聚落演进过程。例如李龙就是据此将史前中原地区聚落演变划分为三个发展期。在他看来，距今 9 000 至 7 000 年，包括裴李岗文化、老官台文化和磁山文化，是防卫设施少见的聚落发展时期。聚落面积普遍较小而且简单，虽然当地人们已经走出山地，向黄土丘陵区的河谷乃至山前平原地带迁移，但居住面基本上都是利用自然地形，聚落内部居住形式以单体居室为主，连间房初步出现。裴李岗文化聚落的房子多为单体房，绝大多数为椭圆形、圆形或不规则形的半地穴式。

---

[1] 王守功、李芳：《后李文化时期环境与社会生活初探》，收入周昆叔、莫多闻等主编：《环境考古研究》（第三辑），北京大学出版社，2006 年，第 36-45 页。
[2] 王红星：《长江中游地区新石器时代人地关系研究》，收入周昆叔、莫多闻等主编：《环境考古研究》（第三辑），北京大学出版社，2006 年，第 191-195 页。

　　随后是以环壕聚落为代表的发展阶段，主要是仰韶文化时期，洛阳王湾、偃师汤泉沟、西高崖、淅川下王岗、濮阳西水坡、郑州大河村等都是这个时期的重要遗址。此时聚落数量成倍增长，规模逐渐增大，进一步向河谷平原和河流二级阶地后缘推进，出现了大量河谷阶梯型、平原台地型的聚落。聚落居住面大小不一，容易形成大规模的聚落群，但平均活动空间大幅度缩小：仰韶文化时期聚落平均拥有的活动空间下降为 13 平方千米，每个聚落的活动半径约为 2 千米，比裴李岗文化时期缩小了一半。房屋有半地穴式和地面建筑两种，早期多半地穴式的圆形单间房，晚期除继续流行半地穴式单间房外，地上长方形和方形的连间排房流行。

　　第三个阶段，主要是龙山文化时期，更大聚落——带有城垣的城市出现。已经发掘的重要聚落遗址有登封王城岗、新密古城寨、淮阳平粮台、辉县孟庄等。这个阶段，聚落分布继续向平原地区推进，使平原地区聚落总数最终超过了山地区和黄土丘陵区，形成较多的河谷阶梯型、平原台地型聚落，在豫东地区还形成了一种特有的堆型聚落。聚落数量大幅攀升，数量多达 1 000 个，但聚落面积和活动空间急剧缩小。环壕聚落演化为城址，是这一阶段中原聚落演化的最大特点，当地已经发现的史前城址，大部分都由这些环壕聚落演化而来。从聚落分布区域、聚落数量以及聚落内部的复杂结构来看，此时社会已经相当复杂化，聚落族群大量地出现，族群人口规模较大，数量众多的聚落在空间上明显具有以城址为中心、成群分布的发展态势，分布样态多呈扇形，大、小聚落之间等级划分明显。在聚落内部，房屋居住形式显著分化，地面建筑大量出现，仰韶时期较多的圆形地穴式、半地穴式房子则大大减少，平地挖槽起建的连间房子有所增加，有些甚至带有夯土房基。[1]

　　史前人类居住方式的上述变化，特别是新石器时代晚期大型聚落和城市的成批出现，伴随着人口、资源、经济、社会、技术、环境诸多要素之间一系列复杂互动，反映了人与自然关系的深刻变化——居所和聚落不断发展，意味着人们对周遭环境的认识、了解程度不断加深，对自然空间的深度占领不断扩大，对土地、森林等各类自然资源的利用和改造亦不断加强，这表明：当时人们在其生存发展的核心区域，不断加强人工生态系统建设以替代自然生态系统。可

---

[1] 李龙：《中原史前聚落分布与特征演化》，《中原文物》2008 年第 3 期，第 29-35 页。

以说，城市是人类试图把自己与纯自然的外部世界隔离开来的一项意义远大的重要创造，自从出现了城市，人类系统与自然系统之间便真正发生了历史性的分野。

另一方面，从简陋居所、大型聚落到复杂城市的发展，亦反映了生产方式、财产制度、社会分层、政治权力等的一系列社会性改变。人类社会是建立在一定经济生产方式之上的，而生产方式、阶级关系和政治、军事、宗教等，都莫不是具有一定的自然环境基础，人与自然关系的变化必然要反映在社会变化之中。值得特别注意的是，新石器时代末期，随着生存空间逐渐缩小、资源压力不断增强，聚落、城市建设不能不愈来愈重视防御敌对社会群体的争夺和劫掠，以城址为中心的聚落群，分属于不同的部族群体，为了争取生存空间，占领更多自然资源，彼此之间的战争渐趋频仍，在这些争夺战争之中，复杂的社会组织——军事酋长制部落联盟不断发展，并且逐渐演化为更高级的邦国社会。而邦国所在的城市往往因各地自然环境不同而呈现出某些典型的特征，人们利用当地自然环境在地形、地势和资源等方面的特殊条件，兴筑具有特殊防御功能的聚落城池，后代文献记载的"土城""石城""山城""水城"之类，在新石器时代都已经出现，并且分布具有一定的地带性，例如内蒙古中南部长城沿线一带多有"山城"，而"水城"则是长江下游因水而建的聚落，都具有军事防御功能。

此时，中国文明时代的到来，已是晨光熹微了。

第二章

上古三代：文明初阶的环境与社会

第一节　时代概述

中国原始社会末期，是古史传说中的"五帝"时代。[1]根据传统历史观念，当时社会结成部落联盟，实行军事民主制度，首领由众多部落共同推举，"天下为公"，择贤而立，并且实行"禅让制"。公元前 21 世纪（公元前 2070 年前后），大禹之子夏启在一批权贵支持和拥立下杀害先前被举为首领的伯益，夺取王位，并成功剿灭反叛的有扈氏，传统的禅让制被废除，代之以王位世袭制，建立了第一个"家天下"的王朝，中国历史从此进入一个崭新时代，即中国王朝历史体系中的夏、商、周三代。这个时代是中国文明的奠基阶段，许多方面对后代历史发展都具有"元典性"意义，其中当然包含着初始性与古老性，因此我们称之为中国历史的"古典时代"。

夏朝作为中国历史上的第一个王朝，自夏启立国至商汤灭夏，共传 14 代、17 位君主，传承 470 余年。其间曾经历了"太康失国""少康中兴"等一系列重大事件。公元前 16 世纪初，夏朝末代君王——履癸（即夏桀）暴虐不仁，导致社会矛盾激化，商族首领商汤乘机发展势力，联络众多部落方国讨伐夏桀，史称"商汤革命"，经"鸣条之战"彻底打败了夏桀并将其放逐，夏朝因之灭亡。夏朝

---

[1] 古籍文献关于"五帝"有多种不同的说法，司马迁《史记·五帝本纪》所载"五帝"为：黄帝、颛顼、帝喾、尧、舜。

时期尚无明确的政治疆域，夏民族的活动区域，早期主要在今山西中南部的河内地区，晚期则主要在伊、洛河流域以嵩山为中心的今河南偃师、登封、新密、禹州一带，其影响范围则到达黄河南北甚至淮河以南、长江以北的一些地区。

商汤灭夏之后建立新王朝，建都于亳。因其祖先——契——在舜帝时代曾被封于"商"，故以名国。根据"夏商周断代工程"的最新研究，时间大约在公元前1556年。商朝前期，国都曾多次迁移，直至盘庚迁都于殷（今河南安阳）才最后确定都城所在地，此后270余年不再迁移。由于都城所在地的关系，商朝又名殷朝，史书或合称"殷商"。自商汤建国（公元前1556年）至商朝灭亡（公元前1046年），共传17世31王，历时约510年。史家一般将殷商的历史划分为三个阶段：商汤建国之前为"先商"；商汤立国至盘庚迁殷为"早商"；盘庚迁都于殷是商朝历史的重要转折点，此后是"晚商"。

与夏朝相比，商朝在政治、经济和文化各个方面都有显著的超越，势力影响的范围更远远超过夏朝。定都于殷之后，商王直辖的区域即所谓"王畿"，位于今河南省北部和中部。《史记·吴起列传》称：商朝"左孟门，右太行，常山在其北，大河经其南"，大致说明了它的范围。但王畿以外还散布着数十个同姓和与商族有血亲关系的异姓诸侯，是商朝的封国或者"与国"（友邦盟国）。考古资料证明：商朝的文化和政治影响，延伸到西起陕西，东至海滨，北抵长城以北，南到长江以南的广大区域。在今辽宁、浙江、江西、湖南等地，都发现了商文化遗址。[1]

公元前11世纪中期，商朝最后一代君王帝辛（商纣王）荒淫残暴，人神共愤，姬周首领姬发联络众多部落起兵讨伐，在牧野之战中彻底打败商朝军队，纣王自焚而死，商朝灭亡，史称"武王伐纣"。武王灭商后建立新王朝，因周原是本族崛起之地，故名周朝，建都镐京，亦名宗周。周革殷命不只是改朝换代这么简单，它推行了宗法制、分封制、井田制、世卿世禄制、制礼作乐等一系列新的政治、经济、军事和文化制度。"建藩卫，封诸侯"是西周最重要的政治统治策略，它将宗室和异姓亲族分封到各地，实行殖民统治，先后分封了大量诸侯，《荀子·儒效》篇称：西周"立七十一国，姬姓独居五十三人。"[2]各诸侯内部亦实行自上而下的层层分封，形成了金字塔式的社会组织与政治权力结

---

[1] 王玉哲：《中华远古史》，上海人民出版社，1999年，第330-335页。

[2]（清）王先谦撰，沈啸寰、王星贤点校：《荀子集解》，中华书局，1988年，第114页。

构，达到了以人口寡少的姬姓部族统治广大疆域的政治目的。西周强盛之时，政治疆域东北到达辽河流域，西北到达渭河上游，东面直抵山东半岛和大海，正南到达汉水中游，东南抵达长江下游的太湖流域，西南则可能到达巴蜀一带，实际控制和影响的地理范围超过商朝。

周朝自公元前 1046 年建立至公元前 256 年彻底消亡，共传 30 代 37 王，大约 791 年。实则周代历史包括前后两个显著不同的阶段：前一阶段以位于关中地区的宗周为中心，史称"西周"，结束于公元前 771 年。是年，犬戎作乱，周幽王被杀，西周覆亡；后一阶段，起始于公元前 770 年周平王东迁，以洛阳为中心，史称"东周"。东周又分春秋、战国两个时期，前者止于公元前 403 年"三家分晋"；后者至公元前 221 年秦朝统一结束。春秋时期，王室衰微，礼乐崩坏，纲纪废弛，诸侯纷争，天下大乱，实力强大的五大诸侯先后称霸，史称"春秋五霸"，[1]天子逐渐变成了政治玩偶和傀儡，"尊王"只是一个被利用的政治口号；到了战国时期，周王更被视若无存，连一个"天下共主"的名义都不能保留了。

以上对夏、商、周的历史概述，是基于传统的"王朝体系"，这很容易强化读者久已熟知的历史知识：它们是先后相继统治中国的三个古老王朝。一旦执着于这种观念，我们对不少问题的认识和理解将陷入困境，因而有必要对这个时代的真实历史做一种新的叙述。

特别需要提请读者注意三个基本史实：其一，夏、商、周远非秦代以后那样的统一王朝，那个时代统一的华夏民族尚在逐渐形成之中，即便在中原地区，亦是众多氏族或民族互相杂处，夏、商、周充其量只是当时实力最强的民族或氏族联盟国家而已；其二，夏、商、周三个政权分别有着不同的起源发展经历，并且各以不同的地域作为其生存和发展空间，自然环境和生态条件存在着一定的差异，这些差异在一定程度上影响了三个国家的社会经济生活；其三，虽然夏亡于商、商亡于周，但它们的兴亡与后世的改朝换代并不完全相同——在更大程度上，它们乃是不同民族（氏族）政治集团力量消长和军事对抗的结果。虽然它们的兴亡，在时序上存在着前后接替关系，实际上却是长期并存的三个民族部落（或曰文化）集团，而并未实现一个集团对另一集团的完全统治。因此，对于这三个国家政权的许多变化，亦不能简单地视之为直线性、由低级层

---

[1] "春秋五霸"指齐桓公、晋文公、宋襄公、秦穆公、楚庄王。一说指齐桓公、晋文公、楚庄王、吴王阖闾和越王勾践。

次或形态向高层次或形态的演化。

自 20 世纪早期王国维等人开始，考古学家和先秦史家就一直努力摆脱统一王朝体系的影响，重新建构更加真实的远古史。例如，历史学家王玉哲曾对远古诸民族杂处立存、互不统属的情形做过清晰而详细的阐述，对我们正确理解上古三代社会政治面貌具有重要指示意义，兹详引如下：

中国的中原地区（黄河中下游），战国以后基本上已是清一色的华夏族的天下。可是在春秋以前中原地区除了华夏族人建立的几个或几十个据点（城邑）外，周围环绕着的还有不少不同种姓、文化高低不同的少数民族杂处其间，这是一种"华戎杂处"的局面。这种现象，越往上推就越普遍。

西周时期和其以前的夏、商，在中原的黄河南北两岸同时并存着无数的小氏族、部落。当时的所谓"国"，实际是一个大邑，所谓"王朝"（如夏、商）也不过是一个大邑统治着在征服各地后建立的若干据点小邑。大邑与小邑之间的地区，还分布着许多敌对的不同种姓的小方国。它们中有些还没有文字，与华夏语言也不同。所以，它们之间以及与华夏之间，都各自为政，互不干犯，有时又相互战争。它们只有势力大小的不同，还没有谁服从谁的一统的思想。所以，当时人所想到的王朝国土，只会有分散在各地的几个"据占（小邑）"的概念，还没有以大邑为中心的"整个面"的概念。在这种群"点"并立的情况下，自然更不会有"王朝边界"的概念了。

……这些大小不同的氏族方国（当时的商或周也包含在内）之间，还存在着不属于任何方国的广大空旷的荒野地带。……商汤前后夏、商、周是三个大小不同的民族同时并立，它们之间的地位是平等的，没有后人所想象的那种君、臣隶属关系。商汤灭夏，仅仅是把夏桀赶跑了，夏都邑为商族所占领，而散居在各地的夏族人仍独立存在。周武王灭商也同样仅仅是把商纣杀掉，占领了商都殷墟，仍令商纣的儿子武庚统治着殷民，只派遣三监对他实行监督而已。那种君臣上下隶属的关系，是从周公东征胜利，占领了广大地区，创立了一套完整的"分封制度"以后，才逐渐形成的。[1]

---

[1] 王玉哲：《中华远古史·自序》，上海人民出版社，1999 年，第 3-5 页。

考古学界则一直重视"文化区系"和"文化集团"的识别、考察。[1]例如，苏秉琦将新石器文化划分为六大文化区系，即：以燕山南北、长城地带为重心的北方，以山东为中心的东方，以关中（陕西）、晋南、豫西为中心的中原，以环太湖为中心的东南部，以环洞庭湖与四川盆地为中心的西南部，以鄱阳湖—珠江三角洲一线为中轴的南方，其中各包括不同的地方类型。不同地区文化都有明确特征，源远流长，彼此的渊源和发展道路存在差异，发展水平不平衡，阶段性亦不尽等同。大致而言，自旧石器时代以降，文化发展重心常在北部：前红山—红山文化、前仰韶—仰韶文化、北辛—大汶口文化三大文化系统都得到充分发展，并在发展中交流，互相渗透、吸收与反馈。在距今 4 000 年稍前，中国历史进入青铜时代，出现了第一个王朝——夏朝。但是夏文明并非一花独放，史称："夏有万邦""执玉帛者万国"，除夏人之外，先商、先周也各有国家，实际上是夏、商、周并立的局面；更确切地说，是众多早期国家并立，齐、鲁、燕、晋以及若干小国在西周分封之前都各有早期国家，南方的楚、蜀亦然。总之，夏王朝时代实际是众多国家并立，周人所说的"普天之下，莫非王土；率土之滨，莫非王臣"，当时还只是一个理想中的"天下"；秦始皇统一中国，建立了多民族的统一的中央集权帝国，才是实现了一统的中国。[2]

俞伟超也特别强调远古部落文化集团的多元性与区域性及其对夏、商、周的历史影响，[3]他认为：新石器时代形成了九个文化区和部落集团，即："伊洛地区的夏文化集团""渤海湾地区的东夷集团""黄河中游太行山以东的商文化集团""内蒙古西部至陕北、山西中部至雁北、冀北的北狄集团""泾渭流域的先周—周文化集团""甘青地区的羌戎集团""长江中游的苗蛮集团""东南至南海之滨的百越集团"和"长江三峡至成都平原的巴蜀集团"。其中一些强大部落建立了早期国家，通过与其他强大部落集团结成联盟，成为历史上最早的几个王朝，例如夏与夷、商与狄、周与羌均通过结盟而强大；南方楚、越结盟形成的国家未被列入王朝系列，但力量堪与中原王朝相抗衡，实际控制了长江中下游广大区域。[4]

严文明将长江中下游和黄河中下游称为"东方的两河流域"，是中国新石器

[1] 详细的学术脉络，可参见朱乃诚：《中国文明起源研究》，福建人民出版社，2006 年。
[2] 苏秉琦：《华人·龙的传人·中国人——考古寻根记》，辽宁大学出版社，1994 年，第 120-121 页。
[3] 俞伟超：《古史的考古学探索》，文物出版社，2002 年，第 121-123 页。
[4] 俞伟超：《古史的考古学探索》，文物出版社，2002 年，第 124-137 页。

文化最发达的地区，根据文化特点和发展谱系，大致可以划分为六个地区，即中原区、海岱区、燕辽区、甘青区、两湖区和下江区（江浙区）。由于自然环境和文化传统不同，这些地区各自经历了迈向文明的过程。中原区的夏文明开始并不比其他地区高级，只因在地理上处于中心地位，故能博采和融合其他区域文化，逐渐成为文明发展中心和华夏文明的主要源头；另外一些地区文明发展的程度一开始并不比夏文明落后，也不属于夏文明，只是在后来的历史进程中逐渐冲撞、交流和融合到了一起。例如海岱区产生了东夷文明、两湖区产生了荆楚文明、江浙区后来发展出吴越文明等。这是一个由"多元"逐渐走向"一体"的历史过程（见图 2-1）。[1]

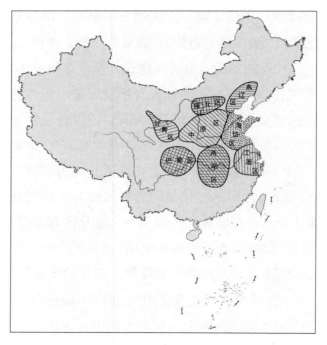

资料来源：严文明：《农业发生与文明起源》，科学出版社，2002 年，第 157 页。

图 2-1　新石器时期的主要文化区

张光直综合考古学成果，对有关问题做了更加清晰的阐述。他指出：

三代是周代晚期已经存在的一个观念。……我在这里所强调的是夏、商、

---

[1] 严文明：《农业发生与文明起源》，科学出版社，2002 年，第 81-82 页。按严氏在此似有笔误，燕辽区当为雁北区。燕辽区不属黄河流域。

周作为三个平行，至少重叠的三个政体的政治上的关系。文化与政治上的分类是不一定契合的，但两方面的分类是要兼顾的。我对三代的看法是这样的：夏、商、周是一共有的即古代中国的文化的亚文化群，但更为特别的是夏、商、周三代是互相对立的政治集团。他们之间平行而不是一脉相承的关系才是了解三代关系与三代发展的关键，同时亦是了解中国古代国家形成程序的关键。

……三代考古学所指明的古代中国文明发达史，不像过去所常认为的那样是"孤岛式"的，像孤岛一样被蛮夷所包围的一种模式。即夏商周三代前仆后继地形成一长条的文明史。现代对三代考古所指的文明进展方式是"平行并进式"的，即自新石器时代晚期以来，华北、华中有许多国家形成，其发展不但是平行的，而且是互相冲击，互相刺激而彼此促长的。夏代、商代与周代这三个名词，各有两种不同的含义，一是时代，即公元前 2200 年至公元前 1750 年为夏代，公元前 1750 年至公元前 1100 年为商代，公元前 1100 年至公元前 250 年为周代；二是朝代，即在这三个时代中，夏的王室在夏代为后来的人认为是华北诸国之长，商的王室在商代为华北诸国之长，而周的王室在周代为华北诸国之长。但夏、商、周又是三个政治集团，或称三个国家。这三个国家之间的关系是平行的：在夏、商、周三代中，夏、商、周三个国家可能都是同时存在的，只是其间的势力消长各代不同便是了。[1]

若从以上诸贤的表述仍未获得清晰认识，那就请看叶文宪的"画线"。他说："商人建立的国家并不是夏人国家的延续，而是商人取得凌驾于其他部落部族之上地位的标志。商王朝和夏王朝不是一条线上的前后两段，而是首尾相齐的两条线，至于周王朝那就是第三条线了。夏、商、周国家都是在部族冲突中分别由夏人、商人、周人从各自的酋邦发展而成的"。[2]

总之，在战国以前，中国尚未形成统一局面，中原地区虽然相继诞生了夏、商、周三个王朝，较之其他区域文明更具向心力和发展优势，但这个地区内部仍然是"夷夏"或者"华戎"杂处。在我们看来，上述情况不只反映了当时的部落部族政治形势，其背后还存在着经济类型和生计模式的多样性与差异性。我们相信：三代时期，中原地区有些部族或部落集团是以农耕为主，另一些部

[1] [美] 张光直著，毛小雨译：《商代文明》，北京工艺美术出版社，1999 年，第 325 页、第 330-331 页。
[2] 叶文宪：《部族冲突与征服战争：酋邦演进为国家的契机》，《史学月刊》1993 年第 1 期，第 1-7 页。

族则主要从事放牧，还有的部族仍然以采集、狩猎作为主要谋生方式。不同的部族或部落集团既拥有各自的地理空间和自然条件，亦拥有不同的生业体系和环境适应方式。直至战国时代，中原地区才真正成为农耕者独占的家园，游牧者和采猎者则被攘斥到其他地区特别北方草原大漠。陆续修建并最终连成一线的长城，既是横亘于农耕与游牧之间的大致政治疆界和军事防线，也是两种不同经济—文化类型的分界线。也只有到那时，中国才真正朝着"大一统"的方向大踏步迈进。

基于这些基本史实，本章虽然仍然遵循夏、商、周的先后顺序，但具体叙事则充分考虑它们各自的自然环境和社会发展脉络，时间上往往有所穿插。基于生产方式和社会形态演变的历史事实，本章叙事截止于春秋时期，战国以后则留待下章予以叙述。

第二节　环境变迁与文明起源

国家出现是进入文明时代的主要标志之一。自 20 世纪前期开始，由于西方社会学、人类学特别是摩尔根和马克思社会发展史理论陆续传入，中国文明与国家起源就一直是多个领域学者们孜孜求索的一个重大课题，具有非常特殊的魅力。由于课题本身的极端复杂性，近百年来论者云集，学说林立，迄今为止却仍然是纷纭聚讼，甚至是愈来愈扑朔迷离，堪称中国古史研究的"哥德巴赫猜想"。

值得注意的是：近几十年来，愈来愈多的学者特别是考古学家试图结合自然环境来解说文明起源过程，有的甚至将环境变化视为推动文明起源的主要导因。检索相关文献，可以发现问题探讨集中于以下几点：其一，第一个古代王朝何以是夏朝？曾经繁荣发达的南方太湖流域良渚文化和华北东部海岱地区龙山文化何以骤然衰落？其二，距今 5 000 至 4 000 年前的环境特别是气候变化如何影响（促进）文明起源？其三，古史传说中的大洪水、大禹治水是否具有事实根据，与文明国家起源有何关系？从人与自然关系角度进一步解说文明和国家起源，是环境史研究的题中之义，更是本书所无法绕开的问题。

按照苏秉琦的意见：中国早期国家经历了从古国到方国再到帝国的"发展三部曲"。[1]换言之，中国古代国家由萌生到确立，经历了漫长的演化过程，其

---

[1] 苏秉琦：《华人·龙的传人·中国人——考古寻根记》，辽宁大学出版社，1994 年，第 132 页。

间伴随着社会结构和政治、经济关系的一系列革命性变化，人与自然之间的关系亦随之发生了重大变革。作为社会组织的最高形式，国家在适应和改造生态环境，利用和管理自然资源，以及分配生态经济产品等各个环节，都发挥着十分重要的调控、规范乃至强制作用，进而对自然环境和人类社会本身造成广泛影响。在后面的章节中，我们将不时要提起相关的话题。这里要讨论的问题是：自然环境及其变化在中国古代文明国家形成过程中曾经发挥过怎样的作用？由于我们对相关问题尚未做过专门、系统的研究，以下叙说综合了多学科研究者的相关成果，有时掺入一些自己粗浅的知见。

一、环境突变？——良渚文化衰落之谜

我们通常说中国拥有 5 000 年的文明史，而中国第一个王朝——夏朝是在公元前 21 世纪建立的，原因在于在夏王朝诞生之前，经历了一个相当长的由原始时代向文明时代过渡的阶段。早在距今 8 000 至 5 000 年前，一些地区逐渐出现某些文明要素，例如辽西地区红山文化中的精美玉器以及坛、庙、冢等；至距今 5 000 年前后，黄河、长江流域的一些文化区纷纷出现了古城和古国。古城是指城乡最初分化意义上的城和镇，古国则指高于氏族部落的、稳定的、独立的政治实体。它们"作为数种文明因素交错存在、相互作用的综合体，成为进入或即将进入文明时代的标志"。[1]

20 世纪以来的大量考古发现证实：在距今 5 000 至 4 000 年，从黄河中下游到长江中下游，乃至长城地带，都陆续由原始时代向文明时代过渡。其中，在北方的黄河下游，以城子崖等城址为代表的龙山文化，生产技术和社会发展程度最高，与文明时代诸特征最为接近；同一时期的长江下游地区则有繁荣的良渚文化，浙江余杭县反山、瑶山族群酋领墓地及其随葬的大量精美玉器，莫角山巨型宫殿群式的居住遗址群，都反映其发展水平可能比龙山文化更高。也就是说，当时许多地区已然是文明曙光初露，而长江下游和黄河下游的文化光芒最为耀眼夺目。

按照常理，这两个地区应该最早正式跨入文明时代的门槛。然而出人意料

---

[1] 苏秉琦：《华人·龙的传人·中国人——考古寻根记》，辽宁大学出版社，1994 年，第 120-121 页。

的是，在距今 4 300 年左右，这两个文化却发生了十分诡谲和令人困惑的突变——龙山文化被岳石文化所替代，接替良渚文化的则有马桥、湖熟文化，虽然继起的文化在时间上前后相接，却并非对先前文化的继承和发展，而且整体水平明显落后，遗址密度所显示的文化繁荣程度亦大不如前。换言之，曾经最发达的南北两种文化突然之间发生了严重衰变，最早的文明国家并没有在那两个地方产生，而是出现在相对落后的黄河中游——以豫西嵩洛作为核心的地区，那里出现了"二里头文化"，率先进入青铜时代并产生了第一个古代王朝——夏朝。黄河下游和长江下游经历了那次衰落，很晚以后才重新恢复文化发展生机——黄河下游的鲁西地区直到商朝中期才重新发展起来，长江下游更迟至周代以后才兴起了吴越文化。

何以如此？1992 年考古学家俞伟超最早提出一个推测：4 000 多年前中国发生了一次持续若干年的特大洪水灾难，即历史传说中的尧、舜、禹时期的洪水泛滥，黄河、长江下游地区受灾最严重，长江三角洲地区更是一片汪洋，大雨可能还引起了海侵，摧毁了曾经发达的龙山文化、良渚文化的物质设施，农业生产无法正常继续，从而导致两个文化的衰落。而"对大河、大江的中、上游流域来说，所受灾害当然要小于下游。于是，黄河中游的河南龙山文化仍正常地向前，从而最早进入文明时代，出现了夏王朝。如果 4 000 年前不发生这场连续若干年的大洪水，我国最初的王朝可能而且应该是由东夷建立的。"[1]这一推测具有重要启发性，它改变了相关探索的思想方向，我们甚至不妨称之为文明起源探索的环境史转向。自俞伟超之后，考古学、先秦史、历史地理学等领域学者沿着这一方向相继开展了大量探讨。

关于良渚文化及其兴衰，学界讨论最热烈，论著数以百计。由于学人对文明起源判断标准不一，关于良渚文化的"文明"性质和地位还存在较大争议。[2]不可否认的是：距今 5 200 至 4 000 年前广泛分布于太湖流域的良渚文化确实达到了较高水平，在通向文明的道路上曾经一度走在前列。以琮、璧、钺为代表的玉礼器之制作及其使用所反映的严格社会等级分层，莫角山、瑶山、汇观山等地气势恢宏的人工建筑土台基址特别是以"祭坛"为代表的大型礼仪性土建工程所反映出的高超建筑技术与高度社会组织和管理能力，众多遗址布局的高

---

[1] 俞伟超：《古史的考古学探索》，文物出版社，2002 年，第 114-116 页。
[2] 有关争论，可以参阅《浙江学刊》1996 年第 5 期的集中讨论。

度规范化及大中心之下多中心的现象所反映出来的社会整合水平，都显示良渚文化相比于同时期的龙山文化，距离国家和文明更加接近。[1]

然而，太湖流域并没有"顺理成章"地率先进入青铜文明时代，良渚文化竟在距今 4 000 年前左右突然衰亡，此后这个区域长期明显地落后于中原地区。何以如此？！这一历史谜团令研究者非常困扰，引起了许多讨论。最近一个时期，学人愈来愈重视从环境角度予以解说，把环境变化一个重要因素，只是在具体原因和作用机制方面仍存在不少分歧：多数人将主要原因指向严重洪水灾害，[2]有的则主要分析气候变化所引起的多种环境改变对社会生计的影响，也有学者批评简单归因于环境变化是一种"环境决定论"，主张对社会因素（包括宗教、战争等）和自然因素（包括气候、洪水、海平面升降等）进行综合考察；另一方面，有的自然科学家把良渚文化衰落作为一个重要证据，用于说明全新世时期中国自然变迁的后果。

周鸿等人认为：良渚文化早、中期气候温干，环境适宜，社会文化空前繁荣。但距今 4 100 年左右存在明显的降温事件，降温使农作物歉收，食物匮乏，在部落之间引起了连绵战争，良渚文化开始衰弱。至距今 3 600 年前左右，海平面升高，长江三角洲南部平原发生沟谷海侵，地下水位升高，太湖湖泊体系迅速扩张，引起了大洪水，良渚文化终致消亡。[3]

史威等人认为：良渚文化后期太湖地区的气候逐渐向干凉转变，距今 4 300 年前以后明显走入低谷，距今 4 300 至 3 800 年前气候剧烈波动；良渚文化衰亡恰好处于距今 4 000 年前后低海面、气候转型的水旱灾害群发期。气候异常及水旱灾害丛生，给依靠稻作和渔猎谋生的良渚人的生业模式带来极其严重甚至灾难性的打击。[4]

也有学者更重视社会内部因素，但环境变化仍被视为重要原因之一。例如蒋卫东认为：良渚文化并非突然消亡，而是经历了一个逐渐衰变的过程，其消亡乃是内外交困所致，其中最具冲击力的原因应来自良渚文化内部。具体来说，

---

[1] 蒋卫东：《自然环境变迁与良渚文化兴衰关系的思考》，《华夏考古》2003 年第 2 期，第 38-45 页。

[2] 例如，张明华径直将其论文题名为《良诸文化突然消亡的原因是洪水泛滥》，《江汉考古》1998 年第 1 期，第 62-65 页。

[3] 周鸿、郑祥民：《试析环境演变对史前人类文明发展的影响——以长江三角洲南部平原良渚古文化衰变为例》，《华东师范大学学报（自然科学版）》2000 年第 4 期，第 71-77 页。

[4] 史威、马春梅、朱诚、王富葆、李世杰：《太湖地区多剖面地层学分析与良渚期环境事件》，《地理研究》2008 年第 5 期，第 1129-1138 页。

过分注重宗教虽然使良渚文化获得了迅速发展的契机，但宗教固有的一些顽症以及由此引发的综合征，却使其缺乏开拓性和活力，机制僵化，不能适应新的挑战，并终于导致了全线崩溃。但他承认自然环境灾变也是重要原因之一，指出：良渚文化早期在水利设施方面的投入，为其快速崛起创造了物质条件，而中晚期水利投入的荒怠导致了它的衰亡。换言之，良渚农业发展已经进入犁耕阶段，拥有先进、复杂的排灌设施和农田水利系统，对自然环境的人工改造程度已经相当之高，农业生产对人工水利系统产生了依赖，故荒怠水利导致经济和文化衰落。[1]这当然是一个新的思路，但似乎有些言过其实。

陈杰试图采用一种综合系统的生态史观。他批评环境决定论者片面强调外界环境变化对文化发展的影响，过于机械化和简单化，认为"生态史观"是解说良渚文化兴衰的有效方法。他将良渚文化兴衰视为系统各因素相互作用的结果，认为是人地关系紧张造成了系统紊乱，指出："良渚文化迅速发展，与其系统内各因素的协调运转有着密切的关系。如果在协调运转中，不断地调整和适应文化发展与环境之间的关系，良渚社会依然会按照原定的轨道，向着更高级的文明社会转化。然而，由于对当时的自然环境认识具有局限性，良渚先民在不断创造灿烂文明结晶时，过度地消耗了社会资源，从而导致了系统的紊乱。"他还为所谓"各因素"列出如下表格（见表2-1）。[2]

表2-1　良渚文化系统不同阶段各因素变化特征

系统工具 分期		良渚文化早期	良渚文化中期	良渚文化晚期
		发展阶段		衰落阶段
人类文化	社会结构	社会分层有利于资源有效地配置和社会的发展		社会整体僵化导致对社会问题应变能力下降
	思想意识	宗教成为协调社会的有力的精神手段		盲目地宗教崇拜导致过度的资源浪费
	经济形态	农业技术改进，原始稻作农业进入成熟发展阶段		为维持统治，投入了大量非生产性的劳动
地理环境	地貌	碟形洼地开始形成，沧海桑田的变化为先民提供了更多的栖息地		碟形洼地形成，使三角洲地区成为不稳定的生态系统
	气候	暖湿的气候条件是稻作农业发展的良好的外部因素		趋向干冷的气候特点，造成了原始稻作农业产量的减少
	海平面变化	海平面高而稳定，使冈身保护下的原潟湖地区逐步发育为淡水湖沼环境		海平面上升，排水不畅，洪涝灾害易于发生

资料来源：陈杰：《良渚文明兴衰的生态史观》，《东南文化》2005年第5期，第39页。

---

[1] 蒋卫东：《自然环境变迁与良渚文化兴衰关系的思考》，《华夏考古》2003年第2期，第38-45页。

[2] 陈杰：《良渚文明兴衰的生态史观》，《东南文化》2005年第5期，第33-40页。

在我们看来，这一学术企图是值得称赞的，符合环境史学精神，但实际研究操作并非易事。更重要的是，童年时代的人类抗御自然灾难的能力十分屏弱，特定时期显著的环境变化（如气候剧变和重大洪水灾害）对一个简单而落后的社会文化体系造成毁灭性打击，并非完全不可能发生。

要之，自然系统和社会系统都具有高度复杂性，由于资料不足，迄今为止，关于良渚文化何以衰亡，还有许多关键性的具体问题仍然得不出很明晰而且确定的结论，对于那个时代的社会系统如何响应自然系统变迁，与气候变化、水体涨落等形成了何种"耦合"关系？诸多要素之间交相影响的历史机制究竟如何？何者才是良渚文化衰亡的主要原因？短时期内恐怕还无法做出"必然性"的判断。比较众多学者的成果不难发现，尽管大家似乎都不约而同地倾向从环境变化中寻求答案，注重考察环境变化对社会生计体系的影响，但事实表述、问题分析和研究结论却是差异颇大甚至互相扞格。比如，一些学者认为气候转向凉干导致良渚文化衰落，另一些学者却认为在凉干的气候条件下，太湖流域水体缩小、水位下降有利于农业发展。叶玮等人指出：自然环境特别是气候冷暖干湿变化对于人类文明发展的影响，在不同的地域生态环境条件下可能发生不同的耦合关系，不同区域文化对相同环境变化的响应不同。太湖流域的水地环境卑湿低洼，距今 5 000 年左右的凉干气候有利于良渚文化繁荣发展，而在距今 4 000 年前左右，"气候又一次转暖，海平面逐渐上升，东、西太湖连通，太湖统一水体形成，良渚人大部分沿水的生活聚落重新陷入一片汪洋，同时由于太湖流域特殊的地理位置和地形条件，地处高处的良渚聚落也频频遭受洪水，设施被摧毁，良渚先民赖以生存的农耕之地更是长期处于水患之中，生存环境急剧恶化，文化衰落。"[1] 看起来，良渚文化兴衰之谜最终得到解决，还有赖于更多考古发现，需要更加深入、全面的考察论证。

二、"大禹治水"与华夏文明起源

在距今 4 000 年前左右，良渚文化衰落，并非唯一特例，遭遇同样命运的还有位于西北内陆甘青地区的齐家文化，山东地区龙山文化，以及长江中游地

---

[1] 叶玮、李凤全、沈叶琴、朱丽东、王天阳、杨立辉：《良渚文化期自然环境变化与人类文明发展的耦合》，《浙江师范大学学报（自然科学版）》2006 年第 4 期，第 455-460 页。

区的石家河文化（在今湖北省石门市一带）。事实上，在公元前2000年之后，中国南北许多地区的新石器文化似乎都一改先前风光无限、繁荣至极的面貌，许多"强势文化"相继消亡，而出现了大范围的衰变或断层，聚落数量锐减，规模显著缩小，反映人口亦有较大幅度的减少。[1]唯有中原地区的华夏民族保持着发展的连续性，在各地文化整体衰退的情形下表现得一枝独秀，在文明前进的道路上脱颖而出。

前文提及：考古学家俞伟超提出导致众多文化衰落的原因可能是洪水灾害，开启了一个重要的思考方向。尽管关于环境变化在新石器晚期文化衰落和文明国家起源进程中的实际作用，目前学界还存在不少争论，但洪水泛滥作为一种解释，具有较大的合理性，不仅同古老的"洪水传说"在时代上互相契合，而且得到了越来越多的地质学和考古学资料支持。我们不妨推测：那个时代，黄河和长江中下游的许多部族在抗御洪水泛滥时遭到失败，而生活在黄河中游的夏人则成功地度过了那场灾难，甚至进一步发展社会经济并建立了夏王朝，于是成为中华文明的源头正脉。几千年来一直传颂下来的"大禹治水"故事，就是对这段成功历史的记忆与演绎。下面综合前人成果并结合考古学、地质学等科学资料，对"大禹治水"的故事稍做解说，以探询夏人之所以率先建立文明国家的历史机制。

在"层累地造成的中国古史"中，大禹及其领导治水的故事出现较早、情节最完整，先秦典籍不时提起。以下稍予引录：

《诗经·商颂·长发》："洪水芒芒，禹敷下土方"。[2]

《尚书·尧典》："帝曰：'咨！四岳，汤汤洪水方割，荡荡怀山襄陵，浩浩滔天。下民其咨，有能俾乂？'佥曰：'于！鲧哉。'帝曰：'吁！咈哉，方命圮族。'岳曰：'异哉！试可，乃已。'帝曰：'往，钦哉！'九载，绩用弗成"。[3]

《庄子·天下》："墨子称道曰：'昔者禹之湮洪水，决江河而通四夷九州也，名川三百，支川三千，小者无数。禹亲自操橐耜而九杂天下之川，腓无胈，胫

---

[1] 王巍：《公元前2000年前后我国大范围文化变化原因探讨》，《考古》2004年第1期，第67-77页。

[2] （清）阮元校刻本：《十三经注疏》，中华书局，1980年影印本，第626页。

[3] （清）阮元校刻本：《十三经注疏》，中华书局，1980年影印本，第122页。

无毛，沐甚雨，栉疾风，置万国。禹，大圣也，而形劳天下也如此'"。[1]

《孟子·滕文公上》："当尧之时，天下犹未平，洪水横流，泛滥于天下。……禹疏九河，瀹济、漯，而注诸海；决汝、汉，排淮、泗，而注之江，然后中国可得而食也"。[2]

《孟子·滕文公下》："当尧之时，水逆行，泛滥于中国，蛇龙居之，民无所定，下者为巢，上者为营窟。《书》曰：'洚水警余。'洚水者，洪水也。使禹治之。禹掘地而注之海，驱蛇龙而放之菹，水由地中行，江、淮、河、汉是也。险阻既远，鸟兽之害人者消，然后人得平土而居之"。[3]

《荀子·成相》："禹有功，抑下鸿，辟除民害逐共工。北决九河，通十二渚，疏三江。禹傅土，平天下，躬亲为民行劳苦"。[4]

《墨子·兼爱中》："古者禹治天下，西为西河渔、窦，以泄渠、孙、皇之水。北为防、原、泒，注后之邸、滹池之窦，洒为底柱，凿为龙门，以利燕代胡貉与西河之民。东方漏之，陆防孟诸之泽，洒为九浍，以楗东土之水，以利冀州之民。南为江、汉、淮、汝，东流之，注五湖之处，以利荆楚、干、越与南夷之民。此言禹之事"。[5]

《山海经·海内经》："洪水滔天。鲧窃帝之息壤以堙洪水，不待帝命。帝令祝融杀鲧于羽郊。鲧复生禹。帝乃命禹卒布土以定九州"。[6]

《吕氏春秋·爱类》："昔上古龙门未开，吕梁未发，河出孟门，大溢逆流，无有丘陵沃衍平原高阜，尽皆灭之，名曰鸿水。禹于是疏河决江，为彭蠡之障，干东土，所活者千八百国。此禹之功也"。[7]

《楚辞·天问》："洪泉极深，何以填之？地方九则，何以坟之？河海应龙，何尽何历？鲧何所营？禹何所成"？[8]

……

---

[1]（清）王先谦撰：《庄子集解》，中华书局，1987年，《新编诸子集成》本，第289页。按原本"名川三百"误为"名山三百"。

[2]（清）阮元校刻本：《十三经注疏》，中华书局，1980年影印本，第2705页。

[3]（清）阮元校刻本：《十三经注疏》，中华书局，1980年影印本，第2714页。

[4]（清）王先谦撰，沈啸寰、王星贤点校：《荀子集解》，中华书局，1988年，第463页。

[5] 吴毓江撰：《墨子校注》，中华书局，1993年，第160页。

[6] 袁珂：《山海经校注》，上海古籍出版社，1980年，第472页。

[7] 许维遹撰，梁运华整理：《吕氏春秋集释》，中华书局，2009年，第594-595页。

[8] 黄灵庚疏证：《楚辞章句疏证》，中华书局，2007年，第1040-1043页。

出土文献中亦有类似记载，例如最近发现的西周中期的《燹公盨铭文》云："天命禹敷土，随山浚川。"此铭文的发现非常重要，它说明西周中期已有"大禹治水"传说。

上海博物馆藏《战国楚竹书（二）·容成氏》有云：

舜听政三年，山陵不疏，水涝不湝，乃立禹为司工。……禹亲执畚耜，以陂明都之泽，决九河之遏。于是乎，夹州、徐州始可处。禹通淮、沂，东注之海，于是乎，竞州、莒州始可处也。禹乃通蒌与易，东注之海，于是乎，蓏州始可处也。禹乃通三江五湖，东注之海，于是乎荆州、阳（扬）州始可居也。禹乃通伊、洛，并瀍、涧，东注之河，于是乎，豫州始可处也。禹乃通泾与渭，北注之河，于是乎，雍州始可居也。禹乃从汉以南为名谷五百，从汉以北为名谷五百。[1]

前代零散的传说，经汉代司马迁汇集加工，终成一段家世、事迹完整的英雄故事。《史记》卷2《夏本纪》云：

夏禹，名曰文命。禹之父曰鲧，鲧之父曰帝颛顼，颛顼之父曰昌意，昌意之父曰黄帝。禹者，黄帝之玄孙而帝颛顼之孙也。禹之曾大父昌意及父鲧皆不得在帝位，为人臣。

当帝尧之时，鸿水滔天，浩浩怀山襄陵，下民其忧。尧求能治水者，群臣四岳皆曰鲧可。尧曰："鲧为人负命毁族，不可。"四岳曰："等之未有贤于鲧者，愿帝试之。"于是尧听四岳，用鲧治水。九年而水不息，功用不成。于是帝尧乃求人，更得舜。舜登用，摄行天子之政，巡狩。行视鲧之治水无状，乃殛鲧于羽山以死。天下皆以舜之诛为是。于是舜举鲧子禹，而使续鲧之业。

尧崩，帝舜问四岳曰："有能成美尧之事者使居官？"皆曰："伯禹为司空，可成美尧之功。"舜曰："嗟，然！"命禹："女平水土，维是勉之。"禹拜稽首，让于契、后稷、皋陶。舜曰："女其往视尔事矣。"

禹为人敏给克勤；其德不违，其仁可亲，其言可信；声为律，身为度，称

---

[1] 李守奎、曲冰、孙伟龙编著：《上博藏战国楚竹简》，作家出版社，2007年，第811页。

以出；亹亹穆穆，为纲为纪。

禹乃遂与益、后稷奉帝命，命诸侯百姓兴人徒以傅土，行山表木，定高山大川。禹伤先人父鲧功之不成受诛，乃劳身焦思，居外十三年，过家门不敢入。薄衣食，致孝于鬼神。卑宫室，致费于沟淢。陆行乘车，水行乘船，泥行乘橇，山行乘檋。左准绳，右规矩，载四时，以开九州，通九道，陂九泽，度九山。令益予众庶稻，可种卑湿。命后稷予众庶难得之食。食少，调有余相给，以均诸侯。

……

道九川：弱水至于合黎，余波入于流沙。道黑水，至于三危，入于南海。道河积石，至于龙门，南至华阴，东至砥柱，又东至于盟津，东过雒汭，至于大邳，北过降水，至于大陆，北播为九河，同为逆河，入于海。嶓冢导漾，东流为汉，又东为苍浪之水，过三澨，入于大别，南入于江，东汇泽为彭蠡，东为北江，入于海。汶山道江，东别为沱，又东至于醴，过九江，至于东陵，东迤北会于汇，东为中江，入于海。道沇水，东为济，入于河，泆为荥，东出陶丘北，又东至于荷，又东北会于汶，又东北入于海。道淮自桐柏，东会于泗、沂，东入于海。道渭自鸟鼠同穴，东会于沣，又东北至于泾，东过漆、沮，入于河。道雒自熊耳，东北会于涧、瀍，又东会于伊，东北入于河。

于是九州攸同，四奥既居，九山刊旅，九川涤原，九泽既陂，四海会同。六府甚修，众土交正，致慎财赋，咸则三壤成赋。中国赐土姓："祗台德先，不距朕行"。[1]

问题是，大禹其人其事最早出现于文字记录的时间，距离主人公（不论是否实有其人）所处的时代，至少已经相隔了1 000多年；自其最早出现于《诗经》《尚书》到最后形成丰满的故事，亦经历了多个世纪，大禹治水究竟是否果有其事？如果有，史书记载的那些事情又具有何种程度的真实性？

仅凭直觉，我们就可以确认：以上文献记载有些并非信史。首先是不可能涉及如此广大的地域，那个时代怎可能对河、海、江三大流域全面实施水土治理呢！就其浩大的工程规模和复杂的技术要求来说，当时也不可能做到。早在

---

[1] 以上引文，均据《史记》卷2，中华书局1959年，第1册。

战国时期，屈原就提出了质疑（见上引）。但"大禹治水"被后世当作一个重要的政治典范与文化符号，不断播散和强化影响，纷纭歧说亦随之不断增多；及至近代，这个故事被纳入了进行多个学科视野予以不同的解说，其背后更加广泛的意义被逐渐揭示出来，同时分歧和争论亦愈益激烈，顾颉刚、鲁迅等众多著名学者都参与其中，甚至发生"大禹是否为一条虫"的意气之争。怎样拨开重重迷雾，揭出历史真相，一直令众多学者日徘徊、夜反侧，相关论著堆积盈案，却至今仍未得出众皆首肯的研究结论。

在众多论著中，徐旭生的《洪水解》发表时间较早，且论说最为系统。[1]他将自己的研究结论概括为 10 点，兹先引述其文，然后稍做讨论：

（一）我国洪水传说发生于我们初进农业阶段的时候。

（二）洪水的洪原本是一个专名，指发源于今河南辉县境内的小水，因为辉县旧名"共"，水也就叫作共水，洪字的水旁是后加的。因为它流入黄河后，黄河开始为患，当时人就用它的名字指示黄河下游的水患。至于洪解为大是后起附加的意义。

（三）洪水的发生区域主要的在兖州，次要的在豫州、徐州境内。余州无洪水。禹平水土遍及九州的说法是后人把实在的历史逐渐扩大而成的。

（四）鲧所筑的堤防不过围绕村落，像现在护庄堤一类的东西，以后就进步为城，不是像后世沿河修筑的"千里金堤"。

（五）在我们上古部族的三集团中，主持治洪水的人为华夏集团的禹及四岳。同他们密切合作的为东夷集团的皋陶及伯益。南方的苗蛮集团大约没有参加。

（六）大禹治水的主要方法为疏导。它又包括两方面：（1）把散漫的水中的主流加宽加深，使水有所归；（2）沮洳的地方疏引使干；还不能使干的就辟它们为泽薮，整理它们以丰财用。

（七）大禹在黄河下游，顺它自然的形势，疏导为十数道的支流，后世就叫作九河。以后由于人口渐密，日日与水争地，渐渐埋塞，最后变成独流。

（八）治洪水得到一件关系非常重大的副产品，就是凿井技术的发明。因为有了这件大发明，我国北方的广大平原，广大农场，才有可能为我们先民逐渐

---

[1] 徐旭生：《中国古史的传说时代》，科学出版社，1960 年，第 128-162 页。

征服，真正利用。

（九）禹凿龙门的传说可能是由夏后氏旧地伊阙发生，逐渐挪到今日山、陕间的龙门。

（十）九河的堙塞，长堤的兴筑，约在春秋、战国相衔接的时期。

该文虽发表于半个世纪以前，但依然显示出卓越的历史洞见，启发了后来的进一步研究，其中一些观点得到了考古学、气候史以及其他相关资料的证实，在今天来看仍是可以接受的。其中有三点我们很赞同：

其一，徐氏受西方洪水研究的启发，肯定中国先民在"初进农业阶段的时候"即尧、舜、禹时代，也像西亚民族那样遭遇大洪水灾难并受到巨大影响；其二，他所勾画的治水路线，包括技术方法由壅堵向疏导转变，御水设施由"护庄堤之类"向"城"发展，虽属推断，但大体是符合逻辑的，黄河长堤之兴筑的确是发生在春秋战国以后；其三，考古材料证实：凿井技术在原始社会末期确已出现，不论其是否为大禹治水的副产品。

在徐氏撰写该文的年代，考古资料还相当有限，他的结论基本上是通过文献分析得出，难免具有局限性。例如作者虽然认识到夏朝及其先世的社会组织和政治权力远不能与后代国家相比，[1]并且认为洪水局限在黄河中下游的兖州、豫州和徐州，但对治水区域、参与部族和工程规模仍不免做出了太高的估计。以当时的人口数量、技术水平及其他社会条件，根本不可能在如此大范围进行如此大规模水土整治。至于其指凿井技术乃是大禹治水的副产品，虽无可靠、直接证据却并无大碍，因考古资料证明水井确实出现在原始社会末期。但需要特别纠正的是：我国北方广大平原为先民逐渐征服和真正利用并不是因为发明了水井。事实上，直到宋元时期，华北平原基本上还是利用地表水源灌溉农地，明代以后，由于水土环境变迁导致地表水源严重不足，井灌技术才取得显著发展并逐渐成为当地主要的灌溉方式。

日益丰富的考古资料，为更加全面地认识这一问题提供了条件。王晖曾运用大量考古资料证明洪水事件的发生地域与古史记载颇相一致，而不局限于徐文所说的范围。更重要的是，王氏指出：大禹父子治水一成一败并不在于堙障

---

[1] 徐旭生：《中国古史的传说时代》，科学出版社，1960年，第8页。

与疏导两种方法的对与错，而在于治水活动的时间差："……鲧治水之际，正是大洪水来临之初，除了堵塞拦截并无它法可施；而大洪水过后，只需要疏通各条河水，使人们安居乐业即可。而且大禹即使再厉害，治水方法再好，也不可能在大洪水来临的初期把洪水治理好；鲧就是治水方法再不行，也不会在大洪水平息之后把洪水治理不好。这才是二人一个把洪水彻底治理好了，而另一个却惨遭失败的根本原因。"[1]吴文祥、葛全胜等人亦持类似观点，指出：平治水土、安居乐业其实并非大禹之功，而是由于洪水期结束。[2]

　　无论如何，在距今 4 000 年前左右，中国与其他古老国家一样，确曾经历过大洪水年代。在这个年代，黄河、长江两大流域不少发达的文化因洪水肆虐而衰落或中断，未能跨入文明的门槛；以夏后氏为主体的中原部族，却因生活在相对有利的自然环境（气候、植被、土壤条件适宜农业发展，地势较高、遭受水灾程度较轻），成功地度过那场劫难，一枝独秀地朝着文明方向继续前进，但鲧和他之前共工氏的不幸命运，反映夏人祖先同样经历了艰难险阻。大禹治水卒能成功，固因幸运地赶上洪水期结束，但时人在平治水土方面做过不少努力，应属事实。在夏人活动的中心地区即今豫西河、洛一带，尤其可能取得了一些成绩。[3]在此过程之中，水土整治技术、社会组织水平和政治管理能力都取得了很大进步，平治水土可能在一定程度上加速了中原社会文明进程。倘若果真如此，倒是相当符合英国历史学家汤因比所提出的"挑战与应战"文明解释模式。

　　诚然，上面所说的大洪水灾害主要是气候变化所致，但考虑到华北平原本是低平多水的自然环境，即便没有那个大洪水期到来，农业扩张迟早也要面对水患问题。众所周知，在原始社会末期（即龙山文化时期），黄河中下游地区由于人口增长，农业区域逐渐由大小河流两岸台地和山前洪积、冲积扇地带向低湿平原地区推进。起初农业聚落少而零散，对河流水道和积水洼地的泄洪、蓄水能力并无太大影响，修筑一座座"护庄堤"乃至一个个规模更大的"城"，便可以形成一个个捍水自保的古老农业社会单元。然而，随着人口不断增多，平原地区的村落和城市渐趋密集，泄水河道和蓄水洼地逐渐被挤占，导致雨季洪

[1] 王晖：《大禹治水方法新探——兼议共工、鲧治水之域与战国之前不修堤防论》，《陕西师范大学学报》2008年第2期，第27-36页。
[2] 吴文祥、葛全胜：《夏朝前夕洪水发生的可能性及大禹治水真相》，《第四纪研究》2005年第6期，第741-749页。
[3] 李民：《〈禹贡〉与夏史》，《史学月刊》1980年第2期，第8-13页。

水出路受阻，易于泛滥，反过来又对农田和聚落造成威胁。在这种情势下，原先的筑堤、造围、建城等方式无法解决较大范围的水患问题，于是，约束河流、疏通水道的治水活动在不断扩大的区域范围逐渐展开，并且需由更大的社会集团来组织实施。

不但黄河下游地区如此，后来长江下游太湖流域似乎也经历了华北平原同样的过程。由于众多自然、社会因素的影响，太湖流域的早期农业开发时断时续，孙吴、东晋以后才进入持续开发的阶段，围垦规模不断扩大，零星的围田渐渐连接成片。到了隋唐五代，零散的围田逐渐转向区域整体性开发，生产组织形态和农田水利建设方略相应发生重大变化。据此推论，水患固然与气候变化有关，亦与人类活动有关。即使没有大洪水期，随着农业开发不断由高地向低地展开，迟早都将面对低湿地区的水潦之患。

沿着这样的思路，下面我们不妨换个角度，考察一下大禹及其子民在平治水土方面做过哪些当时力所能及、更加真实可信的工作？我们认为：更有可能实际开展过而史书亦曾不断提起的，是为解决低湿土地水潦、盐卤问题而开挖"沟洫川遂"系统。

何谓"沟洫川遂"系统？《周礼·地官·遂人》有这样一段描述，称："凡治野：夫间有遂，遂上有径；十夫有沟，沟上有畛；百夫有洫，洫上有涂；千夫有浍，浍上有道；万夫有川，川上有路；以达于畿。"[1]简单地说，就是沟渠与道路纵横交错，不同层级的沟渠互相连通，具备防涝、排渍和（可能具有）化卤诸项功能的农田水利系统。《周礼》的这个描述当然是相当理想模式化的，实际情形不可能如此整齐划一。大禹时代刚刚开始平治水土，自然就更原始一些。然而，这一系统对后世黄河中下游乃至更广泛区域的农业发展影响极其深远，根据农耕种植需要、按照人的意愿规划整治广袤的大地，就是由此肇端。

远古先民在此方面的历史建树也被归功于大禹，在先秦文献中颇见记载。古文《尚书·益稷》云："禹曰：……予决九川距四海，浚畎浍距川。"汉人郑玄注称："畎浍，田间沟也"；"浍所以通水于川也"。概括地说就是田间排水沟渠。何以要开挖那样的排水沟渠？史前至历史早期黄河中下游特别是黄淮海大平原尚属薮泽沮洳之地，人们在川泽附近低湿的土地上开垦农田、种植作物，

---

[1]（清）阮元校刻本：《十三经注疏》，中华书局，1980年影印本，第740-741页。

首先必须排除涝洼积水，可能还需要以流水洗涮土壤中的盐碱。也就是说，当时农田水利所要解决的主要问题并不是引水灌溉，而是排渍涝、化盐卤。《论语·泰伯》亦云："子曰：'禹，吾无间然矣。……卑宫室，而尽力乎沟洫'。"[1]可见古人对创制沟洫之功绩是十分称许的，这种农田水利系统看似简单，意义却非同小可。大禹作为部族首领，或许真的亲自组织指画过此类平治水土的工作，亦未可知。

"沟洫川遂"系统规定了早期黄河中下游农田开垦、规划和利用的基本方式，在夏、商、周三代，这是最基本的农田和水利设置，沟洫阡陌之间是农业生产的基本场所，以至于汉字之中代表农业用地的"田"字，亦由这个系统的形象简化而来，在殷商甲骨文中不时可以见到这个象形字（见图2-2），故有的农史学家径直称之为"沟洫农业"。[2]毫无疑问，这种局部性且与农业生产直接关联的水土改造，与"大禹治水"的足迹和工程遍布"九州"的古史传说大相径庭，但却更加真实可信。在中国古代，大型水利工程建设起步于春秋、战国时代，其时，社会经济进一步发展，技术能力显著增强，劳动人口大大增加，始有楚、魏、秦等国运用国家力量组织兴建芍陂、西门豹渠和郑国渠这样的大工程，中国先民改变大地水土环境的历史，又进入了一个更高的阶段。那是后话。

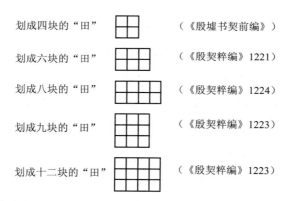

资料来源："中国农业文明网"，https://www.icac.edu.cn/historytype.asp？id=155。

图 2-2　甲骨文中表示"田"的象形字

---

[1]（清）阮元校刻本：《十三经注疏》，中华书局，1980 年影印本，第 2488 页。
[2] 李根蟠：《先秦时代的沟洫农业》，《中国经济史研究》1986 年第 1 期，第 1-11 页。

三、资源争夺、财富占有与国家诞生

英国著名历史学家阿诺德·汤因比在构建其宏大的文明形态史观之时，将 6 000 年人类史划分为 21 个文明（后为 26 个）单元，提出了关于文明起源、成长和衰亡机制的"挑战与应战"模式。其所谓"挑战"，包括"困难环境的刺激""新环境的刺激""打击的刺激""压力的刺激"和"遭遇不幸的刺激"等，"应战"则指人们对各种挑战的反应。在汤因比看来，第一代文明的挑战主要来源于自然环境，自然环境本身不能直接产生文明，只有当它成为人类生存条件的一部分时，通过人的活动才能对文明产生发挥作用。文明往往起源于那些自然条件相对恶劣的地区，而难以诞生在那些安逸、舒适的自然环境，人类是在应对环境挑战过程中创造了文明。他还认为：环境挑战要适度，太小的挑战不能对人类造成足够的刺激并激发"应战"；挑战太大，超过了人类的"应战"能力，则导致文明衰落甚至解体。特殊代表人物领导民众成功地应对挑战，是文明产生和发展的重要条件之一。[1]汤因比特别引证中国的例子，认为中国文明之所以产生于黄河流域而非其他地区，是因为那里的人类遭遇了环境挑战并成功地应战。[2]汤因比对中国历史的了解并不全面甚至存在误解，但他关于人类应对环境挑战而创造文明的理论，仍然具有启发性。

水土环境及其变化对中国远古社会发展和文明起源具有特殊重要影响，"大禹治水"便是那个时代环境与人类之间的"挑战与应战"。魏特夫的"治水社会论"似乎亦包含有这样的历史思考。他认为：在干旱和半干旱地区，人们必须通过治水才能维持农业生产，而兴修水利工程必须要有纪律、从属关系和强有力领导，东方"治水社会"因此产生了君主专制主义。[3]对于他的理论，国内学者进行过不少批判，但不论是徐旭生还是后来的研究者，在论说夏文明和夏王朝时都将大禹治水视为一个关键事件，认为洪水迫使人们迁徙，加速了部落的杂居与合并，大禹因成功地领导了治水活动而被公推为领袖，他所在的部族和所居之都城也就成了政治中心，从而给夏朝诞生提供了契机。对此，徐旭生

---

[1] ［英］汤因比著，曹未风等译：《历史研究》（上册），第二部《文明的起源》，上海人民出版社，1964 年。
[2] ［英］汤因比著，曹未风等译：《历史研究》（上册），上海人民出版社，1964 年，第 92-93、第 109-110 页。
[3] ［美］卡尔·A. 魏特夫著，徐氏谷译：《东方专制主义》，中国社会科学出版社，1989 年。

有如下一段表述，称：

　　由于治水的时候事务殷繁，各氏族间的朝聘会贺即使不想繁数，也不能不繁数。大禹既是治水的最高的负责人，那他的氏族所在地，阳城自然渐渐成了四方走集之所，都会。因为他对于人民有大功德，所以当他死以后，虽说他的儿子，启，并不见得比尧的儿子，丹朱，舜的儿子，商均高明到那去，可是"朝觐""讼狱""讴歌"都接续着汇集到他那一方面。政治的组织渐渐取得固定的形式，不像从前散漫部落，能干的首领一死，"朝觐""讼狱"就转向他氏族的情形。我们从此以后，氏族制度就渐渐解体，变成了有定型，有组织的王国。[1]

　　但并非所有研究者都认同这一观点。例如叶文宪认为："禹所以能成为治水的指挥者，是因为酋邦首脑已经具有了协调诸部落行动的权力。……在中国治水不是专制国家的因，而是专制国家的果"；"大禹治水的成功只使他获得众人的尊敬而被推为首脑，是部族间的冲突与征服战争才在禹酋邦演进为夏王朝的过程中起了决定性的推动作用。"[2]显然他坚持了关于文明国家起源的传统解释。

　　众所周知，摩尔根《古代社会》把"军事民主制"当作原始社会向阶级社会过渡阶段普遍存在的一种制度，围绕资源、领地而展开的部落战争在那个阶段十分频繁，马克思主义经典作家吸收摩尔根学说并进行了系统的阐述。马克思主义学说传入以后，这个理论在中国文明起源研究中一直被奉为主要的解说框架和思想导引，而古籍关于原始社会末期炎、黄、尧、舜、禹时代部落集团战争的频繁记载，为之提供了强有力的支持。相关研究论著非常宏富，前人阐述已经周详圆融。

　　不过，假若在前人基础上进一步追问部落冲突和征伐战争为何如此频繁、激烈？何以一些部落集团取得了胜利而另一些被征服或者被驱逐、被消融？则仍有可能做出一些"环境史的解释"。

　　环境史的研究主题是历史上的人与自然关系，其中，人口与资源的关系是

---

[1] 徐旭生：《中国古史的传说时代》，科学出版社，1960年，第7-8页。
[2] 叶文宪：《部族冲突与征服战争：酋邦演进为国家的契机》，《史学月刊》1993年第1期，第1-7页。

核心。在漫长的历史进程中，人口与资源关系是动态变化的，时而松弛，时而紧张，不仅直接影响人与自然关系的实际状况和人类的环境行为，而且影响社会关系和社会行为。人口与资源关系紧张，还必然地导致社会关系紧张，在经济、政治等方面产生连锁反应；高度紧张的人口与资源关系甚至往往导致战争。因此之故，不少研究者把环境资源限制、人口增长以及由于生存资源紧张所引发的战争，视为文明和国家起源的一个主要推动力。

美国人类学家卡内罗（R.L.Carneiro）发现：考古学上的证据显示秘鲁、美索不达米亚、埃及、罗马、北欧、中非、波利尼西亚、中美洲、哥伦比亚等世界上几乎所有史前文明起源地区，都一直处于连绵不断的战争之中。基于这一事实，他提出了所谓"限制理论"，认为战争是古代文明社会（国家）产生的动因，而那时具一定规模的战争的主要起因是环境限制和人口压力，是人们对于资源不足所引起的生存挑战的一种反映。[1]

确实，在一个特定的具有不同限制因素的环境中，人口增长最终将导致人口与自然资源关系发生失衡，二者之间矛盾不断升级，最终必将导致为了争夺土地和其他自然资源的战争，战争的结果则是一些部落征服另一些部落。若因受地理条件限制，战败者无处可逃，在权衡利弊后不得不屈服于战胜者，沦为后者的附属。随着土地资源的进一步紧张，战争规模将升级，战争范围会扩大，不同部落乃结成更大的政治实体，联合起来抵御外敌，人类社会亦因此由部落演进到酋邦。在此过程中，社会内部政治结构相应地发生变化，战功卓著者可能获得政治上的领导地位，成为上层阶级的核心；战俘被用作奴隶组成下层阶级。政治单位和政治权力演进到一定程度，便产生了文明和国家。

国内有学者的相关研究为这一理论提供了例证。例如，吴文祥等人连续发表文章论说相关问题。在他们看来："战争是以夏朝建立为标志的中国古代文明的诞生的最重要也是最直接的原因一，战争则与地理限制和人口压力有关，而地理限制的形成则是与 4 000 aB.P.气候突变导致我国东南季风区北旱南涝环境格局有关，同时人口压力的形成也与气候突变导致的资源匮乏和人口迁徙

---

[1] 1970 年，卡内罗在《科学》杂志上发表《国家起源理论》（Theory of the Origin of the State）一文，至 1986—1988 年间，他又在一次纪念柴尔德（V.Gordon Childe）的学术会议和《美国行为科学家》杂志上连续发表论文，探讨"资源集中"（Resource Concentration）在国家兴起中的作用，系统地阐述其所谓"限制理论"（The Circumscription Theory）。关于他的基本观点，参见吴文祥：《"限制理论"与中国古代文明诞生》一文介绍，《华夏考古》2010 年第 2 期，第 143-152 页。

有关"。[1]

关于原始社会末期部落战争频繁、战争规模扩大，学界已有相当的共识，亦为大量考古发现所证实。严文明概括说"……反映战争扩大的证据是很多的，主要表现在三个方面：一是武器的改进，二是城堡的出现，三是战死者的乱葬坑到处可见。"[2]单从城堡来看，仰韶文化之后、龙山文化时期的快速发展是非常引人注目的。"城"的功能有多个方面，固然为了防洪、防兽，但更重要或者说愈来愈重要的是"防人"，亦即战争防御，对此不少学者已经做过专门讨论。[3]许宏归纳说："总体上看，龙山时代晚期阶段以各小流域为单元的聚落群广泛分布于中原各地，它们多为一个中心聚落所控制，内部等级分化明显，从而形成了一种'邦国林立'的局面。考古学文化谱系的研究表明，这些聚落群分别拥有不同的文化背景和传统。而大量的杀殉现象、武器的增多和一系列城址的发现，又表明它们之间存在着紧张的关系，冲突频繁地发生。正是在这一过程中，区域间的交流和融合也不断得以加强，并最终促成了二里头广域王权国家的形成。"[4]如此看来，早在原始社会末期，由于人口增长以及由于其他因素所导致的人口聚集，已经造成特定地区人口与资源关系的紧张状态，这种紧张引起了中国历史上最早的兼并战争：一个个弱小部族被实力强大的部族所征服、整合成较大的部族；随着兼并战争不断发展，逐渐形成由多个部族结成的军事联盟，不同部族军事联盟之间也不断发生更大规模的战争，最后形成国家。正因如此，早期国家主要是以血缘、氏族为关系纽带的松散政体，而与后代"按地域划分国民"的国家政体之间存在着显著不同的历史特征。如此一来，中国文明和国家产生的动力机制和逻辑过程，似乎可以简化为：人口增长—资源紧张—兼并战争—国家形成。

不过，传统看法主要从财富观念和财物占有方面讨论那个时代的战争和国家起源问题。例如严文明指出："财富观念的加深使得掠夺他人财物的事情不断发生，保护自己的财物和人身安全也便成为必须面对的现实。社群或族群之间

---

[1] 吴文祥、刘东生：《4 000aB.P.前后降温事件与中华文明的诞生》，《第四纪研究》2001 年第 5 期，第 443-451 页；吴文祥：《"限制理论"与中国古代文明诞生》，《华夏考古》2010 年第 2 期，第 143-152 页。
[2] 严文明：《黄河流域文明的发祥与发展》，《华夏考古》1997 年第 1 期，第 49-54 页。
[3] 曹兵武：《中国史前城址略论》，《中原文物》1996 年第 3 期，第 37-47 页；[日] 冈村秀典著，张玉石译：《中国新石器时代的战争》，《华夏考古》1997 年第 3 期，第 100-112 页。
[4] 许宏：《公元前 2000 年：中原大变局的考古学观察》，收入山东大学东方考古研究中心、山东大学文化遗产研究院编：《东方考古》（第 9 集），科学出版社，2012 年，第 186-204 页。

的战争从此变得越来越频繁和激烈，规模也越来越大了。"[1]显然他主要是从财富占有立论，而没有强调人口压力和资源限制的影响。的确，单纯从资源占有角度讨论战争和国家、文明起源等问题，可能存在不够圆融之处，"限制理论"的解说框架很容易遭到质疑。这是因为：与后世特别是与今天相比，即使在最发达的中原地区，原始社会末期的人口也实在是非常稀少，从土地或自然资源承载力来说，人们很有理由怀疑大谈那时的人口压力、资源紧张是否言过其实？吴文祥等人显然估计到可能会遭受质疑，因此对人口压力问题专门做了解释，指出：史前中国人口压力主要来自以下几个方面，或者与之相关，一是全新世适宜期（8 500aB.P.—4 000aB.P.）人口的自然快速增长奠定了史前人口基础；二是与地形地貌因素有关；三是与当时农业生产力水平密切相关；四是与由环境恶化引起减产而导致的人口与自然资源之间的产生不平衡的矛盾有关；五是与人口向中原地区的定向迁徙有关。[2]

　　在我们看来，单纯从财富占有，或者单纯从资源限制角度立论，都不够周全，两者需要结合起来。资源限制理论的解释至少可以作为对财富占有理论解释的一个重要补充，其一定程度上的合理性不应被完全否定。我们知道，"人口压力"和"资源紧张"其实是一个历史概念，土地承载力或环境承载力并非固定不变的，而是随着生产技术手段、环境适应能力、资源利用方式等的变化而不断变化；那个时代人口虽然很少，但生产能力亦非常低下，单位面积土地上的自然出产与人工产品所能供养的人口十分有限。细心的读者肯定已经发现：在讨论农业起源之时，我们已将旧石器时代末期人口—资源关系紧张作为主要动因；在此后历史时期，人口压力和资源紧张仍然不断导致阶段性的生存挑战，并引起社会经济、政治、文化连锁反应，乃至继续通过战争方式解决。这是后话。

　　文明诞生特别是国家出现，不仅具有深层的人与自然关系背景，而且带来或者促进人与自然关系的新变化，处理围绕着资源占有和利用而发生的各种社会利益关系，自古至今都是国家的一项重要职能。事实上，国家从一开始便是，而且越来越成为深刻影响资源利用和环境变迁的一个重要因素。在伊懋可看来：族群和政治集团之间以资源争夺和独占为目标的战争，是新石器时代、青铜器

---

[1] 严文明：《黄河流域文明的发祥与发展》，《华夏考古》1997 年第 1 期，第 49-54 页。

[2] 吴文祥：《"限制理论"与中国古代文明诞生》，《华夏考古》2010 年第 2 期，第 143-152 页。

时代乃至帝制国家形成时期最重要的社会驱动力，因而在考察那些时代的环境变化时，他更愿意做出"社会达尔文主义"（因争夺资源而不断发生战争与掠夺，适者生存）的解释而不是采用"马尔萨斯模型"。[1]

在大禹时代，夏部族通过平治水土、建立"沟洫川遂"系统，形成了与中原自然环境最相适宜的土地利用方式和生产技术体系，增强了经济实力，这使得夏人能够于部族林立的形势下独占鳌头，并在频繁的资源争夺战争中处于强势地位，率先建立了国家。自从国家出现以后，经历殷商、西周两代至春秋、战国时期，中原社会经济逐渐定向化发展，农业生产成为愈来愈占据主导地位的生计模式，甚至产生了国家"重农主义"，这些既是历史早期不同部族资源利用方式互相竞争的结果，又奠定了后来数千年中国人与自然关系的基本模式。

四、夏人的生存环境和社会文化适应

根据古史传说，大禹治水足迹遍布辽阔的区域，所到之处后来被划为"九州"，即冀、兖、青、徐、扬、荆、豫、梁、雍，所谓"芒芒禹迹，画为九州"[2]是也。《史记》记载：大禹成功治水以后，"于是九州攸同，四奥既居，九山刊旅，九川涤原，九泽既陂，四海会同。六府甚修，众土交正，致慎财赋，咸则三壤成赋"，"天下于是太平治。"其影响所及，"东渐于海，西被于流沙，朔、南暨：声教讫于四海。"这个广大疆域，由内而外，被划分"天子之国"（畿服）和"甸服""侯服""绥服"和"要服"，并据以建立了相应的贡赋制度，所谓"自虞、夏时，贡赋备矣。"夏启建立夏朝，自当继承了这一疆域版图，采用分封方式实施统治，向各地征取贡赋，故"太史公曰：禹为姒姓，其后分封，用国为姓，故有夏后氏、有扈氏、有男氏、斟寻氏、彤城氏、褒氏、费氏、杞氏、缯氏、辛氏、冥氏、斟戈氏"。[3]

这一本于《尚书·禹贡》的系统历史重构，某些方面可能近乎事实（如夏王朝统治着许多氏族方国），但以当时的历史条件，对"九州"这样辽阔的区域实施有效统治是不可能做到的。只有两种可能：一是"九州"之说系后人编造；

[1] 关于古代战争与国家和环境变迁的关系，参见：Mark Elvin, The Retreat of the Elephants: An Environmental History of China, New Haven: Yale University Press, 2004, pp.86-114.
[2] 《春秋左传正义·襄公四年》，收入《十三经注疏》，中华书局，1980 年影印（清）阮元校刻本，第 1933 页。
[3] 《史记》卷 2《夏本纪》，中华书局，1959 年，第 75-77、第 89 页。

二是那时的"九州"远远没有《尚书·禹贡》所记述的那么广大，更不可能那么"大一统"——即使在夏王朝实际统治的中原，亦是方国林立、各自为政。[1]王玉哲认为："夏之区域包括今山西省南部（即汾水流域），河南省西部、中部（即伊、洛、嵩高一带），东可以达豫、鲁、冀三省交界的地方，西到渭河下游"。[2]王星光亦综合分析古代传说并结合考古发现的夏文化遗存，指出："夏王朝的主要统治区域及其统治的中心地带为西起陕西华山一带、东至河南与山东的交界处、北入河北境内、南接湖北省。其中以豫西和晋南为其统治的核心地区。其间虽有国力强弱引起的涨缩起伏，但基本上是在这一空间范围内波动变化"。[3]

然而自尧、舜、禹或先夏时期开始，至夏桀亡国，夏人活动的中心区域及都城所在地，曾经多次发生了变化。早先他们主要活动于晋南地区，即今山西运城、襄汾、临汾等地，那里有众多的夏文化遗址被集中发现。其中，襄汾陶寺遗址是先夏至夏朝初期的活动遗迹；在夏县东下冯所发现的二里头文化东下冯类型，年代约在公元前1900—前1600年，亦属夏文化遗存。这些考古发现，与文献记载大致吻合，可以互相印证。

大禹治水以后，夏人活动中心逐渐向豫西地区移动。《史记》称："自洛汭延于伊汭，居易无固，其有夏之居。"[4]大禹及其子夏启曾建都于阳城和阳翟，《史记》裴骃《集解》引徐广云："夏居河南，初在阳城，后居阳翟。"[5]这两个地方都位于今河南省境内的颍水上中游；至仲康统治时期，夏人活动中心迁往洛阳盆地，考古学家在这个地区发现了繁荣发达的"二里头文化"，遗址分布非常集中。其中在今河南偃师西南、洛河南岸所发现的二里头都城遗址，规模宏大，面积约400万平方米。遗址中部为宫殿区，占地7.5万平方米，已探出数十座宫殿基址；南部是青铜冶铸作坊区，出土有许多陶范、铜渣、坩埚碎片和浇铸青铜器；北部是制陶窑址；东部则发现多座墓葬、灰坑、中小型房基和祭祀遗迹等，还有相当数量的青铜器和玉器等。这个遗址功能分区清晰，宫殿规

---

[1] 我们更愿意把古史传说大禹故事中的"九"，如"九州""九川""九道""九泽""九山"等理解为一种对"多数"的表达方式。是战国时代的人们把"九"实指化并编造出——实有的天下"九州"之说。

[2] 王玉哲：《中华远古史》，上海人民出版社，1999年，第155页。

[3] 王星光：《生态环境变迁与夏代的兴起探索》，科学出版社，2004年，第94页。

[4] 《逸周书·度邑》"居易"作"居阳"。黄怀信等：《逸周书汇校集注》，上海古籍出版社，1995年，第512页。

[5] 《史记》卷4《周本纪》，中华书局，1959年，第130页。

模宏大，铜、陶、骨、玉器物精美，等级分明，都让我们有理由相信那里曾是夏朝都城所在之地，[1]或即古史记载的"斟寻"。[2]

根据现代自然地理学研究，晋南、豫西地区作为夏人的活动中心，具有若干独特的地理优势，自然条件良好。那里地处"天下之中"，基本地貌特征是大小山脉间杂着众多盆地，其中运城盆地、临汾盆地和洛阳盆地，内部平坦空旷，适宜人类活动之展开。该地区西部位于黄土高原东南缘，中部地处中国地势由第二阶梯向第三阶梯过渡带，东面则是辽阔平坦的华北平原，黄河从中流过，汇集了南北两岸众多的支流，而大小河流在山前和盆地边缘形成了众多倾斜平原和洪积冲积扇，黄土层堆积深厚，土质松软而肥沃，气候则属于雨热同季的暖温带大陆性季风区，地质、气候、水文、土壤等都比较有利于早期旱作农业发展。且如前文所指出的那样：由于地势较高，在大洪水年代，那里不易受到洪水泛滥的毁灭性破坏。所有这些，都为夏文明的繁荣和长达400年的延续，提供了良好的环境条件。

关于夏代中国生态环境状况以及广泛区域人与自然关系的具体面貌，由于资料不足，无法展开全面叙说。不过，有学者综合考古资料和文献记载，对夏朝中心地区的环境状况及其变化进行了相当详细的描述，让我们对于那时晋南、豫西的生态环境面貌能够有所了解。[3]

首先，夏朝处于全新世大暖期的后期，气候可能比当今温暖一些，但已经开始由仰韶文化时代的"最佳适宜期"进入一个亚稳定的温暖期，距今4 000年左右的大洪水，反映短期气候波动可能还相当强烈。

其次，由于那个时代的气候总体上还处于温暖期，植被和动物分布仍表现出了一定的暖期特征，但晚期气候逐渐向凉干转变。偃师二里头、夏县东下冯、洛阳皂角树和驻马店杨庄等文化遗址都透露了一些当时生态环境的古老信息。

宋豫秦等人曾对偃师二里头遗址的孢粉进行了分段统计分析（见表2-2），使我们对当时这个地区的主要植被类型及其变化情况获得了一个大致了解。[4]

---

[1] 参见中国社会科学院考古研究所：《偃师二里头》，中国大百科全书出版社，1999年。

[2] 据古本《竹书纪年》记载：夏都屡迁，如大禹居阳城、后相居商丘（帝丘）、相居斟灌，而太康、羿、桀皆居斟寻。见范祥雍：《古本〈竹书纪年〉辑校订补》，上海人民出版社，1957年，第8-15页。

[3] 就目前所见，王星光的描述最为全面，参见王星光著：《生态环境变迁与夏代的兴起探索》，科学出版社，2004年，第91-131页，本节叙述主要以王著作为基础，但对其将《夏小正》作为考古夏代生态环境的重要史料持保留态度。我们认为：《夏小正》所反映的，应是古杞国一带的情况，其地在淮河流域流域而非豫西、晋南地区。

[4] 宋豫秦、郑光、韩玉玲、吴玉新：《河南偃师市二里头遗址的环境信息》，《考古》2002年第12期，第75-79页。

表 2-2　河南偃师二里头遗址环境考古孢粉分析统计表

野外编号		97-0	97-1	97-2	97-3	97-4	97-5	97-6	97-7
样品年代（BP）		4 000	3 900	3 850	3 800	3 800	3 750	3 750	3 650
文化分期		河南龙山末期	二里头一期		二里头二期		二里头三期		二里头四期
孢粉总数		382	375	125	140	391	337	213	135
乔木及灌木植物花粉	乔灌孢粉总数	67	44	36	32	14	39	3	12
	铁杉属	1							
	松属	8	19	3	23	11	23	1	2
	桦属	14	1	4	1	1	2		2
	桤木属	8							
	栎属	15	9	2			7		2
	桑属	3	4	26	6		2	1	6
	榆属			1		1			
	胡桃属		1						
	五加科	2							
	蔷薇科	13	9		1	1	1		
	忍冬科	1						1	
	麻黄科	2	1		1	4			
草本植物花粉	草本孢粉总数	312	326	88	105	373	295	201	122
	香蒲属	19	62	2	14		20	3	1
	眼子菜科	6	4	3	5		1		3
	禾本科	70	152	7	17	223	82	60	46
	百合科					13	2	1	
	蓼科	2							
	藜科	56	8	12	5	2	16	3	14
	苋科	34	1				1		
	十字花科		1			3	5		
	豆科				1				
	茄科			3					2
	伞形科				1				
	茜草科						1		
	菊科			2			1	1	3
	蒿属	125	98	58	62	132	166	133	53
蕨类植物孢子	蕨类孢粉总数	3	5	1	3	4	3	9	1
	石松科	1	1		1			9	
	卷柏科		2		2				
	里白科		2						
	膜蕨科						1		
	水蕨科				1				
	豆形孢	2		1		3	2		1

资料来源：宋豫秦等：《河南堰师市二里头遗址的环境信息》，《考古》2002 年第 12 期，第 78-79 页。

　　根据他们的研究，二里头遗址所在的时期即距今 4 000 至 3 600 年前，处在全新世大暖期后期气候趋于凉干的阶段，当地植被是以落叶阔叶为主的针阔混交林草原类型，但从龙山文化末期至二里头文化四期，气候和植被都经历了一定变化。龙山文化末期，当地气候温暖湿润，植被中乔木有桦、栎、椴木、松、桑属等；草本植物主要包括属于水生草本的香蒲、眼子菜等及中湿生的禾本科、苋科等，蒿属和旱生植物藜科等生长繁茂。从水生植物孢粉含量推断：当时遗址周围可能存在面积较大的水面。二里头文化一期，前段植被中的木本植物以松为主，掺有一定数量的栎属、桑属和桦属植物，水生草本植物含量较高，表明当时气温略有转冷，湿度变化则不明显，为温凉湿润气候；后期植被盖度大大降低，水生植物大量减少，旱生植物明显增加，说明气候温凉较干。从二里头文化二期到二里头文化三期，气候干旱程度不断加深并形成了稀树草原植被。二里头文化四期干旱程度有所减缓，植被中含有一定量的水生植物，并形成以落叶阔叶为主的针阔叶混交林草原，气候温凉较湿。

　　考古学家对洛阳皂角树遗址黄土样品中的孢粉进行分析，所描绘出来的植物组合呈现出相似的生态面貌：那里的乔本植物主要有松属、桦属、栎属，种类比较单一；灌木有麻黄科，草本植物有蒿属、菊科、藜科、蓼属、伞形科、禾本科、莎草科；蕨类植物有石松属、卷柏属、真蕨目，此外还环纹藻。总体情况是乔木少，且以耐旱的松属为主，草本植物占据绝对多数，反映了一种稀树草原植被景观，并且晚期气候有朝凉干方向转变的趋向。[1]

　　考古学者对皂角树遗址二里头文化层出土情况进行整理鉴定的结果表明：当地出土的动物遗存分属 13 个种类，其中包括无脊椎动物 2 种，即田螺和蚌，脊椎动物 11 种，即鲤鱼、鳖、鸡、鼠、兔、狗、猪獾、猪、梅花鹿、小型鹿科动物、黄牛。出土动物遗存中的可鉴定标本进行统计，结果显示：养猪已经占据了绝对主导的地位，养牛居第二，这两种动物占可鉴定动物标本总数的76.9%。不过，当地草泽之中仍然有着数量可观的梅花鹿和其他动物，渔猎仍然是重要的肉食来源；而皂角树附近的一片宽阔的牛轭湖中，还有田螺、蚌、

---

[1] 洛阳市文物工作队：《洛阳皂角树——1992～1993 年洛阳皂角树二里头文化聚落遗址发掘报告》，科学出版社，2002 年，第 92-93 页。

鱼、鳖等水生动物可供捕捞。[1]

由偃师、皂角树等地二里头文化遗址的出土情况，我们大致可以做出这样一个基本的判断，即：夏朝时期，以晋南、豫西为中心的夏人活动区域，自然生态环境面貌总体上堪称良好；由晋南、豫西的情况，可以推知更广泛区域的生态环境状况。

然而上述这些情况，只是大致反映了夏人生存活动的客观自然条件，我们更希望了解的是：那时，人们如何利用这些自然条件谋取生计，发展社会和文化。环境史不仅需要努力重建历史上的自然环境面貌，探索其长期变迁过程，更需要了解自然环境及其演变与人类活动的相互关系，需要考察历史上的人们是如何认识和适应其当下的环境，包括水、土、生物和大自然的季节变化，这是环境史与环境变迁研究的重要区别之一。

我们知道：经济生产是社会文化发展的物质基础，也是人与自然发生种种联系的基本界面。经济活动是天、地、生物、矿物和人事（工具、技术、生产组织等）诸多自然和社会因素的统一。作为中国王朝体系中最早的一个古老朝代，夏朝由于古籍文献记载缺乏，史迹微茫，但其在这些方面的若干伟大创造，不能不从环境史的角度予以特别提及和肯定。其中影响最大的创举自然是前面所述的"平治水土""尽力乎沟洫"，尽管"大禹治水"传说存在很多悬疑，大禹时代不可能在如此广大的区域范围开九州、通九道、陂九泽、度九山，今天所见之相关记载，是在华夏文化不断扩张过程中经过了不断的流传和演绎，并且显然受到了战国时代逐渐生成的"大一统"思想的影响，与大河两岸经济发展和治河新形势有着非常密切的关联。然而，自新石器时代晚期至夏代，在中原农耕区域逐渐由河流两岸台地和山前洪积冲积扇地带向更广大低平地区推进的过程中，进行较大规模的水土整治、修筑堤防、疏通河道、捍御洪水特别是开通沟洫进行农田排灌，确实已有必要，即便当时只有相当初步的农田水利设施创制，对中国古代农耕文明发展亦具有极其深远的"文化发生学"意义。

在对"天"的认识和对"天时"——自然季节变化的把握方面，与夏代有关的几个问题同样非常值得重视，亦颇具争议。其中之一是"后羿射日"的故事，常与"嫦娥奔月"联系在一起，可谓家喻户晓。它的产生因与远古人们对

[1] 洛阳市文物工作队：《洛阳皂角树——1992～1993年洛阳皂角树二里头文化聚落遗址发掘报告》，科学出版社，2002年，附表5《皂角树遗址各期部分遗迹单位出土动物遗骸统计表》。

炎热季节烈日暴晒和干旱气候的感知与认识有关。更加重要、对中华民族影响极深的问题是"夏时"或"夏历"，以往仅从历法史的角度研究，实则它深刻反映了中国古代社会人与自然关系的诸多历史特征。"夏时"最早被完善地记录在《夏小正》中，作为中国先民顺应自然季节变化的一套完整文化模式，其基本精神是以万物为师，通过周遭环境中的物候变化，把握生产、生活的时宜，顺时而动。虽然夏代还不可能形成这样完整的历法，但其中某些经验知识在夏代已经出现应无疑问。夏朝灭亡后，夏人后裔（如杞国人）继续不断传承和丰富这套知识，到了春秋、战国时期，逐渐被人们归纳和记录下来，因其在夏人后裔中流行和使用，故名为"夏历"或"夏时"，相传其广为人知是由于经过孔子整理。关于这个问题，后面将有专章论说，兹且从略。

与夏人经济生活更加直接关联的自然是对各种生物资源的利用，利用方式包括种植、饲养、采集和捕猎。考古资料显示：夏朝时期，主要活动于今晋南、豫西地区的夏人的食物生产结构是以粮食作物种植为主，家畜饲养为辅，捕猎和采集作为重要补充，物质生活是建立在对种类众多的作物、家畜和野生动、植物广泛开发利用的基础之上。

粮食作物栽培在当地食物生产中已经占据主导地位。考古学家运用水选法从皂角树遗址筛选出的种子和炭化果实表明：当地粮食生产以旱作为主，粟是最重要的作物，在相关作物标本样本中数量明显高于其他作物；其次则是黍、大豆，亦有少量的小麦和水稻；此外，酸枣、野葡萄、紫苏、枣和桃等可能也已经被驯化栽种。[1]

对动物资源的利用则呈现出更显著的"广谱性"，凡周围环境之中栖息的动物，只要具有经济价值，都有可能继续成为捕猎的对象；但在人们的经济生活之中，家养动物已经明显地愈来愈占据支配地位。二里头遗址出土动物遗存可以充分地证明这一点。根据杨杰的整理、统计：在二里头遗址的 7 个考古文化层（二里头一至四期地层、二里岗下层、二里岗上层和汉代层）中，一共发现动物遗存 39 429 件，这批遗存至少代表了 45 种动物，分别是：中国圆田螺、背瘤丽蚌、洞穴丽蚌、剑状矛蚌、三角帆蚌、文蛤、无齿蚌、拟丽蚌、鱼尾楔蚌、圆顶珠蚌、丽蚌 A、丽蚌 B、二里头 1 号蚌、鲤鱼、龟、鳖（两种）、鳄、

[1] 洛阳市文物工作队：《洛阳皂角树——1992—1993 年洛阳皂角树二里头文化聚落遗址发掘报告》，科学出版社，2002 年，第 113 页。

雉、鸡、雕科、鸥形目、雁、鹳科、兔、豪猪、鼠、熊、虎、豹科、狗、貉、小型猫科、黄鼬、犀牛、家猪、野猪、麋鹿、梅花鹿、小型鹿科（至少三种，分别是狍子、獐以及小型鹿科 A）、绵羊、山羊、黄牛。从可鉴定标本数来看，哺乳动物在各类动物中占多数，以中国圆田螺为代表的贝类遗存也有大量出土，而鱼类、爬行类和鸟类骨骼遗存出土较少。在上述这些动物中，狗、猪、山羊、绵羊和黄牛 5 种可以确定为二里头遗址先民们饲养的家畜，它们的可鉴定标本数在全部动物可鉴定标本总数中占有非常高的比例，而野生动物的比例始终没有超过 25%，因而，二里头遗址先民们获取肉食资源的方式应属于"开发型"（即人工饲养）；从肉食结构来看，猪、牛、羊、梅花鹿这四种动物构成了他们的主要肉食来源，其中猪最为重要。[1]

考古学者注意到：由于二里头曾经是夏人统治的中心，有些动物亦可能通过进贡或者其他方式从异地输入。赵春燕等曾根据牙釉质的锶同位素比值分析，探测二里头遗址出土猪、羊和黄牛等动物的来源，结果发现：在有的文化期所出土的羊和黄牛的牙釉质的锶同位素比值不在当地的锶同位素比值范围之内，也就是说：虽然羊和黄牛在当地已经被陆续饲养，但有些羊和黄牛并非本地所产，而是来自外地。[2]这一不容易被注意到的情况，却透露出了一个非常有意义的历史信息：随着政治、交通以及其他社会性因素的发展和变化，在夏朝权贵阶层聚居之地的政治统治中心，生活物资已经不再完全局限于本地所产，而是有可能来源于较远的地区。换言之，作为国家和社会发展中心的都城，开始从更广大的区域获取、积聚物质能量。

夏人对于各种动物资源的利用，并不局限于食物，而是大量利用各种动物资源作为制造器物的原材料。前面曾经详细讨论：在新石器时代，人们大量利用动物的骨、齿、角、壳制造生产和生活器具，在一些地区，骨器曾与石、木、陶器平分秋色，甚至曾经超越其他材质器物的重要性，在夏代，骨器依然大量被制作和使用。在东下冯夏文化遗址中，考古学者发现了大量的骨器、蚌器，石、陶、木、骨器共存的情况并无显著改变；[3]考古学家在对偃师二里头遗址

---

[1] 杨杰：《河南偃师二里头遗址的动物考古学研究》，硕士学位论文，中国社会科学院研究生院，2006 年，第 46 页；又参见杨杰：《二里头遗址出土动物遗骸研究》，收入中国社会科学院考古研究所编：《中国早期青铜文化——二里头文化专题研究》，科学出版社，2008 年，第 470-539 页。
[2] 赵春燕：《二里头遗址出土动物来源初探——根据牙釉质的锶同位素比值分析》，《考古》2011 年第 7 期，第 68-75 页。
[3] 关于夏县东下冯遗址出土丰富的石器、骨器、陶器等，中国社会科学院考古研究所等：《夏县东下冯》（文物出版社，1988 年）一书有非常详细的介绍，可以集中参阅。

的不断发掘中，都发现农业和捕猎生产工具是石、骨、蚌、木器并存，其中以动物骨、齿、角、壳为材料制作的，有蚌镰、蚌刀、蚌铲、骨铲、骨鱼叉、骨鱼钩、骨镞、蚌镞、骨锥、骨针等许多。[1]而杨杰的研究表明："二里头遗址先民们在骨、角、蚌器的加工上已经普遍使用了切割法，切割痕迹的分布具有明显的规律性，同时在原料的选取上把较易得到且最适合制造骨器的动物骨骼作为首选，由此可见，二里头人骨、角、蚌器加工技术已经非常成熟"，大量使用动物骨骼进行占卜的情况亦继续发展，"二里头遗址的卜骨，无论原料的选取，还是加工制造的方法，与河南龙山文化、二里岗文化以及以殷墟为代表的晚商文化时期的卜骨是一脉相承的。"[2]不仅如此，由于动物与自己的生活关系非常密切，人们对动物的观察愈来愈细致，不断积累和丰富起来的动物知识逐渐深入渗透到了人们的精神世界，除卜骨之外，人们还在陶器等器物制作中表现自己对各种动物的感知，考古学家在偃师遗址中发现的陶塑品，有蛤蟆、龟、羊头等形象，造型逼真生动，有些陶器上还刻画有龙纹、蛇纹、鱼纹、蝌蚪纹、饕餮纹等。[3]这些情况反映出：夏代时期的中国先民已经开始采用具象甚至抽象化的艺术方式来表达他们关于动物的知识和观念，在自然进入文化的历史进程中，这也是非常值得注意的一个进步（见图2-3）。

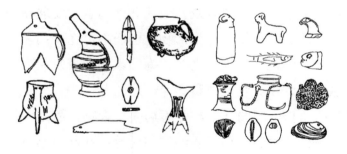

资料来源：李维明：《二里头文化动物资源的利用》，《中原文物》2004年第2期，第40、44页。

图2-3　二里头文化中的部分仿生器物和器物上的具象动物

夏人对非生物资源的利用，包括大量利用各种石料、泥土制作各种器物，

---

[1] 自1950年代以来，相关考古报告颇多，例如：中国科学院考古研究所洛阳发掘队：《河南偃师二里头遗址发掘简报》，《考古》1965年第5期，第215-224页；中国科学院考古研究所二里头工作队：《河南偃师二里头遗址三——八区发掘简报》，《考古》1975年第5期，第302-309、第294页。不作详细引注。

[2] 杨杰：《河南偃师二里头遗址的动物考古学研究》，硕士学位论文，中国社会科学院研究生院，2006年，第46页。

[3] 相关情况，考古学家早有报告，例如上引中国科学院考古研究所洛阳发掘队：《河南偃师二里头遗址发掘简报》一文即有所介绍。并参见李维明：《二里头文化动物资源的利用》，《中原文物》2004年第2期，第40-45页。

技术工艺较此前时代自然有了明显提高，对玉石的利用尤其受到重视。不过，更能体现这个时代社会生产力发展进步的是对金属矿产的开发利用。金属冶炼技术的发明，是人类进入文明时代的主要标志之一，也是人与自然关系史上的一个伟大飞跃。它不仅意味着人类利用自然资源的目标范围和技术能力都取得了显著提高，反过来也大大提高了人类开发和利用自然资源的深度、广度和效率。考古资料证明：早在原始社会末期，中国已经出现冶铜，但冶铜技术走向成熟和大量使用铜器则是在夏代。考古学家在各地夏文化遗址中都发现了大量铜器，虽然尚无证据说明它们已经被应用于耕垦稼穑，但铜器的种类已经相当繁多，戈、刀、锛、凿、锥、鱼钩、爵、鼎等青铜工具、武器和食器、礼器都有出土。[1]不过，冶炼青铜和铸造青铜器，既需寻找锡、铅矿石材料，更要消耗大量燃料，相信这一行业对当时产铜地区（特别是距离都城较近而青铜冶铸规模较大的地方）的森林资源具有一定破坏性影响（见图 2-4）。

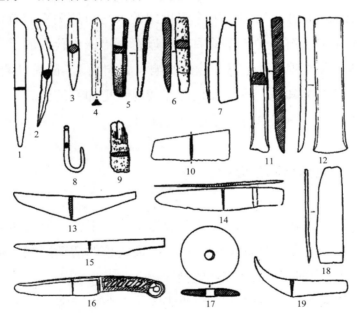

注：1~3. 锥（ⅣT24④B：59、ⅣT1③A：2、ⅤH103：3）；4. 三棱器（ⅣH76：23）；5、6、11. 凿（驻马站杨庄 T4③：3、ⅣT21④：10、东下冯 H9：17）；7、9. 端刃刀（ⅣT21⑤：6、ⅣH50：10）；8. 鱼钩（ⅣT6⑤：53）；10. 锯（ⅣH57：84）；12、18. 锛（ⅢF2：10、ⅣH57：27）；13~15. 刀（ⅣT13②：33、ⅢM2：4、ⅤIM57：2）；16. 环首刀（ⅢM2：3）；17. 纺轮（ⅣH58：1）；19. 刀（东下冯 T1022④：19）
资料来源：白云翔：《中国的早期铜器与青铜器的起源》，《东南文化》2002 年第 7 期，第 34 页。

图 2-4　二里头文化中的铜工具

---

[1] 相关研究成果和考古报告众多，读者可参见白云翔：《中国的早期铜器与青铜器的起源》，《东南文化》2002 年第 7 期，第 25-37 页。

虽然金属冶炼在夏代已经出现，但夏人的农作、狩猎和生活工具仍然是以石器、骨器和陶器为主。在那样落后的生产力条件下，土地垦殖水平和农作物产量都不可能很高，在一个固定的地点长期耕种、牧养和采集、捕猎，很可能导致了地力下降和自然资源匮乏，这应是夏朝生活中心和都城并不固定的一个重要原因。而夏朝之所以衰落直至灭亡，究竟是像有的学者所说由于气候变化（干旱），还是由于其活动中心区域自然资源减耗，抑或是像传统史学所认识的——由于社会内部矛盾尖锐化，还值得进一步探索、深思。

第三节　殷商时代的人与自然

殷商是中国历史上第一个不仅有大量考古实物，而且有系统文字记录本朝史实的朝代。殷墟及其他商代遗址的大量文物出土，甲骨文的发现和破译，加之传世典籍记录，让我们对殷商五个多世纪的人与自然关系史有可能获得较之此前时代更清晰的了解：由于中原农业和以青铜冶铸为代表的手工业经济都取得了很大进步，人类活动对生态环境的影响显著加强了；随着社会文化的进步，人们关于自然环境的知识、观念和信仰亦较前代更加系统化。

本书将就其中一些重要问题进行简要探讨。

一、商族活动区域和社会构造

同夏朝一样，商朝仍非后世意义上的那种统一王朝。但商朝文明的发展空间及其政治影响力，都远比起夏朝大得多，商民族的活动区域辽阔，其游动性（主要指先商和早商时期）似乎亦更明显。

关于商族的来源和先商时代的活动地域，古今史学家做过很多探讨，众说纷纭。近人王玉哲结合文字和考古资料，列举多方面的证据进行了详密的考证，认为：商族最远的祖居可能是山东，是滨海地区的一个以鸟为图腾的民族，后来才西到河北省中部，游牧于北至易水、南至漳水等流域，夏代末叶，其主力定居在河北南部和山西西部，于此强盛起来，卒能灭夏而建立商朝。[1]

[1] 以往学者的分歧和王玉哲的考证，参见王玉哲：《中华远古史》，上海人民出版社，1999年，第164-187页。

商朝建立之后，其影响地域不断扩大。从不断增多的考古发现可以看到：反映殷商文化显著影响的遗址，分布在非常广大的地域，向南到达了长江以南，向北则到达了长城以北，并不仅仅分布于黄河中下游地区。[1]不过，我们需要对其"文化疆域"与"政治疆域"予以区别，考古遗址所在的东西南北边界并非商朝"政治疆域"的"四至"，而是其文化影响范围，其直辖地区仅商人居住的一个大邑及其周围地区，即所谓王畿，相当于今河南省北部、中部。另外，在南北广大地区，散居着数十个与商同姓或异姓的诸侯，它们是商朝的封国或者"与国"，名义上臣服于商朝，实际上是各自为政。

张光直对与商朝地缘关系最紧密的 8 个方国进行考证之后，推测性地"……勾画出商代国家的大致疆域：河南北半部，河北的南半部，山东西部，安徽最北部和江苏的西北部"，这大致可以理解为商朝的"政治疆域"；而"在此区域周围，商被诸方所包围：北部（山西省北部）有上方，西北部（陕西省北部）有吾方，陕西中部以西及其附近地区有羌方、周方和召方，在中汉水流域以南有𢀛方，淮河流域东部及江苏和山东两省的沿海地区有人方，河北中部东北有盂方。"[2]这些与商朝之间保持亲疏不同关系的方国，在文化上受到商朝不同程度的影响，形成一个以商朝为中心的"文化圈"，这个圈子之外的地方则不属于商文化（或文明）的版图。当然，在历史发展过程中，由于频繁的征伐战争，商朝和各个方国的疆域界线是不断流动和变化的。王畿、封国和与国以及周围地区的众多方国，构成了商代基本的社会空间构造和民族分布的地理格局。

王畿是商王直接控制的地区，以都城为中心，"四方"或"四土"散布着大小不同的邑。甲骨文中记载的邑数量众多，或恐多达千数。这些大小不同的邑，实为人口多寡不一的大小村落，每个邑，少则十室，多则数百乃至上千室。他们耕种周围的土地，并在周围草场和森林从事捕猎采集活动。从理论上说，那里的人口（众）和土地都属于商王，经济产品为商王主要的收入来源，农业收成好坏与王室和百官的生活休戚相关，所以商王经常要占卜四方或四土的年代好坏。邑还是大小不同的血缘共同体聚居之地，居住着数量众多的氏族或家族。

---

[1] 王玉哲：《中华远古史》，上海人民出版社，1999 年，第 330 页。
[2] ［美］张光直著，毛小雨译：《商代文明》，北京工艺美术出版社，1999 年，第 238 页。

王畿之内有一部分受封的诸侯，但更多诸侯被分封到王畿之外的广大地区，通常情况下，距离王畿越近，由商朝分封的诸侯越多，关系越密切，属于商朝的封国或与国。他们被称为某侯、某伯，各自统治着所属之地，是商王朝分散在各地的统治据点，与商王保持着贡纳关系，并受商王之命征伐，彼此之间则或敌或友。

与商朝关系疏远甚至敌对的方国被称为“多方”，见于甲骨文的方国名称有数十个。它们有的与商朝封国、与国错杂而处，有的则地处相当僻远的地区。这些方国与殷商之间，以及方国与方国之间，社会文化发展水平差距明显，生计类型各不相同，它们有的已经从事农业，有的主要从事放牧，还有不少仍停留在采集、狩猎阶段。一般来说，越是遥远的方国，经济、文化发展水平越低，与殷商的联系越疏远。它们与商朝的政治关系变化不定，有时归顺和属服于商朝，有时又处于敌对战争状态，在整个商朝时期，彼此间的攻掠杀伐一直不曾完全停歇。

例如，生活在山西中南部的鬼方，可能是后来文献所说的“赤狄”，经济生产以游牧为主，长期与商朝相对抗，商高宗武丁曾用三年时间进行征伐。在商都西面和北面的𢀛方、土方，虽与商朝曾有过通婚关系，但经常处于对抗之中，商王曾率数千人的军队去征伐它们。在甲骨文中更频繁出现的是羌方，可能属于古老的姜姓部落，商朝时期可能主要活动于山西一带，曾经归顺商朝，但一直是商朝的主要攻伐对象。商朝军事频繁伐羌，将俘虏来的羌人大量用于祭祀，有时一次祭祀要杀死三四百个羌人，也有的羌人被迫成为放牧和随从狩猎的奴隶。生活在今山东、安徽、江苏一带的东夷，是商朝的东方劲敌，特别是其中的人方，在商朝末期尤其构成重大威胁，纣王大举进行讨伐虽然取得胜利，却也耗尽了国力，导致统治力量大大削弱。在河南中部至淮河上游一带，则有所谓虎方；关陇地区的姬周曾长期归顺商朝，强盛之后最终灭亡了商朝。此外见于甲骨卜辞的还有龙方、御方、马方、印方、黎方、基方、井方、兑方、中方、戈方、[illegible]方、[illegible]方、亘方、兴方、[illegible]方、林方、大方等。[1]

[1] 王玉哲：《中华远古史》，上海人民出版社，1999 年，第 374-390 页。

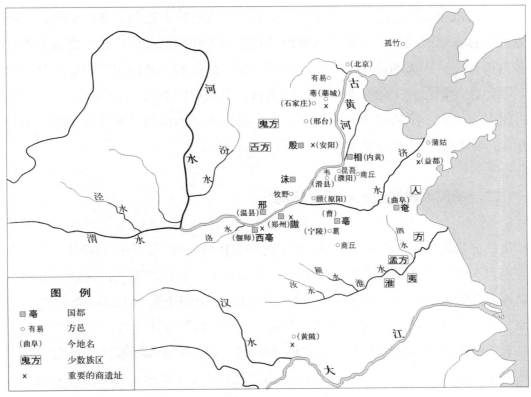

资料来源：王玉哲：《中华远古史》，上海人民出版社，1999年，图版页。

图 2-5 商代形势示意图

商朝与这些方国之间的杀伐战争，往往是为争夺资源与财富。战争历来都是自然资源控制和物质财富流动的主要方式与手段之一，争夺土地更经常成为战争的重要诱因。商朝时期，随着农业经济逐步发展，一些地区渐感适宜耕种的土地资源不足，不能不逐渐向外拓展，与那些原本从事或不从事农耕的方国之间发生冲突，例如商朝与羊方、葛方之间就曾经发生过此类战争。有时战争亦可能是为了争夺山林川泽禽兽资源或锡、铅、盐等矿物资源。殷墟考古资料证明：有大量物资并非商朝直接控制地区所出产，而是来自其他地区；一些地区因拥有特殊的资源而成为商朝战争攻夺或者贡纳征取的对象。例如，山西南部是商朝时期最主要的锡、铜矿产供给地，同时还是食盐的主要供应地，商王朝与当地方国之间的战争，自然多与争夺这些资源有关。另一方面，周围地区的方国为了获得所需生存资料，亦常常对商朝及其封国、与国发动掠夺和侵袭，从而引起战争。[1]当然，在非战争状态下，物质财富的流动会通过贡纳、交换方式进行。这些战争，不断改变着商朝政治疆界和国家版图，也不断改变着众多方国兴亡、存灭的命运，因而，当时国家、民族和社会的空间构造虽具有一定稳定性，但总体上处在变动不居的状态，而在商朝都城、王畿和众多封国、方国乃至大大小小的邑中，人口、土地、生计方式和自然资源及其相互关系的状况，亦相应表现出复杂多样的时代特征。

二、商代都城屡迁的环境史解说[2]

古史记载反映：从先商时期开始，直到盘庚统治时期，商民族经历了由"不常厥邑"的移徙生活向永久定居生活的重大转变，具体表现是：先商至商朝前期都城屡次迁移；传说商汤之前商族有八迁，[3]实则迁徙的次数可能更多。

商汤灭夏，建立商朝，曾建都于亳，[4]其后仍然屡次迁都，史有"五迁"之说：中丁迁都于隞（今河南荥阳北敖山南），河亶甲迁都于相（今河南安阳市西），祖乙迁都于邢（今河南温县东），南庚迁都于奄（今山东曲阜旧城东）。"五迁"之说，亦非实数，据王玉哲考证：商汤至盘庚时期共都居于八地、迁移了七次，所迁的这些地方"都在华北平原，大体俱处于距黄河两岸不远的肥沃地带"。[5]盘庚迁殷（今河南安阳西北）以后，商朝统治中心最终确立了下来，史称："自盘庚徙殷，至纣之灭，二百七十三年，更不徙都"。[6]因此，盘庚定都于殷是商朝历史上具有划时代意义的事件，史家一般以此为界把商朝划分为前

[1] 详细情形，参见［美］张光直著，毛小雨译：《商代文明》，北京工艺美术出版社，1999 年，第 234-244 页。

[2] 商朝迁都特别是盘庚迁殷，是一个非常重要的历史事件，历来关于商朝迁都的次数、具体地点以及迁都的原因争论甚多，歧见纷纭，令人眼花缭乱。但这个问题很值得从环境史角度继续予以讨论，因它标志着中国古代都城由暂时性向永久性的重大历史转折，这个转折在中国人与自然关系演变史上具有十分重要的开创性意义。在后面的篇章中我们仍将会涉及不同时代都城环境问题。本节综合前人研究并参以己意，重点对迁都原因及其与生态环境的关系予以叙说。

[3]（梁）萧统编，（唐）李善注《文选》卷二《赋甲·京都上》引（汉）张衡《西京赋》云："……殷人屡迁，前八后五，居相而圮耿，不常厥土。"上海古籍出版社，1986 年，第一册，第 80 页。

[4] 古史记载的"亳"及与之相关的地名众多，关于商汤所居都城"亳"的具体的具体位置，自古纷纭聚讼，近代学者也提出了诸多说法，但必是在今河南、河北、山东三省境内。王玉哲认为：商汤灭夏前所居之"亳"当在今山东曹县一带，灭夏之后西迁至今河南偃师，二里头文化之第三、第四期可能即新商都亳。见王玉哲：《中华远古史》，上海人民出版社，1999 年，第 175-178 页考证。

[5] 王玉哲：《中华远古史》，上海人民出版社，1999 年，第 233 页。

[6]（清）朱右曾辑，王国维校补，黄永年校点：《古本竹书纪年辑校》，辽宁教育出版社，1997 年，第 9 页。按：原文误作"七百七十三年"，今予改正。

后两个历史时期；也正因如此，自周朝开始，商朝又称"殷朝"。

古史屡屡提起盘庚迁都之事，但诸书记载既颇有异同，且皆语焉不详。传世典籍中保留下来的最详细材料出自《尚书·盘庚》，内容分为三篇，基本上是盘庚责令和劝诱贵族、民众迁往新都的训诰，从中可以看到：他为了光大祖先的功业和商族的长远利益，决意继承先王迁都的传统，把都城从"奄"或者"耿"迁至殷地。[1]然而这件大事进行得很不顺利，许多贵族留恋故土，刻意阻挠；普通民众亦不乐移徙，咨嗟忧愁，相与怨言。

《盘庚》三篇是盘庚针对"民咨胥怨"的斥责和劝诱之辞，言语软硬兼施，关于为什么一定要迁都却说得并不明朗，留下了一桩千古疑案，后世学人陆续提出过多种假说，其中有"水患"说，认为迁都是为了躲避洪水；有"去奢行俭"说，认为是为了摆脱旧势力的束缚，刷新政局；有的认为商朝前期社会经济仍以游牧为主，需要不断迁移，是为"游牧"说；有的则认为那时商族经济已经以农耕为主，屡次迁都是因为长期在一地农作造成地力耗竭，农业生产力下降，不得不迁往新区，是所谓"游农"说；此外还有政治斗争说、防御异族侵扰说等诸多说法。[2]这些都有一定根据，但论说都不够圆融。其中的水患、游牧和游农等说无疑都与生态环境关联密切，不少学者虽曾有所讨论，但仍有进一步探讨之必要。

古人早已注意到了，甚至最先考虑的是环境因素。只是由于古人治学往往是后人因袭和演绎前人，先儒提出了某种说法，后儒即据以不断演绎，学术本身自我演绎，有时会使一些原本很重要的内容变得模糊甚至被湮灭。

汉唐经学家一直试图剔发经文所包含的各种信息，分别从水土环境和社会风尚两个方面论说迁都的原因，唐人孔颖达曾做了一个较系统的归纳，称：

[1] 按：《水经·沮水注》引古本《竹书纪年》云："盘庚即位，自奄迁于北蒙，曰殷。"《太平御览》卷82《皇王部》、《史记·殷本纪》张守节《正义》、同书《项羽本纪》司马贞《索隐》和裴骃《集解》，《尚书·盘庚》孔颖达《正义》以及刘恕《通鉴外纪》卷2等引《竹书纪年》，皆言盘庚自奄迁于殷。但《史记·殷本纪》张守节《正义》另有一条却说："汤自南亳迁西亳，仲丁迁隞，河亶甲居相，祖乙居耿，盘庚渡河，南居西亳，是五迁也。"又似是由耿迁于殷地，而忽略南庚曾经迁于奄，下引材料说明：汉魏儒生多谓自耿迁殷。不能完全确定，暂且两存之。
[2] 例如，张光直否定迁都是由于游牧生产需要，认为黎虎主张的用政治因素来解释三代迁都原因似乎比较合理，而他本人又提出了一个新观点：三代王都屡迁的一个重要目的，是对那时的主要政治资本——铜矿与锡矿的追求，并详细考证了三代王都迁徙与铜、锡矿分布之地的地理关系。[美]张光直：《中国青铜时代》（二集），生活·读书·新知三联书店，1990年，第15-38页；黎虎：《殷都屡迁原因试探》，《北京师范大学学报》1982年第4期，第42-55页。

民不欲迁，而盘庚必迁者，郑玄云："祖乙居耿后，奢侈逾礼，土地迫近山川，尝圮焉。至阳甲立，盘庚为之臣，乃谋徙居汤旧都。"又序注云："民居耿久，奢淫成俗，故不乐徙。"王肃云："自祖乙五世至盘庚，元兄阳甲，宫室奢侈，下民邑居垫隘，水泉潟卤，不可以行政化，故徙都于殷。"皇甫谧云："耿在河北，迫近山川，自祖辛已来，民皆奢侈，故盘庚迁于殷。"此三者之说皆言奢侈，郑玄既言君奢，又言民奢；王肃专谓君奢，皇甫谧专谓民奢。言君奢者以天子宫室奢侈，侵夺下民；言民奢者以豪民室宇过度，逼迫贫乏；皆为细民弱劣无所容居，欲迁都改制以宽之。富民恋旧，故违上意，不欲迁也。案检孔传无奢侈之语，惟下篇云"今我民用荡析离居，罔有定极"，传云："水泉沉溺，故荡析离居，无安定之极，徙以为之极。"孔意盖以地势洿下，又久居水变，水泉潟卤，不可行化，故欲迁都，不必为奢侈也。[1]

根据他的这段叙述可知：孔安国在给《盘庚》作"传"时，只是根据下篇"今我民用荡析离居，罔有定极"一句，指出原都城地区"水泉沉溺，故荡析离居，无安定之极，徙以为之极。"换言之，他认为是由于原都城易遭水淹，不能非常安定地居住，所以需要迁都。到了郑玄那里，除了说到原都城迫近山川、曾被冲毁之外，增加了"奢侈逾礼""民居耿久，奢淫成俗"所以不乐意迁徙的解释；王肃大致因袭了他的说法。也就是说，迁都除了环境因素外，还有统治者和民众都奢侈成风的社会原因。而到了皇甫谧那里，自然因素几乎不见了，只剩下"奢侈"。

通观《盘庚》三篇，其中并无字句明确说到"奢侈逾礼""宫室奢侈"或"民皆奢侈"，它们只是汉魏儒家"以今况古"演绎出来的，孔安国原本也无"奢侈"一说。孔颖达很上心地区别汉魏三家"奢侈"之说的细致差异，可能或多或少误导了后人。

经文有"今我民用荡析离居，罔有定极"之语，孔安国《尚书》序称"祖乙都耿，圮于河水"，此乃"水患说"（实即黄河水患说）的源头，汉代以后，此说一直存在。南宋人蔡沈指出：盘庚迁都是因为耿都被河水圮毁："自祖乙都耿，圮于河水，盘庚欲迁于殷，而大家世族，安土重迁，胥动浮言。小民虽荡

---

[1]《尚书》卷 9《盘庚上》，孔颖达《正义》，收入《十三经注疏》，中华书局，1980 年影印（清）阮元校刻本，第 168 页。

析离居，亦惑于利害，不适有居，盘庚喻以迁都之利，不迁之害。"[1]直至近代，顾颉刚、刘起釪等均主此说，[2]而岑仲勉、王玉哲等则力论其非。[3]

《尚书》经文既明言"今我民用荡析离居，罔有定极"，完全否定水患的影响恐怕不很合适。值得注意的是，汉唐儒家对水环境问题颇有发挥，一方面告诉我们旧都城所在地的水环境不理想，"小民荡析离居"；另一方面还启发我们考虑迁都未必（至少并不单纯）因为洪水曾经圮坏城池，而是涉及更多的环境和社会因素，包括人地关系、社会矛盾，甚至还包括人类长期活动所造成的水土环境变化。

汉唐经学家所言旧都环境问题，归纳起来大致有三点：一是地形、地势不利：原都城迫近山川，可是位于山前地带，近侧有大河流过，在山洪暴发的雨季易遭大水，不适宜长久安居，这是经文已经约略透露的信息；二是水土环境较差：原都城所在地水泉潟卤、水泉沉溺，即土地下湿盐卤，易遭水淹，且人们久居此地造成水环境（包括水流甚至水质）发生了一些改变；三是人地关系渐趋紧张：因旧都土地狭隘，天子宫室奢侈、豪民室宇过度，即侵夺下民，逼迫贫乏，导致小民无所容居。第二、第三点是经学家们的发挥。

由于旧都城究在何处尚未形成定论，[4]汉唐儒生关于其地自然环境的上述说法在多大程度上符合史实，我们无法更多猜测，但那里自然环境存在一些不利因素，影响时人安居乐业，还可能因生存空间狭小而引起社会矛盾，不利于政治教化，这些都应该是可以肯定的。盘庚决意迁都，与自然和社会两个方面的因素都不无关系。有的学者正是从自然与社会因素交相作用的角度来解释迁都原因。在李民看来，"盘庚时期，殷人的社会矛盾已日趋激化，贵族夺取了大量的土地，聚敛了大量的社会财富，但他们只知奢侈淫乐，不管民众死活，人民厌倦生产，从而造成了土地肥力失效，土质变坏，生态环境恶化，使得民众的生产、生活、居住等条件恶劣，以致在当时频仍的水灾（包括久雨积水和河水泛滥）面前逐渐丧失了起码的抵御能力。如果再不迁徙，仍在原地，那就会

---

[1]（宋）蔡沈集传、朱熹订定，（元）陈栎纂疏：《尚书集传纂疏》卷3《盘庚上》，文渊阁《四库全书》本。

[2] 但刘起釪曾撰文明确反对有人把他指为"持水患论者"。刘起釪：《重论盘庚迁殷及迁殷的原因》，《史学月刊》1990年第4期，第1-5页。

[3] 参见王玉哲：《中华远古史》，上海人民出版社，1999年，第233-235页。

[4] 若是自"耿"迁"殷"，而按王国维的说法，"耿"在今河南温县一带，则迁都是从今温县迁至安阳；若是自"奄"迁殷，而"奄"在今山东曲阜，则是从曲阜迁至安阳。至于盘庚所迁之新都是否即是今安阳一带的殷墟，也有不同说法。不过，既然盘庚之后商朝不再迁都，应当就是此地。

'有今罔后'，不能再照旧生存下去。由此可见盘庚这次迁都的重要原因是由于人为的因素影响了生态环境，而生态环境的破坏又反过来加重了社会因素。如此恶性循环，才迫使盘庚迁都。"[1]

近代以来，一些学者试图从社会经济角度探讨商朝迁都的原因，但由于对商朝前期社会经济的性质有不同判断，结论亦相去甚远。有的认为：商朝前期社会经济以游牧为主，游牧民逐水草而居，需要不断迁徙，故提出关于盘庚迁都原因的"游牧说"。然而更多学者认为：在盘庚统治时期，游牧生产并不占据主导地位，农业生产才是商族社会经济的主体。前引王玉哲的考证说明：自商汤至盘庚屡次迁都的范围"都在华北平原，大体俱处于距黄河两岸不远的肥沃地带"，而当时这个地区属于低湿多水的自然环境，并非发展大规模游牧经济的理想场所，相反却有利于农耕种植，这暗示社会经济生产是以农耕为主。

既然那时商族经济已以农耕为主，社会理应过上了定居生活，何故仍需屡次迁都？两者岂不矛盾？一些学者提出了"游耕说"，首倡者是经济史家傅筑夫。1944 年傅氏发表文章指出：商族"不厌常邑"是农业发展到游耕阶段的必然结果，商代迁都非关政治或者河患，而是由于游耕农业需要改换土地空间；冯汉骥旋即撰文赞同其说，[2]王玉哲则是这个观点的坚定支持者，自 20 世纪 50 年代以来曾多次予以详论。[3]

我们并不准备毫无保留地完全接受傅、冯、王氏之"游农说"，究竟哪些因素直接促使盘庚迁都新邑仍有继续探讨的余地。但是从社会经济或生业模式入手探询先商至商朝前期不断迁移的原因，是一个值得尊重的学术思路。事实上，商族从频繁迁移转向永久定居（具体表现于迁都和定都）是一个非常重大的历史变化，这个变化是社会经济的发展变化所导致的，其间伴随着商民族与所在自然环境关系的一系列调整和改变。更明确地说，商朝都城由频繁迁徙走向永久确立，乃是顺应了经济生产发展以及由此带来的社会生活需求，其历史大背景乃是商族由游牧转向游耕、再从游耕转向定居农业的两次重大社会经

[1] 李民：《殷墟的生态环境与盘庚迁殷》，《历史研究》1991 年第 1 期，第 111-120 页。
[2] 傅筑夫：《关于殷人不常厥邑的一个经济解释》，载《文史杂志》第四卷第 5、6 期合刊（1944 年）；冯汉骥：《自商书盘庚篇看殷商社会的演变》，载《文史杂志》第五卷第 5、6 期合刊（1945 年）。
[3] 王玉哲关于这个问题的最详细讨论，见其遗著《中华远古史》，上海人民出版社，1999 年，第 233-240 页。

济转型。[1]试细言之。

一般认为：游牧与农耕两个社会的最显著区别，是它们采用游动和定居两种不同生活方式，汉代人分别称之为"行国"和"居国"。从环境史角度来看，它们是两种显著不同的自然资源利用和生态环境适应方式：游牧社会逐水草而牧畜，需要不断迁徙，不断变换生存空间；农耕民族则需要在同一片土地上年复一年地耕耘稼穑，生存发展黏着在特定的地理空间。从宏观的历史视野来看，在农牧起源以来的漫长人与自然互动关系史上，由于自然资源利用和生态环境适应方式显著不同，特化出了农耕和游牧两种社会经济文化类型，它们分别占据了各自最适宜的发展空间，在亚欧大陆上甚至形成了农耕与游牧两个截然不同的世界，地理空间明显分野，彼此之间伴随着自然环境的变化而不断博弈、对抗、冲突、交流和融合，推动前近代时期人类文明的发展进程。这是后话。

在此我们需要指出两点：其一，在农牧文明发展的早期阶段，众多部族或民族曾经长期过着采集、捕猎、种植和畜牧兼营的经济生活，诸种经济成分此消彼长，后来才由于自然环境条件的差异逐渐朝着不同方向特化（专化）发展，由农牧并重的"混合"经济发展为农牧畸轻畸重的"单一"经济，从而形成农耕与游牧两种不同的文明体系。就具体的部族或民族而言，并非从一开始就选定其中之一而固定不变，而是可能在两者之间转变——由农耕转化为游牧，或者相反；其二，定居固然是农耕社会的一个主要特点，但农耕民族也并非从一开始就永久地定居在某个地区，那是农业生产发展到一定阶段之后才逐渐实现的。人类学和民族学调查发现：直到近现代，世界上还有一些农业民族（如中国云南一些实行刀耕火种的民族）仍然不是永久地定居在一个地方，而是每隔若干年（从数年、十多年乃至数十年不等）就要放弃地力衰退的旧地而迁移到新地去开垦种植，从而形成一种"游耕"或"游农"生业方式。这种情况，让我们有充分理由猜想：在中原农业发展的早期，商族社会经济曾经历过此类"游耕"或"游农"阶段，虽然已经开始朝着农耕方向定型化发展，但技术体系特别是地力维持技术相当落后，每隔一个时期就必须开辟新的生产空间、更换生活场所。这就给夏代、商朝前期甚至先周时期社会政治中心频繁迁移提供了一种可能的解释：由于早期农业生产的需要。

---

[1] 关于商族经济的发展转型，朱彦民：《从考古发现看商族发展过程中的经济转型》，《殷都学刊》2006 年第 2 期，第 9-16 页。

考古和文献资料反映：商族祖先曾经具有比较浓厚的游牧色彩，传说相土作乘马、胲（亥）作服牛，在畜力利用方面颇有建树，正是商族拥有游牧传统、畜牧水平较高的证据。我们不妨猜想：先商民族还像一般的游牧民族那样是逐水草而放牧，频繁迁移，居无定所。正如王玉哲所说：商汤之前商族迁移是相当频繁的，并非只有"八迁"。在到达黄河两岸并且建立商朝之后，商族逐渐转向农耕为主，在盘庚迁都前后应当已经成为一个以农耕为主的社会，虽然畜牧生产一直占有相当重要地位，甚至定都于殷以后的家畜牧养规模依然可观，但逐渐不再是社会经济的主体。我们的基本判断是：从先商到商朝前期，商民族逐渐完成了由游牧向游农的社会经济转型。

然而，商朝前期的农业生产依然非常粗放，技术水平相当低下，在同一土地长期耕作，必然导致地力逐渐耗竭，产量逐渐下降。为了获得充足的农产品，商族不得不每隔一段时期就放弃旧地，开辟新的农区，作为社会生活和政治统治中心的都城亦不得不随之迁移，而其迁徙之地始终没有离开黄河两岸土地肥沃的大平原，因这个地区适宜发展农耕种植。

显然，这个时期商族迁都，与游牧民族的频繁迁徙，乃至与其本族早先的"八迁"，都并非同一性质：游牧民族逐水草而游牧，一年之中即需根据季节变化而迁移，在不同年份更需要在广大区域寻找新的草原牧场，这是他们的基本生产与生活方式。与之不同的是，从商汤到盘庚时期，至少要数十年甚至更长时间才能迁移一次。从迁都的目的来看，游牧民族迁徙（包括先商时期）是为了找到下一个牧场；商朝迁都则是为了寻找可以长久耕稼和安居的农地，盘庚迁都更是如此。《盘庚》篇中明确地说到了农事，强调"若农服田力穑，乃亦有秋"，"惰农自安，不昏作劳，不服田亩，越其罔有黍稷"，而迁都是"视民利用迁"，即迁都新邑是为了百姓的经济利益与生计需要。总之，商民族早先之"八迁"与后来之"五迁"，属于两种不同性质，不能等量齐观。

随着生产技术逐渐进步，农业生产的稳定性逐渐有所提高，土地、房宅和其他社会财富积累亦逐渐增加，迁都逐渐变得不那么简单易行。盘庚迁都之所以遭到权贵阶层强烈反对，并非只是情感上留恋故土，而是因为他们在旧都这片土地上存在着各种既得利益；普通百姓长居于此地，对迁往新地同样缺乏积极性。这些都应该与商族逐渐走上比较稳定的农耕生活有关——长期辛苦经营起来田园和房宅，毕竟不是那么轻而易举地舍弃。古往今来，农耕社会具有安土重迁的特性，原因正在于此。

何以商朝前期多次迁都，而盘庚迁殷之后直至商朝灭亡，273 年中不再迁都？这是一个非常有趣的问题，背后一定隐藏着人与自然关系变化的某些历史秘密！我们承认：原因或许是多方面的，比如安阳一带的自然条件更好，可供开垦种植的土地更广，或因商朝实力更加强大、可在更大区域征集贡赋以满足都城物质需求等，都有可能。但有一个非常重要的因素绝不能被忽视，这就是：随着农作技术逐渐进步，人们找到了延缓地力衰退的技术方法，使耕地能够更加长久地利用。或者换一个说法：在以安阳为都城的时期，人们或许对土地进行了更有系统的规划，[1]采用了更精细的耕耨技术，甚至可能开始实行休耕、轮种，等等。[2]然而最最重要、最具有深远历史意义的，是人工施肥技术的发明与应用。

农史学者早已确认：商朝时期，人们有意识、有计划地焚烧杂草树木，利用草木灰作为天然肥料，补充和增加土地肥力，甲骨卜辞中的贞焚、卜焚之类文字充分证明了这一点。不过，这种方法在许多原始农业民族中都有相当普遍的采用，"刀耕火种"原始农业技术体系中已经包括了这种方法。胡厚宣利用甲骨文资料所进行的研究表明：商朝后期，人们还利用粪便包括人粪和畜粪（厩肥）培肥农地，这是一项真正的人工积肥施肥技术！[3]它的出现，意味着商代农业特别是土地利用上跨了一个很大台阶。通过人工积肥、施肥不断补充和增进土壤肥力，不仅能够提高单位面积农地的产量，而且可以延长同块土地耕种的年数。也许正是这项技术，使商族终于能够在同一地区持续进行耕种稼穑，而不必隔一段时间就远徙异地、寻找新的农区。殷商民族从此免除了都城迁徙之苦，这个叫作"殷"的地方就成了中国历史上第一个"永久性"都城——人与自然的关系由此发生了根本性的改变（见图 2-6）。

[1] 甲骨文中的"田"字，似可说明这一点。见前引。
[2] 胡厚宣：《说贵田》详细讨论了商代重视耕、耨结合问题，有利于细致地整治土地，清除草秽，培固作物根苗，促进禾苗生长，对维持地力也具有一定的作用。见《历史研究》1957 年第 7 期，第 59-70 页。
[3] 胡厚宣：《殷代农作施肥说》，《历史研究》1955 年第 1 期，第 97-106 页；胡厚宣：《殷代农作施肥说补证》，《文物》1963 年第 5 期，第 27-31、第 41 页；胡厚宣：《再论殷代农作施肥问题》，《社会科学战线》1981 年第 1 期，第 102-109 页。

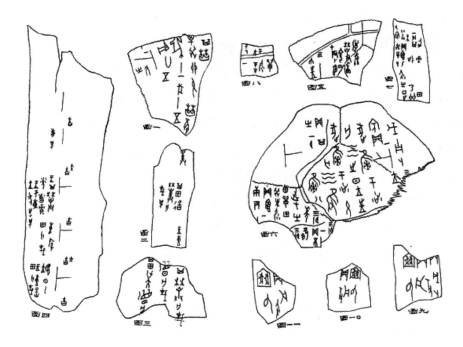

资料来源：胡厚宣：《殷代农作施肥说》，《历史研究》1955 年第 1 期，第 114-116 页。

图 2-6　甲骨文关于人工施肥的记载

从更宏观的环境史视野来看，这项如今看来极其简单的技术方法，实际上开启了中华民族在土地利用与农业生产方面"变废为宝""化恶为美"的优良传统，其巨大历史意义无与伦比。正是由于这个优秀传统，4 000 多年来，中国农业生态系统中的有机物质处于持续不断的循环之中，年复一年连续耕种乃至一年之中连种两季、三季的土地，没有像不少国家和地区那样发生严重的地力衰竭，更没有因此而导致文明的衰落。可以说，古老中国农业文明之所以能在如此漫长的年代持续不断发展，"道在屎溺"。在后面的章节中，我们还将不时地谈论相关问题。

三、殷墟地区的自然环境概貌

让商族得到一个永久生息之地，即"用永地于新邑"是盘庚迁都的目的，看来他达到了这个目的。因为自他迁都之后，直至商朝灭亡，273 年中没有再迁都。这个"新邑"能够维持商朝近三百年基业，拥有良好自然环境条件毫无疑问是必要的基础。那么当时这个地区自然环境面貌究竟如何？对商代经济生产和社会生活产生了怎样的影响？这是本节要讨论的内容。

1．气候状况——全新世大暖期的终结[1]

盘庚迁都之后，被后人称为"殷墟"新都城，便成为商朝的统治中心。它位于今河南省安阳市，具体位置大约在北纬 36°、东经 114°。以此为核心，整个王都地区覆盖了相当广大的平原地带，南及新乡，北至邢台，南北约 200 千米；西面是太行山脉，东面则有黄河飘流如带，又有淇、洹、漳河流经其中，其地理形胜，《战国策·魏策》概括说："殷纣之国，左孟门而右漳、滏，前带河，后被山"。[2]

在传世典籍之中，虽然不乏关于殷商史事的追记，但关于这个时代的自然环境面貌则鲜有提及。直到 20 世纪初叶甲骨文字逐渐被发现和破译，特别是随着殷墟遗址的大量惊人发现，古老的自然生态和环境面貌逐渐愈来愈清晰地呈现在人们面前。

在诸多环境因素中，气候是多变而且最难以把握的因素，与动植物生命活动之间的联系十分紧密。气候变化必然在动植物分布方面得到响应，动物和植物的历史分布状况，自然而然也就成为判断一个时期气候状况的显著证据。

首先我们对这个时代的气候面貌作一个观察。

1914 年，罗振玉发表《殷虚书契考释》，其中有云：

《说文解字》："象，长鼻牙，南越大兽，三年一乳，象耳牙四足之形。"今观篆文，但见长鼻及足尾，不见耳牙之状。卜辞亦但象长鼻，盖象之尤异于他畜者，其鼻矣。又象为南越大兽，此后世事。古代则黄河南北亦有之。为字从手牵象，则象为寻常服御之物。今殷墟遗物，有镂象牙礼器，又有象齿甚多（非伸出口外之二长牙，乃口中之齿）。卜用之骨，有绝大者，殆亦象骨。又卜辞卜田猎有"获象"之语，知古者中原有象，至殷世尚盛也。[3]

---

[1] 关于殷商气候，自 20 世纪 20 年代以来学人已经开展了大量探讨。人们开始关注殷商气候乃因殷墟发掘出土了大量动植物遗存，许多遗存指示殷商气候与现代有显著不同，而历来相关讨论大多基于出土动植物证据，因此讨论了气候问题往往就一并介绍了当时动植物的基本情况。这里，我们尽量分开叙述，但内容难免有所重叠。

[2] （汉）刘向集录，范祥雍笺证，范邦瑾协校：《战国策笺证》（下册），上海古籍出版社，2006 年，第 1252 页。

[3] 罗振玉：《殷虚书契考释》，永慕园石印本，1914 年，第 36 页下。

这是近世学人首次指出古代黄河南北曾有大象活动的史实。随后王国维亦谓：

> 古者中国产象，殷虚所出颇多，曩颇疑其来自南方，然卜辞中有获象之文，田狩所获，决非豢养物矣。《孟子》谓周公驱虎豹犀象而远之。《吕氏春秋》云：殷人服象，为虐于东夷。则象中国固有之。春秋以后乃不复见，故楚语云：巴浦之犀牦兕象，盖中原已无此物矣。[1]

长期以来，大象在国人心目中一直都是南方炎热地区的动物，殷墟居然曾有野生大象栖息，这一发现意义非同小可！虽然这两位近代学术先驱并未由此展开探讨广泛的环境变迁特别古今气候变化问题，但却为之打开了一扇神秘的学术之门。

1930 年，徐中舒发表题为《殷人服象及象之南迁》[2]的长篇论文，对殷商时期北方存在大象以及象之南迁问题进行了系统考论。他根据殷墟甲骨文中“获象”“来象”等记载，结合《吕氏春秋·古乐篇》“商人服象”的传说以及西方地质学家在华探险所获得的资料，证明“殷代河南实为产象之区”，并且特别指出：“旧石器时代，中国北部曾为犀、象长养之地。此种生长中国北部之犀、象，如环境无激烈之变迁，绝不能骤然绝迹。”这是第一次明确地将大象分布与环境变迁特别是气候变化联系起来。

另一方面，从 20 世纪 20 年代中期开始，竺可桢、胡焕庸、丁文江、吕炯、周廷儒等一批学者相继从不同学科背景和观察角度考察中国北方气候变化问题，历史学家蒙文通则先后发表《中国古代北方气候考略》《古代河域气候有如今江域说》等一系列论文，开创了历史学家研究气候变迁的先河。蒙文通指出：古代黄河流域河湖密布、气候适宜、盛产竹子和水稻，正有似今江南地带，因此认为古时北方气候之温和适宜，必定远非当今荒凉干亢者可比。因此中国古文化也就必然地发生于黄河流域而不在长江流域。他甚至还认为：气候恶化是黄河流域人民在西周末年大量南迁的原因之一，这实际上是认为殷商气候较之

---

[1]　王国维：《敄卣跋》，收入王国维：《观堂集林》（第四册），《观堂别集》卷 2，中华书局，1959 年，第 1204 页。
[2]　徐中舒：《殷人服象及象之南迁》，《中央研究院历史语言研究所集刊》第二本第一分册，1930 年。

周代以后温暖湿润。[1]

　　1928 年以后，随着殷墟考古发掘工作不断开展，以及甲骨文的破译研究不断深入，大量实物遗存和文字资料，为系统研究商朝历史包括殷墟自然生态环境提供了丰富的资料，而新技术方法和手段的应用，更使相关研究如虎添翼。殷墟甲骨文中的卜雨文字，自是研究商代气候的重要材料。德国学者魏特夫率先引证 108 条有关气象卜辞，根据其中所载降雨、农稼、征伐、田游等事的季节和月份探测当时气候状况，结论是殷代的气候比现代稍暖。[2]胡厚宣先后发表《气候变迁与殷代气候之检讨》《论殷卜辞中关于雨雪之记载》等多篇论文，详细讨论商代气候问题。他根据甲骨文资料列举了多个方面的证据，证明当时气候较之现代更加温暖湿润：一是全年的降雨记录，1—3 月属于冬季降雪的月份，而甲骨文中很少有关于下雪的记载；二是颇有连续降雨 10 天以上（其中 1 例达到 18 天），表明当时安阳地区有湿季风期；三是安阳地区每年可收获稷和水稻两种作物；四是甲骨文中有大象和犀牛的资料记载；五是关于狩猎的记载谈到了犀牛、大象、老虎、四不像、肿面猪、狼和雉鸡，都表明安阳地区当时是温暖的气候，且有良好的森林覆盖。总之，甲骨卜辞所载之降雨、降雪、获象等刻辞，与如今只见于南方的竹鼠、獐、大象、圣水牛等动物骨骸相互印证，证明殷代中原气候与现代长江流域甚至更南方地区的气候相当。[3]他的观点在当时即得到了多数学者支持，与竺可桢、蒙文通等人的研究互相呼应。

　　但学界也出现了不同的意见。例如丁骕认为：大禹之前华北黄河沿岸的气温为夏热冬温，到了大禹时代，气候逐渐变冷，商代早、中期最冷，盘庚迁殷时又转暖至"约同今日九江—南昌、岳阳一带的气温。"[4]董作宾发表一系列文章，力论殷代黄河流域的气候与现在并无差异；[5]张秉权、陈梦家、白川静、

[1] 诸位前贤相关研究的学术梳理，参见朱彦民：《商代晚期中原地区生态环境的变迁》，《南开学报》2006 年第 5 期，第 54-61 页。

[2] Karl August Wittfogel, "Meteorological Records from the Divination Inscriptions of Shang", Geographical Review, Vol.30, No.1（Jan., 1940），pp.110-133.

[3] 胡厚宣：《气候变迁与殷代气候之检讨》，《甲骨学商史论丛》（第二集），成都齐鲁大学国学研究所，1944 年；《论殷卜辞中关于雨雪之记载》，《甲骨学商史论丛》（第三集），成都齐鲁大学国学研究所，1945 年。

[4] 丁骕：《华北地形史与殷商的历史》，"中央研究院"民族学研究集刊第 20 期，1965 年。

[5] 董作宾：《读魏特夫格商代卜辞中之气象纪录》，《中国文化研究所季刊》（第三册），成都华西协和大学，1942 年；《殷文丁时卜辞中一旬间之气象记录》，《气象学报》第 17 卷 21 期（1943 年）；《殷历谱》下编卷九《日谱二·殷代气候与近世无大差异说》，《中央研究院历史语言研究所专刊》第四册，1945 年版；《再谈殷代气候》，《中国文化研究所集刊》第五册，成都华西协和大学，1946 年；《殷墟文字乙编自序》，《中国考古学报集刊》之二《小屯》第二本，中央研究院历史语言研究所，1948 年等。

何柄棣、朱培仁、末次信行等都认为古今气候无太大变化，殷墟时代中原地区气候与现在并无二致，古今气候无大变化。[1]

1972年，竺可桢在长期研究的基础上发表了《中国近五千年来气候变迁的初步研究》这篇著名论文，运用考古学、物候学、地方志和近代气象观测资料，并对比挪威冰山雪线的变化数据，初步建立了中国东部近5 000年来气候冷暖变迁的序列，指出："近五千年中的最初二千年，即从仰韶文化到安阳殷墟，大部分时间的年平均温度高于现在2℃左右。"文章还具体地提道："在安阳这样的地方，正月平均温度减低3～5℃，一定使冬季的冰雪总量有很大的不同，并使人很容易觉察"；"近五千年间，可以说仰韶和殷墟时代是中国的温和气候时代，当时西安和安阳地区有十分丰富的亚热带植物类和动物类。" [2]这些看法与胡厚宣等人的研究结论大体相同。

20世纪70年代以来，历史地理学、气象学、地质学等领域的大批学者介入气候史研究，学术论著成批地涌现，研究方法不断多样化，基于竺可桢等人的思想框架，在许多问题上取得了显著推进。例如，文焕然等发表多篇成果，运用新材料补充和修正了竺可桢的观点，认为："8 000aBP—2 500aBP为温暖时代，2 500aBP—900aBP为相对温暖时代"；[3]施雅风更组织一批从事地理学、地质学、冰川学、植物学、古生物学和第四纪研究的学者联合攻关，对距今8 500至3 000年前"中国全新世大暖期"进行了系统探讨，结果表明：在整个"中国全新世大暖期"，包括黄河流域在内的我国各地气候较之今日更温暖湿润、更适宜人类生存。但他们也注意到：在此长达五六千年的时期中，气候环境发生过不少冷暖干湿波动。其中，在距今5 000至3 000年，距今4 000年前是气候波动和缓的亚稳定暖湿期，气候环境较上阶段有所改进；距今4 000年前后为一多灾的时期，此后一直到距今3 000年前，气候仍然比较暖湿，植物和动物分布都显示出气候暖湿的特征，直至大暖期结束。[4]殷商时代约在距今3 600至3 046年前，因此属于"中国全新世大暖期"后1 000年气候波动和缓的亚稳

[1] 详细文献来源，均参阅上揭朱彦民文。
[2] 竺可桢：《中国近五千年来气候变迁的初步研究》，《考古学报》1972年第1期，第15-38页。该文又刊于《中国科学》1973年第2期，第168-189页。
[3] 文焕然等：《中国历史时期植物与动物变迁研究》，重庆出版社，1995年；文焕然、文榕生：《中国历史时期冬半年气候冷暖变迁》，科学出版社，1996年；文焕然、徐俊传：《距今约8 000—2 500年前长江、黄河中下游气候冷暖变迁初探》，《地理集刊》第18号，科学出版社，1987年，第116-128页。
[4] 施雅风主编：《中国全新世大暖期气候与环境》，海洋出版社，1992年，第9页。

定暖湿期，自然也属于温暖湿润的生态环境。

最近几十年来，相关研究不断深入，殷商时期气候较之今日更为温暖的观点日益得到更充分的甲骨文字和考古实物资料支持，并与气象学、地质学、第四纪环境变迁等自然科学领域的研究成果相印证，与国际学术界所主张的"全新世最佳适宜期"全球气候总体态势亦相吻合，因而逐渐成为不同领域学者所普遍接受的结论。学者们不断提出新的证据，证明商代比较暖湿的气候状况，如张光直利用孢子、花粉和化石证据，证明中国古代北方有许多森林、湖沼与鸟兽资源，黄河流域气候湿热，大致类似于现在长江流域的气候，[1]商都安阳处于一个较今天更为温暖、森林更为茂盛的环境。[2]一些学者更指出当时具体的气候状况是，华北地区的年均气温为 15.6～16.6℃，1 月份平均气温为 1.2～3.2℃，年均温度比现在高 2～3℃，冬季 1 月平均气温比现在高 3～5℃，年降水量约比现在多 200 毫米。[3]这意味着：当时黄河流域特别是中下游地区处于亚热带气候的控制之下，以安阳为核心区域的绚丽的商代文明，乃是在亚热带湿润半湿润气候条件下发展起来的。总之，当时气候的总体情况是温暖、湿润，是一种适宜人类生存、繁衍的良好气候条件。

随着研究逐渐细化，学者们逐渐不再笼统地用暖湿干冷来概括整个商代气候，他们注意到：商代气候也是处于不断变化之中，前中期气候温暖湿润，但至商代末期气候有转向干旱的迹象，这似乎得到了地质学、考古学、出土植物遗存乃至传世文献的支持。

例如，陈昌远认为：黄河流域在殷墟时代的气候与今天没有多大差别，古今气温大体一致，只是湿润度发生差异，呈由湿润到干燥的缓慢变化趋势而已[4]；周伟根据考古发现殷墟文化第一至四期地下水位剧烈波动事实，结合甲骨文资料，推论殷墟文化二期转入干旱，三期前期又变得较湿润，三期后段直至殷亡，气候再度转旱。认为从总体上看，商代后期殷墟气候偏于干旱[5]；魏继印更对商代气候变化进行了整体描述，认为商代气候并非一成不变，而是整

---

[1] [美] 张光直：《中国考古学论文集》，生活·读书·新知三联书店，1999 年，第 245 页。

[2] [美] 张光直著，毛小雨译：《商代文明》，北京工艺美术出版社，1999 年，第 114-118 页。

[3] 李克让：《中国气候变化及其影响》，海洋出版社，1992 年，第 229 页；王会昌：《中国文化地理》，华中师大出版社，1992 年，第 36 页；张兰生：《环境演变研究》，科学出版社，1992 年，第 76 页。

[4] 陈昌远：《中国历史地理简编》，河南大学出版社，1991 年，第 79-87 页。

[5] 周伟：《商代后期殷墟气候探索》，《中国历史地理论丛》1999 年第 1 期，第 185-196 页。

体上呈波动变化：从商汤灭夏到仲丁迁隞的商代早期是夏代后期冷干气候的延续，表现为天气干冷、降水偏少甚至干旱、地下水位较深、地表生态环境较差的特征；自仲丁迁隞到武丁早期的商代中期是整个商代最温暖湿润的时期，表现为气温波动上升、降水偏多、地下水位上升、湖泊沼泽密布、地表植被繁茂、多种喜暖湿的亚热带动物北迁中原等特征，使中原地区呈现出勃勃生机，但同时降水偏多且不稳定引起洪涝灾害频发，给人类生活带来了许多不便；从武丁开始气候由暖转寒，表现为气温降低、降水减少、地下水位下降、各种具有亚热带性质的动植物也逐渐减少，到殷墟三、四期时生态环境严重恶化，气候干冷、河湖枯竭，商代后期总体上表现为干冷的气候特征。[1]王晖、黄春长则根据古代土壤学研究成果，把新石器时代到商朝（距今 8 500 至 3 100 年前）视为气候温暖湿润期；及至距今 3 100 年前，古代土壤（即黑垆土或褐土）被现代黄土层所覆盖，^{14}C 测定数据及其他考古学证据证明商代后期气候出现了干旱化趋势，并最终导致商周之际的政权更迭，说明自然环境资源与古代社会变迁的密切关联[2]。历史文献似乎也透露出这方面的信息。据《国语·周语》记载："河竭而商亡"[3]；甲骨文记录洹水水量颇大，时有泛滥，而《竹书纪年》却记载文丁三年"洹水一日三绝"[4]，说明水量显著减少，这些都可以作为气候转向干旱、导致河流枯竭的证据。

还有一个值得注意的问题是降水的季节特征，学界也存在一些不同意见。商代社会对降水的重视，充分反映在甲骨文资料之中。我们知道：商朝人遇事皆占卜，而关于雨的卜辞非常之多，胡厚宣对 151 条记有月份的卜雨、降雨辞例按照月份进行排列，认为那时一月至十三月都有降雨的可能。[5]后来有多位学者曾对甲骨卜雨材料进行了统计，诸家统计的结果颇有出入[6]，一定程度上这是因为人们对商代历法特别是岁首之月存有不同意见，导致关于不同月份卜雨次数的统计差异颇大，但有几点是值得注意的：一是每个月都有卜雨活动，在甲骨卜辞中，"其雨""大雨""多雨""小雨""延雨""足雨""兹雨"等是频

[1] 魏继印：《殷商时期中原地区气候变迁探索》，《考古与文物》2007 年第 6 期，第 44-50 页。

[2] 王晖、黄春长：《商末黄河中游气候环境的变化与社会变迁》，《史学月刊》2002 年第 1 期，第 13-18 页。

[3] 上海师范大学古籍整理组：《国语》，上海古籍出版社，1979 年，第 27 页。

[4] 方诗铭、王修龄：《古本竹书纪年辑证》，上海古籍出版社，1981 年，第 35 页。

[5] 胡厚宣：《气候变迁与殷代气候之检讨》，《甲骨学商史论丛》（二集），成都齐鲁大学国学研究所，1944 年。

[6] 参见朱彦民：《商代中原地区的水文条件与降雨情况》一文的介绍，2008 年 7 月南开大学主办"社会——生态史研究圆桌会议"论文。

繁出现的用语，占卜者还对不同降雨情况进行"吉"与"不吉"的判断；二是占卜有时是期望下雨，有时则是希望止雨，但卜雨总是与社会活动特别是农事活动相联系，希望下雨自然因为作物生长需要雨水。我们知道：春天至初夏季节北方干旱少雨，而农作物生长旺盛，需水量大，这一降水与需水在季节上不相耦合的气候特征，在各月卜雨的次数上有相当清楚的反映。杨升南曾对记有月份的卜雨之辞进行列表统计，结果显示：一至五月卜雨 34～48 次不等，"已雨"17～26 次；六至十月卜雨次数减少，为 10～25 次，"已雨"次数也明显下降到 6～15 次；十一月至十三月卜雨次数最少，为 10～15 次，"已雨"次数也最少，仅 6～7 次。[1]这些情况首先反映人们对春、夏季节的降雨最为关心和期待（见表 2-3）。

表 2-3　甲骨卜辞中所载月份卜雨卜辞统计表

情况＼月份	一	二	三	四	五	六	七	八	九	十	十一	十二	十三	总计
已雨	23	22	26	17	23	15	11	6	9	10	7	6	6	181
不雨	6	12	18	12	14	3	7	1	2	5	4	2	6	92
不明	5	7	4	12	5	1	7	3	3	1	4	2	3	57
小计	34	41	48	41	42	19	25	10	14	16	15	10	15	330

满志敏认为：尽管在公元前 14 世纪至公元前 11 世纪黄淮海平原中部的气候区比今天更加温暖和湿润，若以犀牛和象的成群活动作为亚热带北界的标志，当时亚热带北界至少在安阳一线，暖湿状况与今天的长江流域大体相似，但降水特征却与当今并无显著差异，当时安阳一带的年降水分配亦属夏季型。因此，当时降水虽然比现在为多，"但黄淮海平原在淮河以北地区仍维持着春旱夏雨的降水年分配格局，每年雨水变化颇大，降水主要集中在夏季，而春季缺水，易形成农业上的干旱"。[2]

对于商代农业生产来说，这毫无疑问是一个相当不利的自然因素。自古以来，因降水年际与季节变差大所导致的"旸雨不时"，一直是中原农业社会的最大困扰，在商代历史记忆中就已有不少遭受旱涝的苦难经验。每当降雨不及时

---

[1] 杨升南：《商代经济史》第一章《绪论》，贵州人民出版社，1992 年，第 29 页。
[2] 邹逸麟主编：《黄淮海平原历史地理》，安徽教育出版社，1997 年，第 12-13 页。

或者雨水太多，人们会根据占卜的结果去祈求"帝""上帝"，举行充满巫术色彩的祭祀活动，在商朝立国之初已然如此。古史记载：商汤在位时有五年之旱，商汤为了求雨，用自己的身体作牺牲、祷于桑林，结果感动了上天。[1]当然，在祈求上天的同时，也会采取一些人为的防旱、防涝措施，例如开挖田间沟洫。

上述种种情况表明：商朝前中期，气候状况总体上温暖湿润，末期则逐渐转向干冷。这个转变不是短时波动，而是开始了一个新的周期，持续了数千年的"全新世大暖期"走向终结。这在很大程度上影响了中国动物和植物的地理分布，进而影响到了人类社会生活。

2. 动物和植被

下面我们再来述说当时安阳一带的动物。

正如前文所说，安阳殷墟出土动物曾给 20 世纪初学术界以很大的震撼，也促进了中国动物考古学的萌生。除徐中舒等历史学家对出土野象及其所反映的古环境予以关注外，法国古生物学家德日进和中国古生物学家杨钟健、刘东生等人，系统研究了殷墟出土的哺乳动物群，先后鉴定出哺乳动物 29 种。其中，个体数在 1000 头以上者有肿面猪、四不像（麋鹿）和圣水牛 100 头以上的有家犬、猪、獐、鹿、殷羊及牛，100 头以下的有狸、熊、獾、虎、黑鼠、竹鼠、兔及马，10 头以下者有狐、乌苏里熊、豹、猫、鲸、田鼠、貘、犀牛、山羊、扭角羚、象及猴等 12 种。他们发现：殷墟出土哺乳动物与安阳现代分布的哺乳动物种类存在明显不同，当地出土的竹鼠、貘、圣水牛、獐、大象等，是栖息在南方热带的动物。他们认为安阳古今哺乳动物种群之差异和变化，可以"人工猎逐，森林摧毁，人工搬运以及气候变异诸原因解释之"；"此不同之故，恐气候与人工，兼而有之。"不过，限于当时的资料条件和认识水平，他们认为：野象乃是"由他处搬运而来"。[2]

除哺乳动物之外，伍献文对当地出土鱼骨资料进行了整理研究，认为殷墟

---

[1]《吕氏（春秋）季秋纪·顺民》云："昔者商汤克夏而正天下，天大旱，五年不收，汤乃以身祷于桑林曰：'余一人有罪无及万夫；万夫有罪，在余一人。无以一人之不敏，使上帝鬼神伤民之命。'于是剪其发，䃺其手，以身为牺牲，用祈福于上帝。民万甚说，雨乃大至。"引自许维遹撰，梁运华整理：《吕氏春秋集释》，中华书局，2009 年，第 200-201 页。

[2] 德日进、杨钟健：《安阳殷墟之哺乳动物群》，载《中国古生物志》丙种第 12 号第 1 期（1936 年），实业部地质调查所等印行；杨钟健、刘东生：《安阳殷墟之哺乳动物群补遗》，载中国科学院历史语言研究所专刊之十三《中国考古学报》第 4 册，商务印书馆，1949 年，第 145-153 页。

出土鱼骨包括：鲻鱼（*Mugil* sp.）、黄颡鱼（*Pelteobagrus fulvidraco*）、鲤鱼（*Cyprinus carpio* L.）、青鱼（*Mylopharyngodon piceus*）、草鱼（*Ctenopharyngodon idellus*）、青眼鳟（*Squaliobarbus curriculus* Richard）等不同的种类；[1]古生物学家秉志则对当地出土的龟类资料进行了鉴定，认为除远方贡物之外，还有本地的种类，他将其定名为安阳田龟（*Testudo anyangensis*）。[2]有关情况，见表2-4。

表2-4 1928—1937年安阳殷墟出土主要动物种类[3]

序号	名称	学名	数量（个）	序号	名称	学名	数量（个）
1	圣水牛	*Bubalus mephistopheles*	1 000 以上	19	犀牛	*Rhinoceros sondaicus*	10 以下
2	四不像（麋鹿）	*Elaphurus davidianus*	1 000 以上	20	田鼠	*Siphneus psilurus* Milne Ed.	10 以下
3	肿面猪	*Chleuastochoerus*	1 000 以上	21	山羊	*Capra* sp.	10 以下
4	猪	*Sus* cf. *scrofa*	100 以上	22	扭角羚	*Budorcas taxicolor*	10 以下
5	獐	*Hydropotes inermis*	100 以上	23	狐	*Vulpes* cf. *vulgaris*	10 以下
6	鹿	*Cervus axis*	100 以上	24	象	*Elephas maximus*	10 以下
7	家犬	*Canis familiaris*	100 以上	25	猴	*Macacus chihliensis*	10 以下
8	殷羊	*Ovis* Shangi	100 以上	26	乌苏里熊	*Ursus arctos lasiotus*	10 以下
9	牛	*Bos tarurs*	100 以上	27	猫	*Felis* sp.	10 以下
10	竹鼠	*Rhizomys sinensis*	100 以下	28	豹	*Panthera pardus*	10 以下
11	兔	*Lepus* sp.	100 以下	29	鲸	*Cetacea* Indent	10 以下
12	马	*Equns caballus*	100 以下	30	鲻鱼	*Mugil* sp.	不详
13	熊	*Ursus* sp.	100 以下	31	黄颡鱼	*Pelteobagrus fulvidraco*	不详
14	虎	*Panthera tigris*	100 以下	32	鲤鱼	*Cyprinus carpio* L.	不详
15	獾	*Meles meles*	100 以下	33	青鱼	*Mylopharyngodon piceus*	不详
16	黑鼠	*Rattus rattus*	100 以下	34	草鱼	*Ctenopharyngodon idellus*	不详
17	狸	*Felis chaus*	100 以下	35	赤眼鳟	*Squaliobarbus curriculus* Richard	不详
18	貘	*Tapirus indicus*	10 以下	36	安阳田龟	*Testudo anyangensis*	不详

[1] 伍献文：《记殷墟出土之鱼骨》，《中国考古学报》第4册，商务印书馆，1949年，第139-143页。

[2] 秉志：《河南安阳之龟壳》，刊于《静生生物调查所汇报》（Bulletin of Fan Memorial Institute of Biology），第一卷第13号，1930年。

[3] 本表综合以下文献：德日进、杨钟健：《安阳殷墟之哺乳动物群》，《中国古生物志》丙种第12号第1期，1936年；杨钟健、刘东生：《安阳殷墟之哺乳动物群补遗》，《中国考古学报》第4册，商务印书馆，1949年；朱彦民：《关于商代中原地区野生动物诸问题的考察》，《殷都学刊》2005年第3期，第1-9页；[美]张光直著，毛小雨译：《商代文明》，北京工艺美术出版社，第114-117页。

　　中华人民共和国成立以来，对殷墟遗址的考古发掘和研究不断发展，有更多的动物遗存被发现，研究也进一步细化。例如，1987 年考古工作者在殷墟小屯东北地，濒临洹河的一个灰坑（87AXTIH1）集中发现了一批鸟类骨骼遗存，经鉴定：至少有 5 目 5 科 6 属 8 种鸟类，包括：雕（或鹰）、家鸡、褐马鸡、丹顶鹤、耳鸮、冠鱼狗等，多属大型的猛禽。在这堆鸟类骨骼中还混入了一块鲟鱼侧线骨板，鉴定者认为当属于现今产于长江流域中的中华鲟或者达氏鲟。[1]考虑到当时的气候条件与水文环境，正如扬子鳄曾大量分布于淮河以北地区那样，中华鲟鱼等南方鱼类分布于黄河流域，也是可以理解的。1997 年，河南安阳洹北花园庄遗址也出土了大量的动物骨骼，似乎是人类利用的遗弃物存留。经整理、分析，可以确认的动物种类至少有丽蚌、蚌、青鱼、鸡、狗、犀、家猪、麋鹿、黄牛、水牛、绵羊等 11 种，其中猪、狗、鸡、羊等家养动物占据全部动物总数的 93%，其中以猪的数量最多，达到 58%；牛、羊等家畜也占到 10%以上。[2]这些情况反映：当时安阳地区人们的主要肉食来源是饲养家畜。

　　殷商时期，安阳以外地区的野生动物资源同样丰富。例如，1952 年考古学家在郑州二里冈商代地层中发掘出牛、猪、羊、狗、马、鹿、野猪、龟、兔、螺、蚌、文蛤、鱼（鲤鱼）和鸟类的骨骼；还发现有鲟鱼鳞片。[3]在河北藁城台西村、山东济南大辛庄、山东淄博唐山和前埠……许多遗址中，[4]都发现了大量的动物骨骸遗存，反映商代各地的野生与家养动物，虽然种类构成时有差别，但基本情况与安阳地区大体一致。

　　从各地出土情况来看，有不少遗址中可鉴定的动物之个数是以家养动物特别猪、牛占多数，说明当时人们已经逐渐主要依靠饲养获得肉食和畜力。但狩猎野生动物仍然相当重要，主要猎获对象是有蹄类食草动物，也包括许多种类的爬行动物、鱼类和贝类。我们此前曾经反复提到的鹿科动物在商朝仍然是人

---

[1] 侯连海：《记安阳殷墟出土早期的鸟类》，《考古》1989 年第 10 期，第 942-947 页。

[2] 中国社会科学院考古研究所安阳工作队：《河南安阳市洹北花园庄遗址 1997 年发掘简报》，《考古》1998 年第 10 期，第 23-35 页；袁靖、唐际根：《河南安阳市洹北花园庄遗址出土动物骨骼研究报告》，《考古》2000 第 11 期，第 75-81 页。

[3] 安志敏：《一九五二年秋季郑州二里冈发掘记》，《考古学报》1954 年第 2 期，第 65-107 页；河南省文化局文物工作队第一队：《郑州商代遗址的发掘》，《考古学报》1957 年第 1 期，第 53-73 页。

[4] 详情可参见河北省文物研究所：《藁城台西商代遗址》，文物出版社，1985 年；山东省文物管理处：《济南大辛庄商代遗址试掘简报》，《考古》1959 年第 4 期；山东大学东方考古研究中心等：《山东济南大辛庄商代居址与墓葬》，《考古》2004 年第 7 期；前揭朱彦民：《关于商代中原地区野生动物诸问题的考察》；以及山东大学东方考古研究中心编：《东方考古》第五辑所刊载的相关论文。

们的首要捕猎对象，甲骨文中保留有大量的猎鹿卜辞，关于"麋擒""逐鹿""射鹿""获鹿""画鹿""网鹿""获獐""射麋""阱麋"之类的记载所在皆是。有学者统计：见于现有甲骨卜辞中的鹿类猎获数量，仅武丁时期就达 2 000 头之多，[1]每次捕猎常常所获甚丰，猎获的鹿类常在百头以上，其中有一次"获麋"的数量竟多达 451 头！[2]这些无疑反映：当时安阳及其附近地区的鹿类种群数量众多，分布密度相当之高。否则，以当时的狩猎技术条件，捕获如此众多的鹿类是不可想象的。而各地出土的鹿科动物骨骸，也证实了甲骨卜辞记载的真实性。直至殷末周初，这种情况似乎仍无太大变化，《逸周书·世俘解》中有一条材料记载了发生在武王伐纣之后不久，在殷都附近进行的一次狩猎成果：

> 武王狩，禽虎二十有二，猫二，麋五千二百三十五，犀十有二，牦七百二十有一，熊百五十有一，罴百一十有八，豕三百五十有二，貉十有八，麈十有六，麝五十，麋三十，鹿三千五百有八。[3]

这可能是一次动用大批军队而进行的大规模围猎活动，一共猎获 13 种野兽计 10 235 头，其中包括麋、麈（鹿群中之雄性头鹿）、麝、麋（即獐）和鹿（应主要为梅花鹿）等在内的鹿类动物 8 839 头，占全部猎物数量的 76.5%；而麋又占鹿类中的大多数，数量超过 59%。尽管《逸周书》是否为信史，历来史家均有怀疑，这段文字所载是否确实也不得而知；但其所反映的情况，在相当程度上是合乎情理的。[4]其中所载的猎物，属于食肉类的有虎、猫、熊、罴和貉，约占总数的 3%；食草动物，除鹿类之外，还有犀（犀牛）、牦（牦牛）和豕（野猪）等，所占比例高达 97%，食肉类与食草类的比例约为 1∶33。这固然可能因为食肉类猛兽不容易被捕获，但更是由于食肉类动物的种群数量原本即远低于食草类动物，这条记载十分符合食物链和"生态金字塔"理论，与上面所介绍的出土动物骨骸遗存情况也相当一致。所有这些情况都反映：当时以安阳为

---

[1] 孟世凯：《商代田猎性质初探》，收入胡厚宣主编：《甲骨文与殷商史》，上海古籍出版社，1983 年，第 204-222 页。

[2] 《丙》八七（反）的卜辞说："获不？允获麋四百五十一。"转引自上揭孟世凯文，第 215 页。

[3] 据《汉魏丛书》，吉林大学出版社，1992 年影印本，第 278 页。

[4] 关于《逸周书》，学者多认为系后代伪作，并非周代信史。不过，其所记载的猎物数字却是合乎情理的。

中心的中原地区，野生动物种类众多，并且保持着相当高的分布密度，自然生态系统仍然具有较高的原始性。

我们知道：在长期的自然进化与环境适应中，不同野生动物种类形成了各自的生活习性特别是食性，其适生的自然条件或生境各不相同。明了这一点，则我们不仅可以根据甲骨卜辞记载与考古出土实物确定当时殷墟一带的野生动物种类，而且可以由此推断当时的整个环境状况。

例如，象、虎、豹、猫、猴、熊，通常栖息生活在高山密林之中，有时也进入林缘草地；马、驴、野牛、扭角羚等大型食草类动物一般生活于平原或者河谷草地；犀牛、圣水牛、野猪生活的环境中一般拥有丰富的水源；竹鼠偏食竹子，因此必须生活在竹林之中；同样是鹿科动物，不同的种类生活习性亦颇有差异，斑鹿（梅花鹿）、麝和獐通常在山林之中活动，麋鹿则基本上是分布于平原沼泽湿地，偶尔有生息于多水的山间谷地。不同鸟类的栖息环境也各不相同，有的栖息范围很广泛，例如性情凶猛的鹰、雕、鸮之类，居于食物链的顶端，在山地丘陵的树林之中、大平原的开阔草地上乃至沼泽附近的丛林都可生息，它们捕食蛇、鼠、蛙、蜥蜴、小鸟和大型野兽的尸体；褐马鸡生活在高山深林中，繁殖期则在灌木丛中活动；丹顶鹤一般栖息在草甸和近水浅滩，以鱼、虾、虫和介壳类动物等为食；其他鸟类，如孔雀、雉鸡、犀鸟、啄木鸟、鹭鸶、鹳、大雁等也都有各自相宜的生境。生活在小河溪流之中的冠鱼狗乃是潜水能手，以捕食鱼类为生。所有这些动物都在安阳殷墟一带有大量分布，说明当时这个地区不仅气候温暖湿润，生境条件亦相当复杂多样，既有广袤的山地森林、灌丛和草原，又有许多河溪、沼泽和草甸，可供众多种类的野生动物栖息。尤其值得注意的是适宜在沼泽湿地栖息活动的动物种类众多，说明当地水资源环境相当优越，其中最引人注目的是，除多种较常见的鱼类、介壳类动物外，属于两栖爬行类动物的鳄鱼、乌龟在这里也多有发现，甚至还有鲟鱼，如今这些动物在淮河以北地区早已不复存在，只能生息于长江流域及其以南地区，令人对那个时代中原地区的水资源环境面貌产生无尽的遐想。

根据野生动物的种类构成及其生活习性和生境条件进行分析，我们对当时该区域的环境面貌大致可以做如下几点判断：

其一，当时栖息于这个地区的野生动物，既有众多适应温暖潮湿环境的种类，也有少量适生于北方草原的野生种类（如绵羊、黄牛等），具有南北混合过渡性与多样性特征，或许与不同阶段的气候变化有关。

其二，竹鼠、犀牛、貘、象、圣水牛乃至鳄鱼、中华鲟鱼等喜温性南方型动物的大量存在，说明商朝安阳一带乃至整个黄河中下游地区总体上属于温暖、湿润的气候。对此，上文已经做了讨论，不再重复。

其三，在已经鉴定出来的动物之中，既有许多习惯栖息于山林和灌草丛的陆生种类（如虎、豹等），也有不少栖息在湿地水域的湿生和水生动物（例如麋鹿、圣水牛、犀牛、鱼类、贝类、龟类等），反映当时该区域还有水量丰富的河流和相当广阔的湖沼湿地。从甲骨卜辞所反映的情况来看，殷商时期殷墟都城周围地区河流密布，纵横交错，出现于甲骨卜辞之中的有"河""洹""滴""洛""潢""沁"等河流。关于河、洹等大水的卜辞和对泛滥的洹水是否给都城带来祸患的贞问，说明这些河流的水量相当可观。虽然甲骨文中缺少对湖泊和沼泽湿地的记录，但春秋战国至秦汉时期的文献记载今河南、河北、山东有大陆泽、鸡泽、泜泽、皋泽、海泽、鸣泽、大泽、荥泽、澶泽、黄泽、修泽、黄池、冯泽、荥泽、圃田泽、沛泽、丰西泽、湖泽、沙泽、余泽、浊泽、狼渊、棘泽、鸿隙陂、洧渊、柯泽、围泽、锁泽等，相信此类湖沼泽薮在商代数量更多，面积更加广袤。[1]此种情形，与现今这样地区一望俱是亢旱平陆的环境面貌迥然不同。史念海指出：远古时期（包括商代），"这个地区的地理因素有的直到现在还大致相仿佛，有的则已多所改变，和现在迥乎不同，尤其是太行山和泰山之间差别更大。这里现在是河流稀少，湖泊绝迹。而在那时，河流远较现在为多，而湖泊罗列，更仿佛现在的江淮之间。这里古往今来都是广漠平原，但远古时期，这里的地势相当卑下，显得潮湿，好在平原中散布着许多丘，成为人口聚居的所在……"[2]他的这个判断，大致符合商代历史事实。

其四，一些食量很大的动物（例如大象）能够成群地栖息于此，说明山地原阜上有着相当可观的森林覆盖，林草生长茂盛；竹鼠遗骸多有发现，则说明这里有大片的竹林。据此，森林植被状况整体良好不证自明。

总之，不论气候和水文状况，还是森林植被与野生动物，都让人们有理由把商代中原的自然环境面貌设想成今天长江流域甚至更以南地区的情况。

---

[1] 邹逸麟：《历史时期华北大平原湖沼变迁述略》，《历史地理》（第五辑），上海人民出版社，1987年，第25-39页。并参见前引朱彦民：《商代中原地区的水文条件与降雨情况》，《殷都学刊》2005年第3期。

[2] 史念海：《由地理的因素试探远古时期黄河流域文化最为发达的原因》，《历史地理》（第三辑），上海人民出版社，1983年，第1-20页。

不过，正如前面所说，商朝末期，全新世温暖期结束，气候转向干冷，其结果既影响植物生长及其种类分布，对野生动物栖息和分布也产生了重要影响，不少喜温动物被迫南迁，分布的种类及其种群数量明显减少。反映在考古资料上，是殷商遗址中经常出现的象、犀牛等野生动物骨骼，在西周考古遗址中基本不见，而一度相当流行青铜器大象纹饰和以象为造型的象尊，至西周中期以后亦突然消失，反映人们逐渐对大象、犀牛、鳄鱼等已经感到陌生；反映在文献记载上，是甲骨文频繁出现的捕猎大象和犀牛等记载，在西周以后亦基本不见，《诗经》中只是很偶然地提起这两种动物，历史文献倒是有关于周公驱逐大象等野兽的记载，其实乃是对喜温野生动物南撤的一种扭曲反映。[1]以当时的社会历史条件，周公能耐再大也不可能组织那么多的军队将犀象之类喜温动物驱逐出中原，根本原因乃在于两个方面：首先是气候变冷导致它们不再适宜在此生存，其次是人类活动不断增强导致其栖息地逐渐遭到破坏。

四、自然资源与社会经济生活

上述生态环境是商代文明发展的自然背景，更是经济生产和物质生活的基础。关于商代经济生产与社会生活，学术界已取得了丰硕成果，读者对灿烂的殷商文明并不陌生。然而，这些文明成就与自然环境是何关系？那个时代的人们如何同大自然打交道？其自然资源开发和利用方式具有哪些历史特点？却未必了了。从环境史角度重新考察资源环境对当时社会生活的规约与影响，经济生产对自然环境的适应和改造，不仅有助于理解商代人与自然的关系，还可能更加深入全面地理解商代文明的历史特质和成就。

我们在前面已经指出：人口增长以及由此带来的物质需求增加，既是社会经济变迁的主要驱动力，也是环境变迁和人与自然关系演化的主要驱动力。但

---

[1]《吕氏（春秋）古乐》云："商人服象，为虐于东夷。周公以师逐之，至于江南。"汉魏之际人张揖认为："商人服象"为"南人服象"，《文选·上林赋》刘渊林注亦同（参见许维遹撰，梁运华整理：《吕氏春秋集释》，中华书局，2009年，第128页）。若云"南人服象，为虐东夷"，即南方人役使大象在东夷肆虐，被周公的军队驱逐到了江南，于情理自然更加通畅，但这未必就是《吕氏春秋》的原意。又，《孟子·滕文公下》称："周公相武王，诛纣、伐奄……驱虎豹犀象而远之。"（《十三经注疏》，第2714页）李根蟠提示不应将这两条材料与环境变化扯上关系。但自古人们都将驱逐外敌和猛兽使不为民害视为圣贤的重要德政，称赞周公讨伐外敌和"驱虎豹犀象而远之"亦未尝不可做此理解；战国时期中原人士已经不见犀、象，将其附会于历史（被周公所驱逐）亦非完全没有可能。毫无疑问，长期大量猎杀也是导致这些动物显著减少的重要因素之一。

任何时代的人与自然关系都不是由自然或者社会一个方面的因素所单独决定，而是取决于自然与社会的双向作用。因此，要想认清某个时代的人与自然关系，需从考察社会经济生产和物质生活面貌入手，因为人类与大自然打交道，首先是为了满足自身的物质生活需要，经济生产乃是人们认识自然、利用资源和改造环境的主要领域；人与自然的关系，从根本上说乃是人口（生存需求）与资源的关系。人口与资源关系的基本状况，决定一个时代的经济方式、技术工具乃至观念意识，这些方面反过来也深切地影响着人口与资源关系的发展变化。它们之间总体上是相互作用和互为因果的。这里需要首先介绍一下商朝人口的状况。

甲骨卜辞中已经出现了以"千"甚至以"万"计数的人口数字，这些数字基本上是关于用兵和俘虏数量的记录。那个时候还没有系统的人口统计，如今学人只能根据零散的兵士和俘虏记录，结合聚落、城市的规模，氏族、方国等社会组织的数量，甚至根据墓地的数量等，对商朝境内和王都的人口进行大致估测。宋镇豪经过详细考论，粗略估计了夏商时期的人口总数，认为"夏初约略为 240 万～270 万人，商初约为 400 万～450 万人，至晚商大致增至 780 万人左右。"张秉权则根据出兵数量进行推测，认为：假定殷代有 500 个可以出兵的地方，每地平均出兵 3 000，则全国壮丁人数有 150 万，再加上老弱妇孺，当时全国总人口数可能有 750 万人左右。殷墟作为商朝的王都，是人口分布最集中的地方，宋镇豪估计：盘庚初迁之时，殷地仅有人口万人；至武丁统治时期达到了 70 000 余人；至文丁以前，殷都人口约略增至 14 万人，至帝乙、帝辛时则达到了 23 万人上下。[1]

两位学者关于商代人口数量的上述估测是严谨认真的，但仍存在一个很大缺陷，这就是：无法知晓这些人口分布在什么样的地理空间范围，因此也就无法知晓当时人口密度之大小。不过，如果他们关于王都人口的估计大体接近事实，则有一点可以非常肯定：在当时的历史条件下，殷都的这些人口无法通过放牧、更无法通过采集、捕猎来获得充足的食物和其他基本生活资料，而只能主要通过农业生产。

---

[1] 宋镇豪：《夏商人口初探》，《历史研究》1991 年第 4 期，第 92-106 页。张秉权：《甲骨文中所见的数》，《"中央研究院"历史语言研究所集刊》第 46 本 3 分册（1975 年），又见"台北编译馆中华学术著作编审委员会"：《甲骨文与甲骨学》（1988 年），第 514 -515 页。

正如前节所言，大多数学者认为先商时代已经从事农业生产，商汤立国后，农耕稼穑更逐渐取得了商代社会经济的主导地位，盘庚迁都意味着摆脱了极其粗放落后的游农状态，真正走上了"永久性定居"的农业发展道路。不过，大量考古资料和甲骨卜辞记载反映：在以安阳为中心的中原地区，农耕牧养与采集捕猎等经济成分此长彼消的过程一直在继续，社会经济总体上是以农为主，农、牧、采、捕并存的混合型，放牧规模仍然可观，采集和捕猎也是相当重要的经济补充，远未形成战国以后农耕与畜牧"畸重畸轻"的局面。

自 20 世纪以来，学者对商代农作结构、经营方式、工具技术等问题进行了许多研究。我们的总体印象是：商代农耕技术水平依然相当低下，生产经营仍然粗放，远未达到精耕细作的程度，但某些重要的发展进步值得特别关注。兹综合前人成果略做叙说：[1]

商代农耕经济的主体是禾本科谷物种植，主要作物有黍、稷、麦、稻、菽、麻等，它们是商人最基本的食物能量和营养来源。其中，黍和稷是黄河中下游地区原生的典型旱地作物。由于黍对杂草的竞争性更强，适宜种植在新开荒的土地上，古代北方一向将它作为先锋作物。它还是酿酒的主要原料，对于崇尚饮酒的商朝人非常重要，因而备受关注；稷即粟，在商代应已逐渐成为北方第一重要的粮食，其雄踞"五谷之长"的地位长达数千年，直到唐代以后才让位于小麦。值得注意的是，麦子并非中国原生的作物，开始种植相对较晚。考古学家在洛阳皂角树二里头文化遗址中水选出的小麦颗粒，是中原地区首次发现的地层清楚、标本清晰且年代较早的小麦颗粒实物。[2]然而甲骨卜辞中已有"告麦""登麦""食麦"之类词句，说明它已经具有相当重要的地位。于省吾认为：甲骨文中的"麦"为大麦，后代种植更多的是小麦，当时称之为"来"（先秦时代一直如此）。[3]菽在远古至上古前期也是重要粮食作物，由于当时加工技术落后，作为食粮口味不佳，属于穷人寄命的次等粮食，汉唐时代因豆豉酱酿造技术的进步和豆腐加工技术的发明而逐渐副食化。但豆类作物根瘤菌具有固氮作用，可以增进土地肥力，因此在作物体系中具有特殊重要性。至于麻，先秦文

[1] 关于商代农业，一般的商朝断代史、经济史特别是农业史著作都有所叙述，读者若欲了解其概貌，可集中参阅王贵民：《商代农业概述》，《农业考古》1985 年第 2 期，第 25-36 页。彭邦炯：《商代农业新探》，《商代农业新探（续）》，分载《农业考古》1988 年第 2 期，第 47-57 页，1989 年第 1 期，第 125-133 页。
[2] 王星光：《生态环境变迁与夏代的兴起探索》，科学出版社，2004 年，第 133 页。
[3] 于省吾：《商代的谷类作物》，《东北人民大学人文科学学报》1957 年第 1 期，第 81-107 页。

献时常提及，但汉代以后逐渐不再作为粮食种植。黄河中下游地区水稻种植起源很早，而商朝安阳一带具有相当良好的水资源环境，因此应有较大规模的水稻种植。胡厚宣认为："殷代之农产品重要者有四，一曰黍，黍之产地，东至海，北至殷都，东北至今山东临淄，南至今河南临汝县。二曰秜，秜即稻。黍与稻者乃殷代最普通之农产物，三曰麦，乃较稀贵之品，麦之别名有来。四曰秕，秕读为稗，即小米。"[1]在他看来，稻的地位相当之高。甲骨文中有"秜""秜"等词，其中"秜"是野外自生的水稻。除了水稻，其他几种都是旱地粮食作物，说明当时安阳一带是以旱作农业为主。

商代农业不仅包括粮食作物栽培，还有蚕桑、林、果生产。甲骨文中已经被辨认出来与林果相关的字有林、森、柳、杞、柏、杜、栗、楚、杧、果、竹等，河北藁城台西遗址集中出土了桃、毛樱桃、郁李等30余种植物果仁，其中有的应属人工种植，甚至可能已经出现了人工经营的果林。商代蚕桑业已经达到了一定的水平。史书记载：早在成汤时期就有"桑林""空桑"之类地名，可能是当时的桑蚕产地；而"桑""蚕"等字及相关图纹在甲骨卜辞和器皿上都有所见，考古学者还在商代遗址中发现了多种丝织物，如绢、帛、绮、縠等，这些都是商代蚕桑发展的证据。[2]

甲骨卜辞中大量的"受年"、卜雨文字以及众多的求禾、求黍、求麦、省黍、观藉、相田记录，证明商王高度重视农业，非常关心天气顺逆、年成好坏和作物丰歉，农业在当时社会经济中已居于支配地位不容置疑，但由于当时农业生产技术水平低下，单位面积产量仍然很低。有人推算：商代平均亩产量为61.28斤，以这样的产量水平养活780多万人口，需要6 873.73万亩以上的耕地，人均所需耕地面积将近9亩。[3]考虑到多方面的粮食消耗，我们估计实际耕地面积还远不止此数。

前面已经提到：甲骨文中有多种写法的象形"田"字，表明当时农田区域形成了纵横交错的阡陌和沟洫，土地规划渐有系统；利用人畜粪便作肥料，表明人们已经重视维持和增进土壤肥力。农业生产的各个环节，包括开荒、翻耕、播种、田间管理、收获和储藏等都形成了一定的制度和习惯。与前代相比，这

---

[1] 胡厚宣：《卜辞中所见之殷代农业》，《甲骨学商史论丛初集》（外一种）下，河北教育出版社，2002年。
[2] 王贵民：《商代农业概述》，《农业考古》1985年第2期，第25-36页。
[3] 刘兴林：《论商代农业的发展》，《中国农史》1995年第4期，第14-24页。

些都是非常重要的进步。不过，鉴于当时的生产工具条件，土地耕耘不可能非常精细。甲骨卜辞以及周代文献记载表明："焚田"（放火烧荒，可能伴随着狩猎活动）依然是清除草莱、开垦土地的首选方法，对土地实行轮番休闲则是普遍采用的农作制度。随着土地垦辟规模不断扩大，主要农业区域的原始生态系统包括森林植被、野生动物等，都必定受到了愈来愈显著的影响。

从现有考古和文献材料看，商代农业生产工具，例如翻耕农具镢、镈、锸、耒耜、犁，耘耕农具铲、锄和收获农具镰、铚等，已经形成了较完整的功能配套系列。南方有的地方出土过不少青铜生产工具，[1]但在中原地区只是偶有发现，用于制造农具的材料仍以石、骨、蚌、木、陶为主。换言之，青铜冶铸业虽然发达，是灿烂商代文明的集中代表，却基本上是用于制作兵器、礼器和饮食器，很少用来制造农具。简陋的农具限制了土地开垦和整治，决定当时对土壤的利用改造还不可能像后代那样精细。

幸运的是，以殷墟为中心的主要农作区的自然环境具有若干有利特征，特别是良好的土壤条件。从大的地质和土壤分区来说，这里属于黄土区域。黄土是漫长地质年代风尘缓慢堆积而形成的，土层深厚、土色黄褐、质地疏松并具垂直纹理，发达的毛细管将下层肥力和水分提升到地面，形成"土壤自肥"现象，有利于作物生长；从具体环境看，以安阳为中心的商朝中心地带，处于太行山脉与华北大平原相交接的山前洪积、冲积扇上，众多河流给这里带来了富含生物腐殖质的松软泥土，疏松而且肥沃，一旦被开垦出来，并采用适当方式开通沟渎以灌溉，并且每年休耕易处以恢复地力，便能成为《管子》所谓"渎田悉徙，五种无不宜"[2]的良田。不仅如此，这些地区虽然不乏树林，但高大乔木并不茂密，大多数地方为低矮灌丛和草莱所覆盖。在简陋的耕垦工具条件下，这样的土地相对容易被开发利用。反过来，正是由于这些特点，安阳周围的自然环境面貌率先受到农业活动影响，土壤、植被、水文和野生动物等都较早地发生了深度改变，原始自然生态系统更早地被人工建立的农业生态系统所

---

[1] 例如江西新干商墓曾经出土犁、锸、耒耜、斧、斫、锛、铲、镰、铚、镬、刀、刻刀、凿、锥、砧10余种共127件。参见彭适凡、刘林、詹开逊：《江西新干商墓出土一批青铜生产工具》，《农业考古》1991年第1期，第297-301页。

[2] 梁凤翔撰、梁运华整理：《管子校注》下册，中华书局，2004年，第1072页。按：关于"渎田悉徙"，历来注释家意见不一，或以为"徙"当为"壤"字误写，而"悉徙"或为"息壤"之误（参见同书第1074-1075页注释）。而"息壤"是一种可以自我生长、增肥而不耗减的土壤。

替代，后者给商代都城提供了主要的物质与能量支撑。

　　假定如学者所言：晚商殷都曾经达到23万人，以人均年口粮700斤（原粮，折成米300～350斤）的低水平计算，这座城市每年至少要消费1.61亿斤原粮；假定当时粮食平均亩产50～100斤，则每年直接为这座城市居民提供基本口粮的保障农田至少需要161万～232万亩；考虑到土地休耕、农民自食、种子存留以及酿酒、饲料等多方面的消耗，殷都周围农区的耕地面积至少需要3～4倍于此数，即需开垦耕地500万～900万亩，可能达到1 000万亩。换言之，仅就人们最不可缺少的基本食物能量需求而言，支撑殷都这样一座人口聚居的中心城市，可能需要一个面积达1 000万亩左右的庞大农田生产系统。

　　维持生命不仅需要米粮提供碳水化合物，还需要肉类等动物性食料提供优质蛋白和其他营养元素，古代农耕地区的普通民众五谷杂粮尚且无法保障，肉类更是难得的奢侈品。不过，远古至上古时期作物种植与畜禽饲养似乎还不像后来那样畸轻畸重，食物之中的荤、素比例亦不像后来那样严重失衡，在古代社会饮食结构的历史变迁过程之中，动物性食品所占比重总体上呈逐渐下降的趋势。既然商朝已经确立了农业的主体地位，这些方面的实际情形如何？是一个令人感兴趣的问题，这需要了解当时畜牧乃至狩猎生产的情况。

　　如前所言，商族原本是一个擅长畜牧的民族，其先祖在牧养与畜力利用方面颇有建树，先商至早期时期经历了由游牧向农耕的经济转变，直至迁都于殷以后，商朝对畜牧生产仍然相当重视，但畜牧业的实际情况究竟如何，却是一个较具争议性的问题，关于畜牧生产规模及其在社会经济中所占比重之大小，学界一直存在不同的看法。不可否认的事实是：甲骨卜辞和出土实物都表明：当时祭祀用牲和家畜随葬都相当可观，即便商王和贵族所利用的许多畜产是从异地征调而并非皆由附近出产，但其用牲频度、数量之大，仍然令人有理由设想当时畜牧经济发达。一次祭祀用牲就是数以百计乃至千头以上牛、羊、猪、犬，一次墓葬就埋下几匹马，若无较大牧养规模和家畜存栏量，这是绝对不可能做到的。

　　根据甲骨卜辞，商朝时期的主要家畜有马、牛、羊、猪、犬，还有若干种类的家禽。统治者设立有专门的放牧区域，内有甸地（奠），外有牧地，畜群和牧场由"多奠""奠臣""牛臣""牧"等职吏实施管理，被称为"刍"的奴隶们则负责打草饲养。圈畜之地，马有厩，牛羊有牢，猪有溷，牧养技术逐渐取得进步，其中养马已采用了特殊的繁殖和品种改良技术，即所谓"执驹""攻特""去势"之术。[1]这些家养动物，是商朝人类生存系统的重要组成部分，与其主人之间构成了彼此紧密相依的生态关系，而不同家畜所具有的社会经济意义各不相同：有的只是肉食来源（如猪、羊），有的主要供役用（如马），有的则既给人们提供肉食、又是役用的对象（如牛和犬）。饲养这些家畜需要不同的环境条件，猪、犬属杂食性动物，可与人们杂处共居而不需要专门的土地，但大规模饲养马、牛、羊需要充足的草料和草场。当时农牧区域划分的具体制度与情形尚待进一步考察，但相关记载显示确实存在一定的分区。不难设想：在人口密度低、农田占地少的地区，适宜发展规模性的马、牛、羊放牧；随着农田开垦不断扩张，专用牧场逐渐被排挤到距离大型都城和聚落较远的地方，畜牧生产规模随着农业经济发展逐渐走向萎缩——这是两种不同经济生产方式竞争的必然结果。有学者根据甲骨卜辞考察了文丁前后商王祭祀用牲数量的变化，指出：从武丁到康丁时期，祭祀所用的牺牲数量很多，一次祭祀用牲时或达到"百犬""百羊""百牛"；到了商朝末期，根据黄组卜辞[2]的记录，不仅祭祀上帝、山川和先公的现象明显较少，而且祭祀先王的用牲数量亦明显要小得多，多以"一牢"或"一牛"献祭。如果找不出其他原因，我们不妨将这种变化视为商代畜牧生产从前到后逐渐衰微的一种表现。

商朝时期，由于农业经济持续发展，采集和狩猎生产的地位进一步下降。然而甲骨卜辞中关于狩猎的记载极其丰富，殷墟遗址也出土了大量野生动物遗骸，这些情况都令人设想狩猎生产在商代社会仍具相当的重要性。历代商王大多喜爱游猎，这是史家公认的事实，当时设有不少专门的猎场，殷墟周围、沁阳一带有重要猎场。只是关于狩猎的实际目的和效益，学界一直争论很多。[3]在我们看来，商代狩猎活动相当频繁是完全可以肯定的，狩猎活动具有多重目的：一则属于统治者的逸乐，二则属于军事训练性质，三则与农田开垦和作物保护有关，四则获得狩猎产品的直接经济目的亦不可忽视——毕竟野味肉食具有特殊的诱人之处，此外还是重要的祭祀品。更重要的是，野生动物的羽毛筋

[1] 王贵民：《商代农业概述》，《农业考古》1985年第2期，第25-36页。
[2] 王晖认为："黄组卜辞"实际上包括文丁、帝乙和帝辛三个时期的占卜记录。
[3] 孟世凯：《商代田猎性质初探》，收入胡厚宣主编：《甲骨文与殷商史》，上海古籍出版社，1983年；刘兴林：《殷商田猎性质考辨》，《殷都学刊》1996年第2期，第4-9页；陈炜湛：《甲骨文田猎刻辞研究》，广西教育出版社，1995年。

角骨骼在当时乃是非常重要的手工业生产原料，大量贵重裘服、骨角器、盔甲和装饰品都是用它们制作而成，活体猎物豢养起来还可供人们娱乐消遣。因此从多方面来看，狩猎在当时仍然并非可有可无，不能过分低估其社会经济意义。

这个时代的人与自然关系及其变化，在狩猎活动中有相当显著的体现。一方面，甲骨卜辞记载狩猎活动之频繁，捕猎对象之繁多，以及每次狩猎可观的捕获数量，都表明即使殷都周围，亦曾拥有相当丰富的野生动物资源；另一方面，大量捕杀必然导致资源逐渐减少直至耗竭，农田扩展更不断剥夺了野生动物的栖息空间，局部地区的狩猎生产逐渐走向衰落。商朝末期，殷墟附近已经不能满足商王狩猎的需要，所以武乙和纣王曾经远赴渭水流域进行游猎，武乙甚至在狩猎期间被雷劈死。他们远赴渭水游猎，或许暗藏着某种特殊的政治和军事意图，但亦应与殷都附近地区野生动物资源渐趋匮乏有关。

甲骨田猎刻辞记载商朝不同君王统治时期的狩猎次数与猎获数量存在明显变化，总体趋势是后期猎获数量愈来愈小，这在一定程度上反映了野生动物资源逐渐减少的事实。陈炜湛曾对甲骨田猎刻辞进行过专门研究，他发现：在五期甲骨卜辞中，第三期田猎卜辞最多，1 400 多片；其次为第一期，1 300 片左右；再次为第五期，900 片左右。但第一期田猎规模大、捕获动物数量多，占各期之首。第二期田猎卜辞最少，可能"是由于祖甲'革新'政治，减少卜事，故现存田猎卜辞少；是由于武丁时期狂捕滥杀、竭泽焚林，致令祖庚祖甲时期不得不减少田猎活动，以使禽兽栖息繁衍？两种可能性似乎都存在，以常理推测，后者的可能性当更大些。"[1]从各期田猎卜辞的内容来看，第一期多记获猎野兽数量，第二、三、四期则均不记获猎数量，到五期又开始记载所获猎物数量，但已经不如第一期数量多。这些应可作为当地野生动物资源逐渐减少的一项证据。[2]

总之，频繁的捕猎活动，导致商代人口密集地区野生动物资源渐趋耗竭，只是尚未达到春秋战国时代那样严重的程度。事实上，商朝时期的人们已经感受到这种变化，后代流传甚广的商汤狩猎"网开三面"的故事，[3]应是基于商

[1] 陈炜湛：《甲骨文田猎刻辞研究》，广西教育出版社，1995 年，第 4 页。

[2] 朱彦民：《关于商代中原地区野生动物诸问题的考察》，《殷都学刊》2005 年第 3 期。

[3] 《吕氏（春秋）孟冬纪·异用》云："汤见祝网者，置四面，其祝曰：'从天堕者，从地出者，从四方来者，皆入吾网。'汤曰：'嘻！尽之矣。非桀其孰为此也？'汤收其三面，置其一面，更教祝曰：'昔蛛蝥作网罟，今之人学纾。欲左者左，欲右者右，欲高者高，欲下者下，吾取其犯命者。'汉南之国闻之曰：'汤之德及禽兽矣！'四十国归之。人置四面未必得鸟，汤去其三面，置其一面，以网其四十国，非徒网鸟也。"据许维遹撰，梁运华整理：《吕氏春秋集释》，中华书局，2009 年，第 235 页。《史记·殷本纪》略同。

族后裔的传颂，固然包含着"德及禽兽"的政治文化想象，但商人应具备了一些自然资源保护意识，懂得捕猎不能"竭泽而渔"的道理，虽然真正做起来并不是那么容易。

不仅如此，频繁的田猎活动普遍采用火攻方式，对森林植被的破坏也不可低估。甲骨卜辞中关于"焚林以田"的狩猎活动随处可见，商王频繁地采用放火焚烧山林的方式进行围猎，大量捕获野兽；在传世文献中，我们也不难找到先秦时代放火焚烧山林泽薮捕猎野兽的记载，例如《管子·揆度》称：黄帝之时"烧山林，破增薮，焚沛泽，逐禽兽，实以益人"；[1]《孟子·滕文公上》云："舜使益掌火，益烈山泽而焚之，禽兽逃匿。"[2]后来还逐渐将焚林围猎与农田开垦相结合，所以从经济角度而言，焚林是一种狩猎和开垦并举的行为。但这种行为毫无疑问对原始森林生态系统具有破坏性的影响——不仅焚毁了森林，也导致野生动物资源显著衰退。

按照近代以来的经济学分类，上述几项生产均属于"第一产业"，一方面给人们提供可以直接消费的产品，另一方面则为第二产业——具体到商代即手工业——提供生产原料。我们必须明确的事实是：商代手工业是在农业经济的基础上发展起来的，这不仅因为只有首先满足了食物需求才能从事其他生产，还因为许多手工业原料是由农业提供并为农业生产服务。不过，当时手工业对于畜牧和采集、捕猎的倚重程度亦不可过分低估。

综合多方面的资料可知，商代手工业包括陶器制造、青铜器冶铸、丝麻纺织、骨角器制作、玉石雕琢、竹木与漆器生产、土木营造等多个行业，与夏代相比，不仅技术取得了较大进步，专业化趋势也更加明显。据学者研究：商代城市中往往都有手工业的专门分区场地；至晚商时期，人们同业聚居、并以职业为氏，形成了不同的家族。周武王克商以后，曾将晚商遗民 13 族分赐给鲁公和康叔，其中至少有 9 个应属于手工业家族，如索氏为绳工，长勺氏、尾勺氏为酒器工，陶氏为陶器工，施氏为旌旗制作工，系氏为马缨工，锜氏为锉刀工或者釜工，樊氏为篱笆工，终葵氏即椎工。[3]从事不同手工行业的家族各有族徽（见图 2-7）。

[1] 马非百：《管子轻重篇新诠》（下册），中华书局，1979 年，第 429 页。
[2] （清）阮元校刻本：《十三经注疏》，中华书局，1980 年影印本，第 2705 页。
[3] 王玉哲：《中华远古史》，上海人民出版社，1999 年，第 324 页。

注：a.牧者；b.商人；c.运输者；d.厨师；e.画工；f.史官；g.牧者；h.屠夫；i.卫士；j.差使；k.刀匠；l.弓匠；m.做箭者；n.做箭筒者；o.做载者；p.做盾者；q.弓手；r.持载者；s.刽子手；t.制旗者；u.制车者；v.制船者；w.建房者；x.做鼎者；y.做鬲者；aa.做爵杯者；bb.酿酒者；cc.制丝者；dd.木匠；ee.果园管理人；ff.采坚果者。

资料来源：［美］张光直著，毛小雨译：《商代文明》，北京工艺美术出版社，1999年，第216页。按：毛小雨中译本 M 为"做简明者"，显然是错误，张良仁等中译本张光直《商文明》译作"做箭者"，当是（辽宁教育出版社，2002年，第224页）。两个中译本均未注明 Z 是何种职业，应是张氏原缺。

图 2-7　商朝与职业有关徽号

关于商代手工业发展状况，学者论说颇多，不遑广引。兹仅做补充说明的是：这些行业发展都是基于一定的自然环境、资源条件和技术手段，并且或多或少地造成人与自然之间关系的变化。例如发达的制陶业，包括大量红陶、黑陶和少量精美白陶的制作，一方面反映人们对不同泥土的认识和利用水平进一步提高，另一方面大量烧制陶器必然导致陶窑附近森林被大量砍伐；玉石和石器的大量制作，同样需要相关自然知识积累和技术进步；在纺织业发展中，麻葛纺绩意味着人们对韧皮纤维植物的利用技术进一步提高，养蚕、缫丝和丝织业兴起，更反映了人们对特种动物及其产品的认识和利用取得了飞跃性进步；竹木器特别是漆器的发展，则表明人们对各种植物资源的利用进一步广泛，技术继续提高。其中树漆的发现和利用是一个值得高度重视的进步，它开启了古代器物史上的漆器时代，战国、秦、汉逐渐发展到巅峰阶段。

前面我们曾经详细讨论过动物骨骸在石器时代环境史和材料史上的特殊意义。商朝时期，骨器业更是发展到令人咋舌的高度，单是利用大型动物骨骸和龟甲占卜记事这一点，在中华文明史上的巨大影响和深远意义，就已经是无论如何高度评价都不算过分。在殷商社会生活中，骨器是不可缺少的寻常之物，种类繁多，应用广泛。考古学家在郑州商代遗址、安阳殷墟的北辛庄和殷墟的妇好墓中，都发现了大规模骨器制作场地和大量成品或半成品骨器，众多野生和家养动物的骨、角、牙甚至人骨都成为骨器制作的重要材料，用料之多令人难以想象。

例如，1955 年秋，考古学家在小屯殷墟遗址坑 1 的殷商文化层中，除发现少量的陶片外，绝大多数遗物都是经过锯断的骨料和废骨料，有许多骨器成品和半成品。整理出来的完整骨品有骨锥 3 件、骨簪 4 件、骨簪帽 3 件、筒状骨器 1 件，卜骨 9 件。料骨和骨器总计不下千件，以牛骨、猪骨和鹿骨等最多。[1] 1958 年春，考古学家在安阳小屯西约 3 000 米的北辛庄南地发掘一处骨器作坊遗址，时代属于晚商时期，其中发掘出多种的骨器制作工具，更有大量的骨料和骨器半成品，在一个骨料坑中就清量出了 5 110 件，主要是牛、猪、马、羊、狗等家畜的肢骨，以牛、猪骨为多，只有少量鹿角和鹿骨。[2] 这处遗址既反映出晚商时期骨器仍然非常重要，也反映出骨器制作原料明显是以家养动物骨骸为主，鹿类等野生动物骨料明显偏少，意味着当地野生动物资源已经明显衰退。

商代遗址所出土的大量骨器，有的是装饰品，更多的则是生产、生活所需的实用器具，琳琅满目，形制和功能各异，有的堪称精美艺术品。无论如何，骨器制作需要大量的兽骨原料，必须具备畜牧和狩猎经济繁荣这个基本前提。骨器行业，从石器时代开始，直到金属时代初期的商代，持续繁荣发展了数万年计的漫长时间，确非今人能够充分想象，是远古人与自然关系史上一个非常值得特别关注的情节。

商代手工业的最杰出代表无疑是青铜器冶铸，近百年来研究成果堆积成山，

---

[1] 河南省文化局文物工作队第一队：《一九五五年秋安阳小屯殷墟的发掘》，《考古学报》1958 年第 3 期，第 63-72 页并附图版。

[2] 中国科学院考古研究所安阳发掘队：《1958—1959 年殷墟发掘简报》，《考古》1961 年第 2 期，第 63-76 页并附图版。

学人从不同角度展开了大量深入探讨。不容忽视的是，青铜器冶铸作为那个时代技术含量最高、劳动投入最高的行业，所涉及的不仅仅是经济史和物质文明史问题，同时也包括环境史问题，因为它是当时资源依赖性最强、能源消耗最大的一个行业，值得从环境史角度展开探讨。具体而言，发展青铜冶铸业，除必须掌握开采和冶铸技术、知识之外，更重要的是必须具备两个最基本前提：一是周围环境之中蕴藏有丰富的铜、锡等矿石原料；二是附近拥有丰富的森林资源作为冶铸的燃料。

张光直在《中国青铜时代》（二集）中曾经详细考论夏商周三代都城与铜锡矿产分布之间的地理关系（见图 2-8），认为：由于青铜器在当时社会具有十分特殊的重要性，铜锡矿石资源分布影响了包括商朝在内的三代都城迁徙和政治、军事格局，"……王都屡徙的一个重要目的——假如不是主要目的——便是对三代历史上的主要政治资本亦即铜矿与锡矿的追求。"能否占有并且利用这些矿产资源，直接关乎政权兴衰。[1]由于该书主题的关系，张氏的论说自然而然地专注于青铜器的特殊意义，这也许会使得他的观点受到某种质疑，让人感觉是片面强调一点、弱化其余。但在特定历史条件下，某些自然资源对于一个古代国家和民族的重大影响，确实可能远远超乎后人一般的想象。

大规模的青铜冶铸必然消耗巨量的薪炭燃料。殷墟出土青铜器数以千计，将铜矿烧熔为液体需燃烧大量树木，铸造一件铜器需要消耗的燃料，少则几十棵、多则成百上千棵树，铸造像司母戊大方鼎这样重达 875 千克的大型铜器需要用七八十个坩埚，每埚盛铜液 12 千克，更不知需要烧掉多少棵树木。由于历史技术资料缺乏，我们无法判断殷商青铜冶铸对周围地区森林资源的消耗程度究竟有多大，但完全可以肯定的是：以当时的交通运输条件，矿山（原料产生）和林地（燃料供应地）必须同在一地而不能距离太远，故有青铜冶铸业的地方，森林资源必遭严重毁损。从后代铜、铁等金属冶炼的巨量森林消耗导致附近变成童山秃岭，而矿山最终亦因燃料匮乏而被迫遗弃的史实（明清方志多有记载），可以想象：青铜冶铸业对相关地区生态环境特别是森林资源的破坏肯定是相当显著的。

---

[1] 详细论述，参见［美］张光直：《中国青铜时代》（二集），生活·读书·新知三联书店，1990 年，第 28-34 页。

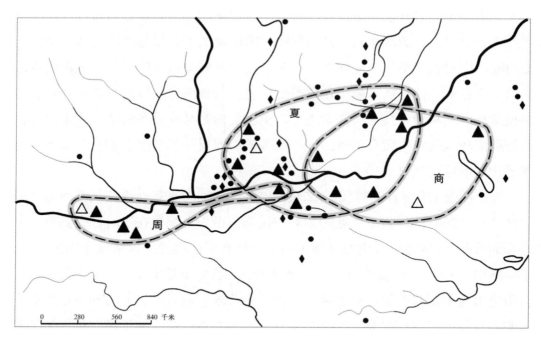

资料来源：[美] 张光直：《中国青铜时代》（二集），第 30 页。按：图中圆点为出铜矿的县份，菱形为出锡矿的县份。

图 2-8 夏商周都城与铜锡矿产资源分布的地理关系

我们不拟专节讨论商朝特别是殷墟一带的森林资源及其变化对社会经济生活的影响，因在不同部分都多少涉及了这方面的问题。导致森林资源减少的原因是多方面的，农垦、狩猎、制陶、冶炼等都直接导致森林资源耗减，家具、车船、棺木用材和日常炊煮、取暖也都需要大量薪炭，城市建筑（包括宫室及其他方面）更需要消耗大量粗大林木。森林耗减的生态影响也应该相当显著，附近地区野生动物资源由丰富到匮乏的变化，就主要是由于林草地（栖息地）逐渐萎缩。

此前我们已经讨论：城市是一个完全由人工营造的生存空间，它的出现是人类迈向文明的重要一步。从环境史角度来看，由于城市的出现，人类有意识地将自己的生存环境与自然世界分隔开来。然而，城市仍然是一个生态系统，这个系统的特点是人口聚集，产业集中，是社会财富集中汇聚和流散，是物质能量巨量循环与消耗——任何一座城市，要维持其生命系统的正常运行和延续，都需要聚集和消耗巨量的物质资源，而这往往伴随着对周围区域自然资源高强度的开发利用。

在中国城市发展史上，商代不仅同样具备此前城市的多种防御功能，在多个方面还有了引人关注的新发展：一是出现了像殷墟、郑州商城、偃师商城这样的大型都城，这些都城从选址到布局，都针对周围地区的自然条件进行了整体规划，所关涉的环境空间与要素较之原始社会末期至夏代城市都远为复杂；二是城市内部空间格局，既与环境条件相适应，又与政治结构、社会分层和行业分布相结合，形成了相当清晰的功能分区；三是城市之中宫殿、宗庙和民居等不同类型建筑规模之大、数量之多，非此前时代可以同日而语。

殷墟都城的城市整体规划和布局就颇有值得玩味之处。李民曾有如下论述：

殷都是沿洹水而建，这就便利于殷都的用水与环境美化。紧靠洹水的南面是宫殿、宗庙区，迄今共发现了五十多座宫殿、宗庙遗址，比较集中地分布在小屯东北。其北面和东面皆邻洹水，在水源上占有有利地位。又由于这里地势较高，可以抵御洹水泛滥，所以是建立宫殿区的理想地方。宫殿区的西面和南面挖有半绕宫殿区的大沟，既可分流洹水，又可与洹水一起共同作为防御设施。在这条与洹水隔开的大沟以外约二三公里范围内，有手工作坊和平民住地，间或有较为密集的平民墓葬群。而在大沟以南的苗圃北地和薛家庄以及远离大沟以西约三四公里的孝民屯，分别发现有铸铜作坊遗址。在更远处的大沟以西的北辛庄以及洹水以东的大司空村则发现有制骨作坊遗址。从手工作坊的分布可以看出，一般地说，手工作坊都离宫殿区较远，大都在当时的"郊区"。这不仅对居住区，即使是对洹水也可减少"污染"。这不知是殷人有意的安排，抑或是自然形成。但无论如何，它对环境保护起到了良好作用。在洹水以北与宫殿区隔河相望的是王陵区，因洹水北岸地势高，周围有开阔地带，既可有效地避开河水的威胁，又有本身的扩展余地。从上述整个殷墟城市的布局来看，它是颇具匠心的，若说没有一定的城市"规划"，那是不可能的。这一城市"规划"，其中确实考虑有自然环境、生态环境的因素。[1]

不仅是殷墟都城，河南偃师、河南郑州等地商城遗迹，同样反映了当时它们作为完全由人工营造的生存空间，是如何的城垣高大、宫殿宏伟、屋宇密接，

---

[1] 李民：《殷墟的生态环境与盘庚迁殷》，《历史研究》1991年第1期，第111-120页。

各种功能区的规划与布局是如何的严整而且有系统，令人对当时城市居民的生活环境和生存状况产生各种猜想（见图 2-9）。[1]

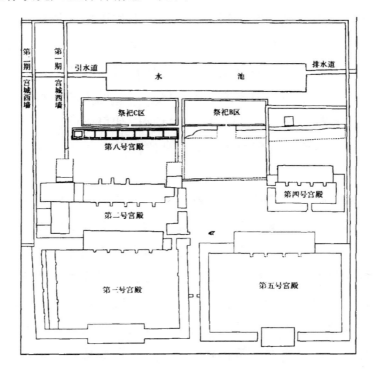

资料来源：杜金鹏：《试论商代早期王宫池苑考古发现》，《考古》2006 年第 11 期，第 56 页。

图 2-9　河南偃师商城宫城第三期主要遗迹平面布局示意图

例如这些都城的水循环就是一个值得特别注意的问题。考古发掘证明：商朝都城已经出现了规模宏大的引水、蓄水和排水系统。偃师商城和郑州商城的宫殿区都建有水池，两者在形状、规模和结构等方面基本上一致，均为规则的长方形，水池四壁用自然石块垒砌，偃师商城的水池有进水、排水的石砌渠道，排水渠道上覆盖石板，郑州商城亦当如此。惟郑州商城水池底部亦铺有石板而偃师商城水池底部未铺。[2]这样的大型蓄水系统设置于宫城，自然是服务于王室，与普通百姓无关，但毫无疑问也给城市带来了一些灵动的生命气息，对后

---

[1] 有关方面的详细情况，可参见杜金鹏：《偃师商城初探》，中国社会科学出版社，2003 年；杜金鹏、王学荣：《偃师商城遗址研究》，科学出版社，2004 年；杨育彬：《郑州商城初探》，河南人民出版社，1985 年；河南省文物研究所：《郑州商城考古新发现与研究（1985—1992）》，中州古籍出版社，1993 年。
[2] 杜金鹏：《试论商代早期王宫池苑考古发现》，《考古》2006 年第 11 期，第 55-65 页；王学荣、谷飞：《偃师商城宫城布局与变迁研究》，《中国历史文物》2006 年第 6 期，第 4-15 页。

代都市和宫城营造具有深远影响。多处商城遗址发现都表明：商代城市相当重视给水和排水问题，安阳、偃师、郑州等地商城不仅都是外有大壕、内有水井，而且形成了规模浩大、互相连通的排水系统，组成这个系统的是或明或暗的通水道，有的为石、木结构，有的完全用石块垒砌，利用陶管铺设地下排水道，更是非常值得注意的一个重要发展。这些或明或暗的排水沟渠管道，一方面可以排除城内水涝，另一方面还能发挥城市防火、废水清污等作用。[1]

建设规模宏大的城市，必然需要付出相应的环境代价，特别大型土木建筑需要消耗大量森林资源。可惜这方面的文献和考古资料都比较缺乏，我们只能根据各地城市特别是宫殿建筑规模来进行某种猜想。唯一可用的材料是《诗经·商颂·殷武》关于武丁寝庙落成祭典的一段吟颂，其中说道："陟彼景山，松柏丸丸。是断是迁，方斫是虔。松桷有梴，旅楹有闲，寝成孔安。"[2]大意是说：登上那座景山的山巅，山上松树柏树挺拔参天。把它们砍伐、搬运而来，虔诚细心地砍斫修理，做成方形的松木桷椽，做成粗壮圆溜、整齐排列的柱楹。寝庙落成之后，先祖的神灵大可安然。自盘庚迁殷至商代灭国，270 余年中不断地建造这类大型建筑，周围地区的高大树木即便不致荡然无存，亦必定会显著减少。我们注意到：先秦文献在关于远古圣王道德的赞美中，不时提到他们如何如何地"卑宫室"，这其中是否包括节约森林资源的内在涵义呢？！

五、甲骨文和器物图像中的自然世界

在我们的环境史学构思中，历史上的人与自然关系不仅反映在物质和经济层面，而且体现在思想观念和精神情感的层面。在漫长的历史进程中，人们关于自然世界的知识、观念、态度和情感都在不断地发生变化，这些知识、观念、态度和情感既是人类在认识、适应、利用和改造自然环境过程中逐渐创造和发展起来的，亦深刻地影响着不同时代人们的环境行为。由于资料原因，这方面的问题在此前章节中未曾涉及。殷商甲骨卜辞和大量出土器物上的刻纹图像，让我们不仅有可能从物质的层面揭示那个时代的人与自然关系，而且有可能窥测时人思想观念中的自然世界。综合各类资料，我们清楚地感到：随着文明的

---

[1] 庞小霞、胡洪琼：《商代城邑给排水设施初探》，《殷都学刊》2004 年第 1 期，第 43-46 页。

[2] （清）阮元校刻本：《十三经注疏》，中华书局，1980 年影印本，第 628 页。

发展，殷商社会对周围自然世界及其与自身关系的认知，较此前时代发生了质的飞跃。正是这一点使得商代在中国环境史上具有特殊地位。我们认为：殷商民族不仅已经具备了较系统的自然观念和知识，而且拥有了表达这些自然观念、知识的系统文字和艺术形式。

殷商社会的自然知识和观念体系，是全体社会成员在适应、利用和改造自然环境的长期实践中共同积累和构建起来的，但当时有一特殊群体为创造、汇集、记录和传承自然观念知识发挥了独特的作用，这个群体便是巫觋，他们是那个社会的文化精英。[1]张光直指出："商人的世界分为上下两层，即生人的世界与神鬼的世界，这两者之间可以互通：神鬼可以下降，巫觋可以上陟。"[2]从环境史角度看，商代人们的世界还可以划分为人的世界和自然的世界，两者之间存在着互相渗透和交叠关系。大致而言，殷商民族尚未走出"万物有灵"的泛神论时代，其"鬼神的世界"，除了先祖亡灵之外，昊天上帝、大地神祇以及天地之间万事万物都具有各种神秘的力量，影响乃至控制着社会生活的各个方面甚至生死。巫觋是一批具有通神能力的特殊人才，他们通过山、树、动物及其他各种具象性的事物，开展占卜、祭祀、乐舞等具有一定仪式与规则的巫术活动，沟通人类与神鬼之间的关系，亦指引人们与各种自然环境因素打交道，对各种事务进行判断与选择、安排和实施。于是，人们对自然世界的认识、理解、期冀、恐惧……各种复杂的知识和情感，便集中地反映在巫觋活动所存留下来的卜辞、器物和图像之中。

占卜是殷商民族沟通神灵的主要方式，这一点与许多古老民族并无根本差别。早在新石器时代，中国先民就已经进行了不同形式的占卜。但是把占卜之时的所思所想，以系统的文字符号——甲骨卜辞记录下来，却是这个时代的一个伟大发展。甲骨卜辞既是可以完全确定的汉字系统的源头，亦是中国先民关于自然事物和现象的最早文字记录。

商人日日占卜，遇事必先占卜而后行动，占卜所用的工具是龟甲和兽骨，这些都是人所共知的常识。商王身边常备有贞卜官员，占卜之时，一般由"贞人"发问，有时亦由商王亲自发问；"占人"（卜官或商王本人）根据以火烧灼

---

[1] 关于商代的巫，请参见张光直的详细论述，[美]张光直：《中国青铜时代》（二集），生活·读书·新知三联书店，1990年，第39-66页。这里我们特别强调这个群体对商代自然观念知识的文化贡献。

[2] [美]张光直：《中国青铜时代》（二集），生活·读书·新知三联书店，1990年，第65页。

的甲骨裂纹对所占卜之事进行解答，占卜的内容和结果由"史"刻辞记录下来。商人占卜的事项非常广泛，从天气、祭祀、战争、狩猎、农作、牺牲到商王的日常活动、生育、健康、疾病、做梦等都要占卜一番，几乎无所不包。当然，针对不同事务，卜问的对象有所不同，像筑城、征伐、田猎、巡游和祭典之类的重大事务，都要卜问祖先取得许可。

甲骨卜辞反映：在商人的精神世界中，有两大神鬼力量最具权威性：一是上帝，二是祖先。前者属于自然崇拜，后者则为祖先崇拜。在商人心目中，居住在天上的"帝"主宰天地和人间的一切，大自然中的风、云、雨、雾、霜、雪、雷、电……都有神灵，但都是尊崇上帝的旨意。当时人们已经清楚地看到：气候干旱或霪淋、旸雨的时与不时，对农作物生长和年成丰歉具有至关重要的影响，而这些都是上帝对人间降福或者降灾。故甲骨文中与帝有关的气候卜问随处可见，天气有雨或者无雨，年成丰收或者歉收，都取决于"帝"。因此，供奉、祈求上帝和与之有关的日、云、雨、雪、雷等，乃是经常性的祭祀活动。除了天上的神灵之外，人们也祭祀土地（社）、山、川、河、岳和四方之神，亦往往与农事丰歉或者住地安全等相关。[1]当然，关于经济方面的事务，他们也常常卜问祖先。毫无疑问，这些都是早期农业社会应对自然变化能力孱弱、生活缺乏稳定性和安全感的表现，特别是对天气变化之于农业生产严重影响的一种曲折认识，反映人们"靠天吃饭"的无奈。

不过，正是通过占卜与祭祀活动，殷商民族保留了许多关于天象和气候变化的最早文字记录。透过甲骨卜辞可以看出：那时人们对日食、月食、流星等天象变化，对阴、晴、云、雨、雷、虹、雾、霁、霾等众多自然气候现象，都积累了一定的经验知识。不仅如此，人们还形成了自己的历法。甲骨卜辞反映：商代历法是一种阴阳合历，时人将一年划分为"春""秋"两季，其中"春"季在年终和岁首，包括十、十一、十二、一、二、三月，相当于"夏历"二月至七月，"是进行农业生产的季节"；"秋"季则包括四月至九月，相当于"夏历"的八至十二月和一月，为收获的季节。[2]殷历一年一般为 12 个月，闰年则为 13 个月，采用干支记日，大月 30 天，小月 29 天。如果我们认同天、地、人"三才"理论是中国古代自然思想知识的基本框架，那么，殷商社会关于"天"的

---

[1] 具体的材料参见王玉哲：《中华远古史》，上海人民出版社，1999 年，第 402-406 页。

[2] 常玉芝：《殷商历法研究》，吉林文史出版社，1998 年，第 366-369 页。

问题，已经形成了最基本的观念，获得了非常可贵的知识。

更丰富的自然知识，蕴藏在甲辞卜辞关于大地上的各种自然要素（包括山、川、水、土、植物特别是动物等）的记录之中。这些记载是中国先民关于自然界万事万物的最古老的系统文字记录。虽然此前时代早就出现了一些描绘自然事物的图纹（例如仰韶文化时期各类陶器上丰富的饰纹符号），但远非成熟的文字，更未能形成系统的自然知识体系。甲骨文则不仅记载了众多自然事物的具体名称（主要是象形），而且具备了初步的知识分类系统。例如，关于水，甲骨文中有"河""洛""汝""淮""洹""沚""湄""涿""沈""洎""滴"等。

最能反映当时自然知识水平的，是关于众多动物的记录。据不完全统计：已被成功释读的甲骨卜辞中的动物名称多达 70 余字，代表了 30 多种动物，其中有 20 多种属于野生动物，如象、虎、兕、鹿、狐、麑、雉等；另有一些表示动物类别的字，如畜、兽、鸟、鱼、贝；还有一些字如鼠、萑、燕、雀等在卜辞中被用作族名、人名、地名，但从字形来看，其本义亦是不同种类动物的名称。[1] 有人甚至认为甲骨卜辞中与动物相关的字多达 180 多个。在这些动物名称用字中，数量最多的是有蹄类哺乳动物名称如牛、羊、羱、豕、兕、象、马、鹿等，有的动物（如猪、鹿）有多个名称；其他有具体名称的动物包括哺乳动物中的食肉类、杂食类，以及鸟类、两栖爬行类、鱼类、软体类、昆虫类等。与动物相关的名词（包括分类名词）众多，反映人们所拥有的关于动物的知识，较之其他自然事物更加丰富，它们是在漫长捕猎生产中逐渐积累起来的（见图 2-10）。

殷商民族不仅通过宗教巫术的方式来表达、通过占卜刻辞文字来记录关于昊天上帝、大地万物的观念和知识，而且采用雕塑艺术手段直观地呈现他们所认知和想象的自然世界——这两个方面常常是合二为一。各地不断大批出土的商代器物美轮美奂，在这些器物上雕塑有种类众多的动物形象。在殷商雕塑艺术中，动物一直都是无可争议的主角。

例如 1975 年冬发现、于次年集中发掘的妇好墓是一座保存完整的商代王室墓葬，其中共出土不同质料的大量随葬品，包括青铜器、玉器、宝石器、象牙器、骨器、蚌器、海螺与货贝等，其中青铜器主要是礼器和武器，另有一些炊

---

[1] 毛树坚：《甲骨文中有关野生动物的记述——中国古代生物学探索之一》，《杭州大学学报》1981 年第 2 期，第 70-77 页。

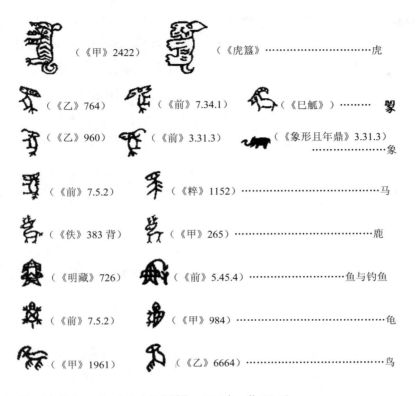

资料来源：王玉哲：《中华远古史》，上海人民出版社，1999年，第393页。

图 2-10 甲骨文中表示动物的象形文字举例

器、食器、酒器、水器等，不少青铜器上饰有动物纹样，例如"偶方彝"饰有
鸥鹑状鸟纹和兽首、兽面纹，"司母辛"大方鼎上饰有夔龙、饕餮纹等。该墓出
土了700多件玉器，器类繁多，许多玉器雕琢精细，晶莹可爱。在这些器物上
大量刻有立体或者浮雕的动物形象，形态逼真，栩栩如生，可以辨认出来的动
物种类，既有神化的鸟兽如龙、凤和兽头鸟身怪物，更多的则是现实中存在的
野兽、家畜、禽鸟和昆虫，例如兽类中的虎、熊、象、猴、鹿、马、牛、羊、
兔，鸟类中的鹰、鹤、鹅、鹦鹉、鸥鹑、鸽等，两栖类中的龟、蛙，昆虫类中
的蝉、螳螂，还有鱼类。这些动物形象富于生命气息，不论是回首小鹿所呈现
的警觉神态，还是头部侧歪的螳螂所显示的悠闲自在，都非常生动而传神，说
明雕刻者对这些动物观察细致，了解深入。[1]

---

[1] 关于妇好墓出土器物上的动物形象，可以详参中国社会科学院考古研究所：《殷墟妇好墓》一书中的相关介绍，
文物出版社，1980年。

我们知道：动物雕塑艺术并非始于商代，亦不止于商代，然而前后时代似乎都没有像商代这样发展到极致。张光直在综合前人研究的基础上进一步指出："各种野生家养的动物在殷商文化中的重要性是很显然的，但他们在宗教上所扮演的角色主要在两个方面上显示出来。"除在祭仪上使用大批牛、羊、犬和猪做牺牲品外，"动物在殷人宗教上第二个重要的显示是当时美术造型中动物形象的丰富。不论是什么材料，是青铜、玉、漆、骨角或木头，殷商的器物如有纹饰十之八九是动物形的。……从殷商美术上看，人与动物的关系是密切的；这种密切关系采用两种形式：一是人与动物之间的转形，二是人与动物之间的亲昵伙伴关系。"[1]

张光直着意强调这些动物作为商代巫师助手帮助"通天"的作用，及其政治权力的象征意义，当然很有见地。但从环境史角度，我们更希望了解那个时代人们关于动物的自然知识、观念和情感。这里想要强调的是，尽管各种器物上的动物形象有不少是已经被神化的，现实之中并不存在，但更多动物却是真实存在甚至是人们所常见的种类，它们就栖息、生活在商人周围的自然环境之中。即便是那些已经被神化的动物形象，也是在真实存在动物的基础之上逐渐艺术化的结果。李济指出："这一时期装饰艺术家所使用的大多数动物纹样，不论是石刻、铜铸、木器镶嵌，还是陶制或玉磨，都是以本地的和写实的风格为背景发展而来的。"商代装饰纹样中的动物，如鹿、牛、水牛、山羊、绵羊、羚羊、犀牛、象、熊、马、虎、猪以及鸟类、昆虫、爬虫、两栖动物、鱼和虫子，都是当时实有的；而像饕餮、肥遗、夔、龙之类神兽，亦并非完全凭空捏造，而是从真实的动物逐渐艺术加工转化而来，乃是一种文化自我演绎的结果。[2]

各种动物，尤其值得注意的是如今当地并不存在的众多野生动物之所以成为商代雕塑艺术品上的主角，并采用写实手法予以栩栩如生的表现，无疑是以人们丰富的动物知识特别是对动物形态和习性的精确了解为基础的。这些动物形象，既表明人们具有与众多动物交往的丰富的实践经验，同时在一定程度上也反映动物资源依然相当丰富的生态状况。正如前面曾经提到的那样：商末和周代，有些动物（如大象）在青铜及其他器物上的形象逐渐稀见，说明人们对

[1]［美］张光直：《中国青铜时代》（二集），生活·读书·新知三联书店，1990年，第56、58页。
[2] 李济：《安阳遗址出土之狩猎卜辞、动物遗骸与装饰纹样》，《考古人类学刊》1967年第9、10合刊，第10-20页。

这些动物已经逐渐陌生，此乃自然环境变迁在艺术上的反映。

第四节 《诗》的时代——从西周到春秋

按照传统的王朝体系，夏、商、周是前后接续的三个朝代；另一方面，它们又是长期并存、相继强盛的三个不同文明单元。由于夏、商、周三代还处在中国农业文明的奠基阶段，许多方面尚未定型，因此它们同属于中国历史的"古典时代"。然而，在通向定型化的农业文明道路上，周朝由于（统治中原的）时代最晚，吸收和继承了夏、商文明成果，故在诸多方面取得了新的发展，特别是它通过一系列政治、经济、社会创制，完成了传统农业文明大厦主要梁柱之构设，为后世发展奠定了格局。事实上，起源和成长于远古中国文明西陲的姬周民族，从一开始就是建立在农耕稼穑的经济基础之上，更具有黄土地的厚重气质，文明基础更加坚实，对后世数千年农业社会的影响较之夏商文明远为深刻，因此更有资格被认为是中国文明的主要源头。孔子曰："周监于二代，郁郁乎文哉，吾从周。"[1]正是肯定了周朝文明对前代的承继性和正统地位。

周朝号称有 800 余年历史，其中西周 275 年（公元前 1046—公元前 771），东周 550 年（公元前 770—公元前 221）；东周又包括春秋（公元前 770—公元前 476）、战国（公元前 475—公元前 221）两个时期。实则周天子真正被尊为天下共主、威服天下只是西周时期。平王东迁以后，王室衰微，诸侯争霸，礼乐崩坏，春秋早期所提出的"尊王攘夷"口号，至春秋中期以后也已绝响。及至战国时代，周王朝已是名存实亡，而此时社会经济、政治、文化都发生了一系列重大历史变革，由古典社会向传统社会转型。因此，本章叙述止于春秋时代。

从西周到春秋时期，中国社会及其文明经历了巨大发展变迁，既表现在分封、井田、采邑、宗法、祭祀、礼乐……一系列制度由创立、实施到崩坏、瓦解，也表现在种族和文化由"夷夏杂处"到"华夷之辨"的认同与分异，表现在政治局势由"天下宗周"到"诸侯争霸"的演变，还表现在表面政治分裂背景下中原经济文化的实际整合与一体化，表现在广大周边区域逐渐被认知乃至成为文明发展的新舞台。所有这些发展、进步和改变，都直接或间接地伴随着

---

[1]《论语》卷 2《八佾第三》，《十三经注疏》，中华书局，1980 年影印（清）阮元校刻本，第 2467 页。

人与自然关系的一系列历史变化，包括人们对自然环境的认知和表达方式之变化。其中最基础、最根本的，无疑是社会主要生业——农业——的定向化发展，与夏、商社会经济性质尚存争议不同，周朝社会经济的"农本"性质不再受到任何质疑。这一定型化发展，不仅确定了华夏民族开发和利用自然资源的基本方式，确定了人们对自然世界的价值取向和认知方式，而且决定了"自然进入历史"的主要途径。

如果说商朝最早运用系统文字符号记录自然知识、表达自然观念的话，那么，由于中国第一部诗歌总集——《诗经》的诞生，周朝成为第一个用诗的语言描绘自然环境、抒发自然情感的时代。在中国环境史上，两者都具有十分重大而深远的"发生学"意义。正是《诗经》的古老吟唱，让我们确信姬周民族所主导的那个时代，中国先民不仅谱写了一部宏阔壮美的农业文明史诗，而且谱写了一部真实、淳朴和富于自然情感的环境史诗。《诗经》所描绘的一幅幅人与环境紧密相依、文明与自然水乳交融的古老画面，让我们有充分理由将那个时代称为"《诗》的时代"。[1]

《诗经》包括《风》《雅》《颂》三个部分，现存305篇，最早的诗篇产生于西周初年；最晚的一篇《秦风·无衣》，据称为入秦乞师的楚人申包胥所作，时当公元前506年，下距春秋时期结束（公元前403年）103年。关于《诗经》的史料价值，前贤已多有论说。梁启超云："现存先秦古籍，真赝杂糅，几于无一书无问题。其精金美玉，字字可信可宝者，《诗经》其首也。故其书于文学价值外尚有一重要价值焉，曰可以为古代史料或史料尺度。"在梁氏看来，其史料价值不在政治史而在社会心理和物质生活史，"其在物质方面，则当时动植物之分布，城郭宫室之建筑，农器、兵器、礼器、用器之制造，衣服、饮食之进步……凡此种种状况，试分类爬梳，所得者至复不少。故以史料读《诗经》，几于无一字无用也。"[2]《诗经》的主体内容可以被视作西周初期至春秋后期（大约500年）的自然与社会历史记录，其中包含有大量关于自然景象、动植物产和人与自然关系的古老信息，对于研究先秦环境史弥足珍贵。

---

[1] 近代以来，颇有学人将西周至春秋时期称为"《诗》的时代"，笔者的众位先师在《中国农学史》（上册）曾专设《诗经时代的农业生产》一章，大量引用《诗经》材料，考察西周至春秋农学发展，本章继承他们的学术思路，尤其在第二节对他们的观点多有引用和参考。参见中国农业科学院、南京农学院中国农业遗产研究室编著：《中国农学史》（上册），科学出版社，1984年。

[2] 梁启超：《要集解题及其读法·〈诗经〉》，此据《梁启超讲国学》，凤凰出版社，2008年，第94-95页。

下面重点发掘这部古老史诗之中的环境史故事，并结合其他资料稍予解说。我们需从先周时代说起。[1]

一、厥初生民：自然环境与姬周崛起

《诗经》有不少篇章是对周人先祖艰苦创业历程的追述，虽然不能采用"本朝人记本朝史"的标准来严格衡量，但毕竟是周人对本民族早期历史的某些片断记忆，较之后来不断层累的古史传说，时代更早，亦更加接近史实。

1. 先周民族的活动区域

先周的历史与先夏、先商同样扑朔迷离。

根据司马迁《史记·周本纪》的整理排列，先周世系，从第一世始祖后稷至周文王共 15 世，即：后稷—不窋—鞠—公刘—庆节—皇仆—差弗—毁喻—公非—高圉—亚圉—公叔祖类—古公亶父—王季历—文王。古人早就指出这个世系存在很大问题，15 世不可能经历陶唐、虞、夏、商 1 200 余年的漫长年代，其中必有断缺。[2]周人以后稷为始祖，言之凿凿，但顾颉刚甚至怀疑后稷是否真有其人；[3]王玉哲则认为《周本纪》所载先周 15 世应有所据，但无法上溯至尧舜时代，"周祖弃确是夏末商初的人"。[4]

先周历史不仅先王世系存在很大的疑问，最初的活动区域亦是史迹渺茫，故一直以来众说纷纭，学人争论的主要焦点是姬周族究竟起源于晋、还是起源于陕？考辨后稷受封之地——邰究竟位于晋西南还是在关中的武功，论著连篇累牍，迄无定论。不过，如果我们模糊史实细节，重点把握历史大局，则有两点可以肯定：

其一，先周时期，周人曾像商人一样频繁地迁徙，此为诸家共识。杨善群

---

[1] "先周时代"指武王伐纣、建立周朝之前。
[2] 参见李仲立：《试论先周文化的渊源—先周历史初探之一》，《社会科学》1981 年第 1 期，第 49-59 页。
[3] 顾氏《与钱玄同先生论古史书》云："即如后稷，周人自己说是他们的祖，但有无是人也不得而知。因为在《诗》、《书》上看，很可见出商的民族重游牧，周的民族重耕稼，所谓'后稷'，也不可因为他们的耕稼为生，崇德报功，追尊创始者的称号……"又，《讨论古史答刘胡二先生》云："……故我们可以怀疑后稷本是周民族所奉的耕稼之神，拉做他们的始祖，而未必真是创始耕稼的古王，也未必真是周民族的始祖。"顾颉刚：《古史辨》（第一册中编），上海古籍出版社，1982 年，第 66、第 141-142 页。
[4] 王玉哲：《中华远古史》，上海人民出版社，1999 年，第 426 页。

对周民族起源之地和迁徙过程进行了梳理，认为周族起源于晋西南，夏朝前期迁至关中，夏末商初北迁甘肃庆阳，商朝早期南徙至陕西彬县一带，商朝晚期再南移至岐山之阳。先周多次迁徙是在今山西、陕西、甘肃三省的广阔范围内进行的，晋西南、关中、甘肃的庆阳都有周族祖先迁徙活动的足迹。[1]

　　其二，关于先周文化源流和后稷封地——"邰"之地望，学界存在很大意见分歧。颇有学者主张夏、商、周三族都是起源于山西，但无人否认周人主要活动区域在夏商文明之西陲——关中及其附近地区，也没有人否认豳、周原等地作为不同时期周人的活动中心，以及这些地方之于周族逐步兴起的意义。杨升南认为："周之始祖弃是原始社会末期的人物，他与尧、舜、禹、契部落活动在晋西南，故山西西南部之邰应是周族最早活动之地，而陕西武功之邰名，乃是周族向西迁徙时带过去的。"尽管如此，他也承认：自不窋时期向西大迁移之后，公刘迁豳、太王迁岐"皆不离秦川沃土之地"，周人在这里繁衍壮大，终于挥戈东向，覆灭殷商而建立周朝。[2]最近 20 年来，更多学者特别是考古学家倾向于在关中及其周围地区寻找先周文化源头。例如李峰运用考古资料进行文化（系统）类型分析（见图 2-11），指出：

　　现已知最早的先周文化分布在泾水中上游，主要遗存是碾子坡早期居址和早、晚两期墓葬，其年代大约在古公亶父迁岐之前。它的来源既不是辛店文化也不是寺洼文化，而可能是该地域一种更古老的考古学文化，需要进一步探索。大约在公元前十二世纪，由于受到邻近文化（有可能是寺洼文化）的侵扰，先周文化南迁到关中地区，并且从此得到发展。晚期先周文化的居址以郑家坡为代表，墓葬以北吕、斗鸡台、西村、贺家村为代表，年代相当古公亶父、王季、文王三世。这些遗存表现出基本一致的文化面貌，并与西周文化具有明确的渊源关系。来到关中之后，先周文化和另外两种文化发生了密切联系：一种是东部的商文化，结果是商文化退出关中西部，另一种是西部的晁峪·石咀头类型，这一文化与辛店文化属于同一系统，可能是古羌人的遗存。从文献可知周姜之间建立了联姻关系和军事联盟，大约由于这种关系，这支文化所属部族的一部分来到周原，留下了刘家墓地。文王末年，先周文化的中心从岐邑转移到丰京，

[1] 杨善群：《周族的起源地及其迁徙路线》，《史林》1991 年第 3 期，第 39-45 页。
[2] 杨升南：《周族的起源及其播迁——从邰的地望说起》，《人文杂志》1984 年第 6 期，第 75-80 页。

留下了最后一批先周遗存。[1]

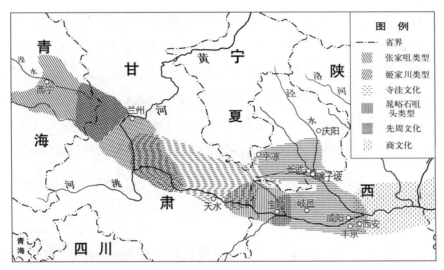

资料来源：李峰：《先周文化的内涵及其渊源探讨》，《考古学报》1991 年第 3 期，第 278 页。

图 2-11 先周文化及相关各文化分布图

牛世山反对"先周文化外来说"，认为"先周文化应源于当地更早的考古学文化。"他指出："现知最早的先周文化分布于关中西部偏东一带，至迟自殷墟二期以来，直到商末，其间没有间断。这说明在周先公亶父迁于岐下而作周邑以前，先周文化原本就分布于周邑及以东一带。"他推论公刘迁豳之前先周文化亦应分布在这个地区，与《史记·周本记》等关于周人最早活动区域的记载完全一致。他比较先周文化与本地区更早的考古学文化——客省庄文化，"证明先周文化的渊源应是后者的客省庄类型"。[2]

张洲根据传世古籍记载，结合考古、方志、民俗、语言等多学科资料对先周文化源流、迁移路线和过程进行了详细考论。他考证后稷时周人曾东渡黄河、由陕入晋（与一般流行的观点正好相反），并提到不窋因失官而"自窜于戎狄之间"（窜奔至今山西太原一带）造成了先周历史数百年世系缺环，但他自始至终

---

[1] 李峰：《先周文化的内涵及其渊源探讨》，《考古学报》1991 年第 3 期，第 265-284 页。

[2] 牛世山：《论先周文化的渊源》，《考古与文物》2000 年第 2 期，第 48-55 页；徐锡台：《早周文化的特点及其渊源的探索》，《文物》1979 年第 10 期，第 50-59 页。

强调周原地区不可替代的重要地位。[1]

综合诸家研究，可以肯定周族发祥地和早期主要活动区域都在泾、渭二水流域，弃封于邰（邰）有所争论，而公刘迁于豳、古公亶父避戎狄迁于岐、文王迁沣、武王都镐，都是在这一带。[2]根据胡谦盈的意见，周人早期活动之北界达到甘肃省庆阳地区，南界在秦岭山脉的北侧，西界在六盘山和陇山的东侧，东界的北端在子午岭西侧，南端以泾河沿岸为界，大致相当于今陕西咸阳、宝鸡地区、甘肃庆阳地区及平凉地区东半部。[3]考古学资料亦证实：自仰韶文化时期以来，这里一直拥有相当发达而连续的文化，是先周文化丰富的历史源头。

2．先周民族的生存环境

先周民族的主要活动地域既已明了，我们即可根据地质学、考古学和第四纪研究等领域的成果，对其生存环境做出一些依然带有推测性的叙述。

与夏、商一样，周人也是在黄河中游黄土地带繁衍发展起来的古老民族，主要活动区域的自然环境颇多相似但亦存在不同之处，主要有两点：一是先周活动区域深处黄土高原，在关中盆地及附近地区，那里曾经多有辽阔土塬，平坦如砥，土层深厚，垂直节理清晰，先周文化主要就是在这些大塬之上发展起来的；夏、商活动区域则位于太行山南麓和东面，主要是晋东南、河南、河北和山东的一部分，那里是黄土高原的东缘，连接华北大平原，两者交接地带是核心区域，考古发现的夏商文化遗址主要分布于在大小河流的台地、河谷和山前洪积、冲积扇地带上；二是周人所在的陕、甘地区距离海洋更远，深处大陆内部，属于大陆性半湿润、半干旱气候带而非湿润气候类型，降水量较之夏商民族活动地区明显偏少。夏、商、先周处于"全新世大暖期"之后期，气候总体较为温暖湿润，适合早期文明时代人类的生存和发展。

先周时代周人主要活动区域自然环境的实际状况究竟如何？自 20 世纪后

[1] 张洲：《周原环境与文化》，三秦出版社，1998 年。按：张氏紧扣环境与文化相互关系的主题，融汇综赅多学科的资料、知识和理论方法，多维考察了这个古老族群如何在特定自然环境下逐渐崛起并最终建立王朝，在中国环境史学兴起之前便进行了一个相当出色的研究实践。
[2] 参见前引徐锡台：《早周文化的特点及其渊源的探索》，《文物》1979 年第 10 期。
[3] 胡谦盈：《太王以前的周史管窥》，《考古与文物》1987 年第 1 期，收入胡谦盈：《胡谦盈周文化考古研究选集》，四川大学出版社，2000 年。

期以来，不少学者发表论著，结合古籍、考古和地质学资料进行了艰苦的复原工作，尽管分歧很多，但有一个可以肯定的共识，这就是：如今该区域沟壑纵横、河谷下切、气候干旱、植被稀少的景象，并非自古而然，而是人类活动长期作用的结果，先周时代这里具有相当良好的自然生态环境。具体到不同的地方，自然生态条件存在较大差异。

豳地是姬周民族第一个长久栖居的地区。一般认为：周人先居于"北豳"，后南下至"古豳"，其地位于今甘肃庆阳地区和陕西彬县、旬邑一带。这里是黄土高原中部的腹心地带，自更新世以来，大风席卷着来自遥远地方的黄土，在这里不断堆积形成厚达百余米的黄土高原；全新世以来，广大平坦的高原逐渐被雨水剥蚀、水流切割，变得支离破碎，形成由众多塬地、沟壑、梁峁、河谷、平川、山峦、斜坡等共同构成的复杂地形、地貌。目前该区仍有一些大塬地，例如庆阳境内有 10 万亩以上的大塬 12 个，面积 382 万亩，其中著名的董志塬横跨庆阳市四县区，平畴沃野，一望无垠，面积达到 700 多平方千米，是目前世界上面积最大、土层最厚、保存最完整的黄土原面，堪称"天下黄土第一原"；历史上的塬地远比当今辽阔。这里深处内陆，属于较典型的大陆性半湿润气候，年降水量约在 382.9～602.0 毫米之间，降水集中在 7—9 月，先周时代气候较为温暖湿润，年降水量可能高于现在。由于国家积极保护，如今这里森林植被状况尚好，建有"子午岭国家级自然保护区"，栖息着种群数量可观的野生动物，推想古时应是长林丰草、野兽出没的广袤原野，属于宜农宜牧的自然环境，先周民族于此经营农耕 300 余年，而从事游牧的戎狄亦长期生活在周围地区，说明这一带是农耕和游牧两类民族均欲占有的土地。

与豳地相比，学人对周原历史环境的复原研究成绩更加显著。早年地理学家史念海即曾颇为用力地进行复原性探讨，随着地质学和考古学资料不断丰富，相关研究逐步深入，成果堪称宏富。根据历史记载：周原有广、狭两个不同概念，狭义的周原在今陕西岐山和扶风两县接壤之处，核心区域面积二十余平方千米；广义的周原，则如史念海指出：位于陕西省关中平原的西部。它北倚岐山，南临渭水，西侧千河，东面漆水，包括凤翔、岐山、扶风、武功四县大部分，兼有宝鸡、眉县、干县三县的小部分。漆河是周原的主要河流，纵贯东西。地势大体平衍，土壤肥沃，气候温和，雨量比较充沛，很早以来，就闻名于世；广漠的周原大致估计也有一千四五百平方千米；整个原面东西延袤七十余千米，南北宽达二十余千米。[1]自全新世以来，由于人类活动的长期影响，兼以自然营力作用，这个地区的环境面貌发生了巨大变迁，先周时期的情形与当今相比非可同日而语。

其一，那时这里仍有着广大平坦的"塬"。史念海指出："当周人最初由泾河中游来到这里的时候，周原还是相当完整平坦的。北自岐山之麓，南至渭河河谷，在千河和漆水河之间，都是紧紧地联系在一块，尚无分割破碎的现象。"其二，当时周原尚有相当良好的水资源条件，河床远不像现代这样下切为深谷，"那时的周原上除有过像漳河这样的河流外，也还有些大大小小的河流溪涧。现在的横水河和漳河，那时叫作漆水和沮水。不论是漆水和沮水，还是别的溪涧，河谷都不是很深的。"[2]总体面貌是河宽水浅，河流近侧每有沮洳之地，而周原之上还有不少水泉泽薮甚至有湖泊；一些大的河流（如渭河）因水量较大，可为舟楫之利，发展水上交通。由于水泉众多，当时人们在这里生活取水方便，很少掘井取饮。其三，丰富的水资源给水生动物栖息提供了环境，横水河、漳河中鱼类相当丰富，有诗为证。《诗·周颂·潜》云："猗与漆沮，潜有多鱼，有鳣有鲔，鲦鲿鰋鲤，以享以祀，以介景福。"[3]其四，当时周原的植被状况亦相当良好，属于森林草原地带。周人初到之时，这里有大片草原，堇、荼遍地生长，味道甜美；附近地区有不少树林，岐山之上森林更是郁郁葱葱，与渭河对岸的终南山相媲美。良好的植被条件涵养了良好的水土环境，林草地上的土壤富含腐殖质，而降水能够涵蓄在林草地土壤之中，可为附近水泉溪流不断补充水源。总之，先周时期的周原地区，"由于侵蚀尚未显著，原面完整而少有破碎，河谷较浅，水源丰富，气候温和，植被茂盛，是一个适于农业经营的好地方。周人就是在这样适于农业的地方，努力经营发展而不断强大起来的"。[4]

宋豫秦等亦结合现代周原的地貌特征，对周代这个地区的自然环境进行了尝试性复原。可贵的是，他们还对豳和岐山两地的地貌、土壤和植被状况进行了对比，认为：周人由豳地徙至岐山之时应是湿润—半湿润气候，他们将定居处选择在岐山南麓的山前冲积扇地带，而不是如新石器时代先民那样选择在诸

[1] 史念海：《周原的变迁》，收入史念海：《河山集》（二集），生活·读书·新知三联书店出版社，1981年，第214页。
[2] 史念海：《周原的历史地理与周原考古》，收入史念海《河山集》（三集），人民出版社，1988年，第360-361页。
[3]（清）阮元校刻本：《十三经注疏》，中华书局，1980年影印本，第595页。
[4] 史念海：《周原的历史地理与周原考古》，收入史念海：《河山集》（三集），人民出版社，1988年，第366页。

沟汇合处的黄土塬上，表明有将这里建成政治中心的意图。周人先前所居之彬县（豳）一带则是地处黄土高原南部泾河两岸，为黄土塬、梁、峁分布区。与周原所处之山前冲洪积扇倾斜平原不同，豳地多埋藏黑垆土，分布在西南缘，而周原埋藏褐红色古土壤，故前者属全新世坡头黄土分布区，后者属全新世周原黄土分布区，两种不同古土壤的分界线大致在岐山北麓。他们认为：气候是形成彬县、周原两地南北环境差异的原因，在全新世大暖期，周原与麟游之间气候较现在更湿润，植被景观为植物种类丰富的落叶阔叶林；从土壤的颜色看，西周前后当地应为半湿润的疏林草地景观；而地理位置更北的彬县、桑树坪等地原始生态系统应属森林草原型。"从麟游、彬县的全新世景观生态系统的本底特征看，当地对于以游牧业为主的古代先民而言不失为理想生境。周族之所以离开这片土地而迁徙到岐山之下的周原地区，首先应是因为周原地区地势坦荡，适宜农耕，具有更为广阔的农业发展空间"。[1]张洲结合地质学、考古学、传世古籍、地方志乃至民俗资料，对以周原为中心的先周民族活动区域自然环境进行了更系统的考察复原，全面揭示了良好的区域环境对周民族兴起和发展的影响。[2]相关论著多不胜数，无法一一引证。总之，周人崛起和先周文化发祥之地——以周原为中心的关中及其周围地区自然环境相当良好，远非今日所见之情形。

3. 环境适应与先周崛起

为避免重复，下面不拟对先周族源、世系、迁移过程等问题做烦琐考述，只摘取《诗经》中的若干追述，粗略介绍这个古老民族在广袤的黄土高原上是如何不断寻找生存空间、开发自然资源、发展农耕经济和营造稳定安全的城邑屋宇，最终建立强盛的国家。凑巧的是，《诗经·大雅》的若干篇章专门咏诵了先周发展关键时期的人物事迹，为我们了解那段历史提供了主要片断和基本线索，司马迁《史记》叙述先周史事即是以它们作为基础。其中，《生民》追述后稷肇祀之德，《公刘》赞美公刘开拓之功，《绵》记诵古公亶父奠基之伟业，《皇矣》《文王有声》诸篇则歌颂了季历、文、武，此时，姬周民族已是国运昌盛，王业将成。

---

[1] 宋豫秦等：《周原现代地貌考察和历史景观复原》，《中国历史地理论丛》2002 年第 1 辑，第 30-33，40 页。

[2] 张洲就相关问题发表了多篇论文，主要观点和资料汇集于所著《周原环境与文化》一书。

（1）后稷肇祀。

在周人的历史叙事中，后稷（即弃）是其第一位男性始祖。在他们看来，后稷的大恩大德能够配得上苍天。《诗经·周颂·思文》云："思文后稷，克配彼天。立我烝民，莫匪尔极。贻我来牟，帝命率育。无此疆尔界，陈常于时夏。"[1]后稷所留给周人的当然不只有来、牟（即小麦和大麦），而是一整套农作生产体系。关于他的生平事迹，《大雅·生民》作了充满着浪漫色彩的追述，这也是现存古籍中关于这位农业文化英雄最早、最详细的叙述。兹抄引如下：

厥初生民，时维姜嫄。生民如何，克禋克祀，以弗无子。履帝武敏歆，攸介攸止。载震载夙，载生载育，时维后稷。

诞弥厥月，先生如达。不坼不副，无菑无害。以赫厥灵，上帝不宁。不康禋祀，居然生子。

诞置之隘巷，牛羊腓字之。诞置之平林，会伐平林。诞置之寒冰，鸟覆翼之。鸟乃去矣，后稷呱矣。实覃实吁，厥声载路。

诞实匍匐，克岐克嶷，以就口食。蓺之荏菽，荏菽旆旆。禾役穟穟，麻麦幪幪，瓜瓞唪唪。

诞后稷之穑，有相之道。茀厥丰草，种之黄茂。实方实苞，实种实褎，实发实秀，实坚实好，实颖实栗。即有邰家室。

诞降嘉种，维秬维秠，维糜维芑。恒之秬秠，是获是亩；恒之糜芑，是任是负。以归肇祀。

诞我祀如何，或舂或揄，或簸或蹂。释之叟叟，烝之浮浮。载谋载惟，取萧祭脂。取羝以軷，载燔载烈。以兴嗣岁。

卬盛于豆，于豆于登，其香始升。上帝居歆，胡臭亶时。后稷肇祀，庶无罪悔，以迄于今。[2]

一般认为：《生民》篇作于西周至春秋前期，是周人基于尊祖理念对本族历史的最远追述。毛诗《序》云："《生民》，尊祖也。后稷生于姜嫄，文武之功起于后稷，故推以配天焉。"古今学人从不同角度对该诗进行了许多论说，亦是歧

---

[1]（清）阮元校刻本：《十三经注疏》，中华书局，1980年影印本，第590页。
[2]（清）阮元校刻本：《十三经注疏》，中华书局，1980年影印本，第528-532页。

见纷纭，有不少谜团仍待解开。因它是后代子孙关于始祖事迹的传说，其中难免有"以今道古"的内容，甚至或许果如顾颉刚所说："后稷本是周民族的耕稼之神，拉做他们的始祖，而未必真是创始耕稼的古王，也未必真是周民族的始祖"，[1]但《生民》一诗毕竟是后人叙述周史所本，司马迁就是以它为基础的。《史记·周本纪》云：

> 周后稷，名弃。其母有邰氏女，曰姜原。姜原为帝喾元妃。姜原出野，见巨人迹，心忻然说，欲践之，践之而身动如孕者。居期而生子，以为不祥，弃之隘巷，马牛过者皆辟不践；徙置之林中，适会山林多人，迁之；而弃渠中冰上，飞鸟以其翼覆荐之。姜原以为神，遂收养长之。初欲弃之，因名曰弃。
>
> 弃为儿时，屹如巨人之志。其游戏，好种树麻、菽，麻、菽美。及为成人，遂好耕农，相地之宜，宜谷者稼穑焉，民皆法则之。帝尧闻之，举弃为农师，天下得其利，有功。帝舜曰："弃，黎民始饥，尔后稷播时百谷。"封弃于邰，号曰后稷，别姓姬氏。后稷之兴，在陶唐、虞、夏之际，皆有令德。[2]

按照《史记》的说法，"后稷"是舜帝给教稼有功的弃的封号。先秦其他文献亦多称后稷本是农官，后世祀之而升格为神，获此封号而享祀者并不只周弃一人。《左传·昭公二十九年》云："稷，田正也。有烈山氏之子曰柱，为稷，自夏以上祀之；周弃亦为稷，自商以来祀之。"[3]《国语·鲁语》亦谓："昔烈山氏之有天下也，其子曰柱，能殖百谷百蔬。夏之兴也（按：或应如它书所云为夏之衰），周弃继之，故祀以为稷。"[4]基于历史系统性考虑，《史记》沿用《生民》篇，将后稷坐实为周人始祖，并把他的事迹纳入了远古圣王帝统历史脉络，这样，周之始祖既有了一个尊贵而显赫的出身——帝喾元配之子亦即帝喾的嫡子；又有了一个功业卓著的为官履历——远古著名圣王尧与舜时期的农师。他受命教稼树谷，并因功得以封地、封号和命氏。显然这些超出了《生民》篇的内容，综合了周、秦至西汉不断衍生的新内容，其真实性一直受到质疑，但后稷的文化形象因而更加丰满，其历史地位亦终于定格，并确认了周朝在古代王朝体系上的正统地位。

---

[1] 顾颉刚：《与钱玄同先生论古书》，收入顾颉刚编著：《古史辨》（第1册），上海古籍出版社，1982年，第141-142页。
[2]（汉）司马迁：《史记》卷4《周本纪》，中华书局，1959年，第111-112页。
[3]（清）阮元校刻本：《十三经注疏》，中华书局，1980年影印本，第2123-2124页。
[4] 上海师范大学古籍整理组：《国语》，上海古籍出版社，1978年，第166页。

　　不论后稷是否为周人真实的始祖，《生民》篇对他神奇超凡的耕稼本领和功绩的无上赞美，无疑反映了周人对农业之于本族生存发展意义的思想认知。由诗中所透露的信息可以看到：这个民族具有悠久深厚的农耕传统，他们传说中的男性始祖——弃出生和长养在一个更古老的农耕部族——姜姓部落。这个部落长期生息之地是以周原为中心的关中地区，这里气候适宜、塬台平坦广阔、土层深厚而质地松软、肥沃，当地农业发展可以上溯到考古学上的仰韶文化，甚至可以追寻到古史传说中的"神农时代"。周弃诞生之时，社会形态处于由母系社会向父系社会转变的阶段，在他成长的社会环境中有着浓郁农耕文化气息，以致他孩提时代的游戏便是种植麻、菽、麦、瓜。由于耳濡目染和天生聪明，他从小就掌握了丰富的农事知识，表现出超凡的农耕稼穑才能，栽种的豆、麻、麦生长茂盛，谷子行列整齐而籽实饱满，瓜儿果实丰硕，这些为他日后成长为卓越的农业领导者打下了重要基础。

　　在周人看来，作为第一位男性首领，后稷指导人民开展农事活动，使部族得以繁衍生息、延绵不绝，奠定了周人不断发展壮大的千年基业。因而，《生民》对后稷的卓越农事才能极为赞美，字句虽然不多，却记载了多种重要作物和从相土选地到剪草耕作、良种选播、禾苗管理，直至收获和加工的完整农作过程，其中良种选育播种等关键技术尤其值得重视。根据该诗记诵，后稷栽种了黍、稷、豆、麻、麦、瓜等多种作物，黍有秬、秠两个嘉种，前者为黑黍，后者则为一稃二米的黍；粟（稷）也有颜色不同的两个品种，赤色的叫"穈"，白色的叫"芑"。这些作物和品种，适生于不同的土壤，因此"相地之宜"亦十分重要。这些记诵反映了当时人们关于土壤性状、农作物生物特性的经验积累，虽然不够详细，在中国古老的农业生态知识体系中却具有最为基础性的意义。事实上，从《诗经》的许多咏诵中都可以清楚地看到：周人一直视农业为生民之本，并且非常重视作物及其优良品种与不同土地条件的结合。《鲁颂·閟宫》的第一章也追述了姜嫄生后稷和后者选择土地播莳嘉谷的事迹，称："……赫赫姜嫄，其德不回。上帝是依，无灾无害。弥月不迟，是生后稷。降之百福。黍稷重穋，稙稚菽麦。奄有下国，俾民稼穑。有稷有黍，有稻有秬。奄有下土，缵禹之绪。"[1] 只不过由于鲁国地处东方，故诗中的具体内容与《生民》篇有所不同，

---

[1]（清）阮元校刻本：《十三经注疏》，中华书局，1980 年影印本，第 614 页。

突出强调了"下土"的利用，而作物之中增加了稻类。

《生民》等篇记诵的这位真实抑或想象的男性始祖，代表了周民族深厚的农耕文化传统，这一传统造就了周人从一开始就相当独特的社会文化气质，体现于他们强烈的"生生"意识，适应生态环境和利用自然资源的方式，以及由此而产生的自然知识、观念和情感。后稷降生、弃之不死的灵异传说，不仅展现了周人对自身生命的神秘理解，也展示了他们对牛、羊、鸟类的自然感情。由于农业生产非常需要经验积累，且与"天"的因素（气候）关联紧密，因而"报本反始"（祖先崇拜）和"敬天"（天命崇拜）成为他们最重要的两种自然与人文精神，并自然而然地反映在相关的诗篇之中，《生民》诗所描绘的丰收后热烈而虔诚的祭祀宴享，正清楚地表达了他们"报本返始"的祖先崇拜，以及对昊天上帝的感恩之情。总之，周人是以农兴族和以农立国，这个悠久而深厚的文化传统，决定了他们对自然环境的认识、适应和利用模式，也决定了他们对自然事物的情感方式。

（2）豳居允荒。

然而，周人通向农耕文明的道路并非始终平坦无阻，而是经历过重大的曲折。《史记》记载："后稷卒，子不窋立。不窋末年，夏后氏政衰，去稷不务，不窋以失其官而奔戎狄之间。"[1]关于先周首领世代在夏朝为官的记载固然并不可靠，但多种文献都证实：由于某种原因，世代从事农耕的周民族曾经一度混迹于戎狄，以畜牧营生。这从一个方面说明农业生产在先周社会的经济地位并非从一开始便是牢固不移。

不过，周人及其发祥之地毕竟拥有悠久的农耕文化传统，一旦条件适宜，终要回归农耕经济道路，这一回归发生在公刘时期。《史记》云："公刘虽在戎、狄之间，复修后稷之业，务耕种，行地宜，自漆、沮度渭，取材用，行者有资，居者有畜积，民赖其庆。百姓怀之，多徙而保归焉。周道之兴自此始，故诗人歌乐思其德。"[2]这段历史叙述应亦本于《诗经》。《大雅·公刘》是这样记诵的：

笃公刘，匪居匪康。乃埸乃疆，乃积乃仓；乃裹糇粮，于橐于囊。思辑用光，弓矢斯张；干戈戚扬，爰方启行。

---

[1]（汉）司马迁：《史记》卷4《周本纪》，中华书局，1959年，第112页。
[2]（汉）司马迁：《史记》卷4《周本纪》，中华书局，1959年，第112页。

笃公刘，于胥斯原。既庶既繁，既顺乃宣，而无永叹。陟则在巘，复降在原。何以舟之？维玉及瑶，鞞琫容刀。

笃公刘，逝彼百泉，瞻彼溥原，乃陟南冈，乃觏于京。京师之野，于时处处，于时庐旅，于时言言，于时语语。

笃公刘，于京斯依。跄跄济济，俾筵俾几。既登乃依，乃造其曹。执豕于牢，酌之用匏。食之饮之，君之宗之。

笃公刘，既溥既长。既景乃冈，相其阴阳，观其流泉。其军三单，度其隰原。彻田为粮，度其夕阳。豳居允荒。

笃公刘，于豳斯馆。涉渭为乱，取厉取锻，止基乃理。爰众爰有，夹其皇涧。溯其过涧。止旅乃密，芮鞫之即。

关于这首诗，自古亦有许多不同解读。传统上认为它记载了公刘被迫率族从自邰迁豳的史事，《公刘》"毛传"和《豳风》"郑笺"皆云："公刘者，后稷之曾孙也。夏之始衰，见迫逐，迁于豳，而有居民之道。"[1]其中显然有史事省略。实则自不窋以后周族即活动在豳地并于此立国，而关于"豳地""豳国"所在之地历来说法亦多有差别。汪受宽综合历史文献考证认为："不窋、公刘活动之豳地，在今甘肃庆阳市董志原上，而公刘所居之豳邑，则在今董志原东南境的宁县境，西汉时属枸邑县。"[2]自此之后十余代周人一直居于此地，直至古公亶父迁至岐下周原。正是在这里，周人踏上了定居农业发展道路，由一个弱小、游荡的边鄙部族逐渐发展、壮大并步入文明门槛，公刘是领导这一重要转变的关键首领。

《公刘》一诗，不仅赞颂了公刘的勤勉厚德，反映了正处在上升阶段的周人积极进取、充满活力的精神面貌，更记录了公刘带领族人上下一心寻求新的生存空间，积极发现、认识和利用各种自然资源，奋力开疆拓土、发展农业经济的辉煌历程。他们不满足于原有的疆土与积贮，因人口逐渐繁众，公刘及其族人不能贪图安逸，因此他们带着干粮、收拾工具和行囊奔向远方，寻找更加广大的发展空间。他们走过众多水泉（百泉），考察广袤原野（溥原），登上南冈高丘山脊，终于找到了可以营造京邑之地。公刘与族中长者饮宴聚会，共同商

---

[1]（清）阮元校刻本：《十三经注疏》，中华书局，1980 年影印本，第 541 页。
[2] 汪受宽：《豳国地望考》，《中华文史论丛》第 90 辑（2008 年），第 9-23 页。

议发展大计；他们测量土地宽狭，勘察山冈地形、气候寒暖和泉流走向，对高下燥湿不同的原隰土地进行系统丈量和规划，有计划地安排粮食生产（彻田为粮）；他们还横渡渭水采集建筑材料，大规模地建造房屋居所，夹着"皇涧"的两岸，周人的生活聚落不断延伸，兴旺稠密，百姓安居乐业。正是由于公刘率领族人积极开拓，形成了广阔的农区，在夕阳西下之际，站立在高冈之上，远远望去，眼前是一片广阔的聚落和田原（豳居允荒）。

　　文献记载和考古发现都可以证明：公刘时期确实是先周发展的一个重要阶段，最大历史成就是定居农业不断开拓发展。周人被迫向北迁移之初，公刘及其族众原居"北豳"，即今甘肃庆阳、宁县、正宁、合水等四县塬地区；后来他们迁至"古豳"开拓新农业区，建筑居邑，范围扩大到今陕西旬邑、彬县、淳化、耀县、宜君、黄陵等六县全部或者大部地区，形成由"北豳"和"古豳"共同组成的一个广大农耕区域，并于周人祖居的旧地南北遥相呼应，先周农业及其文化的影响逐渐辐射到泾渭流域乃至整个黄河中游地区。[1]

　　在周人的历史记忆中，豳地一直具有特殊意义，著名的《豳风·七月》即反映了这个区域在周人心目中的重要性。[2]该诗共 383 字，是《国风》中最长的一篇，其中咏诵了众多天时、物候、农事和风俗现象，事项繁复，知识博杂，蕴藏着丰富的上古自然和社会信息，呈现了一幅立体、生动而古朴的生活图景。虽然只是一首诗，但却具有多方面的文化发生学意义，清人姚际恒《诗经通论》称其"鸟语、虫鸣，草荣、木实，似《月令》。妇子入室，茅、绹、升屋，似风俗书。流火、寒风，似《五行志》。养老、慈幼，跻堂称觥，似庠序礼。田官、染职，狩猎、藏冰，祭、献、执功，似国家典制书。其中又有似《采桑图》《田家乐图》《食谱》《谷谱》《酒经》。一诗之中无不具备，洵天下之至文也！"[3]正因如此，自古以来被从不同角度予以解读，其环境史价值亦表现在多个方面，后面的章节将不时有所讨论。这里想特别指出，《七月》诗描绘了一个远古农业

[1] 张洲：《周原环境与文化》，三秦出版社，1998 年，第 319-340 页。

[2] 关于该诗的写作时代及其所反映的地域一向存在争论。该诗既被列入《豳风》，所反映的地域自当是豳地（今陕西旬邑、彬县一带）。《豳谱》云："《七月》，陈王业也。周公遭变故，陈后稷先公风化之所由，致王业之艰难也。"（《十三经注疏》，第 388 页）；《汉书·地理志》亦云："昔后稷封斄，公刘处豳，太王徙岐，文王作酆，武王治镐，其民有先王遗风，好稼穑，务本业，故《豳》诗言农桑衣食之本甚备。"（《汉书》卷 28 下，《地理志下》，中华书局，1962 年，第 1642 页）。近人夏纬瑛却认为："原来《豳风》诗歌出在春秋时代的鲁国。所以《七月》篇所记载的物候，有和《夏小正》一致的地方。有人认为《豳风》是古豳地的诗歌，这是错误的。"见夏纬瑛：《夏小正经文校释》，农业出版社，1981 年，第 76 页。

[3] （清）姚际恒撰，顾颉刚标点：《诗经通论》，中华书局，1958 年，第 164 页。

时代相当完整的生态—经济—社会系统。该系统中除人以外还有众多植物和动物——有些已经被驯化，有的则属野生，它们是这个社会的生存基础。其中，黍、稷（有晚播早熟、早播晚熟不同品种）、麻、菽、麦、稻等粮食作物，瓜、瓠、葵、韭、枣等蔬果以及家畜（至少有羊），为人们提供食物能量和营养；蚕桑、麻葛则是主要衣料来源。野生植物有郁（郁李）、薁（野葡萄）、蘩（白蒿）、荼（苦菜），或供食用，或作药材；樗、萑苇和茅则供薪柴和盖房之用；野生动物有貉、狐狸和野猪，是重要捕猎对象，给人们提供肉食和毛皮补充。与人们共生一地的还有些其他物种，虽无直接经济价值，却以独特的形态、习性和行为指示着时令的变化，甚至影响着人们的精神情感。

诗中反映：豳地农民为了谋取衣食，终岁劳作，少有闲暇。正月需要修缮农具，二月就要下地劳动，三月是整理桑树和采桑养蚕的繁忙季节，七至十月也很忙碌地开展多种农事，主要是收获。在一年中的大部分时间里，他们都是在野外生活和劳作，直到寒风凛冽的冬季才熏鼠墐户、入室而处，但还要狩猎、练武和"执宫功"（包括采茅、搓绳、修缮房屋、藏冰等），并不能得到真正的休息。所有这些劳作活动，都反映了特定历史生态条件下人与自然之间的密切互动。可以说，《豳风·七月》一诗，标志着中国传统农业社会人与自然关系模式的初步形成。

（3）周原膴膴。

自不窋窜于戎狄之间，至古公亶父时期，一共经历十多代 300 余年，周族主体一直居于豳地，逐渐发展壮大，不仅在这里走上了稳定的农业发展道路，而且建立了城邑国家。然而到了太王古公亶父之时，周人却举族向南迁移至岐山之下的周原地区。这一迁徙意义非同小可。关于迁移的原因，《诗经》之中没有记诵，先秦诸子却有说法。《庄子·让王》篇云：

大王亶父居邠，狄人攻之，事之以皮帛而不受，事之以犬马而不受，事之以珠玉而不受，狄人之所求者土地也。大王亶父曰："与人之兄居而杀其弟，与人之父居而杀其子，吾不忍也。子皆勉居矣！为吾臣与为狄人臣，奚以异？且吾闻之，不以所用养害所养。"因杖策而去之。民相连而从之，遂成国于岐山之下。[1]

---

[1]（清）王先谦撰：《庄子集解》，中华书局，1987 年，第 252 页。

《孟子·梁惠王下》云：

昔者大王居邠，狄人侵之。事之以皮币，不得免焉；事之以犬马，不得免焉；事之以珠玉，不得免焉。乃属其耆老而告之曰："狄人之所欲者，吾土地也。吾闻之也：君子不以其所以养人者害人。二三子何患乎无君？我将去之。"去邠，逾梁山，邑于岐山之下居焉。邠人曰："仁人也，不可失也。"从之者如归市。或曰："世守也，非身之所能为也。"效死勿去。[1]

《史记》则是这样叙述的。称：

古公亶父复修后稷、公刘之业，积德行义，国人皆戴之。熏育戎狄攻之，欲得财物，予之。已复攻，欲得地与民。民皆怒，欲战。古公曰："有民立君，将以利之。今戎狄所为攻战，以吾地与民。民之在我，与其在彼，何异。民欲以我故战，杀人父子而君之，予不忍为。"乃与私属遂去豳，度漆、沮，逾梁山，止于岐下。豳人举国扶老携弱，尽复归古公于岐下。及他旁国闻古公仁，亦多归之。于是古公乃贬戎狄之俗，而营筑城郭室屋，而邑别居之。作五官有司。民皆歌乐之，颂其德。[2]

这些记载为太王率族南迁的原因提供了明确答案：原来周人栖居生息长达300 余年的豳地邻近戎狄之境，甚至可能在一定程度上是与戎狄杂处。周人社会经济生活以农耕为主，既需要一片固定而肥沃的土地，也需要一个和平稳定的周边环境。然而周人与戎狄拥有显著不同的生计模式，两者因为生存空间和资源之争夺而产生矛盾冲突，以畜牧射猎为生的戎狄部族，"天生地"要对拥有物资积蓄的农耕民族不断进行侵扰——这是他们生计方式的一部分，对后者的稳定生活则构成严重威胁；当其武力足够强大之时，大量物资贡掠亦不能满足欲望，他们还要占领更大土地、控制更多人民，成为政治上的统治者。面对这样的威胁，农耕民族要么被迫屈服于其统治，要么迁往他地寻求安稳的生存空

[1]（清）阮元校刻本：《十三经注疏》，中华书局，1980 年影印本，第 2682 页。
[2]（汉）司马迁：《史记》卷 4《周本纪》，中华书局，1959 年，第 113-114 页。

间。古公亶父时期，正是由于熏育戎狄不断攻掠，皮币、犬马、珠玉都不能使之满足，周人不得不离开世代栖居的家园向南撤退，迁徙到岐山之下的周原。

太王迫于戎狄压力南迁周原，既是古代民族关系史上一个重大事件，在环境史上亦有值得特别予以解说的重要意义。拥有不同生计体系的古老民族彼此攻掠、频繁迁移，在很早以前就不断发生，然而在现存古籍中，太王率众举族南迁是第一个被史家明确记录下来的事件，事实清楚，影响重大。虽然那时姬周民族尚未"专化"为"粒食之民"，《诗经》等文献的记诵反映他们亦有较大规模的放牧；而戎狄亦没有"特化"为专营游牧的"马背上的民族"，但后世中原农耕民族与西北游牧民族为了争夺生存空间和自然资源而激烈博弈的历史由此拉开了序幕。自那以后，此类故事不断重演，除了社会因素的作用之外，往往具有深刻的自然生态背景，并导致诸多社会—生态后果，历史进程因之一再发生严重的轨道偏移。几千年以来，北方游牧民族一次又一次内犯，自然环境因素（如气候变化）常常充当了不易察觉的神秘推手，每次大规模民族迁移都在愈来愈巨大的时空尺度上引起环境—经济—社会发生连锁性重大变动，造成中华大地（首先是中原地区）人与自然关系的一系列深刻变化，中国历史进程因而发生戏剧性的巨大改变。后面的章节将不时有所论说。

回到先周历史本身。由于戎狄逼迫而引起的此次迁移，背后是否有气候转冷等自然因素的影响不得而知，[1]但可以肯定的是：周人南迁以后，豳地处于戎狄势力控制之下，农业经济必定出现阶段性衰退，直待周人势力重返此地之后方能逐渐恢复（与后世中原地区情形相似）；另一方面，周人新迁之地——周原的自然资源开发和农业经济生产却因此获得了良好契机（就像后代南方区域开发那样）。

周原社会经济发展是周人强盛和立国之基。这里北有岐山作为阻挡戎狄南侵的屏障，自西北向东南则有河流和河谷，便利发展水陆交通向东挺进，内部则是开阔平坦的塬地，较之豳地更为广大，自然生态条件更加优越，更适合发展稳定的农耕生产。正是在这里，周族进入了发展的隆盛时期，甚至族称、国号皆因这里而定名。[2]

对于古公亶父迁居周原所开创伟大基业，《诗经》时代的人们有着无尽感恩

---

[1] 商代后期气候逐渐转为干冷，已见前述。
[2] 关于"周"的名称来源和周原之于周族、周朝的意义，可参见张洲：《周原环境与文化》，三秦出版社，1998年，第93-122页。

与追怀。《大雅·绵》是这样咏诵的：

> 绵绵瓜瓞，民之初生，自土沮漆。古公亶父，陶复陶穴，未有家室。
> 古公亶父，来朝走马。率西水浒，至于岐下。爰及姜女，聿来胥宇。
> 周原膴膴，堇荼如饴。爰始爰谋，爰契我龟：曰止曰时，筑室于兹。
> 乃慰乃止，乃左乃右。乃疆乃理，乃宣乃亩。自西徂东，周爰执事。
> 乃召司空，乃召司徒，俾立室家。其绳则直，缩版以载，作庙翼翼。
> 救之陾陾，度之薨薨。筑之登登，削屡冯冯。百堵皆兴，鼛鼓弗胜。
> 乃立皋门，皋门有伉。乃立应门，应门将将。乃立冢土，戎丑攸行。
> 肆不殄厥愠，亦不陨厥问。柞棫拔矣，行道兑矣，混夷駾矣，维其喙矣。
> 虞芮质厥成，文王蹶厥生。予曰有疏附，予曰有先后，予曰有奔奏，予曰
> 有御侮。[1]

　　根据诗中咏诵，古公亶父率领族众到来之时，周原土地平坦，植被丰茂，所谓"周原膴膴，堇荼如饴"，便是简要的概括。太王带领族众奋力开垦，划定田地疆界，自西徂东开掘笔直的垄亩，土地经营和稼穑种植更加规范化、规模化。以农业发展为基础，周人根据新的自然环境，积极变革在豳地之时与戎狄相近的旧俗，特别是改变以往"陶复陶穴"的洞穴居住方式，[2]大规模兴筑高大的城郭，通直的街衢，宏伟的宫殿宗庙以及稠密的屋舍，建成了"百堵皆兴"的大型都邑；太王还设五官，分职掌，形成了包括司空、司徒在内的一套完整政治制度。由于这些发展，姬周民族朝着文明国家方向又迈进了重大一步，为日后取代商朝奠定了坚实的经济、社会和政治基础。在周人的心目中，周原是真正的隆兴"圣地"，虽然后来又进一步迁都到丰、镐，但周原一直被视作后方大本营，是宗庙所在的"宗周"。许多个世代之后，周人仍然不忘颂扬太王迁于岐下周原、光大先祖事业的功绩，《诗经·鲁颂·閟宫》有云："后稷之孙，实维大王。居岐之阳，实始翦商。"[3]这里是说：太王乃后稷的真正子孙，他迁居岐阳奠定了翦灭商朝的基础。自20世纪70年代以来，这里不断令人惊叹的大

---

[1]（清）阮元校刻本：《十三经注疏》，中华书局，1980年影印本，第509-512页。
[2] 关于周人先前在豳地的洞穴居住方式，可参见张洲《周原环境与文化》，三秦出版社，1998年，第196-197页。
[3]（清）阮元校刻本：《十三经注疏》，中华书局，1980年影印本，第615页。

型考古发现，从另一方面充分证明了周原的重要历史地位。[1]

（4）营建丰镐。

史书记载：自古公亶父率族迁至周原，国运勃兴，妇贤（太姜、太任）子让（太伯、虞仲），政治平稳。继任的季历"修古公遗道，笃于行义，诸侯顺之"；姬昌（西伯、文王），"……遵后稷、公刘之业，则古公、公季之法，笃仁，敬老，慈少。礼下贤者，日中不暇食以待士，士以此多归之。"[2]随着国力增强，姬周确立了更远大的政治目标——膺承天命而得天下。因而他们内修德政、发展经济生产，外修军事、征讨戎狄，相继击退和征服昆夷、密、崇等敌对部族势力，成为控御西土的大邦强国，与东方的殷商王朝分庭抗礼，最终率领众多与国友邦共同伐纣，灭亡商朝。

姬昌是周朝真正的开国之君，《大雅》《周颂》有多篇盛赞文王之德。特别值得注意的是，都城营建在这些诗篇中受到特别重视，被看成兴邦强国的大事。《皇矣》诗中历数古公、季历至文王功业，一再咏诵兴筑之事，"作之屏之，其菑其翳。修之平之，其灌其栵。启之辟之，其柽其椐。攘之剔之，其檿其柘。帝迁明德，串夷载路。天立厥配，受命既固"；"帝省其山，柞棫斯拔，松柏斯兑。帝作邦作对，自大伯王季。"[3]《文王有声》则咏诵了文王、武王相继营建丰、建镐的史实，诗中唱道：

文王有声，遹骏有声。遹求厥宁，遹观厥成。文王烝哉！
文王受命，有此武功。既伐于崇，作邑于丰。文王烝哉！
筑城伊淢，作丰伊匹。匪棘其欲，遹追来孝。王后烝哉！
王公伊濯，维丰之垣。四方攸同，王后维翰。王后烝哉！
丰水东注，维禹之绩。四方攸同，皇王维辟。皇王烝哉！
镐京辟雍，自西自东，自南自北，无思不服。皇王烝哉！
考卜维王，宅是镐京。维龟正之，武王成之。武王烝哉！
丰水有芑，武王岂不仕？诒厥孙谋，以燕翼子。武王烝哉！[4]

---

[1] 详情可参见史念海：《周原的历史地理与周原考古》，收入史念海：《河山集》（三集），人民出版社，1988年，第357-373页；张洲在《周原环境与文化》一书的相关章节亦有论述。

[2]（汉）司马迁：《史记》卷4《周本纪》，中华书局，1959年，第116页。

[3]（清）阮元校刻本：《十三经注疏》，中华书局，1980年影印本，第519页。

[4]（清）阮元校刻本：《十三经注疏》，中华书局，1980年影印本，第526-527页。

又有《灵台》诗记咏了文王营建灵台之事："经始灵台，经之营之。庶民攻之，不日成之。经始勿亟，庶民子来。王在灵囿，麀鹿攸伏。麀鹿濯濯，白鸟翯翯，王在灵沼，于牣鱼跃……"[1]这些事实反映：随着国运日益昌盛，周人不断扩大土木兴建，以与政治发展形势和国家地位相匹配；另一方面，新都的位置表明周人的政治中心不断向东移动，最终营建完成的镐京，成为以今西安为中心的十朝古都之始。

然则都城营建既需选择适宜的自然环境，又以人工环境替代自然环境，是环境史研究应予特别关注的重要问题。前面曾论说夏、商都城屡迁史实，事实上，周代尤其是先周都城亦不固定，多次迁移。常征指出：

> 周自太王由泾洛之北"三迁"，南至岐山之阳，作国周原而营周城（旧址在今麟游县南），其邦族此后始以周为号。其子季历继之，十八年迁治程地而造程都（旧址在今武功县北），其为"王季宅程"。季历之子文王四十四年，避饥馑渡渭徙崇，临丰水而居，名曰丰京（旧址在今户县境）。文王季世，命世子发筑新城于东北镐池之侧，武王灭商，遂移都之，是曰镐京。成、康、昭王三世之后，至于穆王，东迁于郑，或曰南郑，或曰西郑。自是而下，虽有懿王十五年西居犬丘（今陕西兴平县东南，汉改名槐里）之举，而终西周之世，多沿而未革。直至幽王灭国，平王方弃郑而东都洛邑（今洛阳）。[2]

先周都邑由豳地南迁周原，原因十分清楚：是为了避开戎狄侵扰。周原之后的都城移动却是为何？是我们这里想要追问的问题。既然周原自然环境优越，在周的历史上如此重要，何以季历之后至文王之末不断东迁，由岐邑京当东迁于程、再迁于丰、复迁于镐，除了政治上的原因（东向与殷商对垒）之外，是否亦具有、或者具有怎样的环境考虑？

如前所述，古公亶父率族南迁周原之后，在这里营造了大型都邑，周原遗址考古为了解那个古老都邑提供了丰富资料。张洲指出："周原遗址在岐山县和扶风县北部：东起扶风许家河，西止眉麟公路，北至岐山脚下，南至扶风纸白、

---

[1]（清）阮元校刻本：《十三经注疏》，中华书局，1980 年影印本，第 524-525 页。

[2] 常征：《周都南郑与郑桓封国辨》，《中国历史博物馆馆刊》1981 年第 3 期，第 15 页。

岐山的范家营地区。这是周人太王兴建岐邑京当古城的基址。"[1]考古学家在这里所发现的规模巨大的宗庙宫殿建筑基址、手工业作坊遗存和密集的墓葬区，都证明那里是周原时期周人的居住中心。岐邑北距岐山之麓近在咫尺，周人选择这里营建都邑，既是基于当时民族关系的形势，也充分考虑了各种自然条件。在史念海看来，主要有两个环境因素：一是优越的水泉条件，二是险峻的地理屏障。他说：

　　周人适于农业，随处可以耕耘，然而周人却置其中心地区于距山麓不远之处，则是另有一番用意的。这里的溪涧水泉等所构成的水文网于周原上最为稠密，这当然是周人重视此地的一个原因。从历史记载来探讨，周人迁到周原乃是受了其邻近游牧部落的压迫。所以迁到新地之后，安全问题的解决较之生产问题更为迫切。这里紧倚岐山，当可恃巉岩峭壁以从事防守。侵凌周人的游牧部落本在岐山之北，岐山峻峭崔嵬，当非游牧部落的铁骑所可轻易驰骋越过。然岐山山脉西尽于千河，东止于漆水河。千河和漆水河的河谷又皆宽广低平，易于通过。而当时又皆不至于像现在的陡深，更便于戎马的奔突。周人来到周原，正是循着今漆水河河谷而下的。游牧部落前来骚扰，当然也会顺着这两条河谷向周原进发。周人建置其中心地区于周原较为中部的地方，可能是对于顺着这两条河谷而来的侵略者具备戒心的。[2]

　　对此，张洲进行了更全面的分析。他指出：

　　总的说来，周原地区，背山环水，地势优越，气候温暖，雨水充沛，原野辽阔，生态环境很有特色；土地肥沃，农业发展，文明程度也很高。周人早期选此，兴建岐邑京当古城，使周人由此充分利用资源发展农业，利用地形天险在军事上获得优势，从而使自己由此迅速崛起，这是有着非常重要的意义。……
　　具体来说，西周早期，周人之所以以凤雏宗庙基址为准，在此选建都城，因这里北部近靠岐山，具有天然屏障。同时这里虽是处在洪积扇平原地区，但在当时来说，还是平野辽阔，尤其是岐邑古城在此建筑在七星河和美阳河洪积

[1] 张洲：《周原环境与文化》，三秦出版社，1988 年，第 210 页。
[2] 史念海：《河山集》（三集），人民出版社，1988 年，第 366-367 页。

扇之间的顶部洼陷地带；此处依山、近水、面原，并有得天独厚的历史文明，更有利于农业发展。周人当时选此而都，当属最佳地区。[1]

　　然而，何以周人都城一再向东迁移呢？关于这个问题，学界早就有所探讨。例如齐思和指出："文王之迁丰，不徒便于向东发展，与商争霸，抑丰、镐之间川渠纵横，土地肥饶，自古号称膏腴之地。"[2]然而这个说法过于简略而且抽象，不能释解我们心头的疑问。前引常征的文章提到：季历之时"避饥馑渡渭徙崇，临丰水而居"虽然说出了一个具体原因，但一度饥荒便导致迁都似乎也说不过去。比较而言，张洲关于最初营建岐邑的有利环境因素以及后来迁都原因的考论系统而详细，应可接受。在他看来：

　　周原岐邑洪积扇平原，由于自然环境的变化，随着洪积平原的发展，洪积扇上的沟谷逐渐发育起来（即在龙山文化时期末期洪积扇遗存出现之后）。尤其当西周早期文王姬昌时五级地震在岐山，即周原岐州（同岐周）地区发生，这对周人创建的岐邑都城形成严重威胁，遂成了姬昌由此迁都丰的主要原因。同时长安丰镐地区之处在渭河盆地的黄土平原地区，原野更辽阔，生态环境也比周原岐邑地区更优越。因此，周人进此而都，不仅更有见地，同时也是政治上的迫切需要。[3]

　　根据他的意见，导致迁都的原因除政治需要之外，既由于长期人类活动造成了自然环境改变（沟谷发展），直接地更是由于周文王时所发生的一次大地震。此外他还提到干旱等自然灾害的影响。当然，丰、镐地区之所以成为新都所在地，是由于那里具有更优越的自然条件以及更广大的发展空间。

　　黄春长等人也先后发表文章，论及先周至西周都城迁移问题，认为："从距今3100年前后开始的季风突变造成我国黄河流域长期严重干旱，导致环境恶化，水土生物资源退化。这些大大动摇了旱作农业和游牧业经济发展的基础，影响着先周和西周社会的发展。仅仅就其都邑迁移的路线和地理位置，即可见

[1] 张洲：《周原环境与文化》，三秦出版社，1988年，第221页。
[2] 齐思和：《西周地理考》，《燕京学报》第30期（1946年），第87页。
[3] 张洲：《周原环境与文化》，三秦出版社，1988年，第221-222页。

其不断地迁移和东扩有两条主线始终贯穿其中"；[1] "环境恶化和水土资源退化是引起周人都邑迁移的主导因素，虽然游牧民族南侵占领也是重要的驱动力，但是引起游牧民族南下的根本原因，也同样是环境恶化和水草资源的退化"。[2]

值得注意的是：史念海在论说周原环境时，指出它的一个不利因素是缺少矿石资源。这似乎暗示周人一直指向东方谋求发展，矿产资源乃是一个重要原因。[3]张光直更明确地指出："把三代都城画在图四上（引按：见前文）后我们可以很清楚地看出，夏代都城的分布区与铜锡矿的分布几乎完全吻合。商代都城则沿山东河南山地边缘巡逡迁徙，从采矿的角度来说，也可以说是便于采矿，也便于为采矿而从事的争战。周代的都城则自西向东一线移来，固然可以说是逐鹿中原所需，也可以说是为接近矿源而然，因为陕西境内铜锡矿源都较稀少。"[4]在重视矿产资源这一点上，两位前辈大学者可谓英雄所见略同。由此看来，对于先周都城不断迁移的原因，需结合自然与社会多种因素予以探索。

无论如何，都城迁移和营造都是先周历史发展中的重大事件，它标志着周文明的日臻强盛，进一步奠定了以王都和王畿为统治核心的古代文明国家的空间格局。从人与自然关系历史演变的长期脉络看，它不仅为周王朝完成了奠基之礼，对所有以关中为本位的古代王朝都具有深远影响，其历史意义或仅次于农本经济道路之确立。

二、分封殖民与中原地区的农耕化

公元前 11 世纪中期，武王伐纣，殷商鼎革，周朝建立。

众所周知，"溥天之下，莫非王土；率土之滨，莫非王臣"[5]是周代非常重要的政治理念，亦是后代"大一统"思想的历史源头和概括表述。周天子真正被尊为"天下共主"只是在西周不到 300 年的时间。平王东迁后，春秋时代王室衰微，礼乐崩坏，诸侯争霸；至战国时期，列强兼并，周朝空有其名，实则

---

[1] 黄春长等：《西周兴衰与自然环境变迁》，《光明日报》2001 年 2 月 17 日，第 A04 版。

[2] 黄春长等：《渭河流域先周——西周时代环境和水土资源退化及其社会影响》，《第四纪研究》2003 年第 4 期，第 404-414 页。

[3] 史念海：《河山集》（三集），人民出版社，1988 年，第 368 页。

[4] ［美］张光直：《中国青铜时代》（二集），生活·读书·新知三联书店，1990 年，第 29-30 页。

[5] 《诗经·小雅·北山》，收入《十三经注疏》，中华书局，1980 年影印（清）阮元校刻本，第 463 页。

早已分崩离析。然而政治上的分崩离析并未阻断社会、经济和文化一体化进程。

从环境史角度看，自农业起源以后，黄河中下游人与自然关系演变的基本趋向是由多样化的生计模式逐渐走向"以农为本"的发展道路。夏商时期，该区域的农耕经济逐渐发展，但多种资源利用和经济生产方式依然同时并存，拥有不同生计体系的大、小部族杂错而居；在西周至春秋时代的大部分时间，那里仍然还是诸夏与夷狄杂处的景象。然而，进入周朝以后，具有较高资源利用和能量转换效率的农耕经济，以更快的速率不断排斥采集捕猎甚至把大型放牧业亦排挤出去，中原地区农耕、游牧和采集、渔猎混杂的经济局面，逐渐朝着单一的"农耕化"方向演变。与之相应，"华夷之辨"逐渐出现和清晰，农耕与游牧民族终于形成明显的地域分野，分处迥然不同的自然环境，拥有不同的生计体系，人与自然关系模式判然有别。从那以后，黄河中下游成为农耕者的家园，游牧民族则驰骋于西北草原大漠，数千年中国农牧社会互动、博弈的基本历史格局逐渐形成。在这一巨大演变的进程中，周代是一个非常关键的阶段，擅长农耕的姬周民族对中原地区的政治统治和经济拓殖，周王朝的一系列政治、经济和文化制度建构，以及这些制度的革易、破坏，都大大地推进了这个变局。

毫无疑问，在通向古代中国（北方）社会一体化的道路上，周朝比殷商向前迈进了一大步。既表现在更大空间和更多部族的政治整合，又表现在不同区域经济文化沟通，还包括人与自然关系模式的趋同化发展。然而，这些发展进步是逐步实现的，各个方面并不完全同步甚至发生扞格，繁复而错杂的历史现象有时让人产生错觉，需要拨开表面现象才能看到问题实质。

1. 分封拓殖和礼制建构

周武王"顺乎天而应乎人"，伐纣灭商、建立周朝，是古今史家普遍颂扬的一场伟大革命。然而在我们看来，更具有伟大革命意义的是从周初开始的分封殖民和由姬旦所领导的一系列制度创建。

武王伐纣之后不久便已去世，继立的成王诵年幼，其叔姬旦摄政。其时主幼国疑，以武庚为首的殷商遗民蠢蠢欲动，图谋复辟；姬周宗室管叔、蔡叔亦猜疑摄政的周公，后来竟与异族势力合谋发动武装叛乱！周公亲率大军东征平乱，杀死武庚、管叔，流放蔡叔，保护了江山，但政治隐患并未消除。

商周鼎革之后，周朝疆域不仅远大于先周，亦远大于殷商。辽阔疆域中，各地自然环境差异悬殊，散处着包括夏商遗民在内的众多部族社会，政治构造、文化习尚和经济面貌彼此殊异。在交通及其他条件均十分落后的情况下，兴起于西陲、独擅于农耕而人口数量有限的姬周民族，如何治理这样广阔的疆土、控御如此众多的部族，特别是如何消除殷商遗民以及戎狄、蛮夷的军事和政治威胁，是不得不予解决的严峻课题。文王、武王显然还没有来得及思考这些问题，这个重大任务便落到了摄政的周公肩上。

周公是西周初期伟大的政治家，《尚书大传》概括其一生的主要功绩是："一年救乱，二年克殷，三年践奄，四年建侯卫，五年营成周，六年制礼乐，七年致政成王。"[1]自古史家都将周公与立国之君——文王和武王相提并论，原因在于他不仅取得了平叛的胜利，挽救了周朝；不仅营建了东都洛邑，实施了对殷商遗民及众多东方部族的有效监控，更主持完成了一系列重要制度创新，为周朝800年国祚奠定了制度基础，丰功伟绩并不亚于文、武。

在错综复杂的政治形势下，最大挑战莫过于如何以本族有限的力量控御广大的东方疆域。周公的最重要策略是实行"授民授疆土"的分封制度。为了实现以本族少数人口统治众多异族（包括殷商遗民）、以西陲狭小本土控御东方广大疆域的政治目的，周公大举"建藩卫、封诸侯"，实即在各地建立周王朝的统治据点，其中一些后来发展成为强大的诸侯国家。例如，周公弟康叔封卫，获赐殷商遗民七族：陶氏、施氏、繁氏、锜氏、樊氏、饥氏、终葵氏，把他们安置在故商墟就地控制；同姓召公奭封于燕、建都蓟（今北京一带），是周朝东北方的屏障之国；功臣兼亲族姜尚封于齐、都营丘（今山东临淄北），封地"东至海，西至河，南至穆陵，北至无棣"，面积广大并且拥有在东方专征专伐的特权，"五侯九伯，实得征之。"[2]周公还分封了一些前朝、古王之后，如诚心归顺周朝的微子，被命掌管部分殷商遗民，立国于宋（今河南商丘）；夏朝后裔姒姓被封于杞（今河南杞县），舜帝后裔妫姓被封于陈（今河南淮阳）等，众多同姓和异姓的封国互相错杂，本族与先王的遗族交错共存，而以本族同姓的封国为主体。《左传》"僖公二十四年"载富良说："昔周公吊二叔之不咸，故封建亲戚，以藩屏周。管、蔡、郕、霍、鲁、卫、毛、聃、郜、雍、曹、滕、毕、原、酆、郇，文之昭也。邗、晋、应、韩，武之穆也。凡、蒋、邢、茅、胙、祭，周公

[1]（汉）伏胜撰、郑玄注，（清）陈寿祺辑校：《尚书大传》卷4，《四部丛刊》本。
[2]（汉）司马迁：《史记》卷32《齐太公世家》，中华书局，1959年，第1480-1481页。

之胤也。"[1]《左传》"昭公二十八年"则称："武王克商，光有天下，其兄弟之国者十有五人，姬姓之国者四十人，皆举亲也。"[2]《荀子·儒效》亦谓周公"兼制天下，立七十一国，姬姓独居五十三人，而天下不称偏焉。"[3]这样，西周通过裂土分封的方式，将天子的兄弟、姬周宗室、亲族以及古王的后裔（异族之众）分封于各个地区，形成以本族为主体的殖民统治格局，一方面对外族势力实行监控、分而治之；另一方面以封国为殖民据点，不断开疆拓土。在当时社会条件下，此乃行之有效的最佳选择。

分封制并不止于裂土封侯，而是包括土地、人口自上而下的层层分封。自天子以下直至于士，都拥有土地和部民。周天子直辖的王畿、诸侯所封的国土，都以血缘宗法关系为基础，逐级进行分授：诸侯从天子那里获得封国，同时在自己封国内部进一步将土地、人口分授给下级宗亲与臣属，下级宗亲和臣属进一步分赐给予更下级族众和属民。在分封制下，"田里不鬻"即土地不能买卖，自上而下的经济统治和人身依附关系是固化不变的。因之，周代社会不仅形成了周天子—诸侯—卿—大夫—士—庶民等级结构（士以上为贵族阶层，庶民是被统治者），而且形成了王族、公族、卿大夫族、士族和庶族不同层级的宗法组织：自天子而下，上级宗族为大宗，下一级宗族则为小宗，直至庶民；小宗不仅在礼法上隶属大宗，而且要为大宗提供祭祀物品（即租），这些物品是大宗（统治者）的经济来源。周天子为天下大小宗族共同的宗主，不仅享有藉田收入，还享受诸侯贡奉。这种分封关系还形成了一套自上而下的军事体制，一旦遇有战事或其他力役需要，下属族众须自备物资追随宗主出征或服役。这样，以血缘宗法关系为基础的分封制度，不仅造就了等级森严的社会结构，而且为经济生产、军事活动乃至日常生活设定了一套完整的制度框架，整个社会呈现出一种"金字塔式"的层垒结构。塔基部分的实体组织是家族，从属于家族的更小生产与生活单元是家室，家室不具备多少独立性，而是被笼罩于家族组织之中。

实现国家长治久安，从根本上确立姬周统治地位的合法性，维护最高统治者——周天子的政治权威，稳定社会关系和经济生活秩序，还必须进行相应的文化制度建设，具体到周代，就是所谓礼乐制度。鉴于殷商遗民的叛乱，周公

---

[1]（清）阮元校刻本：《十三经注疏》，中华书局，1980 年影印本，第 1817 页。
[2]（清）阮元校刻本：《十三经注疏》，中华书局，1980 年影印本，第 2119 页。
[3]（清）王先谦撰，沈啸寰、王星贤点校：《荀子集解》，中华书局，1988 年，第 114 页。

认识到：必须从思想意识上强化姬周"受命于天"统治众多部族的合法政治地位；而管、蔡的反叛则让他意识到：必须通过有效的制度，保证诸侯与天子同心同德，才能维护宗周对诸侯的长久控御。在当时历史条件下，要达到上述目的，除借助于神权力量和血缘关系之外别无他途。在商朝甚至更早时代，神权和血缘关系就已经被利用于政治统治，但周公进行了富有智慧的改造，在实施封诸侯、建藩卫的同时，又制礼作乐，将神权与血亲的力量巧妙地结合在一起。

首先，为了从意识形态上强化姬周的合法统治，周公"配天祭祖"，以（因教民耕稼而）德被天下的后稷为始祖，配天祭祀；以开国之君文王配祭上帝，通过仪式雍穆、庄严隆重的祭祀活动，提升姬姓先王的神秘地位，把先王德行与上天意志紧密结合在一起，将天道与孝道有机统一，从而强化周天子"君权神授"的政治权威，同时增强统治阶级内部的权力秩序与道德力量。《孝经·圣治》引孔子云："天地之性，人为贵。人之行，莫大于孝。孝莫大于严父。严父莫大于配天，则周公其人也。昔者周公郊祀后稷以配天，宗祀文王于明堂，以配上帝。是以四海之内，各以其职来祭。"[1]显然，在孔子看来，"配天祭祖"具有令四海之内宾服的政治功能；"配天祭祖"还让后代统治者自身知道"报本反始"，感"上帝"生生之德，思先王创业之艰，明德保民，不坠祖业，《礼记·郊特牲》说："万物本乎天，人本乎祖，此所以配上帝也。郊之祭也，大报本反始也。"[2]这样，敬天和尊祖便统一起来，成为礼乐制度的精神核心，服务于周朝现实政治需要。

周公制礼的重要内容之一，是创立嫡长子继承制。从天子开始，各级贵族均实行嫡长子继承制。先周时期似乎并没有这个制度，至少尚未确立，故时有舍兄立弟的情况。古代史家常称赞泰伯奔吴的"让"德，然而真实情况可能是泰伯在争储斗争中遭到了失败才不得不远逃南方吴地，"被发文身"混迹于南蛮；周文王舍长子伯邑考而立武王亦非推长而立；管、蔡二人猜疑周公竟致反叛亦当与嫡长子继承制尚未确立有关。为了挽救政治危局，防范新的危机出现，周公从制度上明确了嫡长子继承制，"立嫡以长不以贤，立子以贵不以长"，[3]从而排除诸子争位的可能性，自天子至于各级贵族，由此定名分、息攘争。这无

[1]（清）阮元校刻本：《十三经注疏》，中华书局，1980年影印本，第2553页。
[2]（清）阮元校刻本：《十三经注疏》，中华书局，1980年影印本，第1453页。
[3]《春秋公羊传》"隐公元年"，收入《十三经注疏》，中华书局，1980年影印（清）阮元校刻本，第2197页。

疑是一种十分智慧和理性的政治选择。

政治地位和名分，通过各种制度、礼仪特别是宗庙制度和祭祀礼仪来维护。根据以血缘远近决定、由层层分封所体现的政治地位高低，周公建立了等级分明的宗庙制度：天子七庙、诸侯五庙、大夫三庙、嫡士二庙、官师一庙、庶士庶人无庙。[1]祭祀与政治两种权力高度统一，天子享有最高祭祀权，在受封领地内各级封建主以大宗统摄小宗，享有主持宗庙祭祀的权力；反过来，小宗从属于大宗，大宗从属于更大的宗，直至从属于最大的宗主——天子。小宗对大宗，既是政治上的从属，亦是宗法上的从属，同时还是经济、军事上的从属。敬宗、敬天子和敬天又是孝道，依礼而祭、祭之以时即为孝，反之则为不孝，政治地位亦将不保，是所谓"宗庙有不顺者为不孝，不孝者君黜以爵。"[2]于是，宗庙以一种物化的形态，象征、维系着基于血缘宗法关系的复杂社会网络，通过依礼而行的祭祀活动，外在的仪式和规范不断内化为强固的道德理念和严格的身份意识，社会内部的等级差序和精神归属感都得到强化，从而消减政治上的离心力，防范悖逆和攘夺。

总之，周公以血缘宗法关系为基础建藩卫、封诸侯，并建立一套完整的礼制规范，意义重大，影响深远，在若干方面与殷商制度显著区别。王国维指出："周人制度之大异于商者，一曰立子立嫡之制，由是而生宗法及丧服之制；二曰庙数之制；三曰同姓不婚之制。此数者，皆周之所以纲纪天下，其旨则在纳上下于道德，而合天子、诸侯、卿大夫、士、庶民，以成一道德之团体。"[3]由于嫡长子继承制的确立并配合以亲属分封、丧服和庙祭等制度，姬姓内部血缘关系亲疏远近的差序因之以分，并表现为上下尊卑的政治等级，形成尊尊与亲亲合一的血缘政治关系网络；同姓不婚制度则将异姓也纳入这一血缘政治网络之中，最终形成了自天子至庶民、由所有社会成员共同组成的血缘政治共同体，亦即王国维所谓的"道德之团体"。宗法、丧服、庙数、婚姻关系等构成这一网络的经纬和外在形式，各种政治和人生实践活动，均在此血缘政治网络支配下，遵循"礼"所严格规定的亲疏差序和尊卑等级进行。

乍看起来，建构礼制体系主要为了调适人与人的关系（即社会关系）而非

---

[1]《礼记·祭法》，收入《十三经注疏》，中华书局，1980年影印（清）阮元校刻本，第1589页。

[2]《礼记·王制》，收入《十三经注疏》，中华书局，1980年影印（清）阮元校刻本，第1328页。

[3] 王国维：《殷周制度论》，收入王国维：《观堂集林》卷10，中华书局，1959年，第453-454页。

人与自然的关系，与环境史的主题并无关联。然而当我们具体阅读周代礼典的内容，立即便会发现：两者之间的联系其实极其密切！虽然《周礼》《仪礼》和《礼记》是经后人整理成书的，属于一种理想模式化的制度设计，与实际情形可能颇有出入，但大量文献记载反映周代人们确实强调遵守礼制行事。更重要的是，在三部《礼》书特别是《礼记》所提供的一整套社会行为规范中，处处反映出人们的自然观念和他们对天、地、生物的态度，对各种环境行为之规定如此详密、细致，非常令人惊讶和深思，值得进行系统深入的探讨。

下节主要根据《诗经》中的材料，先对当时生态环境状况和分封制下的资源开发与经济生产作一简要叙说；关于山林薮泽自然资源保护的礼法制度，因另有特殊学术意义，并且主要资料出自礼书而非《诗经》，后面将单独设立一章进行讨论。

2．气候和自然资源状况[1]

周朝建立以后，周人通过分封殖民制度，向东方更广大区域拓展，其范围北抵燕山山脉，南至汉水流域，西起陇东地区，东至黄海渤海之滨，这些地区正是《诗经》特别是《国风》部分所涉及的空间范围。这一广大的疆域，给擅长农耕的周人进一步拓展农业文明提供了更大的舞台，而此前夏人和商人所聚居的晋南、豫西和太行山东侧附近地区，已经进入了农业社会。因而，西周至春秋是黄河中下游农耕文明大发展、大整合的时期，在此前基础之上，该区域整体性地进入农业社会，农业以更快的速率成长为社会经济主体；采集、捕猎生产仍然持续存在，甚至仍然占据一定的比重，但不断受到种植生产的排挤，经济地位进一步下降。这一基本态势，决定了那时该区域人们认识、开发和利用自然资源的主要方式，亦决定了人与自然关系发展演变的基本趋向；反过来，考察这样一个时代的自然环境及其社会影响，亦应主要考察与农业密切关联的那些方面。

众所周知，农业生产是自然再生产与经济再生产的统一。任何时代的农业都要受到气候（天）、土地（地）、物种资源、人口（劳动力）、工具技术、社会

---

[1] 需要特别说明的是，西周至春秋时期中原国家和文明的影响向更广泛区域特别是南方荆楚、吴越和巴蜀地区扩展，较之夏商时期相当不同。但由于严重缺少文献记载，一时之间尚无法详细展开述论。以后面的章节中，我们将采用追述的方式作件弥补。关于那个时代山川形势、土壤地质和水资源环境等方面的情况，除了极少数地方（例如周原）之外，相信没有发生显著变化，并且下一节将不时地涉及水土资源情况，故本节亦略而不述。

经济制度……诸多自然及社会性因素的深刻影响，用中国传统哲学思想的话语来说，农业生产是天、地、人诸多因素的统一，《诗经》时代也不例外。正是在这个时代，中国传统的环境哲学思想体系初具雏形，这就是关于天、地（包括生物和非生物因素）、人"三才"理论。对此后面将予以专门讨论，兹暂从略。

"天"的因素十分复杂，大致包括"天之时"（季节时令）和"天之气"（气候和天气）两个方面的众多现象。在一个特定区域，"天"的因素既有恒定的一面（如四季嬗替规律），也有不断变化的一面（既有大尺度周期性气候冷暖干湿变迁，更有频繁的旸雨、燥湿、寒暖短期天气变化），环境史研究者历来重视长期气候变迁问题，更愿意说明一个时代究竟处于气候的寒冷期还是温暖期。

那么，《诗经》时代气候的整体状况如何？

前面已经提到：先周时代，亦即夏商时期，"全新世大暖期"尚未结束。到了商周之际，中国气候正在朝着寒冷方向转变，对此，学者似乎已经形成共识。竺可桢认为："周朝的气候，虽然最初温暖，但不久就恶化了"，气候转向恶化的具体时间是在周成王以后。[1]施雅风等人通过详细科学论证，亦认为：距今3 000年前左右，中国"最后结束大暖期"；"全新世中期的温暖气候条件以西周时期的寒冷气候出现而告终结。"[2]刘昭民则具体指出："周朝前期之气候与殷商时代相同，仍然属于暖湿气候时期"；"周代中叶以后（周穆王二年以后，即公元前1 000年以后）有一个不大长的冷期侵入中国"；"周代中叶以后的后半期（公元前1 000年—公元前770年）正是中国有史以来第一个冷期，也是中国有史以来第一个小冰河期，……当时的年均温应比现在低0.5～1℃"，"此后（直到西周末期），中原之气候不但较寒，而且干旱连年。"[3]他们关于周代气候变化的意见，在具体时间上存在些许差别，但一致肯定经历了由温暖向寒冷的转变。

气候的冷暖变化必然导致大地上各种环境生态因素相应发生变化，最直接的是造成植被和野生动物的分布。前章曾经提到：大象等喜温动物减少，便是商周之际气候转冷的一个重要表现，在古籍文献和考古学资料中都可以找到证据。《孟子·滕文公下》称："周公相武王，诛纣伐奄，三年讨其君，驱飞廉于

[1] 见前引竺可桢：《中国近五千年来气候变迁的初步研究》，《考古学报》1972年第1期。
[2] 施雅风主编：《中国全新世大暖期气候与环境》，海洋出版社，1992年，第14页。施雅风主编：《中国历史气候变化》，山东科学技术出版社，1996年，第287页。
[3] 刘绍民：《中国历史上气候之变迁》，台湾商务印书馆，1992年修订版，第46-53页。

海隅而戮之；灭国者五十；驱虎豹犀象而远之；天下大悦。"又云："周公兼夷狄，驱猛兽，而百姓宁。"[1]前已指出：以周公之能是无法将猛兽驱赶出中原的，这些只是后人对于那时大型野兽因气候变化等原因明显减少的扭曲记忆。河南淅川下王岗遗址以出土动物遗存丰富著称，9 个文化层中的动物种类和数量在一定程度上反映了气候波动情况，其中"第一文化层，即西周时代，动物种类又减少……未见喜暖的动物，均为适应性较强分布面较广的种类，气温似乎又有所下降。"[2]亦说明由于气候转冷所引起的动物分布变化确实发生。然则《诗经》中的大量咏诵，表明这个时代中原的森林植被和野生动物资源依然相当丰饶，令人遐想联翩。

何炳棣曾结合其他文献以及考古、地质等方面的科学资料，对《诗经》中除粮食和水生植物以外的木本和草本植物进行了详细梳理。[3]根据他的列表，林木之中，除"乔木"为泛指之外，记载有桃、楚（荆）、甘棠、朴橄、棣（棠棣）、榛、桑、梓、椅、栗、漆、李、杞（柳）、檀、棘、枢、栲（山樗）、榆、杻（檍、橿）、椒、杜、栩、杨、柳、条（梎、山榎、朴）、梅、栎、檖（杨檖、山梨、鹿梨）、枌、郁、薁、枸、枣、桐、榖、六驳、楰（赤棘）、茑、柞、苕、棫、栝、柽、栵、椐、柘、檿（一种山桑）、苌楚（羊桃）、松、柏、桧、枞（冷杉）、楔（鼠梓木），共 53 种。这些林木，有 48 种为阔叶落叶树种，仅有 5 种为常绿针叶树种，反映那个时代黄河中下游地区的主要森林为阔叶落叶林；此外《诗经》还记载有古人认为"非草非木"（禾本科竹亚科）的竹类若干种。这些树木分布在原野、山和隰等不同地带，根据《诗经》的记咏可考其地者，分布于平坦原野的树木仅占 9.5%；分布于山地者占 67.9%；另外 22.6%分布在低湿的隰，说明当时有 2/3 以上的树木分布在山岭之中，其次为湿地，平坦的原野上分布较少。这些树木出现于《诗经》是相当随机性的，并不能完全反映当地北方林种的实际状况，有些种类没有在其中出现。但见于记诵的绝大多数都是经济林木。

《诗经》和《左传》中频繁地出现不同类型的森林如"大林""中林""北林""平林"等，以及以树种命名的纯种林如桃林、棫林等，像"师于大林""施于

---

[1]（清）阮元校刻本：《十三经注疏》，中华书局，1980 年影印本，第 2714-2715 页。

[2] 贾兰坡、张振标：《河南淅川下王岗遗址动物群》，《文物》1977 年第 6 期，第 41-49 页。

[3] 何炳棣：《黄土与中国农业的起源》（中篇），《古代文献中黄土区域的植被》，香港中文大学，1969 年，第 35-84 页。

中林""瞻彼中林""会伐平林""郁彼北林""遇于北林""会于棐林""次于械林""林有朴樕""山有苞棣""椅桐梓漆""施于松柏"之类的记载随处可见，而以不同的林命名地名，如棘、垂棘、大棘、曲棘、赤棘、上棘、棘围、棘下、棘、蒲棘泽、桑山、桑田、桑隧、桃园、酸枣、旅松、桐丘、栎、隶等，比比皆是，既呈现了当时不同的森林景观，亦反映了森林资源仍然丰富的生态面貌。当时一些地区的森林景观，如大面积的纯树林，在今人是难以想象的。以今陕西灵宝县东南一带夸父之山（古又名秦山）的桃林为例，《山海经》卷五《中山经》称："夸父之山，……其北有林焉，名曰桃林，是广员三百仞，其中多马。"[1]先秦时期这里有著名的"桃林塞"，据传武王伐纣后曾在这里休整牧牛，郭璞《山海经传·中山经第五》云："桃林，今弘农湖县、阙乡南谷中是也。饶野马、山羊、山牛。"[2]郦道元《水经注》称："湖水出桃林塞之夸父山，广圆三百里。武王伐纣，天下既定，王巡岳渎，放马华阳，散牛桃林，即此处也。"[3]清人毕沅则认为：此处桃林即著名的"夸父逐日"神话传说中夸父弃杖所化之"邓林"，其称："邓林即桃林也，邓、桃音相近。"[4]这些记载有历史神话传说成分，广圆三百里的野桃林可能存在夸张，但这一带确曾有过广袤的野桃林，所以古代这里的一些地方长期以"桃"命名，秦朝和唐朝都曾在这里设立桃林县。

　　曾对黄河中游森林变迁进行过系统研究的史念海指出："历史时期黄河中游的天然植被大致可以分成森林、草原及荒漠3个地带。森林地带包括黄土高原东南部，豫西山地丘陵，秦岭、中条山、霍山、吕梁山地，渭河、汾河、伊洛河下游诸平原。草原地带包括黄土高原西北部。荒漠地带包括内蒙古西部和宁夏等地。森林地带中兼有若干草原，而草原地带中也间有森林茂盛的山地。"[5]根据他的考察，西周至春秋战国时期这个区域的众多山地树木种类众多，森林资源丰富；平原地区林地较少，随着农业垦殖不断发展，到了战国时期，该区域平原地区森林已被严重破坏，很少见到大片森林。

　　这个区域更有幅员辽阔的广袤草地。何炳棣列表统计《诗经》记载之草本

---

[1] 袁珂：《山海经校注》，上海古籍出版社，1980年，第139页。

[2] （晋）郭璞：《山海经传》（第4册），中华书局，1983年影印南宋刻本，第16页。按：阙，他书记载均作閺。

[3] （北魏）郦道元：《水经注》卷4《河水四》。兹据段熙仲点校、陈桥驿复校《水经注疏》（上册），江苏古籍出版社，1989年，第326-327页。

[4] 光绪三年（1877）印毕氏灵岩山馆校刻本《山海经》（第三册），《海外北经第八》，毕沅的校记。据此，则"桃林塞"即在夸父山中，或可证明毕氏之说。

[5] 史念海：《黄土高原历史地理研究》，黄河水利出版社，2001年，第434页。

植物，除蔓草、稂莠泛指杂草外，有葛、卷耳、蕨、白茅、蕳、匏、苤苢、葑（芜菁）、菲（芸苔）、荠、蓍、蓼、蓝、荼、菅、蘘、蓬、艾、蒿、苹、莪……凡 41 种，[1]可以划为两类：一类是人们的采集对象，供食用、药用以及染色、覆盖、铺垫、占卜、照明等；另一类是农地上需要被清除的杂草。何炳棣指出：当时，菊科蒿属是黄土区域草本植物的优势种类，在《诗经》中出现频率最高，甚至超过了最主要的粮食作物——黍；其次是藜科植物，即先秦文献中常可到的"莱"，但在《诗经》中出现次数不多。这两类植物的共同特点是耐干旱、盐碱，分布广泛，是这个区域主要的杂草，在农地开垦和经营中，它们是主要的清除对象，所谓垦辟草莱（蒿莱）是也。

　　《诗经》的咏诵给我们的印象，那时黄河中下游地区的植被状况仍然是"草木畅茂"，而茂密的山、隰丛林和广袤的蒿莱原野为野生动物提供了栖息空间，因而，当地的生态面貌反映在野生动物方面依然是"禽兽繁殖"，种群数量可观，昆虫等各类低等野生动物更是种类众多。[2]不少学者曾对《诗经》中的动物进行了统计和考释，[3]除家养的猪、鸡、马、牛、羊、犬和龙、凤凰、麒麟等神化动物之外，多达百余种。其中，鸟类有雎鸠、玄鸟、黄鸟、白鸟、仓庚、鸱鸮、流离、鸤鸠、鹡鸰、桑扈、鹙斯、晨风、鸳鸯、脊令、鹊、鸠、雀、燕、雉、翟、雁、鹗、枭、乌、鸿（鸿雁）、鹑、凫、鸨、雅、鹭、鹈、鴡、鹳、鸢、鴽、隼、鹤、鹑、鸢、鹜、鹰、鸹、翰、鸥、鸽等；兽类有兕、象、虎、豹、豺、狼、狐、狟、狸、熊、罴、猫、豕、貒、麕、鹿、兔、鼠、硕鼠等；鱼类有鲂、鳣、鲔、鳏、鳟、鲤、鳟、鲨、黄颊鱼、鳢、鳏、嘉鱼、鳖、龟、鲦；昆虫有螽斯、草虫（草蟁）、阜螽、螣、蟏蛸、螓、苍蝇、蟋蟀、蚕、蜉蝣、蠋、蜩、螗、莎鸡、伊威、蟏蛸、宵行、螟、蟊、贼、螟蛉、蜾蠃、青蝇、蚤、蝎、蜂等；两栖和爬行类动物有戚施（蟾蜍？）、虺、蜴、鼍、龟等。这些动物进入《诗经》同样是随机的，但将它们分类整理，可以成为中原地区最古老的野生动物志。

---

[1] 按：孙作云的统计（排除同物异名、同名异物情况）与何炳棣颇有差别，认为："《诗经》305 篇，共记载动、植物 252 种：植物为 143 种，内含草类 85 种，木类 58 种；动物为 109 种，内含鸟类 35 种、兽类 26 种、虫类 33 种、鱼类 15 种。孙作云：《诗经研究》，河南大学出版社，2003 年，第 7 页。

[2]《孟子·滕文公上》说：尧帝之时"草木畅茂，禽兽繁殖"，收入《十三经注疏》，中华书局，1980 年影印（清）阮元校刻本，第 2705 页。

[3] 这方面较近的成果是高明干、佟玉华、刘坤合著的《诗经动物释诂》，结合传统训诂、名物学和现代动物学知识，考释了 112 种动物和龙、凤凰、螭 3 种传说动物。高明干、佟玉华、刘坤：《诗经动物释诂》，中华书局，2005 年。

对《诗经》关于各种动物的咏诵进行初步观察，可以发现几个重要事实：

其一，这个时代黄河中下游地区动物种类众多，从种类构成来看，构成一个完整的动物生态系统。最能说明问题的是，当时不少地方还是野兽成群。《左传》襄公十四年，戎子驹支称他受赐的"南鄙之田"是"狐狸所居，豺狼所嗥"，而"我诸戎除翦其荆棘，驱其狐狸豺狼，以为先君不侵不叛之臣，至于今不贰。"[1]这说明那里乃是荆棘丛生、狐狼成群的荒野。猛禽、猛兽居于食物链顶端，以捕食各种陆地食草哺乳动物、昆虫、鱼类或小型食肉动物为生，它们的大量存在，说明当地拥有更多的食草类动物。

其二，在众多食草野兽中，鹿科动物最为常见，且种群数量相当可观，《诗经》中多有咏诵。例如《小雅·鹿鸣》云："呦呦鹿鸣，食野之苹"，"呦呦鹿鸣，食野之蒿"，"呦呦鹿鸣，食野之芩"，[2]广袤的原野上，苹、蒿、芩等野草丰茂，麋鹿觅食求伴的景象跃然眼前；山阪之间、丛林之下亦是野鹿成群，《大雅·桑柔》曰："瞻彼中林，甡甡其鹿。"[3]由于鹿类众多，人们时可遇见死獐、死鹿，故《召南·野有死麕》云："野有死麕，白茅包之"，"林有朴樕，野有死鹿"；[4]王家苑囿之中更是鹿儿群集，鸟翔鱼跃，《大雅·灵台》云："王在灵囿，麀鹿攸伏。麀鹿濯濯，白鸟翯翯。王在灵沼，于牣鱼跃。"[5]野兔、野猪亦复不少。

其三，西周春秋时代，北方地区的兕、象等喜温动物虽已不如商代以前常见，但是尚未绝迹，在黄淮之间的水域中，偶然还可发现扬子鳄（鼍）。这些喜湿动物仍是人们的捕猎对象，史书时有记载。《左传》载宣公二年华元使骖谓役人曰："犀兕尚多，弃甲则那"；[6]《国语·晋语》八亦载叔向曰："昔吾先君唐叔，射兕于徒林。"[7]《小雅·吉日》则反映了贵族们大规模狩猎，捕杀野鹿、野猪和大兕的景象，其诗云：

吉日维戊，既伯既祷。田车既好，四牡孔阜。升彼大阜，从其群丑。
吉日庚午，既差我马。兽之所同，麀鹿麌麌。漆沮之从，天子之所。

---

[1]（清）阮元校刻本：《十三经注疏》，中华书局，1980 年影印本，第 1956 页。
[2]（清）阮元校刻本：《十三经注疏》，中华书局，1980 年影印本，第 406 页。
[3]（清）阮元校刻本：《十三经注疏》，中华书局，1980 年影印本，第 560 页。
[4]（清）阮元校刻本：《十三经注疏》，中华书局，1980 年影印本，第 292-293 页。
[5]（清）阮元校刻本：《十三经注疏》，中华书局，1980 年影印本，第 525 页。
[6]（清）阮元校刻本：《十三经注疏》，中华书局，1980 年影印本，第 1866 页。
[7]上海师范大学古籍整理组：《国语》，上海古籍出版社，1978 年，第 461 页。

瞻彼中原，其祁孔有。儦儦俟俟，或群或友。悉率左右，以燕天子。
既张我弓，既挟我矢。发彼小豝，殪此大兕，以御宾客，且以酌醴。[1]

《大雅·韩奕》则反映韩国（今河北固安一带）的野兽和鱼类资源丰富，能够满足贵族捕猎之乐，诗中称："蹶父孔武，靡国不到。为韩姞相攸，莫如韩乐。孔乐韩土，川泽吁吁，鲂鱮甫甫，麀鹿噳噳，有熊有罴，有猫有虎。庆既令居，韩姞燕誉。"[2]而他们饯行宴请不仅有美酒，还有"炰鳖鲜鱼"以及水生的鲜蔬——笋与蒲。《诗经》曾提到众多的鱼类和渔具，捕鱼活动相当频繁，很是引人注目，与今天北方许多地方罕见甚至不曾见过渔捕之事，情形大为不同。

其四，《诗经》记咏了众多的鸟类，说明那时栖息或季节性地迁飞于此地的鸟类众多。如果我们仔细考察这些鸟类，可知主要是候鸟和鸣禽。应当说，它们大量出现于《诗经》，与那个时代的物候观察和农时活动关系密切。对此，我们将在讨论《月令》时特别予以解说。

其五，《诗经》中还出现了 30 种左右的昆虫，这些昆虫有的是对身体、庄稼有害者，如螟、蟊、贼、螣蛉、蜾蠃、青蝇、蚕、蝎等；有的因为定时鸣叫，是人们掌握时令的重要依据，如蟋蟀、蜩、螗、莎鸡、斯螽等。人们对昆虫动物的行为观察相当细致，从著名的《七月》诗可知：人们不仅观察多种鸣虫，对蟋蟀等昆虫的季节活动规律还非常熟悉（均详见第五章关于《月令》问题的讨论）。

上述这些动植物，以这样或那样的方式影响着《诗经》时代的经济生产、社会生活的许多方面，构成那个时代人与自然关系的特殊时代风貌。

3. 分封制下的草莱垦辟和土地经营

周人是一个农耕传统深厚的民族。《诗经》的记诵反映：周代农业是一个多种经营的生产结构。粮食生产方面，黍和稷仍然是主要种类，麻、菽、麦类亦有所种植，在水源丰富的地方还栽培水稻；蔬果种植方面，当时栽种了葵、韭、瓟、桃、李、梅、杏、枣、栗、瓜等多种蔬菜和水果；种植麻类和栽桑养蚕已经成为重要生产项目，纺织、制衣、织屦和其他多种手工业是获得衣物和器用

---

[1]（清）阮元校刻本：《十三经注疏》，中华书局，1980 年影印本，第 429-430 页。
[2]（清）阮元校刻本：《十三经注疏》，中华书局，1980 年影印本，第 571 页。

的主要途径；家畜家禽饲养亦很重要，猪、羊、鸡、犬等是提供肉蛋的畜禽，牛、马等大型动物则是用于拉车、驮运的役畜，春秋时期开始用于拉犁耕作。

采集和捕猎仍然是西周至春秋时代社会经济生活的补充，《诗经》之中有大量篇章记载人们采食薇、蘩、荠、菲、荼之类野生蔬菜，咏颂人们使用网、罟、筍、梁等工具从事捕鱼活动，关于大小规模狩猎活动的咏诵更是让人目不暇接，其中固然有不少是贵族的娱乐和练兵活动，但获取猎物的经济目的也很重要；伐木、采蒲之类的活动亦不时有所吟咏。这些作为经济生活的重要补充普遍存在，显然与当时山林川泽野生动植物资源仍然相当丰富有着直接的关系。

《诗经》时代社会经济，总体上仍以农耕种植占主导、牧畜次之，而以采集、狩猎生产作为补充，这种混合型结构似乎与夏、商时代并无根本区别。不同之处在于，周朝建立以后，社会经济朝着"以农为本"的方向更快地发展，农耕稼穑的重要性显著上升。通过规模不断扩大的土地垦辟和更有系统的土地规划与整治，农业区域向日益广大的空间范围拓展，中原地区日益从整体上走向"农耕化"。这既是那个时代自然资源开发利用的基本趋向，亦是那个时代农业经济发展的显著特点。所有这些发展乃是在"授民授疆土"的分封制度下进行的。

在分封制下，从"士"开始，下级贵族均从上级贵族那里获得一定数量的封地；上级贵族则在保留部分直属土地的情况下，将领地中的其余土地，以采邑为单位分授给亲族和臣属；在王畿地区，周天子也保留一定数量的土地，其余分赐给宗室子弟和臣属；居住在土地上的人民随同被分赐，成为各级贵族的附庸。受封的贵族是各自封地的领主，在经济上是独立的，但对赐予他们土地和人民的上级贵族保持着臣属、服从关系，向后者进贡，并承担兵役和劳役义务。分封制度既决定了社会经济形态、社会组织方式，亦决定了土地垦殖、占有和经营方式，最终还决定了产品分配方式和人身关系。正是在这一制度框架下，《诗经》时代的土地垦辟、整治和耕作技术取得了若干重大发展，人与自然关系出现了新的发展演变态势。

在具体介绍当时土地垦辟、整治和利用状况之前，首先需要说明几个基本事实：

其一，当时人与自然关系的基本状况是地广人稀、草莱广袤而人力不足。正因如此，诸侯国家努力增加人口，并招诱别国人口到本国开垦。例如，《左传·襄公十四年》载：晋惠公曾招诱遭秦人追逐的姜戎氏到晋国，以"不腆之田"与姜戎氏"剖分而食之"（实即垦荒）。[1]直到战国时期，劳动力不足的情况仍然存在，《商君书·徕民》说秦国"人不称土"，所以千方百计引诱三晋人民到秦国开垦土地；[2]《墨子·非攻》中篇仍说："今万乘之国，虚数于千，不胜而入；广衍数于万，不胜而辟，然则土地者，所有余也；王民者，所不足也。"又说："今天下好战之国，齐晋楚越，若使此四国者得意于天下，此皆十倍其国之众，而未能食其地也，是人不足而地有余也"。[3]

其二，耕垦工具依然简陋。根据《诗经》等文献记载和考古发现的实物资料，可知这个时代的垦荒工具主要是耒耜、钱、镈、铚、斧等，可能还有犁，基本上还都是木器、石器，很少用铜、铁等金属制造，其效率可想而知。

其三，草木畅茂的植被状况决定农业垦殖十分艰难。黄河中下游许多地方原野平旷，土层深厚，土质松软、肥沃，高大乔木较少，与长江中下游地区相比，垦殖相对容易，这是中原早期农业发展较快的重要原因之一。然而以极其简陋的工具开垦荆棘蒿莱丛生的广袤土地仍然是非常困难的。

其四，当时各种鸟兽种类众多、种群数量庞大影响土地垦殖经营。野生动物众多，从有利方面来说是为狩猎活动提供了丰富资源，不利方面是对作物种植造成了严重威胁。

其五，这个时期，中原地区部族（民族）关系复杂。主要从事农耕生产的华夏族，与以采捕和游牧作为主要生业的戎、狄、夷、蛮杂错而居，土地垦殖和农业发展常常引起部族战争冲突。事实上，这种领地争夺和生存竞争，反映了那时部族之间特殊的文化—生态关系。

那么，周代人民是如何应对上述种种问题，采用了怎样的方式努力垦辟草莱和经营土地呢？或者可以反过来询问：上述人口、土地、技术和民族关系状况如何影响周代的土地垦辟、整治和耕作方式？《诗经》的记诵为我们提供了相当丰富的历史信息。

在那个时代，垦荒的第一步是要清除树木灌丛和蒿莱野草。当时，人们将开荒称为垦辟草莱；荒地没有开垦称为草莱不辟。由于劳动力不足、工具简陋，垦荒需要集中较多的劳动力，甚至需要举族合力进行，前文所引《大雅·绵》

---

[1]（清）阮元校刻本：《十三经注疏》，中华书局，1980 年影印本，第 1956 页。

[2] 蒋礼鸿撰：《商君书锥指》，中华书局，1986 年，第 87 页。

[3]（清）孙诒让撰，孙启治点校：《墨子闲诂》（上册），中华书局，2001 年，第 132、第 145 页。

《大雅·皇矣》都反映了集体剪草伐树、垦辟草莱的情形，其他诗篇亦多有咏诵。例如《周颂·载芟》云："载芟载柞，其耕泽泽；千耦其耘，徂隰徂畛"；[1]《小雅·楚茨》云："楚楚者茨，言抽其棘；自昔何为，我蓺黍稷。"[2]此类情形在别的文献中亦常有记载，例如《左传·昭公十六年》载郑国子产云："……昔我先君桓公与商人皆出自周，庸次比耦以艾杀此地，斩之蓬、蒿、藜、藋而共处之。"[3]由于木、石工具锋利程度不够，"火耕"即放火烧荒、清除杂草灌丛仍然是普遍采用的一种方式，《大雅·棫朴》有"芃芃棫朴，薪之槱之"；《旱麓》有"瑟彼棫朴，民所燎矣"；《小雅·正月》有"燎之方杨，宁或灭之"[4]等，都可以证明。

当时围猎亦经常采用"火攻"，《郑风·大叔于田》形容"叔在薮"捕猎，是"火烈具举""火烈具扬""火烈具阜"，[5]场面颇为壮观。放火焚烧林薮草地，既获得了猎物，亦清除了杂草和丛林灌木，实际上是给垦荒作了前期准备，所以那时田猎与垦田常常是结合在一起。这种方式直到现代西南地区仍有所见。从《周礼》《礼记》的规定还可以看出，田猎是作物保护的重要措施之一。《周礼·夏官司马》记载四时田猎是"春搜""夏苗""秋狝""冬狩"，其中"夏苗"与作物保护关系最大。汉人解释说："王者诸侯所以田猎者何？为田除害，上以共宗庙，下以简集士众也。"[6]可见田猎的重要目标之一是"为田除害"、保护禾稼。[7]由于野生动物仍然很多，农作物所面临的主要生物危害来自鸟兽，其次才是螟蜮等有害昆虫，所以夏季田猎是驱除鸟兽之害、保证稼穑丰收的一项重要工作。

在劳动力缺少、耕垦工具落后而遍地荆棘草莱的情况下，土地整治和利用都不可能做得很精细。《诗经》时代的中原地区，虽然逐渐走出了夏、商、先周那种撂荒和游耕状态，但仍然必须实行土地休闲。那时，根据耕地生熟程度不同或者休闲—耕种之轮换年份，农田分别被称为菑、新、畬。《小雅·采芑》云：

---

[1]（清）阮元校刻本：《十三经注疏》，中华书局，1980年影印本，第601页。

[2]（清）阮元校刻本：《十三经注疏》，中华书局，1980年影印本，第467页。

[3]（清）阮元校刻本：《十三经注疏》，中华书局，1980年影印本，第2080页。

[4]（清）阮元校刻本：《十三经注疏》，中华书局，1980年影印本，第514、第516、第443页。

[5]（清）阮元校刻本：《十三经注疏》，中华书局，1980年影印本，第337-338页。

[6] 兹据（清）陈立撰，吴则虞点校：《白虎通疏证》（下册），中华书局，1994年，第590页。

[7] 所谓"夏苗"，就是《礼记·月令》所说的孟夏之月实行有限捕猎："驱兽毋害五谷，毋大田猎。"收入《十三经注疏》，中华书局，1980年影印（清）阮元校刻本，第1365页。

"薄言采芑，于彼新田，于此菑亩"；[1]《周颂·臣工》曰："嗟嗟保介，维莫（暮）之春，亦又何求，如何新畲"；[2]《周易·无妄·六二爻辞》亦谓："不耕获，不菑畬，则利有攸往。"[3]《尔雅·释地》解释说："田，一岁曰菑，二岁曰新田，三岁曰畬。"[4]学界关于它们的解释存在不同意见，一些农史学家认为："菑"是将休闲地上丛生的草木杀除，补充土壤肥力；土地休闲后重新耕种称为"新"或"新田"；耕种一年后土力舒缓柔和称为"畬"。菑、新、畬是一种以三年为一周期，一年休闲、两年耕种的农作制；另一些学者则认为：它们是新开垦荒地的不同阶段，还有的认为它们是土地撂荒复壮的三个阶段。[5]无论如何，它们反映土地还不能连年耕种，需通过休耕来恢复土壤肥力，土地利用率比较低，这是可以肯定的。

耕作粗放还反映在土地分授制度上。根据肥瘠程度不同，那时耕地被分为"不易之地""一易之地"和"再易之地"，分授面积相应不同。《周礼·地官·大司徒》云："不易之地，家百亩；一易之地，家二百亩，再易之地，家三百亩。""郑玄注"引"郑司农"曰："不易之地岁种之，地美，故家百亩；一易之地休一岁乃复种，地薄，故家二百亩；再易之地，休二岁乃复种，故家三百亩。"[6]《地官·遂人》称遂人"辨其野之土：上地、中地、下地，以颁田里。上地，夫一廛，田百亩，莱五十亩，余夫亦如之；中地，夫一廛，田百亩，莱百亩，余夫亦如之；下地，夫一廛，田百亩，莱二百亩，余夫亦如之。"郑注云："莱，谓休不耕者。"[7]这里的所谓"田""莱"分配制度，亦因"田"不能连续耕种，所以除100亩上、中、下正地之外，还要授予50~200亩不等的"莱"作为轮番休闲的土地。

土地不能连续耕种主要因为土壤肥力难以为继，必须通过休闲、使肥力得到自然恢复，这是一种古已有之的方式。不过，商朝已有人工施肥，周代应当继续有所发展，《诗经》没有直接记载，但《周礼》有"草人"专掌"土化之法"，称："草人掌土化之法以物地，相其宜而为之种。凡粪种，骍刚用牛，赤缇用羊，

---

[1]（清）阮元校刻本：《十三经注疏》，中华书局，1980年影印本，第425页。

[2]（清）阮元校刻本：《十三经注疏》，中华书局，1980年影印本，第591页。

[3]（清）阮元校刻本：《十三经注疏》，中华书局，1980年影印本，第39页。

[4]（清）阮元校刻本：《十三经注疏》，中华书局，1980年影印本，第2616页。

[5]参见梁家勉主编：《中国农业科学技术史稿》，农业出版社，1989年，第59-60页。

[6]（清）阮元校刻本：《十三经注疏》，中华书局，1980年影印本，第705页。

[7]（清）阮元校刻本：《十三经注疏》，中华书局，1980年影印本，第740页。

坟壤用麋，渴泽用鹿，咸潟用貆，勃壤用狐，埴垆用豕，强坚用蕡。轻爂用犬。"[1]不论实施情况怎样，"土化之法"是针对不同土壤特性施以不同的动物粪便，反映了一种因地制宜的土壤改良先进理念。施用的粪肥不仅来自牛、羊、豕、犬等家畜，还来自麋、鹿、貆、狐等野生动物。前者很好理解，亦可实施；后者做起来就不那么容易了。不过，当时野生动物众多，《周礼》的说法应非完全是异想天开。

《诗经》和其他文献记载都反映：周代在土地开发利用方面仍然取得了一些显著进步，主要表现在以下方面：

其一，农田区域得到显著扩展。西周初立时中原地区到处是空旷的荒野，随着各个诸侯国家人口逐渐有所增长，土地垦殖规模相应扩大，开辟了许多新田。例如晋国新开垦的"新田"地区自然环境优越，晋人便将国都迁往此地。《左传·成公六年》有一条材料详细而且生动，不仅说明了新垦农区的意义，还反映了国家建立都城如何考虑自然环境因素。其称：

晋人谋去故绛。诸大夫皆曰："必居郇瑕氏之地，沃饶而近盐，国利君乐，不可失也。"韩献子将新中军，且为仆大夫。公揖而入。献子从。公立于寝庭，谓献子曰："何如？"对曰："不可。郇瑕氏土薄水浅，其恶易觏。易觏则民愁，民愁则垫隘，于是乎有沉溺重腿之疾。不如新田，土厚水深，居之不疾，有汾、浍以流其恶，且民从教，十世之利也。夫山、泽、林、盐，国之宝也。国饶，则民骄佚。近宝，公室乃贫，不可谓乐。"公说，从之。夏四月丁丑，晋迁于新田。[2]

从这条记载可知：晋国在谋划离开故绛营建新居之时，存在两种不同的意见："诸大夫"认为"郇瑕氏之地"近盐池之利，对国家和国君有利；而韩献子则认为那个地方土薄水浅，易遭盐碱之害（"恶"，通"垩"，即白色的盐碱土），使人民愁苦羸弱，易患沉溺重腿之疾，而"新田"一带土厚水深，河流畅利，才是宜居之地。两种意见乃是基于两种不同的考虑：前者看重自然资源（盐利），后者则主要考虑水质和土质对民众健康的影响。不论哪种意见，对环境因素的考虑都是显而易见的。最后，晋国还是选择了"新田"。

[1]（清）阮元校刻本：《十三经注疏》，中华书局，1980 年影印本，第 746 页。
[2]（清）阮元校刻本：《十三经注疏》，中华书局，1980 年影印本，第 1902-1903 页。

由于农田垦殖不断发展，那些自然环境优越、最容易开垦的地方相继被开垦，优质的土地资源逐渐变得紧张。进入春秋以后，王室日渐衰微，对诸侯国家失去了有效控制，诸国之间及其内部不断发生"夺田"事件，或以田地作为贿赂互相交换政治与外交利益，《左传》多有记载。例如，鲁隐公五年，"宋人取邾田"，邾人向郑国告状请求帮忙伐宋（《十三经注疏》，第1728页。下面皆为该书的页码）；鲁桓公二年，"哀侯侵陉庭之田"（1744页）；鲁僖公二十八年，晋国应宋国请求，攻伐亲近楚国的曹国和卫国，"分曹、卫之田以畀宋人"（1824页），鲁国也分得了一杯羹，于三十一年"取济西田"，"分曹地，自洮以南，东傅于济，尽曹地也"（1831页）；鲁成公四年，"郑公孙申帅师疆许田，许人败诸展陂。郑伯伐许，取鉏任、泠敦之田"（1901页）；鲁成公十六年，楚国派人"以汝阴之田求成于郑"，郑国因此背弃晋国而与楚结盟（1917页）；鲁成公十七年，晋国郤锜"夺夷阳五田"，而"郤犫与长鱼矫争田，执而梏之，与其父母妻子同一辕"（1922页）；鲁哀公二年，"季孙斯、叔孙州仇、仲孙何忌帅师伐邾，取漷东田及沂西田"（2155页）。争夺田地有时甚至还发生在周王与诸侯及其臣属之间，鲁隐公十一年，周"王取邬、刘、功蒍、邘之田于郑，而与郑人苏忿生之田温、原、絺、樊、隰郕、攒茅、向、盟、州、陉、隤、怀"（1737页），周室和郑国之间因此产生了隔阂；鲁成公十一年，"晋郤至与周争鄇田"（1909页），周王派刘康公和单襄公到晋国去争讼。郤至认为温是他祖上的故地，不能丢；周王使臣则以历史事实验斥郤至的说法，最后晋侯让郤至不要与周王争夺。

在"国际关系"缓和之时，先前被侵占的田地可能归还原主，有时是在强国盟主的主持之下归还。例如，鲁宣公元年，"齐人取济西之田"，到了宣公十年，"齐侯以我服故，归济西之田。"（1875页）；鲁定公十年，"齐人来归郓、欢、龟阴之田"（2147页），必是先前被夺走的。有时一个地方的田地反复易主，例如汶阳之田应是一片肥沃良田，原属鲁国，曾被齐国所夺，鲁成公二年，"晋师及齐国佐盟于爰娄，（晋）使齐人归我汶阳之田"（1896页），次年鲁国君亲赴晋国表示感谢；然而鲁成公二年，"叔孙侨如围棘，取汶阳之田"（1900页）；到了鲁成公八年，晋国又派韩穿到鲁国讨论汶阳之田的归属问题，要求"归之于齐"（1904页）。季文子为韩穿饯行时指出：晋国这样反复无常，会失去作为盟主的信义。

夺田事件频繁发生意味着田地愈来愈重要，虽然春秋时期总体上还是人少地多，但在自然条件最优越地区已经开垦的膏腴良田毕竟有限，因此成为不断争夺的对象。这种土地争夺，与以往不同部族之间争夺领地性质是不同的。同时，频繁的夺田事件亦反映诸侯国家之间愈来愈是连境接壤，空荒地带越来越少，这正是农业垦殖不断发展的结果。

这个时代，土地开发和农田垦殖的发展，一直伴随着"诸夏"与夷狄民族如西戎、诸狄、猃狁、荆蛮、淮夷、荆舒等之间的战争，这实际上是两种不同生产方式之间的竞争。《诗经》《左传》等文献中的许多材料证明：两者之间的矛盾相当尖锐，战争频繁，周朝和诸夏各诸侯国家不断受到异族侵扰，有的诸侯国因此败亡，周王室亦因犬戎攻掠被迫东迁；反过来，诸夏也不断攻伐夷狄而掠取其地；到了春秋时期，夷夏冲突更加激烈，诸侯争霸以"尊王攘夷"相号召，正说明了夷夏矛盾的尖锐性。竞争的结果是：那些不以农耕为主业的民族或者部族，有的被驱离了中原，另谋生存空间，有的则被征服、逐渐消融于华夏族之中，最终，中原成为农田弥望的单一农耕民族区域，坚持其他生计模式的胡狄蛮夷则向南北边裔退却。有些问题，后面还将不时有所讨论。

其二，这个时期国家开始对土地自然资源实施宏观规划和管理。《周礼》记载：周朝设置了众多"地官"分掌与土地相关的各种事务，大司徒是统领"地政"的首脑。该书云：

> 大司徒之职，掌建邦之土地之图与其人民之数，以佐王安扰邦国。以天下土地之图，周知九州之地域广轮之数，辨其山林、川泽、丘陵、坟衍原隰之名物。而辨其邦国、都鄙之数，制其畿疆而沟封之，设其社稷之壝，而树之田主，各以其野之所宜木，遂以名其社与其野。以土会之法，辨五地之物生：一曰山林，其动物宜毛物，其植物宜早物，其民毛而方。二曰川泽，其动物宜鳞物，其植物宜膏物，其民黑而津。三曰丘陵，其动物宜羽物，其植物宜核物，其民专而长。四曰坟衍，其动物宜介物，其植物宜荚物，其民皙而瘠。五曰原隰，其动物宜臝物，其植物宜丛物，其民丰肉而庳。……以土宜之法辨十有二土之名物，以相民宅而知其利害，以阜人民，以蕃鸟兽，以毓草木，以任土事。辨十有二壤之物而知其种，以教稼穑树艺。以土均之法辨五物九等，制天下之地征，以作民职，以令地贡，以敛财赋，以均齐天下之政。[1]

---

[1]（清）阮元校刻本：《十三经注疏》，中华书局，1980 年影印本，第 702-704 页。

　　《周礼》是由后人完成的一种理想化制度建构，未必都符合周代实际，但《左传》等书的记载可以证明那时诸侯国家确实已经开始对土地资源进行系统规划管理。楚国是南方蛮国，并不属于诸夏，发展相对滞后，但春秋时期同样开始实施了宏观规划管理。《左传·襄公二十五年》记载："楚蒍掩为司马，子木使庀赋，数甲兵。甲午，蒍掩书土田，度山林，鸠薮泽，辨京陵，表淳卤，数疆潦，规偃猪，町原防，牧隰皋，井衍沃。量入修赋，赋车，籍马，赋车兵、徒卒、甲楯之数。既成，以授子木，礼也。"[1]其他诸侯皆有类似行动。

　　具体到农田规划管理，《诗经》时代，道路与沟、洫、川、遂系统不断完善。《周礼·遂人》称："遂人掌邦之野……凡治野，夫间有遂，遂上有径，十夫有沟，沟上有畛，百夫有洫，洫上有涂，千夫有浍，浍上有道，万夫有川，川上有路，以达于畿。"水田稻作的土地规划和整治，发展水利至为关键，故《稻人》云："稻人掌稼下地，以潴畜水，以防止水，以沟荡水，以遂均水，以列舍水，以浍写水，以涉扬其芟，作田。"[2]需要特别指出的是，春秋时期，大型水利建设已经起步，楚国相孙叔敖主持建造芍陂是众所习知的故事，不必多言。

　　由于地形、水文等方面的原因，上述模式化的制度设计难以照模照样地真正实现，但阡陌纵横、沟洫贯通的大型农田生态景观正在逐步形成乃是不争的事实，有学者径直将当时的农业称为"沟洫农业"，不论《诗经》还是《左传》，都有不少关于疆理田土、开通沟洫的记载。[3]不过，那时的中原，特别是华北平原多是下湿沮洳之地，农业生产的主要问题并非缺水，而是水渍和盐碱严重，所以沟洫不仅是灌溉需要，在更多情况下乃是排渍和洗卤的需要。

　　其三，微观的土地整治和生产规划亦逐渐形成了较为先进的技术方法，其中包括"垄作法"和对不同土地所宜作物之具体安排等，《诗经》亦有很多吟咏，有一个专门词汇叫作"南亩"，就反映了田地上垄、沟有序的田面整治和耕种情况。《周颂·载芟》云："有略其耜，俶载南亩，播厥百谷"；[4]《周颂·良耜》云："畟畟良耜，俶载南亩"；[5]《小雅·甫田》云："今适南亩，或耘或耔"；[6]

[1]（清）阮元校刻本：《十三经注疏》，中华书局，1980年影印本，第1985-1986页。
[2]（清）阮元校刻本：《十三经注疏》，中华书局，1980年影印本，第740-741、746页。
[3] 李根蟠：《先秦时代的沟洫农业》，《中国经济史研究》1986年第1期，第1-11页。
[4]（清）阮元校刻本：《十三经注疏》，中华书局，1980年影印本，第602页。
[5]（清）阮元校刻本：《十三经注疏》，中华书局，1980年影印本，第602页。
[6]（清）阮元校刻本：《十三经注疏》，中华书局，1980年影印本，第473页。

《小雅·大田》云："以我覃耜，俶载南亩"[1]；其他诗篇中亦不时提到"南东其亩""衡纵其亩"等。这些都证明那时农民对小块土地进行有计划、有规则的整治和耕作。人们根据不同作物和土壤特性，对土地耕种进行合理安排，"疆场有瓜""丘中有麻""丘中有麦"，还有专门的园圃经营。所有这些，无疑都是综合当时自然条件、环境特点、人力状况和工具技术而采取的土地开垦、整治和耕种方式，既反映那个社会历史条件下人们为了谋取生存资料而适应不同环境、开发利用土地资源的努力，亦表明时人对各种自然环境因素的认识进一步有所加深，经验知识更加丰富。

已经开垦的土地，是在怎样的一种经济制度下经营利用？

众多研究成果表明：周代的主要经济形态是封建领主制经济。在各级封建领主所属的封地内，已经耕垦的土地被划分为"公田"和"私田"。"公田"是领主自有的土地，"私田"则是分授给农民的土地。依附于封邑土地上的庶民百姓从封建领主那里获得名义上的"私田"，耕耘播殖，获得自家必需的生活资料；以集体服役形式耕种领主的"公田"，收获物归领主们所有，这实际上是一个劳役地租方式。此外农民还必须为领主承担杂役，向他们提供各种贡物。正是这种逐级分授的土地占有关系和形式，决定了周代封建领主和附属庶民之间人身上的支配与依附、经济上的剥削与被剥削关系，形成贵族与庶民两个阶级。

贵族所需食物、衣料及其他生活资料，一部分来自下级贵族和庶民的贡纳，大部分来自"公田"（王室则来自"藉田"）收入。正因如此，贵族对"公田"上的农业生产非常关心，对服役农民实行严厉监督和管制。王室有司土、甸人之类专管藉田经营的家臣，贵族则除了自己亲自监督外，由"田畯"之类家臣监管农业生产的每个环节。除农田经营外，王室和贵族通常都有家族手工业经营，生产所需衣服、日常用具、彝器、车马装置、兵器以及各类奢侈消费品，从事手工业生产的是"百工"之类手工业奴隶。

春秋时期，分封制度逐渐遭到破坏，领主经济相应发生变化。首先，作为低级贵族的士特别是士的中下层，名义上仍保留着贵族身份，实际上已经难以获得封邑土地，无法像过去那样从"公田"上获得经济收入；其次，随着农村公社组织逐渐瓦解和贵族阶级内部利益冲突日趋激烈，大量农民因不堪剥削和

---

[1]（清）阮元校刻本：《十三经注疏》，中华书局，1980年影印本，第476页。

受到招诱，逃离原来领主的封邑另投新主，尚未逃亡的农民对"公田"生产亦越来越消极，导致"公田"大量荒芜，仍然拥有封邑土地的国君、卿、大夫、士亦因难以获得足够经济收入，被迫改变劳役地租的剥削方式。春秋中期以后，各国相继推行了按亩征税的政策，向农民征取实物，以保证经济收入来源。如此一来，领主的经济收入逐渐不再出自"公田"上的收获物，而是来自实物租税；那些失去封邑、土地很少的中下层士人，一部分不得不亲自从事农业生产，成为自食其力的农民；另一部分则到国君、卿、大夫家中担任家臣，从主子那里获得俸禄。

关于周代"私田"与"公田"的划分和生产经营方式，孟子曾经设想过一种"井田制"模式。《孟子·滕文公上》云："方里而井，井九百亩，其中为公田。八家皆私百亩，同养公田。公事毕，然后敢治私事，所以别野人也。"[1]周代是否实行过孟子所设想的这种土地分配和经营方式，史学界长期争论不休，最终未能取得一致意见。我们认为：孟子的设想虽然过分理想化，但并非完全凭空捏造。首先，他指出周代土地分为"公田"和"私田"；其次，他指出"私田"由各个农民家庭分别经营，"公田"则为"同养"即集体共耕；其三，孟子虽未明说，但事实上已经暗示："公田"收入不归农民所有。这些情况，在《诗经》以及其他文献记载中都可以找到一定证据。

但是，即便在华北平原地区，要做到像孟子所说的那样整齐划一的公、私田划分也是绝不可能的。他说一家占有、耕种土地"百亩"，先秦其他文献也有类似说法，但不同地区人口有众寡、土地有肥瘠、地形有起伏，"百亩之田"绝不可能固定不变，而是一个虚拟的"标准"数字。相比而言，前引《周礼·地官·司徒》称遂人"掌邦之野，……辨其野之土：上地，中地，下地，以颁田里。上地，夫一廛，田百亩，莱五十亩，余夫亦如之。中地，夫一廛，田百亩，莱百亩，余夫亦如之。下地，夫一廛，田百亩，莱二百亩，余夫亦如之。"可能更加接近实际情况。如果这个规定确实是周制，则那时每个农民家庭占有耕地多少是依据家中的男性劳动力的多少和土地的肥瘠程度两个方面来确定的；如果固定以"百亩之田"授赐农民，则是将肥瘠不同的上、中、下等土地，分授给人口数量不同的家庭耕种，即所谓"上地家七人，可任也者，家三人；中地

---

[1]（清）阮元校刻本：《十三经注疏》，中华书局，1980 年影印本，第 2703 页。

家六人，可任也者，二家五人；下地家五人，可任也者，家二人"。[1]

关于农民集体共耕"公田"的情景，《诗经》时以"十千维耦""千耦其耘"来形容。[2]对于耕种"公田"的农民，领主或供以食物，《小雅·甫田》云："俾彼甫田，岁取十千，我取其陈，食我农人。自古有年。"[3]应即指此而言。此外，"公田"生产是受到领主及其家臣严密监视的，如果农民耕治用心、作物长势良好，领主就会高兴；反之，耕种不善、收获不丰，领主就要恼怒，故《甫田》又云："今适南亩，或耘或籽，黍稷薿薿，攸介攸止，烝我髦士。……曾孙来止，以其妇子，馌彼南亩，田畯至喜……禾易长亩，终善且有，曾孙不怒，农夫克敏"。[4]《周颂·良耜》亦是描绘集体耕种的诗篇，咏诵了农家耕地、播种、耘锄到收获的全过程，最后取得了大丰收，百姓生活安宁。诗云："获之挃挃，积之栗栗。其崇如墉，其比如栉。以开百室，百室盈止，妇子宁止。"[5]其中的农业生产显然是集体进行，劳动产品亦为家族成员（或农村公社成员）集体共享，与"公田"收入上交给领主的情形似乎有所不同。

至于"私田"经营，我们推测：西周前期至后期情况逐渐发生了变化：前期可能多在家族（或大家庭）组织下进行，但以小家庭为单位从事耕作乃是一种发展趋势；从西周晚期开始，小家庭经营开展出现，至春秋以后更加明显。《豳风·七月》可能反映了小家庭经营的情况，而《小雅·大田》不仅提到"公田"和"私田"，同时还提到收获之后要留下一些"稚谷""遗秉""滞穗"之类为"寡妇之利"，这固然反映家族或宗族对没有壮男劳力的家庭有某种照顾，同时亦反映不同家庭经济利益是彼此分开的，寡妇不能与家族中的其他小家庭经济共享。正是因为如此，《唐风·鸨羽》记载一位在远方服役的男子，因劳役无休无止、不能回家种植黍稷，非常担心父母遭饥饿之苦。[6]在大家族生产中，劳动力较多，生产活动不会因一两名男子服役而受到太大影响，生活资料由所有家庭成员共同享有，亦不致出现老人挨饿的情况。

农业生产组织方式及其变化，毋庸置疑与生产力水平有着直接关系。考古

---

[1]《周礼·地官·小司徒》，收入《十三经注疏》，中华书局，1980年影印（清）阮元校刻本，第711页。

[2] 分别见于《诗经·周颂》之《噫嘻》、《载芟》。关于这些语句，特别是"耦"的解释，说者意见不一。我们认为：它们固然反映一般农业生产的盛况，但应是描述众多劳动者集体耕作的景象。

[3]（清）阮元校刻本：《十三经注疏》，中华书局，1980年影印本，第473页。

[4]（清）阮元校刻本：《十三经注疏》，中华书局，1980年影印本，第473-475页。

[5]（清）阮元校刻本：《十三经注疏》，中华书局，1980年影印本，第602-603页。

[6] 按：以上三篇均作于西周晚期以后至春秋前期。

材料证明：西周时期农业生产工具与商代相比并无太大变化，主要农具仍是石器、骨器、蚌器和木器，青铜农具虽有发现，但数量极少。因之，那时由单个农夫农妇组成的小家庭尚难以独立地开展艰苦的土地耕垦，而必须通过集体劳作——耦耕的方式进行。春秋时期开始出现铁器和牛耕，但尚未推广普及，生产工具的总体水平改进不大。但《诗经》的咏颂以及其他文献记载反映：此时的农业生产知识、耕作方法特别是作物品种等都较以前有相当明显进步，[1]这些进步无疑在一定程度上提高了农业产量和稳定性，小型家庭对农村公社或家族组织的依赖程度因而逐渐降低，这就为日后小农家庭生产的发展提供了技术条件。

三、《诗经》时代的生态认知和环境意识

前文尝言：因有《诗经》，周朝成为第一个以"诗的语言"描绘自然环境和抒发自然情感的时代，将它誉为古老中国的第一部环境史诗，绝非夸张之辞。按照美国学者唐纳德·沃斯特所划分的环境史的三个层面，[2]这部古老诗集不仅描绘了西周至春秋时期中原自然环境的基本面貌，呈现了在那个自然生态条件之下所建立起来的社会经济系统，包括资源利用、生产组织、经济制度和工具技术面貌，更记录了当时社会对自然环境的丰富感知，包括关于各种自然事物和现象的经验知识、观念信仰、审美意象和自然情感，我们姑且概称为《诗经》时代的"生态认知系统"。[3]

1. 关于"生态认知系统"

为了充分认识《诗经》作为中国第一部环境史诗的特殊地位，下面首先对"生态认知系统"的意义和内涵稍做解释。

众所周知，任何生物都有自己的生境，从中获得能量、营养以及其他维持生命的物质资源，人类也不例外。与一般生物相比，人类拥有一种特殊本领，

---

[1] 有关方面的进步，可集中参阅中国农业科学院、南京农学院中国农业遗产研究室编著：《中国农学史》（上册），第二章，科学出版社，1959年。

[2] 沃斯特认为：环境史研究三个层面的历史问题，即：自然环境本身、社会经济模式以及思想文化（概念、意识形态和价值观）。唐纳德·沃斯特著，侯文蕙译：《环境史研究的三个层面》，《世界历史》2011年第4期，第96-107页。

[3] 王利华：《"生态认知系统"的概念及其环境史学意义——兼议中国环境史上的生态认知方式》，《鄱阳湖学刊》2010年第5期，第40-49页。

这就是创造、运用、学习和传承文化的能力。在漫长的生命历程中，人类不仅学会了制造和改进工具，而且通过不同方式赋予自然界以价值和意义，形成了关于生态环境的可以不断学习、传承和演绎的象征符号系统，是即我所谓的"生态认知系统"。它在人类不断适应自然环境、谋求生存和发展的历史实践中逐渐创造和发展，反过来又制约乃至支配着人们的环境行为，进而对自然环境造成影响，从而构成生态环境变迁的"文化驱动力"。

"生态认知"，用文学化的语言来表述，是人类与自然之间的心灵对话，这是一种与众多自然因素和社会因素紧密相连的复杂精神活动。人类认知生态环境的目的主要包括三个方面：一是认识那些对自己有用、有利的事物，作为生存、发展的资源和条件；二是认识那些对自己有害的事物，防范其可能造成的灾祸。伊懋可指出：包括气候、岩石、矿物、土壤、水、树和植物、动物和鸟类、昆虫以及差不多所有一切的基础——微生物在内的各种事物，"都以不同方式，互为至关重要的朋友，又常常互为致命的敌人。"[1]不断认识它们，乃是为了趋利避害；第三个方面历史学者比较陌生而文学史家非常注重——对大自然的"美"的认知，它直接关涉人们对自然环境的态度和情感，同样值得环境史家重视。

在人与自然关系演变史上，随着人类与自然世界的交往不断广泛和深入，生态认知对象不断扩大，认知水平不断提高，关于各种自然事物和现象的观念、意识和态度，随着历史条件的改变而不断发生变化，认知方式（或模式）却具有相对稳定性。在近代科学传入前，中国社会（主要指汉族社会）对自然生态环境的认知，大体可以归纳为四种基本方式，即实用理性认知、神话宗教认知、道德伦理认知和诗性审美认知。这四种认知方式，牵涉经济、社会、政治、科技、宗教、民俗和审美等众多方面，而历史源头无一例外都可追溯到《诗经》。

所谓"实用理性认知"，是关于自然环境及其万事万物的客观、理性认识，也是人们为了生产和生活需要与自然环境打交道的主要认识方式和知识基础。人类认识自然世界，毫无疑问首先是为了解决基本生存问题，认识和了解周遭环境中的各种事物，首先是想知道它们能否能够满足自己的食、衣、住、行以及其他需要。人类对许多事物（特别是食物）的认知和了解，早在文化发生之前就已经开始，凭着动物本能，类人猿就知道了大自然中许多可以食用的动植

---

[1] Mark Elvin，The Retreat of the Elephants：An Environmental History of China，New Haven and London：Yale University Press，2004，p.ⅩⅩ．

物；后来虽然发明了各种人工技术方法从事生产，但仍须知道哪些事物可供生产和生活利用，而且需要了解得更加广泛和深入。古人了解自然事物的方式，由本能感知到经验直觉、再到分析演绎，不断趋于理性；由简单到复杂、由直接而间接，不断向前进步。中国古代有一个专门用于概括如何认识各种事物（现象）的词语，这就是"格物"。由于汉语词汇运用的灵活性和模糊性，古人对"格物"一词的解释并不完全相同，但大体上可以概括为探究事物的本末、性质和原理。通过认真探究获得关于事物的正确认识，就是儒家所谓的"格物致知"。[1]中国古代自然科学大体可归入"格物"之学，故此在近代西方科学传入之初，知识界的代表人物如薛福成、丁韪良、严复等，皆以中国固有的"格物"来理解新传入的自然科学。古人认识自然界以及其中的各种事物，产生了不同层次的概念，具体事物有"物理"、有"物性"，有"形"、有"质"、有"气脉"；整体变化规律有所谓"道"，"道理"，最高的道理是"自然之道""天地大道"，或作"天理""天道"等。对各种"道""理"的应机运用，则产生了各种各样的法、术、技、艺，都是服务于实用目的，用以满足现实需要和解决实际问题。在这些方面，先民给我们留下了非常丰富的遗产，突出体现在大量农学、地学、医学、博物（名物、方物）学和物候、历法学著作之中。它们的文献源头，一概都可以追溯到中国最早的诗歌总集——《诗经》。

其次是"神话宗教认知"。多个领域的研究都表明：在历史上的各个民族文化之中，神话与宗教都曾是认识和理解自然界的重要方式，在远古时代更是主要方式；中国也不例外。中国古人并未创造出像上帝和真主那样超越一切之上的支配神，但神灵却是无处不在：大到天地日月、山川河流，小到蛇虫蝼蚁、一草一木，万事万物皆有神性或灵性，并且都能对人的生命活动施加不同影响。

---

[1]"格物致知"在儒家认识论中是一个非常重要的概念，也是儒家修身的一个重要要求，最早出自《礼记·大学》，称："……欲诚其意者，先致其知，致知在格物，物格而后知至……"（见《十三经注疏》，第1673页。）后代儒家不断进行诠释、演绎，如宋代朱熹赞同程颐"穷尽事物之理"的思想，对"格物"进行了反复详细的讨论，留下了大量的相关言论，其中不少涉及对自然事物的态度。《朱子语类》卷十五云："……上而无极、太极，下而至于一草、一木、一昆虫之微，亦各有理。"又云："盖天下之事，皆谓之物，而物之所在，莫不有理。且如草木禽兽，虽是至微至贱，亦皆有理。如所谓'仲夏斩阳木，仲冬斩阴木'，自家知得这个道理，处之而各得其当便是。且如鸟兽之情，莫不好生而恶杀，自家知得恁地，便须见其生不忍见其死，闻其声不忍食其肉'方是。要之，今且自近以及远，由粗以至精。"问"格物须合内外始得？"曰："他内外未尝不合。自家知得物之理如此，则因其理之自然而应之，便见合内外之理。目前事事物物，皆有至理，如一草、一木，一禽一兽，皆有理。草木春生秋杀，好生恶死。仲夏斩阳木，仲冬斩阴木，皆是顺阴阳道理。自家知得万物均气同体，'见生不忍见死，闻声不忍食肉'，非其时不伐一木，不杀一兽，'不杀胎，不夭夭，不覆巢'，此便是合内外之理"。据（宋）黎靖德编，王星贤点校：《朱子语类》，中华书局，1988年，第295-296页。

这些具有神性或灵性的事物时刻存在于人们周围，对于它们，人类或畏惧，或感激，或以为敌，或以为友。在某种程度上，这近乎人类学家所谓的"万物有灵论"。基于神灵观念，中国古人在认知和处理与自然之间的关系时，创造了许多独特的文化现象，它们既广泛存在于普通民众的日常生产、生活习俗之中，亦反映在国家统治思想和政治运作之中（例如基于自然灾害事实、君权神授观而产生的"惩戒说"，就对古代政治产生了很大影响）。通过神话和宗教，人们对各种自然事物（特别是超出经验知识之外的事物）做出解释，并且以或屈从，或控制的态度，采用林林总总的祭祀、巫术、禁咒、禳镇仪式与方法，与具有神性的自然事物打交道，从而构成了人与自然关系史的另一面相：有时是人神共娱、和谐互利，有时则是激烈的矛盾与对抗；有些反映了人们对自然的敬畏和尊重，然而也有不少反映了人们对自然界某些事物的厌恶和蔑视，历史情形十分复杂零乱，许多观念和态度因时、因地、因人、因事而异，常常互相矛盾，彼此扞格，很难一言以蔽之。《诗经》时代的华夏民族已经走出蒙昧阶段，原始图腾的形象已然模糊不清，然而基于政治需要的各种祭祀，活动频繁，仪式隆重，使古老的神灵信仰以新的方式继续传承，众多神灵依然或明或暗地出现于《诗经》的咏诵并且传之后世。

　　再次是"道德伦理认知"。在中国传统时代，将自然现象与社会现象进行交互阐释，是相当普遍的一种认知方式。在这种认知方式下，人们常常用自然现象来阐述社会道德伦理问题，同时又对许多自然现象进行伦理道德的解释，所以这里特别将其列为一种对生态环境的认知方式。[1]在环境史研究兴起之前，研究古代社会史、思想史、文学史的学者就或多或少地察觉到：中国古代思想解释体系和情感表达方式具有强烈的"自然主义"倾向。从极古老的时代开始，人们就借用自然现象来解释"人事"（包括人际关系、社会秩序、行为准则等），通常的做法是采用"取象比类"的方式，使抽象观念具体化、有形化，从而用自然证明"人事"符合天地之道因而具有合法性、劝诫性：取象说善，则谓理

---

[1] 这里所谓的"道德伦理认知"，与当代生态伦理学、环境伦理学的"生态道德""环境伦理"等，具有不少共同的历史内容，但并非同一码事。生态伦理学和环境伦理学从道德伦理角度强调对大自然的敬畏、对其他物种生命价值的尊重，积极保护生态环境，实现人与自然关系的永久和谐，自然具有深厚的历史积淀和文化内涵，目前国内学者所发表的诸多论著，不少素材来源于传统社会对生态环境和自然事物的"道德伦理"阐释和自然思想主张。但这里更强调的是其作为一种独特认知方式的环境史意义，想了解古人是如何运用社会道德伦理的观念和话语来解释大自然中的许多事物和现象，以及反过来，人们又如何借助于自然事物和自然现象来阐释社会道德准则和伦理规范。

当如此；取象论恶，则谓人当戒之；或者从相反的方面来说：禽兽尚能如此，况乃人乎！站在环境史的角度，不仅需要关注传统时代对"社会的自然解释"，而且需要考察对"自然的社会解释"。在中国传统时代，人们对于众多自然现象和事物，往往是通过比附于社会现象、采用社会的善恶标志来予以解释和说明，从而赋予各种自然事物和现象以不同的文化象征意义。正是在这种自然—社会双向阐释与交互渗透的过程中，大自然逐渐进入了我们的文化，成为中国文化系统中充满了自然生命气息的鲜活元素。当然，这种双向阐释与交互渗透的生态—文化机制十分复杂，贯通于传统社会文化的各个层面——从最弘廓、最抽象的天地道德（如"天地之大德曰生""与天地合德"），到具体动植物所体现之品德（如竹子），都值得从环境史的角度进行再做探研和诠释。

最后是关于环境的"诗性审美认知"。人类系统与自然系统的互动固然首先表现为物质能量交换和流动，但生态环境之于人类生存的意义并不仅仅局限于物质能量方面，它不仅仅是人类的物质仓库，而且是人类的精神家园。大自然中万类竞生、变幻无穷的生态景观，不断给人们造成感观上的刺激，引起心理和精神上的感应、共鸣和变化。人们在用双手向自然环境索取物质资料的同时，还用心灵感知自然界的神奇和变幻，并产生美丑、喜忧、好恶、爱恨……不同感情，通过各种文学艺术形式予以表现。在这一过程中，人们既从客观的自然环境中获得了"美"的感受，亦将自己主观的情感投注到自然界，借助于自然事物和现象表达自己难以言状的复杂感情。虽然这个方面的研究一向是文学艺术史和美学史家更加擅长，但"诗性审美认知"密切关联着人们对环境的情感与态度，其在历史进程之中的变化不仅是环境行为及其结果的一部分，而且是进一步影响环境行为，乃至影响环境本身的一个重要因素，因此应当受到环境史研究者的高度重视。我们开展这方面研究需要借助的第一份重要历史资料，非《诗经》莫属。

2. 《诗经》的自然知识体系

《诗经》是古人言志抒情的作品，不论以近现代科学还是以古代格致之学的观点来看，它都不是一部实用知识专书。然而其中所蕴含自然知识之丰富程度令人讶异，不仅代表了那个时代的环境生态认知水平，而且在许多方面都具有元典性和发生学意义。

《诗经》记咏众多自然事物和现象，无疑都是为了言志抒情，诗人或美或刺，或爱或怨，或悲或喜，或思或忧，所表达的思想情感很复杂，都是借助于他们用心挑选的事物。各种事物出现在不同诗章，虽然各有缘由，但具有很大的随机性，并非分门别类的知识编排。

以今天眼光来看，诗歌对于自然事物，具有显著不同于科学的表达方式。然而，在中国古代，"科学的表达方式"似乎也是源于《诗经》。古人指《诗经》有"六义"："风""雅""颂""赋""比""兴"。前三者是三种不同的体裁，原本抑或是民间、朝堂和宗庙三种不同场合不同乐调的分类；后三者则是诗的不同的表现手法，众多自然事物和现象正是通过这三种表现手法进入了诗句。关于"赋""比""兴"，古人做过很多解释，均未若朱熹《诗集传》说得明白。他说："兴者，先言他物以引起所咏之词也"；"赋者，敷陈其事而直言之者也"；"比者，以彼物比此物也。"[1]简单地说，"赋"是直接铺陈和言说事物，"比"是用具体的比喻来表达抽象和陌生的东西，"兴"则是先言他物引起"话题"。古人关于"比""兴"之义论说甚多，而刘勰《文心雕龙》尤详，为后世所宗。[2]明代人胡维霖援引其说，对"比"尤其重视，云：

毛公述传，独标兴体，岂不以比显而兴隐哉？故比者，附也；兴者，起也；附理者，切类以指事；起情者，依微以拟议。起情，故兴体以立；附理，故比例以生。观夫兴之托谕，婉而成章，称名也小，取类也大，《关雎》《尸鸠》是也。何谓比？金、锡、圭璋、螟蛉、蜩螗、浣衣、卷席，凡斯切象，皆比义也。炎汉虽盛，而辞人夸毗，兴义销亡，于是赋颂先鸣，比体云构。夫比之为义，或喻于声，或方于貌，或拟于心，或譬于事。日用乎比，月忘乎兴，习小而忘大，所以文谢于周人也。至班、张之伦，曹、刘以下，图壮山川，影写云物，莫不纤综比义，以敷其华，比义虽繁以切，至为贵。[3]

无论采用哪种方法，人们都是利用其所熟悉的周围环境中的事物，特别是动植物来述说"人"的事情——特别是人的那些抽象的观念和情感，在不经意之中透露了他们的环境知识，包括天象、山川、土地和草木鸟兽虫鱼的丰富知

---

[1] （宋）朱熹：《诗集传》卷1《国风一》。据《四部丛刊》三编影印宋本。
[2] 刘勰"比"、"兴"之论见《文心雕龙》卷8，《比兴第三十六》，可参见黄叔琳注，季详补注，杨明照校注拾遗：《增订文心雕龙校注》，中华书局，2000年，第456-457页。
[3] （明）胡维霖：《胡维霖集·墨池浪语诗谱》卷1《比兴》。明代崇祯年间刻本。

识。《诗经》虽非古代名物学、博物学、农学、地学和本草学典籍，更非现代自然科学著作，却蕴藏着一个关于天、地、生物和人间万象的庞杂知识体系，是这些不同门类的古代学问的源头。请允许我们分别道来。

关于"天"的知识，包括天文和天气（气候）知识。《诗经》对天文的记咏不算太多，但很可贵，对后世天文学乃至民俗学的影响都非常深远。例如在中国人所尽知的"牛郎织女"，源头即可追溯到《诗经》。清代大学家顾炎武曾说："三代以上，人人皆知天文。'七月流火'，农夫之辞也；'三星在天'，妇人之语也；'月离于毕'，戍卒之作也；'龙尾伏晨'，儿童之谣也。后世文人学士，有问之而茫然不知者矣。"[1]顾氏所说的四种星象，有三种出自《诗经》。须知天文本是专门之学，3 000多年前，农夫、妇人、戍卒对星辰移动的规律略有所知已属不易，应与当时国家观星象而颁时历有关。《诗经》甚至还记载了日食和月食，《小雅·十月之交》云：

十月之交，朔月辛卯。日有食之，亦孔之丑。彼月而微，此日而微；今此下民，亦孔之哀。

日月告凶，不用其行。四国无政，不用其良。彼月而食，则维其常；此日而食，于何不臧？[2]

那时人们还通过仰观星象来预测季节气候变化，如根据月道所经星宿推测风雨，这似乎由来已久。《尚书·洪范》云："庶民惟星，星有好风，星有好雨。日月之行，则有冬有夏。月之从星，则以风雨。""孔传"云："箕星好风，毕星好雨。"[3]《诗经》中也有这方面的咏诵，《小雅·渐渐之石》即是一例。该诗大约是周代东征的将士所咏，其中不仅咏叹山川悠远、道路艰阻，还特别提到几种星象预示天降滂沱大雨。其诗云：

渐渐之石，维其高矣，山川悠远，维其劳矣。武人东征，不皇朝矣。

渐渐之石，维其卒矣，山川悠远，曷其没矣。武人东征，不皇出矣。

[1]（清）顾炎武：《日知录》卷30《天文》。清乾隆年间刻本。
[2]（清）阮元校刻本：《十三经注疏》，中华书局，1980年影印本，第445-446页。
[3]（清）阮元校刻本：《十三经注疏》，中华书局，1980年影印本，第192页。

有豕白蹢，烝涉波矣，月离于毕，俾滂沱矣。武人东征，不皇他矣。[1]

　　诗中的豕涉波、月离毕，都是即将大雨滂沱的征兆。远征途中早已疲惫不堪的士兵，感到将要下大雨了，无疑更增添了一重烦恼。事实上，《诗经》中的许多咏诵，表明那时人们非常关注各种天气变化，诗中描写了风、雨、霜、雪、雾、露、云、虹、雷、电等数十种天气现象，以及不同天气里的景色和心情，可谓风雨声、雷电声，声声入耳；霜雪雾露、云霞虹霓，样样留心，反映了人们关于气候环境的丰富知识和复杂感受。例如《邶风·北风》"北风其凉，雨雪其雱"，"北风其喈，雨雪其霏"，[2]描写的是寒冻恶劣天气，寒苦难耐，人欲逃离，这是后世"苦寒诗"的源头；秋季到来，时气肃杀，凄风苦雨，木枯草黄，令人悲伤忧戚，《小雅·谷风》云："习习谷风，维风及雨"，"习习谷风，维风及颓"，"习习谷风，维山崔嵬。无草不死，无木不萎"，[3]就是描写这样萧索的景象，此为"悲秋诗"之滥觞。更凄风、苦雨、寒雪之中的忧思愁绪，如《郑风·风雨》之"风雨凄凄，鸡鸣喈喈"，"风雨潇潇，鸡鸣胶胶"，"风雨如晦，鸡鸣不已"，[4]如此风凄冷、雨骤急、天色昏暗而鸡鸣不已的情景，是多么令人愁肠百结；《小雅·采薇》之"昔我往矣，杨柳依依。今我来思，雨雪霏霏"，[5]节序顿殊，景色迥异，诗人感时伤事的哀吟，在数千年后读之，依然令人感同身受，难怪一直被人们誉为千古绝唱！

　　关于其他天气现象，《诗经》也有很多描写。如关于雷电，《召南·殷其雷》有"殷其雷，在南山之阳。……殷其雷，在南山之侧。……殷其雷，在南山之下"；[6]关于暴风、阴霾、雷电交加的天气，《邶风·终风》有"终风且暴，……终风且霾，……终风且曀，……曀曀其阴，虺虺其雷"，[7]前引《十月之交》则云："烨烨震电，不宁不令。百川沸腾，山冢崒崩。高岸为谷，深谷为陵"，[8]更是天地交感、电闪雷鸣、山崩地裂的大灾变，令人怖畏恐惧；关于露，《郑

[1]（清）阮元校刻本：《十三经注疏》，中华书局，1980年影印本，第499-500页。
[2]（清）阮元校刻本：《十三经注疏》，中华书局，1980年影印本，第310页。
[3]（清）阮元校刻本：《十三经注疏》，中华书局，1980年影印本，第459页。
[4]（清）阮元校刻本：《十三经注疏》，中华书局，1980年影印本，第345页。
[5]（清）阮元校刻本：《十三经注疏》，中华书局，1980年影印本，第414页。
[6]（清）阮元校刻本：《十三经注疏》，中华书局，1980年影印本，第289-290页。
[7]（清）阮元校刻本：《十三经注疏》，中华书局，1980年影印本，第299页。
[8]（清）阮元校刻本：《十三经注疏》，中华书局，1980年影印本，第446页。

风·野有蔓草》以"零露溥兮""零露瀼瀼"[1]描写草叶之上露珠悬满，晶莹闪亮，摇摇欲坠；而关于寒露凝霜，除《小雅·正月》有"正月繁霜"、《豳风·七月》有"九月肃霜"之外，更有《秦风·蒹葭》"蒹葭苍苍，白露为霜"，"蒹葭萋萋，白露未晞"，"蒹葭采采，白露未已"[2]……不过，《诗经》中的天气并不都是恶劣的，天气描写亦并非都是为了抒发负面情绪，也有像"春日载阳"这样的晴暖天气，同样是描写寒冬雨雪，《小雅·信南山》却充满了喜悦和期待，诗中有云："上天同云，雨雪雰雰。益之以霡霖，既优既渥，既沾既足，生我百谷。"[3]纷纷雨雪带来了充足的水分，有利于农作物生长，此乃丰收之兆。相关的吟咏在《诗经》之中比比皆是，恕难尽引。

《诗经》中有关气象的字句，大抵皆是比兴之辞，然而亦包含着许多重要气候环境知识，它们来自长期的经验观察。例如《墉风·蝃蝀》关于雨虹，有"蝃蝀在东，莫之敢指"和"朝隮于西，崇朝其雨"之句，[4]虽说该诗的主旨是讥刺女子不遵婚姻礼教而淫奔，但作者对雨与虹的关系观察得很是细致，清代学者陈启源特别做了如下一番考证：

蝃蝀在东，暮虹也；朝隮于西，朝虹也。暮虹截雨，朝虹行雨，屡验皆然，虽儿童、妇女皆知之也。"郑笺"云："朝有升气于西方，终其朝则雨，气应自然。"盖汉世晴雨之候与今无异矣。"朱传"独曰："方雨虹见，则终朝而止。"张敬夫亦曰："蝃蝀则雨止，无东西之分，验之久矣。"夫自汉至今几二千年，天气如故也，宋之末造于今未五百年，乃独相反，诚为难信。[5]

在他看来：早晨西方出现彩虹将会有雨；日暮彩虹出现在东方则没有雨下，这是经过长期验占的事实。无论如何，这说明古人很早就注意到虹与雨的关系，该诗并非信口乱诌。

阴阳失序，气候异常，必须导致旱魃、淫雨、霜雹为灾。在中原地区，旱灾一直是更常见的气象灾害。《大雅·云汉》大概是最早的一首专门记诵旱灾的

---

[1]（清）阮元校刻本：《十三经注疏》，中华书局，1980 年影印本，第 346 页。

[2]（清）阮元校刻本：《十三经注疏》，中华书局，1980 年影印本，第 441、第 392、第 372 页。

[3]（清）阮元校刻本：《十三经注疏》，中华书局，1980 年影印本，第 470-471 页。

[4]（清）阮元校刻本：《十三经注疏》，中华书局，1980 年影印本，第 318 页。

[5]（明）陈启源：《毛诗稽古编》卷 4《蝃蝀》。文渊阁《四库全书》本。

诗歌了，[1]其所描绘的饥荒遍地和人们忧心如焚、求告上天的情景，在后代历史上反复不断地重演。这一史料非常宝贵，兹全录如下：

倬彼云汉，昭回于天。王曰：于乎！何辜今之人？天降丧乱，饥馑荐臻。靡神不举，靡爱斯牲。圭璧既卒，宁莫我听？

旱既太甚，蕴隆虫虫。不殄禋祀，自郊徂宫。上下奠瘗，靡神不宗。后稷不克，上帝不临。耗斁下土，宁丁我躬。

旱既太甚，则不可推。兢兢业业，如霆如雷。周余黎民，靡有孑遗。昊天上帝，则不我遗。胡不相畏？先祖于摧。

旱既太甚，则不可沮。赫赫炎炎，云我无所。大命近止，靡瞻靡顾。群公先正，则不我助。父母先祖，胡宁忍予？

旱既太甚，涤涤山川。旱魃为虐，如惔如焚。我心惮暑，忧心如熏。群公先正，则不我闻。昊天上帝，宁俾我遁？

旱既太甚，黾勉畏去。胡宁瘨我以旱？憯不知其故。祈年孔夙，方社不莫。昊天上帝，则不我虞。敬恭明神，宜无悔怒。

旱既太甚，散无友纪。鞫哉庶正，疚哉冢宰。趣马师氏，膳夫左右。靡人不周。无不能止，瞻卬昊天，云如何里！

瞻卬昊天，有嘒其星。大夫君子，昭假无赢。大命近止，无弃尔成。何求为我。以戾庶正。瞻卬昊天，曷惠其宁？[2]

接下来说地。《诗经》所涉区域之地形、地貌，粗略说来，西部是山地、高原和盆地，东部是平原和局部丘陵，南部汉水流域则山地与平原相间。细分起来情况则要复杂得多，《诗经》恰恰咏诵了许多复杂的小型甚至微型地貌，如山、岗、丘、陵、麓、阜、谷、坂、原、隰、水（河流）、泉、洲、渚、薮、泽、渊、池……多达数十种。这固然由于各篇记诵的都是小地方的具体景观，另一方面也反映当时对众多地形、地貌已经具有丰富的知识。撇开宗教意蕴、道德说教以及其他隐喻、象征意义不谈，这些知识是经济生产、社会生活所需，也是古

---

[1]《大雅·召旻》讥刺幽王失政，导致内忧外患、饥馑荐至、人民流亡，灾害天谴的观念意识很明确。但关于旱灾表现及其社会响应不如《云汉》详细。

[2]（清）阮元校刻本：《十三经注疏》，中华书局，1980年影印本，第561-563页。

代地学的重要知识源头，对传统山水田园诗的影响也非常深远。相关知识博杂，详述殆无可能。兹仅就与水有关的部分稍做介绍。

《诗经》约有 60 首涉及水资源环境，提到了河、汉、江、淮、沱、汝、淇、泾、渭、溱、洧、汾、汶、杜、漆等 20 余条河流，中原地区的重要河流，除后代才出现者以外几乎都已提及。最重要的河流自然是黄河，有 24 首诗涉及，出现了近 30 次。但当时只称为"河"而并无"黄河"之名，因为径流量大，泥沙含量较低，其时河水尚清，故《诗经》每称"河水洋洋""河水浼浼""河水弥弥"，《魏风·伐檀》乃云河水"清且涟猗""清且直猗""清且沦猗"，[1]于今早已不可想象。其余河流亦是水量丰富、水流清澈，《诗经》用丰富词汇描绘进行描述，诸如"汶水滔滔""淮水汤汤""淮水湝湝""淇水悠悠""泌之洋洋""江汉浮浮""滔滔江汉"……溱水与洧水"方涣涣兮""浏其清矣"……不可尽举。唯关中泾渭河已初显泥沙含量之重，故《邶风·谷风》有"泾以渭浊，湜湜其沚"[2]之句。诵读这些诗句，令人对那时大小河流的水量、水质都产生了无尽怀想。

河流水量丰富，赖有中上游地区大量泉水不断补给水源。因农业灌溉和生活用水需要，周人对泉情有独钟，太行山脉—豫西山地以西山区深切谷地和山前岩溶地带，古时泉水众多，前引《公刘》载豳地"逝彼百泉"，可见泉流众多。其他地方亦复如此，如《邶风·凯风》有"爰有寒泉，在浚之下"；[3]《邶风·泉水》有"毖彼泉水，亦流于淇"，"我思肥泉，兹之永叹"；[4]《曹风·下泉》有"冽彼下泉，浸彼苞稂"；[5]《小雅·四月》云："相彼泉水，载清载浊"；[6]《小雅·黍苗》称"原隰既平，泉流既清"；[7]《小雅·大东》云"有冽氿泉，无浸获薪"；[8]《大雅·瞻卬》云"觱沸槛泉，维其深矣"；[9]……从"寒泉""下泉""氿泉""槛泉""肥泉"等名词来看，当时对不同泉水已经有所分类。

湖泊沼泽在《诗经》中提及专名者不算太多，但"于沼于沚""从子于沃"

[1]（清）阮元校刻本：《十三经注疏》，中华书局，1980 年影印本，第 358-359 页。
[2]（清）阮元校刻本：《十三经注疏》，中华书局，1980 年影印本，第 304 页。
[3]（清）阮元校刻本：《十三经注疏》，中华书局，1980 年影印本，第 301 页。
[4]（清）阮元校刻本：《十三经注疏》，中华书局，1980 年影印本，第 309 页。
[5]（清）阮元校刻本：《十三经注疏》，中华书局，1980 年影印本，第 386 页。
[6]（清）阮元校刻本：《十三经注疏》，中华书局，1980 年影印本，第 462 页。
[7]（清）阮元校刻本：《十三经注疏》，中华书局，1980 年影印本，第 495 页。
[8]（清）阮元校刻本：《十三经注疏》，中华书局，1980 年影印本，第 461 页。
[9]（清）阮元校刻本：《十三经注疏》，中华书局，1980 年影印本，第 578 页。

"东门之池""彼泽之陂""集于中泽""东有甫草""王在灵沼"[1]之类咏诵可知：人们对大小不同、潴积成片的水体都有所认识，将它们分别称作沃、甫、池、沼、陂等。猜想那时有许多湖泊泽薮尚未得到开发，距离人们日常的生产、生活场景还比较远，所以《诗经》专门提及其名者尚少。同时代的《左传》则记载有蒙泽、荥泽、澶渊、阿泽、修泽、萑泽、洧渊、棘泽、狼渊、豚泽、沛泽、鸡泽、空泽等30余处湖泊沼泽。

值得注意的是水域地景，《诗经》除以"隰"统称下湿沮洳之地外，还有众多专门词汇表达大小河流侧畔近水之地，如滨、奥、浒、湄、干、埃、浦、曲等；河湖中间和侧畔的小型陆地，则有洲、沚、渚、坻等。《诗经》的第一篇——《周南·关雎》之首章首句就是"关关雎鸠，在河之洲。"[2]洲是由于长期泥沙堆积形成的水中陆地，《毛传》谓"水中可居者曰洲。"其他几种则是更小的"洲"，《尔雅·释水》曰："水中可居者曰洲，小洲曰渚，小渚曰沚，小沚曰坻。"[3]许多诗咏都曾经提及此类水际陆地，表明它们是人们重要的活动场所。《秦风·蒹葭》就描述了"伊人"所在的水域环境：

蒹葭苍苍，白露为霜。所谓伊人，在水一方，溯洄从之，道阻且长。溯游从之，宛在水中央。

蒹葭萋萋，白露未晞。所谓伊人，在水之湄。溯洄从之，道阻且跻。溯游从之，宛在水中坻。

蒹葭采采，白露未已。所谓伊人，在水之涘。溯洄从之，道阻且右。溯游从之，宛在水中沚。[4]

诗中4个不同的近水地景名称，坻、沚都是由泥沙逐渐积起的小沙洲。低湿原隰中隆起的高地称为"丘"，《诗经》中有"顿丘""宛丘""旄丘""楚丘"等地名，更是重要的居住和生产环境，"丘中有李""丘中有麻""旄丘之葛""陟彼阿丘"等诗句都可证明。结合同一时代和稍后《春秋左传》《管子》等书的记

---

[1] 分见《诗经·周南·采蘩》，《唐风·扬之水》，《陈风·东门之池》，《陈风·泽陂》，《小雅·鸿雁》，《小雅·车攻》，《大雅·灵台》。

[2]（清）阮元校刻本：《十三经注疏》，中华书局，1980年影印本，第273页。

[3]（清）阮元校刻本：《十三经注疏》，中华书局，1980年影印本，第2620页。

[4]（清）阮元校刻本：《十三经注疏》，中华书局，1980年影印本，第372页。

载，可知"洲"和"丘"都曾经是历史早期华北平原最重要的农业社会空间，因那时华北平原仍然是泽薮广布、沮洳下湿，人们必须选择地势较高的地方生活，后来成为一个政区名称的"州"应是源于"洲"，而"丘"亦为"丘甸之法"中的一个重要土地单位。[1]

这些近水之地或水中之洲作为人类生存场所，亦是众多植物生长和动物栖息之地。《诗经》的咏颂往往让人如同身临其境，感受到群类竞生的生命气息。事实上，它们就是一个个大大小小的湿地生态系统。水是生命之源，多水的环境下既有人类活动，更有众多植物生长和动物栖息。请看《大雅·韩奕》诗中记咏的贵族渔猎湿地："川泽吁吁，鲂鱮甫甫，麀鹿噳噳，有熊有罴，有猫有虎"，[2]陆上有群聚的麀鹿，有凶猛的熊、罴、猫、虎，水中则有肥硕的鲂鱼和鱮鱼。诗中关于宴会食品的描写，则说明那里还有不少蔬菜，特别是采自芦苇荡中芦笋；而《卫风·硕人》记咏的河水之滨，"河水洋洋，北流活活。施罛濊濊，鳣鲔发发。葭菼揭揭，庶姜孽孽，庶士有朅。"[3]洋洋的河水活活北流，渔人在河中撒网，落网的鳣鲔挣扎着，尾巴拍出"发发"的水声，岸边则长满了修长的芦苇。更典型的是《邶风·匏有苦叶》所咏之济水流域。诗中唱道：

匏有苦叶，济有深涉。深则厉，浅则揭。
有弥济盈，有鷕雉鸣。济盈不濡轨，雉鸣求其牡。
雍雍鸣雁，旭日始旦。士如归妻，迨冰未泮。
招招舟子，人涉卬否。人涉卬否，卬须我友。[4]

短短几行、一共 64 个字，不仅记咏了弥涨的河水、渡河之人和摆渡舟子，还记咏了鸣叫求偶的雉鸡、空中啼鸣的大雁、长满苦叶的瓠子，还有朝旦始升的旭日、尚未融化的河冰，一幅由天、地、人、水、植物和动物共同构成的水域生态系统和景观跃然眼前。

《诗经》不仅对近水环境的描绘常呈现这样的生态系统和景观，事实上许多

---

[1] 详细论说，可参见刘毓庆：《〈诗经〉地理生态背景之考察》，《南京师范大学学报》2004 年第 2 期，第 107-112 页。

[2]（清）阮元校刻本：《十三经注疏》，中华书局，1980 年影印本，第 572 页。

[3]（清）阮元校刻本：《十三经注疏》，中华书局，1980 年影印本，第 322 页。

[4]（清）阮元校刻本：《十三经注疏》，中华书局，1980 年影印本，第 302-303 页。

篇章呈现了各种不同微型环境下的生态系统图景，兹仅随意拈出《周南·葛覃》作为例证，其前两章吟咏道：

> 葛之覃兮，施于中谷，维叶萋萋。黄鸟于飞，集于灌木，其鸣喈喈。
> 葛之覃兮，施于中谷，维叶莫莫。是刈是濩，为絺为绤，服之无斁。[1]

这实际上描绘了一个山谷小生态：谷中长满了蔓生的葛藤，叶子非常茂盛，黄鸟在这里飞翔，群集在灌木丛中，不断发出"喈喈"鸣叫声。诗中的主角——一位少妇割取葛藤沤制取麻，纺绩成布，缝制粗细不同的葛衣。

对《诗经》的作者来说，这些自然事物只是用以比、赋、兴的物象，甚至可能是随口就吟唱出来的。然而正是这些随意性的吟唱，生动地描述了中原大地不同环境中的生态面貌和人与自然关系，它们所透露的知识完全来自日常经验感知，但具有非常重要的环境史价值。

下面再谈生物。

天与地为包括人类在内的众多生物提供了生育繁衍条件和场域，故"天地之大德曰生。"对人类来说，其他生物特别是动植物乃是构成生存、发展环境的最基本要素。环境史研究既以生命关怀作为精神内核，则必然要重点考察人与其他生物之间的历史关系演变。《诗经》之所以具有特殊史料价值，正由于其中蕴藏着极其丰富的古老动植物知识。

前文已经提到：《诗经》记载了种类繁多的动物和植物，飞禽走兽、游鱼爬虫、花卉林木、五谷蔬果，多不胜数。具体有多少种？因识别方法和计数口径不同，学人的统计数字时见差异，但大同小异。孙作云认为至少记载了250种以上的动植物，包括植物143种，其中草类85种、木类58种；动物109种，其中鸟类35种、兽类26种、虫类33种、鱼类15种。[2]由于当时分类概念尚未完全形成，一些动植物有多个名称，实则属于一个物种的多个品种，有时甚至实为同一品种，仅因年龄、毛色不同而有异名，如《诗经》中一共有27个马的名称。通常情况下，同一物种异名越多，说明其重要性越高。

一部诗集就记录了如此众多的动植物及其名称，实在令人赞叹！难怪孔子

---

[1]（清）阮元校刻本：《十三经注疏》，中华书局，1980年影印本，第276页。
[2] 孙作云：《诗经中的动植物》，收入《孙作云文集》，河南大学出版社，2003年，第7页。

劝告弟子说："小子何莫学夫诗？诗可以兴，可以观，可以群，可以怨。迩之事父，远之事君；多识于鸟兽草木之名。"[1]事实上，古人一直认为：由于鸟兽草木不但是重要叙事对象，而且是最常用的比、兴取象对象，要想读懂《诗经》，首先必须了解其中的动植物。所以朱熹说："解《诗》如抱桥柱浴水一般，终是离脱不得鸟兽草木"；[2]清人戴震亦指出："不知鸟兽虫鱼草木之状类名号，则比兴之意乖。"[3]但《诗经》的价值远不局限于记载了众多草木鸟兽之名，它还记载了大量动、植物种的分布、生境、形态、颜色、声响、动物行为、植物性味、物用价值乃至不同物种之间的关系等众多方面的情况，包含着丰富的生物学和生态学知识。详细予以解说，至少需要一部乃至多部厚厚的著作，兹仅就物种分布、生境和种间关系略做简介。

关于动植物的分布和生境，《诗经》有时直接赋及，有时则是在兴、比之中无意透露。最常见的表达方式有两种：一是以地为先，称某地有某物。前面提到的"丘中有李""丘中有麻""旄丘之葛"即是。此类情况很多，如"疆场有瓜""园有桃""园有棘""墓门有梅"……这些是人工种植的作物；更多的记诵是某地山有某物、隰有某物，或某山有某物、某隰有某物，这些"物"包括树木、草卉、动物。有时也包括矿物。如《秦风·晨风》有云：

鴥彼晨风，郁彼北林。未见君子，忧心钦钦。如何如何，忘我实多！
山有苞栎，隰有六驳。未见君子，忧心靡乐。如何如何，忘我实多！
山有苞棣，隰有树檖。未见君子，忧心如醉。如何如何，忘我实多！[4]

翻开《诗经》，此类记述所在皆是，若详细整理，可以画出一张动、植物分布图。

另一方式是以物为主，直接记述某物在某地（生长、活动）。如"关关雎鸠，在河之洲"，"肃肃鸨羽，集于苞栩"，"有鹙在梁，有鹤在林"，"绵蛮黄鸟，止

[1]《论语·阳货》，中华书局，1980年影印本，第2525页。
[2]（宋）黎靖德编：《朱子语类》，中华书局，1986年，第2096页。
[3]（清）戴震：《与是仲明论学书》，《戴震集》，上海古籍出版社，1980年，第182页。
[4]（清）阮元校刻本：《十三经注疏》，中华书局，1980年影印本，第373页。

于丘阿"等，[1]都是关于鸟类活动的地点；家畜家禽、虫类、兽类、鱼类亦多如此。有时，一首诗中提到多种动、植物，它们占据不同生态位，各得其所。仅举一例便一目了然。《小雅·鹤鸣》曰：

鹤鸣于九皋，声闻于野。鱼潜在渊，或在于渚。乐彼之园，爰有树檀，其下维萚。它山之石，可以为错。

鹤鸣于九皋，声闻于天。鱼在于渚，或潜在渊。乐彼之园，爰有树檀，其下维榖。它山之石，可以攻玉。[2]

更多情况乃是无意中透露出来的。不仅透露了物种所在的地点，还表明了它们的适生环境。《卫风·淇奥》关于淇水河畔茂盛竹林的描绘，有"瞻彼淇奥，绿竹猗猗""瞻彼淇奥，绿竹青青""瞻彼淇奥，绿竹如箦"[3]之句，古时淇水流域多竹，《诗经》本身即可自证，在历史上，淇水流域的竹林曾经非常有名，那里具有竹林繁育茂长所需最重要的生境条件——水资源相当丰富；随着地表水资源环境发生负向变化，淇水流域同北方其他地方一样，竹林逐渐萎缩乃至消失。许多诗篇不仅记咏某地生某物和某物在某地，通过同一诗中所出现的几种事物，还可更综合地了解不同物种的生境；将多种因素汇合起来，可以推知它们所在环境的生态状况。不仅如此，如果我们对周南、召南、邶、卫、王、郑、齐、魏、唐、秦、陈、桧、曹、豳十五《国风》进行分区整理，则可了解各地区的物种状况和生态面貌。重新诵读一遍著名的《豳风·七月》吧，其中所载众多动植物呈现出了一幅相当完整的生态系统图景。

在一个特定区域生态系统中，众多生物是互相依存的，彼此之间存在着竞争、捕食、共生、寄生、附生……复杂的种间关系，在《诗经》中已有了一些相当清楚的描绘。举例来说，大家所熟悉的"螟蛉之子"这个成语，即是典出《小雅·小宛》的"螟蛉有子，蜾蠃负之。"[4]螟蛉是一种绿色小昆虫，蜾蠃是一种寄生蜂。古人曾误认为蜾蠃背负螟蛉之子、代为养之，就像人间的义父对

---

[1] 分见《诗经·国风·周南·雎鸠》，《唐风·鸨羽》，《小雅·白华》，《小雅·绵蛮》，中华书局，1980 年影印本，第 273、第 365、第 497、第 498 页。

[2]（清）阮元校刻本：《十三经注疏》，中华书局，1980 年影印本，第 433 页。

[3]（清）阮元校刻本：《十三经注疏》，中华书局，1980 年影印本，第 321 页。

[4]（清）阮元校刻本：《十三经注疏》，中华书局，1980 年影印本，第 451 页。

待义子。实则两者之间是一种捕食寄生关系：蜾蠃常捕螟蛉为食，并通过蜂刺管产卵于螟蛉体内，蜂卵孵化后亦以螟蛉为食。同样是人所悉知的"鸠占鹊巢"，典出《召南·鹊巢》，其中"维鹊有巢，维鸠居之"，"维鹊有巢，维鸠方之"和"维鹊有巢，维鸠盈之"，[1]都属起兴、隐喻之句。有人认为斑鸠不会筑巢，所以经常抢占喜鹊的窝，这本不符合事实。但从动物行为学和生态学角度看，该诗在无意中记述了斑鸠和喜鹊两种鸟类的种间竞争关系。至于植物，《诗经》不止一处记咏了攀缘植物的附生现象。例如《周南·樛木》中的"南有樛木，葛藟累之"，"南有樛木，葛藟荒之"，"南有樛木，葛藟萦之"，[2]不论具有何种象征意义，其生物学依据却是很明确的，葛和藟这两种蔓生藤本植物，确实是攀缘、附生在树上。同样的记诵还见于《大雅·旱麓》，将诗中"瞻彼旱麓，榛楛济济"，"鸢飞戾天，鱼跃于渊"，"瑟彼柞棫，民所燎矣"，"莫莫葛藟，施于条枚"[3]等句连接起来，可以看到这样一个生态景观：旱山（位于今陕西省南郑县附近）的山麓布满榛、楛之类灌丛，众多的柞树和棫树被当地民众伐以为燎，老鹰一飞冲天时鱼儿们也在渊潭中跳跃，蔓生无际的葛藤攀生在树枝和树干之上。

动物和植物之间，自然更存在着紧密的依存关系，《小雅·鹿鸣》中的"呦呦鹿鸣，食野之苹"，"呦呦鹿鸣，食野之蒿"，"呦呦鹿鸣，食野之芩"，[4]不仅描绘了在原野上觅食的鹿儿的鸣叫求伴行为，更记载了它们以苹、蒿、芩等野草为食的食性。远古华北地区鹿类众多，正是由于那几种植物曾经遍地皆是，分布广泛而且生长茂盛。

总之，《诗经》虽是一部诗集，其 305 篇中却蕴含十分丰富的天、地、生物环境生态知识，其中动、植物知识尤其丰富和宝贵，它实际上提供了一份最古老的中国动植物名录或综谱，提供了关于不同环境生态要素及其相互关系的丰富知识，还创造了若干表达相关知识的重要方式。与殷商及其以前时代相比，无疑是一个伟大的跃迁。

---

[1]（清）阮元校刻本：《十三经注疏》，中华书局，1980 年影印本，第 283-284 页。
[2]（清）阮元校刻本：《十三经注疏》，中华书局，1980 年影印本，第 279 页。
[3]（清）阮元校刻本：《十三经注疏》，中华书局，1980 年影印本，第 515-516 页。
[4]（清）阮元校刻本：《十三经注疏》，中华书局，1980 年影印本，第 405-406 页。

3. 从"万物有灵"到"万物有情"

关于自然环境的观念、态度和情感，是环境史研究最难以把握、然而极其重要的课题。众所周知，自工业时代以来，由于错误自然观、发展观的影响，人类自然情感日益浇薄，对大自然的态度粗暴恶劣，行为肆无忌惮，导致环境严重破坏，"失乐园"之殇如今已成挥之不去的情结，回顾人类的童年和幼年时代，重新找回那份对大自然的敬畏之心和亲近之情，因而变得非常重要。自然环境不只是物质资源库，更不是可以无情掠取的对象，它还是人类的精神家园，自然界的万事万物都有可能成为人类情感的寄寓对象，而生态恶化必然导致精神残缺。《诗经》对众多自然事物的精彩咏诵，让我们有条件对 3 000 多年前华夏民族的自然观念和自然情感稍做一番述说。

《诗经》的自然观念，一言以蔽之："万物有情"。宋人胡寅曾说：

……学诗者必分其义，如赋、比、兴，古今论者多矣，惟河南李仲蒙之说最善。其言曰："叙物以言情谓之赋，情物尽也。索物以托情谓之比，情附物者也。触物以起情谓之兴，物动情者也。故物有刚柔、缓急、荣悴、得失之不齐，则诗人之情性亦各有所寓，非先辨乎物，则不足以考情性，情性可考，然后可以明礼义而观乎诗矣。"[1]

李仲蒙说得很好！《诗经》赋、比、兴都因为"情"：言情、托情、起情。诗人之情，寓于所"赋"、所"比"以及赖以起"兴"之物。天地万物不齐，各有自然特性，人们借以表达不同的情感。《诗经》中的"情"是广义的，不只有喜欢、爱恋之情，亦有思念、怨愤、忧戚、寞落……之情，这些"情"通过不同的物象以及由物象产生的意象、意境来表达，呈现出了不同的"物""我"关系，这就为认识和理解那时人们对自然万物的观念、态度提供了具体例证。关于这些，文学史家早有很多精彩论说，不必过多饶舌。从历史学的角度，我们更希望了解 "万物有情"观念是如何逐步生成的？对后来中国人的生态意识和环境行为具有何种影响？

---

[1]（宋）胡寅：《斐然集》卷18《致李叔易》。文渊阁《四库全书》本。

追本溯源，我们很自然想起了文化人类学家的"万物有灵论"（又称"泛灵论"，Animism）。1871 年，英国人类学家泰勒在《原始文化》[1]一书中创立并系统地论述了这一理论。根据这个理论，在原始人的意识中，一切自然事物，包括动物、植物、山川河流、日月星辰甚至人造的器物，都像人一样有生命、有灵魂，遍满世界的精灵以各种方式、从不同方面对人造成影响，人对它们既有感恩亦存怖畏，这种意识逐渐发展成了自然宗教。由于自身力量孱弱，人们对周遭环境中那些具有超常能力（如生殖能力）的事物顶礼膜拜，奉为图腾，通过巫术、祭祀等方式与之沟通。大量研究证明："万物有灵"观念在中国先民社会同样普遍存在，但由于文明相对早熟，人文精神较早地孕育成长，远古的神灵观念亦较早地被予以创造性的转化，其结果是：各类神灵对人的超强制力量逐渐弱化，"万物有灵"逐渐升华为"万物有情"，关于自然事物的生命意识依然保留。《诗经》时代正是这一转化的起步阶段。

《诗经》取象比兴的不少自然事物背后，仍然附着有"万物有灵"的历史背影。例如关于鸟类的咏诵，就时或透露出商朝之前鸟崇拜的影响。略举两例。

例一，鸱鸮。《豳风·鸱鸮》吟唱道：

鸱鸮鸱鸮，既取我子，无毁我室。恩斯勤斯，鬻子之闵斯。
迨天之未阴雨，彻彼桑土，绸缪牖户。今女下民，或敢侮予？
予手拮据，予所捋荼。予所蓄租，予口卒瘏，曰予未有室家。
予羽谯谯，予尾翛翛，予室翘翘。风雨所漂摇，予维音哓哓！[2]

您看它是多么凶恶，诗人对它是何等的厌恶而又怖畏！然而据学者研究："从北方的兴隆洼文化算起，从史前时代到夏商时代，崇拜神鸟和神圣鸱鸮的传统早在华夏成文历史之前就已经延续了约 5 000 年。"在商代依然特受崇拜。在《诗经》时代，这个"神圣女神"开始被恶魔化，除《鸱鸮》之外还有多首诗曾经提到过它，大抵都是负面形象，唯《大雅·瞻卬》"懿厥哲妇，为枭为鸱"[3]一句还保留着其女性身份，似乎仍是智慧之鸟。这种其实对人类颇有贡献（擅

[1] 泰勒关于"万物有灵观"系统论述，可参见［英］爱德华·泰勒著，连树声译：《原始文化：神话、哲学、宗教、语言、艺术和习俗发展之研究》第 11-17 章。广西师范大学出版社，2005 年。
[2]（清）阮元校刻本：《十三经注疏》，中华书局，1980 年影印本，第 394-395 页。
[3]（清）阮元校刻本：《十三经注疏》，中华书局，1980 年影印本，第 577 页。

于捕鼠）的夜行者，从此变成了凶恶、食母的不孝之鸟，至今还背着恶名。[1]

例二，燕子。有学者认为远古鸟崇拜与太阳崇拜有关，只是推测。但史籍明确记载燕子与生殖崇拜有着密切的关系。《商颂·玄鸟》"天命玄鸟，降而生商"[2]之说，大家都很熟悉，这个传说甚至被第一部正史所采用。《史记·殷本纪》称："殷契，母曰简狄，有娀氏之女，为帝喾次妃。三人行浴，见玄鸟堕其卵，简狄取而吞之，因孕生契。"[3]因此《邶风·燕燕》把飞翔的燕子当作咏诵婚姻的起兴物象，并非偶然，它反映了前代文化的残存影响。然而吞玄鸟之卵而生商契还只是神话传说，由"燕燕于飞"而兴起的缠绵、悱恻与不舍，却是真实存在的感情，故事究竟发生在兄妹、还是情侣之间，并无关紧要。诗中吟道：

> 燕燕于飞，差池其羽。之子于归，远送于野。瞻望弗及，泣涕如雨。
> 燕燕于飞，颉之颃之。之子于归，远于将之。瞻望弗及，伫立以泣。
> 燕燕于飞，下上其音。之子于归，远送于南。瞻望弗及，实劳我心。
> 仲氏任只，其心塞渊。终温且惠，淑慎其身。先君之思，以勖寡人。[4]

上引诸诗对两种鸟类的咏诵，有一个共同的特点，这就是神性逐渐消退，而人性不断显现——不论是恨也好，爱也罢，都是"有情"的，被投注了强烈的人性情感。

这一变化意义非同小可！

从本质上说，由"万物有灵"转变为"万物有情"，是先民自我意识觉醒的重要标志。这种觉醒，既是伴随着农耕文明发展而必然要发生的，同时也得益于周人对前代文化的扬弃：随着社会生产力的提高，永久性定居农业发展趋向更加明确，应对不利环境因素和自然灾祸的能力有所增强，人们更有条件也更有必要更多地了解周遭环境中的各种自然事物，自然事物曾经具有的神秘色彩因而逐渐消退，不再像以往那样令人不安甚至怖畏，而是变得愈来愈熟悉、真

---

[1] 参见叶舒宪：《经典的误读与知识考古——以〈诗经·鸱鸮〉为例》，《陕西师范大学学报》2006年第4期，第56-64页。

[2] （清）阮元校刻本：《十三经注疏》，中华书局，1980年影印本，第622页。

[3] （汉）司马迁：《史记》卷3《殷本纪》，中华书局，1959年，第91页。

[4] （清）阮元校刻本：《十三经注疏》，中华书局，1980年影印本，第298页。

实和亲切；另一方面，与夏、商文化相比，周文化的农业根柢更加深厚，更具敦朴、现实与理性气质，更重视人伦道德而神巫色彩逐渐转淡。殷季革命之后，周人凭借政治优势，部分地继承了殷商文化，但更多的是基于自身本底文化而进行富于理性精神的重建。部分地出于政治上的考虑，商文化的某些内容遭到了批判和扬弃。幸运的是，浓重的巫觋神秘色彩被有意无意地抹去了许多，而隐藏在"万物有灵"观念下的生命意识则得到了很好的继承。

　　从《诗经》的咏诵和其他文献记载，都可以清楚地感受到周代人们非常重视先祖、神灵祭祀，自然世界的神秘色彩还远远没有消失。但周人祭祀主要为了"报本返始"、凝聚人心，而非像殷商那样屈从鬼神、被迫事事向它们请示、祷告；人们仍然敬畏天地和四方神灵并且定期举行祭祀，但周代祭祀是为了遵循礼制的基本精神，更强调通过践行人间伦理、社会道德来顺应天理，而不只是迫于神威而向它们行贿、请示和哀告。《诗经》的记咏也让我们看到：尽管朝堂、宗庙上有很多隆重的宴享、祭祀，基调却是宗族雍穆、人神同乐；一般民众的生活场景也不再是遍地鬼魅精灵作怪，而是万物竞生、充满活力的有情世界；人们不必日夜生活在对周遭世界的疑惧和对精灵鬼魅的怖畏之中，喜怒哀乐、爱恨情仇、缠绵忧思……人的各种情感不断被投射于自然事物，昊天、大地、山川、原隰、树木、花草、鸟兽、虫鱼……都是情感寄寓对象，周遭环境既是物质生活空间，也是精神情感家园。总之，先民的自我觉醒，推动了"万物有灵"向"万物有情"的转变，进而带来了人与自然关系的重大调整。

　　随着这一调整不断深化，人们逐渐不再完全屈从于自然，而是积极地顺应自然，当然尚无能力凌驾于自然之上。因此，《诗经》时代——至少从观念意识层面来看，人与自然的关系总体处于一种和睦状态，人们无意把自己从大自然中分离出来，而是想方设法认识和遵从天道，熟悉周围环境中的各种事物，与众多生命形式和谐相处，反对暴殄天物。人们还以草木鸟兽虫鱼为师，把握四季嬗递和时气变化节律，形成相应的生产和生活节奏，与天地同行，与万物共舞。这是一个人们不断向大自然敞开心灵、文化与环境彼此交融、互相涵化的过程：人们借用自然世界的丰富物象来表达思想情感，也以自己的精神情感来理解大自然中的万事万物，人与自然万物因而紧密地缠结在一起：人有情，故万物有情；自然界生机勃勃而又充满变数，故人的生命既充满希望又饱含苦难沧桑。正是由于这样的对话、交融与涵化，天地、日月、大地、山川、草木、鸟兽、虫鱼……各种生物、非生物，作为具象符号和情感寄寓对象逐渐融入文化系统，成为这个系统中充满本源精神力量和生命气息的鲜活元素。

自然事物融入文化系统，是通过一系列象征符号建构来实现的。文化的本质即是象征。赋予自然事物以不同的象征意义，并不始于亦不止于《诗经》时代。实际上，当原始人把自然物当作图腾、祭品、占卜工具时，已在逐渐建构象征。伴随着历史发展，象征符号不断由具象趋于抽象，由零散走向系统，逐渐形成完整的体系。

与《诗经》大致属于同一时代而完成时间可能稍早的《周易》，在中国文化史上具有无与伦比的地位，其核心内容——八卦是一个高度抽象、可作无穷演绎的符号系统，《周易·系辞下》将其归功于伏羲，称："古者包牺氏之王天下也，仰则观象于天，俯则观法于地，观鸟兽之文，与地之宜，近取诸身，远取诸物，于是始作八卦，以通神明之德，以类万物之情。"[1]这个符号系统充满了神明之光，八卦及其变爻而生的六十四卦都非常抽象，但其生成和解释都离不开物象，既取象于具体事物和现象，又用具体事物和现象来做解释。

与高度抽象的《易经》不同，《诗经》作为一部文学作品，言志抒情始终借助具体的事物。作为认知主体的人观察客观的事物，由客观对象的特性产生联想，形成特定意象；各种意象还可以组成意境，使复杂事物特别是抽象的思想、情感得以表达。虽然同样是基于"立象以尽意"的原始思维模式，赋予具体事物以特殊意义并联想和演绎出更多意义，但诗歌的独特性质决定《诗经》采用赋、比、兴三种手法，博采周围环境中无数的物象，更是千机万变，更具有原生而灵动的生命气息。《诗经》305篇，象征几乎无所不在，被引入诗的所有事物都具象征性，情形非常复杂：同类甚至同种事物，由于情境不同，可能被赋予不同的象征意义。例如水在不同情境下被赋予的象征意义就很不相同，有时它是恋人幽会的场所和爱情见证，有时却是视为恋人之间的障碍；鸿雁通常是爱情忠贞不贰的象征，但有时也象征兄弟长幼有序、朋友彼此有信义；反过来，同一方面的情感和意识（如爱恋）可能借助于众多不同的物象来表达，所取象之物因而被赋予相同或相似的象征意义。如鱼象征多子，捕鱼、钓鱼甚至水鸟

---

[1]（清）阮元校刻本：《十三经注疏》，中华书局，1980年影印本，第86页。

捕鱼都暗喻性事和生育，[1]而昆虫中的螽斯和植物中的瓜等，都具有子孙众多的象征意义。意义赋予是社会现实的需要，即便在《诗经》时代，社会现象和人的情感亦是非常复杂，人们赋予各种事物的意义因而亦是极其繁多和富于变化。由于历史的长期过滤，有些象征早已被湮没或被其他事物所替代（如象征多子的螽斯），也有不少一直存留，特别是在民俗和文学作品之中。关于这个话题，文学史、文化史家已做了很多研究，只是历史学家较少关注。这里想从环境史角度强调两点：

其一，《诗经》中的所有物象、意象和意境都源于人们对所在环境之中各种事物和现象包括天、地、山、川、草、木、鸟、兽、鱼、虫……的经验认知。日常所见之各种自然事物和现象被联想、推演到人间社会，人间社会的种种通过借自然物象之"比""兴"得以具象，其结果是逐渐形成对人间社会的"自然主义"诠释和表达方式，其中最典型的是"比德"（如君子比德于玉、君子比德于竹）。这种方式不仅影响古人的社会认知，也影响其环境意识和行为，具有十分深远的历史影响。因此，假若我们将"生态认知系统"视为人类对环境的一种文化建构的话，建构的第一步便是赋予具体环境因素和自然现象以特定文化象征意义。

其二，自然事物的象征意义是伴随着社会的发展和进步而不断更新变化的——社会情境改变了，自然事物的象征意义会相应发生改变。这样说太抽象，不妨举鸿雁为例来说明。

在古代，"雁"是一个相当重要而且有意思的物象。《周易·渐卦》就是取象于雁，鸿渐（鸿雁）处在不同位置，具有或吉，或凶不同的象征意义，其中最重要的，是象征婚姻和生育，因"渐"卦就是代表女子结婚，具体情况则不断发生变化。卦辞云：

渐：女归，吉，利贞。

初六，鸿渐于干，小子厉；有言，无咎。

六二，鸿渐于盘，饮食衎衎，吉。

九三，鸿渐于陆，夫征不复，妇孕不育，凶；利御寇。

---

[1] 闻一多：《说鱼》对此早有详说，收入闻一多：《神话与诗》，上海人民出版社，2005年，第98-116页。

　　六四，鸿渐于木，或得其桷，无咎。

　　九五，鸿渐于陵，妇三岁不孕；终莫之胜。吉。

　　上九，鸿渐于陆，其羽可用为仪，吉。[1]

　　这一象征意义在《诗经》中亦有表现，前引《邶风·匏有苦叶》有"雍雍鸣雁，旭日始旦。士如归妻，迨冰未泮"，[2]就是借以鸿雁说婚期。在儒家制定的婚姻"六礼"（纳采、问名、纳吉、纳征、告期和亲迎）中，除"纳征"外，男方都要把雁作为重要礼物赠送给女家。东汉班固在《白虎通义·嫁娶》中说："《礼》曰：女子十五许嫁，纳采、问名、纳吉、请期、亲迎，以雁贽。"他解释："贽用雁者，取其随时而南北，不失其节，明不夺女子之时也。又是随阳之鸟，妻从夫之义也。又取飞成行，止成列也，明嫁娶之礼，长幼有序，不相逾越也。又昏礼贽不用死雉，故用雁也。"[3]然而鸿雁并不只是象征婚恋，《小雅·鸿雁》表达了流离失所、劬劳和哀伤：

　　鸿雁于飞，肃肃其羽。之子于征，劬劳于野。爰及矜人，哀此鳏寡。

　　鸿雁于飞，集于中泽。之子于垣，百堵皆作。虽则劬劳，其究安宅。

　　鸿雁于飞，哀鸣嗷嗷。维此哲人，谓我劬劳。维彼愚人，谓我宣骄。[4]

　　在后代又发展出了不少新的意象。例如象征书信往来，有"鸿雁传书"；象征背井离乡、孤单无侣之羁旅愁情，有"孤雁"和"离雁"；象征秋悲、秋愁，有"霜雁"……[5]它们是伴随社会发展变化不断出现的，社会交往、流动空间不断扩大是其中一个重要的方面。

　　无论怎样被演绎和被赋予何种象征意义，始终不能离开大雁作为一种候鸟春来秋去从不失信和飞翔之时排列成行这些重要生物学特征。其文化象征意义则显然并非"从一而终"，而是随着社会场景的变化而不断改变。其实，雁作为

[1]（清）阮元校刻本：《十三经注疏》，中华书局，1980年影印本，第63页。

[2]（清）阮元校刻本：《十三经注疏》，中华书局，1980年影印本，第303页。

[3] 陈正：《白虎通疏证》（下册），中华书局，1994年，第457页。

[4]（清）阮元校刻本：《十三经注疏》，中华书局，1980年影印本，第431-432页。

[5] 关于这些，已有研究者做过一些梳理，可以参阅。例如王翠霞：《雁意象探析》，《淮北煤炭师范学院学报》2003年第6期，第95-99页；刘增城：《论雁意象的历史积淀性及审美差异性》，《安徽理工大学学报》2006年第1期，第51-54页。

"六礼"礼单上最重要的物品，是否从一开始便具有婚姻信义的象征意义，还值得进一步探究。也许是像有的学者所说：男方向女方送雁、鹿皮、丝织品，可能是古老"买卖婚"的孑遗，最初都具有经济意义而并无象征意义：一个男人要娶哪家姑娘为妻，必须送些财物作为经济补偿并显示自己的谋生能力。随着婚媾馈赠和补偿行为逐渐礼节仪式化，形式渐渐重于内容，演变成了一种象征性的礼仪物品而已。[1]这或许是雁作为婚姻象征物品的更早的历史渊源。

"万物有灵"观念根源于原始的生命意识。但早在周代，华夏民族就形成了一种与自然交融的独特人本主义精神，对自然环境的认知亦相应发生了变化，原始的"万物有灵观"开始升华为人文与自然交融的"万物有情观"。人们把自己的思想情感投注于自然，借用各种物象，表达爱、恨、情、仇、喜、乐、忧、思，体现孝、悌、忠、义、仁、信、礼、智；反过来，亦以感性态度、道德精神来认识自然世界，运用社会伦理的话语来解说自然事物和现象。在中国传统社会，自然与社会交互阐释是相当普遍的一种思想模式，人与自然因而不仅成为一个"生命共同体"，而且成为一个"道德共同体"。由此看来，"天人感应""天人合一"思想之出现，乃是理所当然和顺理成章的。它们与当代生态伦理学和环境伦理学所谓的"生态道德""环境伦理"具有一定历史联系，但并非同一码事，实际内容更加丰富多彩。

总而言之，在《诗经》时代，由于社会文化变迁加速，人文与自然彼此涵化的进程明显加快，人的精神情感与各种生物和非生物现象缠结日益紧密，许多方面具有重要发生学意义。这既是一个自然的"人化"过程，也是一个不断增强和扩大对自然世界的观照、认知与诠释的过程，对传统社会的环境意识和自然情感具有重要而深远的影响。

---

[1] 李衡眉曾专门论述古代婚礼执雁。李衡眉：《先秦史论集》，齐鲁书社，1999 年，第 208-219 页。

第三章

战国、秦、汉——"农本"模式之确立

第一节　时代概述

"二十三年，初命晋大夫魏斯、赵籍、韩虔为诸侯。"[1]

这是被誉为中国史学双璧之一的《资治通鉴》在开篇记载的第一个事件——"三家分晋"，发生于周威烈王二十三年，即公元前 403 年。许多学者把那一年当作春秋与战国两个时期的分界，该事件则被认为具有历史标志性的意义。然而它只不过是在那半个世纪之前一场政治厮杀的后续，早就徒有虚名的天下共主——周威烈王以册命诸侯的方式，无可奈何地接受了那场政治厮杀的结果。

晋国是周天子同姓诸侯，为宗周重要屏藩之一，主要根基在今晋中南地区。晋国强盛之时，"西有河西，与秦接境，北边翟，东至河内。"[2]晋文公更是著名的"春秋五霸"之一。然而由于激烈的内部争斗，晋国公族逐渐没落，诸卿擅政，彼此攻杀，至春秋晚期，赵、魏、韩、范、智、中行氏六家执政，史称"六卿"；范氏、中行氏先灭，余下的智、赵、韩、魏四氏以智氏最强大。智伯荀瑶专政，骄横贪婪，向韩、赵、魏"请地"，赵国不允。公元前 455 年，智伯胁迫韩、魏攻赵，引晋水灌城，志欲灭之。基于共同利益，赵氏劝说韩、魏联手，反而放水淹灌智氏军营，擒杀智伯，瓜分其地，是为著名的"晋阳之

[1]（宋）司马光：《资治通鉴》卷 1，中华书局，1956 年，第 2 页。
[2]（汉）司马迁：《史记》卷 39《晋世家第九》，中华书局，1959 年，第 1648 页。

战"——可能是中国古籍记载最早的一次以水攻方式克敌制胜的战例。公元前434年，韩、赵、魏又瓜分了晋国的剩余土地，仅将绛和曲沃两地留给晋幽公，形成三晋鼎立的局面。又过了大约60年，公元前375年，韩、赵、魏瓜分了晋国的全部剩余土地，晋国彻底灭亡。

"三家分晋"只是春秋时期诸侯内部无数侵凌、攘夺事件中的一个典型，它标志着周朝政治大厦的主要支柱——分封制度正式摧折。在诸侯互相攻掠、彼此争霸的过程中，众多弱小诸侯相继被强国吞并，进入战国以后，逐渐合并为齐、楚、燕、韩、赵、魏、秦七国，史称"战国七雄"，它们以更频繁而惨烈的兼并战争不断改变着疆域版图。为保持军事优势，各国相继推行一系列变法，中国历史进入一个急剧、深刻而全面变革的阶段：在政治上，分封、世卿世禄制度瓦解，郡县、官僚制度出现，血缘政治逐渐为地缘政治所取代；在社会经济上，宗法关系日益松弛，农村公社组织不断瓦解，以"田里不鬻""井田"分授和劳役地租为特征的封建领主制经济，逐渐被土地兼并、买卖和计亩征税的地主制经济所代替；在思想文化上，春秋以降学派林立、百家争鸣的活跃局面继续发展。在这个表面非常纷乱的历史大变局中，华夏社会逐渐走向更高程度的整合，农耕文明不断走向定型发展，胡、汉分立的二元格局亦逐步形成，为秦汉统一帝国的建立奠定了基础。

公元前221年，秦灭六国，建立了中国历史上第一个真正的统一王朝，疆域版图"地东至海暨朝鲜，西至临洮、羌中，南至北向户，北据河为塞，并阴山至辽东。"秦虽国祚短暂，二世而亡，但秦始皇分天下以为三十余郡、筑长城、修驰道、徙豪富，"一法度衡石丈尺。车同轨。书同文字"，[1]推行一系列有利于统一的政治、经济、文化措施，尤其是建立了皇帝独断的皇权——官僚政治体制，确立中央专制主义集权统治，具有极其深远的历史意义。汉承秦制，在加强国家统一、促进经济发展、推动社会进步诸多方面都取得了一系列成就，国家建立了统一的人口、土地、赋役与资源管理制度，以人口增殖和农区拓展为基本方向，以精细耕作为主要技术特色，以家庭为主要经营单位的农耕文明，取得了超迈前代、俯视寰宇的巨大成就。战国、秦、汉时代最终确定了汉族主体社会的"农本"生存与发展模式，不仅规定了今后2 000余年中国社会经济生

---

[1]（汉）司马迁：《史记》卷6《秦始皇本纪》，中华书局，1959年，第239页。

产运行和物质生活追求的主要方向，而且确立了人与自然关系演变的基本走向。

第二节　夷夏与胡汉：环境适应与文化分野

1983 年，吴于廑发表了一篇综论世界（主要是亚欧大陆）历史进程的宏文，题为《世界历史上的游牧世界与农耕世界》，[1]大略认为：距今约 10 000 年前，人类文化由旧石器向新石器过渡，农耕与畜牧约略同时发生。从此人类开始由食物采集者转变为食物生产者，包括以种植谷类为主的农业生产者和以繁殖畜类为主的牧业生产者，这是人类生产发展的一次伟大飞跃。农耕与畜牧最初往往互相结合，但后来逐渐分道扬镳，沿着两条不同道路发展：一条是从植物的驯化到农耕，另一条是从动物的驯化到游牧，分别适应于不同的自然环境——雨量充足、河渠充盈、土壤肥沃的地带，以农耕为主；雨水很少但草原辽阔的地带，以游牧为主。

在世界上适宜农耕种植的地区，先后出现了几个各具特色的农业中心：西亚的美索不达米亚周围地带为麦作中心，中国的黄河流域培育了稷（粟），长江以南、东南亚和印度恒河流域主要栽培水稻，美洲的墨西哥则培育了玉米。农耕由这些中心向其他宜农区域缓慢扩展。几千年之后，绵亘于亚欧大陆两端之间，形成了一个长弧形的农耕带：中国黄河、长江流域，南亚印度河、恒河流域，西亚、中亚由安那托尼亚至伊朗、阿富汗，欧洲由地中海沿岸至波罗的海之南，由不列颠至乌克兰，与亚欧大陆毗连的地中海南岸，都先后成为农耕和半农耕地带。几乎与农耕地带平行，自西伯利亚东侧，经中国东北、蒙古、中亚、咸海里海之北、高加索、南俄罗斯，直到欧洲中部，为游牧地带，自东而西横亘于亚欧大陆的中部。

在亚欧大陆上，宜于农耕的地带基本偏南，宜于游牧的地带基本偏北，构成了两个世界，大致分界线，自东往西是兴安岭—燕山—阴山—祁连山—昆仑山—兴都库什山—萨格罗斯山—高加索山—喀尔巴阡山。这两个世界的经济、社会具有不同特色，富庶程度和文明水平存在显著差异，它们之间的交往互动，既以和平的方式，亦有战争暴力的方式。贫瘠落后、流动性和机动力强的游牧

---

[1] 吴于廑：《世界历史上的游牧世界与农耕世界》，《云南社会科学》1983 年第 1 期，第 47-57 页。

民族，相对于自给自足、彼此闭塞的农耕社会，往往表现出军事上的优势。农耕世界虽然在军事上处于劣势，但由于它在经济和文化上具有先进性和优越性，故在历史进程中显示出更加强大的吸收和融化其他部族的能力。

自公元前 2000 年以降，游牧民族先后三次掀起对农耕世界的巨大冲击浪潮，极大地影响了人类文明进程，构成了古代亚欧大陆的重要历史线索。每次冲击浪潮过后，都有很多来自游牧世界的游牧部族、倾向于农耕或开始从事农耕的半游牧部族，被吸收、融化于农耕世界之中。公元前后三千年南农北牧矛盾历史运动的结果，是农耕世界日趋扩大，游牧世界日趋收缩。

吴于廑站在历史制高点上观察亚欧文明（包括中国文明）进程，具有极大思想启发性，不仅有助于从整体上把握数千年的历史脉动，亦有助于采用广域视野来认识人口种族—经济方式—自然环境之间的历史关系。在中国历史上，农耕与游牧两条道路的分化、两个社会的分野及其彼此之间的互动，较之其他国家和地区，脉络和节奏更加清晰，并且表现出显著不同的历史特征和后果。其中最重要的特点是，游游民族对农耕社会的屡次巨大冲击，并未打断中国文明五千年的发展进程，中国文明一次又一次历经浴火而重生，不断以崭新的姿态继续向前迈进。在所有这一切的背后，自然环境一直扮演着非常重要的角色：它一面是冷峻无情的推手，一面又是宽厚容纳的母亲。结合自然环境因素进一步解说中国历史的脉动与节奏，是环境史研究的一个重大课题。

一、夷夏杂处：环境、生业与竞争

在数千年历史长河中，中国大地上的农耕和游牧两种文明一直平行发展，彼此既有和平交流带来的共同进步，更有战争搏杀造成的社会震荡，形成了多次历史旋回周期。自夏、商至于春秋时期可被视为第一个历史旋回周期，虽不如后来几个周期那么轮廓分明，但历史意义极为深远。正是在第一个旋回周期结束之后，农耕与游牧两种经济文化体系在地域空间上形成了相当明确的分野：游牧者驰骋于草原大漠，农耕民则定居在黄河两岸，两者不唯政权分庭抗礼，生计模式、社会构造、政治体制和文化风尚亦都迥然不同，形成了典型的二元文明空间格局。下面就其实际历史过程略做叙述。

前面曾经叙说周朝大量分封诸侯促进了中原区域农耕化，但这是一个相当长的历史过程，经历多个世纪之久。最初分封的诸侯国家，其实只是姬周部族联盟设立的一个个殖民据点，实际控制区域相当狭小，各诸侯国周围甚至封疆以内还散布着大量戎、狄、夷、蛮，他们的生业方式、社会构造和生活习惯均不同于"诸夏"。宋人洪迈指出：

> 成周之世，中国之地最狭，以今地里考之，吴、越、楚、蜀、闽皆为蛮，淮南为群舒，秦为戎。河北真定、中山之境，乃鲜虞、肥、鼓国。河东之境，有赤狄、甲氏、留吁、铎辰、潞国。洛阳为王城，而有杨拒、泉皋、蛮氏、陆浑、伊雒之戎。京东有莱、牟、介、莒，皆夷也。杞都雍丘，今汴之属邑，亦用夷礼。邾近于鲁，亦曰夷。其中国者，独晋、卫、齐、鲁、宋、郑、陈、许而已。通不过数十州，盖于天下特五分之一耳。[1]

那时，黄河南北好像众水乱流的漫滩，大小部族采用不同的方式营谋生计，虽然先进的部族如周人、商人和夏人拥有比较发达的农业，但大体仍是农、牧、采、捕兼营的混合型经济，农耕与游牧部族尚未形成泾渭分明的差别，有些部族甚至尚未进入农牧阶段，仍以采集、捕猎为主要营生。史念海曾对西周至春秋时期散布在各国的戎、狄、夷、蛮进行过详细考论，指出"西周时期非华族固有居住于华族的周围者，也有居于中土而与华族杂居者。"不但中原周围地区部族众多，各诸侯国之间乃至诸侯国属地之内也有许多非华夏族裔，连周朝的最核心地区——关中和洛邑周围，亦有不少戎人部落，这种"夷夏杂处"的局面，直到春秋初期尚未根本改观。[2]

这种局面是由那个时代的人口与土地关系状况所决定。其时，中原人口依然甚少，殖民统治者——诸侯及其族众聚居在"国"内，国都城邑之外为"郊"，是易于就近垦辟为农田的地方；郊之外为"牧"，是放养畜群的牧场；牧之外则是"野""林""垌"，大抵都是狐狸所居、豺狼所噑、荆棘丛生、遍地榛莽的荒野。[3]许多文献都直接或间接地反映：早先诸侯国家之间的空荒地带非常广袤，

---

[1]（南宋）洪迈撰，孔凡礼点校：《容斋随笔》卷5《周世中国地》，中华书局，2005年，第64页。

[2] 史念海：《西周与春秋时期华族与非华族的杂居及其地理分布》（上、下两篇），分载《中国历史地理论丛》1990年第1辑，第9-40页；1990年第2辑，第57-84页。

[3]《尔雅·释地》云："邑外谓之郊，郊外谓之牧，牧外谓之野，野外谓之林，林外谓之垌。"说明那个时代曾用多个名词分别指称距离都邑远近不同的土地。中华书局，1980年影印本，第2616页。

这些地方大抵是"诸夏"之外的部族栖息、生存的空间。

《诗经》时代，随着农业发展和人口增多，土地垦殖逐渐向愈来愈远距离的地方展开，中原地区朝着区域农耕化方向迈进了一大步。这一方面使得原本相隔遥远的诸侯国家逐渐连境接壤，彼此之间的土地争夺随之发生并愈演愈烈；另一方面更使原本栖身山林、混迹草莽的非华夏部族的生存空间不断受到挤压，夷夏、华戎之间的生存竞争因之渐趋激烈。

其实，自原始社会末期开始，不同族群和部落之间的生存竞争就一直不曾停歇，这是文明和国家起源的重要动力之一，周代国家建立过程已经清楚地反映了这个事实。但不同时期竞争目的、方式和表现都存在差异。西周以降，部族之间的冲突集中表现为拥有不同生业的部族围绕生存空间——土地资源而展开争斗。周朝从立国之前到立国之后，总体发展趋向是自西往东开拓，在东南方向往往采取攻势，居于主动，于西北方向则一般采取守势，处于被动地位。武王伐纣以后，东方许多部族并未归服，故有周公东征。直到周宣王时期，仍多次发动对淮夷、徐夷和荆蛮的征伐战争。但在西北方向，先周时期就不断受诸戎侵扰和逼迫，周朝建立以后，诸戎的威胁一直未能彻底解除，最终竟因犬戎荡毁丰镐而被迫东迁。

及至春秋时期，戎、狄等非华夏部族对诸侯列国造成日益严重困扰，他们频繁侵扰"诸夏"，曾攻陷邢国和卫国的国都、灭亡了温国，还举兵攻掠齐、燕、郑等大国，连周王室亦遭其蹂躏，太行山以东的北部诸侯国家更是随时面对兵临城下的威胁。在这种情形下，齐桓公图谋霸业，乃打出"尊王攘夷"旗帜，在管仲谋划下，以齐国为首的"诸夏"阻止了狄人势力向黄河以南蔓延，安置了邢、卫等国公室，捍卫了华夏文明，孔子曾经赞叹说："微管仲，吾其被发左衽矣！"[1]其中应不只是赞扬管仲辅佐齐桓公帅诸侯、尊天子，避免了君不君、臣不臣的混乱局面，还应包括其"攘夷"之功。秦、晋等国也相继通过攘夷，扩充疆土，奠定霸业。事实上，攘夷运动贯穿于整个春秋战国时期，在中原社会不断整合的同时，那些在生业方式上不断向游牧特化发展的部族则向北退却，离开了中原地区。关于这一历史过程，司马迁做过相当完整的回顾，兹择要引述如下。

---

[1]《论语·宪问》，中华书局，1980 年影印本，第 2512 页。

一是春秋时期：

当是之时，秦晋为强国。晋文公攘戎翟，居于河西圁、洛之间，号曰赤翟、白翟。秦穆公得由余，西戎八国服于秦，故自陇以西有绵诸、绲戎、翟、獂之戎，岐、梁山、泾、漆之北有义渠、大荔、乌氏、朐衍之戎。而晋北有林胡、楼烦之戎，燕北有东胡、山戎。各分散居溪谷，自有君长，往往而聚者百有余戎，然莫能相一。

二是战国时期：

自是之后百有余年，晋悼公使魏绛和戎翟，戎翟朝晋。后百有余年，赵襄子逾句注而破并代以临胡貉。其后既与韩魏共灭智伯，分晋地而有之，则赵有代、句注之北，魏有河西、上郡，以与戎界边。其后义渠之戎筑城郭以自守，而秦稍蚕食，至于惠王，遂拔义渠二十五城。惠王击魏，魏尽入西河及上郡于秦。秦昭王时，……遂起兵伐残义渠。于是秦有陇西、北地、上郡，筑长城以拒胡。而赵武灵王亦变俗胡服，习骑射，北破林胡、楼烦。筑长城，自代并阴山下，至高阙为塞。而置云中、雁门、代郡。其后燕有贤将秦开，为质于胡，胡甚信之。归而袭破走东胡，东胡却千余里。……燕亦筑长城，自造阳至襄平。置上谷、渔阳、右北平、辽西、辽东郡以拒胡。当是之时，冠带战国七，而三国（按：指燕、赵、秦）边于匈奴。其后赵将李牧时，匈奴不敢入赵边。后秦灭六国，而始皇帝使蒙恬将十万之众北击胡，悉收河南地。因河为塞，筑四十四县城临河，徙谪戍以充之。而通直道，自九原至云阳，因边山险堑溪谷可缮者治之，起临洮至辽东万余里。又度河据阳山北假中。

三是秦朝汉初：

当是之时，东胡强而月氏盛。匈奴单于曰头曼，头曼不胜秦，北徙。十余年而蒙恬死，诸侯畔秦，中国扰乱，诸秦所徙谪戍边者皆复去，于是匈奴得宽，复稍度河南与中国界于故塞。

冒顿既立……大破灭东胡王，而虏其民人及畜产。既归，西击走月氏，南并楼烦、白羊河南王。悉复收秦所使蒙恬所夺匈奴地者，与汉关故河南塞，至朝那、肤施，遂侵燕、代。是时汉兵与项羽相距，中国罢于兵革，以故冒顿得自强，控弦之士三十余万。……

自淳维以至于头曼千有余岁，时大时小，别散分离，……至冒顿而匈奴最强大，尽服从北夷，而南与中国为敌国……[1]

司马迁分阶段叙述诸夏与戎狄的斗争过程及其空间变化，脉络相当清晰，虽然并未明确指出这是两种不同生业方式竞争的结果，但他清楚地表明斗争的焦点是争夺土地资源。事实上，那个时代的一切争斗，不论是华夏民族内部诸侯列强的兼并厮杀，还是华夏与戎狄之间的侵扰征伐，都是为了获得更多土地。对于以农耕为主的民族来说，土地是现实或潜在的农田；对于以放牧、射猎为主的民族，土地则是牧地和猎场。正如司马迁所述，战国时期是华夏与戎狄斗争的决胜阶段，前者大获全胜，后者则被斥逐出中原。兹欲特别指出的是：华夏民族之所以能够获胜，乃因诸侯列国基于兼并战争的需要积极推动农耕经济发展，大大增强了实力；戎、狄民族遭到斥逐，或则因为农耕水平不及华夏部族，或则由于其坚守放牧和射猎的生产方式，而这些方式在中原地区的自然环境条件下并不具备竞争的优势。

战国时期，被绑上时代战车上的诸侯列国为了增强军事实力，几乎无一例外地推行重农政策，积极招诱人口、垦辟草莱，精耕细作和地尽其力亦受到强力提倡和鼓励。伴随着政治统一、社会整合的历史进程，中原地区最终完全实现了农耕化，成为一个单纯的农业区，放牧经济则不断走向萎缩，最终被排挤出中原。在此过程之中，原本以放牧和射猎为生、与诸夏杂处的部族，有不少相继被征服，被纳入国家编户，变成种地、输租和服役的农民，成为华夏的一员。而那些没有被征服的部族，则要么逃匿于更加避远的深山老林，要么北迁到草原大漠。这些社会组织松散、文明水平低下的族群，根本无法阻挡农业文明发展的浩浩洪流，原因很明确：中原水、土、光、热和动植物种条件适宜发展集约化农耕生产。春秋、战国时期农业生产工具和技术的显著进步，更使得农耕稼穑的能量转换效率远高于放牧，单位面积土地所能养活的人口往往高于

---

[1]（汉）司马迁：《史记》卷110《匈奴列传》，中华书局，1959年，第2883-2890页。

后者数倍。正因如此，在激烈生存竞争和土地争夺中，农耕民族和农耕文化表现出显著的优势，将游牧经济及其从业者排挤出局。

　　不过，一些被排挤出中原地区的部族，在北方辽阔草原找到了更适宜于放牧生活的空间：那里的自然环境与中原殊异，气候冷干，但土地辽阔，水草丰美，更有利于畜群大量繁育。在那样的自然环境下，游牧比农耕更具生态适应性与生存竞争优势。故而，即便是原本并不专事牧畜甚至曾经主要经营农业的部族，流徙到草原大漠之后，亦不得不转变成骑马射猎的游牧者。环境与文化的共同作用，就是这样不断强化了两个区域生业方式的差异，不仅形成了农牧经济的地域分野，而且形成了南北对垒的国家政权，以及面貌和气质殊异的社会文化。就在战国时期，北方众多部族以戎狄为主体，逐渐结成游牧民族集团，它们之中迅速崛起了一个强悍的民族——匈奴。当中原地区诞生庞大的中央集权农业帝国之时，草原大漠上的匈奴人也建立了中国历史上的第一个强大游牧帝国。两者各有一个新的统一名号：前者叫作"汉"，后者则称为"胡"。[1]至此，农牧分野、胡汉对峙的二元局面终告形成。

　　秦汉以降，农耕和游牧两个民族集团、两种生业方式和两种文明体系，以新的历史姿态持续展开生存竞争。在两者实力大体相当之时，双方的疆界沿着一条大致界线作南北小幅摆动，彼此之间亦大体上能够相安无事，较多和平交往；而一旦双方实力明显失衡，其疆界便根据战争对决的结果发生大幅变动。在大多数情况下，中原帝国获胜之后主要采用羁縻（与自治差不多）的方式控御那些暂时屈服的游牧者。相反，每当游牧民族力量强大、中原社会因内部动荡而丧失抗衡、防守能力，前者就会像潮水一般大量涌入内地，成为中原甚至全国的政治统治者。有趣的是，大量涌入中原的游牧民族，虽然一开始常常意欲保持原有的经济、文化传统甚至易农田为牧场，但不久之后便彻底放弃其世代传承的马上生活方式，变成"安土重迁"的农民和附庸风雅的士人，并且还像先前的中原人民一样，随时面对草原大漠继起游牧民族的金戈铁马。

　　在中国古代，这样的情形重复了多次，故我们借用"气候旋回"之说称之为"历史旋回"——事实上，两种"旋回"之间具有一定的耦合关系，民族迁移、王朝兴衰或多或少地与周期性气候变动相关，故颇有学者一直努力论证周

[1] 史载单于遣使遗汉书云："南有大汉，北有强胡。"《汉书》卷 94 上《匈奴传上》，中华书局，1962 年，第 3780 页。

期性气候变化与古代王朝起伏盛衰之间的历史脉动和对应关系。[1]每次游牧民族大量内迁所导致的巨大震荡，都引发中原人口大量南迁，同时引发南方土著连锁迁移，幅度愈来愈大：先是江淮之间，然后是长江以南，最后直至岭南。南迁的移民不断在这些地区进行垦殖耕种，将它们打上永不磨灭的中国印记，中国农业文明则因新领地之开拓而获得更加辽阔的发展空间。但农业文明朝北方的发展却一直无功可陈，几千年来，农耕社会基本上一直被阻挡在大约 400毫米年均等降水线以东以南地区。直到清朝开放关禁，东北地区成为农耕社会开拓的最后一片黑金土地，那里纬度虽高，却是位于降水可观的湿润气候带。

要之，由于自然因素特别是气候因素的深刻影响，在环境条件、生业方式等多种因素的交互作用下，中国逐渐形成了农耕与游牧两个族群（社会、文明）单元。数千年来，农耕与游牧民族的互动，既是社会文明演变的重要内容和线索，也是人与自然关系发生大幅调整变化的主要动因之一。无论期间的历史戏剧多么波澜壮阔，矛盾冲突多么错综复杂，都可以归结为两种具有不同生态环境适应性的社会生业方式之间的竞争。黄河中下游"夷夏杂处"局面消失和二元格局形成，正是两种生业方式第一回合竞争的历史结果。

二、胡汉分立：长城内外的民族互动

细心的读者一定已经注意到：在前文所引《史记》材料中多次出现了"长城"。这一人类历史上最宏伟的建筑，妇孺皆知，声著寰宇，研究论著堆积如山。长城修筑过程、防御功能和历史意义都早已成为常识，似乎无须再作论说。不过，从环境史角度重新考察，仍有可能发掘出某些新的历史意蕴。

毫无疑问，长城首先是捍卫中原农耕文明的屏障，从最朴素的意义上讲，它就是华夏民族保家护院的一道篱笆墙，古人即称之为"藩篱"。《史记》云：秦始皇"……乃使蒙恬北筑长城而守藩篱，却匈奴七百余里，胡人不敢南下而牧马，士不敢弯弓而报怨"；[2]《汉书》亦谓秦始皇"……乃使蒙恬北筑长城而守藩篱，却匈奴七百余里，胡人不敢南下而牧马，士不敢弯弓而报怨。"唐代颜

---

[1] 此类论著众多，但我们并不认同将两者之间的关系做机械对应。对此第四编将有专门论述，兹暂从略。

[2]（汉）司马迁：《史记》卷6《秦始皇本纪》，中华书局，1959年，第280页。

师古解释说："以长城扞蔽胡寇，如人家之有藩篱。"[1]只是这道篱笆绵延万余里，高墙巨制世界独一无二，《史记》又云："秦已并天下，乃使蒙恬将三十万众北逐戎狄，收河南。筑长城，因地形，用制险塞，起临洮，至辽东，延袤万余里。于是渡河，据阳山，逶蛇而北。"[2]号称"万里长城"，名副其实。但这个巨大的"篱笆墙"是陆续修筑起来的，此前燕、赵、秦三国早就在各自的北边修建长城；而战国列强都曾在本国边境修筑过长城，并不都是针对戎狄，也是兼并战争时代华夏诸国彼此防御的需要。秦朝统一以后，在内地拆毁城郭、决通川防、修通驿道，以实现最大程度的整合和沟通，相信内地各国长城都在拆毁之列；而对北边的燕、赵、秦长城，则不惜征调浩繁民力，东西连成一线，形成防遏游牧民族内犯的万里屏障。

在汉代人心中，长城曾经是一个明确的胡汉疆界，一道双方约定不得逾越的"停火线"。汉文帝曾在一封给匈奴单于的信中说道："先帝制：长城以北，引弓之国，受命单于；长城以内，冠带之室，朕亦制之。使万民耕织射猎衣食，父子无离，臣主相安，俱无暴逆。"[3]这一约定，在汉代不时被双方提起，例如西汉末期乌珠留单于仍说："孝宣、孝元皇帝哀怜，为作约束，自长城以南天子有之，长城以北单于有之。有犯塞，辄以状闻；有降者，不得受。"[4]防御墙也好，停火线也罢，长城能否发挥实际作用，始终取决于双方实力的较量。自汉朝以来，役使无数百姓修筑长城，一直被当作嬴秦暴政的一条主要罪状，不少人（包括唐太宗）否认长城阻挡异族内犯的功能。关于这些，前人已经做了无数论说，不必重复。

兹欲稍予讨论者，是长城作为一个重要标识的环境史意蕴。固然，长城首先反映出古代中原王朝与北方游牧政权之间的对垒和分隔——按照吴于廑的理论，它就是亚欧大陆东部农耕世界与游牧世界之间的分界线。然而这个分界线虽是人工构筑形成的，却具有特定的自然环境基础。不少学者已经注意到：长城的位置和走向，与400毫米年均等降水线大致吻合，该线之两侧，自然环境差异显著，民族经济和社会文化面貌显著不同，表明自然因素特别是降水因素，对长城修筑具有基础性意义。换言之，自然环境的差异造就了两种不同的人与

---

[1]（汉）班固：《汉书》卷31《陈胜项籍列传》，中华书局，1962年，第1823页。

[2]（汉）司马迁：《史记》卷88《蒙恬列传》，中华书局，1959年，第2565-2566页。

[3]（汉）司马迁：《史记》卷110《匈奴列传》，中华书局，1959年，第2902页。

[4]（汉）班固：《汉书》卷94下《匈奴传下》，中华书局，1962年，第3818页。

自然关系模式，长城便是这种差异和不同的重要历史标识。

战国秦汉时代，人们已经察觉不同区域和民族之间存在着诸多差异，当时有一些特殊话语被用于概括这种差异。例如，从事农耕的民族被为"粒食之民"，骑马射猎的游牧民族则被称为"引弓之民"，西域又有所谓"居国"与"行国"之分。差异最显著的，自然是长城内外、胡汉之间。在记述北方游牧民族之时，中原人士往往是以本民族的情况作为参照系，这在《史记》和《汉书》中都有所反映。司马迁第一次比较全面地概括了匈奴人的经济、社会、政治面貌，被后代史书引为记述异族的范本。《史记》云：

匈奴，其先祖夏后氏之苗裔也，曰淳维。唐虞以上有山戎、猃狁、荤粥，居于北蛮，随畜牧而转移。其畜之所多则马、牛、羊，其奇畜则橐驼、驴、蠃、駃騠、騊駼、驒騱。逐水草迁徙，毋城郭常处耕田之业，然亦各有分地。毋文书，以言语为约束。儿能骑羊，引弓射鸟鼠；少长则射狐兔：用为食。士力能弯弓，尽为甲骑。其俗，宽则随畜，因射猎禽兽为生业，急则人习战攻以侵伐，其天性也。其长兵则弓矢，短兵则刀鋋。利则进，不利则退，不羞遁走。苟利所在，不知礼义。自君王以下，咸食畜肉，衣其皮革，被旃裘。壮者食肥美，老者食其余。贵壮健，贱老弱。父死，妻其后母；兄弟死，皆取其妻妻之。其俗有名不讳，而无姓字。[1]

这段介绍，涉及匈奴的历史、物产、土地利用、谋生方式、衣食状况、家庭关系、民族习性、社会风俗等多方面的情况，他的观察和叙述显然是以汉人社会作为参照。司马迁没有明言这些特征是环境所致，但汉人常常提到自然环境对北方民族生产、生活方式的影响。西汉初期，晁错就明确地指出："夫胡貉之地，积阴之处也，木皮三寸，冰厚六尺，食肉而饮酪，其人密理，鸟兽毳毛，其性能寒。"又说："胡人衣食之业不着于地，其势易以扰乱边竟。何以明之？胡人食肉饮酪，衣皮毛，非有城郭田宅之归居，如飞鸟走兽于广野，美草甘水则止，草尽水竭则移。"[2]他显然已经认识到自然环境与胡人体质、生业和生活习性之间的关系，并认识到胡人的生业方式和生活习性使之容易侵扰边境。

[1]（汉）司马迁：《史记》卷110《匈奴列传》，中华书局，1959年，第2879页。
[2]（汉）班固：《汉书》卷49《晁错传》，中华书局，1962年，第2284-2285页。

　　匈奴人对自己与汉族之间的差异同样也有相当认识，言语之间多有表露。长期充当匈奴大国师的燕人中行说一直积极为匈奴文化的合理性进行辩护，并力图维护和保持匈奴文化的特色。《史记》称：

　　初，匈奴好汉缯絮食物，中行说曰："匈奴人众不能当汉之一郡，然所以强者，以衣食异，无仰于汉也。今单于变俗好汉物，汉物不过什二，则匈奴尽归于汉矣。其得汉缯絮，以驰草棘中，衣裤皆裂敝，以示不如旃裘之完善也。得汉食物皆去之，以示不如湩酪之便美也。"于是说教单于左右疏记，以计课其人众畜牧。[1]

　　汉族的丝绸和食品，历来为游牧民族所喜好和企羡。然而在中行说看来，匈奴之所以强盛，正由于拥有出自游牧生产的衣食物品——旃裘、湩酪，无须仰给于汉人。

　　同书同传又载：

　　汉使或言曰："匈奴俗贱老。"中行说穷汉使曰："而汉俗屯戍从军当发者，其老亲岂有不自脱温厚肥美以赍送饮食行戍乎？"汉使曰："然。"说曰："匈奴明以攻战为事，其老弱不能斗，故以其肥美饮食壮健者，盖以自为守卫，如此父子各得久相保，何以言匈奴轻老也？"汉使曰："匈奴父子乃同穹庐而卧。父死，妻其后母；兄弟死，尽取其妻妻之。无冠带之饰，阙庭之礼。"中行说曰："匈奴之俗，人食畜肉，饮其汁，衣其皮；畜食草饮水，随时转移。故其急则人习骑射，宽则人乐无事，其约束轻，易行也。君臣简易，一国之政犹一身也。父子兄弟死，取其妻妻之，恶种姓之失也。故匈奴虽乱，必立宗种。今中国虽详不取其父兄之妻，亲属益疏则相杀，至乃易姓，皆从此类。且礼义之敝，上下交怨望，而室屋之极，生力必屈。夫力耕桑以求衣食，筑城郭以自备，故其民急则不习战攻，缓则罢于作业。嗟土室之人，顾无多辞，今喋喋而占占，冠固何当！"

　　自是之后，汉使欲辩论者，中行说辄曰："汉使无多言，顾汉所输匈奴缯絮

---

[1]（汉）司马迁：《史记》卷110《匈奴列传》，中华书局，1959年，第2899页。

米蘖。令其量中，必善美而已矣，何以为言乎？且所给备善则已；不备，苦恶，则候秋孰，以骑驰蹂而稼穑耳。"日夜教单于候利害处。[1]

中行说与汉朝使者之间的这些对话，颇有"文化优劣"争辩的味道。在汉使眼中，匈奴"贱老"、缺少冠带礼仪、父子同庐而卧和"收继婚"等，都是落后而不符合伦理的奇风陋俗；而在中行说看来，这些习俗都是与匈奴人的环境适应方式和经济生产方式相配的，有着自我具足的内在合理性，汉人礼法和生活方式其实也存在着严重弊病。他的这些观念，颇有"文化相对主义"的意味。

在诸多差异之中，由长城内外自然环境所决定，或受其严重制约的生业方式之差异是根本性的。与汉族农耕经济相比，游动放牧是一种不完全的经济，具有严重不稳定性与脆弱性。由于逐水草而牧畜，游牧民族游荡不定，缺少物质积累，身家性命几乎完全悬系于活体的畜群，抗御自然灾害的力量非常薄弱，一场严重雪灾、旱灾或瘟疫，便可能使之一蹶不振甚至举族毁灭。正因如此，游牧民族富有侵略性，劫掠农耕民族是他们获取生计补充的一个重要途径，其政权亦往往是其兴也勃焉、其亡也忽焉；另一方面，游牧与农耕两个社会虽互不相属、甚至常常彼此对抗，但彼此之间的经济具有相当的互补性，游牧民族对农耕社会，甚至存在着一定经济依赖。因之，即便有长城这样的屏障阻隔，双方之间的物种交换和能量流动从未停止过：农耕社会从游牧社会那里获得家畜良种和各种畜产品，游牧民族则从中原汉族获得粮食、布帛和其他生活物品。交换和流动通过多种方式进行，除战争掳掠之外，馈赠（包括贡献和赐予）和互市贸易都是重要途径。事实上，从汉代开始，长城既是军事防御前线，亦是商贸活动边市。这些情况在《史记》《汉书》里都有清楚的反映。

不仅如此，长城两侧的自然环境及其所造成的经济、社会差异，对中原王朝边疆、民族政策亦具有非常重要的影响，主要表现在以下方面：其一，在双方的历史互动过程中，中原王朝通常采取被动姿态、居于守势，除非迫不得已，不会轻易发动甚至反对发动对游牧民族的征伐战争，对异族犯境往往亦是驱离了事，设立长城的目标正在于防御而非进攻。这并非因为古代王朝缺乏疆土意识，亦非农耕社会思想保守、缺乏开拓性，而是因为在当时历史条件下，农业

---

[1]（汉）司马迁：《史记》卷110《匈奴列传》，中华书局，1959年，第2899-2900页。

帝国难以承受逾越重重关山和浩瀚沙漠发动大规模征战的巨大成本，关于这一点，王莽时期人严尤做过详细计算和论说。[1]其二，自秦汉以来，历代开疆拓土，在南方设郡县、任官吏，一直相当积极（西南地区除外）。而在北方，即使处在强势地位，甚至像汉武帝时期那样已经取得了全面胜利，也只是采用以下方式来处理民族关系：一是置边塞、驻戍卒、开垦田，对游牧民族实施监控和防御；二是将归降的游牧人口内迁安置在土地空旷并且易于管控的地区；三是即使在北边设立行政机构（如唐代的羁縻州等），亦都由游牧民族首领"自治"管理，只是松散的控驭而非实际的统治。班固在《汉书·匈奴传》的结尾有这样一段议论，他说：

　　夫规事建议，不图万世之固，而偷恃一时之事者，未可以经远也。若乃征伐之功，秦汉行事，严尤论之当矣。故先王度土，中立封畿，分九州，列五服，物土贡，制外内，或修刑政，或昭文德，远近之势异也。是以《春秋》内诸夏而外夷狄。夷狄之人贪而好利，被发左衽，人面兽心，其与中国殊章服，异习俗，饮食不同，言语不通，辟居北垂寒露之野，逐草随畜，射猎为生，隔以山谷，雍以沙幕，天地所以绝外内也。是故圣王禽兽畜之，不与约誓，不就攻伐；约之则费赂而见欺，攻之则劳师而招寇。其地不可耕而食也，其民不可臣而畜也，是以外而不内，疏而不戚，政教不及其人，正朔不加其国；来则惩而御之，去则备而守之。其慕义而贡献，则接之以礼让，羁縻不绝，使曲在彼，盖圣王制御蛮夷之常道也。[2]

---

[1]《汉书》载"莽将严尤谏曰：'臣闻匈奴为害，所从来久矣，未闻上世有必征之者也。后世三家周、秦、汉征之，然皆未有得上策者也。周得中策，汉得下策，秦无策焉。当周宣王时，猃允内侵，至于泾阳，命将征之，尽境而还。其视戎狄之侵，譬犹蚊虻之螫，驱之而已。故天下称明，是为中策。汉武帝选将练兵，约赉轻粮，深入远戍，虽有克获之功，胡辄报之，兵连祸结三十余年，中国罢耗，匈奴亦创艾，而天下称武，是为下策。秦始皇不忍小耻而轻民力，筑长城之固，延袤万里，转输之行，起于负海，疆境既完，中国内竭，以丧社稷，是为无策。今天下遭阳九之厄，比年饥馑，西北边尤甚。发三十万众，具三百日粮，东援海代，南取江淮，然后乃备。计其道里，一年尚未集合，兵先至者聚居暴露，师老械弊，势不可用，此一难也。边既空虚，不能奉军粮，内调郡国，不相及属，此二难也。计一人三百日食，用粮十八斛，非牛力不能胜；牛又当自赍食，加二十斛，重矣。胡地沙卤，多乏水草，以往事揆之，军出未满百日，牛必物故且尽，余粮尚多，人不能负，此三难也。胡地秋冬甚寒，春夏甚风，多赍釜鍑薪炭，重不可胜，食糒饮水，以历四时，师有疾疫之忧，是故前世伐胡，不过百日，非不欲久，势力不能，此四难也。辎重自随，则轻锐者少，不得疾行，虏徐遁逃，势不能及，幸而逢虏，又累辎重，如遇险阻，衔尾相随，虏要遮前后，危殆不测，此五难也。大用民力，功不可必立，臣伏忧之。今既发兵，宜纵先至者，令臣尤等深入霆击，且以创艾胡虏。'莽不听尤言，转兵谷如故，天下骚动"。（汉）班固：《汉书》卷94下《匈奴传下》，中华书局，1962年，第3824—3825页。

[2]（汉）班固：《汉书》卷94下《匈奴传下》，中华书局，1962年，第3833—3834页。

班固的议论虽然看上去相当"消极"，却是那个时代条件下的理性选择，大致代表了汉朝乃至多数朝代的主流观点。中原王朝如此处理问题，主要着眼点都是减少靡费——对草原大漠实行有效政治统治，经济成本实在太高了！

三、"农牧分界线"与"农牧交错带"

前面已经指出：自春秋战国时代开始修筑、至秦代连成一线的万里长城，在汉代已经被确认为胡、汉分立的固定疆界，对南北民族历史互动具有重要影响。并且还提到：自东北向西北蜿蜒延伸的万里长城，不论从位置还是走向上说都具有其自然背景。不过，这条疆界既非一条绝对不变的国界，更非农耕与游牧两种经济体系之间固定不移的界线。有时，长城以北地区也有局部的田畴沃野，长城以南亦设置过占地广大的牧场。由于自然气候波动、民族力量消长和人口迁移等多种因素影响，历代农耕和游牧两个民族常常沿长城一线呈南北拉锯式运动，农耕与游牧两种经济亦是来回摆动频繁，幅度或大或小。历史学、生态学和经济学研究者运用了两个互相联系的重要概念说明这种摆动和变化：一是"农牧分界线"，二是"农牧交错带"。

先说"农牧分界线"。从长时段的历史来看，农耕和游牧两个经济区域的边界，确实是以长城为基准线。然而具体到不同时代，实际的"农牧分界线"是处于不断变化之中。学者提出"农牧分界线"概念，最早的文献史料依据出自《史记·货殖列传》。其称：

夫山西饶材、竹、谷、纑、旄、玉石；山东多鱼、盐、漆、丝、声色；江南出楠、梓、姜、桂、金、锡、连、丹沙、犀、玳瑁、珠玑、齿革；龙门、碣石北多马、牛、羊、旃裘、筋角；铜、铁则千里往往山出棋置：此其大较也。[1]

在司马迁看来：天下经济大致可以分为四区，即山西、山东、江南和龙门—碣石一线以北，各有独特物产。其中龙门、碣石以北"多马、牛、羊、旃裘、筋角"，俱为畜牧产品，显然属于畜牧业发达地区。至于关中以西，"天水、陇

---

[1]（汉）司马迁：《史记》卷129《货殖列传》，中华书局，1959年，第3253-3254页。

西、北地、上郡与关中同俗，然西有羌中之利，北有戎翟之畜，畜牧为天下饶。"天水、陇西、北地、上郡以北戎翟地区显然也属于以牧为主的地区。东北方的燕、代地区"田畜而事蚕"，至少是农牧兼营。

"农牧分界线"不仅反映了农牧经济空间格局的历史变化，而且与民族关系变化甚至与古代王朝政治兴衰有关，自 20 世纪以来，已有不少学者特别是历史地理学家深入讨论过这个问题，史念海即曾有多种论著反复予以考论，他系统梳理了自西周至战国的农牧分界线，大略认为：西周时期农牧业地区的分界线是"由陇山之下向北绕过当时的密，也就是现在甘肃灵台县，折向东南行，由今陕西泾阳县越过泾河，趋向东北，过相当于今陕西白水县北的彭衙之北，东至今陕西韩城市，越过黄河，循汾河西侧，至于霍太山南，又折向南行，过浍河上源，至于王屋山，更循太行山东北，绕北燕国都城蓟之北，再东南至于渤海岸上。"周室东迁雒邑以后，一些从事畜牧生产的族类乘机向内地迁徙，使原来的农耕地区发生了若干变化。故春秋时期的农牧业地区分界线，在陇山以东"由秦国都城雍以北沿岐山、梁山东北行，再经麻隧、彭衙之北，而至于梁国的龙门山下。以今地来说，就是经过陕西泾阳、白水、韩城诸县市之北，而达于黄河之滨。这条分界线由龙门山下东越黄河，经屈之南，循吕梁山东麓东北行，至于今山西太原市阳曲县北，也就是当时盂县之北，又东南绕今盂县之南，东至太行山上、再循太行山东麓，过当时燕国都城蓟之北，而东南至于渤海之滨。"不过，在这条分界线之南，"春秋时还曾经有过各种戎狄杂居于诸侯封国之间，甚至周王室雒邑附近的伊洛流域，也有戎迹。这些杂居的戎狄，其初当然仍以畜收为生涯，由于与华夏诸国杂居于宜农地区，故后来也都逐渐舍弃其畜牧的旧俗，执耒耜操作于田亩之间了"。至于战国时期的情况，他认为："秦、赵、燕三国长城的修筑，隔绝了匈奴、东胡和其南农耕民族，这应该是当时的农牧业地区的分界线，虽然这三国的长城并不相互连接，但并无妨这条农牧业地区分界线的构成。不过这条农牧业地区分界线之南，畜牧业还占有相当比重的成分，甚至超过了当地农业的比重，因而这个地区就可以称为半农半牧地区。司马迁所规划的龙门—碣石一线相应地就成为农业地区和半农半牧地区的分界线。由龙门—碣石引申出来的达到陇山东西的一线，也应做如此解释。这条农业地区和半农半牧地区的分界线，是由于当时秦、赵、燕三国和匈奴、东胡之间的关系的变化而形成的"。[1]

史念海通过严密考证所得出的上述结论大致是可以接受的，特别是他把战国时期的燕、赵、秦三国长城作为农牧业分界线，而将《史记》记述的龙门—碣石一线作为农业与半农半牧地区的分界，可谓不刊之论。他所描述的春秋以前农牧分界线，与前文所叙"夷夏杂处"、农牧交错混杂的局面有些出入，但农牧业地区分界线历来都不是绝对固定的，史氏的划分至少符合这两种经济在南北地区的大小比重变化。

1999 年，史念海又刊文对西汉以后直至明清时期黄土高原农牧地区分界线的变化进行详细考论，他以司马迁所规划的农牧地区分界线作为基准，考察历代农牧分界线在黄土高原上的南北推移及其影响，进一步说明了农牧进退的大致历史阶段和过程。[2]

即就本章所论的阶段而言，自秦朝统一以后，为了抗御匈奴，国家通过屯田加强西北农业开发，农耕区域大幅向北推进直至阴山脚下，位于黄河以南、关中盆地以北的"河南地"，阡陌相连，村落相望，农业繁荣发达堪与关中媲美，时人号为"新秦中"。西汉时期，移民实边和西北屯田规模进一步扩大，仅汉武帝元狩三年（公元前 120 年），因关东大水，朝廷一次就组织迁移关东贫民 70 余万口到陇西、北地、西河、上郡等地，而那时"上郡、朔方、西河、河西开田官，斥塞卒六十万人戍田之。"[3]然而西汉末年以后，由于汉廷政衰，国力减弱，兼以气候趋向寒冷，西北游牧民族不断进逼关陇，农耕区域逐渐向东南退缩。此一趋势因东汉末年中原大乱而加剧发展，到了魏晋十六国时期，泾渭平原以北的黄土高原尽成游牧之地；直到公元 6 世纪特别是到唐朝，黄土高原的农耕经济才逐渐恢复，可能占据主导地位，但龙门、碣石以北的土地仍多用于安置内附的胡人，而国家监牧也主要分布在那个地区。[4]

由此可见，历史上的游牧与农耕分界线并非固定不变，而是不断地南北来回摆动。即使是长城，自战国时期燕、赵、秦三国长城至秦长城、明长城，具

---

[1] 史念海：《论两周时期农牧业地区的分界线》，《中国历史地理论丛》1987 年第 1 辑，第 19-57 页。

[2] 史念海：《司马迁规划的农牧地区分界线在黄土高原上的推移及其影响》，《中国历史地理论丛》1999 年第 1 辑，第 1-40 页。

[3] （汉）班固：《汉书》卷 24 下《食货志下》，中华书局，1962 年，第 1173 页。

[4] 关于这一变化过程及其环境影响，特别是对高原水土流失和黄河水文的影响，谭其骧曾有详细论述。参见谭其骧：《何以黄河在东汉以后会出现一个长期安流的局面——从历史上论证黄河中游的土地合理利用是消弥下游水害的决定性因素》，《学术月刊》1962 年第 2 期，第 23-35 页。

体线路和位置亦有变化。这些摆动和变化，既与民族力量消长有关，更与自然环境变化有关。

再说"农牧交错带"。从上面的叙述中可以看出，历史上的所谓"农牧分界线"，具体来说应当包括两条界线：一是半农半牧区与典型农业区之间的界线，二是半农半牧区与典型游牧区之间的界线。这两种界线来回摆动的区间大致属于农牧兼宜的地区，历史上多属半农半牧地区，亦即论者所谓的"农牧交错带"。"农牧交错带"并不局限在北方，西南地区亦有存在，但不如北方典型。仅就北方地区而言，由于各种自然地理因素特别是气候冷暖干湿变化的影响，半农半牧地区的宽窄不断发生变化，从地图上看，大致自东北至西北，如带飘然。随着农牧分界线的移动，2 000多年来，"农牧交错带"亦相应发生南北摆动式变化。[1]无论如何摆动，这个区间的畜牧生产始终还是比其他典型农耕地区（如华北平原）发达。换言之，即使在中原王朝强盛的农进牧退时期，这个区间仍有比较发达的畜牧生产，历代国营的大型牧场（如唐代监牧）主要设置在"农牧交错带"，这显然与当地自然环境特点有关。

北方的"农牧交错带"地处东亚季风区的尾闾，属于生态敏感、脆弱地区，其环境变化与位置移动常被认为是中国北方环境演变的"指示器"。这里年均降水量300～450毫米，干燥度为1～2，属于半湿润区向干旱区过渡气候带，即半干旱区；自然植被是森林向草原过渡的地带即森林草原带，地貌亦相当复杂。[2]由于这些环境特征，这个地区的经济富于变化，有农有牧、时农时牧，生产结构和状况都很不稳定。清朝之前这个地带民族关系高度敏感，是农耕与游牧两个民族"拉锯式"互动的区域，战争冲突频繁发生。反过来，由于民族、经济和社会变动情况复杂，自然环境的破坏与修复，亦呈现出不同于其他地区的复杂情态。历史上这个地区曾经拥有广阔的草地和可观的森林资源，但由于人类活动的长期影响，如今草地裸露化、沙漠化和盐渍化都很严重，可利用的土地资源不断减少，环境承载力显著下降，自然灾害频繁发生，很多地方已经成为沙堆枯壑、穷山恶水，对其东南面地区的生态环境亦造成了非常不利的影响，引起现代生态学和环境科学工作者的高度关切。不论从历史解释还是现实

---

[1] 详细变化过程，可参见郑景云、田砚宇、张丕远：《过去2000年中国北方地区农牧交错带位置移动》，收入周昆叔、莫多闻等主编：《环境考古研究》（第三辑），北京大学出版社，2006年，第151-158页。
[2] 参见上揭郑景云等人论文，以及赵哈林、赵学勇、张铜会、周瑞莲：《北方农牧交错带的地理界定及其生态问题》，《地球科学进展》2002年第5期，第739-747页。

服务角度来说，这个地区都值得环境史研究者重视。

第三节　人口、制度、技术与环境适应

在环境史的思想架构中，人与自然是相互作用的此方与彼方，两者之间的历史关系，首先并且主要在经济活动领域展开。与其他动物完全由本能驱使、凭借爪牙谋取食物和营造巢穴不同，人类经济生产和物质生活是通过一定工具手段和技术方法、在一定制度规范下进行的，这是人类与其他动物之间的一个根本差别。人口、技术、制度、经济方式与环境因素的交相作用和矛盾运动，是人类文明发展的主要驱动力，也是人与自然关系演变的主要驱动力。

在一个特定的自然环境中，人们采用怎样的方式开发和利用自然资源，能否获得充足的物质资料以保证其生存和发展需要，主要取决于三个方面：一是人口与资源的配置关系，二是工具手段和技术方法，三是生产组织方式和社会经济制度。一定空间范围的土地承载力及人口承载力与环境容量之大小，既取决于环境资源禀赋，也取决于开发和利用环境资源的工具手段和技术能力。历史事实一再呈现的情况是：当人口增长逐渐逼近土地承载力，人们便不得不面临多项选择，通常的选择是两个：一是谋求更大发展空间，将农田区域向更广阔的范围拓展；二是努力改进工具手段，发明和运用新的技术方法，以提高资源开发和利用效率，在农业生产方面，主要是提高单位面积产量以便养活更多人口。

变革生产方式，提高技术水平，可以提高土地承载力和环境容量。此前的历史已经证明：在相同的环境条件和空间范围中，采用不同的生产方式和技术手段，可以供养的人口数量显著不同。

在采集捕猎生产条件下，每平方千米的天然食物资源可能容纳的人口在0.01~1人之间，人口密度过高就不能采捕到足够的食物，所以每个原始人群的人口数量都非常小，少则5人、10人，多则数十人，最多不能超过50人。这是因为：从事采集和狩猎的人们的活动半径不能太大，一般只能在7 000米左右，每日活动半径太大，会出现能量获取抵不上能量消耗的情况。由于局部地区天然食物资源有限，长时间在一地采捕将导致资源耗竭，故采集捕猎者需要不断迁移、游动，寻找新的采捕领地。

然而农耕生产出现之后，每平方千米所能养活的人口增加。即使在最为原始的刀耕火种技术条件下，每平方千米所能供养的人数估计亦可能达到20～30人。但原始农耕土地在种植了一段时间之后，也会发生土地肥力下降、单位面积产量减少的情况，因此早期农耕生产往往采用游耕方式，即在一个地方耕种若干年后，便更换土地乃至迁移到另外的地方。直到虞夏、早商和先周时代，都城仍然经常迁移，此是重要原因之一。盘庚迁殷之后，商朝都城能够在同一地区——今安阳一带长期存续200余年之久，可能与时人已经掌握一定的地力维持技术（例如利用粪便做肥料）有关。《周礼·地官》记载"草人"的职责，是"掌化土之法，以物地，相其宜而为之种"，[1]利用多种动物的粪便改良土壤，应是由来有自。但因那个时代积肥、施肥技术简陋，仍然需要通过定期休耕来恢复土壤肥力。

在实行刀耕火种或者撂荒耕作的时代，通过频繁移徙改变农作空间，意味着不断进行焚林开荒，这对原始森林资源必定造成一定程度的破坏性影响。幸而当时人口稀少，尚有充足的发展空间，土地撂荒之后，天然森林植被还可以得到自然恢复。

然而，经历了西周、春秋时代的发展，至战国、秦、汉时期，中原人口进一步增多，人口密度不断提高，在自然条件最适宜发展农耕的地区，已经没有足够的空间支持游耕农作制度，休闲制的粗放农作亦逐渐无法继续，农业生产转型、工具技术革新和走向精耕细作，于是成为一个必然的历史趋势。如果说新石器时代发明种植、饲养是人与自然关系史上的一场伟大革命，那么，肇端于春秋晚期，逐渐完成于战国、秦、汉的一系列工具、技术进步和生产方式与经济制度变革，乃是一场具有深远意义的"继续革命"。正是这场继续革命，最终确立了中国传统社会"以农为本"的经济体制和精耕细作技术体系，这种经济体制和技术体系，支撑了中国古代绵延久远、不曾中断的农业文明。

下面分别从人口、工具技术、经济体制三个方面展开叙述，努力揭示它们的环境史意义。

[1]（清）阮元校刻本：《十三经注疏》，中华书局，1980年影印本，第746页。

一、"编户齐民"制度与人口状况

中国历史上的人口统计，主要是为国家征收赋税、征发徭役提供依据。古代统计者很早就十分重视人口调查和统计，形成了非常悠久的传统和相当完善的制度，也留下了世界古代史上最早和最系统完整的人口统计数字，人口史家据以对不同时代人口状况开展过大量的研究和探讨。[1]

晋代皇甫谧的《帝王世纪》记载：远在大禹时代，中国就曾有过全国性人口调查统计，据称当时有"民口千三百五十五万三千九百二十三人"。[2]但《帝王世纪》的这个记载完全是根据王朝体系的历史观念编造出来的，大禹时代并不具备进行人口普查统计的技术能力，更不具备统一王朝进行全国人口统计的社会条件。一定范围的人口调查可能开始于商代，甲骨文中出现过若干较大的人口数字，西周时期，周宣王为应对西戎的侵扰，曾"料民于太原"，但这些仍都不是正式的全国人口调查统计。

直到战国、秦、汉时代，随着郡县制和编户齐民制度的建立，全国性人口调查、统计制度才逐渐建立起来，西汉已有较完整并且严格执行的"案比"和"上计"制度。

所谓"案比"，实即人口核查、登记。汉代以每年八月在全国普遍实行人口核查，百姓必须扶老携幼前往县府，集中接受官吏阅验。案比之后即编制户籍，内容包括两个方面，一是人户中户主及家庭成员的姓名、性别、年龄、是否残疾等；二是家庭财产，包括土地、房屋、奴婢、畜产等。根据法律规定：一旦发现作假不实，即要受到法律严惩。每年户口登记情况汇总之后，都要由专门的"计吏"上报给朝廷，这就是所谓"上计"。上计吏向朝廷奉上会计簿籍，中央政府可以随时了解各地户口、垦田、钱谷收支及治安情况，以便做好财政安排。在汉朝，"上计"是一件很隆重的事情，地方政府要先设宴会欢送上计掾吏，中央则由大鸿胪寺主持大型受计仪式，有时连皇帝都要出席。

---

[1] 关于这个时代的人口问题，葛剑雄进行了最系统、精深的研究。本节主要根据其著作之相关部分并参以己意，稍做概括性叙述。葛剑雄：《西汉人口地理》，人民出版社，1986年；《中国人口发展史》，福建人民出版社，1991年；《中国人口史》（第一卷），复旦大学出版社，2002年。

[2]（晋）司马彪撰，（梁）刘昭注补：《后汉书志》第十九《郡国一》引《帝王世纪》。见（南朝）范晔：《后汉书》，中华书局，1965年，第3387页。

汉朝政府非常重视人口增长，因为户口多寡与国家财政收入直接相关。为了促进人口增加，治内人口数量增减被当作衡量地方官政绩的主要内容；国家对生育者予以奖励，特别是在战乱后人口较少的时期，对多生子女给予不少政策优惠，如免除数年徭役和免收一定算赋等；对于超过一定年龄仍然不婚嫁生子和杀婴者，则予以惩罚。

由于户口登记和上报制度逐步完备，国家采取鼓励人口生育政策，加以社会长期安定，汉代人口增长显著。西汉末年，国家统计的在籍人口已经达到了一个高峰，《汉书·地理志》中出现了我国现存最早的全国性人口数字：西汉平帝元始二年（公元 2 年），全国（西汉疆域版图内）共有户 12 233 062，口59 594 978。

当然，由于种种原因，史书中所记载的官方人口统计数字往往是很不准确的。虽然中国古代早有相当完整的户口登记和人口统计制度，但史书中所留下来的相关数字并不能准确地反映当时的全国人口状况。由于目前找不到别的方法来说明历代人口变化情况，只好利用它们大致了解全国人口历史变动之梗概。

战国以前的人口总数，史书没有记载，无法估计。不过，已有一些学者粗略地估计战国中期的人口总数在 2 000 万～3 000 万之间。其中，梁启超《饮冰室合集》第四册《中国历史人口统计》一文估计为不下 3 000 万；郭沫若《中国史稿》估计不下 2 000 万；台湾学者管东贵估计约为 2 500 万。以上人口估计的空间范围并非现代中国的全部版图，而是北起阴山—辽东半岛一线，东至大海，南到南岭山脉，西至今陕西北部—甘肃洮河—四川盆地—湖南西部。好在这一范围自古至今都是中国人口集中地区，此一范围之外的人口一向很少。

秦代人口，葛剑雄估计在 2 000 万上下，估计的范围大于战国时代，包括南岭以南和云贵高原一些地区。前面已经提到，西汉时期的最大人口数字是平帝元始二年（公元 2 年），全国人口接近 6 000 万，统计范围又大于秦代，包括今朝鲜北部、越南北部和中部，西以云贵高原中部—青藏高原东缘为界，西北包括了河西走廊地区。东汉时期官方公布的最高人口数字是桓帝永寿三年（157 年）全国共有人口 56 486 856 人，但葛剑雄估计东汉人口已经超过了 6 000万人。

但是，自古以来，中国人口分布一向严重地不均衡。秦汉时期，黄河流域是社会政治、经济和文化重心，也是人口分布中心，南北人口差异显著。西汉时期的情况，若以淮河、秦岭为界，则北方人口约占八成，南方人口不足两成。就黄河中下游地区而言，人口密度也有较大差别：关中是西汉的京畿地区，西汉时期人口密度超过每平方千米 100 人，长安及其周围的人口密度甚至可达每平方千米 1 000 人左右；关东地区、华北平原的人口大抵亦超过每平方千米 100 人。元始二年（公元 2 年）的全国人口统计数据显示：西汉末全国 6 000 万人口，关东占 60% 以上。人口密度高的兖、豫、青、冀、徐诸州和司隶都集中于关东，与其他地区相差悬殊，兖州的人口密度甚至达到每平方千米 103.51 人。"从全国范围来看，人口最稠密的地区是关东，具体来说，北边自渤海湾沿燕山山脉，西边以太行山、中条山为界，南边自豫西山区循淮水，东抵海滨。在此范围内，除了鲁中南山区（泰山、鲁山、沂山、蒙山）、胶东丘陵地区和渤海西岸人口较稀外，其余部分人口密度都接近每平方千米百人或超过百人，平均密度约为每平方千米 77.6 人。"这一地区的人口占全国总数的 60.6%。其中，伊洛平原及其东的黄河（当时河道）南岸、泰山山脉以西南地区包括河南、颍川、陈留、东郡、济阴五郡和东平、鲁二国，鲁西北平原和胶莱平原的西部包括高密、淄川二国和北海、齐郡和千乘三郡，太行山东至黄河西北岸之间平原包括真定、广平、信都、河间四周和巨鹿、清河二郡，以及河内郡、魏郡、中山国、赵国的大部分、常山郡的一部分。[1]司隶和豫、冀、兖、青、徐五州的人口数都超过 500 万，占全国人口总数的 55%；成都平原的人口密度亦超过每平方千米 100 人。除此之外的广大南方地区人口都相当稀少，仅南阳盆地、太湖平原、宁绍平原等地人口密度相对较高。

西汉末年，社会动荡，胡羌内犯，加以自然灾害频繁，人口耗减相当严重，分布格局也发生了显著变化。东汉明帝时，纳入全国统计的人口数字仅 3 500 万左右；汉顺帝永和五年（140 年），全国有户 9 698 630，口 49 150 220；至东汉桓帝永寿三年（157 年），全国有户 10 677 960，口 56 486 856，此为东汉时期最大的人口数字。其时，人口分布较之西汉有了相当显著的变化：一则关中地区经济萧条，人口不复此前光景；二则由于战争影响，大量北方人口南徙长江流域，秦岭—淮河以南的人口已经升至全国总数的四成，特别是荆、扬、益等州人口增加很快，而北方地区的人口比重和密度则明显下降。

---

[1] 葛剑雄：《西汉人口地理》，人民出版社，1986 年，第 52-53、第 100-102 页。

战国、秦、汉时代人口数量及其分布区域的上述发展变化，毫无疑问既是人与自然关系演变的历史表现，亦深刻影响人与自然关系的进一步演变。理由很简单：在农耕经济时代，人口不仅与社会经济发展是正相关的关系，与自然资源开发、利用与消耗亦呈正相关的关系——人口愈多、愈密集，即意味着社会经济规模和总量愈大，亦意味着对自然资源的开发、利用和消耗的深度和广度愈大，同时还意味着人们对自然环境的改造强度愈高。

农耕社会的特点是人着于地，社会性格总体上是"安土重迁"。然而那个时代不同原因、形式和规模的人口迁移仍然相当频繁，对历史发展具有生态、经济、社会乃至政治、军事等多方面的重大意义。仅就其生态意义而言，大规模人口迁移，既不断改变区域人口数量和密度，亦不断调整和改变人口与自然资源之间的配置关系，特别是人口与土地的关系，并且必然地要造成各种环境生态影响。

战国时期，由于列强互相招诱别国民众，或者为逃避战乱，不断有一定数量的人口迁移，但总体规模不大。秦朝在统一过程之中和实现统一以后，为了加强政治控制，削弱地方势力，曾强制组织过一些大规模的人口迁移，特别是将各国旧贵族强制迁移到关中，以便集中控制。例如始皇十九年灭赵，徙赵王于房陵、徙赵奢子孙于咸阳；二十二年灭魏，迁冯氏于湖阳、徙刘氏于大梁、迁孔氏于南阳；二十四年灭楚，徙严（庄）王之族于严道，迁班氏之先于晋、代之间，迁权氏于天水、徙上官氏于上邦；二十六年灭齐，迁齐王建于共。秦始皇二十六年即实现全国统一的当年，秦朝"徙天下豪富于咸阳十二万户。"秦朝还实行"以谪遣戍"的移民实边政策，秦始皇三十三年，"发诸尝逋亡人、赘婿、贾人。略取陆梁地，为桂林、象郡、南海，以谪遣戍。"是为向南方边裔移民；秦始皇三十五年，"徙三万家丽邑，五万家云阳。"三十六年又"迁北河榆中三万家。"[1] 这些都是为了巩固北方边防。

汉朝基本上继承了秦朝政策，《汉书·地理志》记载："汉兴，立都长安，徙齐诸田，楚昭、屈、景及诸功臣家于长陵。后世世徙吏二千石、高訾富人及豪杰并兼之家于诸陵。盖亦以强干弱支，非独为奉山园也。"[2] 目的均在于加强对旧势力的控制，同时充实关中实力，达到强干弱枝的政治目的。在"移民实

[1]（汉）司马迁：《史记》卷6《秦始皇本纪》，中华书局，1959年，分见第239、第253、第256、第259页。

[2]（汉）班固：《汉书》卷28下《地理志下》，中华书局，1962年，第1642页。

边"方面，汉武帝时期进行了汉代最大规模的有组织的人口迁移，汉朝在击破匈奴后设置酒泉郡，"后稍发徙民充实之"，[1]分置武威、张掖、敦煌。元朔二年（公元前127年）夏"募民徙朔方十万口"；元狩五年（公元前118年），又"徙天下奸猾吏民于边。"[2]汉朝在西北大开屯田，从人口密集的关东地区招募贫民到西北屯垦，既是实边所需，亦是赈济之策。史载：武帝元鼎二年（公元前115年），"初置张掖、酒泉郡，而上郡、朔方、西河、河西开田官，斥塞卒六十万人戍田之"；[3]汉武帝元狩年间，"山东被水灾，民多饥乏，于是天子遣使虚郡国仓廪以振贫。犹不足，又募豪富人相假贷。尚不能相救，乃徙贫民于关以西，及充朔方以南新秦中，七十余万口，衣食皆仰给于县官。数岁，贷与产业，使者分部护，冠盖相望。"[4]这些移民举动，特别大规模的移民实边，对相关区域的人口与资源关系调整无疑发挥了一定作用，特别是对西北地区的环境与经济产生了重要影响。后面将有专门讨论，兹暂从略。

二、经济制度变革与小农模式确立

在人力经济时代，人口（劳动力）是自然资源开发和社会经济发展的第一要素，人口增长与经济发展呈正相关，经济繁荣发展的基本前提是人口（劳动力）与自然资源的合理配置，而这需要相应的合理制度和生产组织方式。战国秦汉时代的经济制度和生产组织方式都经历了重大历史变革，非复三代旧制。在传统农业社会经济制度与生产组织方式的创立和发展过程中，战国时代的变法运动具有极其深远的历史意义。这场运动，不仅确立了国家与农民之间的基本关系——国家提供农业生产所必需的军事安全和政治稳定保障、负责水利等基础工程建设，同时向农民征取赋税和征发劳役，而且确立了传统社会的基本生产组织方式——小农家庭经营。这两个方面，对于传统时代的自然资源开发、分配、利用和管理都具有至关重要的影响，规定了以后数千年中国农业社会的人与自然关系模式。

---

[1]（汉）班固：《汉书》卷96上《西域传上》，中华书局，1962年，第3873页。
[2]（汉）班固：《汉书》卷6《武帝本纪》，中华书局，1962年，第170、第179页。
[3]（汉）班固：《汉书》卷24下《食货志下》，中华书局，1962年，第1173页。
[4]（汉）班固：《汉书》卷24下《食货志下》，中华书局，1962年，第1162页。

1. 战国变法浪潮

社会经济制度和生产组织方式变革，在春秋时期已经开始起步，并且首先是从赋税制度改革开始的，基本方向是不断改变旧的经济方式，建立和完善符合时代实际需要的新制度。

在西周时期，从天子到诸侯以下各级领主的财政收入主要由两部分构成：一是直属领地上的公田收入，实现途径是"助"法，领地上的农民除耕种私田获得基本生产保障之外，还共耕公田，其收获归交领主，实即一种劳役地租；二是下级臣属向上级贵族交纳租、贡、赋。"租"原本是基于宗法制度，下级向上级进献的祭祀物品，名义上是供祖宗亡灵享用，实则祭祀之后由宗主支配，后来逐渐演变为一种稳定的土地税，成为统治者最重要的经济收入来源；"贡"即下级臣民对上级贵族的贡纳，如诸侯对天子的贡纳，卿大夫对诸侯国君的贡纳等，其物资乃是本地出产的各类物品；"赋"最初则是军需物资，各级封建领主对其上级领主承担军役、并提供相应的军需用品。毫无疑问，无论租、贡还是赋，最终都是由广大依附农民来负担。

春秋中期，租税制度逐渐发生重大变化。

首先，诸侯国相继改井田"助耕"为对所有土地普遍进行征税。这是由于依附农民不乐耕公田，致使公田荒芜；各级贵族私田日益扩张却不纳税，致使诸侯国君财源枯竭，不得不改变赋税制度以解决财政困难，增加经济收入。在这方面，公元前685年，齐国率先实行"相地而衰征"，即根据土地好坏"按亩而税"；公元前594年，鲁国实行"初税亩"，不论公田、私田一律纳税，我国古代历史上按土地面积征收田税即由此开始。公元前548年楚国"书土田"，秦国于公元前408年实行"初税禾"等，皆属此类。不过，这种税制改革的目的是增加财政收入，但同时亦等于是承认私有土地的合法性，加速了井田制瓦解。

其次，军赋徭役制度也发生了变化。公元前590年和公元前538年，鲁国、郑国分别实行"作丘甲"和"作丘赋"，改变原来按照井田编制以若干家为单位调发军赋的做法，实行按照地区范围、根据所占田数分摊军赋。公元前548年，楚也在重新调查登记土地即"书土田"的同时，实行"量入修赋。赋车籍马，赋车兵、徒卒、甲盾之数"。[1]随着形势的发展，军赋征发逐渐不限于兵员和军需用品，而是扩大到对其他财物的强征。春秋中期的赋税改革，使得土地税与军赋分开，各自成为独立的征收项目，成为统治阶级对人民进行剥削的两个不同途径，对后世影响很大。

战国时代，列强兼并激烈，必须采用有效措施发展经济实力才能立于不败之地。然而，各国旧贵族的势力还很强大，旧的制度并未完全被废除，阻碍和制约着封建地主经济的向前发展，如不迅速改革旧制解放生产力，达到富国强兵的目的，则随时都有可能被强邻兼并侵夺。因此，为了巩固政权，各国纷纷推行变法，掀起了一场具有深远意义的变法浪潮。公元前 445 年，魏文侯任命李悝为相，实行变法，在政治上，按照"食有劳而禄有功"原则选贤任能，实际上是废除此前的世卿世禄制；在经济上，行"尽地力之教"，鼓励农民勤劳生产，开垦荒地，同时实行"平籴法"平抑市场粮食价格。此外还颁布《法经》，确立了封建国家法律制度。公元前 390 前左右，吴起在楚国主持变法，推行一系列新政，其中包括对封君之子孙三世而收爵禄，亦是废除世卿世禄制的举动，同时还裁减冗员、削减禄秩、节省开支，用以供给军队；针对楚国地广人稀的特点，强令贵族迁到人口稀少的地区垦荒，对他们实行变相打击；明法审令，整顿吏治。

在诸国变法中，秦国变法无疑最为成功。公元前 361 年秦孝公即位后，重用商鞅实行变法，主要内容是：废除井田制，开阡陌封疆，允许土地买卖，用法令的形式确立封建地主土地私有制和自耕农土地所有制；普遍推行郡县制，在未建县的地区普遍设县（一共 41 县，一说 31 县），设置县令、丞、尉等官职，官吏由中央直接任免，以加强中央集权；实行重农抑商政策，奖励耕织，对努力耕织、生产粮食布帛多、缴纳租税多的农民加以鼓励，反之则加以惩罚，以促进小农经济发展；奖励军功，实行论军功行赏的二十等爵制，并将爵位、官职高低和占有耕地、住宅多少直接挂钩，"有功者显荣，无功者虽富无所芬华。"[2]商鞅变法对旧贵族造成了重大打击，既从土地所有制上摧毁了旧领主的经济基础，又在政治、军事等方面剥夺了旧贵族的特权利益，是一场具有深远

---

[1]《左传·襄公二十五年》云："楚蒍掩为司马，子木使庀赋，数甲兵。甲午，蒍掩书土田，度山林，鸠薮泽，辨京陵，表淳卤，数疆潦，规偃猪，町原防，牧隰皋，井衍沃，量入修赋。赋车，籍马，赋车兵、徒卒、甲楯之数。既成，以授子木，礼也"。《十三经注疏》，中华书局，1980 年影印（清）阮元校刻本，第 1985-1986 页。
[2]（汉）司马迁：《史记》卷 68《商君列传》，中华书局，1959 年，第 2230 页。

历史意义的政治和经济革命。由于这场变法，秦国封建地主经济迅速发展，由一个落后边鄙弱国，发展为一个国富兵强的大国，最终统一六国，建立了中国历史上第一个专制主义中央集权统一王朝。

在上述变法运动过程中，赋税制度继续发生了一系列重要变化。表现之一是封建国家的土地税与私人地租分离。具体地说，国家以土地为对象征收土地税，作为主要财政收入，无论地主、贵族或自耕农，只要拥有土地即须依法交纳，正常税率是十分之一即所谓"什一之税"；佃农佃种地主的土地，则要向地主交纳地租，地租率一般是百分之五十，即所谓"见税什五"，这是地主的私人收入，与国家所征收的土地税无关。表现之二是军赋演变为兵役和徭役。战国时期，由于封建地主土地所有制取代了井田制，郡县制代替了分封制，官僚制取代了世卿世禄制，原来那种"有禄于国，有赋于军"，[1]领主从领地之内征调兵员、物资向国君提供军队和军需品的制度，逐渐不能继续。于是国家所需军费、兵役、劳役，均由官府在整顿户口的基础上直接向农民征调。法令规定：每户农民除交纳土地税之外，还需向国家提供徭役、兵役，隐瞒户口逃避赋役则属违法，要受到惩罚。兵役和徭役统称为"力役"，一律根据户籍上的男性年龄来征发。凡达到法令服役年龄的男子，一旦国家需要都要遵照政府命令到指定的单位和地区去服役。除了服力役外，农民还需交纳户税和人口税，当时称为"户赋"和"口赋"。所以，从战国时期开始，封建国家即非常注意对人口户籍的管理，例如商鞅变法，"举民众口数，生者著，死者削。民无逃粟，野无荒草。"[2]其目的在于保证力役征发和赋税征收。出于富国强兵的目的，商鞅变法之时，还专门实行"分异令"，刻意推动个体小农家庭的发展，对"民有二男以上不分异者，倍其赋。"[3]商鞅变法所设定的制度框架，及其提倡的个体家庭模式，一直延续到封建社会末期。

2. 小农经济地位的确立

各国政治与经济改革推动了土地私有制发展，地主阶级逐渐取得在经济和政治上的支配地位，作为封建社会基础的个体小农阶层包括佃农和自耕农也不

[1]《左传·昭公十六年》，《十三经注疏》，中华书局，1980年影印（清）阮元校刻本，第2079页。

[2]（战国）商鞅：《商君书·去强第四》。兹据蒋礼鸿：《商君书锥指》，中华书局，1986年，第32页。

[3]（汉）司马迁：《史记》卷68《商君列传》，中华书局，1959年，第2230页。

断形成和壮大，原有的土地国有制、井田制和农村公社组织则逐渐瓦解崩溃。

由封建领主制经济走向封建地主制和个体小农经济，毫无疑问是一个相当艰难的历史蜕变过程，但却是春秋战国时代社会经济发展演变的基本趋势。春秋时期，随着社会生产力逐渐提高，旧的封建领主制的弊端逐渐暴露出来，严重阻碍了劳动者生产积极性的发挥。文献记载表明：自春秋开始，封建领地上的受田农民逐渐不堪剥削和奴役，井田耕作消极怠工，"民不肯尽力于公田"[1]的情况日益普遍，不少农民甚至弃田逃亡，造成土地荒芜，或投奔到采用新兴地主门下成为"隐民"，实际上成为新兴地主阶级的佃农，从地主那里租种小块土地进行耕种，向地主交纳实物地租。与过去相比，这些佃农虽然仍受剥削，但有了更多的对劳动时间和劳动产品的支配权，生产生活比较自由，因此其生产积极性有了较大提高。《吕氏春秋·审分篇》称农民"公作则迟，有所匿其力也；分地则速，无所匿迟也。"[2]正指出了小农在封建领主授田制和封建租佃制下的不同生产态度。

战国时期诸侯各国的一系列变法，不仅承认了土地私有制，确立了新兴地主阶级的政治、经济地位，也造就了大量的个体小农。在土地私有化大潮中，原属于领主采邑或农村公社的农民，有不少人在国家奖励耕战政策的鼓励下，通过积极开垦荒地，或者由于军功奖励，获得了一定数量的土地，成为自给自足的自耕农，有的甚至上升为小地主。对于这些自耕农和小地主的土地所有权，诸侯国相继予以承认。与此同时，一些没落的贵族，在剧烈社会变革和复杂政治斗争中失败，下降为自食其力的农民。这些佃农、自耕农和小地主，与原来农村公社耕种份地的农民相比，自由身份得到明显增强，人身依附关系则得到了缓解，他们不再采用集体共耕的方式开展农业生产，而是一家一户各自经营着一小块土地，以家庭为单位独立开展生产和生活，自耕自种，自主消费。

虽然这些个体小农拥有平民身份，却并非现代意义上的自由公民。封建国家将他们编入统一户籍制度之下实行控制，向他们征收租赋，征发兵役和徭役，他们拥有一个新的统称——"编户齐民"，千千万万农民家庭就像是被装进巨大口袋中的一个个土豆。关于他们的生存境况，战国秦汉时期的思想家们有过不少议论，由这些议论可知：他们一般耕种百亩之田，拥有五亩之宅，养活五口

---

[1]《春秋公羊传·宣公十五年》，《十三经注疏》，中华书局，1980年影印（清）阮元校刻本，第416页。

[2] 许维通撰，梁运华整理：《吕氏春秋集释》，中华书局，2009年，第431页。

之家，生活辛劳，拮据而简朴，家庭经济很不稳定。

与自耕农耕种自有土地不同，佃农是租种地主土地的农民。他们往往要将一半左右收成作为地租交给地主。这些佃农有不少原本乃是自耕农，由于封建国家赋役苛重，兼以土地买卖与兼并不断发展乃至加剧，他们大量破产，生活难以为继，只能变卖土地、沦落为佃农。《韩非子·诡使篇》说："……士卒之逃事伏匿，附托有威之门以避徭赋，而上不得者万数。"[1]正是反映了这一情况。

要之，经过战国时期变法运动，土地私有制和小农经济模式都逐渐得到确立，它们不仅构成了中国传统社会最基本的经济制度与生产方式，而且间接（但非常显著）地影响了传统时代的人与自然关系，其中首先造就了人口（劳动力）—土地关系的若干历史特征。就总体情势而言，中国传统时代的社会经济发展，表现在户口上，是小农家庭像细胞一样不断分裂、增多；呈现在土地上，则是小农家庭作为最基本的经济生产单位，在愈来愈辽阔的地理空间不断落户、生根。

3. 秦汉小农经济与土地问题

秦汉时期，自耕农占人口的大多数，是当时社会经济生产的主体。

秦统一六国之后，曾于秦始皇三十一年（公元前 216 年）颁布诏令；"使黔首自实田"。[2]目的是实行全国土地登记，让天下百姓申报所占有的土地，朝廷据以征收田租。实行这项政策，意味着国家正式承认农民所拥有的私有土地，并据以实施赋役剥削，符合历史发展趋势。然而秦朝的急政暴政对社会经济和无数农民家庭造成了毁灭性打击，以致民不聊生，天下凋敝。西汉建立以后，为恢复和发展社会经济，增加国家财政收入，采取种种措施和政策，鼓励自耕小农经济发展，取得了相当辉煌的经济成就。

然而，个体自耕农家庭经济是非常脆弱的，由于封建国家赋役剥削，在号称"文景之治"的西汉前期，农家生活境况已然可哀。晁错指出："今农夫五口之家，其服役者不下二人，其能耕者不过百亩，百亩之收不过百石。春耕夏耘，秋获冬藏，伐薪樵，治官府，给徭役；春不得避风尘，夏不得避暑热，秋不得避阴雨，冬不得避寒冻，四时之间亡日休息；又私自送往迎来，吊死问疾，

---

[1]（清）王先慎撰，钟哲点校：《韩非子集解》，中华书局，2003 年，第 412 页。
[2]《史记·秦始皇本纪》"裴骃集解"引"徐广曰"，中华书局，1959 年，第 251 页。

养孤长幼在其中。勤苦如此，尚复被水旱之灾，急征暴赋，赋敛不时，朝令而暮改。当具有者半贾而卖，亡者取倍称之息，于是有卖田宅鬻子孙以偿责者矣"。[1]

关于自耕农的生活状况，战国时期魏相李悝就有过一段详细计算，大体反映了汉代自耕农的一般情况。其称：

今一夫挟五口，治田百亩，岁收亩一石半，为粟百五十石，除十一之税十五石，余百三十五石。食，人月一石半，五人终岁为粟九十石，余有四十五石。石三十，为钱千三百五十，除社闾尝新春秋之祠，用钱三百，余千五十。衣，人率用钱三百，五人终岁用千五百，不足四百五十。不幸疾病死丧之费，及上赋敛，又未与此。此农夫所以常困，有不劝耕之心，而令籴至于甚贵者也。[2]

汉代除了自耕农之外，还有数量可观的奴婢，这在当时曾是一个非常严重的社会问题。其时奴婢一般被役使于畜牧业、手工业、商业和家内劳动，分为官奴婢和私奴婢两种。官奴婢数量相当之大，不少部门常聚有数以万计的奴婢，如汉太仆牧师苑就有官奴婢三万多人。私家奴婢多为非生产性的人口，主要服侍主人，身份十分低下，如同牲畜，可以任意转让、买卖、打骂甚至镣戳。由于当时奴婢买卖和私蓄的风气很盛，一些权势富贵之家往往有奴婢数百乃至数千人，例如东汉梁冀即"或取良人，悉为奴婢，至数千人。"[3]并且不断有破产农民加入奴婢的行列，严重影响了国家的财政收入，所以汉朝统治者一直企图予以解决，采取禁止将自由人买卖为奴婢以及禁止私杀奴婢等政策，但最终都是收效甚微。

土地问题历来是传统社会经济发展的一个中心问题。两汉时期，国家统一、疆域不断扩展，加以政府力行奖励农耕政策，故随着社会经济的恢复发展，全国垦田数字不断上升。根据《汉书·地理志》记载：西汉元始二年（公元 2 年），全国共有定垦田 8 270 536 顷，这是汉代最高垦田数字；其时全国共有人口

[1]（汉）班固：《汉书》卷 24 上《食货志上》，中华书局，1962 年，第 1132 页。
[2]（汉）班固：《汉书》卷 24 上《食货志上》，中华书局，1962 年，第 1125 页。
[3]（南朝宋）范晔：《后汉书》卷 34《梁统传附冀传》，中华书局，1965 年，第 1182 页。

59 594 978 人，亦为汉代最高人口统计数字。其年人均约拥有耕地 13.88 亩。[1]
宁可则采用不同方式进行推算，认为"汉代一个农业劳动力垦田亩数是十四市
亩多，一家农户占有耕地数字为二十九市亩弱"。[2]

　　但全国人均耕地数量并非每个农民及其家庭实际拥有的土地，两汉时期，
土地买卖和兼并问题十分严重，早在汉武帝时期就已经引人关注。董仲舒曾说：
"富者田连阡伯，贫者亡立锥之地"。[3]这在一定程度上反映了当时由于土地买
卖兼并而导致的土地占有严重不均的事实。在两汉时代，官僚贵族地主和商人
地主通过强占和强买广占土地的情况十分普遍，有的占田多达数百顷乃至数千
顷。如西汉初年萧何就曾强买民田宅数千万，武帝时的宁成买陂田千余顷，成
帝时的张禹也多买灌溉条件极好的膏腴田地至四百顷。东汉时期，这种情况就
更加恶劣。

　　由于土地兼并造成了严重的社会问题，广大农民大量失业、流亡，生活极
端贫困，许多人不得不铤而走险，或亡命泽谷，或啸聚山林，不仅给封建国家
的财政收入造成了严重危机，而且也影响了社会安定。因此，自西汉武帝时期
开始，董仲舒首先倡导限民名田，汉武帝曾试图解决豪强兼并问题，将"强宗
豪右田宅逾制，以强凌弱，以众暴寡"[4]列为刺史六条问事中的第二条。到了
西汉末年，由于土地兼并更加严重，已导致了社会动荡，汉哀帝也曾下诏限田，
并得到一批大臣的支持和推行，声势虽大，却未取得什么效果。王莽改制也打
出"限田"的口号，更名天下田曰"王田"，并且严刑峻法地实施，但这种高压
政策同样未能奏功，实施三年之后不得不撤销王田令。东汉初年，人口下降严
重，理应不存在严重的地寡人众之患，但是由于豪强地主的豪夺广占，土地问
题依然很严重。光武帝时，为整顿税源，欲核实天下垦田数字，实行度田，并
未涉及限田问题，却遭到了各地豪强大族的抵制，甚至造成了不小的社会震荡，
最后不得不中止。

　　上述这些情况，大致反映了汉代人口与土地关系的基本概貌。就全国总体
而言，那时的人口依然相当寡少，南方广大区域的土地资源尚未得到大规模开

---

[1]（汉）班固：《汉书》卷 28 下《地理志下》，中华书局，1962 年。又参见梁方仲：《中国历代户口、田地、田
赋统计》，中华书局，2008 年，第 7 页。按：梁氏该书第 6 页表中人口数作：59 594 978 人，当属误刊。

[2] 宁可：《有关汉代农业生产的几个数字》，《北京师院学报》1980 年第 3 期，第 76-89 页。

[3]（汉）班固：《汉书》卷 24 上《食货志上》，中华书局，1962 年，第 1137 页。

[4]（汉）班固：《汉书》卷 19 上《百官公卿表》，中华书局，1962 年，第 742 页。

发。然而，由于社会经济因素的影响，土地资源占有不均的情况已然严重发生，即便在全国人口数量仍然相当寡少的时代，亦已出现了土地资源紧张和劳动者与土地分离的情形。这就告诉我们：不能简单地根据人口数量来讨论某个时代的人与自然关系状况，以及围绕资源分配和占有而形成的人与人之间的关系。换言之，由于各种社会原因的影响，人口与土地等自然资源关系紧张，很早就在人口密集的局部地区发生，并引起了尖锐的社会矛盾、冲突。

三、工具、技术进步与资源开发

春秋战国时期的上述社会经济变革，是以生产力的发展进步作为前提的。那个时代社会生产力的进步，无疑集中体现在铁农具和牛耕的发明、使用及其逐步推广。

1. 铁器的发明与应用

根据现有研究，至晚在西周时期中国先民已经发明了冶铁技术，春秋时代已开始铸造和使用铁制兵器。[1] 及至战国时期，铁的冶炼和铸造技术有了显著改进，冶铁鼓风设备由单个鼓风炉改进为多个鼓风炉，炼炉体积增大，炉温升高，提高了铸铁冶炼的效率；铸铁件的加热、退火处理技术已经出现，增加了铁器的柔韧性，渗碳制钢技术亦已发明。这些技术，使得铁器更加坚硬、锋利而不失韧性，大大提高了工具效率。与此同时，铁器冶炼铸造规模得到较大发展，各诸侯国都有不少铁山和冶炼场，铁器的种类大大增多，形制亦不断改进，在各地农业和手工业生产中，铁器逐渐得到了普遍应用。

根据考古学者统计：在东起山东、西到甘肃、新疆，北自吉林、内蒙古，南至两广和云南，22 个省（自治区、直辖市）一百几十个地点都出土了春秋战国时期的铁器，总数达到上千件之多。这些铁器，从时间上说，包括自春秋早期至战国晚期所铸造，其中陕西凤翔县秦公大墓及陵园中出土的 10 多件铁锤、铁铲等农具和用具，质地精良，似为生铁铸造，大致属于春秋早、中期的遗物；

---

[1] 中国冶铁技术和铁器铸造起源于何时，学术界一直存在争论，随着考古实物不断出土，时间有逐渐推前的态势；20 世纪初期以来，中国学界对铁器的出现及其社会经济史意义有过很多讨论，详情可参见陈峰：《唯物史观与二十世纪中国古代铁器研究》，《历史研究》2010 年第 6 期，第 163-176 页。最新的铁器发现及相关问题讨论，可参见陈建立等：《甘肃临潭磨沟寺洼文化墓葬出土铁器与中国冶铁技术起源》，《文物》2012 年第 8 期，第 45-53 页。

春秋晚期的铁器有十数件，主要出土于今湖南、江苏等地，即当时的楚、吴两国；战国早期铁器的数量、器类和出土地点都有明显增加，齐、楚和三晋地区均有出土。在已经出土的春秋战国全部铁器中，属于战国中晚期者占绝大部分。这些铁器主要包括生产工具、武器装备和生活用器等，其中以生产工具为大宗。农业生产工具有犁铧、镤、铲、锸、镰、锄、耙和掐刀，手工业工具有斧、斤、锛、凿、刀、削、锉、锤、锥、钻、针，兵器和装备有剑、戟、矛、链、匕首、甲胄，生活和日用器具有鼎、盘、炭盆、杯、环、杖和带钩，此外还有铁制的棺钉和刑具。这些发现证明：战国时期，铁器已经应用到社会生产和生活各个领域，尤其较多地应用于农业生产。[1]这一情况，与青铜器很少用作农具的情况判然不同。

先秦文献记载亦证实了铁器发明和使用的情况。例如，《国语·齐语》载管仲对齐桓公说："美金以铸剑戟，试诸狗马；恶金以铸锄、夷、斤、斫，试诸壤土。"[2]其中的美金指青铜，恶金指质地不够坚硬的铁。又如《左传·昭公二十九年》记载："晋赵鞅、荀寅帅师城汝滨，遂赋晋国一鼓铁，以铸刑鼎，著范宣子所为刑书焉"。[3]《管子》一书大抵是战国时期或稍后管子学派的人士所整理，从其中的相关记载来看，铁器已经成为不可缺少的器具。《管子·海王篇》云："今铁官之数曰：一女必有一针一刀，若其事立。耕者必有一耒一耜一铫（大锄），若其事立。行服连轺辇者，必有一斤一锯一锥一凿，若其事立。不尔而成事者，天下无有。"[4]反映铁器在当时已成为日常必用器具。

及至秦汉，铁农具逐渐普遍地取代了木、石工具成为农民常备用具。《盐铁论》说："农，天下之大业也，铁器，民之大用也。器用便利，则用力少而得作多，农夫乐事劝功。用不具，则田畴荒，谷不殖，用力鲜，功自半。器便与不便，其功相什而倍也。"[5]不仅铁农具的使用已经普遍，而且农具的形制和功能也都有了改进。汉武帝时，赵过改良农具，"其耕耘下种田器，皆有便巧。"赵过为了推广这些农具，"教田太常、三辅，大农置工巧奴与从

---

[1] 雷从云：《三十年来春秋战国铁器发现述略》，《中国历史博物馆馆刊》1980 年第 2 期，第 83、第 92-102 页。

[2] 上海师范大学古籍整理组：《国语》，上海古籍出版社，1978 年，第 240 页。

[3] （清）阮元校刻本：《十三经注疏》，中华书局，1980 年影印本，第 2124 页。

[4] 黎翔凤撰，梁运华整理：《管子校注》，中华书局，2004 年，第 1255-1256 页。

[5] 王利器校注：《盐铁论校注》卷 6《水旱》，中华书局，1992 年，第 429 页。

事，为作田器。"[1]考古发掘出土的实物也证明，秦汉时期的各种小型铁农具比战国时代有了明显改进，出现了以前所没有的方銎宽刃镢、双齿镢、三齿耙、曲柄锄、钩镰、拨镰等。至于当时铁农具的普及程度，诸家评估尚存差异。

在杨际平看来，两汉铁器官营专卖政策，对铁农具推广使用产生了不同的影响：

> ……秦汉时期铁农具的应用相当普遍。青铜农具已较少见，石器、蚌器、骨器农具更少见。就起土农具而言，铁器农具已经取代了骨器、石器起土农具；除云南、贵州外，也已取代了青铜起土农具。铁器农具虽已成为农民最主要的生产工具，但它仍未完全取代木器农具。两汉铁器官营专卖政策，在财政上是很成功的。在提高与推广先进技术方面，也是成功的。但在推广使用铁器农具方面，则既有利又有弊。其弊就是价格昂贵、质量较差、购买不便，从而影响铁农具的推广使用。秦汉时期，铁农具还不能充分满足社会生产的需要，因而木制农具尚未完全退出生产领域。[2]

无论如何，铁器的发明和使用，对农业和手工业生产都是具有划时代意义的革命。恩格斯曾经指出："铁剑时代，但同时也是铁犁和铁斧的时代。铁已在为人类服务，它是在历史上起过革命作用的各种原料中最后的和最重要的一种原料。所谓最后的，是指直到马铃薯的出现为止。铁使更大面积的田野耕作，广阔的森林地区开垦，成为可能；它给手工业工人提供了一种其坚硬和锐利非石头或当时所知道的其他金属所能抵挡的工具。"[3]恩格斯的论断，亦非常符合中国历史实际。

在铁器出现之前，中国先农开垦荒地、从事耕作十分困难，开荒垦殖只有通过焚烧树林草莱的方法，田间耕作亦须采用"耦耕"方式众人合力进行。在那种情况下，单个劳动力很难独立完成农业生产的全过程，土地耕作必然是相当粗放。自从铁制农具出现，人们不仅可以大规模地剪草伐树、开垦荒地，还可以小型家庭为单位更加独立、高效地从事农地耕作，为农业生产逐渐走向精

---

[1]（汉）班固：《汉书》卷24上《食货志上》，中华书局，1992年，第1139页。

[2] 杨际平：《试论秦汉铁农具的推广程度》，《中国社会经济史研究》2001年2期，第69-77页。

[3] [德]恩格斯：《家庭、私有制和国家的起源》，收入《马克思恩格斯选集》（第4卷），人民出版社，1995年，第163页。

细化创造了必要条件。

2. 畜力利用——牛耕的发明和推广

在诸多铁制农具中，最重要的是铁犁。与铁犁相关的重要技术进步则是牛耕。

春秋末期，铁犁开始出现。考古学家在山西侯马北西庄遗址中发现了一件春秋晚期的残铁犁铧，是人们实行牛耕的遗物。不过，那时牛耕刚刚出现，尚未能够全面替代双人执耒耜耦耕的农耕方式。在河南辉县的战国魏墓中，发现有铁农具达58件之多，包括锄、镢、锸、镰、斧等，值得注意的是其中有两件铁犁铧，呈V形，说明这一时期的农田耕垦工具取得了显著进步。

然而战国时期的犁虽已有V形犁头，但分量很轻，且无翻转泥土的犁壁，所以只能破土划沟而不能翻耕。至秦汉时期，犁铧明显增大，且增加了犁壁，与犁铧形成曲面，不仅能够深耕省力，而且可以翻土掩垡，较之以前有了很大的改进。另外，犁架的结构也趋完善，犁辕、犁梢、犁床、犁衡、犁箭等主要构件在东汉时期均已出现。不过，汉代的犁辕，大多是单长辕，采用二牛抬扛方式牵引耕作，耕地之地，需用二头牛，三个人，一人牵牛，一人掌辕，一人扶犁，整个形制大而笨拙，与后代相比还显得落后。[1]东汉时期某些地方已经出现了新式的短辕犁，比较轻便灵活。

铁犁与牛耕是紧密联系在一起的。铁犁的出现和推广，即意味着牛耕的出现和推广。现存历史文献中的一些零星和间接记载，证明了牛耕在春秋时期已经出现的事实。《国语·晋语九》称牛为"宗庙之牺，为畎亩之勤"；[2]春秋时期有些人士的名字将"牛"与"耕"联系在一起，例如孔子的学生，有冉耕字伯牛，有司马耕字子牛，晋国还有一位大力士名叫牛子耕等。将"牛"和"耕"联系起来取名字，在当时似乎是一件时髦的事情，说明牛耕是一个引人注目的新鲜事情，这项新的生产技术正在逐渐推广之中。

到了两汉时期，犁具继续不断得到改进，牛耕亦不断地由中原向周边区域推广，东汉时期长江流域的有不少地区已经逐渐开始实行牛耕。文物考古学家不仅通过出土实物复原了汉代牛耕的具体方式，而且利用大量考古材料了解到

---

[1] 张传玺：《两汉大铁犁研究》，《北京大学学报》1985年第1期，第76-89页。
[2] 上海师范大学古籍整理组：《国语》，上海古籍出版社，1978年，第499页。

牛耕广泛推广的事实。张振新早在 1977 年就指出：

> 大量的考古材料，同样有力地反映了汉代牛耕得到了推广。汉代牛耕已被形象地反映到思想和艺术领域，如……殉葬明器和墓室壁画、画像石等……汉代的铁犁铧，更在广大的地区被发现。据不完全的统计，在北起辽宁，南到云南、贵州，东起山东、福建，西到甘肃、四川的广大地域内，其中包括河北、山西、陕西、河南、江苏、安徽等，共计十三个省的五十多个地点，出土了汉代的铁犁铧（云南出土铜犁铧）、犁镵以及犁铧铸范。汉代铁犁铧出土地域如此广泛，出土数量之多更远远超过以前历代金属犁铧出土数量的总和。[1]

最近几十年，与牛耕相关的考古发现还在不断增多，进一步证实了牛耕至少在农业发达区域逐渐普及的事实。正因如此，牛逐渐成为农家的宝贝和农业生产不可缺少的役畜，国家非常重视对牛的保护，不许私自宰杀，一旦发生牛疫，官方和民间都非常关注，两汉史书中有不少的记载。至晚在西汉时期，"牛疫"已经被视为一种严重的自然灾害，《汉书》已经记载了牛疫，《后汉书》中的牛疫记录更是屡见不鲜，说明那时牛已然成为农家必要生产资料。

当然，由于经济发展不平衡，南北地区牛耕推广和农业生产集约化程度，存在相当显著的差异。像江淮之间的庐州等地，直到东汉晚期才开始推广牛耕；直到西晋时期，杜预仍称：东南不少地区水田种植粗放，皆以"火耕水耨"为便，"人无牛犊"。[2]所以有学者主张不要过分高估汉代牛耕的普及程度。杨际平更认为：

> 战国秦汉，我国铁器农具迅速推广，但推广最为迅速的还是锸、锄之属，其突出影响主要还是增加垦田与大规模的兴修水利，而不是精耕细作，集约经营。亦即主要是向广度而不是向深度发展，因而西汉时期的一般亩产仍较低。基于这种情况，如果以铁器农具的普及作为原始农业与传统农业的分界线，那么，可以说西汉（或战国中、后期），我国北方大部地区已进入传统农业阶段，但未进入犁耕农业阶段。反之，如果以犁耕与精耕细作的普及作为原始农业与

---

[1] 张振新：《汉代的牛耕》，《文物》1977 年第 8 期，第 57-62 页。
[2] （唐）房玄龄：《晋书》卷 16《食货志》引杜预上疏，中华书局，1974 年，第 788 页。

传统农业的分界线，那么，就只能说西汉时期（或至东汉初、中期），我国北方大部地区尚未进入传统农业阶段。[1]

　　尽管如此，不可否认战国秦汉时代农业生产力，以铁犁和牛耕的出现和推广为标志，较之前一时代已经取得了重大进步。这些进步，不仅大大提高了农业生产效率，而且使得农作活动的个体性质得到了显著加强：过去农田耕作必须集体进行即实行耦耕；自从有了铁制农具和牛耕，农民可以独立地完成农事活动的全部过程，生产组织方式和劳动关系亦因此发生重大变革。随着牛耕逐渐推广，各种铁制农具大量使用于农业生产，战国秦汉时期的农事活动逐步走向精细，整地、播种、中耕除草和施肥技术都有所发展，人们已很讲究"深耕易耨""多粪肥田"，人粪尿和各种绿肥、杂草都被积制成肥料施于田间。垄作法、轮作法和多熟制种植也不断发展，特别是根据北方自然环境特点而创造的垄作法技术，对于提高土地利用率、抗旱保墒、提高作物产量发挥了重要作用。《吕氏春秋·士容论》的《上农》等四篇论文中，对当时的农业生产技术和理论进行了很好的总结，反映这一时期我国黄河中下游地区的农业生产正逐步走向精耕细作，初步奠定了中国精耕细作的农业发展道路。

　　除了耕犁之外，汉代还出现了一种相当先进的播种工具——耧犁，即三犁共一牛的三脚耧，这种耧将开沟、下种、覆土三道工序一并完成，省力省时，效率很高，至今仍在北方农村使用；出现了先进的灌溉工具——翻车和渴乌，其中翻车在当时北方可能只是用于街衢洒扫和园地灌溉，但在后代南方稻田灌溉中却发挥了非常重要的作用。

　　更加值得注意的是加工工具的新发明。在汉代，不仅水平旋转石磨已经推广，大大提高了面粉加工效率，与当时小麦生产发展相适应并促进麦类种植向更大的区域进一步推广；而且用牛牵引的畜力碓，特别是利用水力推动的水碓都已经发明。这些都是汉代历史的常识，原本无须多费口舌。但这里仍需特别强调它们的重要历史意义。从人与自然关系的历史演变进程来看，利用水力推动工具进行粮食加工，乃是一个非常值得重视的新技术进步，它利用流水落差所形成的势能——水力来进行粮食加工，不仅显著减轻了人们从事加工的劳动

[1] 杨际平：《秦汉农业：精耕细作抑或粗放耕作》，《历史研究》2001 年第 4 期，第 22-32 页。

强度，节省了人体的能耗，而且在自然力的利用方面开辟了一个崭新的方向。

3. 其他方面的技术进步

两汉时期，农作方法也得到很大改进，最突出的是"代田法"和"区田法"。关于"代田法"，《汉书·食货志》有如下相当详细的记载，称：

武帝末年，悔征伐之事，乃封丞相为富民侯。下诏曰："方今之务，在于力农。"以赵过为搜粟都尉。过能为代田，一亩三甽。岁代处，故曰代田，古法也。后稷始甽田，以二耜为耦，广尺深尺曰甽，长终亩。一亩三甽，一夫三百甽，而播种于甽中。苗生叶以上，稍耨陇草，因隤其土以附（根苗）[苗根]。故其诗曰："或芸或芋，黍稷儗儗。"芸，除草也。（芓）[芋]，附根也。言苗稍壮，每耨辄附根，比盛暑，陇尽而根深，能风与旱，故儗儗而盛也。其耕耘下种田器，皆有便巧。率十二夫为田一井一屋，故亩五顷，用耦犁，二牛三人，一岁之收常过缦田亩一斛以上，善者倍之。过使教田太常、三辅，大农置工巧奴与从事，为作田器。二千石遣令长、三老、力田及里父老善田者受田器，学耕种养苗状。民或苦少牛，亡以趋泽，故平都令光教过以人挽犁。过奏光以为丞，教民相与庸挽犁。率多人者田日三十亩，少者十三亩，以故田多垦辟。过试以离宫卒田其宫壖地，课得谷皆多其旁田亩一斛以上。令命家田三辅公田，又教边郡及居延城。是后边城、河东、弘农、三辅、太常民皆便代田，用力少而得谷多。[1]

以"代田法"托古于后稷固不可信，它应是在战国时代《吕氏春秋》所载"垄亩法"即垄作法的基础上有所发展，是一种不断摸索形成的适应于北方旱地的优良耕作法。它开沟作垄，将作物播种于垄沟，可以充分利用土壤水分，还可以挡风，中耕除草之时逐步将垄台之土培壅于苗根，使作物根深苗壮，抗旱、耐风、不易倒伏，而垄、沟互换则是轮番利用土地，便于恢复地力。根据上述记载：采用这种方法比起不作垄沟的"缦田法"，单位面积产量有明显的提高。史书亦明载：由于朝廷大力支持和各级官府配合，由赵过主持的"代田法"试

---

[1]（汉）班固：《汉书》卷24上《食货志上》，中华书局，1962年，第1138-1139页。

验、推广工作进展顺利，在西北黄土高原干旱农业区得到了相当普遍的施行。

"区田法"见于现知中国古代最早的一部农书——西汉人氾胜的《氾胜之书》，据称其法为商汤之时的伊尹所创。其时屡遭严重干旱，伊尹"作为区田，教民粪种，负水浇稼。"而《氾胜之书》所载之"区田"，分为"带状区"和"窝状区"两种，即将土地挖成带状或者窝状的小区，在其中播种各种作物，实行深耕、密植、集中浇水施肥。这种方法是垄作法和代田法的继续发展，是一种集中利用水肥管理、抗旱保墒争高产的一种优良农作法，也是一种非常精细耕作的农作法，它的出现适应了北方旱作农业的抗旱保墒的需要。该书称：此种土地耕作方法可以大幅度提高产量，其"上农夫区"亩产可达百石之多，折合成现代的计量，亩产可达数千斤，这自然有很大夸张。[1]但"区种法"的创制，反映了汉代北方农民应对干旱环境不断寻求适宜农业生产技术方法的努力。由于实行"区田法"的劳动成本太高，在古代北方并未普遍推广实行；清朝时期还有人进行试验推广，亦是无功而罢。[2]

四、"多粪肥田"：循环经济的滥觞

如果说，上述之铁器、牛耕和多种农作方法反映了战国秦汉时代环境资源利用技术能力提高的话，那么，下面将要叙述的内容，则对中国古代土地改良、资源保护和农业可持续发展具有至关重要意义。这些内容是关于土壤的重要观念和知识，以及建立在这些观念知识基础之上的土壤改良和地力维持技术方法，特别是积肥施肥的技术方法。

中外学者都承认：中国农业曾经长期居于世界领先地位，即使在最近一两个世纪也并非绝对落后——如果采用劳动生产率作为衡量标准，确实低于欧美和日本等发达国家；倘若采用单位面积土地出产率来衡量，则从来就没有落后过。从比较农业史的角度来看，中国农民创造了两个伟大奇迹：一是以不到全

---

[1]《氾胜之书》称：区种粟、麦，"上农夫区"每亩都可收百石以上，"丁男长女治十亩，十亩收千亩。"折算成现代的市亩和市斤，则每亩产量达 4 000 斤左右，一对丁男长女每年可生产粮食 40 000 斤左右。这是绝对不可能的。氾胜之可能为了宣扬区种的好处而极力夸张其数。但区种的确是一个在北方干旱环境下集中进行肥水管理的一种高度集约的农作方法，亩产量应可比一般农地明显较高。相关问题，参见万国鼎：《氾胜之书辑释》中的讨论，农业出版社，1957 年，第 75-99 页。

[2] 关于历代探索试验区田法（区种法）的详细情形，可参见王毓瑚辑：《区种十种》，中国财政经济出版社，1955 年。

球总数 7%的耕地养活了 22%的全球人口，二是中国农业在数千年中一直保持着可持续发展。从环境史角度而言，后一奇迹特别值得赞叹。

我们知道：在世界农业史上，一些古老文明国家（如古代两河流域、希腊、罗马等）都曾经出现了严重地力衰退现象，有的甚至导致了文明中断和消亡。中国作为世界农业起源中心之一，农业历史非常悠久，许多土地已经连续耕种了几千年。在此期间，中国农民不断提高土地利用率和单位面积产量，但土地并没有因此变得越来越贫瘠，相反，许多土地是越种越肥。从这一点来说，中国农业无疑可以称得上是一种可持续的农业。

那么，这个奇迹得以实现的历史奥秘何在？我们认为：在于中国农民很早就具有土地生命意识，具有因地制宜的土地利用观念，更在于他们很早就形成了通过利用废物积肥、施肥，维持并且不断增进土壤肥力的优秀技术传统。

战国时期，随着人们对自然环境的认识水平不断提高，视野不断开阔，关于土壤类型及其特性的知识有了非常显著的发展。《尚书·禹贡》据信是在战国时期完成的，其中就记述了"九州"不同类型的土壤，以及不同土壤的特性和等级高下；《管子·地员篇》更按照土壤肥力高低，把土壤划分为 3 等 18 类 90 种，详细列举了各种土壤所宜生长的农作物、果树、草木、鱼畜，揭示了植物因地势高下不同而呈垂直分布的规律，可谓中国历史上最早的一部土壤生态学。

儒家经典对土壤类型及其改良亦颇有记述。《周礼》所述"大司徒"的主要职掌之一，就是掌握天下土地，辨别不同类型土地所宜，合理安排各种生产活动。其称：

大司徒之职，掌建邦之土地之图与其人民之数，以佐王安扰邦国。以天下土地之图，周知九州之地域广轮之数，辨其山林、川泽、丘陵、坟衍原隰之名物。而辨其邦国、都鄙之数，制其畿疆而沟封之，设其社稷之壝，而树之田主，各以其野之所宜木，遂以名其社与其野。以土会之法，辨五地之物生：一曰山林，其动物宜毛物，其植物宜皂物，其民毛而方。二曰川泽，其动物宜鳞物，其植物宜膏物，其民黑而津。三曰丘陵，其动物宜羽物，其植物宜核物，其民专而长。四曰坟衍，其动物宜介物，其植物宜荚物，其民皙而瘠。五曰原隰，其动物宜臝物，其植物宜丛物，其民丰肉而庳……以土宜之法，辨十有二土之名物，以相民宅而知其利害，以阜人民，以蕃鸟兽，以毓草木，以任土事。辨十有二壤之物而知其种，以教稼穑树艺。[1]

《周礼》的这些规定表明：中国古人很早就有很强烈的"土宜"或"地宜"观念。事实上，前面我们已经提到：周族始祖——弃就曾经"相地之宜，宜谷者稼穑焉。"到了春秋战国时期，"相高下，视肥硗，序五种"，因地制宜安排农作，已经成为农业常识。

《周礼》不仅明确了"土"和"壤"的不同性质——就像现代土壤学区分自然土壤与耕作土壤一样，而且设立"草人"这个专门的技术职务，主掌土壤改良。《周礼·地官·草人》云："草人掌土化之法以物地，相其宜而为之种。凡粪种：骍刚用牛，赤缇用羊，坟壤用麋，渴泽用鹿，咸潟用貆，勃壤用狐，埴垆用豕，强坚用蕡，轻爰用犬。"[2]所谓"土化之法"，就是收集和施用不同动物的粪便，使土壤变得肥美而适合农作需要的方法。在时人看来，不同动物的粪便具有不同的性质，分别适宜施用在不同性质的土壤中。考虑到当时的生态环境和野生动物资源状况，这些如今看来不可思议的记载，恐怕并非完全凭空捏造。

在古人看来，土地是有生命的，土壤中有"土气""土脉""土膏"，它们随着季节变化、阴阳消长而发生变化，这就是关于土壤的"气脉论"或"土脉论"。《国语·周语》记载：西周末年人虢文公称每年开春阳气兴盛，"土气"和"土膏"开始"脉动"，是需要及时开展春耕生产的时节。[3]其中"土气"意指土壤温湿度，是水分、养分和气体流动的综合性状，而"土膏"指土壤中肥沃润泽的精华之物，就像动物的脂肪一样；"土脉"则是"土气"和"土膏"有规律的流通。这些土地生命意识和关于土壤营养物质及其流动的知识，奠定了中国传统土壤学的重要基础。

战国秦汉时代的思想家已经充分认识到：土壤是可以通过耕作和施肥进行改良的。所以《吕氏春秋·任地》说："地可使肥，又可使棘（瘠）。"[4]它指出：凡"耕之大方"（土壤耕作的主要原则），于处理好土壤的力与柔、息与劳、肥与棘、急与缓、燥与湿的关系，使土壤保持适中的状态；西汉前期成书的

---

[1]（清）阮元校刻本：《十三经注疏》，中华书局，1980 年影印本，第 702-703 页。

[2]（清）阮元校刻本：《十三经注疏》，中华书局，1980 年影印本，第 746 页。

[3] 上海师范大学古籍整理组：《国语》，上海古籍出版社，1978 年，第 15 页。

[4] 许维遹撰，梁运华整理：《吕氏春秋集释》卷 26《士容论》，中华书局，2009 年，第 688 页。

《氾胜之书》则概括农业生产的全部要领在于"趣时，和土，务粪泽，早锄早获。"[1]所谓"和"也是通过各种方法，包括物理性的耕作方法和壅培土肥的方法来调治各种土壤，使之保持肥瘠、刚柔、燥湿适中的最佳状态。东汉时期，王充在《论衡》中进一步指出瘠土转化为沃土的条件，是"深耕细锄，厚加粪壤，勉致人功，以助地力"。[2]

毫无疑问，这些观念和知识之形成，与当时土地利用正在逐渐由休闲制走向连作制甚至一年多熟制有关。不断提高土地利用率的最关键之点在于保证土壤肥力，不发生地力衰竭。数千年来，中国的土地由撂荒、休闲发展到连种和一年多熟种植，土地复种指数和土地利用率不断提高，许多原本相当贫瘠的土地变成了肥田沃土，数千年连续耕种而地力非但没有衰退，而且是愈来愈肥沃，并不是像有些学者所一直强调的那样只是因为黄土有"自行肥效"，更重要的是因为广大农民在耕作、灌溉、施肥和栽培等各个环节都采取了许多促进土壤环境改良的综合措施。其中最重要的方面便是充分利用各种生产、生活废弃物，积极积粪和施肥，促进了各种有机物质连绵不断地合理循环。

在战国秦汉时代，文献之中频繁地出现"粪""粪壤""粪泽""粪种"之类词语。同其他汉字一样，"粪"在历史上经历了不少变化。作为名词，如今它的基本含义有两个：一是粪便，指人和畜禽的大便，通常也包括小便，这是狭义的"粪"；二是指传统农家肥料，所包含的内容非常广泛，凡是经过处理施用于田地以增加土壤肥力、促进作物生长的物质（主要是污秽废弃之物），都可以称为"粪"。然而它最初只是一个会意的动词，在殷商甲骨文中已经出现，本义是扫除，表示人手执畚箕扫除尘土脏物。以下是其所指活动的想象图及由甲骨文向现代汉字的演变过程（见图3-1）。

（甲骨文）（金文）（小篆）冀（繁体）粪（简体）

资料来源：https://home.htu.cn/hzdam/05bkzl/hzyy/05sannianji_s/sskw22/sskw22_fen.htm。

图3-1　"粪"字会意（示意图）及"粪"字的早期演变

[1]（汉）氾胜之撰：万国鼎辑释：《氾胜之书辑释》，农业出版社，1957年，第21页。
[2] 黄晖撰：《论衡校释》卷2《率性》，中华书局，1990年，第73页。

关于"粪"字，汉代许慎的《说文解字》在《𠦷部》解释说"粪，弃除也。从廾（双手）推𠦷。弃，采也。"[1]这个解释仍然保留着粪字的本义——扫除灰土、脏物。然而随着时间推移，"粪"由最初的扫除，转变为一个包含内容非常广泛的名词，指从住处清理出来、不能再作其他用途的一切污秽废物，包括如今日口语之中的"垃圾"在内，凡残剩变质不能食用的食物，农产品加工形成的各种废料和副产品，灶灰，扫除所得的尘土等，都可以归类为粪。人和其他动物的"矢溺"（屎尿），也是其中的一项。

其实，早在春秋时期，"粪"字就已经出现了引申意义，而且与农作生产紧密联系到一起。《左传》《论语》等春秋文献中都已出现过"粪土"这个名称，但没有明确地提到用它们去"上地"。但老子《道经德》最早提道："天下有道，却走马以粪；天下无道，戎马生于郊。"[2]汉代高诱注云："粪田也。"战国以后，作为名词的粪肥和作为农作事项的施粪的含义，都日益明确，《荀子》云："掩地表亩，刺草殖谷，多粪肥田，是农夫众庶之事也。"[3]《韩非子》云："积力于田畴，必且粪溉。"[4]意思是努力去耕种土地，必定要施肥灌溉。《礼记·月令·季夏之月》云："是月也，土润溽暑，大雨时行，烧薙行水，利以杀草，如以热汤。可以粪田畴，可以美土疆。"[5]《周礼·草人》则称："草人掌土化之法，以物地，相其宜而为之种。凡粪种：骍刚用牛，赤缇用羊，坟壤用麋，渴泽用鹿，咸潟用貆，勃壤用狐，埴垆用豕，强坚用蕡，轻爨用犬。"汉人郑玄注称："凡所以粪种者，皆谓煮取汁也"。[6]

在汉代农书之中，积肥和施肥很明确地成为一项重要农事活动。《氾胜之书》中所列举上地的肥料有豆萁、"蚕矢"（即蚕粪）、"土粪""溷中熟粪"（猪圈里面的人粪尿和猪粪尿混合腐熟物）。由这些记载可以肯定：早在公元之前，"粪"已具备了肥料和施肥的含义。东汉人崔寔《四民月令》也有"正月粪畴"一条，注明是向大麻田里上粪。换言之，汉代中国农民已经大量地利用粪便、杂草烧灰或者还有动物骨汁来施肥。

[1]（东汉）许慎：《说文解字》，中华书局，1985年，第123页。
[2]（曹魏）王弼注，楼宇烈校释：《老子道德经注校释》，中华书局，2008年，第125页。
[3]（清）王先谦撰，沈啸寰、王星贤点校：《荀子集解》卷6《富国》，中华书局，1988年，第183页。
[4]（清）王先慎撰，钟哲点校《韩非子集解》卷6《解老》，中华书局，2003年，第144页。
[5]（清）阮元校刻本：《十三经注疏》，中华书局，1980年影印本，第1371页。
[6]（清）阮元校刻本：《十三经注疏》，中华书局，1980年影印本，第746页。

　　值得注意的是"粪种"一词，意思是将种子拌和粪肥一起下播，《氾胜之书》比较详细地记载了一种肥料拌种的方法，称为"溲种法"。具体做法是：在即将播种之前，用兽骨所煮的汁或缫丝剩下的蚕蛹汁，掺入蚕粪、羊粪或麋鹿粪，有时还添加附子这种药物，搅成像粥一样的稠汁，在播种之前20天左右，多次用以上汁液浇拌种子，然后晒干。经过这样的处理，播下的种子既得营养，又能防虫。这种方法，现代农学称之为"种子肥衣法"。

　　总体来看，以上这些做法，都是以日常生产生活废弃物作为肥料，是利用废物中所含有机质增加土壤的肥力。从短期利益来看，一方面是清理各种废弃和污秽物质，保持一个比较洁净的生活环境，减少疾病，维护健康；另一方面是通过一定方式将各种废弃、污秽物转化成为肥料施用于农田，增加土壤有机质，提高农作物的产量。从长期效果来说，则能够使各种有机物质处于不断循环的过程之中。总之，这是一项对人类生存、发展具有至关重要影响的发明和创造，具有极其深远的生态史意义。从此之后，收集包括粪便在内的各种废弃物质，便成为古代中国农民日常生活的一部分。

　　考古资料证明：两汉时代，中国民间形成了一些非常有趣的生活习惯：人们把动物饲养、粪便处理、肥料积贮和作物种植紧密地联系在一起，拾取家畜粪便当作肥料，成为一种普遍的生产和生活传统。下面几幅图像所反映的当时北方人民拾取马粪的事实，都令人联想到老子所说的"却走马以粪"（见图3-2、图3-3、图3-4）。[1]

资料来源：中国农业博物馆编：《汉代农业画像砖石》，中国农业出版社，1996年，第34-35页。

图3-2　陕西米脂县官庄村出土的拾粪画像石

---

[1] 详细解说，参见曾雄生：《"却走马以粪"解》，《中国农史》2003年第1期，第8-12页。

资料来源：中国农业博物馆编：《汉代农业画像砖石》，中国农业出版社，1996年，第38-39页。

图 3-3 陕西省绥德出土的拾粪画像石

资料来源：中国农业博物馆编：《汉代农业画像砖石》，中国农业出版社，1996年，第37页。

图 3-4 山东省滕县龙阳店出土的拾粪画像石

更令人惊讶的是另一个普遍史实：在汉代，禽畜圈舍和厕所建造与积粪造肥紧密地联系在一起。在我们目前所掌握的史料中，商周时代，厕所、鸡埘、猪羊圈、牛马屋舍都已经出现，并且都与积肥发生了联系。那时，虽然有些草泽广袤的地区仍然有野外牧猪的习俗，史书不时记载某人牧猪于泽野，但许多地区猪已经开始实行了圈养；牛、羊、马等家畜虽然不能完全圈养，但也专门建有圈栏；鸡也有夜间休憩的场所。这些都为积贮人和禽畜粪便提供了方便。考古学家在许多地方的墓葬中都发现了陶制的猪圈、羊圈和鸡埘模型，是常见而且重要的墓葬随葬品，反映了汉代人们"视死如生"的生命意识——生前养六畜，死后亦然。其中最特别而且很普遍的一种做法，就是将猪圈和厕所建在一起，即所谓"带厕猪圈"。农业史家一般认为：在这样的设施中，猪可以食用人之粪便而长肥，而人粪、猪粪及圈中污秽之物亦可因此尽入粪池，沤制成肥。"带厕猪圈"将养猪与积肥最直接和紧密地联系在一起，清晰地呈现出"养猪—积肥"相结合的传统农业社会家庭经济生产习惯，应该说它是两千多年来中国农村耕种与饲养有机结合的普遍模式。这种模式，通过农作产品—消费剩余（以及各种废弃物）—养猪吃肉—猪粪积肥—施粪肥田—增加产量，实现了有机物质的多层次循环，形成了一个周而复始以至无穷的有机物质和能量循环圈。下面几组图片均是在今河南省境内出土的汉代陶猪圈模型（见图3-5）。

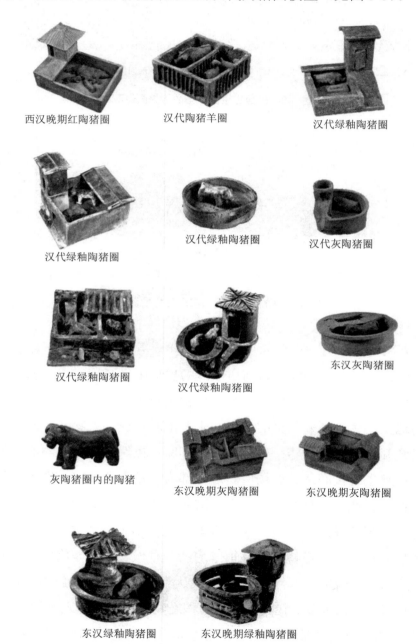

西汉晚期红陶猪圈　　　　汉代陶猪羊圈　　　　汉代绿釉陶猪圈

汉代绿釉陶猪圈　　　汉代绿釉陶猪圈　　　汉代灰陶猪圈

汉代绿釉陶猪圈　　　汉代绿釉陶猪圈　　　东汉灰陶猪圈

灰陶猪圈内的陶猪　　东汉晚期灰陶猪圈　　东汉晚期灰陶猪圈

东汉绿釉陶猪圈　　东汉晚期绿釉陶猪圈

资料来源：王蔚波：《河南汉代陶猪圈模型赏析》，《收藏》2007年第12期，第85-90页。

图3-5　河南省境内出土带厕猪圈模型

事实上，不但河南地区是如此，考古出土汉代"带厕猪圈"，数量多、样式多、分布非常广泛，河北、湖南、湖北、广东、广西、山东、安徽、江苏诸省普遍有发现，说明它是汉代乡村的一种普遍生产生活习惯，而不局限于某一两个区域。[1]厕所与养猪之间的特殊联系，还影响了人们的神灵观念。早在战国时代，人们就将厕所称为"豕牢"，汉代称为"溷轩"，后来人们所想象的"厕神"即是猪的形象——"大耳深目，虎鼻猪牙"。这些都反映了厕所与猪圈、养猪与积粪之间的密切联系。最晚在汉代就已经出现了一些特殊的厕神信仰与习俗，例如"紫姑神"（古代又称子姑、厕姑、茅姑、坑姑、坑三姑娘等）崇拜，人们相信：向她占卜可以知凶吉、预知农业生产丰歉；向她祈祷则可以获得好的农桑收成。

当然，厕所和畜圈毕竟是污秽不卫生的地方，以上厕圈相连的做法亦可能给人们造成了一些不利的影响，比如导致人畜共患病流行。所以汉代以后此类做法逐渐被淘汰，只在部分地区持续保留。

总之，战国秦汉时代的中国农民已经掌握了一定的积肥、施肥技术并且形成了一种生产、生活传统，这种传统充分利用一切粪秽之物作为改良土壤、提高产量的肥料，使之变废为宝，同时将农耕生产与家畜饲养有机地结合起来，形成了一个有机物质循环圈。表面看来，这是农业生产、生活中的细枝末节，在绝大部分人类科学技术史著作中都很难提上一笔，然而它却是中国农业持续发展，甚至是中国文明数千年不曾中断的一个重要奥秘。借用庄子的话说，是"道在屎溺"。

第四节　资源开发、产业发展与环境变迁

战国、秦、汉时代，伴随着一系列历史运动与变革，黄河中下游地区的政治、经济和社会文化实现了更高程度的整合，秦汉帝国的建立和政治疆域拓展，以及专制主义中央集权政体的确立，开创了中国文明历史发展的新格局，人与自然之间的交互关系在更加广阔的地理空间展开，自然资源开发、产业经济发展和生态环境变迁，在更大的疆域、以更快的速率协同进行。

[1] 贾文忠：《与猪有关的几件文物》，见《中国文物报》2007年2月14日5版。

认识和理解一个时代的人与自然关系，始终必须重点考察那个时代人类经济活动的自然基础和经济活动对自然环境的影响。这是因为：从环境史的观点来看，人类社会与所在的自然环境共同构成一个庞大的生态系统——人类生态系统。这个生态系统仍然是以能量的转换与流动、物质的生产和消费作为产生、演化、延续和发展的前提，围绕物质能量获取和消费而展开的经济活动，乃是人类社会与自然世界彼此因应、交相作用的主要领域。自从农业起源以来，人类经济活动对自然环境的影响不断增强，直至成为环境变迁的主要营力。这其中包括两个不同向度：一是人类影响自然环境的广度，主要表现在经济活动空间的扩展和资源利用对象的扩大；二是人类影响自然环境的强度，主要表现在资源利用和环境改造的程度不断加深。在中国环境史上，战国、秦、汉社会经济发展与自然环境变迁的关系，无论从哪个向度来看，都具有十分显著的历史特点。

关于这个时代的经济（包括农业、畜牧业、手工业和交通运输业）发展，前人已做了大量探讨，取得了十分丰富的成果。本章将在前人的基础上，重点讨论主要经济产业与自然环境之间的交互影响。

一、环境禀赋与区域经济差异

前面曾经提到，司马迁把全国划分为四大经济区，即：山西、山东、江南和龙门—碣石以北地区。这四大经济区是夏、商、周以后逐步形成的，大致反映了战国至西汉前期的中国经济地理格局。它们分别拥有不同的生产结构，分属不同区域经济类型：龙门—碣石以北是游牧区，至少是以畜牧业为主的经济区；山西和山东都地跨暖温带和亚热带，它们的北部以旱作农业为主，南部则是以稻作为主；江南则是以"饭稻羹鱼"为主要特色的稻作和渔业区域。四大经济区分别依存于不同的自然生态环境，彼此之间的气候、土壤、水文、植被和动物资源等环境要素，都存在着显著差异。

事实上，《史记·货殖列传》[1]关于全国自然禀赋和经济面貌还有更细致的地区划分，自然资源、人地关系、经济结构乃至民情习俗都各具特点。其中：

---

[1] 本节下引材料，未予特别注明者，皆出《史记》卷129《货殖列传》，中华书局，1959年，第3252-3284页。不一一注明页码。

关中，"膏壤沃野千里，自虞夏之贡以为上田"，"好稼穑，殖五谷"，"地小人众"。

巴蜀，"亦沃野，地饶卮、姜、丹沙、石、铜、铁、竹、木之器。南御滇僰，僰僮。西近邛笮，笮马、旄牛。然四塞，栈道千里，无所不通，唯褒斜绾毂其口，以所多易所鲜"。

天水、陇西、北地、上郡等地，"与关中同俗，然西有羌中之利，北有戎翟之畜，畜牧为天下饶"。

三河，"土地小狭，民人众"，"其俗纤俭习事"，"不事农商"；"中山地薄人众，犹有沙丘纣淫地余民，民俗懁急，仰机利而食"。

燕地，"上谷至辽东，地踔远，人民希"，"有鱼盐枣栗之饶"；

齐地，"带山海，膏壤千里，宜桑麻，人民多文采布帛鱼盐"。

邹、鲁，"颇有桑麻之业，无林泽之饶。地小人众"。

梁、宋，"好稼穑，虽无山川之饶，能恶衣食，致其蓄藏"。

越、楚之地则包括三个部分：西楚（自淮北沛、陈、汝南、南郡），"地薄，寡于积聚"，"陈在楚夏之交，通鱼盐之货，其民多贾"；东楚（彭城以东，东海、吴、广陵），"东有海盐之饶，章山之铜，三江、五湖之利"；南楚（衡山、九江、江南、豫章、长沙），"合肥受南北潮，皮革、鲍、木输会也"，"江南卑湿，丈夫早夭。多竹木。豫章出黄金，长沙出连、锡，然堇堇物之所有，取之不足以更费"，"番禺亦其一都会也，珠玑、犀、玳瑁、果、布之凑"。

最后是颍川、南阳地区，"俗杂好事，业多贾"。

在司马迁的时代，"上农""农本""贵粟"逐渐成为主流的经济观念。然而战国时期形成的"工商致富"思想仍具有重要影响，所谓"货殖之利，工商是营"。因而，不同区域易于牟利致富的特种资源和物产，包括林木、丝织品、畜产、水产和矿产等受到司马迁的特别关注，《货殖列传》列举说："夫山西饶材、竹、谷、纑、旄、玉石；山东多鱼、盐、漆、丝、声色；江南出楠、梓、姜、桂、金、锡、连、丹沙、犀、玳瑁、珠玑、齿革；龙门、碣石北多马、牛、羊、旃裘、筋角；铜、铁则千里往往山出棋置：此其大较也。"不同区域的环境禀赋和人口状况，导致产业结构、生产方式和生活面貌互有差异。司马迁总结说："总之，楚越之地，地广人希，饭稻羹鱼，或火耕而水耨，果隋蠃蛤，不待贾而足，地埶饶食，无饥馑之患，以故呰窳偷生，无积聚而多贫。是故江、淮以南，无冻饿之人，亦无千金之家。沂、泗水以北，宜五谷桑麻六畜，地小人众，数被水旱之害，民好畜藏，故秦、夏、梁、鲁好农而重民。三河、宛、陈亦然，加以商贾。齐、赵设智巧，仰机利。燕、代田畜而事蚕。"

　　由他的这些叙述，关于那个时代中国环境资源、经济产业和社会风貌，我们大致可以形成几个基本印象：一是由于其时距离战国不远，司马迁划分全国经济区，在很大程度上仍是以诸侯列国的发展作为基础。正因如此，他将关中、巴蜀和河陇地区划为同一经济大区，这些地区是旧秦国的统治范围。[1]二是基于自然资源开发，若干行业的私营工商业发展相当醒目，而区域之间的自然物产和手工产品贸易、流通亦曾相当活跃。三是更值得环境史研究者注意的方面——司马迁乃至后来的班固，都非常重视各区域独特的自然资源，因为正是对这些资源的开发和利用，造就了不同特色的区域经济——东西南北，山陆水泽，不同地区环境禀赋不同，自然资源各具特点，为区域经济发展及其特色之形成提供了基础条件。随着国家统一，全国经济整合趋势逐渐加强，但产业发展的区域特色和地区差异持续存在。在古代交通条件下，产业发展与其所需的自然资源，在地理空间上高度重合，例如发展冶铁业地区必须同时具备矿石和燃料这两个基本条件。像如今的企业这样生产原料取自千万里之遥甚至远涉重洋获取，在两千多年前的战国、秦、汉时代是不可想象的。正因如此，《史记·货殖列传》所载之自然资源分布与经济产业区划，具有高度的一致性。

　　环境资源禀赋导致区域经济差异，在主要手工业分布和手工业原料生产方面都表现相当显著。战国时期工商主义盛行，直至西汉初期，国家对手工业及其所依赖的山泽自然资源的管理和控制仍较松弛，私营工商业一度自由发展，呈现出相当繁荣的面貌。随着专制主义中央集权逐步加强，特别是随着国家推行"重农抑商"和盐铁专卖等项经济政策，山泽之利被视为天子、封君的"私奉养"，国家管控逐渐加强，而豪强巨富私自开发以谋取暴利的势头逐渐受到抑制，经济形势亦因之发生了不少变化。但总体而言，依托于各地自然资源条件涌现出不少大型私营手工业，私营盐、铁而致巨富者尤多。这并不奇怪，因为盐是日常生活所必需，铁则是制作兵器、农具和铸造钱币的材料，都属于那个

---

[1] 朱士光指出："此所谓'秦地'，包括有关中及天水、陇西、安定、北地、上郡、西河、武威、张掖、酒泉、敦煌、巴、蜀、广汉、武都、犍为、牂柯、越嶲等郡，即今之陕、甘、川诸省及内蒙古鄂尔多斯高原南部、云贵高原北部。"参见朱士光：《秦汉时期关中地区的经济发展及其对都城建设的影响》，《中国古都研究（第五、六合辑）——中国古都学会第五、六届年会论文集》，第52-67页。

时代紧要或者紧缺物资，经营者易于发家致富。司马迁列举了一批靠冶铸发家的大富豪，其中蜀郡卓氏，祖先是赵国人，被秦朝强迁入蜀，迁到临邛之后，"即铁山鼓铸，运筹策，倾滇蜀之民，富至僮千人。田池射猎之乐，拟于人君"；同在临邛的程郑则是从山东迁蜀的，"亦冶铸，贾椎髻之民，富埒卓氏"；又有宛孔氏之先，"梁人也，用铁冶为业。秦伐魏，迁孔氏南阳。大鼓铸，规陂池，连车骑，游诸侯，因通商贾之利……家致富数千金"；鲁人曹邴氏亦"以铁冶起，富至巨万。"至于盐，司马迁指"山东食海盐，山西食卤盐，岭南、沙北，固往往出盐"，各地也产生了一些大盐商，如鲁人猗顿"用监盐起家"，齐人刁间驱使"黠奴虏"，"逐渔盐商贾之利……起富数千万。"当然，经营其他手工业或手工业原料生产也都可以致富，达到一定的规模，便可富埒王侯，"故曰陆地牧马二百蹄，牛蹄角千，千足羊，泽中千足彘，水居千石鱼陂，山居千章之材。安邑千树枣；燕、秦千树栗；蜀、汉、江陵千树橘；淮北、常山已南，河济之间千树萩；陈、夏千亩漆；齐、鲁千亩桑麻；渭川千亩竹；及名国万家之城，带郭千亩亩钟之田，若千亩卮茜，千畦姜韭：此其人皆与千户侯等。"其中的木竹、漆、桑麻卮茜，都是手工业生产原料；大型家畜牧养亦是获得毛、皮、筋、角的重要途径。

尤其值得注意的是，不同的环境禀赋，不仅造就了各大区域的特色经济，并且在多种因素的共同作用下，经历了先后不同的发展进程。

从《史记》《汉书》的记述来看，战国至西汉前期，全国经济比重大抵西重东轻，包括关中、河陇和巴蜀在内的"大关中"或故"秦地"，经济最繁盛、财富最集中，[1]广大"山东"和"江南"地区则处于相对次要的地位。此后由于多种因素的影响，包括民族关系形势的变化，全国经济格局逐渐发生改观：一是经济重心逐渐东移，及至东汉时期，经济重心东移过程已经完成；二是广大南方地区逐渐得到一定程度的开发。以下稍予展开叙述。

在生产工具简陋的早期旱作农业发展阶段，关中地区的自然条件具有一定优越性。经过姬周以降多个世纪的发展，至战国至西汉前期，那里成为最发达的经济区域：秦国凭借关中的经济实力攻灭山东六国；刘邦战胜项羽、建立汉朝，亦赖关中这一强大经济后方。西汉建都长安以后，关中经济得到更大发展，

---

[1]《史记·货殖列传》称："故关中之地，于天下三分之一，而人众不过什三；然量其富，什居其六"；《汉书·地理志下》则谓："故秦地天下三分之一，而人众不过什三，然量其富居什六。"中华书局，1962年，第1648页。

对此汉代人士几乎众口一词予以赞美。《史记·货殖列传》称："关中自汧、雍以东至河、华，膏壤沃野千里，自虞夏之贡以为上田，而公刘适邠，大王、王季在岐，文王作丰，武王治镐，故其民犹有先王之遗风，好稼穑，殖五谷，地重，重为邪。及秦文、德、缪居雍，隙陇蜀之货物而多贾。献公徙栎邑，栎邑北却戎翟，东通三晋，亦多大贾。孝、昭治咸阳，因以汉都，长安诸陵，四方辐凑并至而会，地小人众，故其民亦玩巧而事末也。"同为武帝时人的东方朔说："……汉兴，去三河之地，止灞浐以西，都泾渭之南，此所谓天下陆海之地，秦之所以虏西戎兼山东者也。其山出玉石金，银、铜、铁、豫章、檀、柘，异类之物，不可胜原，此百工所取给，万民所卬足也。又有粳稻梨栗桑麻竹箭之饶，土宜姜芋，水多蛙、鱼，贫者得以人给家足，无饥寒之忧。故酆镐之间号为土膏，其贾亩一金。"[1]其后，班固亦盛赞其地丰饶的自然资源，追述该地区农业经济发展历程，特别强调了秦国（朝）水利建设的重要作用，称"其民有先王遗风，好稼穑，务本业，故《豳诗》言农桑衣食之本甚备。有鄠、杜竹林，南山檀柘，号称陆海，为九州膏腴。始皇之初，郑国穿渠，引泾水溉田，沃野千里，民以富饶。"[2]

关中以南的汉中和巴蜀地区，自然环境复杂多样，然而气候暖湿，物产丰饶，土地广袤，成都平原更是号称江水沃野。都江堰建成之后，灌溉便利，战国秦汉时期，那里已是宇内最为繁荣发达的农业区域之一。西汉末期的李熊说："蜀地沃野千里，土壤膏腴，果实所生，无谷而饱。女工之业，覆衣天下。名材竹干，器械之饶，不可胜用。又有鱼盐铜银之利，浮水转漕之便……"[3]《汉书》则云："巴、蜀、广汉本南夷，秦并以为郡，土地肥美，有江水沃野，山林竹木疏食果实之饶。南贾滇、僰僮，西近邛、笮马旄牛。民食稻鱼，亡凶年忧，俗不愁苦，而轻易淫泆，柔弱褊阨。"[4]

关中西北的河陇地区素以畜牧业发达著称，《史记·货殖列传》称："天水、陇西、上郡与关中同俗，然西有羌中之利，北有戎翟之畜，畜牧为天下饶"。[5]东汉时期人虞诩亦描述这一地区"且沃野千里，谷稼殷积，又有龟兹盐池以为

[1]（汉）班固：《汉书》卷 65《东方朔传》，中华书局，1962 年，第 2849 页。
[2]（汉）班固：《汉书》卷 28 下《地理志下》，中华书局，1962 年，第 1642 页。
[3]（南朝宋）范晔：《后汉书》卷 13《公孙述传》，中华书局，1965 年，第 535 页。
[4]（汉）班固：《汉书》卷 28 下《地理志下》，中华书局，1962 年，第 1645 页。
[5]（汉）司马迁：《史记》卷 129《货殖列传》，中华书局，1959 年，第 3262 页。

民利。水草丰美，土宜产牧，牛马衔尾，群羊塞道。北阻山河，乘厄据险。因渠以溉，水舂河漕。用功省少，而军粮饶足。故孝武皇帝及光武筑朔方，开西河，置上郡，皆为此也。"[1]西汉时期向这个地区大规模移民，进一步加速了当地经济开发进程，同时亦开始造成一定程度的环境破坏。

与关中地区自然条件相近，且在地理上互相毗接的"三河"地区，即秦汉时期的河东、河内与河南三郡，亦即现今的晋西南、豫西北和冀西南地区，农业经济开发甚至比关中更早。《史记·货殖列传》云："昔唐人都河东，殷人都河内，周人都河南。夫三河在天下之中，若鼎足，王者所更居也，建国各数百千岁。"由于长期的历史积累，这里自夏、商、周以降都是经济文化发达区域。东汉迁都洛阳以后，直至曹魏、西晋时期，这里一直是"京畿""腹里"之地。

然而由此复往东，黄河下游两岸，除山东丘陵地势较高外，乃是一望无垠的黄淮海低湿平原，土地辽阔、平坦而下湿，历史上曾是河流湖泽众多的水潦之地和咸卤之区，极易遭受众水漫流与泛溢之患，粟作农业发展受到限制，经济开发进程远较西部迟缓滞后。随着历史时代的推移，在自然、经济和社会众多因素共同作用下，西周时期即已肇始的经济重心东移趋势，在春秋、战国明显加速，黄河南北的原燕、赵、齐、鲁、魏、宋诸国之地，不断得到开发，并显现出更大的发展潜势。战国时期，黄河两岸诸侯国家开始筑堤束水，黄河之水恣意漫流的状况逐渐得到了改变，这有利于大规模地垦殖农地，但农业结构与黄土高原地区明显不同。麦类作物需水量较大，比起耐旱的粟类，更适宜在地势低平的大平原上种植，因而诸麦特别是冬小麦（时称宿麦）在这里得到了较早、较快推广，显著提高了当地土地垦殖和利用水平。在那些水源充足但因盐卤下湿、不宜种植粟类和麦类的地区，配合大小不一的农田水利工程之兴建，大规模地开垦水田、种植水稻。及至西汉末期，华北平原已经成长为人烟稠密、经济繁盛的农业区。在人力经济时代，人口密度与经济水平通常呈正相关，而前节所述之西汉元始二年（公元2年）的全国人口统计数据显示：除关中和成都平原之外，人口数量和密度最高的是司、豫、冀、兖、青、徐等州，它们都属于所谓"山东"地区。这说明：至西汉末期，黄河下游两岸已经成为耕地最为辽阔、人口最为集中的农耕区域，并且逐渐成为汉朝国家的主要财赋供给地。

---

[1]（南朝宋）范晔：《后汉书》卷87《西羌传》，中华书局，1965年，第2893页。

西汉中期以后，关东每年要向关中转漕粮食数百万石，说明经济地位已然显著上升。

东汉建都洛阳，政治中心东移，关中地区则因遭受战争摧残逐渐失去了先前的优势地位，而关东地区的社会经济进一步兴旺发达。除三河地区之外，南阳（今河南南部及湖北北部地区）、汝南（在今南阳以南淮河以北地区），连带邻近的荆襄等地，自然资源都得到了全面开发，农业经济增长显著。而地处黄河下游沮洳平原的冀州地区，经过两汉时期开发，社会经济同样取得了显著的发展，东汉末年至魏晋时期的议论可以证明这个地区在全国经济中所占权重有了明显的上升。《三国志·魏志·武帝纪》裴注引《英雄记》称：董卓举刘馥为冀州牧，"于时冀州民人殷盛，兵粮优足"。[1] 三国人卢毓在其《冀州论》中则赞冀州为"天下之上国也。……东河以上，西河以东，南河以北，易水已南，膏腴千里。"[2] 其经济地位亦反映在人口方面。在经历了东汉末年以降的战争动荡和人口严重耗减之后，魏晋时期人们仍认为那里土狭人众。冀州南部在曹魏时为魏郡地界，是邺都所在之地，那里至晋初犹称人多地狭，束皙就解决当地人多地少矛盾提出过若干建议，他认为"……州司十郡，土狭人繁，三魏尤甚，而猪羊马牧，布其境内，宜悉破废，以供无业。"因此建议把"诸牧"迁往冀北地区，将土地提供给农民。其时三魏地区尚有一些没有垦辟的泽沼湿地，如"……汲郡之吴泽，良田数千顷，泞水停洿，人不垦植。闻其国人，皆谓通泄之功不足为难，潟卤成原，其利甚重。而豪强大族，惜其鱼捕之饶，构说官长，终于不破……"他建议朝廷令郡县谋划予以垦辟。他还建议说："……昔魏氏徙三郡人在阳平顿丘界，今者繁盛，合五六千家。二郡田地逼狭，谓可徙还西州，以充边土，赐其十年之复，以慰重迁之情。一举两得，外实内宽，增广穷人之业，以辟西郊之田，此又农事之大益也。"[3] 据《晋书·地理志》记载：西晋太康年间（280 年代），全国户数最多的是司州，"州统郡一十二，县一百，户四十七万五千七百"；仅次于司州的冀州，"州统郡国十三，县八十三，户三十二万六千。"司州是京畿之地，人口最为稠密，固易理解；而冀州户数仅次之，接近全

[1]（晋）陈寿：《三国志》，中华书局，1959 年，第 6 页。

[2]（唐）徐坚：《初学记》，中华书局，1962 年，第 176 页。

[3]（唐）房玄龄：《晋书》卷 51《束皙传》，中华书局，1974 年，第 1431-1432 页。

国总户数的 13%，[1]说明了冀州的重要经济地位。所有这些情况说明：东汉时期，古代北方社会经济发展重心的东移过程已经完成，以故人口、经济比重的天平亦都显著往东倾斜。

从古代文明空间运动的整体趋势而言，长期以来一直受到史家高度重视的社会经济重心"南移"，相对于"东移"历史进程更加宏阔，机制更加复杂，对中华民族生存发展的意义亦更加深远，只是起始和完成的时间明显要晚得多。

诸多史书记载反映：秦汉时期，华夏民族从中原向南方开拓的姿态愈来愈积极。秦朝统一以后，全国普遍设置郡县，在南岭以南设有桂林、南海、象郡三郡，政治疆域南抵今两广沿海地区、甚至到达越南北部；汉朝因之并且有所发展。然而政治疆域并不等同于经济和文化疆域，综合各种文献记载来看，彼时广大南方（楚越之地及其以南）的"华夏化"进程大抵是呈点、线状发展，较频繁地出现于史家记述的地区还局限在吴、会稽、长沙、广州等地，大部分地区还属"蛮荒之地"，总体情形是人口稀少，社会经济落后，远不能与黄河中下游地区相比。前引司马迁对"楚越之地"的概括大致反映了其时中土人物对南方地区的几个基本看法：一是人—地关系："地广人稀"；二是食物结构："饭稻羹鱼"；三是农作技术："或火耕而水耨"；四是天然食物资源和气候："果隋赢蛤，不待贾而足，地埶饶食，无饥馑之患"；五是经济面貌和水平："呰窳偷生，无积聚而多贫，无冻饿之人，亦无千金之家"。[2]说明西汉前期人们关于南方的意象是蛮荒落后。若干个世纪之后，班固对南方的看法依然是："楚有江汉川泽山林之饶；江南地广，或火耕火耨。民食鱼稻，以渔猎山伐为业，果蓏赢蛤，食物常足。故呰窳偷生，而亡积聚，饮食还给，不忧冻饿，亦亡千金之家。"基本上是沿袭司马迁的看法，只是增加了一句"信巫鬼，重淫祀"。[3]前后两位史学家的概括，大体反映了那个时代经济、社会发展水平的南北差异。

然而，倘若结合考古资料稍稍追述一下南方地区的早期文化（文明）发展，我们可以发现：长江流域及其以南地区的远古文化同样十分悠久，农业起源并不明显晚于黄河中下游，仙人洞文化、河姆渡文化和后来的良渚文化都可与同一时代的红山文化、仰韶文化、龙山文化相媲美；在夏、商、周文明前后演替

[1]（唐）房玄龄：《晋书》卷 14《地理志上》记载："太康元年，平吴，大凡户二百四十五万九千八百四十。"中华书局，1974 年，第 415、第 423 页。
[2]（汉）司马迁：《史记》卷 129《货殖列传》，中华书局，1959 年，第 3270 页。
[3]（汉）班固：《汉书》卷 28 下《地理志下》，中华书局，1962 年，第 1666 页。

的时代，长江中下游的楚、吴、越区域文明亦达到了相当高的水平；春秋时期，吴、越、楚三国都曾北向中原争霸，而作为农业经济发展重要标志之一——大型水利工程兴建，甚至是南方先于北方起步，楚国孙叔敖兴筑芍陂、吴人围湖修造"畦田"和开凿运输与排灌兼济的河渠，都是先胜北方一筹；至于代表先进手工业水平的金属冶炼和器物铸造，周秦之际的吴、楚亦未尝明显逊色于中原诸国。这就造成了一个巨大的历史疑问：何以直到汉代，广大南方地区的自然环境依然如此原始，经济社会发展还是如此落后？必待汉末以降中原人口大量南迁之后方能迅速崛起，逐渐与黄河中下游并驾齐驱，而最终竟然超迈中原地区而后来居上？这些问题，以往史家曾经做过一些探讨。裴士京曾撰文探讨过南方"文明之花"迟开的原因，认为：与黄河两岸相比，长江流域原始农业发展遭遇到更多障碍，其地理自然条件的优势在历史早期无法得到充分利用和发挥，以农业为主的综合经济一直难以形成，在相当长的时期中，渔猎、采集的收获物在经济生活中所占比重较大，剩余产品少，私有制萌芽、发育迟缓，最终导致当地社会发展缓慢。[1]

我们认为：这个问题具有高度复杂性，并与环境史直接相关，尚有继续予以探讨的空间。要想进行更加圆融的解说，应当综合古代当地生态环境、生产技术特点、经济类型等多方面的因素进行全面考察，还应当对南北情况进行对比分析。这里只能说说战国秦汉时期的情况。

从自然地理条件来看，以秦岭—淮南为界，长江流域及其以南区域，气候、地形、水文、土壤、生物资源等诸多方面，都与黄河中下游地区迥然不同，对历史早期人类生存和发展所提供的条件和所设置的限制亦皆判然有别，这必然地对南北经济、社会和文明发展进程与速率造成了不同的影响。

长江流域及其以南区域的地形、地貌复杂多样：在长江、珠江等大河流域，沿江平原和下游三角洲地区地势低洼，原本都是兼葭丛生、鲛龙出没的水乡泽国；大部分地区则是丘陵和山地，森林密布，众多高大乔木生长茂盛，荫天蔽日，使用简陋的石器、骨蚌器和木器，难以对这些地区进行大规模的土地垦殖。要将这些广阔区域改造成为适合水稻生长的水田农业区，需要花费的劳动代价远远高于北方黄土地带。所以，最初的水田稻作农业只能在低缓的丘陵和水浅

---

[1] 裴士京：《长江流域的文明之花为何迟开》，《安徽师范大学学报：人文社会科学版》1985 年第 4 期，第 57-64 页。

的湿地缓慢发展。

由于当地湿热的气候特征和水田稻作生产的特点所决定，南方土地即便已经初步开垦为农田，开展水稻种植的劳动投入亦远高于旱地农作：水田低洼易于积潦成灾，杂草茂长易于变成秽芜，需要不断开沟排涝、翦除草秽，固不必说，由于水稻生长需水量很大而降水不甚稳定，干旱年份常有遇见，又需勤力开渠引灌，这些方面费功、费时都远高于旱农。总之，南方稻作农业发展较之北方旱地农业，既具更高技术难度，亦需花费更大成本和需要更多的劳动力。

另一方面，与中原地区相比，在早期南方地区的人口与资源关系状况下，亦缺乏发展农业生产的强大驱动力。那里既地广人稀，又地热饶食，天然食物丰富，而人无饥馑之患，在这种情形下，人们是难以主动地放弃采集、捕猎而专注于发展农业生产的。当然，人口与天然食物资源之间的关系总是相对的，由于自然环境的差异，南方地区的天然食物资源固然可能比北方地区丰足，然而人口稀少才是关键的因素。从两汉时期的人口统计资料来看，南方地区人口增长明显较北方缓慢，这固然是自然、经济、社会多方面的因素所致，但《史记》"江南卑湿，丈夫早夭"[1]一说非常值得重视。由于土地低湿，气候炎热，病毒、细菌繁殖旺盛，疾病瘟疫易于流行，在医疗技术水平非常低下的时代，南方自然环境下的人均寿命更低，"丈夫早夭"的情况普遍，这可能是早期南方人口增长缓慢的一个主要原因。这样，一方面是人口亦即劳动力增长缓慢，另一方面是野生动、植物能够提供丰富的天然食物资源，导致南方稻作农业虽然起源很早，但早期发展动力不足，因而显得相当缓慢。故此，当黄河中下游已经成为人烟繁盛的发达农业区域并且进入了精耕细作阶段以后，广大南方仍然长期处于"火耕水耨"的粗放状态。

那时南方地区不仅农业开发不易，交通往来、社会整合和文化交流亦因自然地理环境的影响，远不如黄河中下游便利。虽然古人一直称赞楚、越地区的人民"善舟楫"，但与一望平川的陆地相比，人际交往和经济沟通毕竟存在更多困难。南方更广大的地区是丘陵、山区，地形复杂，彼此隔离，技术进步、经济开发和社会政治整合，更比北方平川陆地受到更多阻碍。正因如此，尽管愈来愈多的考古材料证实长江流域与黄河流域同为中国文化发祥地，南方文化（文

---

[1]（汉）司马迁：《史记》129《货殖列传》，中华书局，1959年，第3268页。

明）起源并不明显地晚于北方地区，若干方面在很早时代就显露出了一些地区优势，但是，南北区域早期经济社会演进速率存在着较大的差距，自夏、商、周至于秦、汉时代，中国文明发展的中心区域一直是在黄河两岸，我们或可将其概括为"黄河轴心时代"。

关于战国、秦朝特别是两汉时期南方地区的经济发展水平，学人评估不一。但有几点是可以肯定的：其一，与前代相比，华夏文化的南向拓展进程明显加快，及至东汉时期，长江以北、与中原毗接的淮河、汉水流域，已经逐渐与中原地区整合为一体；长江以南局部区域，如秣陵、吴郡、会稽、江陵、长沙、广州等地的社会经济已经达到较高水平，为六朝以降的人口南迁和大规模自然资源开发打下了一定基础；其二，直到东汉末期，封建国家的基本经济区[1]仍然局限于淮、汉以北地区，广大南方地区对整个帝国的物质、能量贡献很小，人口比重和人口密度虽然逐渐提高，但总体上依然很低。其三，由于上述两方面的原因，广大南方的自然生态环境总体上还处于相当原始的状态，森林、土地、水文、动物都没有因为人类活动而发生显著的变化，更没有出现严重的负面改变。因而，当时和稍后时期历史记载所呈现出来的南方风物景象，依然是丘陵山地古木幽森，密郁蔽日，平原地区则为水乡泽国，水潦茫茫，蒹葭丛生，在中原人士的心中，那些地区人烟稀少，风土物产与中土殊异，是瘴疠流行的蛮荒之地，行旅、征戍者普遍视之为畏途。

二、区域经济开发及其环境影响

前已论及，战国、秦、汉时代的社会经济朝着"农本"方向迈进了一大步，最终走上定向化的农业发展道路，以粮食作物栽培为中心的农耕种植被视作"本业"，个体家庭则成为农业生产的基本经营单位，至少在黄河中下游地区小农经济已经最终取得了支配地位。这一历史发展，使得农业生产成为人与自然发生关联的主要领域。作为当时社会经济的主体，农业为那个时代的人类生态系统提供了基本物质能量支撑——既是衣食资料的主要来源，亦是手工业生产原料的重要来源，还为商业经济发展提供了基础条件。

---

[1] 关于古代"基本经济区"及其变化，参见冀朝鼎著、朱诗鳌译：《中国历史上的基本经济区与水利事业的发展》，中国社会科学出版社，1981年。

从环境史角度重新审视战国、秦、汉时代六个多世纪的农业发展变化，可以发现：不论是农业生产经营的集约化还是农耕区域的空间拓展，不论是农业结构的调整抑或是经营方式、技术方法的变化，都与自然环境及其变迁存在着这样或那样的历史关联——为了发展农业生产，人们必须面对和解决某些不利的环境因素；为了适应不同环境及其变化，必须调整农作结构、改进工具技术，乃至改变生产组织方式；而发展农业经济，需要不断开发和利用各种自然资源，不断适应和改造不同的自然环境，因而也必然地对自然环境造成了诸多影响。

农耕区域大幅拓展，是战国、秦、汉时代农业发展的一个主要成就。然而，农耕区域拓展，既不得不面对各个区域特殊的环境问题，针对不同环境条件做出相应的经济和技术选择；且不得不根据农业生产的需要，对自然环境进行必要的改造，不断地焚林薮、辟草莱和开凿引水灌溉工程，将自然生态系统不断人工改造为农业生态系统，而这些活动必然地导致相应地区的自然生态环境发生显著变化，其中最显著的变化是森林破坏和野生动物减少。

这个时期的农业开发，以华北平原和西北地区为重点，其余地区的开发进程则明显滞缓，长江流域及其以南地区，虽然陆续开展了局部垦殖，但总体上仍然处于非常蛮荒的状态。下面首先对这两个地区的情况分别予以概述。

1. 华北平原开发及其环境难题

从中国文明与自然环境互动关系演进的宏观态势看，战国、秦、汉或可被视作"黄河轴心时代"历史发展的第二个大的"旋回"阶段。在这一旋回阶段，农耕区域较之此前有了很大的拓展，表现在北方黄河流域，是西周以来大规模垦辟草莱的开拓进程进一步加快，黄土高原和华北平原两大区域板块最终被整合为一个统一的"基本经济区"，成为秦汉帝国主要的经济支撑。

在此一拓展与整合过程之中，华北低湿平原自西周以来的"农耕化"进程不断加速，广袤的土地资源逐渐得到了全面开发与利用，这不仅具有最重要的经济史意义，而且具有最重大的环境史意义。在战国、秦、汉北方农业进一步向低湿沮洳地区推进的过程中，人们所面临的环境难题迥然不同于今世，曾经经历的艰难与困苦或恐超乎今人想象。

华北平原与西北内陆同属以旱作为主的农业经济区，但气候（特别是降水）、水文、土壤和植被，都与黄土高原及其以西、以北地区大为不同。这里属于暖温带湿润季风气候区，年均降水量在 600 毫米以上，土地低平辽阔，大部分地区虽属暖温带落叶阔叶林带，但多是草莱灌丛，少有乔木。如前所言，远古时期这里众多河流平衍漫流，大小湖泊星罗棋布，多是低湿沮洳之地，直到战国秦汉时代，局面虽然有所改观，但还远不是现今这样一望千里，俱是亢旱平陆。因此当时这个地区的土地开发和农业发展，面临着一些与现代迥然不同的特殊环境问题。

其时，豫西、太行以东河流众多，枝蔓稠密，除黄河、淮河等大河外，伊洛、瀍、济、沁、汜、淇、泫、涧、瀍、蒗荡渠、鲁渠、睢、阴沟、汳（汴渠）、涡、黄、潩、昆、澧……众水支流分派，不可胜数；自太行以东、淮河以北，湖泊大小相杂，数以千计，整个局面不逊于现在的长江下游，如黄河以南，豫西山地以东，较大的湖泊就有 140 多个，除巨野泽这样超大的湖泽之外，荥泽、圃田泽、郏城陂、萑苻泽、孟诸、明都泽、逢泽、白羊陂、大荠陂、乌巢泽、蒙泽、空泽等中小湖泊，亦难以遍举。[1]黄河末梢地区更是湖沼广大的"水乡泽国"。

由于自然环境低湿沮洳，华北平原早期农业发展需要解决的问题，首先是如何排除积潦和改造由于长期积潦所形成的严重盐碱地；其次是如何防御由于降水季节变差和年际变差大而导致的农时季节性干旱。战国、秦、汉时代农业发展仍然需要重点解决这些问题。历史文献告诉我们：在扩大土地垦殖的过程中，人们曾经反复讨论的这个地区的农业发展问题有三：一是如何化泽卤、盐卤、潟卤之地为良田；二是如何抗旱保墒；三是如何改变河流漫衍状况，保障农区安全。随着区域农业开发的持续展开，至战国秦汉时期，最适宜于发展旱作的高丘土地逐渐被开发殆尽，对余下的土地继续进行开发，所面临着的上述三个方面的环境挑战就更加严重地凸显出来。以下分别稍做解说。

首先是盐碱的开发与改造。

古代黄河中下游特别是华北平原、渭河平原和滨海地区盐碱土地分布广泛，古文献中常见用"卤""斥卤""淳卤""泽卤""咸卤""潟卤"或者"斥埴"等词语称之，人们对这些地区的描述往往是土薄、水咸苦、地不生物、五谷不殖、地瘠民贫……根据文焕然、林景亮的研究，周秦至两汉时代华北平原内陆地区

---

[1] 关于此一时代黄河下游湖泊沼泽，可参阅邹逸麟主编：《黄淮海平原历史地理》，安徽教育出版社，1997 年，第 161-178 页的详细考述。

的盐碱土集中在北部，特别是黄河干流与济水之间的黄河泛滥地区，以及黄河干流偏西地区；渭河平原的盐碱土则集中于渭水以北，它们的形成，与黄河河道变迁和泛滥过程中所形成的地貌及地下水状况有着密切关系，亦与一些河流河床抬高、河水向两岸侧渗而使附近水位升高有关。[1]当然，沿海地区盐碱土地主要是海水浸渍所致，形成了滨海盐碱区。

解决土地盐碱问题的传统方式，主要是引淤压地、种稻洗盐，由于水稻生长需水量很大，故常须开凿水渠、引水灌溉。战国、秦、汉文献关于修建水利、种植水稻和化斥卤为良田的材料相当丰富，三者之间的关联非常密切。《史记》卷29《河渠书》记载：公元前226年，秦国修郑国渠，"渠就，用注填阏之水，溉泽卤之地四万余顷，收皆亩一钟。"[2]文中虽然并未明言种植水稻，但自西汉至唐代那里都有大片的稻田。在太行山东南侧的河内地区，通过兴修水利种植水稻和改造盐碱地的工作起步更早，公元前422年前后，魏国西门豹就开凿"引漳十二渠"，后来史起予以增修，取得了显著效果，民间歌之曰："决漳水兮灌邺旁，终古潟卤兮生稻粱。"[3]再往后，更频繁出现将华北平原贫瘠斥卤之地垦辟改造为良田的记载。例如，西汉贾让在提出其著名的"治河三策"时特别指出：黄河下游一旦泛滥，整个区域的盐碱问题会更加严重，"木皆立枯，卤不生谷"，因此他建议开凿水渠、引水灌淤和改旱种为稻作，认为这样可以化不利为有利，把盐碱土地改良为高产良田。他说："若有渠溉，则盐卤下隰，填淤加肥，故种禾麦，更种粳稻，高田五倍，下田十倍。"[4]东汉顺帝时崔瑗为汲县令，"开沟造稻田，薄卤之地，更为沃壤，民赖其利。"据称他在这里共"开稻田达数百顷。"[5]可见，在时人看来，于低湿草莽地区开垦稻田并且引水灌淤，是化除泽卤的主要方法。相关文献记载给予我们的印象是：那时这个地区盐碱地的范围和面积都非常广大，而修建水渠、种稻洗盐和引淤压地，常常是互相配套的土地改良措施。甚至可以说，开始之时，将泽卤化为良田，多半是通过开垦稻田；而大型农田水利工程的兴建，亦常常就是为了引水种稻。倘若把当时文献中有

[1] 文焕然、林景亮：《周秦两汉时代华北平原与渭河平原盐碱土的分布及利用改良》，《土壤学报》1964 年第 1 期，第 1-9 页。

[2]（汉）司马迁：《史记》卷 29《河渠书》，中华书局，1959 年，第 1408 页。

[3]（汉）班固：《汉书》卷 29《沟恤志》，中华书局，1962 年，第 1677 页。

[4]（汉）班固：《汉书》卷 29《沟恤志》，中华书局，1962 年，第 1695 页。

[5]《太平御览》卷 268 引《崔氏家传》；《后汉书》卷 52《崔瑗传》，中华书局，1965 年，第 1724 页。

关农田水利工程、水稻种植和化除斥卤的记载汇集起来，便可以看到三者之间存在着相当明显的地域重叠和措施耦合关系。关于这一点，在中古部分还将进一步讨论。

因此之故，那个时代华北平原的农业生产，即便是以旱作为主，亦远不似如今这样旱作畸重、几无水田稻作。事实上，直到唐代，华北平原的水稻种植一直占有可观的比重，黄河以北不少地区都曾有过大片稻田，黄河以南更是水田弥望、稻花霏霏，那时该区域水稻种植在粮食生产中的重要性，恐非今日可比。

其次是抗旱保墒。

从战国末期《吕氏春秋》"上农"等四篇的论说，到西汉前期《氾胜之书》的介绍，再到后魏贾思勰《齐民要术》中更加详细的讨论，都可以看出抗旱保墒是华北农业生产中的一个关键性问题。虽然解决这个问题的措施与方法多种多样，但这个时代先后出现的几种土地利用耕作方法非常引人关注：一是《吕氏春秋》所载之"上田弃亩，下田弃圳"的畎亩法（垄作法）。这种方法，将土地修整为高凸垄台和低凹垄沟相间的形态，除起到熟化土壤、有利于集中施肥和通风透光等作用之外，垄台与垄沟的位差有利于对燥湿不同的土地分别加以利用：在气候干旱之时或土地高燥之处，庄稼种植于垄沟，可以顺沟引水灌溉、以免受旱；在雨水较多之时或土地下湿之处，则将作物种植在垄台之上，以免禾苗因遭水渍而烂根苗。此外，采用这种方法还可以防风、抗倒伏。所以当时的农学家称：这种垄作法"能（耐）风与旱"。汉武帝时，搜粟都尉赵过主持大范围地推行"代田法"，基本原理亦是如此。《氾胜之书》还记载了另外一种更加精细的土地耕作方法，这就是"区田法"——包括"带状区田"和"窝状区田"，是一种集中浇水、施肥的农作方法。但就抗旱保墒的技术目标而言，区田法更加适合于西北高原地区而不是华北平原。

最后是更具有全局性的问题，在这个问题上，人与自然之间的矛盾和冲突表现得最为尖锐，这就是河流的束缚与反束缚。

黄河下游地势低平，在对华北平原进行大规模垦殖之前，众多河流自然同时也是恣意地流淌，全无约束。随着土地垦殖不断展开，耕地和人居聚落不能再像早先那样局限于山前洪积冲积扇、河流两岸台地以及零散分布的狭小"丘""阜"之上，而是不断向低湿的草泽推进。从河流的角度看，人类不断扩大对河水流淌和潴积空间"侵占";从人的角度而言,为了获得更多的耕地,为了保障生产和生活的安全,就不能让河流继续恣肆漫流,而必须对它们进行约束,最基本的方法就是筑堤捍水和疏通水道——这可能是"大禹治水"传说更为可靠的历史背景。

战国以前黄河沿线还没有大举堤筑。随着人口渐众,草莱渐辟,零散的农作区域逐渐连接成片而空荒之地不断减少,约束漫衍之水和筑堤捍水、护田亦变得愈来愈重要。因此黄河两岸的诸侯国家相继兴筑河堤,拒捍河水,逐渐形成了捍卫农区的千里防线,华北平原自然景观和整体生态面貌因此逐渐发生了巨大变化。到了公元前后,以平原为主的所谓"山东"或者"关东"地区,已经成为定垦耕地最为辽阔、人口亦最稠密的发达农业区。

然而,也正是从这个时代开始,华北平原经济和社会发展遭遇到更加严峻的环境问题——日益频繁而严重的黄河决溢泛滥甚至改道。这个问题,虽然主要根源不是本地农业开发,而是由于中游黄土高原地区水土流失,但平原垦殖既"与水争地",掏干湖泊沼泽,又约束水道,导致河水既无处潴积,又不能自由流淌,终究亦是黄河水患的重要致因。汉人贾让的一段议论,表明当时人们已经有所认识,他说:

古者立国居民,疆理土地,必遗川泽之分,度水势所不及。大川无防,小水得入,陂障卑下,以为污泽,使秋水多,得有所休息,左右游波,宽缓而不迫。夫土之有川,犹人之有口也。治土而防其川,犹止儿啼而塞其口,岂不遽止,然其死可立而待也。故曰:"善为川者,决之使道;善为民者,宣之使言。"盖堤防之作,近起战国,雍防百川,各以自利。齐与赵、魏,以河为竟。赵、魏濒山,齐地卑下,作堤去河二十五里。河水东抵齐堤,则西泛赵、魏,赵、魏亦为堤去河二十五里。虽非其正,水尚有所游荡。时至而去,则填淤肥美,民耕田之。或久无害,稍筑室宅,遂成聚落。大水时至漂没,则更起堤防以自救,稍去其城郭,排水泽而居之,湛溺自其宜也。[1]

---

[1]《汉书·沟洫志》引贾让《治水三策》,中华书局,1962 年,第 1692 页。

2. 西北地区屯垦及其环境影响

按照常规的逻辑，随着人口增长和社会经济发展，一定生产方式和技术条件下的资源紧缺问题亦相应出现。在传统时代，资源紧缺首先表现在土地不足。古往今来，解决耕地不足问题都主要是通过两种方式：一是垦殖开荒，疏散农业劳动人口，这导致农耕区域的平面扩张；二是提高耕地的生产效率，通过改进农作技术、增加复种指数来提高单位面积的作物产量，从而降低人均所需耕地面积，这促进农地经营朝着集约化方向不断发展。如此看来，人地关系紧张，既是新兴农业区域开发的动力，亦是农业技术进步的动力。不过，由于不同历史时期人地关系的总体态势有所不同，上述解决土地不足的两种方式一直处于矛盾运动之中——大致说来，在人少地多之时，耕地复种指数低而农耕生产粗放，反之则反。而就整个中国古代而言，解决人地矛盾，前期以鼓励垦殖、开荒，促进农地的平面扩张为主。愈往后，农业精耕细作愈来愈显示出其重要性。

具体到战国、秦、汉时代，随着农本经济不断定向化发展，垦辟草莱，扩大耕地，使地无遗利愈来愈受到国家鼓励。及至西汉中期，有些地区已经人烟稠密，通过垦荒扩大耕地的余地愈来愈少，这就导致经济发达、人口繁众地区的人地矛盾逐渐尖锐，并引起诸多社会问题。解决问题的途径，除了努力改进农作技术之外，主要通过两种方式拓展农业区域：一是鼓励乃至强制组织移民到人少地多地区开发新农区，主要方式是屯垦；二是在原有农区继续扩大垦殖，将那些并不太合适开展农耕种植的土地亦变成农田。这两种方式都将不同地区造成了显著的生态变化，利弊各有不同。其中，肇始于秦朝、至西汉时期迅速发展的边疆屯田，对中国西北干旱地区自然环境产生了深远的影响。下面稍做考察。

在中国土地开发史上，国家采用军事或准军事化组织形式主导大规模土地垦殖和经营（即屯田）虽然并非主流，却是一个非常重要的土地开发方式，一直受到史家高度关注，学界已经做过很多研究。近期以来，陆续有学者开始考察屯田对自然环境的负面影响。从环境史亦即人与自然关系史角度看，国家组织屯垦在一定程度上改变了人口与资源（土地）的空间配置关系，在特定的历史条件下，屯田具有一定的合理性和积极意义，但对于自然环境的负面影响不可小视。

　　从历史记载来看，秦汉帝国推行屯垦的最初动机，主要是为了充实边防和减少千里转输粮食及其他军需物资的巨量耗费。秦朝初期，蒙恬为坚守边防，抗御匈奴，在长城脚下组织戍卒就地垦荒种植，解决戍边军队的粮食供应问题。西汉文帝之时，晁错建议朝廷募民实边，把大批内地贫民迁徙到西北边塞开展垦殖，国家提供房屋、田器、种子、耕牛等生产、生活资料，并实行赐爵、免租税等优惠政策，他的建议得到了实施，并且不断扩大推行范围。及至汉武帝元朔二年（公元前 127 年），"收河南地，置朔方、五原郡"，乃募民十万口徙置朔方，是为西汉第一次向西北边地大规模移民；元狩四年（公元前 119 年），"山东被水灾，民多饥乏，于是天子遣使虚郡国仓廪以振贫。犹不足，又募豪富人相假贷。尚不能相救，乃徙贫民于关以西，及充朔方以南新秦中，七十余万口，衣食皆仰给县官。数岁，贷与产业，使者分部护，冠盖相望。"元鼎二年（公元前 115 年），"初置张掖、酒泉郡，而上郡、朔方、西河、河西开田官，斥塞卒六十万人戍田之。"[1]说明那时向西北地区大量驻军、移民和大开屯田，已经取得了显著成绩。

　　虽然西北屯田最初是基于国家政治和军事需要，但解决贫穷百姓的土地问题逐渐成为一项重要目标。据估计：汉武帝时期全国人口不过 4 000 多万，而他在位数十年间曾先后 7 次组织向西北移民、屯垦，散布于朔方、五原、酉河、上郡、北地、安定、陇西、天水、金城、武威、张掖、酒泉、敦煌诸郡，移民数量有明确记载可考者即达 82.5 万，加上戍卒至少 60 万人，以及其他零散迁移，总计移向西北开展农业垦殖的人口，应在 200 万以上，明显改变了西北地区的人地关系。[2]由于这些人口主要来自人多地少的关东地区，大部分是那些失去土地的贫民，这无疑也在一定程度上缓解了人口移出地区紧张的人地关系。

　　毫无疑问，屯田充实了汉朝边疆守备，促进了西北内陆的经济开发和边疆与内地之间的经济、文化交流，中原先进的生产工具、农作方法和水利技术通过屯田事业不断向边疆推广。西汉时期的屯田区域，东起河套地区，西抵西域轮台，绵延万里。这些地区原先的农业，局限于零星散布的地点，随着大规模屯垦事业的展开，大批农民在国家组织、强制和扶持下，来到了黄土高原、河西走廊乃至更遥远的西域从事农耕种植，使许多地区的农业资源第一次得到了

---

[1] 分见《汉书》卷 24 下《食货志下》，中华书局，1962 年，第 1162、第 1173 页。

[2] 参见葛剑雄：《西汉人口地理》，人民出版社，1986 年，第 165-168 页，并斟酌历史实情稍有扩大的估计。

利用，有些地区甚至发展成为繁荣发展的新兴农区。例如关中往北的阴山以南地区，由于大规模垦殖，变成了农田沃野，人口繁众，时人称为"新秦中"，与关中地区相媲美；河西走廊也变成"谷籴常贱"的新兴农业区，在敦煌郡也出现宜禾、美稷等地名，还有以力田得谷而立名的效谷县。不少先进的农业工具和技术手段在这里得到了推广，考古学家在河套地区发现了汉代灌渠，在陕北米脂、绥德等地发现了刻有牛耕、收获图的画像石，在甘肃武威磨嘴子西汉墓发现了木牛和木犁模型，在河西走廊多处发现了汉代犁铧。所有这些，都令人遥想当时的屯垦农业经济的盛况。但其生态后果不可小觑。其中固然有些正面的变化，但从长远来看，更多带来了恶劣的环境影响。

自秦朝肇始，西汉时期迅速拓展的西北屯田，以军事屯戍和移民实边为主要内容。由于大量设置屯田，在河套、河湟、河西直至南疆的广大区域，大片土地由游牧草场转变成为农业田园，"农牧分界线"一度朝西北方向大幅度推进，关中北部、河西走廊直至天山脚下的农业区域连绵成为一体。由于农业生产的需要，水利建设事业取得了显著发展，朔方、西河及河西地区的湟水流域，导引黄河及其支流灌溉，形成了河套、河湟灌区；河西走廊上的武威、张掖、敦煌、酒泉等地以祁连山融雪形成的内流河谷作为灌溉水源，形成了河西灌区；新疆地区则出现了更加奇特的"坎儿井"引水灌溉。这些从短时期来看，可属良性改变。

然而，秦汉西北屯田区域均位于半干旱、干旱地区，年均降水量小且是暴雨型降水，大部分地区植被稀疏，生态系统脆弱而敏感。原本稀疏的林草经过大规模的屯垦被不断剪除，人工种植的农作物，阻滞风沙、保持水土的能力都远低于天然林草植被，沿边地带靠近沙漠，作物收获之后，冬、春天气干燥多风，土壤裸露于外，极易造成土地沙化。从自然环境禀赋来说，这些地区原本并不太适宜发展农耕；黄土高原虽属农牧兼宜之地，但过度垦殖将原有的树林草地砍倒烧光，导致水源涵蓄能力严重下降，深厚松软的黄土塬经受不住暴雨冲刷，必然发生严重的水土流失。

历史文献和考古资料都可证明：自汉代在西北边地实行大规模屯垦，这些地区的自然环境面貌亦开始发生显著改变；虽然农耕与游牧两种经济方式不断在这些地区展开拉锯式运动，农牧更替和环境变迁往复进行，总体趋势是环境不断恶化。在靠近沙漠地带：当中原王朝国力强盛，即在这些地区大行屯田，且以粗放耕作、平面拓展方式推进，林草地被清除，防阻沙化能力大大下降；而在游牧部族强盛之时，西北屯田区域往往被中原王朝放弃，土地弃置不耕，地面既失去作物覆盖，原有植被又很难恢复。如此反复，恶性循环，导致沙漠不断扩张。有许多汉代曾经的屯田区域，如今早已变成了沙漠。例如，河套西侧的乌兰布和库布齐沙漠，原本就是汉代屯区，考古工作者在那里发现了大量汉代村址、墓葬和灌渠；河西走廊西北侧的居延海，如今已经深入到戈壁荒漠500余里，考古工作者在那里发现了大片汉代屯田遗址，包括纵横密布的大型干渠、支渠和灌溉农田遗存。古今变化之大，令人慨叹！

在土层深厚、土质疏松的黄土高原，林草植被破坏则造成严重的水土流失，原先广大而平坦的原野逐渐被流水切割，朝着沟壑纵横的细碎化方向演变，不仅导致本地河床下切、土地贫瘠化，而且导致大量泥沙流入黄河及其支流，泥沙含量不断增大，下游河床不断抬高，最终形成地上河的局面，河患不断加剧。也正是在西汉时期，黄河进入了第一个决溢泛滥频繁的多灾期。这个问题，将在下一章做专门讨论。

三、水利建设与农业环境改善

众所周知，水在任何一个生态系统中都是不可或缺的环境要素，人类自诞生伊始，生命活动就一日离不开水。在一定意义上，一部人类史就是一部与水打交道的历史。但水既给人类带来福祉，有时也给人类带来灾难。人们既需要开发水利，也需要防御水患。

在不同的时代和区域，由于环境差异和社会、文化条件不同，人类开发、利用水资源，适应、改造水环境的方式千差万别。进入农业时代以后，寻找安全、健康的生活用水，利用水资源开展交通运输等其他活动，农业生产更是离不开水资源利用和水环境改善。中华民族治水用水历史之悠久、经验之丰富，寰宇之内无出其右。尽管历史传说将大规模治水活动上溯到原始社会末期的尧舜时代，商周时代已经开始局部的水土环境改造，及春秋时期更开始兴建大型蓄水灌溉工程，但运用国家力量组织兴建大型水利工程的历史传统，却是在战国、秦、汉时代最终确立的。正是从这个时代开始，中国先民在水利建设和河患治理方面，不断创造出举世称道的辉煌业绩。因此，水利建设是这个时代必须讲述的环境历史故事。

中国传统时代在水资源利用和水利建设方面的努力，主要围绕三个重点而展开：一是引泉凿井，解决人民生活用水问题；二是开通水渠，连接众水，发展水上交通运输；三是建设农田排灌水利系统，保障农业丰收。战国、秦、汉时代在这三个方面都取得了显著成就。

古人对水资源环境的改造，是从小规模的引泉和凿井开始的，既是为了日常生活用水，亦为小块农田灌溉，早先并不会造成重大环境改变。但其中仍有一些故事值得提起。例如，这个时代的凿井技术较之前代有了显著发展，渠、井结合的井渠工程也已出现，当时所发明的橘槔、辘轳、翻车等，在中国传统时代一直是最重要的几种水利工具。最早的水力机械也在这个时代出现，利用水力推动机械进行粮食加工的设施——水碓亦已见于汉代文献记载。此外，这个时代人们对于水资源乃至水质状况之于人民健康和城市建设的重要性，不断丰富和深化了认识。在此之前的春秋时代，晋国就根据水质而选择迁都之地；[1]《管子》关于营建国都的论说就已经特别重视如何近水利而避水患；[2]而早在原始社会末期，大型聚落和城市就开始营造了引水和排水系统。但是，历来最受史家关注的，还是大型农田水利工程与漕运河渠建设。

前面已经叙述：夏、商、周三代的"沟洫农业"，已经实施了对局部水环境的改造，人们主动寻找和利用水源进行灌溉，例如先周公刘巡察水泉、周人在关中引滮池之水灌溉稻田等，但那时尚无大型蓄水、引水工程之兴建；及至春秋中期，楚国孙叔敖始筑芍陂，是为中国古代最早的大型蓄水灌溉工程。及至战国时期，情况发生了很大变化。诸侯列国为了促进土地开发和农业经济发展，陆续兴修了一批大型水利工程，例如魏国的西门豹渠、秦国的郑国渠等，都具有相当大的规模，对各地农业灌溉发挥了重要作用。《史记·河渠书》称："西门豹引漳水溉邺，以富魏之河内"；[3]其后又有史起为邺令，"遂引漳水溉邺，

---

[1]《左传·成公六年》云："晋人谋去故绛。诸大夫皆曰：'必居郇、瑕氏之地，沃饶而近盐，国利君乐，不可失也。'韩献子将新中军，且为仆大夫。公揖而入，献子从。公立于寝庭，谓献子曰：'何如？'对曰：'不可。郇、瑕氏土薄水浅，其恶易觏。易觏则民愁，民愁则垫隘，于是乎有沉溺重膇之疾。不如新田，土厚水深，居之不疾，有汾、浍以流其恶，且民从教，十世之利也。夫山、泽、林、盐，国之宝也。国饶，则民骄佚。近宝，公室乃贫，不可谓乐。'公说，从之。夏四月丁丑，晋迁于新田"。

[2]《管子·乘马第五》云："凡立国都，非于大山之下，必于广川之上。高毋近旱而水用足，下毋近水而沟防省。因天材，就地利，故城郭不必中规矩，道路不必中准绳"。

[3]（汉）司马迁：《史记》卷29《河渠书》，中华书局，1959年，第1408页。

以富魏之河内。民歌之曰：'邺有贤令兮为史公，决漳水兮灌邺旁，终古潟卤兮生稻粱。'"[1]韩国为了消耗秦国实力，拖延其攻伐时间，遣水工郑国说秦兴修水利，秦国将计就计命郑国组织兴建并取得巨大成功，反而进一步增强了秦国的实力，终成统一大业。《河渠书》这样记述此一有趣故事，称：

而韩闻秦之好兴事，欲罢之，毋令东伐，乃使水工郑国间说秦，令凿泾水自中山西邸瓠口为渠，并北山东注洛三百余里，欲以溉田。中作而觉，秦欲杀郑国。郑国曰："始臣为间，然渠成亦秦之利也。"秦以为然，卒使就渠。渠就，用注填阏之水，溉泽卤之地四万余顷，收皆亩一钟。于是关中为沃野，无凶年，秦以富强，卒并诸侯，因命曰郑国渠。[2]

从水利技术角度而言，在位于秦、汉疆域西陲——成都地区所兴建的都江堰水利枢纽工程，规模浩大，设计精巧，更是世界水利史上无与伦比的杰作。

成都平原西北部多高山大壑，平原腹地地势低下而平坦，是一个扇形的三角盆地，极易遭受洪水侵袭，水至则一片泽国，水退则泥石满布，成为当地经济、社会发展的最大环境威胁。据常璩《华阳国志》卷 3《蜀志》记载：周代末期，杜宇为王，"教民务农"，"会有水灾，其相开明，决玉垒山以除水害，帝遂委以政事，法尧舜禅授之义，禅位于开明……"[3]当地水利工程建设最初可能受到擅长治水的楚人的影响；巴蜀入秦以后，水利建设受到更大重视，1980年四川青川秦墓出土《田律》的一片木牍上记载了秦王命左丞相甘茂更修田律等事，其中提到"十月，为桥，修波（陂），利津（梁），鲜草离。"[4]公元前316年，秦灭巴蜀，置蜀郡。李冰为蜀郡守时，乃大兴水利，创造出千古不朽的功业。关于李冰治水的英雄事迹，《华阳国志》有最为详细的记载，兹摘录如下：

周灭后，秦孝文王以李冰为蜀守。冰能知天文、地理……冰乃壅江作堋。穿郫江、捡江，别支流，双过郡下，以行舟船。岷山多梓、柏、大竹，颓随水

[1]（汉）班固：《汉书》卷29《沟洫志》，中华书局，1962年，第1677页。
[2]（汉）司马迁：《史记》卷29《河渠书》，中华书局，1959年，第1408页。
[3]（晋）常璩撰，任乃强校注：《华阳国志校补图注》，上海古籍出版社，1987年，第118页。
[4]王方：《从考古发现看汉代成都水利的发展》，《四川文物》1999年第3期，第87-91页。

流，坐致材木，功省用饶。又溉灌三郡，开稻田。于是蜀沃野千里，号为陆海。旱则引水浸润，雨则杜塞水门。故记曰："水旱从人，不知饥馑"。"时无荒年，天下谓之天府"也。外作石犀五头以厌水精，穿石犀渠于【江】南江，命曰犀牛里，后转为耕牛二头，一在府市市桥门，今所谓石牛门是也。一在渊中，乃自湔堰上分穿羊、摩江灌江西，于玉女房下白沙、邮，作三石人，立【三】水中，与江神要：水竭不至足，盛不没肩。时青衣有沫水，出蒙山下，伏行地中，会江南安。触山胁溷崖；水脉漂疾，破害舟船，历代患之。冰发卒凿平溷崖，通正水道。或曰：冰凿崖时，水神怒，冰乃操刀入水中，与神斗，迄今蒙福。僰道有故蜀王兵阑，亦有神，作大滩江中。其崖堑峻，不可凿，乃积薪烧之。故其处悬崖有赤白五色。冰又通笮通汶井江，径临邛，与蒙溪【分】水、白木江会，至武阳天社山下合江。又导洛通山洛水，【或】出瀑口，经什邡、【郫】洛，别江会新都大渡。又有绵水，出紫岩山，经绵竹入洛，东流过资中，会江江阳，皆溉灌稻田，膏润稼穑。是以蜀【川】人称郫、繁曰膏腴，绵、洛为浸沃也。又识齐水脉，穿广都盐井，诸陂池，蜀于是盛有养生之饶焉。[1]

由于李冰治水事业的成功，成都平原的广袤土地溥获灌溉之利，终成举世闻名的"天府之国"，并从此奠定了其在数千年中国历史上的独特经济、政治和文化地位。这一巨大成功，甚至在秦汉历史上，发挥了"立竿见影"的重要影响：不仅使秦国因得巴蜀之利而变得更加富强，终能统一中原，对汉高祖争得天下亦有很大助力，故《华阳国志》又称："汉祖自汉中出三秦伐楚，萧何发蜀、汉米万船，南给助军粮，收其精锐，以补伤疾。"进入汉代以后，这个地区的水利事业持续发展，农业生态环境不断改善。[2]例如，孝文帝末年，以庐江文翁为蜀守，翁"穿湔江口，溉灌郫繁田千七百顷。是时世平道治，民物阜康。"[3]

以上这些，都是大家耳熟能详的故事，这里不厌其烦再予叙说，旨在说明：早在两千多年前，中华民族便开始形成重视大型水利工程建设的优良传统，这一传统在后代历史上不断强固，对于积极兴利避害，改良水土环境，特别是对于克服水资源地区分布不均对农业生产和社会发展的约束，具有极其深远的历

---

[1]（晋）常璩撰，任乃强校注：《华阳国志校补图注》，上海古籍出版社，1987年，第132-134页。
[2] 具体情形，可参见上揭王方：《从考古发现看汉代成都水利的发展》，《四川文物》1999年第3期，第87-91页。
[3]（晋）常璩撰，任乃强校注：《华阳国志校补图注》，上海古籍出版社，1987年，第141页。

史意义。

两汉时期，水利事业取得了更大发展，特别是汉武帝时的水利兴修甚有成绩。《史记·河渠书》称：由于武帝高度重视，"自是之后，用事者争言水利。朔方、西河、河西、酒泉皆引河及川谷以溉田；而关中辅渠、灵轵引堵水；汝南、九江引淮；东海引钜定；泰山下引汶水；皆穿渠为溉田，各万余顷。佗小渠披山通道者，不可胜言。"[1]西汉时期的水利建设，无疑是以关中为中心。其时，除郑国渠还在继续发挥作用之外，又兴建了白渠、六辅渠和龙首渠等著名大水渠，在这个地区形成了庞大的灌溉渠网，对京畿地区农业经济繁荣起到了巨大作用。时有民谣唱道："田于何所？池阳、谷口。郑国在前，白渠起后。举锸为云，决渠为雨。泾水一石，其泥数斗。且溉且粪，长我禾黍。衣食京师，亿万之口。"[2]

前面曾提到：古代黄河下游兴修引水灌溉工程，常与盐碱治理密切联系。事实上，除太行山以东的华北平原北部需要引水灌溉、洗涤盐碱之外，关中、河东等地区亦多盐卤之地，兴修水利亦包含同样目的。西汉时期曾先后有多名官员建言在这些地区通过兴建水渠引水灌溉来改造盐卤之地，朝廷亦曾组织大量人力开渠引水，垦殖潟卤荒地，并且取得了一些成效。《史记》卷 29《河渠书》中就记载有两处。其一云：

其后河东守番系言："漕从山东西，岁百余万石，更砥柱之限，败亡甚多，而亦烦费。穿渠引汾溉皮氏、汾阴下，引河溉汾阴、蒲板下，度可得五千顷。五千顷故尽河壖弃地，民茭牧其中耳，今溉田之，度可得谷二百万石以上。谷从渭上，与关中无异，而砥柱之东可无复漕。"天子以为然，发卒数万人作渠田。数岁，河移徙，渠不利，则田者不能偿种。久之，灌东渠田废，予越人，令少府以为稍入。[3]

又载：

[1]（汉）司马迁：《史记》卷 29《河渠书》，中华书局，1959 年，第 1414 页。
[2]（汉）班固：《汉书》卷 29《沟洫志》，中华书局，1962 年，第 1685 页。
[3]（汉）司马迁：《史记》卷 29《河渠书》，中华书局，1959 年，第 1410 页。

其后庄熊罴言："临晋民愿穿洛以溉重泉以东万余顷故卤地。诚得水，可令亩十石。"于是为发卒万余人穿渠，自征引洛水至商颜山下。岸善崩，乃凿井，深者四十余丈。往往为井，井下相通行水。水颓以绝商颜，东至山岭十余里间。井渠之生自此始。穿渠得龙骨，故名曰龙首渠。作之十余岁，渠颇通，犹未得其饶。[1]

值得注意的是，前一处土地后来因为河道移徙，难以进行大规模的国家经营，故租给了越人，盖因越人善于治水种稻；后一条关于龙骨渠的记载，明确指出"井渠之生自此始"，是为大家所熟悉的"坎儿井"之类引水灌溉工程。两项工程都足以说明：西汉时期在农田水利建设方面甚为努力，颇有创制。

东汉时期，北方水利工程建设的重点东移，今河南南部、湖北北部和淮河上中游地区的陂塘水利建设取得了显著成绩，史书颇多记载，而这个地区的水稻生产发展也相当引人注目。例如，汝南在西汉时期即因"多陂塘，以溉稻"而设富陂县（治所在今安徽阜南县东南），至东汉时期，邓晨、鲍昱、何敞义等几任汝南郡太守都先后在这个地区主持水利建设，其中邓晨"兴鸿隙陂数千顷田，汝土以殷，鱼稻之饶，流衍它郡"；鲍昱"作方梁石洫，水常饶足，溉田倍多，人以殷富。"[2]终使这个地区成为一时著名的稻米之乡。在南阳，西汉和东汉时期先后担任太守的召信臣和杜诗，相继在此大兴水利，受到民众颂扬，被尊称为"召父""杜母"。其中，召信臣曾兴筑钳卢陂等灌溉工程数十处，溉田3万顷；杜诗则不仅发明了"水排"、铸造农器，且"又修治陂池，广拓土田，郡内比室殷足。"[3]正是在他们的组织主持下，当地农田水利建设取得显著发展，农业生产的环境条件得到了明显改善，因而一度呈现相当繁荣的面貌。张衡《南都赋》大加赞颂，其中有云：

于其陂泽，则有钳卢玉池，赭阳东陂。贮水淳灇，亘望无涯。
其草则蘸苎蘋莞，蒋蒲兼葭。藻芽菱芰，芙蓉含华。从风发荣，斐披芬葩。
其鸟则有鸳鸯鹄鹭，鸿鸨鸳鹅。□鹇䴔鹣，鸂鶒鹍鸧，嘤嘤和鸣，澹淡

[1]（汉）司马迁：《史记》卷29《河渠书》，中华书局，1959年，第1412页。
[2]（南朝宋）范晔：《后汉书》卷29《鲍昱传》，中华书局，1965年，第1022页；卷15《邓晨传》，中华书局，1965年，第584页。
[3]（南朝宋）范晔：《后汉书》卷31《杜诗传》，中华书局，1965年，第1094页。

随波。

其水则开窦洒流，浸彼稻田。沟浍脉连，堤塍相辀。朝云不兴，而潢潦独臻。决渫则暵，为溉为陆。冬稌夏穑，随时代熟。

其原野则有桑漆麻苎，菽麦稷黍。百谷藩庑，翼翼与与。[1]

汉赋叙事、记物，往往极尽铺陈之能事，其中固然存在不少文学夸饰之辞，不能桩桩执以为实、予以完全取信，但以上描述仍令我们对东汉南阳乃至整个黄淮地区的水资源环境和水利事业发展面貌产生绵绵的怀想。[2]

除了以上发达的经济中心区域之外，西北地区水利建设随着屯田事业发展，也取得了不少成绩，《史记·河渠书》特意提到"朔方、西河、河西、酒泉皆引河及川谷以溉田"，说明这些地区的农田水利亦颇有成绩。西汉时期，"河南地"的农业开发迅速，然其之所以能够成为繁盛的"新秦中"，与发展引渠灌溉的农田水利事业有着密切关系。随着西北屯垦事业的发展，内地井渠法传到了更遥远的今新疆地区，举世闻名的坎儿井，很可能是受到西汉井渠技术的启发而发展起来的。

在南方，早在春秋时期，吴国就开始进行围湖造田。为了称兵北上、争霸中原，吴国还修凿了运河，成为后来隋朝大运河南段（邗沟和江南河）的基础。吴国水利似乎受到楚文化的不小影响，不少工程是由一批流移到吴的楚国人指画实施的，伍子胥就是对吴地水利做出重要贡献的楚人之一，至今苏州、无锡等地还有保留着"胥"的地名。战国时期，江南经济发展相对沉寂，水利事业进步不大，直到汉代才出现若干重要水利工程，浙东地区的鉴湖水利和农业开发即是一例，[3] 水利史家认为：古鉴湖"是与今安徽寿县的芍陂和河南息县以北的鸿隙陂齐名的我国古代最大的灌溉陂塘之一。"[4] 但总体说来，由于彼时南方人口还相当寡少，大规模的土地垦殖还没有开始，农田水利建设远不能与黄河中下游地区相比，亦不及长江上游的成都平原。

[1]（汉）张衡著，张震泽校注：《张衡诗文集校注》，上海古籍出版社，1986年，第175-178页。
[2] 关于这个时代黄河中下游水稻生产发展的更详细情况，可参阅邹逸麟：《历史时期黄河流域水稻生产的地域分布和环境制约》，《复旦学报》1985年第3期，第222-231页。
[3] 后汉顺帝永和五年（140年），会稽郡太守马臻主持修筑鉴湖湖堤，始开创了这个地区的水利事业，促进了当地农业经济发展。参见陈桥驿：《古代鉴湖兴废与山会平原农田水利》，《地理学报》1962年第3期，第187-202页。
[4] 周魁一、蒋超：《古鉴湖的兴废及其历史教训》，《中国历史地理论丛》1991年第3期，第203-234、第118页。

四、森林和野生动物资源的耗减

古往今来，农田水利建设的目标主要有二：一是满足农作物生长对水分的需要；二是防御因旸雨不时、分布不均造成的水旱灾害。兴修水利是为了对水资源进行时空调节。例如，修建陂塘蓄水，主要解决由于自然降水与作物需水的时差问题；凿渠引水，主要解决水资源在空间上的分布不均问题；修筑堤防则是为了抵御水患。中国农业至少自战国、秦、汉开始即是一种相当典型的灌溉农业，拓展农耕区域，扩大土地利用，往往与农田水利工程建设相伴随行。农田水利建设意味着对自然水土环境实施人工改造，它必然导致环境后果。战国、秦、汉时代的农田水利建设，在一定程度上改变了有关地区水资源的时、空配置状况，使农业生产条件得到了一些改善，总体上尚未表现出严重负面的环境影响。

但这个时代与农田垦殖和农耕区域拓展相伴而行的另一项人类活动——剪草伐树，却已然在局部地区造成了相当严重的环境破坏。随着人口增长和农业经济发展，黄河流域原本广袤辽阔的林草地相继被垦辟，兼以其他方面用材量不断扩大，不仅造成森林资源显著耗减，而且造成众多野生动物失去其栖息地因而明显减少。更严重的是，过度剪草伐树还造成水土流失，尤其是黄土高原迅速加剧的水土流失，给整个中下游流域造成了严重破坏性影响。

在黄河流域森林变迁史上，春秋战国是一个非常重要的转折时期。那时，各诸侯国家都积极鼓励土地开垦，新开土地常常采用焚烧的方式，现存文献中关于"焚田"的记载颇多。随着社会生产力取得显著提高，特别是铁器和牛耕相继出现和推广使用，森林资源采伐和土地垦殖能力都有了很大增强，农地扩张和林草地萎缩的进程都显著加速，此乃历史发展的必然之势。与此同时，由于人口不断增多，需要建造更多的房屋、烧更多的薪炭、做更多的家具、采办更多的棺木、开采更多的矿藏……种种生产和生活需要，都耗费了大量的森林资源。秦汉时期，这些方面对于森林的破坏性是相当显著的。

散见于各类文献之中的相关记载，反映秦汉时期各种社会生活需求对森林的消耗十分严重，其中宫殿、庙宇和富贵之家的豪宅府第建筑，对高林乔木林的破坏最为严重。秦始皇营建阿房宫，不仅消耗了本地的森林巨木，而且远征于蜀荆地区，所谓蜀山兀、阿房出，并非于史无征。[1]两汉时期，为营造宫室而大量采材各地大木的记载不断出现，如东汉灵帝时修造洛阳宫殿，"发太原、河东、狄道诸郡林木及文石，每州郡部送至京师"，耗费巨大。[2]两汉时期侈靡厚葬之风盛行，对森林资源的消耗亦十分惊人，贵戚豪富墓葬竞为"黄肠题凑"，一人死亡，大片树林和众多百姓遭殃，给森林特别是名贵树林造成了严重破坏性影响。例如，后汉中山简王刘焉死，"大为修冢茔，开神道，平夷吏人冢墓以千数，作者万余人。发常山、巨鹿、涿郡柏黄肠杂木，三郡不能备，复调余州郡工徒及送致者数千人。凡征发摇动六州十八郡，制度余国莫及。"[3]对此时人已经多有批评，如东汉人王符即批评说：

其后京师贵戚，必欲江南檽梓豫章楩楠，边远下土，亦竞相仿效。夫檽梓豫章，所出殊远，又乃生于深山穷谷，经历山岑，立千步之高，百丈之溪，倾倚险阻，崎岖不便，求之连日然后见之，伐研连月然后讫，会众然后能动担，牛列然后能致水，油渍入海，连淮逆河，行数千里，然后到雒。工匠雕治，积累日月，计一棺之成，功将千万。夫既其终用，重且万斤，非大众不能举，非大车不能挽。东至乐浪，西至敦煌，万里之中，相竞用之。此之费功伤农，可为痛心！[4]

考古发现证明：史书记载并非虚言，汉代墓葬对树木的消耗确实达到了十分惊人的程度。1974—1975年，考古学家在北京丰台区大葆台发现两座西汉墓，皆为大型木椁墓，其结构为"梓宫、便房、黄肠题凑"形制，但2号墓已经焚毁。其1号墓，根据考古发掘报告和鉴定报告，《大葆台墓葬木结构及棺椁木材的鉴定》墓底垫木、地板、棺床、墓壁板、内外回廊的隔板、盖板到墓顶的圆木和方木全部是以大型油松板材构建；棺椁则用楠、榛、楸、檫等树木的板材制成；其"黄肠题凑"使用柏木，一共用了约15 880根柏木枋，木料体积大约122立方米。若将棺椁、地板、木墙、顶盖所用木材计算在内，全墓的用木材

[1]（汉）司马迁：《史记》卷6《秦始皇本纪》云："……发北山石椁，乃写蜀、荆地材皆至。"中华书局，1959年，第256页。

[2]（南朝宋）范晔：《后汉书》卷78《宦者传·张让》，中华书局，1965年，第2535页。

[3]（南朝宋）范晔：《后汉书》卷42《光武十王列传·中山简王焉》，中华书局，1965年，第1450页。

[4]（东汉）王符：《潜夫论》卷3《浮侈第十二》。据（清）汪继培笺，彭铎校正：《潜夫论笺校证》，中华书局，1985年，第134页。

量大约为 250 立方米。大葆台 2 号基遭受火焚，所用的椁梓、"黄肠题凑"以及其他附属建筑全部化为灰烬，其用材估计与 1 号墓相差不多。这样一来，仅大葆台两座汉墓使用的木材即达 500 立方米左右。若还将墓中的木制随葬品（如马车、漆器、木床等）和木炭也都计算在内，则其用材量还要大得多。[1]北京石景山区老山汉墓的题凑主要使用栗树而非用柏木，木材消耗同样巨大。

由于这些消耗，这个时代中国北方地区的森林资源快速耗减。史念海曾对黄河中游森林变迁历史过程进行过系统的研究，根据他的考察："历史时期黄河中游的天然植被，大致可以分成森林、草原及荒漠三个地带。森林地带包括黄土高原东南部，豫西山地丘陵、秦岭、中条山、霍山、吕梁山地，渭河、汾河、伊洛河下游诸平原。草原地带包括黄土高原西北部。荒漠地带包括内蒙古西部和宁夏等地。森林地带中兼有若干草原，而草原地带中也间有森林茂盛的山地。"他把该区域的森林破坏划分为四个时期：一为西周至战国；二为秦汉至北朝；三为唐宋时期；四为明清以来至新中国成立前夕。他认为：西周至春秋、战国时期前后两个阶段黄河中游的森林变化已然相当显著："前一阶段显示出黄河中游森林最早的规模。到了后期，平原地区的森林绝大部分受到破坏，林区明显缩小。"在春秋以前关中、汾涑河流域等平原地区曾经有过的大片森林，随着大规模的垦殖活动相继消失。到了秦汉时期，这个区域的森林破坏过程进一步加剧，不惟平原地区的森林逐渐不复存在，渐无林区可言，离都城较低的山区森林亦明显减少。特别是长安、洛阳附近的平原地区，经过这一时期的破坏，已无多少森林可言了。当时已经感到木材缺乏，城市之中烧炭已缺乏好炭，而城市宫廷建筑都需要到较远的山区去采伐木材了。[2]

总体看来，由于不断地砍伐，这一时期本地区的森林破坏相当严重，所以在魏晋时期洛阳等地已经发生一炭难求的燃料困难，而北朝时期已将鼓励百姓种树当作地方官员的一项重要政绩，这都是以前所未有过的事情。[3]

由于黄土高原地区气候干燥，土层深厚，植被破坏势必加剧水土流失，进

---

[1] 北京市古墓发掘办公室：《大葆台西汉木椁墓发掘简报》，《文物》1977 年第 6 期，第 23-29 页；鲁琪：《试谈大葆台西汉墓的"梓宫"、"便房"、"黄肠题凑"》，《文物》1977 年第 6 期，第 30-33 页；景爱：《来自古代北京的自然信息——从大葆台和老山汉墓看北京生态环境演变》，《科技潮》2001 年第 1 期，第 30-34 页。

[2] 史念海：《历史时期黄河中游的森林》。该文被收入作者的多个论文集，兹据史念海著：《黄土高原历史地理研究》，黄河水利出版社，2001 年，《农林牧分布编》之三。关于这个时期，各平原、山区森林破坏的具体过程和情形，请参见该书第 433-461 页。

[3] 有关情况，拙著《中古华北饮食文化的变迁》已有简略讨论，中国社会科学出版社，2000 年，第 237-241 页。

而导致流域性的严重环境难题，不仅在本地导致土地沙化、土塬割裂和河床下切等问题，更严重的是，大量泥沙随着诸河水流奔涌而下，导致黄河下游地区河床抬高，水患不断，进而导致湖泽堙废、土地淤填，整个黄河中下游地区开始发生"沧海桑田"式的巨大改变。

当然，人类活动造成自然生态环境发生破坏性改变，需要经历一个很长的历史过程，并非立即便发生全局性大破坏。秦汉时期，黄河流域生态环境的负面改变已经开始，首先表现在原本大而平坦的土塬逐渐被水流切割。我们前面曾经提到：周原曾是一个非常辽阔的黄土塬，包括今陕西凤翔、岐山、扶风、武功四县大部分，并兼宝鸡、眉县、干县、永寿四县的一小部分，那里自然生态条件相当优越，是姬周民族崛起之地；然而，到了汉代，由于水流侵蚀，周原逐渐被切割，面积明显缩小，在《晋书·宣帝纪》的记载中出现了一个积石原，正是在周原上割裂形成的。然而与现代的黄土高原相比，秦汉时代的土塬仍然堪称平坦广大，远非如今这样支离破碎的景观；其次表现在土地沙漠化，由于秦汉时代大规模的西北屯垦，沿边地区森林植被破坏严重，当地自然环境原有的挡风阻沙能力大大减弱，而沙漠扩张渐成必然之势。但是当时鄂尔多斯高原、河套地区的毛乌素、库布齐、乌兰布和等沙漠，规模都远较现代为小，考古学家在诸沙漠的腹地和边缘陆续发现了不少西汉时期的大型村落甚至郡、县治所，大致反映了那个时代的沙漠分布情况；而近期受到众多学者高度关注的统万城及其所在之鄂尔多斯高原，直到十六国时期仍有广袤而丰美的水草，说明在经历秦汉时期大开发之后，整体环境尚未恶化。

因而，与现今相比，秦汉时代黄河中游黄土高原地区的森林植被，总体状况依然良好，一些地区仍然存在着较多原始森林，例如渭河上游陇西地区的森林尚未遭受严重破坏；秦岭、吕梁、六盘、太行诸大山区仍然堪称森林茂密、资源丰富。

至于黄河下游地区，高大乔木森林原本不多，但较小的树林曾经不少。《尚书·禹贡》等文献仍认为今山东、苏北地区是"厥草惟繇，厥木惟条"，"草木渐苞"，孟子也说这些地区曾经"草木畅茂，禽兽繁殖。"在春秋以前，这个地区虽然早就经营农业，但由于远古人口稀少，对原始森林植被的破坏尚不太大。

自春秋中期以后，这一地区的森林植被迅速遭到破坏。由于当时区域经济发展速度较快、人口密度和土地垦殖率都比较高，因此到了战国时代，就已经出现"宋无长木"的说法，[1]即在今河南东南部地区已经没有什么大树木了；今山东淄博附近的山岭由于长期的砍伐薪柴、木材和放牧，已经变成濯濯童山，以致人们认为那里不曾有木材。[2]到了公元前 2 世纪末，山东丘陵地带的西部已是地小人众，这一地区的东部也开始出现了薪柴短缺的问题。大体上说，自此以后，黄河下游的平原地区大片原始森林已基本上不复存在，只有一些星星点点的散布；于是人们不得不通过种植营造人工次生林来满足各方面的需要。不过，由于这一地区原始森林植被破坏较早，当地人由于生产生活需要，也较早地认识到植树造林的重要性，所以在历史上这一带是人工造林开始最早的地区，也是比较有成绩的地区。魏晋北朝时期，国家政策和法律亦开始鼓励甚至要求当地人民种植一定数量的树木。人工植树亦成为一个可以谋利的营生，这从北魏贾思勰《齐民要术》一书的相关部分可以清楚地看出。

与黄河流域相比，长江流域的森林破坏要晚得多。由于当地社会经济的发展在早期比较缓慢，一直到汉代，长江中下游地区仍处于地广人稀的状态，农业及其他经济生产都相当落后，在六朝以前的社会观念中，那里一直是经济文化落后的蛮夷之地。虽然人们认为南方社会经济文化落后，但都承认这一地区的自然资源很丰富，历史文献中有很多关于南方深林密翳、道路不通的记载，当时不仅竹木丰饶，而且名贵木材众多，例如江西南昌一带在古代樟木非常丰富，所以当地被称为豫章；浙江东部一向以竹材丰富而著称于史书。其他地区如湖北、湖南、四川都拥有极为丰饶的森林资源。正因为如此，当地人民能够长期以伐木、樵采和狩猎为生。

山林草地减少，必然导致野生动物种群数量和分布区域发生变迁。商周之际，由于气候转冷，中国野生动物分布即发生了一次重大的改变，大象、犀牛等喜温野生动物逐渐南撤。到了战国时期，大象分布北界已经向南退缩了不少，黄河流域基本上已无野生大象的足迹，历史文献中只有个别关于大象到达淮河以北的记载。但在秦岭—淮河一线以南的长江流域、华南地区仍然有大量的野象分布。动物分布的变迁，不仅因为气候，更重要的是它们的栖息地由于大规模农业开发，逐渐遭到了破坏。因此，这个时期不仅喜温动物基本不见，很多

---

[1]《墨子·公输》。据吴毓江撰、孙启治点校：《墨子校注》，中华书局，1993 年，第 764 页。

[2]《孟子·告子上》云："人见其濯濯也，以为未尝有材焉。"《十三经注疏》，中华书局，1980 年影印（清）阮元校刻本，第 2751 页。

原本在这里大量栖息的食草动物和食肉动物亦逐渐稀少。

最典型的变化当属鹿科动物。前面曾经反复提到：鹿科动物是远古中国人民最主要的捕猎对象和肉食来源，考古资料和历史文献所显示的种类之多，种群数量之庞大，远非今人所能想象。直到《诗经》时代，仍处处可闻"呦呦鹿鸣"，行人时常见到"野有死麕"。到了战国秦汉时代，文献之中仍不时有关于鹿类的记载，但数量已经远远不能与以前相比。习惯于沼泽湿地、曾经是最大优势种群的麋鹿，在秦汉时代由于平原地区的大规模开发和不断捕杀，已经少见踪迹，文献之中几乎不见，以至于有人认为汉代它已经在华北地区灭绝。其他如梅花鹿、獐、麂等逐渐由平原向山区退避。所以，战国秦汉文献所显示的鹿类遇见与捕获概率已远低于春秋以前，东部平原地区则基本不见有捕猎鹿类的记载。这些正是战国以来华北地区的生态环境，由于农业的高度发展而发生了显著变化的反映。在太行山、豫西山地以西地区，野生动物资源丰富。特别是国家设置苑囿，推行捕猎禁令，起到了一些保护作用。由鹿类动物的变化可以概见当时整个华北平原的陆地野生动物状况。至于水生动物，包括鱼类和两栖类，由于当时还有相当良好的水环境，资源仍然比较丰富，但亦不能与《诗经》时代相比。在《诗经》中，捕鱼钓鱼是常见的活动，但战国秦汉时期已经逐渐减少。南方地区的情况变化不大，这里暂不作专门介绍。

五、农业结构调整及其环境背景

下面回到农业，对这个时代农业的基本面貌、主要调整变化及其生态环境背景稍做叙述。

战国以降，铁器和牛耕的发明与推广，生产关系和经济制度的调整与变革，为中国特别是黄河中下游农业发展打开了新局，秦朝统一更为之开辟了广阔前景。《琅邪台刻石》记颂秦始皇的功业说："皇帝之功，勤劳本事。上农除末，黔首是富。普天之下，抟心揖志。器械一量，同书文字。日月所照，舟舆所载，皆终其命，莫不得意。……人迹所至，无不臣者，功盖五帝，泽及牛马。"[1]秦始皇扫平诸侯、统一六合，建立庞大的秦帝国，推行了一系列政治、经济和文化措施，大

---

[1]（汉）司马迁：《史记》卷6《秦始皇本纪》，中华书局，1959年，第245页。

大促进了中国社会的整合，诚可谓不世之功。然而他又是历史上最残暴的帝王之一，《汉书》评论说："至于始皇，遂并天下，内兴功作，外攘夷狄，收泰半之赋，发闾左之戍。男子力耕不足粮饷，女子纺绩不足衣服。竭天下之资财以奉其政，犹未足以澹其欲也。海内愁怨，遂用溃畔。"[1]残暴的统治导致秦朝二世而亡。

从中国历史发展的宏观进程来看，秦朝"内兴功作，外攘夷狄"并非全属荒唐之举，除大举修造陵墓、营建阿房宫外，筑长城、修驰道等都是震古烁今的伟大功业。然而，当时的统治者犯了一个道理非常简单、教训极为深刻、后世统治者还不断重蹈覆辙的巨大错误甚至罪行，这就是：实施急政，滥用民力，迫使过多的劳动力脱离农业生产，导致国家和社会物质能量支撑系统发生崩溃，导致亿万百姓失去了最基本的衣食保障，无以聊生，只能揭竿而起。

西汉建立之初，天下残破，经济凋敝，民生可哀。司马迁《史记》称："汉兴，接秦之弊，丈夫从军旅，老弱转粮饷，作业剧而财匮，自天子不能具钧驷，而将相或乘牛车，齐民无藏盖。"面对这种局面，统治者一方面继承秦朝的统一基业并不断巩固和加强中央集权统治，另一方面总结、汲取秦朝二世而亡的深刻教训，推行一系列有利于农业生产恢复、发展的政策，出现了"文景之治"，经过 70 余年的积聚，社会经济达到了中国历史上的第一个高峰。司马迁描述当时的繁盛状况云：

至今上即位数岁，汉兴七十余年之间，国家无事，非遇水旱之灾，民则人给家足，都鄙廪庾皆满，而府库余货财，京师之钱累巨万，贯朽而不可校。太仓之粟陈陈相因，充溢露积于外，至腐败不可食。众庶街巷有马，阡陌之间成群，而乘字牝者摈而不得聚会。守闾阎者食粱肉，为吏者长子孙，居官者以为姓号。故人人自爱而重犯法，先行义而后绌耻辱焉。[2]

此番描绘容有夸饰，却并非无据。据《汉书·食货志》记载：汉武帝正是凭借父祖数代 70 余年之丰厚积聚施展其雄才大略，"外事四夷，内兴功利，役费并兴，而民去本"，一度导致农业经济严重衰退，生产凋敝，天下虚耗，人复相食。至晚年方悔征伐之事，采取一系列休养生息和恢复农业生产的政策，包

[1]（汉）班固：《汉书》卷 24 上《食货志上》，中华书局，1962 年，第 1126 页。
[2]（汉）司马迁：《史记》卷 30《平准书》，中华书局，1959 年，第 1420 页。按："今上"指汉武帝。

括命赵过教习"代田法",推广冬小麦种植等,百姓得以重获生机。关于这些事件,以往经济史和秦汉史家都曾有过不少讨论。然而从环境史角度来看,创制和推行"代田法"是适应于西北内陆干旱自然条件的,冬小麦推广亦与那时北方自然环境的变化紧密相关。

在前面的章节中,我们曾经反复指出:黄河流域的早期文明是以旱地粟作农业为基础的。自新石器时代以降,粟(稷)在通常所谓的"五谷"之中始终列于首位,自汉、魏至于北朝,粟一直被称为"百谷之长"。直到唐代前期"租庸调法"的规定之中,仍以粟为正粮、主谷,其余则为"杂种"。然而粟乃是黄土干旱地区的谷类作物,并不适宜于低平下湿之地,并且与稻、麦、豆类相比,单位面积产量偏低。随着历史时代的推移,特别是西汉以后,粟类在整个粮食作物中所占的比重一直呈下降趋势。与之相对照,麦类尤其是冬小麦的地位却在逐渐上升。

从历史文献所透露的蛛丝马迹看,春秋、战国至于西汉初期,冬小麦主产区在黄河下游,包括关中在内的黄河中游地区则很少栽培,两汉时期冬小麦生产开始取得显著发展。值得注意的是,汉朝国家在推广冬小麦方面表现相当积极。汉武帝时期的儒生董仲舒,是推广冬小麦的积极鼓吹者,他在一份上书中特别提道:"《春秋》它谷不书,至于麦禾不成则书之,以此见圣人于五谷最重麦与禾也。今关中俗不好种麦,是岁失《春秋》之所重,而损生民之具也。愿陛下幸诏大司农,使关中民益种宿麦,令毋后时。"[1]而我们所见关于古代国家主动推广冬小麦的最早记载,正是汉武帝元狩三年(公元前120年)"遣谒者劝有水灾郡种宿麦。"[2]曾担任"轻车使者"的氾胜之亦在关中平原推广种植小麦,[3]在其所著《氾胜之书》中专门讨论了种麦技术方法。西汉末年人谷永在一份上奏中提道:"往年郡国二十一伤于水灾,禾黍不入,今年蚕麦咸恶。百川沸腾,江河溢决,大水泛滥郡国十五有余,比年丧稼,时过无宿麦,百姓失业流散。"[4]可知"时过无宿麦"对百姓生计具有严重影响,反映了冬小麦的重要性。及至东汉时期,麦作推广受到更大重视,卫斯统计:《后汉书》共记东汉

---

[1](汉)班固:《汉书》卷24上《食货志上》,中华书局,1962年,第1137页。

[2](汉)班固:《汉书》卷6《武帝纪》,中华书局,1962年,第177页。

[3](唐)房玄龄:《晋书》卷26《食货志》引东晋元帝太兴元年(公元318年)皇帝诏曰:"徐、扬二州土宜三麦,可督令熯地,投秋下种,至夏而熟,继新故之交,于以周济,所益甚大。昔汉遣轻车使者氾胜之督三辅种麦,而关中遂穰。勿令后晚。"见该书第791页。按:氾胜之生平事迹不详,刘向《别录》始载其"教田三辅"事,史书或言其在汉成帝时曾为议郎,后徙为御史。晋元帝诏称其为"轻车使者",不知何据。

[4](汉)班固:《汉书》卷85《谷永传》,中华书局,1962年,第3470页。

皇帝针对粮食生产所下的十几次诏书中，有九次涉及麦子，主要是冬小麦。[1]

汉代推广冬小麦，并不单纯是扩大一种粮食作物的种植范围和面积这么简单，其背后是一系列经济、技术因素与环境因素之间的相互作用。冬小麦的推广，无疑与汉代社会经济和技术发展关系密切。随着人口不断增长，人们需要选择种植那些产量较高的粮食作物，以满足不断增长的食物能量需求——即使这些粮食口感不佳。在旋转石磨发明和推广之前，麦子只能煮成麦饭、麦粥，或炒熟制成干粮，口感显然不如粟米。然而事有凑巧：正是在汉代，旋转石磨开始推广使用，用于加工麦子，制成面粉，稍后面粉发酵技术也出现了，以麦子为原料制作的面食（汉唐时期称为"饼"），较之麦饭麦粥，口味得到了显著的改进，于是逐渐成为北方人民的主食，并促使麦类最终凌驾于粟之上，成为黄河中下游地区的主要粮食作物。此是后话。[2]

然而从文献记载的事实来看，冬小麦得以推广种植，自然环境因素亦绝不可忽视。首先是由于冬小麦具有不同于粟类作物的生物属性，不仅可在黄河流域及其以南地区广泛种植，且其幼苗具有很强的抗寒能力，能够在田地中过冬，至春季经过"春化期"，分蘖生长旺盛，故一般在阳历 9 月中下旬至 10 月上旬播种，翌年阳历 5 月底至 6 月中下旬成熟，生长季节恰好与粟类前后相接，因此它具备"接绝续乏"的功能。[3]文献记载还反映：在汉代，水灾常常是朝廷号召种植宿麦的现实契机或者直接动力。我们知道：黄河中下游地区的降雨集中在夏秋之交，且多暴雨型，易致水灾，直接影响的作物乃是以粟为主的秋粮。一旦发生水灾，禾黍不入，百姓必定乏食，甚至造成重大饥荒。由于生长季节的差异，秋播夏收的冬小麦，理所当然地担当了补救水灾损失的最重要粮食作物。其次是农作物生产发展的客观环境。前面曾经提到：古代华北地区的水土环境与现今情况迥然不同，那时黄河下游多是低湿沮洳之地，在相当长的历史时期，许多地方作物栽培所要解决的主要问题并非如何引水浇灌，而是怎样排除水潦浸渍。粟类作物耐干旱而惧水渍，并不适宜在低湿平原推广；而冬小麦

---

[1] 卫斯：《我国汉代大面积种植小麦的历史考证——兼与（日）西嶋定生先生商榷》，《中国农史》1988 年 4 期，第 22-30 页。

[2] 相关问题，详参拙著：《中古华北饮食文化的变迁》一书有关章节的论述，中国社会科学出版社，2000 年。

[3] 《礼记·月令》郑玄注曰："麦者，接绝续乏之谷，尤重之。"《十三经注疏》，中华书局，1980 年影印（清）阮元校刻本，第 1374 页。（宋）罗愿《尔雅翼·释草》云："麦者，接绝续乏之谷。夏之时，旧谷已绝，新谷未登，民于此时乏食，而麦最先熟，故以为重"。

虽然亦属于旱地作物，但相对耐湿，在生长过程中所需水量较之粟类明显较大，故此能够在低湿的平原地区填补粟类所留下的空缺。因此总体而言，粟、麦之间，不仅在季节上是前后相接，在空间上亦并非互相排斥。事实上，倘若对古代黄河中下游种植业发展演变的长期历史进行观察，不难发现：两汉时期开始大面积推广种植冬小麦，又与农耕区域由黄土高原、山前洪积冲积扇地带和大小河流两岸的台地向低湿土地、特别是向华北大平原持续推进的宏观过程相随。因此之故，那时冬小麦种植取得显著发展并不意味着粟作的萎缩，只是二者在整个粮食生产中所占之比重在逐渐发生变化。

彼时黄河中下游的水土环境不同于今日一望千里俱为亢旱陆地，而是河流密布，湖沼众多，燕山以南、太行山以东，更到处有大片积潦沮洳之地，"厥田斥卤"，非但不宜树粟，亦难以种植麦类，这给另一种粮食作物——水稻生产的发展提供了剩余空间。

在一般印象中，水稻属于南方湿热地区的粮食作物，华北地区的气候条件不适宜大规模发展水稻生产。这种印象既不符合水稻的生物学特性，更不符合历史事实。确实，长期以来水稻种植一直是以南方为重，黄河中下游种植很少，但这是宋代以后的情形。汉唐时期黄河中下游地区的水稻，不论栽培面积还是生产比重都远高于近世。从自然条件来看，这个地区的太阳光照、无霜期、活动积温等气候因素以及土壤条件都适宜栽培水稻，甚至，与长江流域及其以南地区相比，这里所产水稻不仅品质较优，在传统技术条件下，其单季亩产量也比较高。制约这个区域水稻生产发展的主要因素，乃是地表水资源不足；其在汉唐时代一度取得显著发展、至宋元以后逐渐走向衰落，根本原因亦在于地表水资源逐渐匮乏。

前文已经指出：早在新石器前中期中原一些地方就开始种植水稻，有不少考古发现可以证实这一点。及至周秦之际，关于北方水稻种植的文献记载亦逐渐增多，《诗经》中曾经多次咏诵不同地区的稻作之事。例如，《豳风·七月》称"十月获稻"；《唐风·鸨羽》云："王事靡盐，不能艺稻粱，父母何尝"；《小雅·白华》云："滮池北流，浸彼稻田"；《周颂·丰年》称"丰年多黍多稌"；《鲁颂·宓宫》亦云："有稻有秬"。[1]这些记诵说明：《诗经》时代今陕西、山

---

[1] 分见《十三经注疏》，中华书局，1980 年影印（清）阮元校刻本，第 391、第 365、第 496、第 594、第 614 页。

西和山东等地都有水稻生产。《周礼》《礼记》虽系后人整理成书，但两书关于天子"尝稻"和设立"稻人"一职专管种稻的记载应有一定史实根据。

战国秦汉时期，黄河中下游地区不仅麦作取得显著扩展，水稻生产亦颇引人注目，不少地区的稻作规模相当可观，当时人士提及"五谷"，通常都包括水稻。正因为如此，汉代两部论说北方农作技术方法的农书——西汉的《氾胜之书》和东汉崔寔所撰《四民月令》，都专门讨论了水稻。

《氾胜之书》曾专节讨论了稻作方法，云：

种稻，春冻解，耕反其土。种稻区不欲大，大则水深浅不适。冬至后一百一十日可种稻。稻地美，用种亩四升。始种稻欲温，温者缺其塍，令水道相直；夏至后大热，令水道错。

三月种粳稻，四月种秫稻。[1]

这段讨论虽然简略，却包括多个技术要点，包括种稻时宜、稻田整治、稻种量、保持稻田水温的方法等。此外还特别指出：三月和四月分别种植粳稻和秫稻（糯稻），说明这两种水稻在当时的北方地区都有栽培。《四民月令》所载种稻时间沿袭《氾胜之书》，称三月"时雨降，可种粳稻……"，至五月则"可别稻及蓝"。[2]虽并不像有人认为的那样"别稻"是秧苗移栽，但专门记载稻田间苗，目的在于使秧苗疏密合理、利于通风透光，也是一项值得注意的发展。

史书关于战国秦汉时代北方水稻的记载很零散，但足可证明稻作分布逐渐广泛，一些地区的种植面积还相当可观。关中地区曾有规模相当大的稻田分布。《史记·河渠书》记载：战国末期，秦国修郑国渠，"渠成，川注填阏之水，溉泽卤之地四万顷，收皆亩一钟。"文中没有明言是郑国渠与水稻种植的关系，但我们基本上可以肯定此亩产一钟的"泽卤之地四万顷"就是水稻田，只有水稻才可以种植在泽卤（即下湿盐碱）之地上。西汉时期，关中多稻田时见文献记载，例如《汉书》卷 29《沟洫志》引述汉武帝的诏令称："左、右内史地，名山川原甚众……今内史稻田租挈重，不与郡同，其议减。令吏民勉农，尽地利，平繇行水，勿使失时。"由这条诏令可知：西汉时期左右内史所管公田，即使不

[1] 万国鼎：《氾胜之书辑释》，中华书局，1957 年，第 121 页。
[2] 石声汉：《四民月令校注》，中华书局，1965 年，第 26、43 页。

以水稻种植为主，亦应包括大量水稻，其指"内史稻田租挈重"，当与水稻亩产量较高有一定关系。《汉书》卷 65《东方朔传》有几条记载说明西汉关中颇有稻田之利。其一称汉武帝曾微服到南山下游猎，"入山下驰射鹿豕狐兔，手格熊罴，驰骛禾稼稻粳之地，民皆号呼骂詈。"他们驰猎践踏了稻田遭到百姓怒骂，说明当地稻田不少。另一条材料称汉武帝欲广占土地为苑，东方朔上谏言称当地"又有粳稻、梨、栗、桑、麻、竹箭之饶，土宜姜芋，水多蛙鱼，贫者得以人给家足，无饥寒之忧。"及至东汉时代，关中农业有所衰落，但时人仍称那里"畎浍润淤，水泉灌溉。渐泽成川，粳稻陶遂。厥土之膏，亩价一金"。[1]而樊惠渠修成之后，"昔日卤田，化为甘壤，粳黍稼穑之所入，不可胜算"。[2]汉代关中的稻作盛况，直至唐代有人仍然很追怀。

在河东地区，郡守番系曾经建言："……穿渠引汾溉皮氏、汾阴下，引河溉汾阴、蒲坂下，度可得五千顷。故尽河壖弃地，民茭牧其中耳，今溉田之，度可得谷二百万石以上。谷从渭上，与关中无异，而底柱之东可毋复漕。"因而，朝廷"发卒数万人作渠田"，后因黄河移徙，"渠不利，田者不能偿种。久之，河东渠田废，予越人，令少府以为稍入。"可见这里当时亦有种稻。

复往东进入华北大平原，在黄河北岸，汉代开始形成河内和燕冀稻作区。战国魏襄王时期，史起为邺令，引漳水溉邺、种植水稻，民间歌之曰："邺有贤令兮为史公，决漳水兮灌邺旁，终古潟卤兮生稻粱。"[3]东汉以后，这个地区的水稻生产得到进一步发展，稻米品质颇佳，甚为时人所称。[4]由此往北，冀州地区的水稻生产在两汉时期亦得到发展。西汉哀帝时，朝廷讨论河北水患治理问题，待诏贾让上"治河三策"，主张"多穿漕渠于冀州地，使民得以溉田，分杀水怒"，其中有一个见解很重要，认为："……若有渠溉，则盐卤下湿，填淤加肥，故种禾麦，更为粳稻，高田五倍，下田十倍。"[5]事实上，古代在这些多水的下湿盐卤地区，常常是通过开垦稻田和种植水稻来加以利用的；而见于当时文献记载的农田水利工程，大部分（如果不是全部的话）都与水稻生

---

[1]（南朝宋）范晔：《后汉书》卷 80《文苑列传·杜笃传》，中华书局，1965 年，第 2603 页。

[2]（东汉）蔡邕：《蔡中郎集》文集卷九《京兆樊惠渠颂》，《四部丛刊》影印明活字本。按：该文原文"昔""晨"，"所"作"状"，均误。今改正。

[3]（汉）班固：《汉书》卷 29《沟洫志》，中华书局，1962 年，第 1677 页。

[4]（唐）欧阳询编，汪绍楹校：《艺文类聚》卷 69 引卢毓：《冀州论》称"河内好稻"。上海古籍出版社，1965 年。下引《艺文类聚》，均出此本。

[5]（汉）班固：《汉书》卷 29《沟洫志》，中华书局，1962 年，第 1695 页。

产有关。[1]在更北方的地区的渔阳郡狐奴县（今北京顺义东北），太守张堪曾组织开垦稻田 8 000 余顷，"教民种作，百姓以殷富"。[2]

　　相比较而言，黄河以南地区发展稻作的气候和水资源条件更为优越，并且农业发展相对较早，今豫西伊洛河盆地和洛阳附近，早在战国时代已经开始大面积种稻，周室分裂之后的东周和西周，就曾经因为稻田用水发生矛盾；汉代这个地区的稻田陆续兴垦，种植规模不断扩大，曹魏以降直至唐代，这里一直是相当著名的稻米产地。在淮河上中游的南阳、汝南等地，自西汉以前，召信臣等一批地方官相继主持兴修水利工程，扩大水稻生产，因而，当地农业很可能仍以稻作为主，亦可能是两汉时期北方最主要的稻米产区。东汉张衡在《南都赋》描述了南阳一带的水源丰富、物种繁多的良好生态环境和经济发展盛况，其中特别提到"开窦洒流，浸彼稻田"，已见前引。

　　一如其他历史时期，战国秦汉农家生产并不只是粮食种植，而是众多生产项目混合经营。总体来看，那个时代，人们采用多种经营的混合型生产谋取衣食以及其他必要生活资料，除大田谷物种植外，畜牧、蔬果、林、渔、采捕等生产亦都具有一定重要性。

　　粮食生产毫无疑问是主体。《氾胜之书》和《四民月令》两部农书以及其他古籍记载清楚地表明：除粟、麦、稻之外，黍、大小豆、芋和麻等也是那个时代人们的重要食物和热量来源。不过，先秦文献中频繁出现的麻，两汉时期已经不再那么重要，黍的地位似乎也明显下降，但豆类尤其是大豆还是十分重要的粮食，甚至是一些贫穷百姓的主粮。[3]为了防备自然灾害造成饥馑风险，当时农家通常要杂植多种粮食作物，即《汉书·食货志》所说："种谷必杂五种，以备灾害。"大豆乃是最重要的备荒作物，故《氾胜之书》特别指出："大豆保岁易为，宜古之所以备凶年也。谨计家口数，种大豆，率人五亩，此田之本也。"若以一家五口、五口之家田百亩的常规情况计算，用于种植大豆的土地占 1/4。[4]豆类虽然富含植物蛋白，但煮成饭粥食用口味很差，并且不易消化，

---

[1] 农田水利史专家张芳曾对古代北方水利建设与水稻生产的关系进行了系列考论，关于唐代以前的情况，可参见张芳：《夏商至唐代北方的农田水利和水稻种植》，《中国农史》1991 年第 3 期，第 56-65 页。

[2] （汉）刘珍撰，吴庆峰点校：《东观汉记》，齐鲁书社，2000 年，第 137 页。

[3] 《战国策·韩策》云："民之所食，大抵豆饭藿羹。"范祥雍：《战国策笺证》，第 1491 页。此语虽然可能有些言过其实，但战国、秦、汉文献记载穷人以豆饭、粥为食者不在少数，在饥馑岁月尤其如此。

[4] 万国鼎甚至认为大豆栽种面积占据农家耕地的一半，因为他对当时田亩面积有不同的计算方法。参见万国鼎：《氾胜之书辑释》，中华书局，1957 年，第 135-136 页。

以为主食实属无奈。值得注意的是，汉代已经发明和广泛流行发酵做豉的技术，时人做豉动辄以石计，或达百十石。这一技术增进了豆类食用的方法与口味，亦为其后来逐渐走向副食化埋下了伏笔。此外，由于豆科作物根部具有发达的根瘤菌，能够固氮，大量种植大豆以及其他杂豆，可以保持和增进土壤肥力，汉代农民对此应当已经取得了较之此前更多的经验性认识。

除粮食生产之外，那时还栽种有种类逐渐丰富的果树、蔬菜以及其他作物，虽然大抵是延续先秦时代已经出现的园圃业，但人工栽种的蔬果种类已经明显增多，是当时农业种植体系中相当重要的组成部分，为人们提供了多种形式的营养元素补充。仅就黄河中下游地区而言，本土培育和种植的果树，包括枣、栗、桃、李、梅、杏、梨、柿等许多种类，蔬菜则有瓜、瓠、韭、姜、葵、芜菁、芥、芋、苋、藿等。由西域传来的蔬果，有苜蓿、葡萄、石榴、核桃、胡麻、胡瓜、胡荽、胡蒜、胡豆等，种类亦相当不少。农史学者根据《氾胜之书》《四民月令》以及张衡《南都赋》等文献进行不完全统计，指出两汉时期可以确定为人工栽培的蔬菜已达到 20 多种，其中包括葵、韭、瓜、瓠、芜菁、芥、大葱、小葱、胡葱、胡蒜、小蒜、杂蒜、薤、蓼、苏、蘸、茆、襄荷、苜蓿、芋、蒲笋、芸苔以及若干种豆类，[1]远远多于先秦时代。这些蔬果分别适宜于不同的自然环境，丰富了当时人民的食物营养来源，有些地方还出现了商品化的专业生产，《史记·货殖列传》称拥有"千树栗""千畦韭"，可"与千户侯等"的说法，清楚地说明了这一点。需要说明的是，古时种植蔬果虽然都是为了食用，与当今相比，经济意义却有所不同。例如，果品之中的枣和栗，那时既被当作树粮，亦是重要的甜味来源；有些蔬菜种植是以备荒、救饥作为重要目的，例如汉桓帝曾因灾害诏令百姓多种芜菁，以缓解严重的饥荒；[2]直到北魏时期，贾思勰仍然说芜菁"可以度凶年，救饥馑。"又说，栽种芜菁，"若值凶年，一顷乃活百人耳"。[3]

经济作物主要有麻类、桑树、卮、茜、蓝等。早在先秦时期，麻类纤维已有重要衣料来源，《诗经》时有记咏；而作为栽桑养蚕的起源地，和丝绸文明交

[1] 梁家勉主编：《中国农业科学技术史稿》，农业出版社，1989 年，第 214 页。

[2] 《后汉书》卷 7《桓帝纪》云：永兴二年（154 年）"六月，彭城泗水增长逆流，诏司隶校尉、部刺史曰：'蝗灾为害，水变仍至，五谷不登，人无宿储。其令所伤郡国种芜菁以助人食'"。中华书局，1965 年。

[3] （北魏）贾思勰：《齐民要术》卷 3《蔓菁第十八》。据缪启愉：《齐民要术校释》，中国农业出版社，1998 年，第 187 页。

流的肇始期，秦汉时期的黄河中下游地区，桑蚕生产远较后世为盛，除关中之外，关东地区的蚕桑丝织业亦快速发展。当时黄河两岸可谓遍地栽桑养蚕，由于桑园广大，桑葚不仅用作水果、用于作酱，甚至成为灾荒之年重要的度荒食物。繁荣发达的蚕桑生产和以此为基础的丝织业发展，还促进了染料作物种植，个别地方甚至出现了专业化的染料作物产区。例如赵岐《蓝赋》称其曾就医偃师，道经陈留，"此境人皆以种蓝染绀为业，蓝田弥望，黍稷不植。"[1]显而易见，这是因为陈留一带发达的织染业对染料的大量需求，促进了地区专业化蓝靛栽培。

战国秦汉时代，由于农田区域扩展和草场逐渐萎缩，大型放牧业在社会经济中所占比重，总体上呈下降的趋势。但龙门、碣石西北地区的畜牧业很发达，其中养马业因军事战备需要，受到了特殊重视。国家曾在北边和西边设置马苑，最多的时候，牧马官奴婢达三万人，养马三十万匹；新开发的新秦中地区，在汉代曾是一个重要的养马基地。汉代还通过经营西域，从那里获得了乌孙马、大宛汗血马等良种马，以及养马的优良牧草——苜蓿。民间养马亦为数众多，成为重要的家产。即便在东部地区，亦有一定规模的畜牧生产，例如生活在今洛阳附近的著名大臣卜式就是一位以放羊致富的畜牧大户。但更加普遍的，乃是小户小农零散的动物饲养，单个农户的饲养规模极小，却为当时社会提供了非常重要的物质生活（特别是食物、衣料）保障。

作物种植与畜禽饲养互相结合是中国农业固有的传统，孟子关于农家生计的议论证明：这个传统早在战国时期已然确立。[2]综合相关文献记载，可知战国秦汉时代，主要农业区域的家畜家禽饲养，主要包括猪、马、牛、羊、犬、鸡等所谓"六畜"。它们为人们提供了必要的动物蛋白补充，或者作为役畜（实即减少人们的能量消耗），还可以提供毛、皮、齿、骨、筋、角等手工业生产原料。

从生态环境与经济生产的相互关系来看，这个时代的畜牧饲养有几点很值得注意：一是随着家畜圈养和圈厕相连方式的形成、积肥施肥技术方法的发展，作物种植与畜禽饲养开始有机地结合在一起，促进了有机物质的循环利用，最

---

[1]（唐）欧阳询撰，汪绍楹校：《艺文类聚》卷81《草部上》引《蓝赋》，上海古籍出版社，1965年，第1398页。
[2]《孟子·梁惠王上》云："五亩之宅，树之以桑，五十者可以衣帛矣。鸡豚狗彘之畜，无失其时，七十者可以食肉矣。百亩之田，勿夺其时，数口之家可以无饥矣。谨庠序之教，申之以孝悌之义，颁白者不负戴于道路矣。"《十三经注疏》，中华书局，1980年影印（清）阮元校刻本，第2666页。

终形成了中国传统农业土地用养结合的循环经济模式和废物利用机制，对此前章已经专门叙说，兹不再重复；二是马、牛等役畜利用途径进一步增多，特别是在农业（土地耕作）和加工业（例如使用畜力牵拉碓、磨）等方面的利用更加普遍，这显著降低了生产者的劳动强度，实际上亦是减低了人的能量消耗；三是猪、羊、鸡、犬是当时人们主要的肉食来源，其中养犬食肉不易为今人所理解和接受，但在当时却是一种普遍流行的风气，社会上甚至有人专以屠狗为业，例如战国著名侠士荆轲有一位不知名姓的朋友、秦代刘邦的大将樊哙都曾为市井"狗屠"；[1]四是家畜圈养逐渐有所发展，但野外牧豕直到汉代依然时见记载，大抵由于相关地区人口较少，尚有大片草泽荒地可供这种"泽兽"自由觅食。这些情况说明：历史上人类与驯化家畜的关系并非固定不变，人们饲养和利用家畜家禽的方式、方法，伴随着诸多自然与社会因素的变化而不断改变。

最后，直到两汉时期，即使在黄河中下游这样人口繁众的典型农耕区域，采集和捕猎仍为重要生计补苴，种类众多的水陆野生动物和植物不仅为富贵人家提供了山珍野味，亦是普通百姓获取额外生活资料的重要来源。我们并不主张对战国秦汉时代采集、捕猎生产的经济地位做出过高估计，但不否认它们仍然是普遍民众物质生活的重要补充；尤其是在饥荒岁月，更有大量饥民亡命山泽寻觅野食，企求一饱苟延残命。在那种情况下，山林川泽发挥着伊懋可所说的"生态缓冲"或"环境缓冲"的作用（已见前引）。此外，由于不能忍受国家赋役剥削而隐匿、流窜山泽以采集、捕猎为生的人民，当亦不在少数。[2]

六、手工业、商业、交通与自然环境

接下来，再看看工商业和交通事业发展与自然环境的关系。

战国秦汉时代，伴随着一系列社会、经济变革，由于国家经济政策的调整、变化，不同形式的工商业都经历了起伏和曲折，但总体上是不断取得新发展，在生产组织方式、门类项目、技术工艺等方面都有不少变化。

---

[1]《史记》卷86《刺客列传》云："荆轲既至燕，爱燕之狗屠及善击筑者高渐离。荆轲嗜酒，日与狗屠及高渐离饮于燕市，酒酣以往，高渐离击筑，荆轲和而歌于市中，相乐也，已而相泣，旁若无人者。"第2528页；同书卷95，《樊郦滕灌列传》："舞阳侯樊哙者，沛人也。以屠狗为事，与高祖俱隐。"中华书局，1959年，第2651页。诸如此类的从事屠狗贱业者，还可以找到一些其他记载，可为当时养犬以供肉食之证。

[2] 这方面的史实，可参见侯旭东：《渔采狩猎与秦汉北方民众生计——兼论以农立国传统的形成与农民的普遍化》，《历史研究》2010年第5期，第4-26页。

首先是工商业生产的组织形态的变化。这个时代的主要发展趋向，是周代"工商食官"的僵化制度，自春秋时期逐渐开始瓦解，形成官、私工商业并存的格局，这种格局在战国时期初步形成，至秦汉时期进一步发展定型。相关史料显示：商周时期实行"工商食官"制度，国家"处工必就官府"，手工业者处于官府的统一控制之下，不同手工行业的工匠，世世代代从事同一行工作，"工之子常为工"，[1]且以其所从事的行当为族号和姓氏。这种情况与欧美姓氏中的米勒（Miller，磨坊主）、史密斯（Smith，铁匠）、贝克（Baker，面包师）、卡彭特（Carpenter，木匠）、泰勒（Taylor，即 Tailor，裁缝）等颇为相同。及至战国时期，社会上涌现出不少独立经营的私营手工业主和个体手工业者，不少人在城市中设立店铺，从事专门生产，如做木工、做鞋等，他们一面生产，一面出售自己的产品，是即《论语》所说的："百工居肆以成其事。"[2]鲁班之类能工巧匠就是在这种背景下诞生的。由于手工业技术和工艺专业性较强，战国秦汉及其以后，手工业生产经营仍具有家族（家庭）继承性，但不再像过去那样世代承袭不改。

经历了社会经济变革之后的秦汉手工业，根据所有制的性质和经营方式，大致可以划分为官营手工业和私营手工业两大类。其中，官营手工业包括朝廷和地方官府所经营管理手工业；私营手工业则包括豪强巨富的大型手工业，末技游食之民的小型手工业，以及占据人口最大多数、与农业生产相结合的个体家庭手工业。

秦汉官营手工业门类众多、规模可观，是一个包括采矿冶炼、钱币铸造、煮盐、漆器生产、各种军事和生活器物制作、纺织服装生产在内的庞大国营（官营）手工业生产体系，从中央到地方形成了一个完整的手工业经营和管理体系。为了掌管不同门类的手工业生产，国家设官分职，建立了一个复杂的官吏系统，具有手工业经营和管理职能的机构和官吏名目甚多，散见于各类文献记载。根据高敏的梳理、检视：云梦出土秦简中记载有"漆园啬夫"，主管漆园经营和生漆生产；有"司空啬夫"，掌车辆及各种"公器"生产；有"左采铁""右采铁""采铁啬夫"等掌管冶铁……[3]汉代在继承秦制的基础上，又不断有所发展、改

---

[1]《管子·小匡》。黎凤翔撰，梁运华整理：《管子校注》（上册），中华书局，2004年，第400、第402页。

[2] 程树德撰，程俊英、蒋见元点校：《论语集释》卷38《子张》，中华书局，1990年，第1312页。

[3] 详细情况，请参见高敏：《云梦秦简初探》（增订本）的有关部分。河南人民出版社，1981年。

变，见于文献记载的有将作少府（秦时已置，西汉改为将作大匠）、织室令、平准令、尚方令、御府令、考工令、都司空令、钟官……难以尽行述列，它们分别具备不同经营和管理职能，掌控着众多类别的手工业生产。汉朝不仅在中央设置了众多手工业职官，地方郡、国、县亦根据各地实际情况大量设官分职，分管本地手工业生产，有的笼统称为"工官"，有的则具体到某个特定的产业。《汉书·地理志》记载：河内郡怀县、泰山郡及其所属丰高县、河南郡、济南郡东平陵、颍川郡阳翟、广汉郡及所属雒县、南阳郡宛县、蜀郡成都……都立设有"工官"，可惜没有明载其具体掌管。我们判断：凡有官营手工业的地方，大抵皆设立"工官"，其职能可能比较综合。[1]更值得重视的是大量专门性的经营管理机构，"铁官"应是当时数量最多、最重要的一个专门机构，汉代散见于文献记载的各地"铁官"达到48处，有的甚至认为经考古证实的大铁官作坊超过80处。[2]如关中的京兆府郑县、左冯翊夏阳县、右扶风雍县与漆县，三河的魏郡武安县、弘农郡渑池县，河南的颍川郡阳城县、汝南郡西平县、南阳郡宛县，河北的常山郡都乡县，辽东郡平郭县，山东沛郡沛县，西南地区的蜀郡临邛县、犍为郡南安县……都曾设立"铁官"；见于文献记载的"盐官"亦达到35处。各地设置铁官和盐官的情况，既反映盐、铁作为汉代最重要手工业的地理分布，亦反映出国家对这两个产业的高度重视。此外各地还设置了一些其他专业性手工业机构或职官，例如丹阳郡的铜官，桂阳郡的金官，陈留郡和齐郡的服官，蜀郡严道的木官，庐江郡的楼船官，南郡的发弩官……大抵都是因为在各地环境资源条件下形成了不同的手工产业，故国家设官分职，实行经营管理。

秦汉国营和官营手工业部门役使着大量没有自由身份的官奴婢（如秦之工隶臣、汉之工巧奴等）和刑徒，还大量征发拥有各种技艺的更卒。据史书记载：汉代受朝廷和地方官府役使的从事各种手工业生产者，特别是从事矿冶、器物、衣物制作和钱币铸造的工匠，人数众多。汉元帝时期贡禹的上疏曾经提道："……方今齐三服官作工各数千人，一岁费数巨万。蜀广汉主金银器，岁各用五百万。三工官官费五千万，东西织室亦然……"又云："今汉家铸钱，及诸铁官皆置吏

---

[1] 亦或如唐人颜师古所说，是主管漆器制作的机构。《汉书·贡禹传》颜师古注引如淳曰："《地理志》河内怀、蜀郡成都、广汉皆有工官。工官，主作漆器物者也。"中华书局，1962年。
[2] 李京华：《冶金考古》，文物出版社，2007年，第51页。

卒徒，攻山取铜铁，一岁功十万人已上"。[1]

至于私营手工业，同样是门类众多，情况复杂。从生产组织方式上说，既有以煮盐、采矿、冶炼、纺织、制陶等为主的私营大型手工业，亦有以各种"末作"游食谋生的小型手工业，更多的则是与农业生产紧密结合的个体小农家庭手工业，但通常只是作为家庭副业。

战国、秦、汉时代大型私营手工业的发展颇为引人注目，史书关于各地通过经营不同手工产业而致巨富者颇多记载。西汉初期以前的情况，如《史记·货殖列传》所载，前文已经罗列，兹不赘引。西汉建立之初，天下甫定，海内为一，国家曾"开关梁，弛山泽之禁"，于是"富商大贾周流天下，交易之物莫不通，得其所欲"；汉文帝还曾"纵民得铸钱、冶铁、煮盐"，诸侯王国、豪民巨富私营的煮盐、采矿、冶铸以及其他大型手工业都得到了显著发展，例如"吴以诸侯即山铸钱，富埒天子"，邓通"以铸钱财过王者"，"故吴、邓钱布天下。"[2]此后，虽然汉武帝时期、新莽时期乃至东汉时期的某些阶段，都曾经试图强力控制私营手工业，推行过盐铁专卖、五均六管等经济政策，但还是不断有人以经营不同手工业而致巨富。西汉时期，据《汉书》记载：有郭咸阳为"齐之大鬻盐"，孔仅为"南阳大冶"，"皆致产累千金"；[3]至成、哀之间，"成都罗裒訾至巨万"；"临淄姓伟訾五千万"；"……至成、哀、王莽时，洛阳张长叔、薛子仲訾亦十千万"；"……自元、成讫王莽，京师富人杜陵樊嘉，茂陵挚网，平陵如氏、苴氏，长安丹王君房，豉樊少翁、王孙大卿，为天下高訾。樊嘉五千万，其余皆巨万矣。"按照《汉书》作者的说法，以上巨富，只是"其章章尤著者"，"其余郡国富民兼业颛利，以货赂自行，取重于乡里者，不可胜数。故秦杨以田农而甲一州，翁伯以贩脂而倾县邑，张氏以卖酱而鱿侈，质氏以洒削而鼎食，浊氏以胃脯而连骑，张里以马医而击钟，皆越法矣。然常循守事业，积累赢利，渐有所起。"[4]及其东汉，此类人物仍不乏见，例如东汉光武皇后之弟郭况，"累金数亿，家僮四百人，黄金为器，功冶之声，震于都鄙。时人谓郭氏之室，不

---

[1]（汉）班固：《汉书》卷72《贡禹传》，中华书局，1962年，第3070、第3075页。

[2] 相关记载，见《史记》卷129《货殖列传》；《史记》卷30《平准书》；《汉书》卷24下《食货志下》；以及《盐铁论·错币》。中华书局，1959年。

[3]（汉）班固：《汉书》卷24下《食货志下》，中华书局，1962年，第1164页。

[4]（汉）班固：《汉书》卷91《货殖列传》，中华书局，1962年，第3690-3694页。

雨而雷，言铸锻之声盛也。"[1]东汉桓帝时人夏馥遭到陷害，"乃自剪须变形，入林虑山中，隐匿姓名，为冶家庸。"即受雇于某冶铁手工业主。[2]可见东汉时期仍然存在大型私营手工业和身拥巨富的手工业主。

至于升斗小民的家庭手工业，生产规模狭小但从业、兼业者众多，他们有的被迫脱离乡土，流散于城市、闾阎之间，但凭一技之长谋取生活，成为末技游食之民；或则以农耕种植为主，兼营他业，"男耕女织"——作物种植与手工纺织互相结合是最普遍的情况，此外还兼做其他各种各样的小营生以补苴生计，五花八门，难以尽述。自战国以降个体家庭逐渐取得独立地位，成为经济生产的最基本单位，在整个传统时代，全国家庭小手工业经济总量及其对社会物质生活的影响，都不可小觑。

然而，上述不同类型的手工业之间，在劳动力使用、市场尤其是自然资源开发利用等方面都存在着利益冲突，彼此间的关系相当复杂，国家政策亦常因利益之争而不断调整改变。战国时期，工商主义一度盛行，在列国纷争的社会局势下，国家权力对于自然资源以及与山泽资源开发利用紧密相关的手工业，经营、管理与控制总体上较为松弛。相比较而言，秦国以及后来的秦朝管理和控制力度较大。商鞅变法欲"颛川泽之利，管山林之饶"，"外收百倍之利，收山泽之税"，设"盐、铁市官及长丞"，试图控制山泽资源与工商之利，但并未真正扼制私营手工业发展，秦始皇甚至还对寡妇清之类的人物予以褒扬；西汉初期，承大乱之后，民众生计维艰，国家力量孱弱，虽然"山泽之税"乃是天子的"私奉养"，但对于山林川泽自然资源，尚无力实施严厉的控制，甚至在"文帝之时，纵民得铸钱、冶铁、煮盐"，大型私营手工业发展一度出现相当繁荣的局面，因而造成了豪民私擅山海之利、大量役使贫民与国家争夺劳动力等社会问题，时人批评"浮食奇民，好欲擅山海之货，以致富业，役利细民"；"豪强大家，得管山海之利，采铁石鼓铸，煮海为盐。一家聚众，或至千余人，大抵尽收放流人民也。远去乡里，弃坟墓，依倚大家，聚深山穷泽之中，成奸伪之业，遂朋党之权……"[3]到了汉武帝时期，中央集权显著加强。由于征伐匈奴、财政不足，国家强制推行煮盐、冶铁、铸钱和酿酒官府专营制度和平准

[1]《太平御览》卷833引王子年《拾遗记》，中华书局影印宋本，第3717页。
[2]（南朝宋）范晔：《后汉书》卷67《党锢·夏馥传》，中华书局，1965年，第2202页。
[3] 王利器校注：《盐铁论校注》卷1《错币》，同卷《复古》。中华书局，1992年，第57、第78-79页。

政策。[1]其后，相关制度虽于"盐铁会议"上曾经发生激烈争论，但只是不再实行榷酒，在法律层面一直实行盐铁国家专营，"宣、元、成、哀、平五世，亡所改变。元帝时尝罢盐铁官，三年而复之。"新莽时期，如羲和鲁匡所言："名山大泽，盐铁钱布帛，五均赊贷，斡在县官，唯酒酤独未斡。"但又尝"令官作酒"。[2]至东汉时期，关于官私盐铁经营制度废复之议一直持续，到了东汉章帝时，私营盐铁禁令基本上被废除。

上述制度变化，反映了战国、秦、汉时期国家与私家之间在手工业领域的利益博弈。这种博弈不仅仅是为了经济财富，而是具有多重意义，其中既包括对自然资源控制开发权的争夺，也包括对劳动人口的争夺，政治权力争夺亦或隐或现地表现于其中——大量劳动人口脱离国家户籍管控而依附于豪强巨富，逃逸、聚集于深山大泽，对于汉家王朝的政治统治无疑是一个潜在威胁。事实上，当时论者对于深山大壑、江湖海泽，都或多或少地抱有某种警惕和敌意，而倾覆新莽王朝的，正是那些啸聚山林的绿林好汉。因此，汉朝实行由国家"总一盐铁"，官府专营采矿、冶炼、铸造、煮盐和铁器制作，对荒野资源实施控制，既为增加国家财政收入，亦可达到"建本抑末，离朋党，禁淫侈，绝并兼之路"等社会政治目的。[3]如前所述"豪强大家，得管山海之利，采铁石鼓铸，煮海为盐。一家聚众，或至千余人，大抵尽收放流人民也，远在乡里，弃坟墓，依倚大家，聚深山穷泽之中，成奸伪之业，遂朋党之权"，或者像吴王刘濞那样"专山泽之饶，薄赋其民，赈赡穷乏，以成私威"，[4]显然都不利于中央集权统治。

然而，国家垄断又必然地带来诸多弊病，包括偷工减料、质量苦恶，官家专卖、价格昂贵，形制单一、各地百姓使用不便等，加以贪官污吏强卖强买，乘机侵渔百姓，导致社会批判之声不断。早在汉武帝时，卜式即"见郡国多不

[1]《汉书》卷24下《食货志下》记载："大农上盐铁丞孔仅、咸阳言：'山海，天地之藏，宜属少府，陛下弗私，以属大农佐赋。愿募民自给费，因官器作鬻盐，官与牢盆。浮食奇民欲擅斡山海之货，以致富羡，役利细民。其沮事之议，不可胜听。敢私铸铁器、鬻盐者，钛左趾，没入其器物。郡不出铁者，置小铁官，使属在所县。'使仅、咸阳乘传举行天下盐铁，作官府，除故盐铁家富者为吏。吏益多贾人矣。"元封元年，"……桑弘羊为治粟都尉，领大农，尽代仅斡天下盐铁。弘羊以诸官各自市相争，物以故腾跃，而天下赋输或不偿其僦费，乃请置大农部丞数十人，分部主郡国，各往往置均输盐铁官，令远方各以其物如异时商贾所转贩者为赋，而相灌输。置平准于京师，都受天下委输。召工官治车诸器，皆仰给大农。大农诸官尽笼天下之货物，贵则卖之，贱则买之。如此，富商大贾亡所牟大利，则反本，而万物不得腾跃。故抑天下之物，名曰'平准'。天子以为然而许之"。中华书局，1962年，第1165-1166、第1174-1175页。
[2]（汉）班固：《汉书》卷24下《食货志下》，中华书局，1962年，第1176、第1182页。
[3] 王利器：《盐铁论校注》卷1，中华书局，1992年，第78页。
[4] 王利器：《盐铁论校注》《复古》，中华书局，1992年，第78-79页；《禁耕》，中华书局，1992年，第67页。

便县官作盐铁，器苦恶，贾贵，或强令民买之。"在钱币方面，则如贡禹所言："铸钱采铜，一岁十万人不耕，民坐盗铸陷刑者多。富人臧钱满室，犹无厌足。民心动摇，弃本逐末，耕者不能半，奸邪不可禁，原起于钱。"因此他认为："疾其末者绝其本，宜罢采珠玉金银铸钱之官，毋复以为币，除其贩卖租铢之律，租税禄赐皆以布帛及谷，使百姓壹意农桑。"而至新莽时期，"羲和置命士督五均六斡，郡有数人，皆用富贾。洛阳薛子仲、张长叔、临菑姓伟等，乘传求利，交错天下。因与郡县通奸，多张空簿，府臧不实，百姓俞病。"[1]正是由于这些弊端，两汉时期关于手工业的制度和政策，一直争论不断。相应地，除作为副业的小农家庭手工业较少反对之声、发展相对稳定之外，两汉时期的私营手工业，一直随着国家经济政策的调整、改变而不断起伏、沉浮。

当然，总体而言，这个时代的手工业在多个方面取得了显著的发展。

首先是生产门类和项目进一步多样化。战国秦汉时代的手工业，主要包括矿冶、铸造、纺织、制盐、酿造、日用器物制造等行业。其中矿冶和铸造包括铜和铁矿的开采、冶炼和铸造，主要是农具、钱币和兵器的生产；日用器物制造包括金银器、铜器、漆器、陶器和舟车……的制造，门类之多，非复此前时代可比，前文所述之国家官职设置已在一定程度上反映了这个史实，以"百工"称之，已不再是夸张。

其次是有些生产行业或项目经济规模相当可观，分布在广泛的地区。例如冶铁业发展就非常引人注目，全国很多地区都设有"铁官"，考古学家在铁官遗址中发现了大量的铁器。纺织业方面，官营纺织工场规模巨大，设于齐郡临淄的官营纺织机构——齐三服官，汉元帝时作工各有数千人，每年费资巨万；私营纺织业，除家家户户的个体小农纺织生产之外，还有不少私营的手工纺织作坊，如钜鹿陈宝光家就经营很大的纺织作坊，还发明了一种高级提花机，机用一百二十蹑，六十成一匹，匹直万钱。其所织出的蒲桃锦、散花绫都是织纹复杂、精美绝伦的高级丝织品。其他产业，如齐、燕等国的鱼盐之利，三晋地区的池盐，南方楚地的漆器，都在前代基础之上有了新的发展。

再次是工艺技术明显提高，突出表现在金属冶铸技术的进步上。这个时期，冶铁已有鼓风设备，先后出现了人力鼓风、畜力鼓风（如马排、牛排）和水力

[1] 均据《汉书》卷24下《食货志下》，中华书局，1962年，第1171、第1176、第1183页。

鼓风（即杜诗发明的水排）设备；炉身也有增大，并且出现了椭圆形的高炉。此外，耐火材料、碎矿技术和筛选技术也先后被发明。这些技术的出现，为汉代冶铁生产迅速发展创造了有利条件，同时也有利于炼钢技术的改进。汉代已经出现炒钢新技术，这项技术将生铁加热成半液体、半固体状态，再进行搅拌，利用空气中的氧或纯铁矿粉进行脱碳，炼成钢或熟铁。这也是中国冶炼史上的一个重大技术突破。[1]冶铁技术进步对社会经济发展产生了很大影响，正是由于这些进步，自战国至两汉，钢铁大量被用于制造兵器、农具和手工用具，同时亦广泛应用于日常生活用具的铸造；铜、金、银、铅、锡和汞的冶炼亦得到了相应发展，其中铜主要用于铸币，当时社会上"黄金"之多甚为史家所关注。秦汉时期，金属器铸造不仅发生了细致的职业技术分工，而且发生了相当明显的地域分工，涌现出一批专门产地和著名产品，如郑刀、宋斤、鲁削、吴粤之剑等。丝麻纺织、制陶业、木器业、建筑业等方面的技术工艺水平，亦都较以往有显著提高，从出土实物可见，许多产品已经具有很高艺术品位。

毫无疑问，那个时代手工业发展直接依赖于对自然资源的开发和利用，换句话说，手工业经济发展意味着对自然资源开发利用的深度、广度和强度都有显著增加。如前所言，由于交通条件的限制，古代手工业生产基本上都是就地取材，原料依赖于本地资源条件，这导致手工业经济发展的不同地域特征。从环境史的角度，我们还需要关注另一方面的问题——手工业发展对各个地区各类环境资源的影响。在一个特定地区，一项手工业生产的持续发展，必然导致某种或多种自然资源，乃至整个环境状况发生不同程度的改变。

以当时最大型的手工业——冶铁业为例。大量开采铁矿石进行冶炼，毫无疑问对所在地的水土和地质环境造成了一定影响，但更大的影响可能是对森林的破坏。考古资料证明：西汉时期（大约公元前1世纪），煤已经被少量地用作冶铁燃料，多处冶铁遗址都发现了用煤的残迹，例如在河南巩县的一处冶铁工场遗址发现有原煤和煤饼，在郑州古荥镇铁工场址、洛阳一处西汉中晚期墓出土的冶铁坩埚中，也都发现了煤块和煤渣。但木炭仍然是那时金属冶铁的主要

[1] 关于这个时代钢铁冶炼设备和技术的发展，可参见王振铎：《汉代冶铁鼓风机的复原》，《文物》1959年第5期，第43-44页；中国历史博物馆考古调查组等：《河南登封阳城遗址的调查与铸铁遗址的试掘》，《文物》1977年第12期，第52-65页；刘云珍：《中国古代高炉的起源和演变》，《文物》1978年第2期，第18-27页；《中国冶金史》编写组：《从古荥遗址看汉代生铁冶炼技术》，《文物》1978年第2期，第44-47页；以及杨宽：《中国古代冶铁技术发展史》（上海人民出版社，2004年）的相关部分。

燃料。[1]对于古代冶金技术条件下的冶铁燃料消耗量，学者估计不一，有的估计：炼出 1 吨生铁需要消耗 3～4 吨木炭甚至更多；有的则估计生产 1 吨铁需要燃烧 5～7 吨木炭，折成鲜木则需要消耗 15～20 吨木材，而且都是较粗大的木材而非灌木或者小树枝。有考古学者根据从郑州古荥镇冶铁遗址中所采集的冶铁遗存计算："……每生产一吨生铁，约需铁矿石二吨，石灰石一百三十千克，木炭七吨左右。"[2]由于交通运输条件所限，不能远距离大量采办薪炭，那时矿冶生产不仅矿石是就地取材，燃料亦必须从附近地区获得，因此在一个地方长期采矿、冶铁，必然导致周围地区森林持续遭受大规模砍伐，由茂密丛林变成不毛之地（开采和冶炼其他金属亦复如此）。最终，即使地下矿石资源仍然丰富，附近林木却已耗尽，冶炼工场亦不得不予废弃。此种情况，在宋代以后不断出现，例如北宋人韩琦曾在一份上奏中称："相州利城军铁冶，四十年前，铁矿兴发，山林在近，易得矿炭，差衙前二人岁纳课铁一十五万斤。自后采伐，山林渐远，所费浸大，输纳不前，后虽增衙前六人，亦败家业者相继。"[3]清人屈大均亦称："产铁之山，有林木方可开炉，山苟童然，虽多铁亦无所用，此铁山之所以不易得也。"[4]严如熤更明白地指出："炭必近老林，故铁厂恒开老林之旁。如老林渐次开空，则虽有矿石不能煽出，亦无用矣。"[5]对此，学人已曾列举过不少实例，无须赘引。[6]

汉代人们已经经验地察觉：大量开采冶炼和砍伐森林会对气候造成不利影响，导致水旱灾害。例如西汉人贡禹就在一份上疏中指出："今汉家铸钱，及诸铁官皆置吏卒徒，攻山取铜铁，一岁功十万人已上……凿地数百丈，销阴气之精，地藏空虚，不能含气出云，斩伐林木亡有时禁，水旱之灾未必不由此也。"[7]凿地开矿"销阴气之精"导致"地藏空虚，不能含气出云"，自然是阴阳观念的说辞，未足取信；但"斩伐林木亡有时禁"严重破坏森林，影响局部地区的水

---

[1] 李仲均.《中国古代用煤历史的几个问题考辨》,《地球科学——武汉地质学院学报》1987 年第 6 期, 第 665-670 页。吴伟、李兆友、姜茂发《我国古代冶铁燃料问题浅析》,收入《第七届（2009 年）中国钢铁年会论文集（补集）》,第 37-40 页；李欣：《秦汉社会的木炭生产和消费》,《史学集刊》2012 年第 5 期, 第 110-117 页。

[2] 河南省博物馆等：《河南汉代冶铁技术初探》,《考古学报》1978 年第 1 期, 第 1-24 页。

[3]（宋）韩琦：《韩魏公集》卷 13《家传》,商务印书馆, 1936 年, 第 2365 册, 第 202 页。又见韩琦著, 李之亮、徐正英笺注：《安阳集编年笺注·韩魏公家传》卷 4, 巴蜀书社, 2000 年。

[4]（清）屈大均：《广东新语》卷 15《货语·铁》,中华书局, 1985 年, 第 408 页。

[5]（清）严如熤：《三省边防备览》卷 9《山货》,清道光九年（1829 年）刻本。

[6] 参见上揭吴伟等文, 以及赵冈：《中国历史上生态环境之变迁》,中国环境科学出版社, 1996 年, 第 76 页。

[7]（汉）班固：《汉书》卷 72《贡禹传》,中华书局, 1962 年, 第 3075 页。

汽循环，更导致严重水土流失，从而引起和加剧水旱灾害，却是确凿无疑的事实。

关于古代（包括秦汉时代）采矿冶炼对生态环境特别是森林资源的影响，学人已有一些探研，兹不再重复展开。下面拟重点考察一个尚未引起足够重视的手工产业与自然环境和自然资源之间的关系，这就是漆器业。这个行业对战国、秦、汉社会经济生产和物质生活的广泛影响，或恐超出今人的想象。

漆器生产离不开一种最基础的物质资料——生漆。生漆（天然漆），俗称"土漆"，又称"国漆""大漆"，是漆树科植物漆树（*Rhus verniciflua* Stokes）的树脂。漆树科植物种类众多，分布广泛，据称目前世界上共有近 80 属，约 6 000 种，主产于热带，我国境内现分布有 15 属，约 34 种，尤以长江以南地区最盛；可供采割生漆的漆树属大型乔木，广泛生长在北纬 21°～42°，东经 90°～127° 的山区，自海拔 200～2 500 米的山地皆可生长，遍及陕西、湖北、贵州、四川、云南、湖南、江西、安徽、浙江、福建、台湾、山西、河北、广东、广西、辽宁、北京、山东等地，在秦岭、巴山、武当山、武陵山、大娄山、乌蒙山等山区生长尤其茂盛，资源丰富。漆树树胶初采割之时为胶状液体，色乳白，与空气接触即刻易为褐色，不久即变干硬并形成光泽面皮，耐腐、耐磨、耐酸、耐溶剂、耐热、隔水、绝缘性好，广泛应用于工业、农业、军事、建筑、工艺品、民用家具和医药卫生等众多领域，是一种绝佳的天然植物涂料。[1]

中华民族拥有极其悠久的生漆利用史，创造过举世无双的灿烂漆器文化。古代漆器制作，绝大部分先是做木胎然后涂漆，制成漆器，广泛应用于物质生活的不同方面，食器和祭器尤多。古人像讲述其他器物的原始一样，曾习惯性将髹漆的食器和祭器与远古帝王相联系。《韩非子·十过》载由余对秦穆公之语曰：

昔者尧有天下，饭于土簋，饮于土铏。其地南至交趾，北至幽都，东西至日月之所出入者，莫不宾服。尧禅天下，虞舜受之。作为食器，斩山木而财之，削锯修之迹，流漆墨其上，输之于宫，以为食器，诸侯以为益侈，国之不服者

---

[1] 关于漆的广泛用途和对人类生活的重要性，可参见贺娜、张飞龙、张瑞琴的系列论文：《漆树资源、环境与人类文化》，《漆树资源、环境与人类文化——漆树与科学技术》，《漆树资源、环境与人类文化——漆树与经济社会、人类健康》，分别刊于《中国生漆》2011 年第 2 期，第 27-31、第 49 页；第 3 期，第 28-38 页；第 4 期，第 17-24 页。

十三。舜禅天下而传之于禹，禹作为祭器，墨染其外，而朱画其内，缦帛为茵，蒋席颇缘，觞酌有采而樽俎有饰，此弥侈矣，而国之不服者三十三。夏后氏没，殷人受之，作为大路而建九旒，食器雕琢，觞酌刻镂，四壁垩墀，茵席雕文，此弥侈矣，而国之不服者五十三。[1]

在由余看来，自尧舜以下，器物逐渐走向奢华，是为君德渐衰而天下不服的一个原因，这种历史道德判断由来有自。不过，其所指漆器与远古文明和国家发展的关系，却大致符合历史事实。考古资料证明：在我国长江流域，漆器的制作和使用可以上溯到距今 8 000 至 7 000 年前，此后发展绵延不绝，应用渐广，终至美轮美奂，蔚然大观。

漆器史家指出：史前中国漆器艺术主要发生在长江中下游流域，发明漆器是长江下游的一大成就。跨湖桥的漆弓，是目前所知最古老的素髹漆器；河姆渡的朱漆木碗，是迄今为止出土最早的朱髹食器；马家浜文化遗址首次出现了髹漆陶器；荆州阴湘城发现有大溪文化的漆木笋；屈家岭文化发现有髹朱、黑漆，饰纹彩绘漆木柄（钺柄）。但北方地区漆器生产也很早，山西襄汾陶寺文化和河南偃师二里头文化遗址出土漆器则可证明：距今 4 600 至 4 000 年前，黄河中游地区的漆器制作技艺已然相当成熟，成为商周之后中原漆器文明发展之先导。[2]进入文明时代之后，漆器文化日益光彩夺目，《尚书》《诗经》《周礼》《山海经》和战国诸子著作关于中原和南方楚、越、巴蜀地区的漆树和漆器记载不绝于书，史家往往"漆丝"并提。作为最重要的自然资源和经济物产之一，漆树人工种植和漆园经营至晚在战国时代已成专业，庄子"尝为蒙漆园吏"；[3]而秦律规定："漆园殿，赀啬夫一甲，令、丞及佐各一盾，徒络组各廿给。漆园三岁比殿，赀啬夫二甲而法（废），令、丞各一甲"[4]之规定，可见秦国经营漆园已有系统的职吏设置；而据《史记·货殖列传》记载："山东多鱼、盐、漆、丝、声色"；"陈、夏千亩漆……此其人皆与千户侯等"；"漆千斗……此亦比千乘之家。"而善于市场投机的著名商人白圭亦曾做过漆的生意。可见在司马

[1]（清）王光慎撰，钟哲点校：《韩非子集解》，中华书局，2003 年，第 70-71 页。

[2] 张飞龙、赵晔：《中国史前漆器文化源与流——中国史前生漆文化研究》，《中国生漆》2014 年第 2 期，第 1-7 页；张飞龙：《中国生漆文明的起源》，《中国生漆》2010 年第 2 期，第 16-26 页。

[3]（汉）司马迁：《史记》卷 63《老子韩非列传》附《庄周传》，中华书局，1959 年，第 2143 页。

[4] 睡虎地秦墓竹墓整理小组编：《睡虎地秦墓竹简·秦律杂抄释文注释》，文物出版社，1990 年，第 84 页。

迁生活的时代之前，漆树种植和漆器生产、贸易已经成为一个相当重要的产业链。[1]

　　漆器生产在战国和秦代已然广泛分布于长江、黄河两大流域，直抵燕山脚下；两汉时期更是成为盛极一时的产业，遍及于除青藏高原、东北北部以外的广大地区，尤以长江、黄河两大流域中下游地区为盛。[2]汉朝国家设置了完整的管理系统监造漆器，见于文献记载的有长、丞、掾、令史、佐、啬夫等吏职人员；技术分工也非常细致，制作一件漆器需要经过素工、髹工、上工、黄涂工、画工、雕工、清工等多道工序和工匠之手。私人种漆树、作漆器而致富者，抑或见记载，例如东汉时人樊重，"尝欲作器物，先种梓漆，时人嗤之。然积以岁月，皆得其用，向之笑者咸求假焉。资至巨万"；[3]值得注意的是，在现存最早的古代数学著作——《九章算术》中，有两道算题与漆有关，其中一条问："今有出钱五千七百八十五，买漆一斛六斗七升太半升，欲斗率之，问斗几何？答曰：一斗三百四十五钱五百三分钱之一十五。"另一条是关于漆和油的调和配比问题，称："今有漆三，得油四；油四，和漆五。今有漆三斗，欲令分以易油，还自和余漆。问：出漆得油，和漆各几何？答曰：出漆一斗一升四分升之一，得油一斗五升，和漆一斗八升四分升之三。"[4]由于该书出现甚早，后人辗转传抄、增注，不很肯定这两道题目即是出自汉代人之手，但当不会晚于晋代刘徽，仍可在一定程度上说明汉代漆的价格和使用情况。

　　20世纪以来各地陆续大量出土的实物证明：那个时代生产出来的漆器类型、品种繁多，制作精巧，光泽照人，有许多是非常精美的艺术品。[5]它们不仅反映了当时人们的艺术品位，亦在一定程度上折射了当时社会的自然观念和环境意识。漆器的器型、画纹和刻纹，还保留着浓厚的自然主义色彩，有许多器物的造型和雕绘，是对大自然中的云、水、花、鸟、鱼、虫、兽模拟和加工。当然，在那个时代的思想文化风气下，与青铜时代相比，也增添不少神秘主义色彩。

---

[1] 更详细的情况，可参阅林剑鸣：《我国古代劳动人民对生漆的发现和利用》，《西北大学学报（自然科学版）》1978年第1期，第71-80页；逢振镐：《两汉时期山东漆器手工业的发展》，《齐鲁学刊》1986年第1期，第8-12、41页；以及杨宽《战国史》相关部分的考述。

[2] 关于战国、秦、汉时代漆器生产的分布，可参见洪石：《战国秦汉漆器研究》，文物出版社，2006年，第9-10页分布图。

[3] （南朝宋）范晔：《后汉书》卷32《樊宏传》，中华书局，1965年，第1119页。

[4] 分见《九章算术》卷2，卷7。《四部丛刊》景印（清）《微波榭丛书》本，作者题为（晋）刘徽。

[5] 具体情况，可参阅洪石：《战国秦汉漆器研究》第二章的详细介绍，博士学位论文，中国社会科学院研究生院，2002年。

在战国、秦、汉时代，漆器在上流社会是非常受到珍视和极其普遍流行的器物。西汉大墓中往往陪葬有大量的漆器，如江苏邗江姚庄 101 号墓出土 131件，湖北江陵凤凰山 168 号墓出土 165 件，湖南长沙马王堆 1 号墓出土 184 件、3 号墓出土 316 件，四川绵阳双包山 2 号墓出土 340 余件。而乐浪汉墓出土的一件漆盘底部的刻文称："常乐。大官。始建国元年正月受，第千四百五十至四千。"经学者鉴定：此物为新莽时期长安长东宫中所用器皿，据其刻文可知：公元 9 年由少府所属"掌御饮食"共太官领取漆器达 4 000 件，本件编号为 1450，可见汉代宫廷使用漆器之多。[1]

漆树作为具有重要经济价值和曾经广泛分布的树种，自新石器时代前期开始就不断被中国先民开发和利用，至两汉时期臻于极盛，成为相当重要的经济产业，影响遍及社会物质生活的众多领域。这个事实再次说明：某些特种自然资源，由于特殊的历史机缘、技术进步和文化好尚，往往对人类生活造成超乎寻常的影响。其曾经的重大意义，在经历漫长时代变化之后，却常常被人们逐渐淡忘——从历史发展的实际情况来看，中古以后，漆器的地位似乎逐渐不再如战国、秦、汉时代那样特别显赫，这一方面可能由于新材料的不断发展，另一方面亦很可能与漆树资源（特别是在黄河中下游地区）逐渐减少有关。若将前后时代的情况进行比较，可以相当清楚地看到：一些漆器生产曾经非常发达的地区，后代逐渐风光不再，所谓"山东"地区就是一个显著的例子。[2] 这种变化，从一个侧面反映了人与自然（物种）的关系历史变迁。

下面简要述说这个时代的商业、交通与自然环境的关系。

农业和手工业繁荣发达，为商业的兴盛提供了物质基础。春秋以后，各诸侯国为增强经济实力，采取"通商惠工""轻关易道，通商宽农"之类的政策，对商人和商业活动采取鼓励和保护措施，并打破了过去那种"工商食官"的格局，商业不再由官府控制，因而为商业繁荣提供了社会政治基础，商业贸易活动相当活跃，各诸侯国都涌现了许多商品市场和人数众多的大小商人，游走于诸侯列国之间、经营大宗贸易和跨地区贸易的富商巨贾也颇为不少，其情形如

---

[1] 孙机：《关于汉代漆器的几个问题》，《文物》2004 年第 12 期，第 48-56 页。
[2] 关于汉代山东漆器生产的盛况，可参见前揭逄振镐：《两汉时期山东漆器手工业的发展》，《齐鲁学刊》1980年第 1 期。

《汉书》所言："万乘之国必有万金之贾，千乘之国必有千金之贾。"[1]郑国的弦高，孔子的弟子子贡，曾为越国大夫的范蠡（陶朱公）都是著名的巨商。这些富商巨贾来往于各国之间，使各地独特物产得以流通。例如晋国的商人到楚国去做生意，多将楚国的象牙、皮革、鸟羽、旄牛、杞梓木材运往晋国贩卖；郑国的商人则更为活跃，足迹遍于齐、楚、晋、周之间。

秦汉以降，随着国家的统一，全国各地经济文化交往日益密切，跨地区的商业贸易也较前便利，秦朝统一货币和度量衡之后，更为商业的发展提供了良好的条件。《史记·货殖列传》称："汉兴，海内为一，开关梁，弛山泽之禁，是以富商大贾周流天下，交易之物莫不通，得其所欲，而徙豪杰诸侯强族于京师。"[2]汉武帝之后，汉代商业分为官营商业和私营商业两类。汉代官营商业以经营盐铁为主，盐铁官不仅管理盐铁生产，还负责盐铁专卖，后来又进行酒类专卖。此外，平准官和均输官也介入商业贸易活动，他们在调剂各地物产、平抑物价等方面发挥了一定的积极作用，但其所带有的行政强制性质在很大程度上也干扰了商业活动的正常开展。

在战国、秦、汉时代，大商贾不仅经营商业活动，役使众多人口，拥有巨额财富，而且交通诸侯，介入政治活动，成为一股不可忽视的社会经济力量和政治势力，因而亦受到国家统治者忌惮。自汉初开始，国家对商人实施政治上的压制和经济上的打击，乃至对他们的生活享受亦加以限制，但在汉代仍有不少富商大贾，与官营商业相抗衡。《汉书·食货志》记载晁错的话说："商贾大者积贮倍息，小者坐列贩卖，操其奇赢，日游都市，乘上之急，所卖必倍。故其男不耕耘，女不蚕织，衣必文采，食必粱肉；亡农夫之苦，有仟伯之得。因其富厚，交通王侯，力过吏势，以利相倾；千里游敖，冠盖相望，乘坚策肥，履丝曳缟。"[3]这些大商人利用其充足的资本参加土地兼并，购买经营田园陂池，以末致财，以本守之，将商业利润转变为田产，传之子孙后代，对国家的农业政策和商业利益都构成较大威胁，所以汉代社会对他们的指责之声一直不断。《盐铁论》中的儒士、博士和东汉时期的王符等人的言论就很具有代表性。关于汉代商业发展水平和商品经济发展的程度，学术界一般都做出了较高的评价，

---

[1] （汉）班固：《汉书》卷24下《食货志下》，中华书局，1962年，第1150页。

[2] （汉）司马迁：《史记》卷129《货殖列传》，中华书局，1959年，第3261页。

[3] （汉）班固：《汉书》卷24上《食货志上》，中华书局，1962年，第1132页。

有人就根据王符等人的议论，认为汉代从事商业活动的人达到 40%～50%甚至更多，对农业和小农经济生产构成严重冲击。这自然是基于时人相当夸张的言论而得出的判断，并不太能站得住脚，但这个时代商业比较发达、对普通农民和国家经济造成了负面影响，却是事实。

工商业的发达，促进了城市的兴起和发展。战国时期已经涌现了不少规模可观的城市，至汉代，除了长安、洛阳两个都城之外，邯郸、临淄、宛、成都等都成为一方都会，相当繁华。当时城市设有特定的地点作为市场——市，形成了一整套管理市场的职官和制度，在市中占有铺位门面做买卖者，需要另立"市籍"。在市中进行商业活动，一般按货物类别列肆，形成一些专业性的市（如酒市之类）。西汉时期，长安就有"九市"，是商品交换的专门场所。班固的《西都赋》和张衡的《西京赋》都专门描述了九市的繁华景象。如张衡称："尔乃廓开九市，通阛带阓。旗亭五重，俯察百隧。周制大胥，今也惟尉。瑰货方至，鸟集鳞萃，鬻者兼赢，求者不匮。尔乃商贾百族，裨贩夫妇，鬻良杂苦，蚩眩边鄙。何必昏于作劳，邪赢优而足恃。彼肆人之男女，丽美奢乎许史……"[1] 毫无疑问，城市发展意味着经济活动和人居环境都相应地发生多方面的变化，包括人居聚落的空间结构、人造景观和生活方式等方面的改变；随着城市作为经济活动中心特别是商品聚散中心的功能不断加强，还在更大的空间范围上改变了区域内部和外部的人口—经济—生态关系，特别是物质能量的流动方式。

由于政治统治、军事活动和商业贸易等多方面的需要，战国秦汉时期的交通条件也取得了显著改善，在这方面，国祚短促的秦朝做出了巨大贡献。战国时期，各国已经分别修通了许多官道，但车制各不相同，道路多有梗阻。秦朝统一后，不仅实行"车同轨"政策，更修筑了四通八达的驰道并遍设驿站；为保证抗击匈奴军需物资转运，开通了全长 1 800 余里的"直道"，从咸阳北的云阳北上，直抵九原（治所在今内蒙古包头市西）；为了强化与广大南方的沟通，开通了"新道"，通往今湖北、湖南、江西等省；在西南地区则开山修通"五尺道"。西汉初人贾山批评说：秦"为驰道于天下，东穷燕齐，南极吴楚，江湖之上，濒海之观毕至。道广五十步，三丈而树，厚筑其外，隐以金椎，树以青松。

---

[1]（梁）萧统编，（唐）李善注：《文选》卷 2《京都上》，张平子《西京赋》，上海古籍出版社，1986 年，第 61-62 页。

为驰道之丽至于此，使其后世曾不得邪径而托足焉。"[1]汉初社会反思秦朝急政、暴政，在这种政治思想氛围之下，贾山的批评无足为怪。但这样大规模的道路建设实际上是秦人遭殃、汉人受益，其对全国政治统一、经济整合和社会发展的意义，实在非同小可。

从环境史角度而言，这个时代更加值得述说的，是内河船运发展与生态环境的关系。我们一再指出：历史早期，中国南北河流水量都很丰富，即便在北方亦是河流湖泊众多，这为发展水上交通运输事业提供了最基础的条件。

关于早先南北众多河流彼此连通的情况，《史记》曾有一段概括，云：

自是（大禹治水）之后，荥阳下引河东南为鸿沟，以通宋、郑、陈、蔡、曹、卫，与济、汝、淮、泗会。于楚，西方则通渠汉水、云梦之野，东方则通（鸿）沟江淮之间。于吴，则通渠三江、五湖。于齐，则通菑济之间。于蜀，蜀守冰凿离碓，辟沫水之害，穿二江成都之中。此渠皆可行舟，有余则用溉浸，百姓飨其利。至于所过，往往引其水益用溉田畴之渠，以万亿计，然莫足数也。[2]

司马迁把这一切算成大禹治水之功自是囿于历史传说，但那时众多河流能够通航，并且彼此可以连通，应当不是妄言。

在他之前也有过类似的意象。《尚书》中之《禹贡》篇，一般认为成书于战国时期，其中对"九州"输送贡赋的道路进行一个整体设计，基本上都是经由水道，其中冀州夹右碣石入于河；兖州浮于济、漯，达于河；青州浮于汶，达于济；徐州浮于淮、泗，达于河；扬州沿于江海，达于淮、泗；荆州浮于江、沱、潜、汉，逾于洛，至于南河；豫州浮于洛，达于河；梁州浮于潜，逾于沔，入于渭，乱于河；雍州浮于积石，至于龙门西河，会于渭汭。[3]这种设计暗示：那个时代内河航运以黄河为纲，可以形成全国沟通的水运网络。这虽并非信史，未必落实于实际行动，但至少反映那时人们对于河流状况及其航运利用的一种认识。

这个时代，不但天然河道尽可能被利用，还挖掘开凿了不少运渠，它们既

---

[1]（汉）班固：《汉书》卷51《贾山传》，中华书局，1962年，第2328页。
[2]（汉）司马迁：《史记》卷29《河渠书》，中华书局，1959年，第1407页。
[3]（清）阮元校刻本：《十三经注疏》，中华书局，1980年影印本，第146-150页。

承担着漕运职能，对黄河、长江和珠江水系的众多河流还起到了重要贯通作用。例如魏国即曾在都城大梁附近开挖河道，连接诸水，以大梁为中心，形成了中原地区水上交通网络；秦朝兴筑灵渠，显然首先是为了发展水上交通，增强岭南与中原地区之间的联系。到了汉代，内河航运事业更取得了长足发展，陆续开挖了许多人工河渠，如狼汤渠、沐渠、祁沟、阳渠、潜渠等，形成了广泛沟通的水上交通网络，对此学者已有不少讨论，[1]不拟过多重复。水陆交通的这些发展，大大加强了国家政治统一，促进了不同区域社会经济的沟通和联结，同时也增强了区域之间的生态联系，包括人口迁移、物种传播、商品聚散和能量流动，从而使得中国古代文明发展建基于更为广阔的自然地理空间之上。

　　然而，开凿河渠、发展交通历来都是浩大工程，并非易事。在历史早期水利工程技术尚较落后的情况下，河渠开凿既有成功也有失败，下面就是《史记·河渠书》所记载的两个不同例子。其一云：

　　是时郑当时为大农，言曰："异时关东漕粟从渭中上，度六月而罢，而漕水道九百余里，时有难处。引渭穿渠起长安，并南山下，至河三百余里，径，易漕，度可令三月罢；而渠下民田万余顷，又可得以溉田：此损漕省卒，而益肥关中之地，得谷。"天子以为然，令齐人水工徐伯表，悉发卒数万人穿漕渠，三岁而通。通，以漕，大便利。其后漕稍多，而渠下之民颇得以溉田矣。

　　又云：

　　其后人有上书欲通褒斜道及漕事，下御史大夫张汤。汤问其事，因言："抵蜀从故道，故道多阪，回远。今穿褒斜道，少阪，近四百里；而褒水通沔，斜水通渭，皆可以行船漕。漕从南阳上沔入褒，褒之绝水至斜，间百余里，以车转，从斜下下渭。如此汉中之谷可致，山东从沔无限，便于砥柱之漕。且褒斜材木竹箭之饶，拟于巴蜀。"天子以为然，拜汤子卬为汉中守，发数万人作褒斜道五百余里。道果便近，而水湍石，不可漕。[2]

[1] 读者可参阅王子今：《秦汉时期的内河航运》，《历史研究》1990年2期，第26-41页。

[2] （汉）司马迁：《史记》卷29《河渠书》，中华书局，1959年，第1409-1410、第1141页。

这两件大事都关乎国家漕运。西汉初年定都长安，既因关中山河险固，亦因那里自然条件和经济基础都比较优越。古代前期，有多个王朝定都关中，说明这里确曾具有较明显的环境资源优势。然而这里毕竟腹地较小，随着社会长期安定，关中逐渐变得土狭人稠，本地资源与出产不能满足日益增长的物质生活需要，故经由黄河入渭河的水道转漕关东之粟逐渐成为一个重要经济任务。[1]汉惠帝和吕后时期开始"漕转山东粟，以给中郎官"，"岁不过数十万石"；到了至武帝元鼎年间，"诸官益杂置多，徒奴婢众，而下河漕度四百万石，及官自籴乃足"；至桑弘羊主持推行"均输法"，"山东漕益岁六百万石"。[2]

然而黄河漕运有三门砥柱之险。自汉至唐，这里都是梗阻大规模漕运的瓶颈，漕船往往于此倾覆，折损无算，故人们一直千方百计试图予以解决，汉人大凿褒斜谷、欲通漕运另道，即是其中的诸多努力之一，而其失败教训说明：开凿运渠固然可以在一定程度上克服环境障碍，利用水道为人类服务，但此项事业本身亦受到各种环境因素的制约，并非都能心想事成，不能因地制宜，往往要遭受失败。汉武帝时代开凿漕渠似乎时或忽视这一点，其上者好大喜功，其下者必多逢迎其意，终致劳民伤财，迄无成功。

第五节　气候变化和自然灾害

在古人眼中，气候变化、自然灾难和各种疾疫流行，大抵皆属"天"意，人力无法控制，但它们对人类社会的不利影响可谓至巨、至深、至广。阴阳违和，寒暖失序，旸雨不时，不仅影响农业收成、身体健康甚至生命安全，而且影响国运盛衰和政权稳定。对于这方面的环境问题及其频繁造成的破坏性影响，古人一直深为惕怵、惊恐，自商周以来逐渐形成的"天诫""天谴"之说，到了秦汉时期发展到了极致，具有极其广泛的社会影响。本章概述战国、秦、汉时代气候变化与自然灾疫的基本情况，它们对经济、政治、文化的影响，以及社会应对方式。

---

[1] 关于西汉时期山东入陕内河航运的相关问题，可参见辛德勇：《西汉时期陕西航运之地理研究》，《历史地理》（第21辑），上海人民出版社，2006年，第234-248页。

[2]（汉）司马迁：《史记》卷30《平准书》，中华书局，1959年，第1418、1436、1441页。

一、气候变化及其影响

在气候变迁史上，战国、秦、汉时代已经进入竺可桢所谓的"物候时期"。半个多世纪以来，众多学人努力发掘各类文献中的气候变化信息，并结合考古学、地质学以及其他方面的气候代用资料进行了大量探讨，认识不断取得新进展。然而即使在如今气象、气候科学非常发达的条件下，气候变化也是一个非常扑朔迷离的现象，难以轻下断语；关于古代气候变化，各种代用资料都是严重匮乏，更难以取得一致的看法，只能是仁者见仁，智者见智。

早在半个多世纪以前，一批从事地球环境变迁与历史地理研究的学者已经开始探讨古今气候变迁问题，单纯针对战国、秦、汉的文章虽然不多，但对那个时代的气候状况大多有所判断。例如，文焕然从柑橘、荔枝分布情况探讨秦汉气候，指出：那时中国柑橘、荔枝的分布与现代中国大致差不多；古今柑橘不需人工特殊保护即可成经济栽培区的北界，一般都在秦岭、淮河一线；荔枝则主要分布在南岭南麓以南，广东大陆沿海地区是古今荔枝主要产区之一。秦岭、淮河以北的黄河中下游南部，柑橘在人工保护下可以生长，但发育不良，主要供观赏；而汉代荔枝在人工保护下亦难以生长。这些情况说明：秦汉时代黄河中下游南部的常年气候与现今相比没有显著差异。[1]竺可桢在1972年所发表的长篇论文中，对这个历史时期的气候变化也提出了系统看法，认为战国延续春秋的温暖气候，比现在要温暖得多，秦朝和西汉时期气候继续温暖，在司马迁生活的时代，亚热带植物的北界比现代推向北方，河南南部柑橘很多；到了东汉时代即公元之初，气候有开始转向寒冷的趋势，至东汉末年，曹操种橘于铜雀台"花而不实"；曹魏文帝黄初六年（225年）"岁大寒"，出现了现今所知最早的一次淮河结冰的记载，说明那时气候已比现代寒冷。[2]

自竺可桢开创中国历史气候变迁之先河，不少学者陆续发表了大批相关论著，但观点分歧颇大，甚至常常相互对立。例如满志敏对两汉气候的看法即与竺可桢相反，认为自西周至两汉期间，中国东部气候变迁的基本趋势是气温不

[1] 文焕然：《从秦汉时代中国的柑桔荔枝地理分布大势之史料来初步推断当时黄河中下游南部的常年气候》，《福建师范学院学报（自然科学版）》1956年第2期，第1-18页。

[2] 竺可桢：《中国近五千年来气候变迁的初步研究》，《考古学报》1972年第1期，第15-38页。

断下降，这一趋势可由时人关于橘树的认识得到证明。[1]《考工记》称"橘逾淮而北为枳"，[2]《晏子春秋》亦有类似说法；至西汉时期，《淮南子·齐俗训》却说："今夫徙树者，失其阴阳之性，则莫不枯槁。故橘树之江北则化而为枳。"[3]这样，春秋时期橘树栽培的北界是淮河一线，与现代栽培区域大体相当；但西汉时期橘子正常生长区域北界却南移至长江一线，显然与气候趋冷有关。不过满志敏指出：在此过程中，有若干阶段性的气候转暖，呈现出一种波浪式的变化：春秋时期黄淮海地区气候较温暖，夏历四月份收割麦子，当时今河南东部、安徽北部和秦岭北面的终南山一带还有梅树种植；自战国至西汉初年，气候偏寒冷，霜冻来得较早，去得较晚，秋冬季节比现代还要寒冷一些，《淮南子》记载当时黄河中下游 10 月 24 日前后出现霜降，现代这一地区初霜时间在10 月 30 日前后，说明当时秋冬农时节候较今天为早；战国和西汉初年麦收时间亦推迟到了夏至左右，与现代情况差不多，说明彼时气候较今偏冷。西汉中期之后气候又略有转暖，直到东汉末期仍属温暖气候，东汉后期的气候与现代相差不大。[4]当然，由于黄河中下游地跨若干个纬度，该区南部和北部的物候与农时自然也有所差别。

　　关于那个时代的气候，秦汉史研究者亦做过一些探讨，同样意见分歧明显。王子今认为：秦汉气候确曾发生过相当显著的冷暖变迁，秦朝和西汉时期气候温暖，而东汉以后转向寒冷，两汉之际气候经历了由暖而寒的历史转变。[5]陈业新结合典型植物（竹子、柑橘）、重要作物（水稻、小麦、大豆）、农事安排、物候和灾害气象记录等方面的材料，对两汉气候冷暖干湿变化进行考察，却提出了明显不同的看法，认为：在干湿方面，两汉时期的气候呈现出若干干湿阶段相间的变化，这种相间特征与有关研究结论具有较好的一致性。在气温变动方面，从柑橘分布之北界来看，《淮南子》时代的气温无疑要比以前偏低；与今相比则总的差别不大，细微之处在于具体的变动幅度上；前、后汉相比，西汉较冷，东汉较暖，但中间也有一定的波动。更具体地说，西汉初期百余年寒冷，

[1] 满志敏：《中国历史时期气候变化研究》，山东教育出版社，2009 年，第 135-147 页。

[2]（清）阮元校刻本：《十三经注疏》，中华书局，1980 年影印本，第 906 页。按：学界一般认为《考工记》初出春秋时期的齐国稷下学派，至战国时期增补完成，西汉时人将其编入《周官》以补其《冬官》之阙，遂成为传世的《周礼·考工记》。

[3] 刘文典撰，冯逸、乔华点校：《淮南鸿烈集解》（上册），中华书局，1988 年，第 20 页。

[4] 邹逸麟主编：《黄淮海平原历史地理》，安徽教育出版社，1997 年，第 13-17 页。

[5] 王子今：《秦汉时期气候变迁的历史学考察》，《历史研究》1995 年第 2 期，第 3-19 页。

特别是在夏季，寒冷事件屡有发生；西汉中期及其后稍暖，但持续时间不长，公元初年气候又转冷，直至东汉明帝前后；东汉中后期气候又趋暖，春、夏季温湿，但个别冬季较为干冷；及至东汉末年，气候又急剧转冷。陈业新还根据历史文献和考古孢粉资料专文探讨战国、秦、汉时期长江中游的气候状况，认为战国初期该地区气候温暖湿润，战国中后期至西汉武帝后期气温下降，气候温凉，极端寒冷事件不断出现；大约从公元前 100 年开始，气候明显回暖，至公元初年前后复为温暖湿润的气候环境；新莽时期经历了由暖而寒的历史气候转变，降温过程大致持续到东汉明帝时期，之后至东汉中后期气候暖湿，尤其是冬季气温相对较高；东汉后期，气候再度出现幅度不大的波动，标志着魏晋南北朝时期大降温的开始。他最后结论是：战国、秦、汉时期长江中游的气候总体而言仍以暖湿为主，气温略高于今，或与现今差别不大，降水方面具有干湿相间的特点。[1]马新亦持大致相同的看法，认为两汉气候温暖湿润，降水丰沛。[2]

最近几十年，许多学者一直在积极探索历史气候变迁过程，研究手段和方法日益多样化，取得了一些新的认识。[3]然而气候历史变迁研究具有非比寻常的高度复杂性，各种代用数据提取、选择困难，分析方法和过程亦时有差距，不同学者的观点往往互相冲突，要形成某种学界普遍接受的气候变化序列，至少在短时间内还难以做到。然而环境史研究不得不面对这样的困难，并且对历史上气候变化与社会变动之间的关系进行力所能及的解说。也许更重要的是研究思维过程而不是最终结论。

一直以来，历史学者较之自然科学领域的环境变迁研究者，不仅重视历史气候变化的自然生态响应，更重视冷暖干湿气候变迁如何具体影响人口（民族）迁移、经济结构调整以及其他方面的历史变化，其中或存在偏颇和绝对化的情况，但相关探索是卓有成绩的。关于战国秦汉时代的气候，杨振红、王子今、陈业新、马新等人提出了不少颇具启发性的观点。

---

[1] 陈业新：《战国秦汉时期长江中游地区气候状况研究》，《中国历史地理论丛》2007 年第 1 期，第 5-16 页。

[2] 马新：《历史气候与两汉农业的发展》，《文史哲》2002 年第 5 期，第 128-133 页；马新：《气候与汉代水利事业的发展》，《中国经济史研究》2003 年第 2 期，第 30-38 页。

[3] 杨煜达、王美苏、满志敏：《近三十年来中国历史气候研究方法的进展——以文献资料为中心》，《中国历史地理论丛》2009 年第 2 期，第 5-13 页；刘炳涛、满志敏：《中国历史气候研究述评》，《史学理论研究》2014 年第 1 期，第 124-134 页。

　　杨振红较早在综合前人成果的基础上，对汉代自然环境面貌包括气候、河流湖泊、森林植被、野生动物等进行了概述，特别强调气候与其他环境要素的相互影响。她承认：西汉初期气候较为温暖湿润，但即使仅从两汉四百年间来看，自然环境亦明显表现出变冷、变干趋势。从现存文献中关于汉代寒冷气候记录看，她的看法并非无据。《汉书·五行志》等记载：文帝前元四年（公元前176 年）曾出现过一次六月降大雪的反常气候记录；景帝中元六年（公元前 144年）再次出现三月降雪的异常天气；武帝以后，有关寒冷的记载明显增多：自元光四年（公元前 131 年）至元封四年（公元前 107 年），24 年间共出现霜冻 1次，大雪 3 次，大寒 1 次，冰雹 1 次，元封四年"夏，大旱，民多死"，此后连续出现大旱天气；元帝即位后，寒冷记录更加频繁，共出现霜冻 4 次、大雪 5次、大寒 2 次、雹 2 次。王莽天凤三年（16 年）二月，关东大雪，"深者一丈，竹柏或枯。"东汉时期有关寒冷的记录少于西汉，共计霜灾 3 次、雹灾 24 次、冻灾 7 次。杨氏认为霜灾记录的减少乃与《续汉书·五行志》[1]没有把它作为一项灾异专门记录有关，东汉气温较之西汉中后期并未明显转暖。不过，专门记载灾异的《续汉书·五行志》没有关于东汉前期寒冷和雹灾的记录，说明东汉前期也没有出现特别寒冷的天气，气温基本维持在西汉末年的水平上。东汉中后期，气温似乎有所下降。《续汉书·五行志》记录了汉和帝永元五年（93年）的大寒和雹灾，但该书关于东汉酷寒记录多见于桓帝延熹七年（164 年）以后，是年天气大寒；至延熹九年（166 年）再次大寒，造成洛阳竹、柏"枯伤"。这两次大寒是东汉时期最寒冷的天气。寒冷气候一直延续到三国时期，魏文帝黄初六年（225 年）乃出现了历史上第一次关于淮河结冰的记录。

　　在杨振红看来，西汉中期以后频繁出现的寒冷异常天气显然不是偶发的，这些具有症候群特征的天气变化，表明当时气候确实在向寒冷转变。这些变化与自然环境的其他方面紧密相关，并与人口迁移、地区人口密度变化和经济活动等形成整体互动关系。[2]

　　首先是汉代的水资源十分丰富，当时不仅黄河、长江、淮水等水系流量丰富、支津众多，而且境内还分布有众多的湖泊沼泽。《淮南子·地形训》所载九

---

[1] 按：范晔《后汉书》未完成《志》的部分，今传本《后汉书》中的《后汉书志》30 卷，乃是北宋时期以晋代人司马彪所撰《续汉书》诸志补入，其中包括《五行志》。

[2] 杨振红：《汉代自然灾害初探》，《中国史研究》1999 年第 4 期，第 49-60 页。杨振红：《试论汉代人与自然的互动关系》，收入李根蟠等主编：《中国经济史上的天人关系》，中国农业出版社，2002 年。

薮有 8 处是在黄河流域,《尔雅·释地》所记"十薮"也有 8 处在黄河流域,现在这些湖泊大都已消失。北部的鄂尔多斯高原和河套平原,西北的河西走廊至新疆的广大地区也分布有众多湖泊。由于地表水丰富,蒸发到大气环流中的水分也随之增多,从而形成更多的降水,这样一种良性循环使得当时的气候普遍较现在湿润。但与前代相比,汉代北方湖泊也发生了一些变化,先前出现于文献的焦获薮、扬纡、弦蒲薮、海隅薮等,[1] 在《汉书·地理志》中均无记载,说明至迟到东汉时已经消失。至于河流变化,最显著的是黄河及其支流,杨氏认为:黄河含沙量增多源于气候变干变冷导致的中上游地区植被的改变和萎缩。

其次,汉初的温暖湿润气候影响了植物分布,而一些植物的分布情况亦反映了当时气候的整体状况。例如,当时竹子、漆树、柑橘等亚热带植物的分布北界均比现在靠北。现代多数竹种分布在南北回归线之间,丛生竹区主要在北回归线以南的云南、广西、广东、福建、台湾等地,长江流域和黄河流域均为散生竹区。汉代不仅长江流域分布着丛生竹区,位于北纬 34°~35°的关中平原和卫地淇园也有大面积的竹林分布。现代漆树分布范围在北纬 21°~42°、东经 90°~127°,主要集中在四川盆地四周的中山、低山,构成一个近环形的分布中心。但汉代漆树的分布中心远不止此,山东、河南也盛产漆树,《盐铁论·本议》把"陇、蜀之丹漆旄羽",与"兖、豫之漆丝絺纻"相提并论,[2] 表明当时兖、豫的漆业并不逊于陇蜀地区。《史记·货殖列传》谈到"蜀、汉、江陵千树橘",[3] 说明江陵在汉代是著名的柑橘产区,与蜀汉齐名。但现在江陵仅属于柑橘的次适宜气候区,种植的规模远比不上适宜气候区和最适宜气候区。

气候状况对战国、秦、汉时代的人类活动和社会、经济变迁,毋庸置疑发挥了重要影响。在王子今看来,秦汉气候的移民运动方向与那个时代的冷暖干湿变化形成对应关系,同时与黄河由决溢到安流以及南方开发等重大历史事件都有关联,虽非唯一却是非常重要的因素。他指出:战国、秦朝至西汉前期向西北地区大规模移民,基本条件之一是移民在新区可以继续传统农耕生活,这一要求必然有气候条件作为保证。秦汉气候由暖而寒的转变,正与移民方向由西北而东南的转变表现出大体一致趋势。秦汉史籍中还数见江南人民向北移徙

---

[1] 分见《诗·小雅·六月》《周礼·职方》《尔雅·释地》《淮南子·地形训》。

[2] 王利器:《盐铁论校注》,中华书局,1992 年,第 3 页。

[3] (汉)司马迁:《史记》,中华书局,1959 年,第 3272 页。

事例。例如《史记·东越列传》记载"东瓯请举国徙中国，乃悉举众来，处江淮之间"，[1]东越人民亦"徙处江淮间"；《史记·河渠书》记载汉武帝时有徙居于河东的"越人"帮助开垦种稻，同书《淮南衡山列传》还提到有南海人民徙处庐江界中者。但在两汉之际出现了移民朝相反方向迁移的倾向，在西北边民内归导致农耕区域北界向南退缩的同时，出现了中原人民向南迁移的浪潮，从而推动了南方经济文化的跃进。这一变化恰与气候渐转干冷的趋向一致。

黄河历史水文变化及其生态影响，是古代历史地理和环境史的一个重要课题，西汉时期黄河决溢频繁，东汉以后河患明显减轻，王景治河之后黄河出现了长期安流局面。以往论者或归因于王景综合治导取得成功，或以为由于东汉以后黄河中游土地利用方式变成以畜牧为主，水土流失大为减轻。[2]王子今则认为还应当看到以气候变迁为重要标志的自然条件的作用，黄河中游土地利用方式的变化原本即与以气候变迁作为条件之一的民族迁移有关，气候转而干燥寒冷对于洪水流量大小的直接影响，更是不应忽视的。[3]

王子今还专门讨论了气候变化对江南经济文化发展的影响，指出：秦汉时期，江南地区的经济与文化表现出了显著的进步，在导致这一历史演变过程的诸多因素之中，气候条件的变迁也曾产生相当重要的影响。在他看来，正是由于气候转向干凉，中原士民不再视江南地区为"暑湿""瘴热"之地，以致"见行，如往弃市。"气候环境改善还使得中原先进农耕技术可以迅速移用推广。这些都构成江南经济发展水平得以迅速提高的重要条件。[4]

与王子今侧重考察气候变化与宏大生态—社会变动的关系相比，马新则更具体地考察了温暖湿润气候对两汉农业发展的多重影响。在她看来，由于这个时期气候温暖湿润，降水丰沛，带来了丰富的水资源，土壤与植被都处于良好自然循环状态，为农业生产发展提供了良好条件，"汉代农作物布局的变化、农产量的提高以及农业经营方式特色的形成都与之息息相关"。[5]

显而易见，秦汉史学者对这个时代的气候状况存在明显不同的判断。意见

[1]（汉）司马迁：《史记》，中华书局，1959年，第2980页。
[2] 谭其骧：《何以黄河在东汉以后会出现一个长期安流的局面——从历史上论证黄河中游的土地合理利用是消弥下游水害的决定性因素》，《学术月刊》1962年第2期，第23-35页。
[3] 王子今：《秦汉时期气候变迁的历史学考察》，《历史研究》1995年第2期，第3-19页。
[4] 王子今：《试论秦汉气候变迁对江南经济文化发展的意义》，《学术月刊》1994年第9期，第62-69页。
[5] 马新：《历史气候与两汉农业的发展》，《文史哲》2002年第5期，第128-133页。

分歧源于对史籍所保存的非常有限的气候代用资料之提取和分析存在明显差异。由于对气候冷暖状况的分析、判断不一，诸家对气候变化之当时经济生产和社会生活的影响也做出了相当不同的叙述。看起来，要想在短时期内取得较为一致的意见，并不是一件轻而易举的事情。

二、自然灾害和社会反应

学者在考察历史气候变迁时每多提及灾害性气候。确实，不论在古代还是当今，气候都是给人类带来最多灾难、也是让人们最感到无奈的环境因素，在"靠天吃饭"的传统农业社会尤其是如此。纵观全部历史，在与大地、生物打交道的过程之中，人类往往能有积极表现并不断取得成绩，而对于"天""天气""气候"只能尽量去了解，却无力去改变。这种外在的强制力量，给社会经济生产、物质生活乃至政治和心理，都造成了难以尽言的巨大影响。这一点在战国、秦、汉时代表现得非常突出。当然，自然灾害不仅来自"天"，有时亦来自"地"，地震、山体滑坡、泥石流……同样是人类至今都无法预知、在大多数情况下只能被动承受的灾难。至于各种生物灾害包括病菌、昆虫、鸟兽对农业所造成的危害，由细菌、病毒等所引起的人畜瘟疫、流行病等，同样对人类财产、身体健康乃至生命安全构成严重威胁。从环境史的视角来看，自然灾害无疑是人与自然关系不和谐的反映，重大自然灾害则意味着两者矛盾的激化，甚至是自然、经济、社会乃至政治矛盾和冲突的总爆发。这些矛盾冲突虽然往往由老天首先挑起，但其影响范围和危害程度的大小，却与人类社会本身有着十分密切的关系。

无论是哪种来源、什么类型的自然灾害，只要它们是发生于人类周遭的环境，都应成为环境史的研究对象。早在环境史研究诞生以前，众多学科领域学者就已经开展了大量卓越的研究，并且形成了专门学术领域——灾害学和灾害史，有关中国古代灾害史的成果尤其丰富，于此详细罗列关于战国、秦、汉灾害的研究论著亦殆无可能；另一方面，并于如何从环境史角度解说历史上的自然灾害，我们尚未形成独特的问题意识和论说方法。所以，本节只能综合前人的成果稍做概要叙述，呈现那个时代人类社会与自然环境互动关系的一个面相。

中国历史上关于自然灾害的文字记录，早在商代就已经出现。甲骨文中记录了旱、水、蝗、雹、地震等自然灾害。[1]史书记载自然灾害的传统从《春秋》就已经开始。不过系统的自然灾害记载出现在汉代。

历史文献所载气候灾害，通常包括水、旱、风、雪、霜、雹等，尤其是前两种对农业社会造成了最严重的危害。大雪有时也能造成重大的灾害，对游牧民族的影响尤其巨大。这些是古代自然灾害史上的通例，战国、秦、汉时代亦不例外。关于战国和秦朝的情况，现存史籍缺少专门记录，《汉书》和《续汉书》之《五行志》则对两汉 400 余年阴阳失调、晴雨愆忒所造成的各种气候灾害，有比较集中的记载。

汉代人口分布和农业经济发展的中心都在黄河中下游地区，自然这里也是灾害记录的中心。这个地区自古至今不变的一个气候特征是降水集中于夏秋之交。因此，关于连续大雨、霖雨、淫雨和水灾的记载，大多发生在这个时节。例如《汉书·五行志》记载："文帝后元三年秋，大雨，昼夜不绝三十五日"（第1346 页）；"昭帝始元元年七月，大水雨，自七月至十月"（第 1364 页）；"元帝永光五年夏及秋，大水。颍川、汝南、淮阳、庐江雨，坏乡聚民舍"（第 1347页）；"成帝建始三年夏，大水，三辅霖雨三十余日，郡国十九雨，山谷水出，凡杀四千余人，坏官寺民舍八万三千八所"（第 1347 页）；同年秋，"大雨三十余日"，至次年九月，"大雨十余日"（第 1364 页）。《续汉书·五行志》亦载："和帝永元十年，十三年，十四年，十五年，皆淫雨伤稼。安帝元初四年秋，郡国十淫雨伤稼。永宁元年，郡国三十三淫雨伤稼。建光元年，京都及郡国二十九淫雨伤稼……"（第 3269 页）两《汉书》之《帝纪》对历年大雨亦多有记载。

连续大雨常常爆发洪涝灾害，有研究者统计：秦汉时期 441 年中，共有水灾记录 125 次，其中雨水过多与河溢造成的水灾即达 117 次。[2]有时连绵大雨造成水灾还会接连发生。例如自汉成帝建始元年（公元前 32 年）至成帝河平二年（公元前 27 年），6 年之中发生了 7 次水灾、2 次河水泛溢，其中上引汉成帝建始三年（公元前 30 年）夏的大水，造成 4 000 余人死亡，冲毁官寺和民舍共83 000 余所。显然是一次由于连绵大雨引起特大洪涝灾害；东汉光武帝建武年间亦是大雨水灾不断，史称"比年大雨，水潦暴长，涌泉盈溢，灾坏城郭官寺，

---

[1] 郭旭东：《殷商时期的自然灾害及其相关问题》，《史学集刊》2002 年第 4 期，第 6-13 页。
[2] 袁祖亮主编，焦培民等著：《中国灾害通史·秦汉卷》，郑州大学出版社，2009 年，第 21 页。

吏民庐舍，溃徙离处，溃成坑坎。"[1]在一些因夏季风强盛的多雨年份，更可能发生全国性的水灾。有学者注意到：两汉时期有 32 次范围极其广大的全国性水灾，它们往往殃及数郡或数州，或者是大江大河流域，例如《续汉书·天文志》记载：安帝永初元年（107 年），"郡国四十一县三百一十五雨水。四渎溢，伤秋稼，坏城郭，杀人民。"[2]同属降水的雪灾在汉代亦多有发生，《汉书·五行志》和《续汉书·五行志》记载也颇多，例如《汉书》记载："文帝四年六月，大雨雪"；"景帝中六年三月，雨雪"；武帝"元狩元年十二月，大雨雪，民多冻死"；"元鼎二年三月，雪，平地厚五尺"（以上均出《汉书》第 1424 页）；元帝"建昭二年十一月，齐楚地大雪，深五尺"；"建昭四年三月，雨雪，燕多死"（以上出第 1425 页）……不可尽予罗列。据统计：秦汉 400 多年中，共发生雪灾 20 次，平均约 20 年发生 1 次雪灾，大部分雪灾都发生在西汉，次数 4 倍于东汉。[3]雪灾对游牧民族的影响甚于中原汉族，《汉书·匈奴传》多次记载大雨雪导致匈奴家"畜多饥寒死"，"会连雨雪数月，畜产死，人民疫病，谷稼不熟。"某年冬，匈奴单于率万骑击乌孙，本有小胜，但"会天大雨雪，一日深丈余，人民畜产冻死，还者不能什一。"[4]可见一场大雪即可能大大削弱其民族的实力。风、霜、雹等气象灾害在两《汉书》中亦有频繁记录，不过影响面和危害程度一般相对较小。

旱灾对古代中国特别是北方社会的影响非常严重，古史传说中的"十日并出"和"后羿射日"的故事就是远古旱灾的曲折反映。历史文献记载夏商时期最严重的旱灾，一次发生在夏末持续至商初，《今本竹书纪年》记载：商汤十九年至二十四年连续大旱，五年七年说法不一。商汤不得已，以身祷于桑林。另一次全局性大旱发生在商朝末年，因纣王失德，天降灾祸，山崩水涸，河竭而商亡，先秦两汉文献对此多有提及。《诗经》《春秋》等文献反映，旱灾在周代亦时有发生。及至战国秦汉时代，旱灾记录明显增多，其对农业生产的影响愈来愈严重。学者统计：两汉时期共有 123 次旱灾记录，其中西汉 46 次，平均约每 5 年发生 1 次；东汉 77 次，平均 2.5 年发生 1 次。[5]见诸史书旱灾的记录表

---

[1] 吴树平校注：《东观汉记校注》卷 14，中州古籍出版社，1987 年，第 517 页。

[2] 《后汉书志》第十一《天文》中，见《后汉书》，中华书局，1965 年，第 3238 页。

[3] 袁祖亮主编，焦培民等著：《中国灾害通史·秦汉卷》，郑州大学出版社，2009 年，第 126 页。

[4] 分见《汉书》卷 94 上《匈奴传上》，中华书局，1962 年，第 3775、第 3781、第 3787 页。

[5] 袁祖亮主编，焦培民等著：《中国灾害通史·秦汉卷》，郑州大学出版社，2009 年，第 44-55 页。

明，有若干时段属于高发期，旱灾具有连发性。有明确地点的旱灾记录主要分布在黄河中下游特别是司隶最多，从旱灾季节分布来看，夏季（多为初夏）旱灾发生次数最多、频率最高，春季次之，秋、冬两季则很少记录。这些一方面与受灾地区的降水季节特征有关，另一方面亦可能与那里的作物生长季节相关——造成春夏少雨之时作物严重受损的干旱通常易于被记录。每次严重旱灾，都对农业生产造成破坏性的影响，导致粮价腾踊，百姓生计维艰，不得不铤而走险。西汉末年赤眉起兵，就是因为连续旱灾造成饥馑荐至，人民揭竿而起；东汉末年，天下大乱，继以旱灾，更是导致人相啖食的惨景发生，汉献帝兴平元年（194 年）"三辅大旱，自四月至于是月（七月）……是时谷一斛五十万，豆麦一斛二十万，人相食啖，白骨委积"。[1]

　　中国古代关于地质灾害的文字记录不晚于商代。商末似乎经历了一个地震高发期，西周末年也发生过强烈地震，《史记》称：周"幽王二年，西周三川皆震……是岁也，三川竭，岐山崩。"[2]《诗经·小雅·十月之交》有云："烨烨震电，不宁不令。百川沸腾，山冢崒崩。高岸为谷，深谷为陵。"[3]就是那次地震。见于文献记载的春秋战国时期地震、山崩等共 16 次，[4]其中鲁成公五年，晋国梁山崩，晋侯很紧张。在时人看来，"国主山川"，高山崩塌是大不祥。"故山崩川竭，君为之不举，降服，乘缦，撤乐，出次，祝币，史辞，以礼焉。"[5]后来遇到此类事情，人们都采用各种办法，以图消灾禳祸。

　　秦汉时期的地震和其他地质灾害如山崩、地裂、地陷等显著增多，不少学者做过统计分析，但由于文献查检范围和统计口径不同，统计数字存在颇大出入，自数十至百余不等。据《中国灾害通史·秦汉卷》作者统计，汉代共计发生了 148 次，平均不到 3 年就发生一次。其中，西汉震灾记录 47 次，东汉 102 次；另外非与地震伴生，而是独立发生的山体滑坡 22 次，还有 13 次地裂灾害。[6]其中有些具有高震级、裂度和严重破坏性。例如，《汉书·五行志》记载，汉惠帝二年（公元前 193 年）正月，"地震陇西，压四百余家"（第 1454 页）；

[1]（南朝宋）范晔：《后汉书》卷 9《献帝纪》，中华书局，1965 年，第 376 页。

[2]（汉）司马迁：《史记》卷 4《周本纪》，中华书局，1959 年，第 145-146 页。

[3]（清）阮元校刻本：《十三经注疏》，中华书局，1980 年影印本，第 446 页。

[4] 袁祖亮主编，刘继刚著：《中国灾害通史·先秦卷》，郑州大学出版社，2008 年，第 63-64 页。

[5]《左传·成公五年》，收入《十三经注疏》，中华书局，1980 年影印（清）阮元校刻本，第 1901-1902 页。

[6] 袁祖亮主编，焦培民等著：《中国灾害通史·秦汉卷》，郑州大学出版社，2009 年，第 75-76 页。

汉高后二年（公元前 186 年）正月，"武都山崩，杀七百六十人"（第 1457 页）；宣帝本始四年（公元前 70 年）四月壬寅"地震河南以东四十九郡，北海琅邪坏宗庙城郭，杀六千余人。"（第 1454 页）又据《史记·景帝本纪》记载：西汉景帝后元元年（公元前 143 年）五月丙戌，"地动，其早食时复动。上庸地动二十二日，坏城垣"；[1]《汉书·元帝纪》，初元二年（公元前 47 年）诏曰："……乃二月戊午，地震于陇西郡，毁落太上皇庙殿壁木饰，坏败豲道县城郭官寺及民室屋，压杀人众。山崩地裂，水泉涌出"；[2]《续汉书·五行志》则记载顺帝建康元年（144 年）正月，"凉州部郡六，地震。从去年九月以来至四月，凡百八十地震，山谷拆裂，坏败城寺，伤害人物。"[3]……无法更多引录。

我们这个地球之所以生机勃勃，气象万千，是因为有无数种类的生物包括动物、植物和微生物与人类共同栖息，它们都以种种方式，与人类"互为不可或缺的朋友，有时候也互为致命的敌人。"[4]当它们成为人类敌人的时候，就带来各种生物灾害，这是人类自诞生伊始就不得不开始面对的主要环境挑战之一，它们窃食庄稼，传播疾病，造成作物歉收、家畜死亡，直接威胁人的身体健康，乃至夺去人的性命，大规模爆发的烈性传染病、流行病更甚至可以改变人类历史进程，导致文明衰亡。

在中国，关于生物灾害的文字记录早在殷商甲骨文中就已经出现，[5]先秦文献中不时出现一些关于野生禽兽、昆虫为害作物、家畜，引起疾疫的零星记载。到了秦汉时代，蝗灾和疫病已经成为历史文献重点记录的内容之一，学人对相关资料和问题已经做过大量研究。

首先说蝗灾。据《中国灾害通史·秦汉卷》作者叙述，秦汉时期的第一次蝗灾记录是在汉文帝后元六年（公元前 158 年），最后一次记录是汉献帝建安二年（197 年）。两汉 400 余年中，共发生蝗（螟）灾害 74 次，其中西汉 20 次，东汉 54 次。后者发生频率大约是 3.6 年一次，远高于西汉的平均 11.55 年 1 次。蝗灾在年际分布上具有很强的连年发生特征，西汉和东汉各有 18 个和 37 个年

---

[1]（汉）司马迁：《史记》卷 11《孝景本纪》，中华书局，1959 年，第 447 页。

[2]（汉）班固：《汉书》卷 9《元帝纪》，中华书局，1962 年，第 281 页。

[3]《后汉书志》第十六《五行》四，见《后汉书》，中华书局，1965 年，第 3330 页。

[4][英] 伊懋可著，梅雪芹等译：《大象的退却》一书《序言》，江苏人民出版社，2014 年，第 5 页。

[5] 宋镇豪：《商代的疾患医疗与卫生保健》，《历史研究》2004 年第 2 期，第 3-26 页；郭旭东：《殷商时期的自然灾害及其相关问题》，《史学集刊》2002 年第 4 期，第 6-13 页。

份发生蝗（螟）灾害，连发年份则分别达到 10 年和 29 年。从年内分布（发生蝗灾的季节和月份）来看，蝗灾主要发生在夏、秋两季，其中四月和六月发生最多。在明确记载有发生地点的 30 条蝗灾记录中，司隶高达 15 次之多；7 次螟灾有 6 次发生在司隶。说明那个地区是蝗螟灾害的高发区，也是文献记录的重点地区。此外，没有记载具体地点的，时常采用"郡国蝗""六州蝗""九州蝗""十州蝗"乃至"天下蝗"等话语，说明蝗灾发生区域往往非常之大。[1]蝗灾的发生，往往与干旱和水灾相互联系，在中国历史文献记录中经常见到的情形是水、旱、蝗灾接踵而至，旱蝗相继更是多见。满志敏曾经指出："干旱与蝗灾的统计关系非常良好，史书上常把旱蝗并列一起记载。"[2]这不仅被汉代旱蝗记录所证实，亦为现代蝗灾研究所证明。此外，水灾之后继发蝗灾的情况亦时有所见。其背后有着相当复杂的生物学和生态学机理。两汉史书记载表明：严重的蝗灾不仅经常导致中原农业严重歉收甚至颗粒无收，而且频繁地对北方游牧民族造成严重，乃至毁灭性的打击。

历史上更令人怖畏的是疫病灾害，致因复杂，祸殃沉重，学人多有探讨。[3]由于统计口径不一，关于这个时期的疫灾年份、次数和发生地域，颇有不同意见。[4]龚胜生等人从历史地理角度对先秦两汉时期疫灾的地理研究结论是：先秦两汉时期（公元前 771—220 年）见于记载的疫灾年份 57 个，疫灾频度 5.74%。其中，春秋战国为 1.64%；西汉为 7.33%，东汉为 15.90%；公元前 2 世纪为 4%，公元前 1 世纪为 9%，公元 1 世纪为 12%，公元 2 世纪为 15%。从全国范围看，先秦两汉时期疫灾越来越频繁。疫灾发生季节除秋季较少外，春、夏、冬季的概率差不多。在周期性规律上，该时期经历了 2 个大的疫灾稀少期和 3 个大的疫灾频繁期，第一个波动周期（公元前 200—前 120 年）约 80 年时间，波峰不很明显；第二个波动周期（公元前 120—80 年）长达 2 个世纪，其中公元前

[1] 详情参见袁祖亮主编，焦培民等著：《中国灾害通史·秦汉卷》，郑州大学出版社，2009 年，第 63-75 页。

[2] 邹逸麟主编：《黄淮海平原历史地理》，安徽教育出版社，1997 年，第 82 页。

[3] 这里向读者重点推荐以下新近成果：龚胜生：《中国先秦两汉时期疟疾地理研究》，《华中师范大学学报（自然科学版）》1996 年第 4 期，第 489-494 页；杨振红：《汉代自然灾害初探》，《中国史研究》1999 年第 4 期，第 49-60 页；陈业新：《灾害与两汉社会研究》，上海人民出版社，2004 年；王文涛：《汉代的疫病及其流行特点》，《史学月刊》2006 年第 11 期，第 25-30 页；龚胜生、刘杨、张涛：《先秦两汉时期疫灾地理研究》，《中国历史地理论丛》2010 年第 3 期，第 96-112 页；袁祖亮主编，焦培民等著：《中国灾害通史·秦汉卷》，郑州大学出版社，2009 年。

[4] 秦朝没有疫灾记录，关于两汉疫灾，邓拓和陈高佣统计为 13 次，杨振红统计为 30 次，张剑光等统计为 38 次，陈业新统计为 42 次，王文涛统计为 50 次，焦培民等统计为 52 次。龚胜生等统计两汉有 48 个疫灾年份，没有次数统计。参见袁祖亮主编，焦培民等著：《中国灾害通史·秦汉卷》，郑州大学出版社，2009 年，第 95 页。

50—50 年的疫灾频度高达 17%，为两汉之际的疫灾高峰；第三个波动周期始于80 年，至东汉灭亡尚未结束，下接三国时期的疫灾高峰。在空间分布上，疫灾分布与人口分布有高度相关性。先秦时期仅黄河、长江流域有疫灾发生，西汉时期由于匈奴的介入，蒙新高原开始有疫灾记载，东汉时期南方人口大量增加，东南沿海开始有疫灾记载。总体来说，先秦两汉时期的疫灾是北方甚于南方，但随着时间推移，南方疫灾比重不断提高，反映了南方人口与经济的发展。[1]从他们的研究结论中可以看到：先秦至两汉时期疫灾，历史记录的频率具有显著差异，愈往后频率越高，这既与人口增长、人口密度增大有关，亦可能与不同时代对疫病的文献量和关注度大小有关。但是两汉时期的相关记录反映：疫灾之发生具有一定的时间节律性，区域经济发展水平、人口密度和人类活动空间等，直接影响疫灾发生频率及其记录。

大量研究成果表明：在中国古代，由有害微生物所引起的疫病种类众多、发生频繁，它们的发生具有非常复杂的生态—社会机理：从生态层面来说，重大疫情之发生和传播不仅具有相应的气候、温度、湿度和生物条件，而且往往与水、旱、地震等自然灾害联系在一起。从社会层面来看，两汉史实充分证明：战争是导致重大疫情的主要社会性因素之一，经济弊败、社会组织结构崩溃瓦解，都会大大提高大疫的爆发概率，并加重其危害。正如其他自然灾害一样，疾疫灾害之发生及其危害程度往往是环境与社会相互作用的结果。澳大利亚流行病史学者费克光（Carney T. Fisher）指出："流行病在中国史上已是一个经常重现的故事。传统的中国史学者把流行病的爆发和水灾或饥荒等灾难一起放在灾异的标题下。事实上，其他自然的灾害与疾病的爆发有密切的关联。……饥荒、传染病和其他灾害的关联很容易建立起来。疾病的爆发可能发生在人们因饥荒而身体虚弱时，在社会结构崩坏而正常经济基础破坏时"。[2]

费克光在他的文章里提出了一个重要观点，这就是瘟疫是"知识的建构物"，其真实性不能离开所发生地区的社会。在他看来，不同的社会对疾病有不同的感知。他们根据特有的宇宙观或意识形态来解释这些感知。传统社会对于瘟疫并无统一的对付方法，不同的回应因瘟疫流行地区独特的历史或地理情况而定。

---

[1] 龚胜生等：《先秦两汉时期疫灾地理研究》，《中国历史地理论丛》2010 年第 3 期，第 96-112 页。
[2] 费克光：《中国历史上的鼠疫》，收入刘翠溶、[英] 伊懋可主编：《积渐所至：中国环境史论文集》（下册），台湾"中央研究院"经济研究所，1995 年，第 675 页。

有时它们具有附加的道德意涵，有时被视为对罪恶的惩罚，有时是神意和宿命。他特别提到：在中国，瘟疫被纳入错综复杂的宇宙体系，在其中，上天以警告及灾害来表达它的愤怒，而疾病不过是其中之一而已。[1]

的确，中国古人不仅将疫病视作上天表达愤怒的方式，是天谴，所有自然灾害都是。虽然"天谴说"或者"天诫说"并不始于两汉，至少在西周时期就非常明确地具有这种观念，但其思想理论和应对方式的系统化，都是在战国秦汉时代尤其是两汉完成的。这个时代的思想家建构了一套完整的"天人感应"理论和灾异学说，采用阴阳五行学说解说各种自然灾害的缘由，把各种自然灾害与人的行为特别是最高统治者的政治行为极其紧密地联系在一起，这对古代政治产生了非常重要的影响。在灾异学说的系统建构中，阴阳家、儒家和道家都做过重要贡献，最大的贡献者或者说集其思想大成者，无疑是西汉大儒董仲舒。在他看来，"国家将有失道之败，而天乃先出灾害以谴告之，不知自省，又出怪异以警惧之，尚不知变，而伤败乃至。"至于灾害原因，乃是"刑罚不中，则生邪气；邪气积于下，怨恶畜于上。上下不和，则阴阳缪戾而妖孽生矣。此灾异所缘而起也。"[2]他认为："天地之物有不常之变者，谓之异，小者谓之灾。灾常先至而异乃随之。灾者，天之谴也；异者，天之威也。谴之而不知，乃畏之以威。……凡灾异之本，尽生于国家之失。国家之失乃始萌芽，而天出灾害以谴告之，谴告之而不知变，乃见怪异以惊骇之，惊骇之尚不知畏恐，其殃咎乃至。"[3]倘若认为这仅仅是文士借上天这个强大的外在力量来恐吓皇帝，那是诛心之论。事实上不只董仲舒相信上天力量的强大，在那个时代，这是一种普遍的社会思想意识，对统治者的行为有着强大的影响力。因此，每当自然灾害发生，皇帝和朝廷除采取一些必要的赈救措施之外，还往往采取各种各样在今天看来非常荒谬可笑的举措，而这些举措的知识依据，乃是当时广泛流行的阴阳五行学说。有关问题，在下面一章关于《月令》模式的讨论中还要作更具体的论述。

---

[1] 刘翠溶、［英］伊懋可主编：《积渐所至：中国环境史论文集》，台湾"中央研究院"经济研究所，1995年，第684-685页。

[2] （汉）班固：《汉书》卷56《董仲舒传》，中华书局，1962年，第2498、第2500页。

[3] 苏舆撰，钟哲点校：《春秋繁露义证》，中华书局，1992年，第259页。

三、黄河水患及其治理

战国、秦、汉是我们所谓"黄河轴心"时代的鼎盛阶段。其时，社会、经济和文化发展仍都是以黄河两岸作为基本区域。

一直以来，我们都将黄河誉为中华民族的"母亲河"。从远古开始，人们对"河"就十分崇敬，古人尊其为"四渎之宗""百川之首"，[1]正反映从很古老的时代开始，人们就深刻地认识到这条河流对中华民族生存和发展的巨大意义。然而，这位母亲性情变化无常，既给两岸人民带来了无法估量的福祉，亦曾频繁造成极其深重的灾难，正所谓"水能载舟，亦能覆舟"，黄河之水既可兴以为利，亦可肆虐成灾。两汉时期，黄河进入第一个多灾期，频繁的决溢、泛滥甚至改道，是当时中原社会所面对和试图予以解决的最严重环境难题。

黄河水患是众多自然和人类因素交相作用的结果，从历史实际情形看，人类活动不良乃是导致黄河水文环境逐渐恶化的一个主因，尤其是中游地区的盲目、过度垦殖，使松软深厚的黄土失去了地表植被覆盖，导致水土流失加剧，水流不断搬运巨量的泥沙进入低平的华北平原，使河水由清而浊、由浊而黄，淤填湖泽，抬高河道，最终成为河床高悬的"地上悬河"。从这个意义上说，黄河之所以不断制造灾难，主要因其子孙环境行为严重失当，引起了这条"母亲河"的恼怒和惩戒。

翻检现存历史文献，秦朝以前并无"黄河"一词，"河"就是她的专名。她原本是一条相当清澈的河流，直到春秋时代，《诗经·魏风·伐檀》仍然歌咏"河水清且涟猗。"[2]因那时黄土高原地区尚未进行大规模土地开垦，森林植被状况良好，水土流失问题还不严重。自战国时期开始，随着人口不断增长，加以铁器、牛耕的发明和推广，黄土高原土地开发进程加速，森林被砍伐，草莱被剪除，失去屏障的表土开始严重流失，原本广阔平坦的土塬逐渐被切割，于是河水因泥沙含量增高开始变得溷浊，因此始有"浊河"之说。[3]秦汉时期，高土

---

[1]《汉书》卷29《沟洫志》云："中国川原以百数，莫著于四渎，而河为宗。"中华书局，1962年，第1698页。

[2]（清）阮元校刻本：《十三经注疏》，中华书局，1980年影印本，第358页。

[3]《史记》卷69《苏秦传》记载了苏秦与燕王之间的如下一段对话："燕王曰：'吾闻齐有清济、浊河可以为固，长城巨防足以为塞，诚有之乎？'对曰：'天时不与，虽有清济、浊河，恶以为固！民力罢敝，虽有长城巨防，恶以为塞！'"中华书局，1959年，第2267页。

高原农业开发强度进一步提高，愈来愈严重的水土流失导致"河"及其众多支流的泥沙含量不断增加，其中比较典型的是黄河重要支流——泾水，这本是一条相当清澈的河流，战国后期开始变浊，到西汉时含沙量已可与黄河相比，称为"泾水一石，其泥数斗"。由此，河水变得越来越黄，至西汉末年人称河水重浊，一石水而六斗泥。[1]杨泉《物理论》亦曰："河色黄者，众川之流，盖浊之也。百里一小曲，千里一曲一直矣。汉大司马张仲《议》曰：河水浊。清澄一石水，六斗泥。而民竞引河溉田，令河不通利。至三月，桃花水至则河决，以其噎不泄也。禁民勿复引河。是黄河兼浊河之名矣。"[2]值得注意的是，西汉初年司马迁编纂《史记》之时，仍称之为"河"，但东汉班固写《汉书》时，已把"河"改称为"黄河"[3]——从此成为这条大河的固定名称。自汉代以后，黄河水再也没有真正变清过，民间俗语称"跳进黄河洗不清"，正说明在人们心中，黄河水变清是不可能的。

黄河从此不仅不能变清，而且由于河床泥沙堆积愈来愈高，还逐渐变成了"地上悬河"，自汉代以后就一直以"善淤、善决、善徙"闻称于世，如同一把悬顶的利剑，随时都可能决溢泛滥和改道，淹没农田、荡毁城郭、夺人性命。特别是在雨季汛期，防守稍有不力，即招致大灾。近3 000多年来，黄河这条中华民族的"母亲河"实际上却成为一大祸源，是世界上为害最多、最大的河流。有些学者统计：自周定王五年（公元前602年）黄河第一次大决徙，至20世纪中叶，2 500年间黄河下游共决口泛滥1 500多次，较大的决口和改道26次，其中重大的决口改道7次（一说8次）。

事实上，在战国时期沿岸国家大举筑堤之前，黄河下游一直处在频繁漫流和移徙的状态，河道众多，已经发生过许多次决溢、改道。[4]只是由于这一水文状况，黄河下游特别是尾闾地区的社会经济发展迟缓而人口稀少，纵有溢决游徙亦不为"灾"——所谓灾害总是与人相对应的，没有人，也就谈不上"灾"，

---

[1]《汉书》卷29《沟洫志》载张戎之语云："河水重浊，号为一石水而六斗泥。"中华书局，1962年，第1697页。

[2] 兹据北魏郦道元《水经注》引。陈桥驿校证：《水经注校证》，中华书局，2007年，第2-3页。

[3] 西汉时期，司马迁在《史记·高祖功臣侯者年表》中引"封爵之誓"曰："使河如带，泰山若厉。国以永宁，爰及苗裔。"（第877页）东汉班固在《汉书·高惠高后文功臣表》中同样引"封爵之誓"，却云："使黄河如带，泰山若厉，国以永存，爰及苗裔。"（中华书局，1959年，第527页）虽只一字之差，性质却迥然不同，令人感慨！

[4] 有关情况，谭其骧曾予详细论考。谭其骧：《西汉以前的黄河下游河道》，《历史地理》创刊号，上海人民出版社，1981年，第48-64页。

历史文献因此亦缺少记载。及至西汉时期，黄河下游土地不断开发，人口渐趋稠密，而黄河亦进入了第一个多灾期。西汉时期，黄河决溢为害频繁而酷烈，自汉文帝十二年河决酸枣、东溃金堤开始，至新莽始建国三年的 180 年间，黄河就决溢了 10 次之多，每次决口泛溢，都祸及非常广大的地域，对当时社会经济和人民生活造成了极其巨大的破坏，洪水所经之处，城郭荡毁，田庐漂没，继以饥荒疫病，人民死亡，甚至不时上演人相啖食的惨剧。例如汉武帝建元三年（公元前 138 年）春，黄河在瓠子口溃决，"河水溢于平原，大饥，人相食"；[1]至元光三年（公元前 132 年）春，黄河乃改道从顿丘东南流入渤海；同年五月河水又决于濮阳（瓠子口），洪水流泛 16 郡，朝廷发卒 10 万救决河。这一连串的决溢，造成重大灾害。《史记》称："是时山东被河灾，及岁不登数年，人或相食，方一二千里。"皇帝不得不"令饥民得流食江淮间"，一时"遣使冠盖相属于道，护之，下巴蜀粟以振之"。[2]自是以后，黄河仍不断决溢成灾，汉成帝建始四年（公元前 29 年）秋，"河果决于馆陶及东郡金堤，泛溢兖、豫，入平原、千乘、济南，凡灌四郡三十二县，水居地十五万余顷，深者三丈，坏败官亭室庐且四万所"；[3]鸿嘉四年（公元前 17 年）"是岁，勃海、清河、信都河水溢溢，灌县邑三十一，败官亭民舍四万所。"[4]东汉桓帝永兴元年（153 年）秋七月，"河溢，漂害人庶数十万户，百姓荒馑，流移道路。"[5]……历次决溢后，都有许多郡国受灾，洪水泛滥地区经济生产长期难以恢复，并引发诸多严重的环境生态问题。

为了应对河患，两汉社会做出了很多努力，亦付出了十分沉重代价。《史记·河渠书》记载：汉武帝时，"自河决瓠子后二十余岁，岁因以数不登，而梁楚之地尤甚。"皇帝非常忧虑，至元封二年（公元前 109 年）即瓠子决口以后 23 年，为了堵塞瓠子决口，"……上乃使汲仁、郭昌发卒数万人塞瓠子决河。"此时汉武帝虽"已用事万里沙"即发动了对匈奴的战争，军务非常繁剧，仍"……自临决河，沈白马玉璧于河，令群臣从官自将军以下皆负薪置决河。"他还专门作歌表达其痛悼、忧急的心情云：

---

[1]（汉）班固：《汉书》卷 6《武帝纪》，中华书局，1962 年，第 158 页。

[2]（汉）司马迁：《史记》卷 30《平准书》，中华书局，1959 年，第 1437 页。

[3]（汉）班固：《汉书》卷 29《沟洫志》，中华书局，1962 年，第 1688 页。

[4]（汉）班固：《汉书》卷 29《沟洫志》，中华书局，1962 年，第 1690 页。

[5]（南朝宋）范晔：《后汉书》卷 43《朱穆传》，中华书局，1965 年，第 1470 页。

瓠子决兮将奈何？皓皓旰旰兮同殚为河！殚为河兮地不得宁，功无已时兮吾山平。吾山平兮巨野溢，鱼沸郁兮柏冬日。延道弛兮离常流，蛟龙骋兮方远游。归旧川兮神哉沛，不封禅兮安知外！为我谓河伯兮何不仁，泛滥不止兮愁吾人？啮桑浮兮淮泗满，久不反兮水维缓。

河汤汤兮激潺湲，北渡污兮浚流难。搴长茭兮沈美玉，河伯许兮薪不属。薪不属兮卫人罪，烧萧条兮噫乎何以御水！颓林竹兮楗石菑，宣房塞兮万福来。

《史记》的作者司马迁，一介书生，不仅随从前往负薪塞河，还被汉武帝的情绪所感动，"悲瓠子之诗而作《河渠书》"。这次大举治河行动，除了堵塞河南决口之外，还于河北导行二渠，"复禹旧迹"，并取得了暂时的成效，"而梁、楚之地复宁，无水灾。"然而为了这短暂的平安，汉朝除耗费了巨大的人力、财力之外，还付出了相当沉重的环境代价。由于"是时东郡烧草，以故薪柴少，而下淇园之竹以为楗。"[1]我们知道：淇园一带自古多竹，《诗经》已有咏颂，尔乃以黄河决口而惨遭大量砍伐，真可谓"城门失火，殃及池鱼"！

人类文明总是在不断应对自然环境挑战中艰难前进的，频繁而严重的黄河水灾，逼迫当时社会急切地了解这条桀骜不驯大河的一切，不断寻找各种应对的方策，并发展相应的河流疏理和堤岸建筑技术。从《史记》《汉书》之《河渠书》记载可以看出：当时许多社会精英都参与了黄河研究和治理，贾让和王景是其中两位分别在治黄策略与实践上做出了突出贡献的杰出治水专家。

汉哀帝初年，待诏贾让提出"治河有上、中、下策"，在对黄河形势进行全面考察的基本上，提出了治黄的系统方略，其中包括在下游设置滞洪区的思想、对因治河需要而迁移的人民实行经济补偿的观点。针对一味筑堤的弊病，他提出了开渠分水策略，指出开渠分水与否有三利、三害。开渠分水的三利有低地放淤肥田、改旱地为水稻田、通漕运；不开渠分水则民众经常忙于救灾、土地盐碱沼泽化、黄河决溢为害。总体上，他主张疏通和分流方策，对后世治黄方略具有重要影响。

在治黄事业中做出重大实际贡献的，则是东汉时期的王景。《后汉书》王景本传载：东汉明帝永平十二年（69年）……

---

[1]《史记》卷29《河渠书》，中华书局，1959年，第1412-1413、第1415页；《汉书》卷29《沟洫志》略同。

议修汴渠，乃引见景，问以理水形便。景陈其利害，应对敏给，帝善之。又以尝修浚仪，功业有成，乃赐景《山海经》《河渠书》《禹贡图》，及钱帛衣物。夏，遂发卒数十万，遣景与王吴修渠筑堤，自荥阳东至千乘海口千余里。景乃商度地势，凿山阜，破砥绩，直截沟涧，防遏冲要，疏决壅积，十里立一水门，令更相洄注，无复溃漏之患。景虽简省役费，然犹以百亿计。明年夏，渠成。帝亲自巡行，诏滨河郡国置河堤员吏，如西京旧制。景由是知名。[1]

这条材料虽是记录王景个人事迹，但从中可见皇帝对河患的严重关切，以及治黄人力和财富耗费之巨大。幸运的是，不知究因治理有效，还是由于其他自然、社会原因，自此之后，黄河似乎变得安稳了不少，谭其骧指出：从此以后直到唐代，黄河进入了一个大约 800 年的"安流期"，虽不时仍有决溢情况发生，但危害程度远不及西汉至东汉前期那样巨大。不过，他并不认为这主要是王景治河的效果，而是由于黄河中游农牧经济转换所致。1962 年，谭氏发表了题为《何以黄河在东汉以后会出现一个长期安流的局面——从历史上论证黄河中游的土地合理利用是消弭下游水害的决定性因素》[2]的著名论文，大略认为：汉唐之间黄河由频繁决溢到相对安流的变化，根源在于黄河中游地区土地利用方式的变化。在他看来，由于黄土高原特殊的土壤、植被等环境，在以畜牧业为主时，当地水土流失通常较轻，黄河下游河段亦不易泛滥成灾；反之，若农耕生产比重较高、土地开发强度较深，则水土流失随之加剧，黄河下游河段亦会频繁决溢乃至改移河道。战国以前，黄河中游原始植被尚未严重破坏，故黄河下游河道很少决徙；而秦汉时期向黄河中游大量移民，当地由牧转农、成为繁荣农耕区域，导致河水泥沙含量急剧增加，河床淤积垫高，黄河下游决徙之患凶猛发生；东汉以后，随着气候转冷，游牧民族自西北向东南大举运动，兼以东汉以降长期战乱，黄土高原地区转向以牧为主，森林植被有所恢复，水土流失较轻，故此 800 多年间黄河得以安流，很少发生重大河患。

然而，对于谭其骧的这一高卓宏论，学界持论不一，赞成者有之，反对者

---

[1]（南朝宋）范晔：《后汉书》卷 76《循吏列传》，中华书局，1965 年，第 2465 页。

[2] 谭其骧：《何以黄河在东汉以后会出现一个长期安流的局面》，原载《学术月刊》1962 年第 2 期，第 23-35 页。

亦不在少数。[1]辛德勇在新近发表的长篇论文中，系统梳理了古今不同看法，特别是近几十年学界的相关争论，认为：谭其骧所提出的黄河中游土地利用方式差异说不能成立，传统的王景治河功绩说愈加不合情理，更倾向于从自然、经济、社会多个方面去探求其原因。他指出：东汉明帝永平年间以后至隋唐时期，黄河虽然并没有安然无患，但与西汉时期以及五代以后特别是北宋中期以后相比，确实河患相对较少，水灾影响的深度也比较微弱。究其原因，可能有以下几个方面：一是下游河道有多条汊流分泄洪水；二是中游地区降水强度较低；三是其时海平面偏低；四是河道地理位置比较有利；五是在上述基础之上，王景修筑"自荥阳至于千乘海口"的河堤，工程投入很大，足以保证堤防的工程质量；六是管理措施比较完备。[2]

我们认为：相关问题极其复杂，涉及天、地、人众多方面，争论仍有可能继续。但总体而言，黄河中游生态变化对下游河道和水文具有重大而且关键性的影响，这是毋庸置疑的事实，只是具体影响的历史机制、实际程度尚有待进一步讨论。同时我们还认为：黄河河患之起，亦不可完全归咎于中游地区的人类活动，总体上说，这是人与自然之间的博弈在一定阶段和条件下的反映：从自然因素上说，气候、海平面升降等自然变化都可能有所"贡献"；从人类活动而言，除了中游人类活动破坏植被这个原因之外，自战国以来，由于黄河下游河水漫流地区土地不断开发，导致原来可以潴积蓄洪的水体逐渐萎缩，而为了保护农区又不断修筑堤坝约束河水，大大改变了这个地区的原生态面貌，使河水无法像原来那样恣意流淌，人与河之间产生严重矛盾冲突，乃是历史必然之势。

四、炎热、卑湿和瘴疠：令人怖畏的南方[3]

两汉时期，由于各种原因，包括出征、贬逐做官和战乱移民等，到南方活

---

[1] 目前所见最早对谭氏的批评文章，是任伯平的《关于黄河在东汉以后长期安流的原因——兼与谭其骧先生商榷》，《学术月刊》1962 年第 9 期，第 51-53、第 56 页。

[2] 辛德勇：《由元光河决与所谓王景治河重论东汉以后黄河长期安流的原因》，《文史》2012 年第 1 期，第 5-52 页。

[3] 本节主要参考龚胜生：《2000 年来中国瘴病分布变迁的初步研究》，《地理学报》1993 年第 4 期，第 304-316 页；左鹏：《汉唐时期的瘴与瘴意象》，《唐研究》（第 8 卷），北京大学出版社，2002 年，第 257-276 页；王子今：《汉晋时代的"瘴气之害"》，《中国历史地理论丛》2006 年第 3 期，第 5-13 页。

动甚至定居的中原人士逐渐增多，但那里不同的风土环境一直让他们甚感困扰和恐惧。汉文帝时，才高八斗的贾谊为同僚所谗，被皇帝疏远而谪贬为长沙王太傅。关于他的这段经历和表现，《史记》《汉书》本传别无所载，却详引了他先后所做的两篇赋，而关于作赋的缘由，司马迁是这么说的："贾生既辞往行，闻长沙卑湿，自以寿不得长，又以适去，意不自得。及渡湘水，为赋以吊屈原"；"贾生既以适居长沙，长沙卑湿，自以为寿不得长，伤悼之，乃为赋以自广。"[1]可以看出：那时可怜的贾生是既抑郁又恐惧。抑郁自然是因为感觉自己像屈原一样，因遭到谗言诋毁而被流放，好人不得志；恐惧则是因为长沙地势低洼，气候潮湿，又有"服"这种俗传的不祥之鸟降临到他坐的地方，这让他非常担心自己将寿命不长。在那个时代甚至若干世纪之后的中原人士心中，"长沙卑湿""江南卑湿""南方卑湿""丈夫早夭"等，是当时北方人士对南方自然环境的一般印象。南方的可怕之处还不止于此，另一种与土地下湿、气候炎热的风土环境有关、容易致病的特殊事物，亦逐渐进入文献记载——这就是"瘴"。南方瘴疠之地，在很长的历史时期都被人们视为畏途、甚至死绝之地。

在古代文献中，"瘴"的含义并不明确，随着时间推移，逐渐衍生出了众多含义，令人难以把握，学者之间的争论很多。有的认为"瘴疾主要是指疟疾特别是恶性疟疾"，有的说瘴疠是指今日所知的亚热带传染疾病，如痢疾、霍乱之类；也有人认为"瘴气"之说来源于中国传统医学病因的"邪气"理论，其表象是指南方常见的潮湿雾气，实际上是对南方的自然地理和气候条件的概括；还有的指出瘴疾包含了多种不同疾病。有一点可以肯定的是，自从汉代始有瘴气一说，至唐宋乃至更晚的明清时代，多瘴疠一直被认为是南方的一个可怕的东西。不过，被人们视为"瘴疠之地"的地区，自汉唐以来不断由北向南、复由东向西逐渐退缩，到了近代除云贵等地之外，很少被以此称之。这与南方经济开发和社会发展进程大体一致。一方面，大规模的土地开发、森林砍伐逐渐改变了密林郁闭的生态环境，雾瘴之气逐渐减少；另一方面，人们对南方地区湿热环境的适应能力也逐步提高，原本因为"水土不服"而生病的情况也逐渐减少。

---

[1]（汉）司马迁：《史记》卷84《屈原贾生列传》，中华书局，1959年，第2492、第2496页。《汉书》卷48《贾谊传》亦云："谊为长沙傅三年，有服飞入谊舍，止于坐隅。服似鸮，不祥鸟也。谊既以谪居长沙，长沙卑湿，谊自伤悼，以为寿不得长，乃为赋以自广"。

从相关文献的记载来看，"瘴"最初是指广大南方地区特别是山林之间因为湿热蒸郁而产生、可以致人疾病的一种"气"，或由空气流动阻滞所致，故其先又称为"障"。"瘴"写作"障"，《淮南子·地形》云："土地各以其类生，是故山气多男，泽气多女，障气多喑，风气多聋，林气多癃，木气多伛，岸下气多肿，石气多力，险阻气多瘿，暑气多夭，寒气多寿，谷气多痹，丘气多狂，衍气多仁，陵气多贪。"[1]或已隐约包含了这个意思。

左鹏指出："东汉人对瘴的认识似乎并不复杂，它只搭配成了两个词，即瘴气、瘴疫。"并指后汉时期人们已经认识到这个东西的存在，《后汉书》对"瘴"的记载共有六条。例如《公孙瓒传》云，"日南多瘴气。"[2]同书《南蛮传》记载：顺帝时，大将军李固谏伐日南蛮乱的七条理由之一，是"南州水土温暑，加有瘴气，致死亡者十必四五。"[3]同书《西南夷传》李贤注称："泸水在今巂州南。特有瘴气，三月四月经之必死。五月以后，行者得无害。"[4]又同书《郡国志五》李贤注引《南中志》曰："有不津江，江有瘴气。"[5]此外，文献中偶尔也出现"障毒"即"瘴毒"的说法，《后汉书》记载杨终上疏称："南方暑湿，障毒互生"。[6]"障毒"就是"瘴毒"。由瘴气而生的疠疫，称为"瘴疠"；南方地区炎热多瘴气，因而被称为"瘴疠之地""炎瘴之地""瘴毒之地"。

虽然古史有关于大禹远赴苍梧的传说，考古资料证明商周文明的影响已经越过长江，但在汉代以前，北方人士对广大南方的自然环境认识极少，瘴疠也是在东汉时期才明确的。西汉时期，中原人士对南方地区最普遍的主要印象是土地卑湿和气候炎热。这些印象，最早来自北人南游的经验特别是南征兵士的苦难经历。《史记》《汉书》中颇有记述。

司马迁对南方环境与人文的概括，是大家经常引用的材料，其中不但指出南方"地热饶食"，即气候炎热，食物资源丰富，而且提到"江南卑湿，丈夫早夭"，即湿热的自然环境导致男子寿命很短。显而易见这是由于炎热、卑湿的生态环境下，各种毒虫、病菌孳生更盛，对当地人民生命健康造成不利影响。对

[1] 刘文典撰，冯逸、乔华点校：《淮南鸿烈集解》，中华书局，1988年，第140-141页。
[2] （南朝宋）范晔：《后汉书》卷73《公孙瓒传》，中华书局，1965年，第2358页。
[3] （南朝宋）范晔：《后汉书》卷86《南蛮西南夷列传》，中华书局，1965年，第2837-2838页。
[4] （南朝宋）范晔：《后汉书》卷86《南蛮西南夷列传》，中华书局，1965年，第2847页。
[5] 《后汉书志》第二十三《郡国》五，见《后汉书》，中华书局，1965年，第3511页。
[6] （南朝宋）范晔：《后汉书》卷48《杨终传》，中华书局，1965年，第1598页。

于从干凉的北方南下的士卒来说，这种湿热的环境在短时期内是很难以适应的，军队之中经常发生疫情乃是不可避免的事情。《史记·南越列传》记载：南越赵佗反叛，"高后遣将军隆虑侯灶往击之。会暑湿，士卒大疫，兵不能逾岭。岁余，高后崩，即罢兵。"同卷又载：陆贾出使南越，南越王甚恐，为书谢称"南方卑湿"。[1]《汉书·严助传》亦载，汉武帝欲对南越用兵，淮南王刘安上书谏，称"南方暑湿，近夏瘴热，暴露水居，蝮蛇蠚生，疾疠多作，兵未血刃而病死者什二三，虽举越国而虏之，不足以偿所亡。"[2]在刘安看来，南方恶劣的自然环境，北方士卒难以适应，必然导致各种热病、疾疠，得不偿失。

东汉名将马援南征岭南多年，对那里的自然环境更有深刻的亲身体会。《后汉书·马援传》记载他率军南征武陵蛮，行至今湖南沅陵东北沅江南岸时，"……进营壶头。贼乘高守隘，水疾，船不得上。会暑甚。士卒多疫死，援亦中病，遂困，乃穿岸为室，以避炎气。"马援曾经对人说："……虏未灭之时，下潦上雾，毒气重蒸，仰视飞鸢跕跕堕水中，卧念少游平生时语，何可得也！"传中甚至已经明确提到了瘴气，称："初，援在交阯，常饵薏苡实，用能轻身省欲，以胜瘴气。"[3]后来郦道元在《水经注·沅水》称："（夷山）山下水际，有新息侯马援征武溪蛮停军处。壶头径曲多险，其中纡折千滩。援就壶头，希效早成，道遇瘴毒，终没于此。"[4]从汉魏南北朝时人关于马援南征经历生死考验的议论中，可以看出他们对南方的自然环境的恐惧，将那里视为死绝之地。这种意象或意识，在魏晋以后相当流行。《三国志》有这样的记载，称：

永安元年，征为西陵督，封都亭侯，后转在虎林。中书丞华核表荐胤曰："胤天姿聪朗，才通行洁，昔历选曹，遗迹可纪。还在交州，奉宣朝恩，流民归附，海隅肃清。苍梧、南海，岁有暴风瘴气之害，风则折木，飞砂转石，气则雾郁，飞鸟不经。自胤至州，风气绝息，商旅平行，民无疾疫，田稼丰稔。州治临海，海流秋咸，胤又畜水，民得甘食。惠风横被，化感人神，遂凭天威，招合遗散。至被诏书当出，民感其恩，以忘恋土，负老携幼，甘心景从，众无

[1]（汉）司马迁：《史记》卷113《南越列传》，中华书局，1959年，第2969-2970页。
[2]（汉）班固：《汉书》卷64《严助传》，中华书局，1962年，第2781页。
[3]（南朝宋）范晔：《后汉书》卷24《马援传》，中华书局，1965年，第838、第843页。
[4]（北魏）郦道元撰，陈桥驿校证：《水经注校证》，中华书局，2007年，第870页。

携贰，不烦兵卫。自诸将合众，皆胁之以威，未有如胤结以恩信者也"。[1]

此后，关于南方各地瘴疠不绝于书。例如，《文选》卷 6 左思《魏都赋》称："宅土燋暑，封疆障疠。"张载注云："吴、蜀皆暑湿，其南皆有瘴气。"同书卷 28 鲍明远《乐府八首·苦热行》："鄣气昼熏体，茵露夜沾衣。"唐人李善注引宋《永初山川记》曰："宁州鄣气茵露，四时不绝。"[2]《魏书·僭晋司马睿传》称：南方"有水田，少陆种，以罟网为业。机巧趋利，恩义寡薄。家无藏蓄，常守饥寒。地既暑湿，多有肿泄之病，障气毒雾，射工、沙虱、蛇虺之害，无所不有。"[3]《华阳国志》卷 4《南中志》云："兴古郡……多鸠獠、濮。特有瘴气。"[4]《水经注·若水》称："有泸津，东去县八十里，水广六七百步，深十数丈，多瘴气，鲜有行者"；（兰仓水）"又东与禁水合，……此水傍瘴气特恶"；"禁水又北注泸津水，……水之左右，马步之径裁通，而时有瘴气，三月、四月迳之必死，非此时犹令人闷吐。五月以后，行者差得无害。"[5]又，《太平御览》卷 791 引《永昌郡传》："永昌郡在云南西七百里。郡东北八十里泸仓津，此津有鄣气，往以三月渡之，行者六十人皆悉闷乱。毒气中物则有声，中树木枝则折，中人则令奄然青烂也。又曰：兴古郡在建宁南八百里，郡领九县，纵经千里，皆有瘴气。……郡北三百有盘江，广数百步，深十余丈。此江有毒瘴"。[6]古人还认为：瘴气与某些特殊植物和动物有关联。相传为西晋嵇含所做的《南方草木状》卷上称："芒茅枯时，瘴疫大作，交、广皆尔也。土人呼曰'黄茅瘴'，又曰'黄芒瘴'。"[7]还有所谓鹦鹉瘴。唐人段公路尝云："广之南新、勤春十州呼为南道，多鹦鹉。……凡养之，俗忌以手频触其背。犯者即多病颤而卒。土人谓为'鹦鹉瘴'。愚亲验之。"[8]看起来，已经与瘴原来的含义大有不同了。

[1]（西晋）陈寿：《三国志》卷 61《吴书·陆胤传》，中华书局，1959 年，第 1409-1410 页。

[2]（梁）萧统编，（唐）李善注：《文选》卷 6，上海古籍出版社，1986 年，第 294、第 1325 页。

[3]（北齐）魏收：《魏书》卷 96《僭晋司马睿传》，中华书局，1974 年，第 2093 页。

[4]（晋）常璩撰，任乃强校注：《华阳国志校补图注》，上海古籍出版社，1987 年，第 303 页。

[5]（北魏）郦道元撰，陈桥驿校证：《水经注校证》，第 826 页。

[6]（宋）李昉编：《太平御览》卷 791《四夷部》十二，中华书局 1960 年影宋本，第 3509 页。按：《永昌郡传》，不知何人所撰，当为六朝及其以前作品。

[7]（晋）嵇含（？）撰：《南方草木状》，广东科技出版社，2009 年，第 18 页。按：《南方草木状》，学者多以为是晋代嵇含所撰。先师缪启愉先生曾力证其非。

[8] 段公路：《北户录》卷 1《鹦鹉瘴》，中华书局，1985 年，第 4 页。

　　无论如何，两汉时期，随着中原人民活动空间逐渐扩大，对南方地区自然环境的认识亦在逐渐积累之中，从几乎一无所知，到亲身感受并且形成南方湿热的印象，以及对"瘴"这种内涵一直不太明确的致病事物的记载，都反映了中华民族主体——中原汉族对南方地区自然环境的初步认识。

第四章

先秦至两汉的山泽管理和资源保护

传世典籍和出土文献记录都证明：先秦时代已经形成了系统的山林川泽管理制度，当时思想家关于自然资源保护的言论，有些已达到了相当高的认识水平，[1]对此，科技史和农林史家早就有所探讨。[2]最近一个时期，随着环境史和生态文明研究不断升温，史学、哲学、环境科学等领域的学者纷纷从不同角度对古代生态思想观念和环境资源保护进行探讨，论著迭出，陈陈相因，其中先秦部分的内容始终非常凸显，后代则似乎乏善可陈，往往被简略带过，甚或只字不提。我们注意到：近年来，见诸报刊和书籍中的长短论说，对"传统生态文化（文明）"几乎是众口一词地大加赞颂，对先秦生态思想和环境保护的评赞更是越来越高，文化自豪感溢于言表。其心情是可以理解的，亦并非全无凭据。

然而，这些论说并未深入到具体"历史情境"之中，许多悬空式的评赞并未能帮助我们认清历史真相，反倒造成了很大困惑：先秦时期社会生产力水平低下，人类利用和改造自然的能力很有限，资源耗减和生态破坏远不如后代严重，居然形成了系统的管理保护思想与制度；秦汉之后，农耕经济不断扩张，

---

[1] 在古代观念中，山林川泽资源既包括草、木、鸟、兽、鱼、虫各类生物，亦包括各种矿物特别是盐、铁。为了减少枝蔓，简便论说，这里只讨论生物资源，对矿物资源则暂不予涉及。特作说明。

[2] 早在 1985 年，袁清林、夏武平等就发表了相关论文。参见袁清林：《先秦环境保护的若干问题》，《中国科技史料》1985 年第 1 期，第 35-41 页；夏武平、夏经林：《先秦时代对野生生物资源的管理及其生态学的认识》，《生态学报》1985 年第 2 期，第 187-192 页。农林史家亦曾讨论中国古代保护生物资源的历史经验，参见郭文韬等编：《中国传统农业与现代农业》，中国农业科技出版社，1986 年，第 132-135 页。其后，环境科学、农林史和科技史家不断讨论相关问题，主要著作有袁清林：《中国环境保护史话》，中国环境科学出版社，1990 年；张钧成：《中国古代林业史·先秦篇》，五南图书出版公司，1995 年；罗桂环等：《中国环境保护史稿》，中国环境科学出版社，1995 年。

人口—资源关系亦渐趋紧张，环境生态问题随之而来——首先是黄河中下游，后来扩展到长江中下游和更多区域，然而后代国家并不比先秦更加重视保护环境资源，反而是保护意识逐渐淡薄，管理制度逐渐松弛。为什么中国早在两三千年之前就产生了那些优秀的环境思想和生态智慧，何以那些"早生早熟"的管理制度在后代非但没有显著发展，反倒明显地倒退了？是什么原因造成它们后续"发育不良"？在这些疑问背后，还隐含着更大的历史困惑：假若中国先民早在两三千年前就已经具备了非常高明的生态思想智慧，并且很好地实践于资源管理和环境保护之中，那么，后来森林破坏、物种减少、水土流失、河湖淤废、水系紊乱、旱涝频仍等一系列严重生态问题又是如何不断产生和加剧的呢？难道果真如英国学者伊懋可所说的那样：中国古人对于大自然的关心和爱护只是停留在精英阶层的观念之中？

这些疑问，促使我们重新专门讨论先秦至两汉时代的环境保护问题。我们想真正弄清：先秦山林川泽资源保护思想理论之所以产生的社会基础究竟是什么？当时制定和实施那许多礼制、禁令真正目的究竟何在？为什么秦汉以后并没有予以更大重视？而要做到这些，就必须将问题放回原有的自然—经济—社会系统中进行深入考察，结合具体的历史情境予以理解。由于讨论过程之中不少内容需要前后关照，上溯前代，下及秦汉，所以于此设立专章。这是首先需要说明的。

第一节　农耕经济发展与采捕经济式微

先秦山林川泽资源管理保护的思想和制度是伴随着农业发展而产生的，这是许多研究者相当一致的看法。李根蟠指出：先秦时代积极保护和合理利用自然资源思想的理论依据，是古代农学中关于正确处理天、地、人关系的"三才"理论。[1]不过，中国史著述中的"农业"，在不同语境下具有不同的内涵和外延，有所谓"大农业"与"小农业"之分。一般情况下，论者并不特意将两者区分开来，农家生产经营的所有项目，包括作为生计补充的采集和渔猎在内，都被

---

[1] 李根蟠：《先秦时代保护和合理利用自然资源的理论》，《古今农业》1999 年第 1 期，第 6-11 页。

视为农业的组成部分。[1]然而从历史上看，采集渔猎与农耕种植是前后演替的两种不同经济类型或生计体系，农业时代的采集渔猎是前一时代的经济孑遗。我们认为：做出这样的区分非常必要，只有这样，才能更好地揭示先秦社会重视环境资源保护的特殊历史背景和意义，而不至于发生严重的认识偏差。

合理利用和积极保护山林川泽资源的思想与制度，是在周秦之际逐步形成体系的。古籍中偶尔提到更早时代的做法和禁令，都是后人的想象性追述。[2]当我们初步研读了被当作环境保护史料而不断引述的那些文字，立即产生了这样的直觉：不论是当时人说当时事，还是后人对前代的追述，话锋都是指向樵采捕猎。这似乎暗示：先秦思想家所表达的首先是对樵采捕猎对象逐渐匮乏的忧虑，国家礼制禁令则主要着眼于保证天然生成的物用财货和"山泽之征"的来源。其动机和目的并不等同于今天所说的保护生物多样性，更非针对诸如气候变化、水土流失、地力衰竭和河流决溢之类的生态问题——这些问题是汉代以后才凸现出来的，那时尚未构成严重的社会困扰。倘若这种感觉无误，则我们对于采集捕猎如何走向衰微、周秦社会何以仍然特别重视这个产业及其所依赖的山林川泽资源，就需特别做出一番说明。

农业史和经济史家素来偏重主要生产领域的问题，尤其对新发展、新进步情有独钟，对于退居次要地位的产业则甚少措意。故而关于殷商时期渔猎生产的研究成果尚称丰富，[3]西周以后的情形则很少被专门讨论。姬周民族以擅长农耕著称，周秦之际又是生产工具、农作技术、生产关系和经济制度发生巨大变迁的时期，其间有很多新事物、新现象需要重点探讨，而自远古一直延续下

---

[1] 农史学家所指的"大农业"是一个综合的经济史概念，农林牧副渔都包括在内，采集渔猎亦在其中；"小农业"则仅指农耕种植。为了更好地厘清相关问题，这里采用"小农业"的概念，尽量使用"农耕"一词。

[2] 先秦文献反映：夏、商甚至更早的黄帝时代即已萌生了某些有关资源保护意识、习俗乃至制度，史书记载有黄帝"节用水火材物""禹之禁"，以及商汤网开三面"德及禽兽"等传说。分见司马迁：《史记》卷1《五帝本纪》，中华书局，1959年，第6页，第95页；许维遹撰，梁运华整理：《吕氏春秋集释》，中华书局，2009年，第263页；黄怀信等：《逸周书汇校集注》，上海古籍出版社，1995年，第430页。

[3] 甲骨文和殷墟遗址中的丰富资料引起了学界重视，孟世凯、刘兴林等对商代狩猎活动，包括其性质、地位、技术方法和活动地点等进行了专门研究。参见孟世凯：《商代田猎性质初探》，收入胡厚宣主编：《甲骨文与殷商史》，上海古籍出版社，1983年；孟世凯：《商和西周时期献禽制初探》，《史学月刊》1987年第5期，第7-11页；孟世凯：《殷商时代田猎活动的性质与作用》，《历史研究》1990年第4期，第95-104页；刘兴林：《论商代渔业性质》，《古今农业》1989年第1期，第128-133页；刘兴林：《殷商田猎性质考辨》，《殷都学刊》1996年第2期，第4-9页；《殷商以田猎治军事说疑》，《殷都学刊》1997年第1期，第7-10页。此外，舒怀、陈双新、陈炜等人也有所探讨，不一一列举。

来的采集捕猎生产则未受到应有的重视，农史著作中往往只是简略提及，[1]一般史学论著就讨论得更少了。[2]文学史研究者倒是似乎更有兴趣，先后有不少文章发表[3]，但基本上都只是罗列现象，对采集捕猎生产之于当时社会的经济意义，也没有加以深入讨论并给予充分估量。

环境史研究当然要考察历史上的经济变动。但它采用不同的视野、路径和评量标准，既不过分偏执于社会一端，也不只看主要产业而忽视次要产业，而是注重从人与自然之间的整体生态关系中考察经济历史变动，重点揭示不同能量生产转换方式（经济类型、生产方式）对于特定时代和区域人类生态系统存续、发展所具有的生态意义，以及它们彼此消长的生态原因与结果。任何一个经济类型乃至生产项目，只要继续存在，即便并不占据主导地位，也仍然具有一定的社会—生态意义，就应当被纳入观察和思考的范围。

基于这样的认识，下面再简要回顾一下早期中国社会经济中心——黄河中下游地区（亦即古代山林川泽保护思想与制度最早形成之地）经济演变的大致脉络，并试图梳理出其间生态关系的变化轨迹。

大约在距今一万年前，黄河中下游开始出现作物种植和家畜饲养，开辟了当地经济发展的新方向，改变了人民的谋生途径，人们从此不再单纯依赖于自然天成的衣食资源，而是通过对动植物生命过程实施人为干预来获得生活资料。大量考古资料证明：在新石器时代，当地居民对动植物的利用逐渐由仰赖自然向人工培育缓慢转变，通过驯化和栽培黍、稷、稻、麻、麦等植物获得米粮，

[1]《中国农学史》（初稿）的作者指出："《诗经》时代的农作物生产还不可能在人们谋得生活资料的方式中，取得绝对支配地位"，当时"……仍然把这些（引注：指采集、捕鱼、弋鸟、狩猎等直接依赖于自然物的）生产活动当作谋得生活资料的重要手段"；"《诗经》时代，人们还在很大程度上依赖捕捉野生动物谋得生活资料。"不过，尽管他们一再强调其重要性，具体的叙述却很简略。参见中国农业遗产研究室编著：《中国农学史》（初稿）上册，科学出版社，1984年，第16、第52页；陈文华的新著专门设立《采集、渔猎占有相当重要的地位》和《林业》两节，在现有著作中，这已算是最详细的叙述。参见陈文华著：《中国农业通史·夏商西周春秋卷》，中国农业出版社，2007年。

[2] 目前仅见唐嘉弘曾对西周渔猎经济地位作了较高评估，见唐嘉弘：《论畜牧和渔猎在西周社会经济中的地位》，《西周史研究》，《人文杂志丛刊》（第二辑），人文杂志编辑部，1984年，第17-34页；王廷洽曾概论述了西周至春秋中期的渔猎方式、手段及其经济意义，但未将渔猎与畜牧生产严格区分开来，参见王廷洽：《〈周易〉时代的渔猎和畜牧》，《上海师范大学学报》1993年第4期，第40-45页；《〈诗经〉与渔猎文化》，《中国史研究》1995年第1期，第3-11页。因此，相关问题仍有待于做更系统、详细的探讨。

[3] 如陈元胜：《论〈国风〉田猎小赋》，《学术研究》1999年第9期，第90-93页；于雪棠：《〈周易〉、〈诗经〉及汉赋狩猎作品主题之比较》，《中州学刊》2000年第1期，第102-106页；黄琳斌：《周代狩猎文化述略》，《文史杂志》2000年第2期，第40-42页；《论〈诗经〉中的狩猎诗》，《黔东南民族师专学报》2000年第2期，第30-31页；刘贵华：《先秦狩猎诗论》，《沈阳师范学院学报》2001年第6期，第27-30页；殷光熹：《〈诗经〉中的田猎诗》，《楚雄师范学院学报》2004年第1期，第127-154页；等等。

通过驯养猪、鸡、犬、马、牛、羊补充肉食，创造了原始的农田生态系统和牧养生态系统，人类与特定种类的动植物之间形成了彼此依存、互利共生的关系，改变了人类对自然生物的单向依赖，这是当地人与自然关系史上的一次伟大革命。

在距今 8 000 至 5 000 年前，作物种植和家畜饲养已在一些地方取得了主导地位，比如在磁山文化、裴李岗文化和不少属于龙山文化的遗址中，农具、栽培谷物和家养动物遗存，在数量上逐渐取代了捕猎和野生动植物遗存而占据了优势。尤其值得注意的是，在龙山文化时期，随葬家猪下颌骨成为普遍流行的葬俗，猪骨出土数量甚至超过了长期作为主要肉食来源的鹿科动物，这不仅表明养猪开始成为主要的肉食谋取方式，还意味着拥有多少头猪是判别贫富贵贱的重要指标。换言之，在谋取食物方面，人们对自然产品的依赖程度不断在下降，越来越倚重于人工生产即种植和饲养。[1]

原始社会经济的上述发展，伴随着自然资源（包括构成类型、分布状况）—人口密度—文化技术之间生态关系的发展变化。[2]作物栽培和家畜饲养起源是农牧时代到来的主要标志，但它们替代采集捕猎却是一个非常缓慢的过程，两者曾经长期并存——总体趋向是种植饲养的地位缓慢提高，采集捕猎的地位则逐步下降。在新石器时代，黄河中下游的农耕聚落仍然呈点状分布，就整个区域而言，采集、捕猎仍然是十分重要的生业，在不少地方甚至可能仍然是主要生业，众多原始村落遗址所出土的丰富野生动植物遗存，证实了采集捕猎经济的重要性及其繁荣程度。

夏商时期，当地社会经济进一步发展。由于各地方生态环境的差异，特别是人口—资源关系之不同，经济生产和生活方式逐渐发生分化：有些部族（例如东夷）仍然继续其采集渔猎生活，另一些部族则愈来愈以种植牧养为主要生业。然而即使在那些农牧业已经达到较高水平的先进部族中，采集捕猎仍是其生计体系中的必要生产，具有非常重要的经济地位。事实上，无论在出土实物

---

[1]　关于远古谋食方式由依赖型向生产型转变的趋势，可参阅袁靖：《论中国新石器时代居民获取肉食资源的方式》，《考古学报》1999 年第 1 期，第 1-22 页。

[2]　中外学者在探讨农业起源和早期发展时，曾就相关问题做过不少讨论。美国学者查尔斯·A. 里德主编《农业的起源》一书（Reed, C. A., ed., 1977, The origins of agriculture, Mouton, The Hague.）所收论文之中，就有多篇讨论了相关问题。如：Cohen, M. N., "Population pressure and the origins of agriculture: an archaeological example from the coast of Peru"; Wright, H. E., "Environmental changes and the origin of agriculture in the Near East" 等。王利华曾将前一论文摘译为《人口压力与农业起源》，《农业考古》1990 年第 2 期，第 53-60 页，可以参阅。

还是甲骨文中,我们都得不出采集捕猎在商代的经济地位已经无足轻重的判断。相反,殷墟遗址出土的大量野生动物骨骸,甲骨卜辞中频繁记载的田猎活动以及可观的捕获数字,都显示捕猎生产之于商代经济的重要性。因而,尽管学者对商代农业水平和采集捕猎经济地位的评估颇有高低分歧,但采集和捕猎在当时仍然是重要生业,与农耕、牧养相比较,仍然未至畸轻畸重的程度。

在黄河流域的众多早期部族中,周人最擅长农耕,黄河中下游地区走向普遍农耕化,其经济类型和生计体系朝着农耕稼穑的方向定型发展,乃是在西周时期才开始的,其最终定型为一个以农耕经济占据绝对支配地位的区域,则要到战国时代。姬周民族通过武装殖民、实行分封制和井田制,对广大区域实施政治统治,并将农耕经济扩展到这些地区。经过几个世纪的发展,中原地区不但采集捕猎明显萎缩,连野外放牧亦不断遭到农耕生产的排挤。与之相应,早先"夷夏杂处"的局面逐渐改变:那些接受农耕的部族融为华夏族的一部分,坚持采集捕猎生产方式和以游牧为主要生业的部族则逐渐向南方、北方和山区退却。尽管各诸侯国家的自然条件不同,经济结构各具特点,但在以农耕稼穑作为国计民生之本这一点上,则愈来愈呈现出高度的一致性。因此无论就生产方式还是社会构造来说,西周时期的"中国"已经成为以农耕为主导的社会,是否以农耕为主要生业成为判别夷夏的主要标志之一。

那么,是否可以说采集捕猎在周代已经彻底衰落、其经济地位已经无足轻重了呢?恐怕不能。从现存文献来看,樵采捕猎在当时仍是常见的生产活动。王廷洽统计:在《诗经》中,与渔猎直接或间接相关的诗多达 120 余篇,占总数的 1/3 还多。[1]有关樵伐、采集的诗,粗略计数亦达百篇以上。两者相加剔除重复,与采集、渔猎生产直接或间接相关者超过总数的一半。《诗经》记载有动植物 250 多种,其中动物约 110 种,除家养动物、农业害虫和神化动物之外,很多是人们捕猎的对象;植物约 140 种,除粮食作物和水生植物外,记载陆地上各种木本、草本植物名称 90 余个,其中绝大部分是自然野生的种类,可以按照现代植物分类学确定其种属。[2]这些野生动植物构成当时中原地区生物资源库的重要部分,是人们开展采集、捕猎活动,谋取物质生活资料的自然基础。《周易》虽系卜筮之书,所言之事亦多与采集狩猎有关。郭沫若曾罗列了《周易》

---

[1] 王廷洽:《〈诗经〉与渔猎文化》,《中国史研究》1995 年第 1 期。

[2] 详情请参见何炳棣:《黄土与中国农业的起源》表三《诗经中的植物》,香港中文大学,1969 年,第 42-55 页。

中 23 条渔猎的文字，指出："像这样可以列于渔猎一项的文句最多。"但他又说："然猎者每言王公出马，而猎具又用着良马之类，所猎多系禽鱼狐鹿，绝少猛兽，可知渔猎已成游乐化，而牧畜已久经发明。"[1]《周易》多记渔猎之事是确定无疑的，正是其普遍性和重要性的表现。虽然牧畜业早已起源，但并不能证明捕猎活动因此就只是一种娱乐，他似乎低估了渔猎的经济地位。

《周礼》和《礼记》中保留了不少针对樵采狩猎的礼制规定，其中关于狩猎的内容尤多，《周礼·夏官·司马》所载之四时田猎，包括"春搜""夏苗""秋狝"和"冬狩"，被视为天子、诸侯的重要政务，且与练兵、祭祀和宴会等密切联系在一起。由于天子、诸侯亲自参与，故而很讲究列兵布阵，每个环节都有礼仪、规程，繁文缛节令人怀疑它只是一种象征性活动，但仍不可完全否认其经济意义。《礼记·王制》曰："天子诸侯无事，则岁三田：一为干豆，二为宾客，三为充君之庖。无事而不田，曰不敬，田不以礼，曰暴天物。"[2]《春秋公羊传·桓公四年》说："诸侯曷为必田狩？一曰干豆，二曰宾客，三曰充君之庖。"[3]它们都很明确地说明了田猎的经济目的——获得捕猎产品以供祭祀、宴会所需和君主自己享用。后来《白虎通·田猎》又进一步解释说："王者诸侯所以田猎者何？为田除害，上以共宗庙，下以简集士众也。"[4]是则田猎包含了三重目的：一是"为田除害"，保护农稼；[5]二是获取猎物以供宗庙祭祀所需；三是聚众练兵。退一步说，即便像"藉田"那样，天子、诸侯狩猎的象征意义大于实际意义，至少亦表示统治者对这项经济活动很重视。值得注意的是，《周礼》明确规定参与狩猎的士众所猎获的禽兽，大的要上交，小的才归自己所有，即所谓"大兽公之，小禽私之。"[6]《诗经》中的咏诵说明：尽管《周礼》和《礼记》所载之相关礼制规定并非周代制度的实录，但亦非完全于史无征。比如《豳风·七月》诗中说："一之日于貉，取彼狐狸，为公子裘。二之日其同，载

---

[1] 郭沫若：《中国古代社会研究》，河北教育出版社，2000 年，第 39 页。

[2]（清）阮元校刻本：《十三经注疏》，中华书局，1980 年影印本，第 1333 页。

[3]（清）阮元校刻本：《十三经注疏》，中华书局，1980 年影印本，第 2215 页。

[4]（清）陈立撰，吴则虞点校：《白虎通疏证》（下册），中华书局，1984 年，第 590 页。

[5] 因当时各种野生动物仍然很多，农作物所面临的主要生物危害来自鸟兽，通过田猎驱除兽害，是保证稼穑丰收的一项重要工作，所谓"夏苗"，即《礼记·月令》所云：孟夏之月"驱兽毋害五谷，毋大田猎"，实行的是有限捕猎。《十三经注疏》，中华书局，1980 年影印（清）阮元校刻本，第 1365 页。

[6]《周礼·夏官·司马》"大司马之职"，《十三经注疏》，中华书局，1980 年影印（清）阮元校刻本，第 839 页。

缵武功。言私其豵，献豜于公。"[1]其中的"一之日""二之日"正值隆冬，[2]是大举捕猎和简众习武的季节，农夫跟随领主捕猎貉、狐狸和野猪等，前两种野兽毛皮珍贵，如有所获自然要归"公子"所有；若猎获野猪，大猪（豜）也要交"公"，只有小猪（豵）才归自己，与《周礼》规定完全吻合。

春秋以后，采集捕猎经济加快萎缩。由于人口进一步增长，对粮食和耕地的需求明显扩大，诸侯列国为了争霸称雄、兼并天下，都将增加人口、扩大耕地摆在更突出的位置，视农耕为富国强兵之本。随着封建领主制度解体，人民垦辟草莱、扩大私有土地更加积极和自由，铁制农具逐渐推广使用则使垦荒、耕种能力得到了显著增强。这些因素共同促进春秋战国社会更加倚重于农耕生产，采集捕猎所依赖的野生动植物资源则随着森林、草地和池泽不断缩小而愈来愈匮乏。

我们不妨举一个最典型的例子。迄止商代之前，鹿科动物一直是黄河中下游居民最重要的捕猎对象，也是他们的主要肉食来源之一，鹿角和鹿皮亦为重要生活资料。到了《诗经》时代，鹿的种群数量虽已远不及前，但平川草泽中仍有大量麋鹿栖息，山丘林麓中也是獐鹿成群。《诗经》中的不少咏颂说明：许多地方仍有"町畽鹿场"，时闻"呦呦鹿鸣"，[3]常见鹿儿觅食徜徉于苹蒿之中，有的地方甚至"多麋"成灾被载入《春秋》！然而到了战国、秦、汉时代，整个情形为之大变，东部平原基本上不见猎鹿的记载，长期占据明显种群优势的麋鹿作为一种生态标志性动物，在当地竟然基本上失去了踪迹。[4]采集捕猎生产资源的减耗由此可见一斑！正因为如此，战国文献虽仍然不断提到采集捕猎，但所反映出来的采捕活动频率和规模远不能与《诗经》时代相比，当时人们开始议论宋"无雉兔、鲋鱼"和"无长木"之类的资源匮乏情况，[5]亦注意到齐国

[1]（清）阮元校刻本：《十三经注疏》，中华书局，1980年影印本，第390-391页。

[2] 按：该诗中夏、周两种历法兼有，夏历建寅，周历建子，其"……之日"乃指周历。周历正月、二月，夏历则为十一月、十二月。

[3] 分见《豳风·东山》，《小雅·鹿鸣》，《十三经注疏》，中华书局，1980年影印（清）阮元校刻本，第396、第405页。

[4] 详情请参见王利华：《中古华北的鹿类动物与生态环境》，《中国社会科学》2002年第3期，第188-200页。

[5]《墨子·公输第五十》云："荆之地，方五千里，宋之五百里，此犹文轩之与敝舆也。荆有云梦，犀兕麋鹿满之，江汉之鱼鳖鼋鼍为天下富，宋所为无雉兔狐狸者也，此犹粱肉之与糠糟也。荆有长松文梓楩楠豫章，宋无长木，此犹锦绣之与短褐也。"吴毓江撰、孙启治点校：《墨子校注》，中华书局，1993年，第764页。

都城临淄附近的牛山因过度樵牧而成为濯濯童山的事实[1]，认识到山林川泽资源并非取之不尽、用之不竭，林木、鸟兽、鱼鳖并非无限丰富，愈来愈为野生自然资源匮乏感到担忧。

有趣的是，每当人们在现实中遭遇困扰，往往要回顾和反思历史，这似乎是人类思想的一个共性，战国时代已然如此。当时思想家对自然资源逐渐减少的历史过程和事实已经有所认识。《孟子·滕文公上》云：

当尧之时，天下犹未平，洪水横流，泛滥于天下，草木畅茂，禽兽繁殖，五谷不登，禽兽逼人，兽蹄鸟迹之道，交于中国。尧独忧之，举舜而敷治焉。舜使益掌火，益烈山泽而焚之，禽兽逃匿；禹疏九河，瀹济、漯，而注诸海，决汝、汉，排淮、泗，而注之江，然后中国可得而食也。[2]

《孟子·滕文公下》又云：

当尧之时，水逆行，泛滥于中国，蛇龙居之，民无所定，下者为巢，上者为营窟。……使禹治之，禹掘地而注之海，驱蛇龙而放之菹。水由地中行，江、淮、河、汉是也。险阻既远，鸟兽之害人者消，然后人得平土而居之。尧、舜既没，圣人之道衰，暴君代作。坏宫室以为污池，民无所安息；弃田以为园囿，使民不得衣食，邪说暴行又作。园囿污池，沛泽多而禽兽至。及纣之身，天下又大乱。周公相武王，诛纣伐奄，三年讨其君，驱飞廉于海隅而戮之，灭国者五十，驱虎豹犀象而远之，天下大悦。[3]

在孟子看来，远古时代，天下洪水泛滥，田畴未辟，禽兽蛇龙多为民害。经过尧、舜、益、禹等圣王和贤臣"焚山泽""疏九河"，生存环境得到改善，猛兽逃匿，水土平治，人民得以安居乐业，农耕稼穑得以发展。然而，后代暴君不遵圣人之道，广开园囿洿池，毁民生业，致使百姓无所安息，不得衣食，

---

[1]《孟子·告子上》云："牛山之木尝美矣，以其郊于大国也，斧斤伐之，可以为美乎？是其日夜之所息，雨露之所润，非无萌蘖之生焉，牛羊又从而牧之，是以若彼濯濯也。人见其濯濯也，以为未尝有材焉。此岂山之性也哉！"《十三经注疏》，中华书局，1980年影印（清）阮元校刻本，第2751页。
[2]（清）阮元校刻本：《十三经注疏》，中华书局，1980年影印本，第2705页。
[3]（清）阮元校刻本：《十三经注疏》，中华书局，1980年影印本，第2714页。

禽兽复又横行，直至西周初期，人民仍深受猛兽困扰，幸赖周公"驱虎豹犀象而远之"，天下百姓皆大欢喜。孟子的这些看法当然并不完全符合史实，虎、豹、犀、象之所以远去，大型猛兽之所以减少，从根本上说是因为农地扩张侵夺了它们的栖息地，并非周公的功业德政，犀、象之类喜温动物退出中原，应又与气候变迁相关。不过，孟子毕竟在一定程度上认识到了环境资源变化与社会经济发展之间的关系。

在其他思想家的言论中，同样可以看到相似的认识。《韩非子·五蠹》云：

> 古者丈夫不耕，草木之实足食也；妇人不织，禽兽之皮足衣也。不事力而养足，人民少而财有余，故民不争。是以厚赏不行，重罚不用，而民自治。今人有五子不为多，子又有五子，大父未死而有二十五孙。是以人民众而货财寡，事力劳而供养薄，故民争；虽倍赏累罚而不免于乱。[1]

显然，作者已经认识到：自远古以来，资源—人口之间的关系发生了很大变化，造成了"人民众而财货寡，事力劳而供养薄"的情况。

通过以上追述，我们可以看到：先秦时代，由于农耕经济发展，曾经支持当地人类生态系统长达数十万年的采集捕猎经济逐渐式微，野外放牧事实上也不断遭受农耕经济的排挤，这种变化趋势符合生态经济学的原理。从人类历史的普遍经验事实看，采集捕猎、农耕种植和野外放牧作为前工业时代的几种主要经济类型，分别依存于不同的自然生态条件，并具有不同的能量生产转换效率。与近代以来农业与工业的关系不同，它们之间（尤其是农耕种植与采集捕猎之间）天然地处于竞争、对立的关系——农耕种植愈发达，采集捕猎即愈衰退，其消长进程与速率取决于资源—人口—技术之间的关系变化。西周以后，中原地区逐渐成为一个典型的农业社会，农耕经济取得了支配地位；春秋战国时期，由于铁器牛耕、农地施肥、作物轮作连种以及抗旱保墒等一系列技术进步，农业更开始由粗放型向精细型过渡，采集捕猎在整个社会经济中所占比重进一步降低。这些都已经成为学界共识，并无疑议。

---

[1]（清）王先慎撰，钟哲点校：《韩非子集解》，中华书局，2003年，第443页。

第二节　山泽资源对古代国家的经济意义

不过，采集捕猎与农耕稼穑此消彼长，亦意味着它们在一定时空条件下同时并存。尽管前者在西周之后以更快的速度走向式微，但对于国计民生仍然具有非常重要的意义。春秋战国时代，随着人口不断增长，社会需求日益扩大，尤其是在列国争霸称雄、彼此杀伐兼并的政治形势下，鼓励农耕、增强国力更成为主要国策，大规模地垦辟草莱、拓殖农田已经成为经济发展的主流，野生动植物资源加速耗减，采集捕猎经济进一步衰微，乃是一种难以逃脱的历史宿命。在社会经济朝着"农本"方向迅速发展而资源—生产—需求关系尚未完成整体调适的过程中，采集捕猎快速衰微对社会物质生活和某些传统生产项目，至少暂时性地造成了以下几个方面的不利影响：

首先是对日常生活资料供给造成一定影响。食物供给方面，历史早期人们并不像后世那样严重地依赖于少数几种谷物、蔬果和家养畜禽，通过采捕获得天然食物非常重要，饮食消费具有广谱性的特征。尽管西周以后人们主要通过谷物栽培获得粮食，并且已经种植了多种蔬菜和果树，鸡、豚、狗、彘之畜也很普遍，但采拾野生蔬果、弋猎飞禽走兽和捕捞鱼类水产，仍是获得热量和营养（特别是动物蛋白）的重要途径——对普通百姓来说是补苴食物不足，对贵族来说是增加山珍海味、满足奢侈口欲。衣料供给方面，除通过人工种植、饲养获得丝、麻和家畜毛皮之外，仍有相当一部分的衣料是通过采集捕猎获取，如野生麻葛的纤维、野生动物的毛皮等，对于普通百姓和领主贵族的意义自然也不一样。

其次是对手工业生产原料供给造成显著影响。与采集捕猎和农耕畜牧相比，手工业是次生产业，其发展是以前者为主要基础的，原料供应需要依托于前者。在前面的章节中，我们已经充分说明：从石器时代开始，采集捕猎不仅为人们提供必需的食物能量，而且提供大量的角、骨、齿、筋、革、毛、羽、木材、纤维、染料、生漆等，这些取自动植物的原料一直是建筑和器具、衣物、饰品制作之所必需。丰富的考古资料证实：除了石器、陶器之外，各地古遗址所出土的木、骨、角、蚌、齿质物品，种类繁多，用途广泛，制作材料大多来自采集捕猎；以羽毛、皮革为原料制作的物品也不少，为日常生活所必需。这意味着采集捕猎曾经是整个社会经济链条中的一个基础环节。由于古代手工业技术发展缓慢，社会物质生活和财富观念又具有历史惯性，因此直到周秦之际，"百工"对于采集捕猎产品的依赖仍未从根本上改变。《礼记·月令》云："是月（引注：指季春之月）也，命工师，令百工，审五库之量，金、铁、皮、革、筋、角、齿、羽、箭、干、脂、胶、丹、漆，毋或不良。"[1]显然，手工业生产的各种原材料仍大量取自天然物产，大多是通过樵采捕猎获得。野生动植物资源渐趋匮乏，必定造成诸多重要生产项目遭遇原料不足的困境，进而导致物质消费品供应链条的弱化乃至中断。

更重要的是严重影响贵族经济收入和国家财政。我们知道："分封制"和"井田制"是周代的基本政治和经济制度。"井田制"下的农民以劳役地租的方式耕种公田，向封建领主提供农业产品，这一点人人皆知。但人们常常忽视另一个重要方面：农民除了耕种公田，还要从事樵采捕猎及其他劳役，并向领主贡献相关产品。不仅如此，在以宗法关系为基础的社会中，低级贵族必须向高级贵族贡献各种物品（常以贡献祭品的名义），贵族之间也互赠物品或互请宴会，贡献、互赠和宴享物品多是来源于采集捕猎。事实上，自春秋战国至于秦汉，人们在谈论财货资用时，总是念念不忘林材、皮革、齿牙、骨角、毛羽，这些资源渐趋匮乏，势必造成某些物资供给不足，不仅影响统治者的日常生活消费，而且导致某些事务难以正常开展。

随着农业垦殖在原隰、丘陵地带大举扩张并迅速排挤采集捕猎，尚未开垦的山麓湖泽便成为野生动植物生息繁育的剩余空间，山林川泽资源对国家经济的重要性，与以往时代相比愈来愈凸显出来。在当时的人看来，山林川泽资源不仅是百姓生计所倚，更是国家财货所藏、贵族利禄之源。单穆公说得很清楚："《夏书》有之曰：'关石和均，王府则有。'《诗》亦有之曰：'瞻彼旱麓，榛楛济济。恺悌（《诗经》有些版本写作'岂弟'）君子，干禄恺悌。'夫旱麓之榛楛殖，故君子得以易乐干禄焉。若夫山林匮竭，林麓散亡，薮泽肆既，民力凋尽，田畴荒芜，资用乏匮，君子将险哀之不暇，而何乐易之有焉？"[2]按照他的说法，林麓薮泽资源丰富，则君子可以得干禄而享安乐；反之则处境危殆、悲哀不暇，无安乐可言。他的这些思想，来自《诗经·大雅·旱麓》。诗云：

---

[1]（清）阮元校刻本：《十三经注疏》，中华书局，1980年影印本，第1364页。

[2] 上海师范大学古籍整理组：《国语·周语下》（上册），上海古籍出版社，1978年，第121页。

瞻彼旱麓，榛楛济济。岂弟君子，干禄岂弟。

瑟彼玉瓒，黄流在中。岂弟君子，福禄攸降。

鸢飞戾天，鱼跃于渊。岂弟君子，遐不作人。

清酒既载，骍牡既备。以享以祀，以介景福。

瑟彼柞棫，民所燎矣。岂弟君子，神所劳矣。

莫莫葛藟，施于条枚。岂弟君子，求福不回。[1]

　　这首诗原为歌颂周文王祭祀祖先得福而作，其中提到的物事非常值得注意：除玉瓒（即圭瓒）是以矿物做成的酒器、黄流是以谷物加香草酿制的酒、骍牡（红色的公牛）为人工畜养的牲口之外，其余榛、楛、柞、棫、葛、藟、鸢、鱼，都是山林川泽中的野生动物和植物，它们既是民众生活所资，亦是君子福禄之源。虽然《诗经》每章头两句大抵是起兴之语，与后文常无直接关联，但这些物事之所以出现在其中，亦非偶然。

　　不仅如此，山林川泽还是御灾救荒的重要生态屏障（甚至是最后的屏障）。在历史上的饥荒岁月，广大贫困百姓通过采捕野食以苟延残命，乃是一种普遍的社会事实。正如伊懋可所指出的那样，山林川泽是度过灾害歉收年景的"生态缓冲带"。[2]每当遇到重大自然灾害和饥荒，国家亦往往通过"弛山泽之禁"来纾缓灾情，百姓则千万成群进入山泽，靠采集捕捞果蓏蠃蛤果腹充饥、苟求活命。山林川泽资源减耗，无疑使广大民众失去了抗御灾荒的一道自然屏障，甚至是最后的一线生机。对此，当时人士就已经有所认识，《国语·周语中》记载单襄公（单朝）之语云："国有郊牧，疆有寓望，薮有圃草，囿有林池，所以御灾也。"[3]换言之，山林川泽资源不仅影响正常岁月的国计民生，而且对于抗

[1]（清）阮元校刻本：《十三经注疏》，中华书局，1980 年影印本，第 515-516 页。

[2] 伊懋可在《大象的退却》一书中，曾多次谈到中国历史上森林和采集捕猎对荒歉的缓冲作用。例如他说："...forest clearances and the eventual complete coverage of the surface by private property rights removed any significant environmental buffer when society was threatened by extreme events，notably drought"（p.7）. "At the less dramatic everyday level，and across the empire as a whole，supplementary hunting continued over the centuries until，region by region，the forests had shrunk or vanished to the point where this was often difficult or even no longer possible....we shall see how emergency hunting and gathering could even so provide an ecological buffer against inadequate harvests for some people into late-imperial times."（pp.32-33）"Forests provided ecological services such as protection against erosion，and a buffer against hard times in the form of game and birds to hunt，and a supply of wild foods"（p.84）. Mark Elvin, The Retreat of the Elephants，An Environmental History of China，New Haven and Landon，Yale University Press，2004.

[3] 上海师范大学古籍整理组：《国语·周语中》（上册），上海古籍出版社，1978 年，第 70 页。

御自然灾害、百姓度荒保命具有特殊意义。

然而山林川泽资源毕竟有限。随着产品需求压力不断增强，经济开发与资源保护之间的矛盾愈来愈明显地暴露出来。正因为如此，周秦之际人们愈来愈重视山林川泽资源管理与保护，一些思想家甚至将其上升"王道"和"王制"的高度进行讨论。《荀子·王制》云：

> 君者，善群也。群道当则万物皆得其宜，六畜皆得其长，群生皆得其命。故养长时则六畜育，杀生时则草木殖，政令时则百姓一，贤良服。圣王之制也，草木荣华滋硕之时则斧斤不入山林，不夭其生，不绝其长也；鼋鼍、鱼鳖、鳅鳝孕别之时，网罟毒药不入泽，不夭其生，不绝其长也；春耕、夏耘、秋收、冬藏四者不失时，故五谷不绝而百姓有余食也；洿池、渊沼、川泽谨其时禁，故鱼鳖优多而百姓有余用也；斩伐养长不失其时，故山林不童而百姓有余材也……[1]

先秦诸子中，管子最重视山泽资源对国计民生的重要性，《史记》称："齐桓公用管仲之谋，通轻重之权，徼山海之业，以朝诸侯，用区区之齐显成霸名"。[2]故流传下来的《管子》一书谈论"山泽之利"最为频繁，虽不一定都是管子的思想，也未必皆是针对春秋时期的齐国，其中甚至包含了许多西汉时期的思想内容，但对于理解那个时代的自然资源观念仍很有帮助。该书已经注意到：由于自然资源条件不同，自黄帝以来，历代君王发展经济和治理国家的准则仪轨亦因时而异，即所谓"国准者，视时而立仪"。其《国准》篇说：

> 黄帝之王，谨逃其爪牙（或云：下脱"烧山林，破增薮，焚沛泽"一句）。有虞之王，枯泽童山。夏后之王，烧增薮，焚沛泽，不益民之利。殷人之王，诸侯无牛马之牢，不利其器。周人之王，官能以备物。五家之数殊，而用一也。……烧山林，破增薮，焚沛泽，禽兽众也。童山竭泽者，君智不足也。烧增薮，焚沛泽，不益民利，逃械器，闭知能者，辅己者也。诸侯无牛马之牢，不利其器

---

[1]（清）王先谦撰，沈啸寰、王星贤点校：《荀子集解》，中华书局，1988年，第165页。

[2]（汉）司马迁：《史记》卷30《平准书》，中华书局，1959年，第1442页。

者，曰淫器而一民心者也。……五家之数殊，而用一也。[1]

这段话的意思颇为费解，历来说者不一。其中所云或许并不很符合历史事实，但作者隐隐道出自远古以下国家利用资源和发展经济的方略发生了变化，或许作者认为：黄帝时代山林薮泽广袤而禽兽众，故往往通过焚烧山泽获取天然物产；有虞时代资源已有不足，故不得不"枯泽童山"；夏代焚烧薮泽，仍"不益民之利"；而至殷商时代已经逐渐倚重于饲养，若诸侯无牛马之牢，便不得利其器。尽管如此，商周以下，山林川泽资源对于国计民生仍具有重要经济意义，能否充分利用和有效保护，事关国家统治大计，故其《轻重甲》说："为人君而不能谨守其山林菹泽草莱，不可以立为天下王。"因为"山林菹泽草莱者，薪蒸之所出，牺牲之所起也。"与人民生活和国家祭祀都直接相关，"故使民求之，使民籍之，因以给之。"[2]其要求人君要"谨守其山林菹泽草莱"的主张，已经显露出了山林川泽资源由国家专控的思想。就这一点而言，《管子》与商鞅变法实行"颛川泽之利，管山林之饶"，如出一辙。[3]

山林川泽资源的经济重要性，在周代"虞衡"职官体系中得到了显著体现，《周礼》就记载了虞衡管理山林川泽的许多具体职能。尽管关于《周礼》的成书年代，自古学人一直争论不休，众说纷纭，迄无定论，[4]作者和撰地同样扑朔迷离。然而比照各家说法，结合其中与农耕牧养、采集捕猎和山林川泽管理的内容，我们认为其主体部分当是在春秋、战国时代形成的，不排除在秦汉时期传习过程中被添加了一些文字和内容。固然《周礼》只是后人的理想化设计，而非周代典制实录，但应有一定实际依据，在某种程度上反映了历史实情，不可能全然凭空捏造。根据这套官制设计，《地官·司徒》所属官员管理包括民政、土地、人口、生产和征敛在内的庞杂社会经济事务，其中不少是采集捕猎和山泽资源管理。作为统领的"大司徒之职"是：

[1] 黎翔凤撰、梁运华整理：《管子校注》，中华书局，2004 年，第 1392-1393 页。

[2] 黎翔凤撰、梁运华整理：《管子校注》，中华书局，2004 年，第 1426 页。

[3]《汉书》引述董仲舒说：秦用商鞅之法"……颛川泽之利，管山林之饶。"（汉）班固：《汉书》卷 24 上《食货志上》，中华书局，1962 年，第 1137 页。

[4] 沈长云等人曾归纳说：关于《周礼》成书年代，"计有西周成书说（包括周公作说）、春秋成书说、战国成书说、周秦之际成书说、汉初成书说暨西汉末年王莽及刘歆伪作说，各种说法的时间跨度竟至上千年。"沈长云、李晶：《春秋官制与〈周礼〉比较研究——〈周礼〉成书年代再探讨》，《历史研究》2004 年第 6 期，第 3-26 页。

掌建邦之土地之图，与其人民之数，以佐王安扰邦国。以天下土地之图，周知九州之地域广轮之数，辨其山、林、川、泽、丘、陵、坟、衍、原、隰之名物，而辨其邦国都鄙之数，制其畿疆而沟封之，设其社稷之壝而树之田主，各以其野之所宜木，遂以名其社与其野。以土会之法，辨五地之物生：一曰山林，其动物宜毛物，其植物宜早物，其民毛而方。二曰川泽，其动物宜鳞物，其植物宜膏物，其民黑而津。三曰丘陵，其动物宜羽物，其植物宜核物，其民专而长。四曰坟衍，其动物宜介物，其植物宜荚物，其民皙而瘠。五曰原隰，其动物宜裸物，其植物宜丛物，其民丰肉而庳……以土宜之法，辨十有二土之名物，以相民宅，而知其利害，以阜人民，以蕃鸟兽，以毓草木，以任土事……[1]

其所属专掌或主掌山林川泽、采集捕猎具体事务的职官就有 10 多个，从属人员众多。他们各司其职，掌管樵采、田猎政策，负责指导和组织采捕活动，向山农、泽农征取产品（即所谓"九赋"中之"山泽之赋"），为御厨和玉府提供各类生活物品与生产资料。兹将相关职官及其职掌罗列如下：

山虞掌山林之政令，物为之厉，而为之守禁。仲冬斩阳木，仲夏斩阴木。凡服耜，斩季材，以时入之。令万民时斩材，有期日。凡邦工入山林而抡材，不禁。春秋之斩木不入禁。凡窃木者有刑罚。若祭山林，则为主而修除，且跸。若大田猎，则莱山田之野，及弊田，植虞旗于中，致禽而珥焉。

林衡掌巡林麓之禁令，而平其守，以时计林麓而赏罚之。若斩木材，则受法于山虞，而掌其政令。

川衡掌巡川泽之禁令，而平其守，以时舍其守，犯禁者执而诛罚之。祭祀宾客共川奠。

泽虞掌国泽之政令，为之厉禁。使其地之人，守其财物，以时入之于玉府，颁其余于万民。凡祭祀、宾客，共泽物之奠。丧纪，共其苇蒲之事。若大田猎，则莱泽野，及弊田，植虞旌以属禽。

迹人掌邦田之地政，为之厉禁而守之。凡田猎者受令焉。禁麛卵者，与其毒矢射者。

---

[1]（清）阮元校刻本：《十三经注疏》，中华书局，1980 年影印本，第 702-703 页。

矿人……

角人掌以时征齿角，凡骨物于山泽之农，以当邦赋之政令。以度量受之，以共财用。

羽人掌以时征羽翮之政，于山泽之农，以当邦赋之政令。凡受羽，十羽为审，百羽为抟，十抟为縳。

掌葛掌以时征缔绤之材于山农，凡葛征征草贡之材于泽农，以当邦赋之政令。以权度受之。

掌染草掌以春秋敛染草之物，以权量受之，以待时而颁之。

掌炭掌灰物炭物之征令，以时入之。以权量受之，以共邦之用，凡炭灰之事。

掌荼掌以时聚荼，以共丧事。征野疏材之物，以待邦事，凡畜聚之物。

掌蜃掌敛互物蜃物，以共闉圹之蜃。祭祀共蜃器之蜃。共白盛之蜃。

囿人掌囿游之兽禁，牧百兽。祭祀丧纪宾客，共其生兽死兽之物。[1]

除上述之外，还有"闾师掌国中及四郊之人民、六畜之数，以任其力，以待其政令，以时征其赋……任衡，以山事贡其物；任虞，以泽事贡其物"；[2]"委人掌敛野之赋敛，薪刍。凡疏材木材，凡畜聚之物，以稍聚待宾客，以甸聚待羁旅。凡其余聚以待颁赐。以式法共祭祀之薪蒸木材。宾客共其刍薪。丧纪共其薪蒸木材。军旅共其委积薪刍。凡疏材共野委兵器，与其野囿财用。凡军旅之宾客馆焉。"[3]事实上，在《周礼》的职官系统中，除《春官》与采集捕猎关系不大之外，《天官》《夏官》《秋官》和《冬官》所属官员的职掌亦多与之直接相关。[4]

正如许多研究者所指出的那样，《周礼》只是一种理想化的制度体系设计，而非西周政典实录。然则若无一定的社会经验事实作为基础，这套体系是难以完全凭空捏造的。即便再退一步，就算完全是凭想象而设计的一套制度，若山

[1]（清）阮元校刻本：《十三经注疏》，中华书局，1980年影印本，第747-749页。
[2]（清）阮元校刻本：《十三经注疏》，中华书局，1980年影印本，第727页。
[3]（清）阮元校刻本：《十三经注疏》，中华书局，1980年影印本，第745-746页。
[4] 由于本章主题是山林川泽资源管理保护，故只罗列《周礼·地官》中掌管有关礼制、禁令的官员之职。实则《天官》部分为天子生活服务的职官，涉及食物、衣料的职掌多与采集捕猎产品有关；《夏官》部分因田猎与军事关系极其密切，故对当时集体田猎活动的具体组织方式记载最详；《秋官》部分则因秋季是狩猎旺季，列有多个与采集捕猎相关的职官及其具体事务，内容涉及狩猎对象、工具和方法；因采集捕猎产品是"百工"生产原料的主要来源之一，故《冬官》部分官员的职掌亦多涉及。具体官名、职掌不一一引述材料。

林川泽、采集捕猎不为作者所在时代社会生活所倚重，无关于国计民生大局，列述这许多官员及其相关职掌也是没有任何必要的。

总之，周代以降，随着农耕经济不断发展，采集捕猎固已成为次要产业，但绝非可有可无，国家财用和民众生计的许多方面仍在相当大的程度上倚重于天然物产。当野生动植物资源日益走向匮乏、采集捕猎和以此为基础的许多手工业生产逐渐难以为继、物质生活需求遭受诸多严峻挑战之时，有识之士必定产生深切的忧患意识，并提出解决问题的思想主张，国家亦势必要采取相应对策，对有限资源的管理保护予以制度上的保障。

第三节　先秦至两汉的山林川泽资源管理

既已明了采集捕猎在这个时代的经济意义，以及野生动植物资源匮乏所带来的诸多不利影响，我们对于当时的相关思想和制度就可以做出更加符合历史实际的评说，对于何以早在先秦时代就形成了系统的山林川泽资源管理思想和制度，到了后代反倒并不那么受到重视，也就不难找到正确的答案。我们的基本观点是：在中国环境保护史上显得特别突出的先秦山林川泽资源管理思想和制度之形成，具有特定历史情境，这就是：在周秦之际社会变革和经济转型过程中，随着垦殖规模不断扩大，农业发展日益加快，采集捕猎经济的依存空间和资源愈来愈被占夺。然而，由于历史的惯性，国家财政、百姓生计和手工业生产对于采集捕猎却仍然具有很大依赖性，这导致人们对于野生动植物资源日益匮乏产生普遍的忧患意识，力图通过各种努力保护采集捕猎赖以存续的资源。从这个意义上说，不断强化对山林川泽资源的控制和管理，竟是对"先进的"农耕经济挤压"落后的"采捕经济的一种抵御性反应。下面分别从思想和实践两个层面稍稍做些评说。

从先秦诸子言论可以看到：山林川泽资源利用保护是一个很重要的时代话题，各派思想家都或多或少地有所触及。对此，以往学者做了不少梳理工作。从历史的角度来看，先秦自然资源利用保护思想确实有几点很值得称道：

其一，当时思想家们认识到经济生产是与一定资源条件相适应的，人口—资源关系的变化导致生产方式的改变，经济类型、生活方式乃至国家治理与自然资源变化之间存在着密切的联系。这从他们对黄帝、尧、舜、禹等先王之世和商周时代资源环境与生产状况的想象性重构中可以清楚地看出。

　　其二，他们认识到山林川泽资源并非取之不尽、用之不竭，因此主张采捕以时、取用有度和节制消费，使各种生物得以顺利长养。他们反对宫室逾制、衣食侈靡、财用无节，因为过度消费导致竭泽而渔、覆巢取卵，既违背上天生生之德，亦使山麓川泽中的生物失去滋生繁育能力，樵采捕猎生产最终难以为继。春秋时代的孔子就具备了此类认识。《史记》卷47《孔子世家》载其言称："……刳胎杀夭则麒麟不至郊，竭泽涸渔则蛟龙不合阴阳，覆巢毁卵则凤皇不翔。"[1]战国思想家的认识进一步深化，表述更加明确。在他们看来，节制用度和取用以时都是为了保证资源不致枯竭、生产能够继续。孟子基于历史经验教训，常常对资源利用不加节制特别是统治者侈靡奢华、田猎无度和广设苑囿提出批评，特别强调把握采捕时宜和节制采捕强度的重要性，指出："不违农时，谷不可胜食也。数罟不入污池，鱼鳖不可胜食也。斧斤以时入山林，材木不可胜用也。谷与鱼鳖不可胜食，材木不可胜用，是使民养生丧死无憾也。养生丧死无憾，王道之始也。"[2]《韩非子·难一》也引述雍季的话说："焚林而田，偷取多兽，后必无兽。"[3]《吕氏春秋》多次明确指出取用有节的重要性，其《应同》篇云："夫覆巢毁卵则凤凰不至，刳兽食胎则麒麟不来，干泽涸渔则龟龙不往。"《义赏》篇亦引雍季之语云："竭泽而渔，岂不获得？而明年无鱼；焚薮而田，岂不获得？而明年无兽……非长术也。"[4]《管子》的表述更加完整，如其《八观》说："山林虽近，草木虽美，宫室必有度，禁发必有时。是何也？曰：大木不可独伐也，大木不可独举也，大木不可独运也，大木不可加之薄墙之上。故曰：山林虽广，草木虽美，禁发必有时。国虽充盈，金玉虽多，宫室必有度。江海虽广，池泽虽博，鱼鳖虽多，网罟必有正。……非私草木，爱鱼鳖也，恶废民于生谷也。"[5]这些话虽然未必果真出自管子之口，但毕竟反映了春秋到西汉时期的认识水平。

　　上述这些言论转换成今天的话语，主要包含了如下几点：一是适度消费，

[1]（汉）司马迁：《史记》，中华书局，1959年，第1926页。《大戴礼记·易本命》引孔子云："故帝王好坏巢破卵，则凤凰不翔焉；好竭水搏鱼，则蛟龙不出焉；好刳胎杀夭，则麒麟不来焉；好填溪塞谷，则神龟不出焉。"兹据方向东：《大戴礼记汇校集解》，中华书局，2008年，第1329页。

[2]《孟子·梁惠王上》，《十三经注疏》，中华书局，1980年影印（清）阮元校刻本，第2666页。

[3]（清）王先慎撰，钟哲点校：《韩非子集解》，中华书局，2003年，第347页。

[4]许维遹撰，梁运华整理：《吕氏春秋集释》，中华书局，2009年，第286、329页。

[5]黎凤翔撰，梁运华整理：《管子校注》，中华书局，2004年，第261页。

采捕强度适中，不要破坏野生动植物资源的再生修复能力；二是把握时令，顺应生物的生长规律，避开生物孕育生长的关键季节，以免影响其正常滋生繁殖；三是实行择采、择捕措施，对幼小树木、鸟巢鸟卵、母兽幼兽等要予以保护，反对滥捕滥伐。总之是禁止竭泽而渔、童山而樵，合理采伐捕猎，以保证采集捕猎生产的可持续性。应当说，这些思想都是相当高明的，虽是来自直观经验的观察，却具有重要的思想文化价值。

其三，他们把合理利用和积极保护山林川泽资源提升到政治高度进行论述，有的甚至主张实行国家统一管理。除前述《孟子》将其视为"王道之始"外，《礼记》把一些关于田猎的具体规则列入《王制》，一方面指出田猎是敬奉天地、孝祭祖宗之所必需，另一方面又对田猎活动程度（强度）和时宜设置了种种限制[1]，又将"以时禁发"的许多事项列入天子的施政月历——《月令》之中。《荀子》亦在《王制》篇中用相当长的一段文字，谈论君主在保证采捕以时、万物顺利长养和百姓生活有余方面所担负的责任。总之，适度、适时地樵采和渔猎是"王制"和"王道"的要求。

山林川泽资源的合理利用与积极保护之所以被提升到"王道"和"王制"的高度，乃是基于当时的经济实际——采集捕猎对于国计民生仍具有很重要的意义。一些学者将上述这些思想言论抬至很高的哲学层面予以阐释，甚至提升到"天人合一"的玄妙境界，以图证明我们的祖先早在几千年前就具备了十分高超的自然观和生态智慧[2]，固然并非全无根据，但多有无端拔高和牵强演绎之论，非但无助于理解其真正价值，反而会扰乱我们对历史的认识。

基于历史事实，我们不主张对它们进行过分牵强的哲学阐释，而更乐意强

---

[1] 《礼记·王制》将天子、诸侯田猎的次数、目的、方式、时宜和技术原则都概括得非常清楚、简明，它一方面指出天子诸侯"无事而不田"为"不敬"，另一方面又说"田不以礼，曰暴天物。"所谓"以礼"，实指田猎要有限度，具体包括："天子不合围，诸侯不掩群。天子杀则下大绥，诸侯杀则下小绥，大夫杀则止佐车，佐车止则百姓田猎。獭祭鱼，然后虞人入泽梁；豺祭兽，然后田猎；鸠化为鹰，然后设罻罗；草木零落，然后入山林；昆虫未蛰，不以火田。不麛、不卵、不杀胎、不殀夭、不覆巢。"《十三经注疏》，第 1333 页。它还从市场交换方面做出规定："木不中伐，不粥于市；禽兽鱼鳖不中杀，不粥于市。"《十三经注疏》，中华书局，1980 年影印（清）阮元校刻本，第 1344 页。

[2] 关于这个问题，学人讨论甚多，观点聚讼纷纭，基本情况可参见陈业新：《近些年来关于儒家"天人合一"思想研究述评——以"人与自然"关系的认识为对象》，《上海交通大学学报》2005 年第 2 期，第 74-81 页。李根蟠曾系统梳理了"三才"理论、"天人合一"思想与古代自然观之间的关系，指出："不少学者把中国传统的自然观归结为'天人合一'，其实这是不全面、不确切的。在这种情况下，'天人合一'已经逐渐变成一种语言符号，背离了它实际的历史内容。"他认为："'三才'理论更加接近我们现在所说的人与自然的关系，更能体现中国传统有机统一的自然观的特点。"见李根蟠：《"天人合一"与"三才"理论——为什么要讨论中国经济史上的"天人关系"》，《中国经济史研究》2000 年第 3 期，第 3-13 页。

调其解决实际经济问题的对策性。如果一定要发掘出其中的思想价值，我们认为这些思想言论的确体现了一种从生存实践中提炼出来的生命意识。《周易·系辞下》云："天地之大德曰生，圣人之大宝曰位，何以守位曰仁，何以聚人曰财，理财正辞、禁民为非曰义。"[1]古人强调"生生之德"，体现于自然是"生物"，体现于社会是"生民"，体现于经济则是"生财"。"生民"是治国之根本，"生财"是富国所必需，"生民"与"生财"又是以"生物""养物"为基础的，因此必须在国计民生需要与自然供给能力之间找到某种平衡，保证万物生生不息。然则天地万物生遂长养，各由其性，各因其时，各有攸宜，人类只能顺应它。只有顺天之时、因地之宜、遂物之性并且用之有度，才能保证自然资源不枯不竭，经济生产持久发展，满足国计民生的需求。儒家经典和先秦诸子的有关言论中诚然包含着某些"可持续"的观念，但必须特别指出的是，它们所强调的是采集捕猎生产的"可持续进行"，是国家财用和民众生计所需自然物产的可持续供给，而非整个社会经济的"可持续发展"。

下面重点从管理实践层面进行讨论。

翻检现有的文献资料，我们察觉：自西周至于战国时代，相关政策和法令其实是经历了一些变化的，基本趋势是由"以时禁发"为主的限制性管理走向"专山泽之利"，实行国家专控，法令管制渐趋苛严。

作为反映这个时代国家管理山林川泽资源的主要文献，《周礼》详细罗列了山林川泽管理机构和"虞衡"之类职官的具体职掌，《礼记》则按月条列了樵采捕猎的各种规定，类似于具体执行条例。其中一些规定可能在更早的时代就已经出现，存在于民俗习惯之中，到了这时则逐渐上升到礼制与法令层面，成为一种国家意志。

在诸多规定之中，最重要的是"以时禁发"，对此先秦文献曾反复予以强调，在前文所述《周礼》山林川泽管理职官、职掌中，"以时"是重复最多也最重要的一个关键词。"以时禁发"是王制的要求和王道的体现，甚至关乎孝道。[2]如何"以时禁发"？《礼记》编造了一个"月令图式"，[3]逐月罗列了禁发的

[1]（清）阮元校刻本：《十三经注疏》，中华书局，1980年影印本，第86页。
[2]《礼记·祭义》："曾子曰：'树木以时伐焉，禽兽以时杀焉。'夫子曰：'断一树，杀一兽，不以其时，非孝也'。"《十三经注疏》，中华书局，1980年影印（清）阮元校刻本，第1598页。
[3] 关于"月令图式"或者"月令模式"，下章将予以专门讨论。此为叙述需要，主要述其采捕方面"以时禁发"的内容。

时宜：[1]

如果说《周礼》主要记载了当时山林川泽自然资源保护管理的职官体系的话，《礼记·月令》则具体记载了关于山林川泽自然资源保护管理的诸多礼制禁令，亦即相关政策法令。由表 4-1 内容可见：这些政策法令的核心内容正是要求"以时禁发"，尤其是在春、夏两季，一般都要限制甚至禁止樵猎。由于保护农作物和采集药材的需要，并考虑到某些水生动植物的生物特性，夏季允许有限地采集捕猎。秋冬两季乃是采捕生产的主要季节，天子、诸侯组织大规模的围猎活动，民众则被组织参与或自行开展采捕活动，相关官员则负责组织、指导、协调这些活动和征敛采捕物品（山泽之赋）。根据制度规定：在实行"禁"的季节，违禁从事樵采捕猎要遭受刑罚；反之，在允许"发"的季节，生产者的利益受到官府保护，不允许随意侵夺。虞衡之类官员担当着执法者角色。

表 4-1　《礼记·月令》中的应禁与应发

月份	应禁的事项	应发的事项
孟春之月	牺牲毋用牝。禁止伐木，毋覆巢，毋杀孩虫、胎夭飞鸟，毋麛毋卵。	
仲春之月	毋竭川泽，毋漉陂池，毋焚山林。祀不用牺牲。	
季春之月	田猎罝罘、罗罔、毕翳、喂兽之药，毋出九门。命野虞无伐桑柘。	
孟夏之月	毋伐大树，毋大田猎。	驱兽毋害五谷。聚畜百药。
仲夏之月	令民毋艾蓝以染，毋烧灰，毋暴布。	
季夏之月	乃命虞人，入山行木，毋有斩伐。	命渔师伐蛟、取鼍、登龟、取鼋。命泽人纳材苇。
孟秋之月		
仲秋之月		
季秋之月		天子乃教于田猎……天子乃……执弓挟矢以猎，命主祠祭禽于四方。草木黄落，乃伐薪为炭。
孟冬之月		命水虞、渔师，收水泉池泽之赋。
仲冬之月		山林薮泽有能取蔬食、田猎禽兽者，野虞教道之。伐木、取竹箭。
季冬之月		命渔师始渔，天子亲往，乃尝鱼，先荐寝庙。命四监，收秩薪柴，以共郊庙及百祀之薪燎。

[1] 某些活动在《礼记·夏小正》已略见记载，说明其渊源久远；《吕氏（春秋）十二纪》《淮南子·时则训》与《月令》的内容基本相同。

即便是在允许采捕的季节，采捕的强度也有所限制，不允许竭泽而渔、绝群而捕。《礼记·王制》规定："天子不合围，诸侯不掩群"；"昆虫未蛰，不以火田。不麑、不卵、不杀胎、不夭夭、不覆巢。"[1]这些都是为了维持自然资源的再生能力，保证生产可持续性。在动植物繁殖生长的关键季节实行"时禁"，相当于今天的季节性休林、休猎和休渔；开禁季节，采捕所用的工具、手段、方法，以及采捕的强度仍然受到一定的限制，目的是保护尚未成材的林木和孕胎、孵卵、幼小的动物，与今天所实行的择伐、择捕等生物保育措施的精神也很一致。因此，即使按照现代标准来衡量，能够提出并实施这些管理措施也是难能可贵的。

除"时禁"之外，另一个最重要的制度大概是"火宪"。众所周知，用火技术是人类最伟大的历史发明之一，对于人类生存和人与自然关系影响之深刻，无论如何估量亦不为过。从采集狩猎时代直至农耕发展初期，不论是在驱兽围猎还是在垦荒整地中，焚烧林莱都曾是最重要并且最有效的方式，两者常是密切联系在一起的。从一定程度上说，"田猎为农耕做了准备工作"。[2]

在农业发展初期，由于耕垦工具落后，人类普遍实行"刀耕火种"，"伐木而树谷，燔莱而播粟"[3]，这是众所习知的史实。即便农业发展到了一定阶段，焚烧草莱、化草为粪等措施仍然长期沿用。狩猎活动中同样普遍用火，直到《诗经》时代"火攻"依然盛行，《诗经·郑风·大叔于田》所描述的"火烈具举""火烈具扬""火烈具阜"田猎场面就足以说明问题。《周礼·夏官·司马》表明春季"搜田"仍然用火，其称："中春……遂以搜田，有司表貉，誓民，鼓，遂围禁。火弊，献禽以祭社。"[4]当然，用火的时间和地点都有所限制，不再允许随意行火，所以同书又云："司爟掌行火之政令。四时变国火，以救时疾。季春出火，民咸从之；季秋内火，民亦如之。时则施火令。凡祭祀，则祭爟。凡国失火，野焚莱，则有刑罚焉。"[5]《礼记》规定得更加明确，如前引《王制》中的"昆虫未蛰，不以火田"，《月令》中的仲春之月"毋焚山林"、仲夏之月"毋烧灰"等，均属此类。

---

[1]（清）阮元校刻本：《十三经注疏》，中华书局，1980年影印本，第1333页。

[2] 中国农业遗产研究室编著：《中国农学史》（初稿）上册，第43页。

[3]（汉）桓宽、王利器校注：《盐铁论·通有》，中华书局，1992年，第42页。

[4]（清）阮元校刻本：《十三经注疏》，中华书局，1980年影印本，第836页。

[5]（清）阮元校刻本：《十三经注疏》，中华书局，1980年影印本，第843页。

春秋以后，国家更加重视"修火宪"，对野外放火实行严厉控制。《荀子·王制》云："修火宪，养山林薮泽草木鱼鳖百索，以时禁发，使国家足用而财物不屈，虞师之事也。"[1]《管子》多处强调修"火宪"与国家贫富、人民生计的关系，其《立政》篇说："山泽不救于火，草木不得成，国之贫也；……山泽救于火，草木殖成，国之富也。"又云："修火宪，敬山泽林薮积草。夫财之所出，以时禁发焉。使民于宫室之用，薪蒸之所积。"[2]关于禁火的具体规定，则如《轻重己》所云："以春日至始，数四十六日，春尽而夏始……，毋行大火，毋断大木，……天子之夏禁也。""以秋日至始，数四十六日，秋尽而冬始。……毋行大火，毋斩大山，……天子之冬禁也。"[3]农史学家认为："打猎时用火驱逐野兽，和农业上的火耕有密切关系，但是，打猎在春秋时期视为当然的事，到秦汉甚至被列为禁令，这和秦汉时期北方脱离火耕状况也是有关的。"[4]从农业技术史的角度作如此解说自然是合理并具有启发性的。不过，从根本上说，之所以要实行"火宪"，是由于野生动植物资源渐趋匮乏，因为随意放火会焚毁林麓泽薮和其中的动物。

上述制度和法令在春秋战国直至秦汉文献中都频繁出现，文字互有不同但基本内容和精神一致。问题是这些规定（特别是儒家经典中以礼制形式出现的规定）是否发挥过实际的约束作用呢？我们的看法大体上是肯定的。理由有几点：第一，从《诗经》对采集狩猎情景的描述来看，《周礼》《礼记》所记载的制度（包括具体仪式），有些确实存在并得到了遵守；第二，《春秋》记载了若干国君违礼渔猎的事件，它们之所以被记载下来，是因为非时、非地或捕杀过度不符合礼制规定，但是这样的例子并不很多。一国之君仅因渔猎非时、非地就要遭到讥刺，本身就说明礼制具有一定的约束力，与后代皇帝和王公贵族"纵猎无度"相比，那时的国君似乎比较遵守规矩。《国语·鲁语上》所载的一个故事可以具体证明礼制的约束作用。其称：

宣公夏滥于泗渊，里革断其罟而弃之，曰："古者大寒降，土蛰发，水虞于是乎讲罛罶，取名鱼，登川禽，而尝之寝庙，行诸国，助宣气也。鸟兽孕，水

[1]（清）王先谦撰，沈啸寰、王星贤点校：《荀子集解》，中华书局，1988年，第168页。
[2] 按："使民"之下疑脱"足"字。
[3] 分见《管子校注》，中华书局，2004年，第64、第73、第1533、第1539页。
[4] 详情请参见中国农业遗产研究室编著：《中国农学史》（初稿）上册，科学出版社，1959年，第129-130页。

虫成，兽虞于是乎禁罝罗，猎鱼鳖以为夏犒，助生阜也。鸟兽成，水虫孕，水虞于是乎禁罜䍡，设阱鄂，以实庙庖，畜功用也。且夫山不槎蘖，泽不伐夭，鱼禁鲲鲕，兽长麑麌，鸟翼㲉卵，虫舍蚳蝝，蕃庶物也。古之训也。今鱼方别孕，不教鱼长，又行网罟，贪无艺也。"

公闻之曰："吾过而里革匡我，不亦善乎？是良罟也，为我得法。使有司藏之，使吾无忘谂。"[1]

鲁宣公夏时捕鱼，不合礼制，所以里革敢于断罟以谏，而宣公欣然接受了他的劝谏，且誉之为"良罟"，说明宣公认为应当接受礼制的约束。周代是一个礼治社会，礼制规定对国君、贵族有所约束是很自然的。对于普通民众来说，礼制中的"四时之禁"更具有"法"的效力。

战国时代，礼乐彻底崩坏，关于山泽资源管理的礼制禁令乃以律法形式被保留了下来并得到了强化。前引《孟子》提到：齐国"杀其（禁苑）麋鹿者，如杀人之罪"，[2]说明对百姓偷猎禁苑野兽的惩罚非常严厉；秦国自"商鞅变法"实行"壹山泽"之后，对山林川泽实行国家统一管理，相关法令规定具体而且细致，违律犯禁者尤其是擅入禁苑樵猎者要受到严厉处罚。据云梦龙岗出土秦简记载：吏人在禁苑中偷猎"鹿一，麂一，麋一，鹿一，犬二，□完为城旦春，不□□。"[3]可见处罚之重。还有比这更恐怖的，《管子·地数》曰："苟山之见荣者，谨封而为禁。有动封山者，罪死而不赦。有犯令者，左足入，左足断；右足入，右足断。"[4]如此严刑峻法的主张是否真的出自管子，就不得而知了。

国家对山林川泽资源的管理控制不断加强，还由苑囿的发展得到了证明。

按照古人的理想，山泽之利与民共之，所谓"林麓川泽，以时入而不禁。"[5]然而"共利"现象只能存在于资源充足而利薄之时，资源匮乏、奇货可居则必然导致独占的欲望和行动，这是无须证明的。在政治权力宰制社会经济的时代，稀缺资源通常是趋向于国家专控和统治者独享。早在春秋时期，试图专控山泽之利的行为就已经出现，《左传》卷 49《昭公二十年》记载晏婴的话

[1] 上海师范大学古籍研究所校勘：《国语》，上海古籍出版社，1978 年，第 178-180 页。

[2]（清）阮元校刻本：《十三经注疏》，中华书局，1980 年影印本，第 2674 页。

[3] 刘信芳、梁柱：《云梦龙岗秦简》（竹简释文），科学出版社，1997 年，第 21 页。

[4] 黎凤翔撰，梁运华整理：《管子校注》，中华书局，2004 年，第 1360 页。

[5]《礼记》卷 3《王制》，《十三经注疏》，中华书局，1980 年影印（清）阮元校刻本，第 1337 页。

说：齐国"山林之木，衡鹿守之；泽之萑蒲，舟鲛守之；薮之薪蒸，虞候守之；海之盐蜃，祈望守之。"杜预注称：此"言公（齐侯）专守山泽之利，不与民共。"[1]杜氏的注解是否恰当，容有疑义，但从那个时代起，诸侯国家广设苑囿逐渐成为一种"时髦"却是不争的事实。

根据现存文献记载，商朝就已经开始设置苑囿。《史记》称：纣"益广沙丘苑台，多取野兽蜚鸟置其中。"[2]西周初期，周文王亦曾设灵囿，《诗经》已经提及，[3]但似乎尚无资源专控的意图。春秋以后，各诸侯国家纷纷设立苑囿，有时亦或称圃，[4]见于《春秋左传》等书者，如鲁国有社圃、蛇渊囿、鹿囿、郎囿，齐国有贝丘，郑国有原圃，秦国有具囿，卫国有藉圃，宋国有孟诸，赵国有首山，周室则有蔿国之圃，韩国亦有桑林之苑……[5]云梦大泽浩渺辽阔，禽兽麇集，自是楚王和贵族频繁弋猎之区。这些苑、囿、圃之类，虽名称不同，地方各异，或置于沛泽，或设于林丘，都是面积广大，专控山泽之利的意图愈来愈明显。宋代魏了翁说："哀十四年传曰：西狩于大野，经不书大野，明其得常地，故不书耳。由此而言，则狩于禚、搜于红，及比蒲昌间，皆非常地，故书地也。田狩之地须有常者，古者民多地狭，唯在山泽之间，乃有不殖之地，故天子、诸侯必于其封内择隙地而为之。僖三十三年传曰：郑之有原圃，犹秦之有具囿也，是其诸国各有常狩之处。违其常处，则犯害居民，故书地以讥之。"[6]其说虽不完全恰当，但的确指出了诸侯设置苑囿现象的普遍性。

苑囿不只是专供国君弋猎娱乐的场所，更是为他们提供采集渔猎产品的专属经济领地。有确切史料证明：广大苑囿中的野生动植物是诸侯国君独占的资源，人民进入苑囿樵猎属于违法犯禁行为，要遭受严厉的惩罚。《孟子·梁惠王

[1]（清）阮元校刻本：《十三经注疏》，中华书局，1980年影印本，第2093页。

[2]（汉）司马迁：《史记》卷3《殷本纪》，中华书局，1959年，第105页。

[3]《诗经·大雅·灵台》云："王在灵囿，麀鹿攸伏。"又云："王在灵沼，于牣鱼跃，虞业维枞，贲鼓维镛。"《十三经注疏》，中华书局，1980年影印（清）阮元校刻本，第524页。灵沼是灵囿中的沼池。

[4]（宋）魏了翁：《春秋左传要义》卷11："圃以蕃为之，所以树果蓏；囿则筑墙为之，所以养禽兽。二者相类，故取圃为囿"。此据文渊阁《四库全书》电子版（内联网版），下同。

[5] 笔者利用文渊阁《四库全书》电子版（内联网版）从《春秋左传注疏》中搜得了多条记载。例如："隐公十一年"："公祭钟巫，斋于社圃，馆于寪氏"；"定公十三年"："筑蛇渊囿"；"成公十八年"："筑鹿囿"；"昭公九年"："筑郎囿"；"庄公八年"："齐侯游于姑棼，遂田于贝丘"；"僖公三十三年"云："郑之有原圃，犹秦之有具囿也"；"哀公十七年"："卫侯为虎幄于藉圃"；"文公十六年"："既夫人将使公田孟诸而杀之"，"宋昭公将田孟诸，未至，夫人王姬使帅甸攻而杀之"；"昭公二十一年"："乃与公谋逐华豹区，将使田孟诸而遣之"；"宣公二年"："宣子田于首山，舍于翳桑"；"庄公十九年"："及惠王即位，取蔿国之圃以为囿。"此外，张仪曾说韩王云："……鸿台之宫、桑林之苑，非王之有也。"见《史记》卷70《张仪列传》，以及（汉）刘向编订：《战国策》卷26《韩策一》。

[6]（宋）魏了翁：《春秋左传要义》卷7，"诸国各有狩地非常故书"条。据文渊阁《四库全书》本。

下》说："文王之囿，方七十里，刍荛者往焉，雉兔者往焉，与民同之，民以为
小。"[1] 而战国时期诸侯的苑囿却是杀人的陷阱，私入其中"杀其麋鹿者，如杀
人之罪。"[2] 睡虎地出土秦简《田律》中的具体规定，更显示了经济利益的独占
性。其称：

> 春二月，毋敢伐材木山林及雍（壅）堤水。不夏月，毋敢夜草为灰，取生
> 荔、麛夭鷇，毋□□□□□毒鱼鳖，置阱罔（网），到七月而纵之。唯不幸死
> 而伐绾（棺）享（椁）者，是不用时。邑之析（近）皂及它禁苑者，麛时毋敢
> 将犬以之田。百姓犬入禁苑中而不追兽及捕兽者，勿敢杀；其追兽及捕兽者，
> 杀之。河（呵）禁所杀犬，皆完入公；其他禁苑杀者，食其肉而入皮。[3]

根据这个规定：若百姓家养的犬闯入禁苑追捕其中的兽物，禁苑守吏要将
犬杀死。根据禁苑的不同类别，连被杀死的犬都要完整交公，或将狗皮交公。

广设苑囿作为专属经济领地，是对野生动植物资源渐趋匮乏的一种反应。
由于实行封禁，百姓不能自由樵猎，其中的草木鸟兽得以孳繁，资源自然能够
得到了一些保护，但其动机和目的只是为了满足统治者对有限资源的独占欲望。
若将那时的禁苑视同今日之"自然资源保护区"，可就要弄出大笑话了！

随着自然资源日趋匮乏，国家对山林川泽的直接控制和管理愈来愈严厉，
不仅大量封禁山泽、设置苑囿，对一般山林川泽也实行"时禁"管理并且征税。
"商鞅变法"实行"壹山泽"，固然意在驱民务农，但亦是为了"颛川泽之利，
管山林之饶"，[4] 对山林川泽之利实行国家专控（至少在制度上如此）。与之相
应，在春秋战国的历史变革中，租税、赋役和贡献制度亦逐步演变，秦汉时期
的山林川泽之税由少府专管，是皇家独享的"私奉养"，[5] 这自然是长期制度演
变的结果。

---

[1]（清）阮元校刻本：《十三经注疏》，中华书局，1980 年影印本，第 2674 页。

[2]（清）阮元校刻本：《十三经注疏》，中华书局，1980 年影印本，第 2674 页。

[3] 睡虎地秦墓竹简整理小组：《睡虎地秦墓竹简》（释文注释部分），文物出版社，1990 年，第 20 页。

[4]（汉）班固：《汉书》卷 24《食货志》，中华书局，1962 年，第 1137 页。

[5] 汉初实行政府财政与皇室财政分开的两套系统，其中山泽之税入于少府，为皇帝、封君所独享。《史记》称：
"量吏禄，度官用，以赋于民。而山川园池市井租税之入，自天子以至于封君汤沐邑，皆各为私奉养焉，不领于
天下之经费。"见《史记》卷 30《平准书》，中华书局，1959 年，第 1418 页；"少府"乃是上承秦制，《后汉书志》
第二十六，《百官》三云："承秦，凡山泽陂池之税，名曰禁钱，属少府。"见《后汉书》，中华书局，1965 年，第
3600 页。

　　要之，自周代开始形诸礼制、体现了国家意志的山林川泽管理制度，在发展过程中逐渐趋于严厉，到了战国、秦、汉时代乃逐渐形诸专项的法令条文，"以时禁发"的限制性管理逐渐演变为"专山泽之利"国家控制。虽然西汉初期曾一度"弛山泽之禁"，后来还罢废了若干个禁苑，某些特殊情形下（如灾荒年份）甚至将一些苑囿池籞、陂湖园池"假与贫民"，[1]但由于山林川泽之利是皇家"私奉养"的来源，国家对野生动植物资源的管理保护总体上是很严格的，出土简牍中的相关材料也证明了这一点。然而，随着人口不断增长，农业不断发展，对耕地的需求随之不断扩大，权势之家对山林川泽的占夺愈演愈烈，国家对于山林川泽资源的管理保护亦越来越难以坚持下去，东汉时期的管理控制就已经不如西汉严格。晋宋以后，虽然专供皇室射猎游玩需要的苑囿制度一直保留了下来，国家对一般山林川泽的管理却渐趋松弛，直至逐渐放任不管，造成国家权力在自然资源保护方面长期缺位。[2]其重要历史转折点是刘宋时期颁布官品"占山格"：它一方面对士族权贵肆意封锢山泽予以限制，另一方面却首次承认了私占部分山泽的合法性。[3]这种转变在中国生态环境变迁中究竟具有怎样的影响，是非常值得思量的。对此，后面还将予以专门讨论，这里暂不多言。

　　综观古今中外的历史，我们认为：迄今为止的所有重大经济变革，均既伴随着人与人的关系（即社会关系）变化，又伴随着人与自然的关系变化，经济—社会—自然三者交相作用，互为因果。一旦把自然因素和生态关系纳入考虑的范围重新观察审视历史，我们不难察觉到：重大社会经济转型时期的环境资源问题通常比其他时代更加严重，人们对自然资源不足的忧患意识亦更为强烈，尤其是为长期赖以生存的那些资源趋于匮乏而深感忧虑。这种资源忧患意识反映于思想层面，是针对经济发展与资源利用的关系形成某些共同的时代话语乃至理论；影响于实践层面则是采取一些应对的策略，比如更讲求资源利用

[1] 汉元帝初元元年（公元前48年），"以三辅、太常、郡国公田及苑可省者振业贫民。"因关东灾荒，"其令郡国被灾害甚者毋出租赋。江海陂湖园池属少府者以假贫民"；次年又"诏罢黄门乘舆狗马，水衡禁囿、宜春下苑、少府饮飞外池、严籞池田假与贫民。"见《汉书》卷9《元帝纪》，第279页，中华书局，1962年，第281页。
[2] 在后代王朝中，元朝对野生动物及草地、林木和水源保护特别重视，《元史·刑法志》《元典章·围猎》等均保留了不少相关法令。奇格等人指出："元朝时期的蒙古族统治者，把蒙古族传统生态保护意识带入了中原王朝的法律制度中，尤其对野生动物的保护，是中国历代中原王朝中最突出的。"这大体符合古代史实。这一例外情况非但不能动摇我们的观点，反倒可以成为一个佐证：当时统治者关注自然资源保护，显然是为防止捕猎经济资源枯竭。参见奇格等：《古代蒙古生态保护法规》，《内蒙古社会科学（汉文版）》2001年第3期，第34-36页。
[3]（梁）沈约：《宋书》卷54《羊玄保附兄子希传》，中华书局，1974年，第1536-1537页。

效率，降低资源消耗；更重视开发替代资源，改变物资需求方向；更积极地通过道德、法律和经济手段来管理、保护紧缺资源。这些分别推动了技术方法创新、经济（特别是资源依赖型经济）结构调整和生活方式变革，并导致国家与社会公共权力对短缺资源控制力度增强。先秦时代正是如此。

如果我们从社会（人口）—经济（经济类型、生计体系）—环境（自然资源）彼此适应的生态关系出发，就可以认识到：经济转型是一种十分艰难的整体蜕变，"先进"与"落后"经济类型和生业方式的发展演替其实是一个连续不断、长期交错的历史过程。由于长期形成的经济体系和生活需求具有强大历史惯性，人们总是倾向于维持原有生产和生活方式，并对特定的资源形成习惯性依赖。一旦由于资源不足导致原有生活方式难以维持，社会上必然产生忧患意识和焦虑心理，国家亦将对稀缺资源予以更多的重视，并采取各种方式努力加以控制和管理。倘若我们只注意新的发展变化而忽略其历史延续性，只研究主要产业而不顾及其他，就难以真正了解特定时代社会经济生活的实际状态，对当时的思想观念、政策制度和行为方式亦难以做出正确的解释。在研究新旧嬗变、主次易位阶段的资源环境和社会经济问题时，需要特别保持警惕。

西周至战国时代，黄河中下游地区经济变迁的速率不断加快，不仅走上了定向化的农耕经济道路，并且逐渐走向精耕细作，农业发展不断挤压采集狩猎生产，占夺其赖以存续的空间和资源。然而，经济结构、消费方式乃至财富观念的调整变化并非朝夕之间就能全部完成，在相当长的时间里，手工业生产、国家财政和民众生计对于自然天成的各种动植物产（如木材薪炭、野生蔬果、野味肉食，以及毛皮、筋、角、齿、羽、箭干、脂胶、丹漆等手工业生产原料）仍然具有很强的依赖性，野生动植物资源渐趋匮乏却导致其生产和供给难以为继，不能不引起当时国家和社会的忧虑，被迫采取各种方式予以应对。正是在这样的背景下，思想家们不断谈论合理利用和积极保护山林川泽资源的重要性，国家则制定了诸多礼制禁令，其实都是企图维持不断式微的采集捕猎经济，以满足对那些仍主要是自然生成的物质产品的需求。这与当代环境保护表面上有相似之处，实际上却具有本质的差别。一旦经济—社会—自然之间的关系达到某种新的调适状态，特别是国家财政收入和上层社会需求通过新的机制得到了保障，曾经建立的资源管理制度亦将逐渐被弃置不用。讨论至此，何以先秦时代即形成了系统的山林川泽管理保护思想与制度，后代却"不进反退"，就已经得出合理的答案了。

　　先秦至两汉的山林川泽管理保护思想与实践，不论是政策主张、职官设计还是制度法令，都包含着不少优秀的文化元素，对此应予以充分肯定。但是，同基于科学理性的当代环境保护相比，不仅所面临的实际问题迥然不同，认识水平和实践能力亦相差非常遥远。当时国家对山林川泽资源的管理，是在相关产品需求增加、而资源供给能力减弱的矛盾日益突出之时所采取的对策，不必需要什么高深哲学思想的指导，凭直觉经验即能做出这类反应。事实上在更早的时代和更落后的民族中，有些观念意识和制度规范就已经萌生了，只是不像这个时代那样经过思想家们反复谈论并记录于文本，更没有从民俗规范上升到国家制度和法令层面，成为一种具有更大强制力的国家意志。如果脱离它的特殊历史情境，抽掉其真实的历史内容，只凭悬空式的议论和演绎，过高评估先民们认识、处理人与自然关系的智慧和能力，甚至将"天人合一"的玄妙思想简单地解释为"人与自然的和谐"，试图证明中国在几千年前就具有非常高超的生态文明理念，从中找到拯救当代生态危机的秘方，乃是将今天的观念和理想强塞给古人，严重背离基本历史事实。在认识和处理人与自然关系方面，中国历史上的确创造了优秀思想文化元素，甚至形成了某种体系，它们也许像一些人士所认为的那样可以"抽象地继承"，但弄清基本事实却是历史研究必须坚持的原则，也是继承和弘扬优秀传统文化的前提。盲目地恋旧怀古，功利地演绎抬高，并且沾沾自喜，飘然自得，既无助于认识人与自然关系的历史本质，亦不利于真正树立生态理性、发展生态文明。

第五章

自然节律与社会节奏："月令模式"

　　自夏、商、周至战国、秦、汉时代，随着中国经济生产和物质生活不断朝着"农本"方向定型发展，以汉族为主体的中华民族相应地形成和确立了一套思想体系和生存模式。以农为本的经济体系，既决定了人们关于自然世界的基本思想观念，亦决定了人们与自然事物交往的基本行为方式，甚至决定了传统社会的基本生活模式。大体而言，这些基本的思想观念、行为方式和生活模式，可以概括为三个方面：其一曰"天人感应"学说，其二曰天、地、人"三才"理论，其三曰社会节奏顺应自然节律的"月令模式"。它们基本上涵盖了中国古代人与自然关系的主要理论思考与实践规则，最能体现中国环境史的本土思想文化特色，亦具有最为广泛而持久的影响，故这里亦设专章努力予以解说。由于这三个方面彼此深入渗透，相互紧密联结，分别述说或恐造成史料、话语大量重复，将三者混合在一起又恐造成彼此之间纠缠不清，故这里重点探讨"月令模式"的环境史意义，另外两个方面则作为该模式形成和发展的思想背景顺带讨论。

第一节　为何要专门探讨"月令模式"？

　　众所周知，农业生产是自然再生产与经济再生产的统一，具有极其显著的季节性。中国传统社会经济既是"以农为本"，社会活动即必须敬奉天时、不违天时和顺时而动。在中国传统时代，知晓天时、敬奉天时和遵循自然季节变化节奏而开展活动，始终都是一个不可动摇的铁律。为了顺应天时，中华民族曾经有过极其丰富的文化创造，这些文化创造的背后，蕴含着非常深刻的自然精神和环境伦理。环境史研究者既以系统探索"历史上的人与自然关系"为己任，即不能不对此予以特别关注。

然而，以往环境史研究一直聚焦于长期生态环境变化，热衷于探讨人类活动对生态环境的长期破坏，对人们如何适应"当下环境"的四时更替、草木荣枯、昆虫启蛰的自然变化，却一直未予专门研究。倘若始终如此，环境史的某些深层性问题恐将无法得到满意解答。在我们看来，长期环境变化固然是非常重要的课题，但若欲对中国历史上的人与自然关系进行更有深度的探析，则还需了解先民们是如何适应其当下自然环境的季节变化，如何形成一个独特的文化体系和强固的文化传统。

大自然的运行具有季节性和韵律性，时间秩序支配着万类苍生的生命节奏。浩瀚苍穹的太阳运动、月亮盈亏、星斗转移，俯瞰着苍茫大地的寒暑往来、干湿交替、潮汐涨落、草木枯荣、鸿雁迁飞、昆虫启蛰……一切都在有节奏、有秩序和周期性地运动变化。作为大自然之子，人类同样必须遵循自然节奏而开展生命活动。因地理纬度、地形地貌、海陆位置、气候土壤、动植物种……存在着诸多差异，散布在地球不同角落的人民，分别受到自然环境的不同影响与制约，对自然节奏的感知和适应方式可谓千差万别。那么，生息于北半球、亚欧大陆东部、太平洋西岸这片土地上的人民曾经如何适应大自然的变化节奏？创造了怎样的知识体系？形成了怎样的社会活动节律和适应模式？

带着这些问题，我们冥想神游许久而不得要领。终于，从科学史和哲学史家的相关讨论中，我们发现了"月令模式"（亦作"月令图式"）这个概念，[1]认为它有助于揭示中国传统社会人与自然关系的某些历史特征。"月令模式"因

---

[1] 根据目前掌握的文献，最早提出这一概念的是金春峰，他称之为"月令图式"，但没有予以定义，只是将其视为中国传统文化的思维模式，其特征是：一、人类活动和自然过程中存在着季节性的规律；二、五方、五行与季节相结合（如东方、春季与木结合）；三、时间是循环往复的，空间并非向各个方向无限扩展，而是有限的，并随着时间流转。参见金春峰：《月令图式与中国古代思维方式的特点及其对科学、哲学的影响》，收入《中国文化与中国哲学》，东方出版社，1986 年，第 126-159 页。傅道彬认为："月令是一种时间结构，也是一种思维模式。这一模式体现以春夏秋冬四时演化为发展脉络，以空间的日月星辰变化和自然的物候变迁为基本媒介，构筑的天人感应，时空一体，自然与社会相互作用，人类的生产与生活、政治与文化整体互动的思想结构。"参见傅道彬：《〈月令〉模式的时间意义与思想意义》，《北方论丛》2009 年第 3 期，第 125-134 页。他们都或多或少地论及中国传统思维方式与时空结构中的人与自然关系意识，但没有把它当作论说主题。本章试图将人与自然关系作为主题，重新解说"月令模式"的基本内容和主要精神，把它视为中国古代社会活动顺应自然节奏的一套系统文化建构。

儒家重要经典——《礼记》中的《月令》篇而得名，实则这一重要文献，不论
思想知识体系还是文本形式都并非儒家所创，而是那个时代共同的文化成果。
《月令》以1年作为一个周期，以天子活动为中心，以国家政治作重点，把众多
自然现象和社会事务放到十二个月份按照时序变化予以排列、叙述，形成了一
个人事因应自然的时令体系。它既是一份顺应自然变化的"工作月历"，也是一
套顺应自然节律的行为规范，还是一个宏大的"天—地—生—人"时空关系框
架，是即所谓"月令模式"。就现存历史文献来看，探析中国先民对自然环境季
节变化的认知与适应，《礼记·月令》实为最佳资料，其之于中华民族社会生活
节奏、环境行为方式乃至自然观念知识的影响，为任何古代文献所不能及，概
括、冠名为"月令模式"或"月令图式"，可谓名副其实。[1]

　　自20世纪以来，多个领域的学者都曾对《月令》和"月令模式"做过很多
探讨，其中大多对其所反映的中国古代人与自然关系有所论及。最近十余年，
又不断有学人引证《月令》关于山林川泽资源保护的礼制法令，探讨中国古代
的环保思想和生态智慧。[2]不过，倘若我们不囿于环境保护史的狭隘思路，不
满足于思想观念的抽象诠释，而是从更广泛意义上历史地认识那个时代的人与
自然关系，即可发现：山林川泽资源保护并非《月令》环境史价值之全部，甚
至并非其核心价值所在；"月令模式"不只是一种思想结构和理想设计，而是实
实在在地影响过古代政治行为和社会实践的制度与规范。这套东西是如何构建
起来的？体现了怎样的自然观念和生态意识？对古人的环境行为有何影响？在
传统社会中究竟实际发挥了哪些功能？这些更具环境史学意义的设问，需要回
到具体历史情境之中去做实证考察。

[1] 冯友兰曾以"《月令》的世界图式"为题，深刻论述了它所反映的古代宇宙观。冯友兰：《中国哲学史新编》
（第一册），人民出版社，1962年，第443-450页；金春峰率先称之为"'月令'图式"，认为它是一种以阴阳五行
为核心、反映中国古代民族文化和思维特质的"最典型、最普泛，影响与支配一切的形态或模式"，并指"在鸦
片战争以前，这个模式一直居于各种具体思维方式的主导地位，对中国古代的科学、艺术、哲学、伦理道德，产
生了深刻而广泛的影响。因此分析中国古代文化思维方式的特点不能离开这个模式。"见前揭金春峰：《月令图式
与中国古代思维方式的特点及其对科学、哲学的影响》；傅道彬认为："月令是一种时间结构，也是一种思维模式。
这一模式体现出以春夏秋冬四时演化为发展脉络，以空间的日月星辰变化和自然的物候变迁为基本媒介，构筑的
天人感应，时空一体，自然与社会相互作用，人类的生产与生活、政治与文化整体互动的思想结构。"见前揭傅
道彬：《〈月令〉模式的时间意义与思想意义》。本章从环境史即人与自然关系史角度对"月令模式"再做诠释，
认为它既是一种认知自然的方式，更是一套要求人类活动顺应自然节律的社会规范和行为模式，体现了中国古代
最深层的环境观念和生态伦理。
[2] 相关论著数量众多，本章在不同部分多所引用参考，在此不做专门罗列。关于《月令》与先秦自然资源保护
的关系，见前章。

从更深的层面来说，探讨《月令》有助于理解中国古人如何理解环境与时间和空间的关系。时间和空间是物质存在的基本形式，人与自然关系总是存在和发生在一定的时、空之中。在不同空间范围和时间尺度下，自然因素对人类活动的影响和人类活动对自然环境认识和适应，其方式、程度及结果都非常不同。因而时间和空间也是考察人与自然历史关系的两个重要维度，离开一定的时空即无法论说环境史。只不过，本章所要探讨的，既非历史时代改变（如农业时代向工业时代转变），亦非文明空间移动（如由黄河流域向长江流域扩张）所引起的人与自然关系变化，而是中国先民如何认识和顺应其所在自然环境的季节性变化。这个被以往环境史研究忽视的问题，对于理解特定时空条件下的人类环境适应更具"实在"意义。

从学者论述可知："月令模式"是在中国文明发祥地——黄河中下游地区首先产生和成熟的，随着中国文明区域的扩展，两千多年来，它在中国政治、经济、文化和社会生活各个领域都发挥过非常重要的影响。从环境史视角来看，它既是先民认识和把握大自然周期、季节性变化的一套思想知识体系，亦是指导社会生活顺应自然节奏的一套普适规范，具有丰富的历史内涵。这部汇集了古老时代生态意识、环境思想、自然资源保护制度和社会行为规范等丰富内容的经典文献，是在漫长时代中逐渐积累、整合而成的，但战国、秦、汉时代乃是其文本最终定型、其思想高度政治化、其礼法规范普遍社会化的阶段，因此在此专门设置一章做较为详细的讨论。需要说明的是，为了使讨论和解说更具系统性，有些问题不能局限于战国、秦、汉史料，而必须进行比较长期的历史回溯。这里主要着眼于三个问题展开论述：第一，"月令"形成、发展的文献线索：主要追溯有关知识起源、形成和演进的线索；第二，"月令模式"的主要内容和基本精神：主要考察其所体现的环境思想意识和深层生态伦理；第三，"月令模式"对古代农业社会生活的塑模：主要探讨其对传统时代环境行为和生产、生活方式的影响。

第二节　"月令"知识思想演进的文献线索

人类学和民族学研究表明：几乎所有民族，不论栖居何地，都拥有与所在自然环境相应的生产时令和生活节律，许多民族很早就创造了历法和"工作日程表"，尤以农业民族最典型。由于地域环境、生计方式和文化传统存在着诸多差异，古今中外人们对自然节奏和时间变化的认识和理解千差万别，形成了颇不相同的时间结构和知识体系，社会生活节律或模式亦因此彼此迥异。公元前8世纪，希腊诗人赫西俄德（Hesiod）创作了《工作与时日》这首长诗，其中记录了不少关于星象移动、气候变化、植物生长和动物活动的古老知识，告诉人们要根据这些自然现象所指示的时间，适时开展农业生产、家畜饲养和航海活动，并且还指出了一些时日需要避忌的事情[1]。在公元前3世纪到公元前1世纪的罗马，农场主们对生产季节月份的安排就相当细致，加图（Marcus Porcius Cato，公元前234—公元前139年）在其《农业志》的第三部分（第23—53章）叙述了秋、冬、春、夏的农事；[2]瓦罗（M. T. Varro，公元前116—公元前27年）在《论农业》一书的第27—37章，提到了根据太阳和月亮行程计算时间的两种方法，分别讨论了"时令和季节""一年的划分"以及"月亮和一年的六部划分"，[3]他把一年中的太阳行程分为四个部分即春、夏、秋、冬，每个部分三个月，然后再细分为八个分季，每个分季一个半月，分别安排不同农事。他根据太阳所在的宫位以及若干星象的出没，确定季节变化的时间。这些情况说明：古罗马人很重视农时安排，但历法和季节划分尚不成熟。

同一时代的中国先民则拥有另一套时间体系，把握时间的方式与前者有着显著不同。

早在先秦时代，历法和时令就受到国家和民众高度重视，自春秋战国到两汉时期，已经有了可观的文字记录。从《诗经·豳风·七月》《礼记·夏小正》，到《吕氏春秋·十二纪》《淮南子·时则训》《礼记·月令》《逸周书·时训解》，再到东汉人崔寔的《四民月令》，呈现出清晰的发展脉络；《管子》等书亦时有论说。近数十年来，在一些出土简牍文献中亦不时可见相关内容。这些史料证明：至晚在战国时代，"月令模式"在黄河中下游地区已经基本定型，并成为国家礼制的一部分，此后仍不断丰满、完善并且社会化，在很大程度上规约着大到国家政治、小至日常起居的整个社会运行。

自20世纪初以来，曾有很多学者从思想史、科学史（天文、历法、物候史）、

---

[1]［古希腊］赫西俄德著，张竹明、蒋平译：《工作与时日·神谱》，商务印书馆，1991年，第12-25页。

[2]［古罗马］M.P.加图著，马香雪、王阁森译：《农业志》，商务印书馆，1986年，第20-34页。

[3]［古罗马］M.T.瓦罗著，王家绶译：《论农业》，商务印书馆，1997年，第59-67页。

农业史乃至政治史角度分别对"月令"进行了研究，探讨其科学史、经济史和文化史价值，或阐述其政治史内涵。人们注意到了它的形成与发展与黄河流域自然环境、农业文明发展的关系，多位学者还曾提到它对中华民族思想结构、生活模式等方面的影响。近十多年来，一些环境史研究亦开始重视"月令"类文献中的生态保护史料，赞扬中华民族古老的生态智慧，但是并未揭示其作为一种具有"普适价值"的生产月历、施政规范和生活图式所蕴含的深刻环境伦理和历史意义，给我们进一步开展讨论留下了很大空间。

我们的探讨需从文献考订入手，因为关于这些文献的年代、作者及其所反映的地域等，自古以来一直聚讼纷纭，莫衷一是。兹综合前贤的成果，提出自己的意见。

目前所知中国最早的历法是夏历，《大戴礼记》中的《夏小正》是其文献依据。但《夏小正》并非夏代遗文，这是学界公认的事实。如此，现存最早的相关文字自然是殷商甲骨卜辞。冯时曾根据卜辞探讨殷代"农季"与"历年"的关系，指出：当时一年分为冬、春两季，其中春季是农季，"殷代的农业季节自殷历九、十月迄十二月，相当于夏历的五至六月迄九月。其中九至十月是农作物的播种期，年终十二月或十三月（引按：指闰年）是作物的收获期"；"殷代农业季节安排在殷代的春季，殷代冬季没有作物生长。殷商时期，农作物在全年中只收获一季"；"殷代农季与历年的关系是一致的，殷代一个农季的结束，基本上就是一个历年的结束"。[1]据此可以猜想：当时以冬、春两季划分农时与非农时，已经形成了较稳定的农业生产与社会生活事务安排。

可供讨论"月令"源头的最早传世历史文献，是著名的《诗经·豳风·七月》。《豳谱》云："《七月》，陈王业也。周公遭变故，陈后稷先公风化之所由，致王业之艰难也"；[2]《汉书·地理志》则云："昔后稷封斄，公刘处豳，大王徙岐，文王作酆，武王治镐，其民有先王遗风，好稼穑，务本业，故豳诗言农桑衣食之本甚备。"[3]故称之为中国最早的一首真正的农事诗，当无疑问。不过，自西汉以来，对该诗的论说连篇累牍，而关于它的作者、时代、地域以及所用历法，争论和分歧甚多。比如关于它的地域，既被列入《豳风》，所反映的自当

---

[1] 冯时：《殷代农季与殷历历年》，《中国农史》1993 年第 1 期，72-83 页。

[2] （清）阮元校刻本：《十三经注疏》，中华书局，1980 年影印本，第 388 页。

[3] （汉）班固：《汉书》卷 28 下《地理志下》，中华书局，1962 年，第 1642 页。

是先周公刘时期豳地（今陕西旬邑、彬县一带）的农业生活，对此，古之学人向无疑问，而近人夏纬瑛认为：该诗所载物候多与《夏小正》相同，而《夏小正》所载乃是淮海地区的物候，"原来《豳风》诗歌出在春秋时代的鲁国。所以《七月》篇所记载的物候，有和《夏小正》一致的地方。有人认为《豳风》是古豳地的诗歌，这是错误的"。[1]

正如前贤所云：该诗分月咏诵了众多天时、物候、农事及其他风俗事象，呈现了一幅立体、生动而古朴的农业社会的生活图景。该诗所列事项可按不同的月份时令，分为若干片断，已经具备了传统社会生活"月令模式"的雏形。所以，闻一多称之为"一篇韵语的《夏小正》或《月令》"，[2]并非妄论。

《夏小正》在中国天文学、历法学和物候学史上的重要地位，早已得到了大多数学者公认。[3]正如学者们所注意到的那样，《豳风·七月》与《夏小正》有着很深的渊源关系：两者所载之物候现象和农事，甚至所用的词句，颇有相同之处。这就造成了一个问题：两者孰先孰后？有着怎样的继承关系？

这个问题，研究《夏小正》最有成就的夏纬瑛已经隐约触及，但并未做出明确的回答。按照他的说法：《豳风·七月》并非反映豳地的作品，而是鲁人用豳地歌调所作。鲁国统治者是周公旦之后，原居豳地，后因分封而东迁。该诗写作时间当在鲁僖公统治时期淮夷侵杞（夏人后裔）、杞人内迁、而僖公又征服淮夷之后，故诗中载有淮海地区的物候；至于《夏小正》，他认为若系杞国作品，[4]必在杞人内迁之前（亦即鲁僖公之前），向上或可推至夏王朝末期，但这只是推测；他断定《夏小正传》不是汉人作品，而应该是战国早期儒士所作。[5]陈遵妫则指出："《夏小正》……根据天象、物候、草木、鸟兽等自然现象，定季节、月份，还记有各月昏旦伏见南中的星象，并指明了初昏斗柄方向和时令的关系。尽管这书作于西周至春秋末叶之间，也可能为春秋前期杞国人所作或春秋时居住夏代领域沿用夏时者所作，但其中一部分确信是夏代流传下来

---

[1] 夏纬瑛：《夏小正经文校释》，农业出版社，1981年，第76页。

[2] 闻一多：《歌与诗》，见闻一多：《神话与诗》，上海人民出版社，1997年，第202页。

[3] 近年来，有个别学者断然否定《夏小正》的价值，例如何幼琦断言它"是纯儒礼家的弃材，形古而实不古。它的物候，主要来自《七月》和《月令》，它的天象，主要来自《月令》和某种斗建的资料。"参见何幼琦：《〈夏小正〉的内容和时代》，《西北大学学报》1987年第1期，第23-30页。

[4] 按：古今论者多将夏历与"杞人"相连，主要根据《礼记》，《礼运》篇有云："孔子曰：我欲观夏道，是故之杞，而不足征也；吾得夏时焉。"郑玄注称"得夏四时之书也，其书存者有《小正》。"见《十三经注疏》第1415页；另外，《史记·夏本纪》"太史公曰"："孔子正夏时，学者多传《夏小正》云。"见中华书局，1959年，第89页。

[5] 夏纬瑛：《夏小正经文校释》，农业出版社，1981年，第76、第80页。

的。"[1]李学勤则云:"其经文不会像一些学者所说的晚到战国时期。"[2]要之,关于内容颇多相同、明显存在着承继关系的这两篇作品之写作年代,目前存在多种不同的意见,年代交叉亦很明显。究竟孰先孰后?谁承继谁?依然难以断定。

按照夏纬瑛的意见,更可能是《豳风·七月》吸收了《夏小正》的内容。但是也有很多学者持不同意见,例如章启群认为:"……《豳风·七月》可以说是《月令》的最早形态,《夏小正》居中,《月令》在某种意义上则是《豳风·七月》的终结形态,而且成了一种模式,一种上古天人关系的模式。"他的理由是:"《夏小正》虽然有夏代历法材料,但混杂了春秋时期的一些思想,成书可能较晚。《七月》可以基本确定为西周作品。"[3]对此我们虽然不愿贸然做出绝对判断,但总的感觉是:《七月》所吟诵的内容似乎更加原始和"草根",应是出自乡野农民的自然吟唱;《夏小正》则显然经过了提炼,无疑是出自文人之手。如果《七月》一诗是由自周公或某位有文化的贵族手笔,并且读过《夏小正》,借用其中一些物候入诗自然可以理解;倘若只是由乡村野老自然吟唱出来的,文人仅仅做了采录工作,或稍微做了点文字修补,就好像有点问题了:普通农民可以把亲身观察到的物候现象吟唱出来,却并不容易接触到《夏小正》这样的文本语言,除非因为官府不断颁历授时,他们已经熟知了相关内容。

我们不必在此纠缠。无论如何,在"月令模式"的构建过程中,《夏小正》的地位是不可抹杀的,因为后代各类《月令》著述都将它作为主要的知识和思想源头之一,它的确已经搭建了月令思想知识体系的基本架构。对于环境史研究者来说,它把许多自然现象与社会活动联系起来,已经明确构设了社会生活节律与自然变化节奏之间的密切对应关系。

《夏小正》并非鸿篇大论,而只是一篇短文。游修龄曾对夏纬瑛校释的经文进行了统计,全文不过寥寥 413 字,除去月份还不到 400 字,却记载了众多天象、物候、农事及其他事项,其中天象,85 字,占 21.80%;气象,21 字,占 5.39%;物候,173 字,占 44.47%;农事,72 字,占 18.50%;其他,38 字,占 9.76%。其中物候的比重将近一半,农事不到五分之一。在物候的 173 字中,属于动物物

---

[1] 陈遵妫:《中国天文学史》(第一册),上海人民出版社,1980 年,第 200 页。
[2] 李学勤:《夏小正新证》,收入氏著:《古文献丛论》,上海远东出版社,1996 年,第 222 页。
[3] 章启群:《〈月令〉思想纵议——兼议中国古代天文学向占星学的转折》,收入赵敦华主编:《哲学门》,第 2 册(总第 18 辑),2009 年,第 109-110 页。

候的有 36 条，植物物候的只有 14 条。他指出："动物物候是狩猎时期产生的，植物物候跟着产生，动物物候多于植物物候，说明《夏小正》的古老性，那时生产结构中狩猎采集占很大的比重"。[1]换言之，早在狩猎经济仍占重要地位的时代，人们已经密切注意自然变化与生计活动之间的关系，并据以安排各种事务。

随着农耕生产逐渐成为主要生计来源和社会经济基础，而作物生长与自然变化的节奏联系更加紧密，稍有愆忒即误过农令，导致作物生产减收，百姓生活难以为继，这是传统农业时代国家和民众都特别重视岁时月令的最根本原因。正是在精耕细作农业不断走上定向化发展的阶段即战国秦汉时代，"月令模式"逐渐形成了完整系统，相继出现了多种重要著作。

最受重视的自然是《礼记·月令》，历来引据、论说最多，因为《礼记》是儒家主要经典之一，"月令"之名亦出自该书。自汉代以来，国家颁历授时主要依据《月令》精神，这是学者称之为"月令图式"或"月令模式"的原因。但是，关于《礼记》（即小戴《礼记》）的撰述与传承，自古争论不休，迄无定论；关于《月令》的渊源亦是聚讼纷纭。最早人们认为《月令》是周公所作，但汉代经学大师郑玄就已作了考辨，指出其"官名、时、事不合周法"，认为应是"秦世之书"，"本《吕氏春秋·十二月纪》之首章也"。的确，《月令》与《吕氏春秋·十二纪》首章之内容几乎完全相同，按照孔颖达的说法，"不过三五字别"；[2]与《淮南子·时则训》相比虽出入较多，内容仍然大体相同；此外，它的不少内容与《管子》之《幼官》等篇、《逸周书》的《时则解》和《时训解》亦有关联……近人容肇祖认为：它源自阴阳家邹子，《周书·月令》《明堂阴阳·月令》和《吕氏春秋·十二月纪》皆出自《邹子·月令》，后两者又分别由《小戴礼记·月令》和《淮南子·时则篇》传承；[3]稍后，杨宽历数古今不同观点并多方考辨，认为《月令》"……既不得谓周公所作，亦不得谓秦制。盖出于晋太史之学，经春秋、战国陆续补订而成者。《吕氏春秋·十二纪》之首章、《明堂阴阳》之《月令》皆出钞袭。而《礼记》之《月令》又抄自《明堂阴阳》。"[4]此后，关于《月令》究竟何所从来、与其他同类著述之间是何种关系，争论一直没有停歇。也就是说，这

---

[1] 游修龄：《〈夏小正〉的语译和评估——与郭文韬先生商榷》，《自然科学史研究》2004 年第 1 期，第 64-74 页。

[2] 《礼记正义·月令疏》，《十三经注疏》，中华书局，1980 年影印（清）阮元校刻本，第 1352 页。

[3] 容肇祖：《〈月令〉的来源考》，《燕京学报》第 18 期（1935 年），第 105 页；又参见《容肇祖集》，齐鲁书社，1989 年，第 77 页。

[4] 杨宽：《月令考》，《齐鲁学刊》第 2 期（1941 年），第 36 页。

个已经考辨、争论了 2 000 年之久的问题，至今还是扑朔迷离。不过，撇开论辩细节部分，特别是不执着于《礼记》和《吕氏春秋》孰先孰后、谁抄了谁的问题，仍可归纳出两点可靠的结论，而无损于我们的基本观点：

其一，《月令》形成于周代以后，《礼记·月令》和《吕氏春秋·十二纪》首章之原型极可能是在战国时代成型的。许倬云说："以《夏小正》与《礼记》中的'月令'对比，前者代表了朴素简单的原型。《礼记》'月令'之中，颇多插入战国时代的资料；因此，'月令'中的岁时行事，不能作为西周生活的依据"[1]；同时，既然《吕氏春秋》已收录了它的详细内容，且与《礼记·月令》文字几无差异，则其撰成不会晚于战国末期；

其二，阴阳五行学说使"月令模式"具备了一个完整的时空框架。容肇祖之所以将其归功于阴阳家邹子，自然是据其内容立论。事实上，一直以来，许多学者都注意到了《月令》中浓厚的阴阳五行思想色彩，肯定战国时代阴阳家在《月令》形成过程中做出了特别贡献，冯友兰干脆就说"战国时期的阴阳五行家的一个重要著作是《月令》。"他认为《礼记》采编了《吕氏春秋》的十二月历并定名为《月令》，并且指出：

《月令》牵涉到自然界和人类社会中的很多问题，对于这些问题的处理，一部分是科学，一部分是巫术和宗教。它似乎是把在它以前的两个著作综合起来，而又加以发展。这两个著作就是《管子》里边的《幼官》篇和后来被编入《大戴礼记》中的《夏小正》。[2]

的确，《月令》与《夏小正》相比，除增添了很多新的内容，体系更加完整之外，最显著的发展是嵌入了阴阳五行的思想框架。如今我们所看到的《月令》，所载物候、生产、政务、禁令等多方面的事项远比《七月》和《夏小正》丰富，它十分严整、有序地将一年分成春、夏、秋、冬四季，各有孟、仲、季三个月，分别与木、火、金、水、中央土以及十二律搭配，每月俱记星、日、帝、神、虫、音、律、数、味、臭、记、祭和应当施行的种种事务。如此一来，五音、五色、五味、五方、十二律与天地日月、山川草木、鸟兽鱼虫、祖宗神鬼祭祀，

[1] 许倬云：《西周史》，生活·读书·新知三联书店，2001 年，第 283 页。
[2] 冯友兰：《中国哲学史新编》（第一册），人民出版社，1962 年，第 443 页。

以及帝王、后妃、百官、四民的生产和生活，构成了一套天—地—生—人彼此因应、交相作用的庞大系统。正如冯友兰所说："阴阳五行家以传统的术数为资料，以五行观念为基础，用以解释他们所日常接触到的一些自然现象和社会现象。他们因此虚构了一个架子。在他们的体系里面，这是一个时间的架子，也是一个空间的架子，总起来说，是一个世界图式"。[1]

西汉时期，刘安组织编纂《淮南子》，中有《时则训》一篇，内容与《十二纪》大同小异，有若干地方显然是根据西汉前期的情况特别是政治需要进行了改动。后来汉朝编定儒家经典《礼记》之时，并未采纳这些改动，而是拼合《十二纪》首章（或者按照有些学者的意见，取于邹子《月令》——如果它确实存在的话）编成。这可能是由于刘安的特殊政治经历，抑或因《月令》编订者们刻意复古。

要之，自夏商甚至更早时代以来，黄河中下游地区的人民不断积累天象、气候、物候等方面的自然知识和思想，逐渐把握了自然变化的节奏，并据以安排经济生产、生活起居乃至国家政治活动，形成了一套顺应季节自然变化的社会运行节律，"月令模式"于焉建立。从甲骨文的相关占卜条文，到《豳风·七月》的纯朴吟咏，再到具有政令性质的《夏小正》，最后，大致在战国时代，在阴阳五行学说影响下，终于完成了"月令模式（图式）"的建构，完整地呈现在《吕氏春秋·十二纪》和《礼记·月令》之中，成为国家礼制的一部分，其不断衍生、丰满和最终定型的过程依稀可见。

特别值得指出的是：在"月令模式"建构过程中，物候是最原始和最重要的指时事象。从《七月》到《夏小正》，再到《月令》，可见之物候现象不断增多，"二十四节气"亦逐渐明朗。但是，一年、四季、八节、十二月、二十四节气、七十二候这一完整的时令框架，则是在《逸周书·时训解》中最终定型的。关于《逸周书》，古今学者亦是歧见纷纭，或以为孔子编订《尚书》之余，或称是从汲冢出土，或认为是由世传《周书》残篇与汲冢出土竹书的相关部分拼合而成，有人干脆认为是汉晋间的诡士编造。单就《时训解》来看，其出现时间必定晚于《十二纪》和《月令》，因所归纳的"七十二候"不仅内容系统完备，而且文字简约严整，显系以《十二纪》或《月令》为基础提炼而成，但其出现

---

[1] 冯友兰：《中国哲学史新编》（第一册），人民出版社，1962 年，第 450 页。

时间一定不晚于西晋。

自《礼记·月令》出现之后,由于儒家经典的正统性和权威性,历朝授时、颁朔,始终秉承《月令》的精神;除非迫不得已,编撰新的《月令》大抵尽量少做改动。但私家撰述和各种月令式专书,包括月令式的农林园艺书、医疗养生书、家庭生活通书、地方岁时记等,则因具体内容和撰述目的之不同而变化繁复。以农书为例,自汉代崔寔著《四民月令》,到唐末韩鄂撰《四时纂要》,到清代编写《授时通考》,历代著述不绝如缕,基本框架依照《礼记·月令》,具体内容则相差甚远,主要原因有二:一是农耕区域不断扩张,各地自然环境不同,农业生产的季节差异显著;二是随着时代变迁,农业生产(包括技术、项目)亦不断发展变化,不可能完全墨守儒家《月令》而行事。月令式农书如此,其他类别的著作亦然[1]。

第三节　顺应自然——"月令模式"的基本精神

"月令模式"是适应自然变化节奏的一种古老文化建构。它的形成,有赖于相关经验知识特别是物候知识的积累。从邈古时代开始,中国先民就不仅凭直觉逐渐感知了"万物生长靠太阳"的基本事实,而且察觉到北斗旋转和其他星象位移,与生存环境中的寒暑往来、草木枯荣、鸟兽虫鱼……众多自然现象间有着恒久不变的神秘联系,并且呈现出周期性的变化。于是,诸多天象,特别是太阳位移和斗柄指向,自然而然就被当作指时标志。但是,各种社会事务时宜特别是农事时宜最直接的参照,却是各种物候现象,人们主要是根据物候现象来把握时间、开展活动。从《豳风·七月》《夏小正》到《礼记·月令》和《逸周书·时训解》,清楚地显现了这样一种历史脉络,即:伴随着文明前进的步

---

[1] 古人早已认识到:以北方物候为根据的《月令》并不适用于南方。例如:明人有云:"历家七十二候,吕不韦载于《吕氏春秋》,汉儒入于《礼记》,《月令》与六经同传不朽。后魏载之于历,欲民皆知以验气序。然其禽兽草木多出北方,盖以汉前之儒皆江北人也。故江南老师宿儒亦难尽识。"(明)王圻纂集:《稗史汇编》卷6《时令门·总论》,北京出版社,1993年影印本,第77页。(明)章潢:《图书编·气候总论》亦云:"夫七十二候见于周公之《时训》,吕不韦载于《吕氏春秋》,汉儒入于《礼记·月令》,其来远矣。若载之于历,则自后魏始耳。第其禽兽草木多出北方,盖缘汉前诸儒皆产江北,故后之江南,虽号宿儒老师,亦难尽通其名义。然多识参考,求核其实,则庶几得之。斯亦吾儒格至之学所不废乎?愚尝因是而知天地气序推迁之妙矣。"文渊阁《四库全书》本,卷22,第23页。事实上,自六朝开始,《月令》已不再像两汉那样被当作社会活动时宜的统一准则而受到朝廷和经学家的高度尊崇,原因即在于其中的许多具体内容(特别是物候现象)并不符合南方的实际情况。但是,尊奉天时、顺时而动的《月令》精神则一直被坚持。

伐，黄河中下游地区的人民对众多生物和非生物现象的了解不断增加，物候知识不断丰富，据以把握时序变化，安排各种事务，社会生产、生活顺时而动，逐渐形成稳定的农业社会生活模式。下面对上述文献的相关内容稍做具体考察，说明"月令模式"的主要内容及其演进过程，并尝试阐说其基本精神。

一、《豳风·七月》中的物候与农时

《豳风·七月》共383字，是《国风》中最长的一篇。这篇奇妙的古诗之中蕴藏着非常丰富的上古自然、社会与文化信息。虽然从文学角度而言，其结构似乎有欠严整：咏事既非严格按照月份先后的顺序，亦非完全按照农耕、蚕桑、采集、捕猎、功作、祭祀等事项分节，而是有些随意跳跃与飘忽不定，但是，从另一角度来看，这些情况正显示出了其质朴、自然之处，充满了民歌的"童真"之趣，亦说明其中的物候与生产知识的民间性，从而更加有助于我们了解当时民众生活的真实状态。该诗所呈现出的农业社会活动风貌相当立体化，事项、知识相当博杂。清初姚际恒《诗经通论》称：其"鸟语、虫鸣，草荣、木实，似《月令》。妇子入室，茅、绹、升屋，似风俗书。流火、寒风，似《五行志》。养老、慈幼，跻堂称觥，似庠序礼。田官、染职，狩猎、藏冰，祭、献、执宫，似国家典制书。其中又有似《采桑图》《田家乐图》《食谱》《谷谱》《酒经》。一诗之中无不具备，洵天下之至文也！"[1]近人吴闿生亦谓："至此诗天时人事百物政令教养之道，无所不赅，而用意之处尤为神行无迹。"[2]正因如此，它被学人从诸多不同视角进行解读：历法史家看到了物候指时和"周正""夏历"并行的情况，社会史家看到了阶级剥削、生活风俗和宗教祭祀，农业史家则看到了农作结构、农事时宜等。

然而，《七月》不过是上古农民为生计维艰所发出的叹息，偶然被周朝采诗官发现，并且幸运地被编入儒家经典，从而得以千古流传。数千年前的这几声叹息，不仅给后世"悯农诗"和"农事诗"定下了基调，而且让生活在今天的我们依稀看到：曾经有这样一群农民，为了苟活而努力地认识和利用其周遭环境中的动物和植物，小心观察着它们的各种细微变化，以便把握寒暑往来、岁

---

[1]（清）姚际恒撰，顾颉刚标点：《诗经通论》，中华书局，1958年，第164页。
[2] 吴闿生：《诗义会通》，中华书局，1959年，第118页。

时更替，安排生产和生活。

这首不过近 400 字的诗歌，描绘了一个相当完整的生态—经济—社会系统。该系统的重要自然基础之一，是众多种类的植物和动物，它们有的已经被驯化，有的则属于野生。这些动植物是这个农业社会的生计基础，其中黍、稷（有晚播早熟、早播晚熟不同品种）、麻、菽、麦、稻等粮食作物，瓜、瓠、葵、韭、枣等蔬菜和果树，此外还有家畜（至少有羊），为人们提供基本食物能量和营养；蚕桑、麻葛则是主要的衣料来源。野生动植物仍具有相当重要的经济意义，野生植物有郁（郁李）、薁（野葡萄）、蘩（白蒿）、荼（苦菜），或供食用，或作药材；樗、萑苇和茅供薪柴和盖房之用；动物则有貉、狐狸和野猪等，是重要捕猎对象，给人们提供肉食和毛皮。与人们共生的还有一些其他物种和自然现象，虽然并无直接的经济价值，却以其独特形态、习性和声响影响人的精神情感，尤其是指示季节时令的变化。

为了谋取衣食，上以奉祀祖先、供养贵族，下以抚育妻子，农民终岁劳作，少有闲暇：正月需要整理农具，二月就要下地劳动，三月是修整桑树和采桑养蚕的繁忙季节，七至十月亦都很忙碌，开展多种农事活动——主要是收获。在一年中的大部分时间里，他们都是在野外生活劳作，直到寒风凛冽的冬季，才熏鼠堪户、入室而居，但仍然得不到真正的休息，因为要狩猎、练武和"执宫功"（包括采茅、搓绳、修缮房屋、藏冰等）。总之，每个季节和月份都安排了相应的事务，虽不像后来的《月令》那样按月份先后为序严整地排列，但仍可从中感到有一份劳作生活的月历存在，并且与诸多物候现象有意无意地形成了某种对应关系（见表 5-1）。

表 5-1　《七月》中的物候与农事

月份	物候	生产活动	其他事务
一月（三之日）		于耜（修缮农具）	窖冰
二月（四之日）		举趾（下地劳动）	祭祀（蚤）；献羔、祭韭
三月	春日载阳 有鸣仓庚	条桑；采桑；采蘩	
四月	秀葽		
五月	鸣蜩 斯螽动股		
六月	莎鸡振羽	食郁及薁	
七月	鸣鵙 [蟋蟀]在野	烹葵与菽 食瓜	
八月	[蟋蟀]在宇	绩；收萑苇；获； 剥枣；断壶	

月份	物候	生产活动	其他事务
九月	肃霜 [蟋蟀]在宇	叔苴；采荼； 薪樗；筑场圃	授衣
十月	陨萚 [蟋蟀]入床下	获稻；[酿春酒]； 纳禾稼；涤场	熏鼠；堵塞北窗；入室处； 宴会
十一月	（天气）觱发	狩猎（捕猎貉、狐狸）	执宫功：于茅，索绹，乘屋（注： 原诗不记月份，属冬季力役）
十二月	（天气）栗烈	大猎（同）	凿冰 练武

诗中所出现的物候现象，不论春日的暖阳、冬季的觱发风响和栗烈寒气，还是植物开花、木叶凋落、虫鸟鸣叫和活动，都被农民们经验地观察到，有的现象（例如蟋蟀活动）被观察得相当细致。它们与农家生产生活的季节变化彼此相应；其中有些现象，如"鸣仓庚""鸣蜩""秀葽"等，在后代《月令》著作中不断出现，一直被当作重要的指时标志，说明在《诗经》时代，中国农业社会生活的"月令模式"已具雏形。

二、《夏小正》——天象、物候与"时事"

《夏小正》是第一部真正的月令，其文字篇幅与《七月》大体相当，除去12个月份名称亦不足400字，然而其中记载的物候现象却远远超过《七月》，达到55个——若把气候现象亦算进去，则共记载了60多个物候；它还记录了20个天象，并且作为重要的指时标志，这与《七月》仅记"七月流火"迥然不同。至于社会、经济活动，一共有38项，与《七月》大体相当，具体内容则差别较大。兹据夏纬瑛校释本制成表5-2。

表5-2　《夏小正》中的天象、物候与"时事"

月份	天象	物候			生产活动	其他事务
		动物	植物	其他		
一月	鞠则见 初昏参中 斗柄悬在下	启蛰 雁北向 雉震呴 鱼陟负冰 田鼠出 獭祭鱼 鹰则为鸠 鸡桴粥	囿有见韭 柳稊 梅杏杝桃华 缇缟	时有俊风 寒日涤冻涂	农纬厥耒 农率均田 农及雪泽 初服于公田 采芸	祭耒，始用畅

月份	天象	物候			生产活动	其他事务
		动物	植物	其他		
二月		昆蚩 抵蚳 玄鸟来降，燕乃睇 有鸣仓庚	荣菫 荣芸 时有见稊		往耰黍 初俊羔 祭鲔 采蘩 剥鳝	绥多女士 万用 入学
三月	参则伏	螜则鸣 田鼠化为鴽 鸣鸠	拂桐芭	越有小旱	摄桑委扬 采识 妾子始蚕 执养宫事 祈麦实	颁冰
四月	昴则见 初昏南门正	鸣札 鸣蜮	囿有见杏 王萯莠 秀幽	越有大旱	取荼 执陟攻驹	
五月	参则见 时有养日 初昏大火中	浮游有殷 鴂则鸣 良蜩鸣 鸠为鹰 唐蜩鸣			乃衣 启灌蓝蓼 种黍 煮梅 蓄兰 叔麻 颁马	
六月	初昏斗柄正在上	鹰始挚			煮桃	
七月	汉案户 初昏织女正东乡 斗柄悬在下则旦	狸子肇肆 爽死 寒蝉鸣	秀萑苇 湟潦生苹 菢莠	时有霖雨	灌荼	
八月	辰则伏 参中则旦	群鸟翔 鹿从 鴽为鼠			剥瓜 玄校 剥枣 栗零	
九月	内火 辰系于日	遰鸿雁 陟玄鸟 熊罴貊貉鼬鼪则穴 雀入于海为蛤	荣鞠		树麦	王始裘
十月	初昏南门见 时有养夜 织女正北乡则旦	豺祭兽 黑鸟浴 玄雉入于淮为蜃				
十一月		陨麋角			王狩 陈筋革	
十二月		鸣弋 玄驹贲 陨麋角			虞人入梁	纳民蒜

前辈学者已经注意到：重视物候现象是《夏小正》的一个主要特点，其中记载物候现象的字数达到 173 字，几占全文的一半。其中又以动物物候为主，达到 41 个；植物物候则只有 15 个。这是否果如前引游修龄所说：说明了《夏小正》的这些知识主要来自古老狩猎时代的积累，容再思量。但那个时代的人们更重视动物物候应无疑问。让我们具体看看其中涉及了哪些动物和植物。

上表反映：与鸟类有关的物候现象最多，除群鸟为泛指以及黑鸟、弋所指不明外，共有 10 多种鸟类，其中包括雁与鸿雁（各出现 1 次），雉（野鸡）、玄雉和鸡（各出现 1 次），玄鸟（燕子，出现 2 次），仓庚（黄鹂，出现 1 次），鴽（鹌鹑，出现 2 次），鴂（伯劳，出现 1 次），鸠（出现 3 次），鹰（出现 3 次），爽（也是一种鹰，出现 1 次），雀（出现 1 次）。它们大多属于候鸟、鸣禽，因其出没往来和鸣叫的季节特征显著，容易被人们所注意，所以成为最重要的物候。其次是兽类物候。相关条文虽不如鸟类多，但涉及的野兽种类却不少，其中包括大型食肉猛兽中的熊、罴、貊、貉、獭、狸子、豺，鼠类中的鼩、鼬、田鼠（出现 2 次）和鼠，以及鹿科动物中的麋（出现 2 次）和另一种不明属种的鹿。再次是昆虫。其中 4 种是蝉，包括良蜩（一种五彩蝉）、唐蜩（大蝉）、寒蝉（指秋凉时节鸣叫的蝉）和札（一种小蝉，麦熟时鸣叫）；此外还有蝼蛄、浮游（夏纬瑛认为是金龟子）和蚂蚁。最后是水生和两栖动物，除"鱼上负冰"和"蜮（蛙）鸣"之外，余下的两种软体动物——蛤和蜃，均出现于被误解为鸟类化生的现象中，即"雀入于海为蛤"和"玄雉入于淮为蜃"。

与动物有关的物候现象，大抵均与动物行为有关。以鸣叫行为最多，其次是迁飞（鸟类）、蛰启出没（如"鱼陟负冰"、多种野兽入穴冬眠、田鼠出现等）、捕食（如獭祭鱼、鹰始挚、狸子肇肆等）、繁殖（如鹿从、鸡桴粥、浮游有殷等），以及被误当作"化生"的行为。此外被列入物候的就只剩下麋鹿解角这一特殊生理现象了。换句话说，我们的祖先主要通过观察动物行为来把握时序变化。这些经验知识的获得，自然与长期的渔猎生产活动有关。人类自诞生伊始就同周围的各种动物打交道，表现在经济方面，是由单纯捕猎发展到捕猎、饲养并行。上表反映：在《夏小正》的时代，人们至少已经饲养了马、羊和鸡等畜禽，但捕猎野生动物仍然很重要。值得注意的是，其中的捕猎活动似乎具有较明显的水域色彩，文中不仅有鱼、鲔鱼、蛙，而且还提到了"剥鱓"。鱓，即鳄鱼，《夏小正》所云"剥鱓"，指捕杀鳄鱼、剥皮蒙鼓。这一记载非常宝贵，它意味着当时鳄鱼分布的北界至少已达淮河流域，如今我国境内仅在长江中下游水域尚有少量的扬子鳄栖息。

该书记载植物物候，所涉及的植物种类，属于木本的有柳、梅、杏、杝桃（山桃）、桐（或即泡桐）；草本则有韭、芸（芸苔）、缟（一种莎草）、堇（堇菜）、王萯（香附草）、幽（即蓁，狗尾草）、雚苇（芦苇）、苹（浮萍）、荓（扫帚草）、鞠（即菊）等。其中少数已经人工栽培，如梅、杏、韭、芸等果树和蔬菜，大部分则是野生。在这些植物中，韭和浮萍因在特定时间长出、缟因结籽而受到关注，其余草木则都是由于应时开花而被当作物候，只是用词略有区别：禾本科植物开花一般叫作"莠"，其余或称为"荣""华"，或称为"秭"。我们知道：草木枯荣虽有固定时间，但可能因气候的冷暖变化而稍微提早或者延迟，自古以来一直被视为季节更替、寒暑往来的重要表征，记之、咏之、叹之者极多——荣则以喜，枯则以悲。以植物荣枯表达悲喜情感是一个很有趣的历史文化现象，具有非常悠久的传统。《夏小正》以草木的生、发、荣、华、莠、秭作为指时标志，为后世"月令"、历法所继承。除上述植物之外，出现于该书的植物，有多种人工栽培作物，包括黍、麦、麻等粮食作物，瓜、枣、栗等果树，此外还有桑和蓝蓼——前者主要用以养蚕，后者乃是染料作物；繁、识、荼、兰等为野生植物，其中识和荼可采以供食，兰蓄作香料，繁亦采以养蚕。在上述植物中，水生和湿生种类占据一定的比重，亦暗示该书所涉区域的自然环境具有下湿多水的特征。

要之，所有这些被列为物候和被种植、饲养、采集、捕猎，乃至被清理驱除的草、木、鸟、兽、虫、鱼，构成其时其地人类生态系统中的主要生物资源，成为开展经济生产、生活的自然基础。在该书所列的 36 项经济活动中，可归入大田生产的有 8 项，包括修缮农具、整理疆界、平整黍田、种麦、祈求麦类丰收、收麻子和采用灌水的方法清除杂草（灌荼）等；属于蚕桑生产和制衣的有 8 项，包括摄桑委扬、启灌蓝蓼（分栽丛生过密的禾苗）、采繁、妾子始蚕、执养宫事、乃衣、玄校、王始裘等；属于果品生产、加工的有 5 项，包括煮梅、煮桃、剥瓜、剥枣、栗零（收拾掉落的栗子）；采集野蔬和香料 4 项，即采芸、采识、取荼、蓄兰。与动物资源相关的经济活动，则包括饲养羊羔、养马、捕鱼、捕鳄、狩猎等。此外还有统计人口（纳民蒜）和分授冰块（颁冰）。尽管这些经济活动与物候现象并非一一对应，但在安排各种事务的过程中，人们始终根据物候变化来确定时宜，从而体现出社会活动节律顺应自然变化节奏这一基本关系。

三、《月令》中的自然节律与社会节奏

"月令"之名得自《礼记·月令》，但其内容在《吕氏春秋》中已然完备，二书之中的相关条文几乎完全相同，仅有个别字词差别，且不害文意。如前所言：关于《礼记》的编定年代，迄今仍有争议，但《吕氏春秋》系吕不韦组织门客编撰，则不曾有人提出怀疑。[1]成书于西汉前期的《淮南子》，其《时则训》部分的文字与内容均与上述两者略显不同，基本思想则并无二致。如此看来，"月令模式"至迟在战国晚期已经构建形成，至于是否出自阴阳家们的造作，则不必深作追究。诸书记载的情况说明：这套模式以尊奉天时、顺时而动为基本准则，它以天子为中心，规定了上自天子下至百官、庶民众多社会活动的时宜，大到祭祀、军政，小至饮食起居，几乎无所不包。由于内容比较庞杂，不便予以详细罗列，兹仅取四季首月的内容列成表 5-3，以说明自然变化与社会活动之间的对应关系。

表 5-3　《月令》所呈现的自然—社会因应关系

月份	自然系统		社会系统				自然—社会冲突
	天象五行	时气物候	天子起居饮食	经济活动	其他事务	当月禁戒	违时行令之害
孟春之月立春	天象：日在营室，昏参中，旦尾中 帝：大皞 神：句芒 虫：鳞 音：角，律中大蔟 数：八 味：酸 臭：膻 祀：户 祭：先脾	东风解冻 蛰虫始振 鱼上冰 獭祭鱼 鸿雁来 天气下降 地气上腾 天地和同 草木萌动	居：青阳左个 乘：鸾路 驾：仓龙 载：青旗 衣：青衣 服：仓玉 食：麦与羊 器：疏以达	祈谷 藉田 布农事、田舍东郊、修封疆、端经术、相地宜、辨五谷，教民田作	迎春东郊 布德和令，行庆施惠 大史守典奉法，司天日月星辰之行 乐正入学习舞 修祭典，祀山林川泽 掩骼埋胔	牺牲毋用牝 禁止伐木 毋覆巢，毋杀孩虫、胎、夭、飞鸟，毋麑，毋卵， 毋聚大众，毋置城郭 不称兵 毋变天之道，毋绝地之理，毋乱人之纪	行夏令，则雨水不时，草木蚤落，国时有恐 行秋令，则其民大疫，猋风暴雨总至，藜莠蓬蒿并兴 行冬令，则水潦为败，雪霜大挚，首种不入

[1]《吕氏春秋·序意》云："惟秦八年，岁在涒滩，秋，甲子朔。朔之日，良人请问《十二纪》。"据此，则《十二纪》在秦王嬴政八年（公元前 239 年）已经完成。据《吕氏春秋集释》，中华书局，2009 年，第 273 页。

月份	自然系统		社会系统				自然—社会冲突
	天象五行	时气物候	天子起居饮食	经济活动	其他事务	当月禁戒	违时行令之害
孟夏之月立夏	天象：日在毕，昏翼中，旦婺女中。帝：炎帝　神：祝融　虫：羽　音：征，律中中吕　数：七　味：苦　臭：焦　祀：灶　祭：先肺	继长增高 蝼蝈鸣 蚯蚓出 王瓜生 苦菜秀 靡草死 麦秋至	居：明堂左个 乘：朱路 驾：赤骝 载：赤旗 衣：朱衣 服：赤玉 食：菽与鸡 器：高以粗 始絺 饮酎，用礼乐	野虞出行田原，劳农劝民 司徒巡行县鄙，命农勉作 驱兽毋害五谷 登麦 聚畜百药 后妃献茧，收茧税	迎夏于南郊 行赏封诸侯 乐师习合礼乐 太尉赞桀俊，遂贤良，举长大	毋有坏堕 毋起土功 毋发大众 毋伐大树 毋或失时 毋休于都 毋大田猎	行秋令，则苦雨数来，五谷不滋，四鄙入保 行冬令，则草木蚤枯，后乃大水，败其城郭 行春令，则蝗虫为灾，暴风来格，秀草不实
孟秋之月立秋	天象：日在翼，昏建星中，旦毕中。帝：少皞　神：蓐收　虫：毛　音：商，律中夷则　数：九　味：辛　臭：腥　祀：门　祭：先肝	凉风至 白露降 寒蝉鸣 鹰乃祭鸟 用始行戮 天地始肃 不可以赢	居：总章左个 乘：戎路 驾：白骆 载：白旗 衣：白衣 服：白玉 食：麻与犬 器：廉以深 尝新，荐寝庙	登谷 百官始收敛 完堤防，谨壅塞，以备水潦	迎秋于西郊 犒赏军帅武人、命将帅、选士厉兵 修法制，缮囹圄，具桎梏，禁止奸，慎罪邪，务搏执 修宫室坏墙垣，补城郭	毋以封诸侯、立大官；毋以割地、行大使、出大币	行冬令，则阴气大胜，介虫败谷，戎兵乃来 行春令，则其国乃旱，阳气复还，五谷无实 行夏令，则国多火灾，寒热不节，民多疟疾
孟冬之月立冬	天象：日在尾，昏危中，旦七星中。帝：颛顼　神：玄冥　虫：介　音：羽，律中应钟　数：六　味：咸　臭：朽　祀：行　祭：先肾	水始冰 地始冻 雉入大水为蜃 虹藏不见 天气上腾 地气下降 天地不通 闭塞而成冬	居：玄堂左个 乘：玄路 驾：铁骊 载：玄旗 衣：黑衣 服：玄玉 食：黍与彘 器：闳以奄 始裘	百官谨盖藏，司徒循行积聚，无有不敛 工师效功，陈祭器 水虞、渔师收水泉池泽之赋	迎冬 赏死事，恤孤寡 占吉凶、察阿党 增强各地防卫 整饬丧纪 大饮烝 祈年 割祠 腊先祖五祀 劳农 讲武	毋或敢侵削众庶兆民，以为天子取怨于下	行春令，则冻闭不密，地气上泄，民多流亡 行夏令，则国多暴风，方冬不寒，蛰虫复出 行秋令，则雪霜不时，小兵时起，土地侵削

《月令》所载之事物和现象，按今天的分类，分属于自然和社会两大系统。自然系统包括星象、气候和物候等；社会系统则包括经济、政治、军事、祭祀、乐舞、日常生活等许多方面的事务。它们在统一时间框架之下，被分列于春、夏、秋、冬十二个月，形成彼此对应的关系。自然系统要素的变化，是社会系统运行的基础和依据，亦即"社会"顺应"自然"。但是，社会系统是否正常运

行，王官事务是否顺时而动，将在自然系统中产生不同感应与反馈，并且导致不同的后果。

　　同《夏小正》一样，星象是把握时令的重要依据之一，不过它所依据的星象，是太阳所在的赤道宿次、昏中星和旦中星。[1]物候方面，它继承《夏小正》而有新的进步。具体来说，动植物物候主要继承了《夏小正》，增加了不少与风雷、虹霓、雨水、冰凌、泉泽有关的现象，所载物候数量达到了 80 余个，比后代定型的 72 候还多。并且，它还概括指出了每个月份自然变化的总体特征。例如，孟春之月"天气下降，地气上腾，天地和同，草木萌动"；仲春之月"蛰虫咸动，启户始出"；季春之月"生气方盛，阳气发泄，句者毕出，萌者尽达"；孟夏之月，"继长增高"；仲夏之月，"日长至，阴阳争，死生分"；季夏之月"树木方盛""水潦盛昌""土润溽暑""大雨时行"；孟秋之月，"天地始肃，不可以赢"；仲秋之月"杀气浸盛，阳气日衰"；季秋之月，"草木黄落""蛰虫咸俯在内"；孟冬之月，"天气上腾，地气下降，天地不通，闭塞而成冬"；仲冬之月，"阴阳争，诸生荡"；等等。这些总体特征，是安排不同月份各项事务的主要依据，决定了不同时令、节气之下社会活动的基本面貌。

　　《月令》共记载与经济活动有关的事务 59 条，涉及农耕、牧养、采集、狩猎、加工、商贸和经济管理等方面；其他事务 53 条，包括迎时、出入、赏赐、宴会、赈恤、刑罚、习武、兴筑、关防、祭祀、磔禳、占卜、乐舞等，此外列有各月应禁之事（时禁）39 条。所有这些活动，都遵循天时变化的主旋律——春生、夏长、秋收、冬藏而展开：春季主旋律是阴阳交合、天地和同，万物萌生发育，与之相应，人事活动着眼于助生、护生；夏季主旋律是阳气鼎盛、万物继长增高，人事活动应之以助长；秋季阴气滋长、阳气内敛，时主肃杀，人事活动应之以杀伐、收敛；冬季阴阳分离、天地不通，万物休眠闭藏，人事活动亦以闭藏静养为主。总之，所有政令安排和社会活动都必须遵循自然秩序，根据天之性情和时气变化，顺时而动而不逆时而行，否则将引起自然界发生灾异，造成祸殃。董仲舒云："天亦有喜怒之气、哀乐之心，与人相副。以类合之，天人一也。春，喜气也，故生；秋，怒气也，故杀；夏，乐气也，故养；冬，哀气也，故藏。四者天人同有之。有其理而一用之。与天同者大治，与天异者

---

[1]《淮南子·时则训》则据招摇指向，其余二者相同。参见陈美东：《月令、阴阳家与天文历法》，《中国文化》1995 年第 2 期，第 185-195 页。

大乱。故为人主之道，莫明于在身之与天同者而用之，使喜怒必当义而出，如寒暑之必当其时乃发也。使德之厚于刑也，如阳之多于阴也。"[1]这段话大体可以概括《月令》时政安排的思想主旨。

与《夏小正》比较，《月令》的内容有显著增加，系统性和严密性亦非前者可比，主要表现在四点：

其一，在天象、物候和人事活动之上，安置了一个完整的"阴阳五行"框架。根据阴阳五行观念，天地之间的阴阳消息，引起寒暑燥湿周期性变化，各种自然事物和现象相应发生改变，人间事务亦应与之相应。由于"阴阳五行"框架的设置，以一年作为一个周期，包括春、夏、秋、冬四时，每时又分孟、仲、季三月，共十二个月，为十二"律中"；复于季夏和孟秋之间设"中央土"，使四时和"中央土"分别对应于木、火、金、水、土五行；"四立"之日，迎时气于东、南、西、北四郊，与"中央土"合为东、南、中、西、北五方；每个月份及中央土，除记载天象和十二律中之外，还有五日、五帝、五神、五虫、五音、五数、五味、五臭、五祀和五祭与之相配，从而组成了完整的阴阳五行构架（见表5-4）。正是基于这个事实，论者几乎一致承认阴阳家对"月令模式"的贡献。

在四时、五行框架之下，《月令》整合了长期积累起来的天象和物候知识，按照四时变化的秩序，把各种社会活动逐月做出严整而有序的安排，理想化地构建了一套天人相应、时空结合、万物联动的宏大体系。在这里，天子的饮食起居，诸侯公卿百官之政，四民的作息出入，和包括农耕、牧养、渔猎、兵戎、赏赐、刑罚、抚养、振恤、崇神、祀祖等在内的各项事务之时宜，与日月星辰移动、天地之气升降、阴阳寒暑消息，以及众多物候现象，有机系统地对应起来。总之是一切国家事务或社会活动，都是与时谐行。

其二，《月令》不仅把长期积累的经验知识进行了系统化、理论化，而且上升为国家礼制的一部分。如果说《豳风·七月》是对农民四时劳作的直观描述，《夏小正》初具了某种"授时"意识的话，那么《月令》则首先是以最高统治者——天子为中心的一套严整王官政治活动规范。它要求天子的所有活动遵循天时、顺时而动，连居、乘、驾、载、衣、服、食、器亦都必须与天时相应；要求天子授命百官顺应天地、时气变化开展各项政事。一言以蔽之，"应天

[1] 苏舆撰，钟哲点校：《春秋繁露义证》卷12《阴阳义第四十九》，中华书局，1992年，第341-342页。

顺时"——这个后来长期被理解为膺天命、顺时势而取天下的政治斗争术语，最初的含义只是顺应大自然变化的节奏而施行政务。

表 5-4　《月令》的四时五行构架

五行＼四时	春	夏	季夏	秋	冬
五行	木	火	土	金	水
五方	东	南	中	西	北
五帝	太皞	炎帝	黄帝	少皞	颛顼
五神	勾芒	祝融	后土	蓐收	玄冥
五虫	鳞	羽	倮	毛	介
五音	角	徵	宫	商	羽
五数	八	九	五	七	六
五味	酸	苦	甘	辛	咸
五祀	户	灶	中溜	门	行
五祀祭品	脾	肺	心	肝	肾
五色	青	赤	黄	白	黑
五谷	麦	菽	稷	麻	黍
五牲	羊	鸡	牛	犬	彘
五臭	膻	焦	香	腥	朽

资料来源：傅道彬：《〈月令〉模式的时间意义与思想意义》，《北方论丛》2009 年第 3 期，第 131 页。

由于《月令》的主要意图和目标是规范王官政治，所以全部叙述以天子为核心，以王官政治为主体，专门记载天子四时起居活动的文字篇幅即占据了很大比重，但是牵连着整个国家政治和社会生活，涉及的社会群体非常广泛，除天子之外，还包括后妃、公卿、诸侯、士民、百工、孤幼以及囚徒，可谓一幅社会生活的全景图像。

从现存文献可以看到：这样一套时令安排，曾经具有非常重大的政治和社会意义。在先秦两汉时代，思想家们不断讨论"时"与"政"的关系，把"授时"视为国家权力的象征、朝廷政治的重要内容，把是否"奉时"作为一个重要政治标准，为此还编造了尧命羲和"敬授民时"的历史故事。《尚书·尧典》云：

乃命羲和，钦若昊天，历象日月星辰，敬授人时。分命羲仲，宅嵎夷，曰旸谷。寅宾出日，平秩东作。日中星鸟，以殷仲春。厥民析，鸟兽孳尾。申命羲叔，宅南交。平秩南讹，敬致。日永星火，以正仲夏。厥民因，鸟兽希革。分命和仲，宅西，曰昧谷。寅饯纳日，平秩西成。宵中星虚，以殷仲秋。厥民夷，鸟兽毛毨。申命和叔，宅朔方，曰幽都。平在朔易。日短星昴，以正仲冬。厥民隩，鸟兽氄毛。帝曰："咨！汝羲暨和。期三百有六旬有六日，以闰月定四时成岁。允厘百工，庶绩咸熙。"[1]

该文虽系托古编造，文字简短，但已经包含"月令模式"的四时、天象、地理、生物和人事诸多要素，观象授时、整齐天下的政治思想昭然可见，只是尚未嵌入五行框架。在整个传统时代，"敬授民时"一直是统治者奉天承运、治理天下的标志性权利与职责。

自春秋、战国至秦汉时期，依四时而行政令的思想不断被系统化。人们把副"天道之行"、遵"四时之序"称为"圣王之制"，把顺时而动、不失时宜作为首要施政原则，这是基于农业生产重要性而提出的政治要求。《荀子·王制》说："君者，善群也。群道当则万物皆得其宜，六畜皆得其长，群生皆得其命。故养长时则六畜育，杀生时则草木殖，政令时则百姓一，贤良服。圣王之制也，草木荣华滋硕之时则斧斤不入山林，不夭其生，不绝其长也；鼋鼍、鱼鳖、鳅鳝孕别之时，网罟毒药不入泽，不夭其生，不绝其长也；春耕、夏耘、秋收、冬藏四者不失时，故五谷不绝而百姓有余食也；污池、渊沼、川泽谨其时禁，故鱼鳖优多而百姓有余用也；斩伐养长不失其时，故山林不童而百姓有余材也……"[2]这种要求，由农业管理向其他领域不断推演、延伸，内涵不断丰富，于是有了西汉大儒董仲舒的"天人相应""副天之所行以为政"思想之提出。董仲舒指出："天之道，春暖以生，夏暑以养，秋清以杀，冬寒以藏。暖暑清寒，异气而同功，皆天之所以成岁也。圣人副天之所行以为政，故以庆副暖而当春，以赏副暑而当夏，以罚副清而当秋，以刑副寒而当冬。庆赏罚刑，异事而同功，皆王者之所以成德也。庆赏罚刑与春夏秋冬，以类相应也，如合符。故曰王者配天，谓其道。天有四时，王有四政，四政若四时，通类也，天人所同有也。

[1]（清）阮元校刻本：《十三经注疏》，中华书局，1980 年影印本，第 119-120 页。
[2]（清）王先谦撰，沈啸寰、王星贤点校：《荀子集解》，中华书局，1988 年，第 165 页。

庆为春，赏为夏，罚为秋，刑为冬。庆赏罚刑之不可不具也，如春夏秋冬不可不备也。庆赏罚刑，当其处不可不发，若暖暑清寒，当其时不可不出也。庆赏罚刑各有正处，如春夏秋冬各有时也。四政者，不可以相干也，犹四时不可相干也。四政者，不可以易处也，犹四时不可易处也。故庆赏罚刑有不行于其正处者，《春秋》讥也。"[1]他的这番议论，几乎就是对《月令》王官政治原则的系统理论注解。《淮南子》《管子》等书，同样将遵"四时之序"作为重要的施政原则，并做了相当充分的阐述。当然，顺时而行政的前提条件是"知时"，所以《管子·四时》篇说："不知四时，乃失国之基"。[2]

其三，《月令》不仅强调要严格遵循天时，根据自然变化开展应行之事，而且还规定了不同月份不当做和禁止做的事情，包括：不许违时捕猎樵采、兴兵动众、兴建土木和举行大事等。做出这些规定，目的在于保证万物顺利孳生长养，保证农事按时开展，生活起居有节，身体将养适时。其中不少禁令与生物资源保护直接相关，环境史研究者一直非常重视，反复加以引证并予以很高评价。若不仅仅囿于环境保护史的思路，而是全面思考自然环境与人类活动之间的关系，在我们看来，所有禁令乃至《月令》的全部内容，都具有重要的环境史学意义，其基本精神是规范和约束人们的行为，顺应大自然的节奏，与天地之间的阴阳消长、时气变化和季节更替协调一致，而不相违逆。用《月令》本身的话说，就是"毋变天之道，毋绝地之理，毋乱人之纪"。

其四，《月令》不仅从正面要求"以时禁发"、顺时而动，而且在每个月份都特别指出违时而行政令可能导致的各种灾祸，包括自然灾害、农业歉收、疫病流行、人民流亡甚至战争动乱，从反面进一步强调了顺应自然变化节律的极端重要性，对违逆天地四时而行政令提出了严重警告。这些警告，显然受到了自孔子编订《春秋》以来不断发展，两汉时代十分炽盛的天诚、灾异学说的影响，但它的背后却是漫长时代人类遭受各种自然灾害的痛苦经验，无疑反映了人与自然关系的另一面相。

[1] 苏舆撰，钟哲点校：《春秋繁露义证》，中华书局，1992年，第353-354页。
[2] 黎凤翔撰，梁运华整理：《管子校注》，中华书局，2004年，第837-838页。

四、其他文献中的相关记述

《月令》的上述思想、规范乃至警告，在《管子》《淮南子》等书中都有清晰的呈现。《管子·形势解》指出："天覆万物，制寒暑，行日月，次星辰，天之常也"；"地生养万物，地之则也"；"春者阳气始上，故万物生。夏者阳气毕上，故万物长。秋者阴气始下，故万物收。冬者阴气毕下，故万物藏。故春夏生长，秋冬收藏，四时之节也"；"天覆万物而制之，地载万物而养之，四时生长万物而收藏之，古以至今，不更其道。"因此，统治者必须遵循"天常""地则"和"四时之节"而行政令。[1]在《幼官》《四时》《五行》等篇中，它一再指出顺时和违时而行政令都将感应于天地万物，从而导致利弊祸福的不同结果。

与《礼记·月令》相比，《淮南子·时则训》根据西汉实际情况做了一些调整，但思想主旨和基本内容仍然大体一致。作者基于阴阳五行思想，还专门补充了《五位》《六合》和《制度》三节，把国家政务纳入了一个宏大的时空框架中，对相关时令规定做了进一步解释，详细论述了遵循天地、四时运行规则的重要性，在一定程度上概括了"月令模式"应天顺时的基本精神。其思想大体可以概括为：处"五位"而异其令，应"六合"而不失其政，顺阴阳而立制度，以天地四时为准、绳、规、衡、矩、权而不失其节。与董仲舒的"副天之所行以为政"和"天人感应"思想相比，具体的表述方法和内容自然存在一定差别，但是在强调政治统治要顺应天地之道、阴阳之变和四时之节这一点上，并无本质上的不同。事实上，《淮南子》不只在《时则训》中论述天地之道、阴阳之变、四时之序与万物生长和人类活动之间的关系，其他部分也有很多论说，理论构设之系统，事理阐述之繁密，为同时代其他文献所不能及。举例来说，其《天文训》不仅论说了阴阳、天地、四时、动物、人情，还涉及了九野、五星、八风、五官、六府、七舍、律历、星部等许多方面，知识内容十分博杂，详陈自然界中阴阳消长、四时嬗替和万物变化的韵律节奏、福祸利害以及人对它们的应对。《淮南子》的作者非常关注自然与社会各种事物和现象之间的彼此联系与相互影响，在他们看来，天地之间的万事万物是互相联系的整体，事物变化都

---

[1] 黎凤翔撰，梁运华整理：《管子校注》，中华书局，2004年，第1167-1169页。

有规律，并且不同事物的变化之间具有协同性，根据某个方面的变化即把握时间，顺时施政，所以"八风"之至被当作实施不同政事的指时标识。它说：

何谓八风？距日冬至四十五日条风至，条风至四十五日明庶风至，明庶风至四十五日清明风至，清明风至四十五日景风至，景风至四十五日凉风至，凉风至四十五日阊阖风至，阊阖风至四十五日不周风至，不周风至四十五日广莫风至。条风至则出轻系，去稽留。明庶风至则正封疆，修田畴。清明风至则出币帛，使诸侯。景风至则爵有位，赏有功。凉风至则报地德，祀四郊。阊阖风至则收悬垂，琴瑟不张。不周风至则修宫室，缮边城。广莫风至则闭关梁，决刑罚。[1]

值得特别指出的是：正是在《天文训》一篇中，该书完整地记载了流传两千余年、至今仍然沿用的"二十四节气"，即其所谓"二十四时之变"。到了汉晋之际，《逸周书·时训解》[2]又从前代文献所载的众多物候中挑拣出"七十二候"。于是，"四时""八节""二十四节气"和"七十二候"，也就完整地呈现于该书之中，中国传统时间知识系统的建构工作至此终告完成。这标志着：在当时中国经济、社会发展的中心区域——黄河中下游地区，人们对于区域自然环境的变化节奏已经获得了清晰而系统的认识，并且基于农耕社会生产与生活特点，形成了一套完整的文化适应模式（见表5-5）。

表 5-5　《逸周书·时训解》所见的四时、二十四节气和七十二候[3]

四时	节气	物候	物候不时之害
春	立春	东风解冻 蛰虫始振 鱼上冰	风不解冻，号令不行 蛰虫不振，阴奸阳 鱼不上冰，甲胄私藏
	雨水	獭祭鱼 鸿雁来 草木萌动	獭不祭鱼，国多盗贼 鸿雁不来，远人不服 草木不萌动，果蔬不熟

---

[1] 刘文典撰，冯逸、乔华点校：《淮南鸿烈集解》，中华书局，1988年，第92-93页。

[2] 关于《逸周书》的撰述年代及其各部分内容的来源，学界仍有许多分歧。从文字内容的严整性来看，《时训解》的完成时间比较晚，"七十二候"显然是根据《吕氏春秋》《淮南子》和《礼记》等书的相关记载，经过拣择、归纳和加工完成的。

[3] 本表根据黄怀信等撰：《逸周书汇校集注》卷6《时训解第五十二》，上海古籍出版社，1995年，第622-656页。笔者根据其他版本对明显错误予以纠正，特作说明。

四时	节气	物候	物候不时之害
春	惊蛰	桃始华	桃不始华[1]，是谓阳否
		仓庚鸣	仓庚不鸣，臣不□主[2]
		鹰化为鸠	鹰不化鸠，寇戎数起
	春分	玄鸟至	玄鸟不至，妇人不□
		雷乃发声	雷不发声，诸侯□民[3]
		始电	不始电，君无威震
	清明	桐始华	桐不华，岁有大寒
		田鼠化为鴽	田鼠不化鴽，国多贪残
		虹始见	虹不见，妇人苞乱
	谷雨	萍始生	萍不生，阴气愤盈
		鸣鸠拂其羽	鸣鸠不拂其羽，国不治兵
		戴胜降于桑	戴胜不降于桑，政教不中
夏	立夏	蝼蝈鸣	蝼蝈不鸣，水潦淫漫
		蚯蚓出	蚯蚓不出，嬖夺后命
		王瓜生	王瓜不生，困于百姓
	小满	苦菜秀	苦菜不秀，贤人潜伏
		靡草死	靡草不死，国纵盗贼
		小暑至	小暑不至，是谓阴慝
	芒种	螳螂生	螳螂不生，是谓阴息
		鵙始鸣	鵙不始鸣，令奸壅逼
		反舌无声	反舌有声，佞人在侧
	夏至	鹿角解	鹿角不解，兵革不息
		蜩始鸣	蜩不鸣，贵臣放逸
		半夏生	半夏不生，民多厉疾
	小暑	温风至	温风不至，国无宽教
		蟋蟀居壁	蟋蟀不居壁，急恒之暴
		鹰乃学习	鹰不学习，不备戎盗
	大暑	腐草化为萤	腐草不化为萤，谷实鲜落
		土润溽暑	土润不溽暑，物不应罚
		大雨时行	大雨不时行，国无恩泽
秋	立秋	凉风至	凉风不至，国无严政
		白露降	白露不降，民多邪病
		寒蝉鸣	寒蝉不鸣，人皆力争
	处暑	鹰乃祭鸟	鹰不祭鸟，师旅无功
		天地如[4]肃	天地不肃，君臣乃□[5]
		禾乃登	农不登谷，暖气为灾

[1] "桃不始华"，《集注》原作"桃始不华"，文渊阁《四库全书》和《四部丛刊》本《逸周书》皆同，但文义不顺，观后文之例，知是传本之误，故改正。

[2] 他本或作"臣不从主"。

[3] 他本或作"妇人不娠""诸侯失民"。

[4] "如"当为印刷错误，文渊阁《四库全书》和《四部丛刊》本皆作"始"，是。

[5] 这个缺字，诸家校本和抄引者各据己意添补，如"凶""灾""怠""讧"等，互不相同。

四时	节气	物候	物候不时之害
秋	白露	鸿雁来 玄鸟归 群鸟养羞	鸿雁不来，远人背畔 玄鸟不归，室家离散 群鸟不养羞，下臣骄慢
	秋分	雷始收声 蛰虫培户 水始涸	雷不始收声，诸侯淫佚 蛰虫不培户，□靡有赖[1] 水不始涸，甲虫为害
	寒露	鸿雁来宾 爵入大水化为蛤 菊有黄华	鸿雁不来，小民不服 爵不入大水，失时之极 菊无黄华，土不稼穑
	霜降	豺[2]乃祭兽 草木黄落 蛰虫咸俯	豺不祭兽，爪牙不良 草木不黄落，是为愆阳 蛰虫不咸附，民多流亡
冬	立冬	水始冰 地始冻 雉入大水化[3]为蜃	水不冰，是谓阴负 地不始冻，咎征之咎 雉不入大水，国多淫妇
	小雪	虹藏不见 天气上腾，地气下降 闭塞而成冬	虹不藏，妇不专一 天气不上腾，地气不下降，君臣相嫉 不闭塞而成冬，母后淫佚
	大雪	鹖[4]鸟不鸣 虎始交 荔挺生	鹖鸟鸣□□□ 虎不始交，□□□□ 荔挺不生，卿士专权[5]
	冬至	蚯蚓结 麋角解 水泉动	蚯蚓不结，君政不行 麋角不解，兵甲不藏 水泉不动，阴不承阳
	小寒	雁北向 鹊始巢 雉始雊	雁不北向，民不怀主 鹊不始巢，国不宁 雉不始雊，国大水
	大寒	鸡始乳 鸷鸟厉 水泽腹坚	鸡不始乳，淫女乱男 鸷鸟不厉，国不除兵 水泽不腹坚，言乃不从

由以上叙述可知："月令模式"经历了一个相当漫长的逐步建构过程，其最基础的部分是广大人民在农业生产和日常生活逐步积累的自然知识和实践经验。随着古代社会文化不断发展，这些民间经验知识，经过文化知识人士的汇

[1] 或作"民靡有赖"。
[2] "豺"原误作"豹"，观其后文，知是印刷错误。
[3] 《四库》本无"化"字。
[4] "鹖"，文渊阁《四库全书》本作"鶂"，下同。
[5] 此二句，文渊阁《四库全书》本作"鶂鸟不鸣，缺"，"虎不始交，缺"；《四部丛刊》本则为"鹖鸟鸣□□□"，"虎不始交□□□□。"而《太平御览》卷28《时序部十三》引《周书·时训》曰："大雪之日，鹖鸟犹鸣者，国有讹言；虎不交，将帅不和；荔挺不出，卿士专权"。

集、归纳和提炼，逐渐系统化和模式化，最终上升为国家礼制的一部分。在它的逐步建构过程中，阴阳家、儒家做出了主要贡献，但亦得到了道家和法家的帮助（至少是认同）。"月令模式"因嵌入了"阴阳五行"框架而得到理论升华，更因被纳入儒家经典而获得权威性，从而产生了深远的政治和社会影响。但它既非儒家首创，更非儒家专有，而是一种诸家共有的时间观念和自然意识。战国、秦汉时代，它被奉为最重要的施政规范之一不是偶然的，而是具有深厚的社会背景，与这个时代中国农耕社会的定型化发展进程相伴而行。当时思想家们都重视发展"农本"，国家以"驱民而归之农，皆著于本"[1]作为基本经济国策。由于农业是社会经济的基础，生产活动又具有强烈的季节性，保证农时不仅是经济发展的需要，而且是社会稳定的需要，因此古人不断强调"奉天时而不违""敬授人时""使民以时""不违农时"，把遵循天地变化节奏、顺时而动奉为"圣王之制"乃是一种历史必然，"月令"就是以时间为主轴对"圣王之制"所做的一套理想模式化设计。如果说天、地、人"三才"是古代诸家学说的最大公约数的话，"天"之所指，主要就是"天时"。[2]

　　这套理想模式化的设计，将人、天、地和万物视为统一整体，互相依存、双向反馈、彼此因应，天象、气候和生物的周期性变化节奏与韵律被参照和效法，从而形成相应的政治运行、经济生产和社会生活的节律。其中所包含的人与自然关系逻辑是：自然变化为"因"，人的活动相"应"，天地自然规约人的行为，人的行为亦感应于天地自然。作为一套政治礼制，"月令模式"要求天子遵循"天行之常""地养之则"和"四时之节"，颁行政令，统摄百官，敬授民时，顺应大自然的变化节奏开展各种活动，与天、地、万物共舞。它警告：违时行令、逆时而动，必然引起自然失序、万物失常，招致各种灾殃。总之，观万物变化，察阴阳消息，奉天时而不违，乃是"月令模式"的基本精神，对中国古代社会具有广泛而深远的影响。通过"月令模式"历史地认识、而非抽象地评说所谓"天人相应"思想，可以发现：它其实并非完全出自玄想，而是曾经具有很重要的行为规范和实践指导意义，体现了独特的自然道德精神，包含着深层的环境伦理。

---

[1]（汉）班固：《汉书》卷 24 上《食货志上》，中华书局，1962 年，第 1130 页。
[2] 具体论述，参见王利华：《"三才"理论：中国古代社会建设的思想纲领》，《天津社会科学》2008 年第 6 期，第 128-131 页。

第四节　"月令"对社会生活的塑模

从《豳风·七月》到《礼记·月令》的发展，地方经验和民间知识不断被吸收到国家礼制之中，经过阴阳家和其他派别知识分子的努力，这些经验和知识不断被整理、提升，形成了一套宏大的文化体系。自秦汉以降，这套被儒家礼制化和模式化的思想知识体系，又通过多种途径，不断推向地方和民间社会，发挥着指导经济生产和规范社会生活的功能。

毫无疑问，"月令模式"首先是一套要求统治者奉行的王官政治规范，但它并不只是一套象征性的礼仪，而是一套文化地适应自然节奏的社会实践指导系统。[1]这套系统是从长期实践经验中提炼出来的，某些内容可能在远古时代即已萌生，其逐步系统化和礼制化（法制化），乃是伴随着以农业为经济基础的古代文明和国家政治发展。尽管《尚书·尧典》所谓尧命羲和"敬授人时"、《竹书纪年》所称夏禹"颁夏时于邦国"，皆是后人编造的故事，[2]然而历史资料反映：在秦汉时代，观象授时、遵四时而行政令，的确是国家政治的一项重要内容，是社会运行的一套重要准则。邢义田、杨振红等人的研究表明：当时所遵从的"月令"可能采择于不同的传承系统，抑或因时、因事而有所调整，但月令精神确实得到了相当程度的贯彻和落实[3]。

正如杨振红曾列举的那样，最近40余年来，各地陆续出土了一系列与"月令"有关的秦汉简牍材料，残存的律法和诏令条文，有的直接带有"月令"标识，有的虽无标识却是以月系事。细察其具体内容，有关于春时振恤、存抚百姓，如江苏连云港尹湾出土的汉成帝元延年间东海郡《集簿》中"以春令"；有

---

[1] 思想史研究者高度称赞"月令模式"的思想意义，例如傅道彬在最近的一篇论文中指出："以《礼记·月令》为代表的一组上古岁时文献，典型地反映了古代中国的时间性思维模式。月令是一种时间结构，也是一种思维模式。这一模式体现出以春夏秋冬四时演化为发展脉络，以空间的日月星辰变化和自然的物候变迁为基本媒介，构筑的天人感应，时空一体，自然与社会相互作用，人类的生产与生活、政治与文化整体互动的思想结构。"（见前揭傅道彬：《〈月令〉模式的时间意义与思想意义》）。我们认为：它不仅仅是一种思想结构或模式，而是一套社会实践规范，对古代政治、经济、文化以及其他许多方面，都具有实践指导作用。下节拟作专门论述。

[2] 分见《十三经注疏》，中华书局，1980年影印（清）阮元校刻本，第119页；王国维：《王观堂先生全集》初编第11册，《今本竹书纪年疏证》卷上，大通书局，1976年，第4572页。

[3] 邢义田：《月令与西汉政治——从尹湾集簿中的"以春令成户"说起》（以下简称《月令与西汉政治》），《新史学》第9卷第1期（台北，1998年），第1-54页；杨振红：《月令与秦汉政治再探讨——兼论月令源流》，《历史研究》2004年第3期，第17-38页。

关于采集、捕猎时禁，如湖北云梦睡虎地秦墓出土《田律》和湖北张家山汉墓出土《二年律令·田律》；有关于田畔、道路、津梁修治诸事，如四川青川县郝家坪五十号秦墓出土木牍载有秦武王二年丞相、内史更修的《田律》，湖北张家山汉墓出土《二年律令·田律》等，都在一定程度上反映了月令的影响。甘肃敦煌悬泉置出土汉平帝元始五年王莽主持颁布的《诏书四时月令五十条》，则完全是《月令》以四时十二个月（每时孟、仲、季三月）系事的形式，其中包括春季月令 20 条，夏季月令 12 条，秋季月令 8 条，冬季月令 10 条，简直就是一份简本的《月令》，惟所列事项俱是地方应行之事[1]。上述这些律令和诏令，其实就是把原本即具典制意义的"月令"进一步法律化。通过它们的颁行，"月令"精神在秦汉政治、社会和经济实践中得到了具体的贯彻、落实。

《史记》和两《汉书》亦在相当程度上反映了"月令"精神对汉代社会的影响。这几部史书并未给《月令》专门设目，相关内容散见于《礼书》《历书》《天官书》《律历志》《礼乐志》《五行志》等不同部分。"帝纪"作为正史的总纲，有更多的具体事例反映了"月令"精神在国家政治运作过程中的践行情况。"一年之计在于春"。春季既是一年政事的开端，亦是农家东作之始，又是寒暖交替、疾疫易生和青黄不接之际，所以两汉时期对"行春令"尤其重视，两《汉书》的"帝纪"部分保留有大量春季诏令，文字详略不一，察其具体内容，则除了务农本、兴水利之外，大体不出庆赏、选官、赐爵、抚恤、振贷、蠲免、赦罪、掩骼埋胔等事项，正体现了"月令"中"行春令"重在"布德行惠"的精神。

然而在此我们更关心的是，由民众实践经验知识中提炼出来、上升为王官政治规范的月令体系，又是如何回归于民间社会，在民众日常生产和生活中发挥影响？如果它仅仅停留于一种政治规范，能否产生实际影响力及其影响大小，就完全要取决于统治者是否愿意遵循先圣倡导的"王政"精神；而一旦成为全社会共同遵循的一种生活模式，则将不仅成为一种"文化地适应自然变化节奏"的普适模式，深刻地影响人与自然之间的交往与互动，对社会本身亦发挥重要的塑模作用。

天子垂范、颁历授时和国家政令的颁行，自然会对平民百姓的生产、生活安排有所引导。但是就历史的实际情形来看，"月令模式"在由国家政治规范向

---

[1] 详细内容，请参见中国文物研究所、甘肃省文物考古研究所编：《敦煌悬泉月令诏条》，中华书局，2001 年。

民间流播、最终化成风俗的过程中，地方官吏和知识分子的勉劝和教化曾经发挥过重要作用。这里我们首先要提到东汉崔寔和他的《四民月令》。如果说，"月令模式"是在西汉时期因儒家礼制独受尊崇而被确定为国家施政规范的话，那么，其家族（家庭）生活化过程则肇始于东汉时期，持续于整个古代社会。崔寔撰写《四民月令》，反映了当时官僚、知识分子将这套国家礼制推广到家族和民间的一种企图。作为中国历史上第一部"月令式"农书或农家生活通书，《四民月令》在"月令模式"的社会化（或者说《月令》塑模社会生活）过程中，具有开创性的意义。

崔寔出身于东汉名门望族，《后汉书》本传称：寔自幼"好典籍"，曾与"诸儒博士共杂定《五经》"，"明于政体，吏才有余"，其《政论》"论当世便事数十条"，"指切时要，言辩而确，当世称之。"他在担任五原太守期间，教麻织、守边塞均有政绩，"五原土宜麻枲，而俗不知织绩，民冬月无衣，积细草而卧其中，见吏则衣草而出。寔至官，斥卖储峙，为作纺绩、织纴，練缊之具以教之，民得以免寒苦。"[1]可以称得上是位"循吏"。他同时是一位颇有田产、亲自指画生产经营的庄园地主，熟悉以农为本的家政管理，《四民月令》即是他根据自己持家治生的经验而撰成的，虽然本传未载，对后世的影响却很大，是古代"月令式"农书或农家生活通书的源头和蓝本。

《四民月令》原书散佚已久，从残存文字和诸家辑本来看，显然是基于家庭生计活动对《月令》进行"临摹"。兹据先师缪启愉《四民月令辑释》整理出一份简表（见表5-6）。[2]

表 5-6　《四民月令》的家庭事务

月份	物候	经济活动	家庭生活与社会交际
一月	百卉萌动，蛰虫启户。	**大田**：雨水中，地气上腾，土长冒橛，陈根可拔。急菑强土黑垆之田。可种春麦、豍豆，尽二月止。粪田畴。 **园圃**：可种瓜、瓠、芥、葵、薤、大小葱、蓼、苏、苜蓿及杂蒜、芋。可种韭。可别蒨、芥。上辛，扫除韭畦中枯叶。 **林木**：自朔暨晦，可移诸树：竹、漆、桐、梓、	**祭祀**：正月之旦，洁祀祖祢。上丁日，祀祖于门，及祖祢，道（导）阳出滞，祈福祥焉。上亥日，祠先穑，以祈丰年。 **医药养生**：上除日或十五日，合诸膏、小草续命丸、注药及马舌下散，收白犬骨及肝血（可

---

[1]（南朝宋）范晔：《后汉书》卷 52《崔骃传附崔寔传》，中华书局，1965 年，第 1725-1731 页。
[2] 缪启愉辑释，万国鼎审订：《四民月令辑释》，农业出版社，1981 年。

月份	物候	经济活动	家庭生活与社会交际
一月	百卉萌动，蛰虫启户。	松、柏、杂木：唯有果实者，及望而止。是月，尽二月可剿树枝。自是月以终季夏，不可以伐竹木，必生蠹虫。 **蚕织**：命女红趣织布。 **加工**：令典馈酿春酒、作诸酱。上旬炒豆，中旬煮之。以碎豆作末都，至六七月之交，分以藏瓜，可以作鱼酱、肉酱、清酱。	以合注药）。 **教育**：择元日，可以冠子。农事未起，命成童以上入大学，命幼童入小学。 **交际**：谒贺君、师、故将、宗人、父友、友亲、乡党耆老。
二月	阴冻毕泽。春分中，雷且发声。玄鸟巢。	**大田**：阴冻毕泽，可葺美田、缓土及河渚小处。可种稙禾、大豆、苴麻、胡麻。 **园圃**：可种地黄。 **林木**：是月也，榆荚成。自是月尽三月，可掩树枝。收薪炭。 **采集**：采桃花、茜，及栝楼、土瓜根。其滨山可采乌头、天雄、天门冬。二月采术。 **蚕织**：蚕事未起，令缝人浣冬衣，彻复为夹，其有赢帛，遂为秋服。 **加工**：是月也，榆荚成。及青收，干以为旨蓄；色变白，将落，可收为酺酱、酱酱。 **货易**：可粜粟、黍、大小豆、麻、麦子。	**祭祀**：祠太社之日，荐韭卵于祖祢。 **医药养生**：春分先后各五日，寝别外内。 **婚嫁**：择元日，可结婚。 **修治**：刻涂墙。 **交际**：顺阳习射，以备不虞。
三月	杏花盛 时雨降 桑葚赤 榆荚落 桃花盛	**大田**：是月也，杏花盛，可葺沙白轻土之田。时雨降，可种粳稻及稙禾、苴麻、胡豆、胡麻。昏参夕，桑葚赤，可种大豆，谓之上时。三月桃花盛，农人候时而种也。可利沟渎。 **园圃**：三日可种瓜。（清明）节后十日封生姜，至立夏后芽出，可种之。时雨降，别小葱。榆荚落，可种蓝。 **采集**：是日（三日）以及上除，可采艾、乌韭、瞿麦、柳絮。 **蚕织**：清明节，命蚕妾治蚕室，涂隙穴，具槌、梼、簿、笼。谷雨中，蚕毕生，乃同妇子，以勤其事。 **货易**：可粜黍，买布。	**医药养生**：自是月尽夏至，暖气将盛，日烈暵，利以漆油，作诸日煎药。 **修治**：农事尚闲……葺治墙屋，以待雨。 **赈济和防御**：是月也，冬谷或尽，椹、麦未熟，乃顺阳布德，振赡匮乏，务先九族，自亲者始。无或蕴财，忍人之穷；无或利名，罄家继富。缮修门户，警设守备，以御春饥草窃之寇。
四月	蚕大食 蚕入簇 时雨降 布谷鸣	**大田**：蚕入簇，时雨降，可种黍禾、大小豆、胡麻。 **园圃**：立夏后，蚕大食，可种生姜。收芜菁及芥、亭历、冬葵、茛苕子。布谷鸣，收小蒜。别小葱。 **蚕织**：茧既入簇，趣缲，剖绵，具机杼，敬经络。草始茂，可烧灰。 **加工**：取鲷鱼作酱。可作酰、酱。可作枣精。 **货易**：可粜穬麦及大麦。收弊絮。	

月份	物候	经济活动	家庭生活与社会交际
五月	芒种节后，阳气始亏，阴慝将萌，暖气始盛，虫蠹并兴。淋雨将降。	**大田**：时雨降，可种胡麻。先后日至各五日，可种禾及牡麻。先后各二日，可种黍。是月也，可别稻及蓝。尽至后二十日止。可菑麦田。 **园圃**：别蓝。 **饲养**：刈萑刍。曝干萆刍，置窖中，密封，至冬可以养马。 **加工**：麦既入，多作糒，以供出入之粮。可作酱及醯酱。 **收藏**：以灰藏莤、裘、毛、毳之物及羽箭。以竿挂油衣，勿襞藏。 **货易**：粜大小豆、胡麻。籴穬、大小麦。收弊絮及布帛。日至后，可籴萆刍。	**祭祀**：夏至之日，荐麦鱼于祖祢，厥明祠冢。 **医药养生**：合止利黄连丸等药。是月也，阴阳争，血气散，先后日至各五日，寝别内外；先后日至各十日，薄滋味，毋多食肥醲；距立秋，毋食煮饼及水溲饼。 **武事**：弛角弓弩……
六月		**大田**：趣耘锄，毋失时。可菑麦田。 **园圃**：是月六日可种葵。中伏后可种冬葵；可种芜菁、冬蓝、小蒜；别大葱。大暑中后，可畜瓠、藏瓜，收芥子，尽七月止。 **蚕织**：命女红织缣缚。可烧灰，染青绀诸杂色。 **加工**：是月廿日，可捣择小麦硙之……作麹。 **货易**：可籴大豆。籴穬、小麦。收缣缚。	**祭祀**：初伏，荐麦瓜于祖祢。
七月		**大田**：菑麦田。 **园圃**：可种芜菁及芥、苜蓿、大小葱、小蒜、胡葱；别薤。 **林木**：收柏实。 **饲养**：刈刍茭。 **采集**：采葸耳。 **蚕织**：处暑中，向秋节，浣故制新，作袷薄以备始凉。 **加工**：藏韭菁。 四日，命治麹室，具簿、持、槌。六日，馈治五谷、磨具。七日，遂作麹。作干糗。 **货易**：可粜小、大豆。籴麦。收缣练。	**医药养生**：七日，可合蓝丸及蜀漆丸 **教育及其他**：曝经书及衣裳。
八月	暑小退 凉风戒寒	**大田**：凡种大小麦，得白露节，可种薄田；秋分，种中田；后十日，种美田。唯穬，早晚无常。 **园圃**：可断瓠作蓄。干地黄。收韭菁；作捣虀。可干葵。收豆藿。种大小蒜、芥。 **饲养**：可种苜蓿。刈刍茭 **采集**：八日，可采车前实、乌头、天雄及王不留行。刈萑苇及刍茭。 **蚕织**：趣练缣帛，染采色。擘绵，治絮，制新，浣故。 **加工**：作末都。 **籴粜**：及韦履贱好，豫买以备隆冬。粜种麦。籴黍。	**祭祀**：筮择月节后良日，祠岁时所奉尊神。 以祠太社之日，荐黍豚于祖祢。 **武事**：得凉燥，可上角弓弩…… **教育**：暑小退，命幼童入小学，如正月焉。 **婚嫁**：可纳妇。

月份	物候	经济活动	家庭生活与社会交际
九月		**获藏：**治场圃，涂囷仓，修窦窖，修箪窖。 **加工：**藏茈姜、蘘荷。作葵菹、干葵。 **采集：**采菊花，收枳实。	**交际：**缮五兵，习战射，以备寒冻穷厄之寇。 存问九族孤寡老病不能自存者，分厚彻重，以救其寒。 **教育：**农事毕，命成童以上入大学，如正月焉。
十月		**大田：**趣纳禾稼，毋或在野。 **园圃：**可收芜菁、藏瓜。别大葱。 **采集：**收栝楼。 **加工：**渍麹；麹泽，酿冬酒。作脯腊以供腊祀。作凉饧，煮暴饴。 **蚕织：**可析麻，趣绩布缕，作白履、"不借"。 **货易：**卖缣帛、弊絮。籴粟、大小豆、麻子。	**祭祀：**酿冬酒……以供冬至、腊、正、祖荐韭卵之祠。 **修治：**培筑垣墙，塞向墐户。 **交际：**五谷既登，家储蓄积，乃顺时令，敕丧纪，同宗有贫窭久丧不堪葬者，则纠合众人，共兴举之……
十一月 冬至		**占候：**平量五谷各一升，小罂盛，埋垣北阴墙下（测岁宜）。 **林木：**伐竹木。 **饲养：**买白犬养之以供祖祢。 **货易：**籴粳稻、粟、米、小豆、麻子。	**祭祀：**冬至之日，荐黍羔，先荐玄冥于井，以及祖祢。买白犬养之，以供祖祢。 **医药养生：**是月也，阴阳争，血气散。先后日至各五日，寝别外内。 **教育：**研水冻，命幼童读《孝经》《论语》、篇章、小学。
十二月		**备耕：**合耦田器，养耕牛，选任田者，以俟农事之起。 **饲养：**养耕牛。	**祭祀：**腊日荐稻雁……腊先祖、五祀。小新岁，进酒降神。蒸祭。祀冢。大蜡礼。冢祠君、师、九族、友朋。请召宗族、婚姻、宾旅。讲好和礼，以笃恩纪；休农息役。 **医药养生：**去猪盍车骨及腊时祠祀炙箷、东门磔白鸡头。求牛胆。 **交际：**（小新岁）进酒尊长，及修刺贺君、师、耆老，如正日。

在现存的该书遗文中，关于四时及其物候的资料不完整，从残存的条文来看，原本应当有更多记载，可能因为多系抄录前人，后代主要引用其中关于家政事务的部分。

该书着眼于家庭（家族）事务的年度安排，对各项经济活动排列得相当具体、细致。由上表可知：作者是仿照《月令》之例，把各项经济事务按月分列，其中包括大田（主要是粮食）生产、园圃栽培、果木种植、家畜饲养、衣料生产（栽桑养蚕、种麻和织绩）、收藏加工、野菜药材采集，以及籴粜货易等，提到了数十种粮食、蔬菜、果树、林木、畜禽和野生植物，既谈技术要领，尤重活动时宜。相关文字占据了全书的大半，是现存文献中对东汉农家经济活动介绍得最全面的一部，故后人大多视之为农书。

《四民月令》也讨论了不少其他家庭事务，包括神祖祭祀、医药养生、子女教育、亲族赈济、乡里交际、屋室修治、习武警守等方面，罗列的项目虽不及《月令》多，但主要的非生产性家政事务大多已在其中。最受重视的事务似乎是祭祀，多数月份都有安排，尤以岁首和年末最集中，占用的篇幅远多于其他事项；其次是医疗养生，有7个月份涉及，包括药材收集、药物调和，以及特殊时令的起居和饮食宜忌。

总体来说，《四民月令》在家庭生活层面体现了顺应自然节奏、与四时变化谐行的"月令"精神，反映了东汉农家生活的基本节律。它既是一种文化设计，更是积极顺应天地四时变化的必然结果。农业生产是家庭生计的主要来源，所有农事活动都必须候时而发，适时进行，这是亘古不变的要求。否则，农作就会歉收甚至无收。所以在该书的行文中，不断出现候时、及时、上时之类的话语。非农事的安排则需与农事相适应，不能影响农时，所以籴粜、习武、教育、交游、聚会等，一般都在农闲季节进行。有些活动本身即具明显的季节时令性，例如：三月赈济贫弱亲族，是因为其时正值青黄不接，"冬谷或尽，椹、麦未熟"，所以要"顺阳布德，振赡匮乏"；九月存问孤老贫病亲族，是因为时已秋凉、寒冬将至；夏至和冬至前后之所以"寝别内外"，是因为那时"阴阳争，血气散"，男女同寝对身体健康不利；夏至前后十日直至立秋，饮食方面须"薄滋味，毋多食肥浓"，"毋食煮饼及水溲饼"，则因溽暑时节脾胃虚弱，滋味肥浓的食物和面饼不易消化。此外，采药、合药亦顺应自然变化的节奏而进行，因为不仅动植物（可供药用部分）的生成具有季节性，而且疫病发生和流行亦与寒暑往来、时气变化直接相关。所有这些，都不能不影响到古代家庭生活安排，形成相适应的家庭生活节律。总之，《四民月令》让我们看到了"月令模式"在汉代家政安排中的种种表现。

"月令模式"在向家庭生活延伸的同时，还不断走向地方风俗化，随着历史发展，其影响地域逐渐扩大。它的民俗化过程与影响，在民间岁时节日风俗中有突出的表现。目前我们尚未发现汉代有这个方面的专门著述，但在后世文献中，尚可找到一些残存的记载。梁代宗懔的《荆楚岁时记》是现存最早的一部具体反映"月令模式"地方风俗化的重要著作，相信其中不少岁时习俗在汉代已经形成，并且延续下来。原书亦早已散佚，兹根据近人辑本，将有关内容列表如下，然后略做讨论（见表 5-7）。[1]

表 5-7　《荆楚岁时记》中的岁时风俗

正月	一　日	鸡鸣而起，先于庭前爆竹，以辟山臊恶鬼。贴画鸡，或斫镂五采及土鸡于户上。绘二神，贴户左右：左神荼，右郁垒，俗谓之门神。长幼拜贺，进椒柏酒，饮桃汤，进屠苏酒、胶牙饧，下五辛盘，进敷于散，服却鬼丸。各进一鸡子。造桃板著户，谓之仙木。熬麻子、大豆，兼糖散之。又以钱贯系杖脚，回以投粪扫上，云令如愿。
	七　日（人日）	以七种菜为羹，翦彩为人，或镂金箔为人，以贴屏风，亦戴之以头鬓，造华胜以相遗，登高赋诗。
	立春日	悉翦彩为燕以戴之，帖"宜春"二字。为施钩之戏，以缏作篾缆相胃，绵亘数里，鸣鼓牵之。又为打球、秋千之戏。
	十五日	作豆糜，加油膏其上，以祠门户。其夕迎紫姑，以卜将来蚕桑，并占众事。
	未日夜	芦苣火照井厕中，则百鬼走。
		元日至于月晦，并为酺聚饮食。士女泛舟，或临水宴会，行乐饮酒。晦日送穷。
二月	八　日	释氏下生之日，迦文成道之时，信舍之家，建八关斋戒，车轮宝盖，七变八会之灯，平旦执香花绕城一匝，谓之行城。
	春分日	民并种戒火草于屋上。有鸟如乌，先鸡而鸣，架架格格，民候此鸟则入田，以为候。
	社　日	四邻并结宗会社，宰牲牢，为屋于树下，先祭神，然后享其胙。
三月		去冬节一百五日，即有疾风甚雨，谓之寒食，禁火三日，造饧大麦粥。寒食挑菜。斗鸡，镂鸡子，斗鸡子。
	三　日	四民并出江渚池沼间，临清流，为流杯曲水之饮。是日，取黍曲菜汁作羹，以蜜和粉，谓之龙舌粄，以厌时气。
四月		四月有鸟，名获谷，其名自呼，农人候此鸟，则犁杷上岸。
	八　日	诸寺设斋，以五色香水浴佛，共作龙华会。
	十五日	僧尼就禅刹挂搭，谓之结夏，又谓之结制。
五月		五月俗称恶月，多禁，忌曝床荐席，及忌盖屋。
	五　日	浴兰节。四民并蹋百草之戏，采艾以为人，悬门户上，以禳毒气；以菖蒲或镂或屑，以泛酒。是日竞渡，采杂药。以五彩丝系臂，名曰辟兵，令人不病瘟。又有条达等组织杂物，以相赠遗。取鸲鹆，教之语。
	夏至日	食粽。是日，取菊为灰，以止小麦蠹。

---

[1] 主要参照谭麟：《荆楚岁时记译注》，湖北人民出版社，1985年，并参以《四部备要》本等校。

六月		六月必有三时雨，田家以为甘泽，邑里相贺曰：贺嘉雨。
	伏 日	并作汤饼，名为辟恶饼。
七月	七 日	牵牛、织女聚会之夜。是夕，人家妇女结彩缕，穿七孔针，或以金银鍮石为针。陈几筵酒脯瓜果于庭中，以乞巧，有喜子网于瓜上，则以为符应。
	十五日	僧尼道俗悉营盆供诸佛。
八月		八月雨谓之"豆花雨"。
	十四日	民并以朱墨点小儿头额，名为天灸，以压疾。又以锦彩为眼明囊，递相饷遗。
九月	九 日	四民并籍野饮宴。
十月	朔 日	黍臛，俗谓之秦岁首。
十一月		仲冬之月，采撷霜芜菁，葵等杂菜，干之，并为咸菹。
	冬 至	冬至日，量日影，作赤豆粥，以禳疫。
十二月	八 日	腊日，村人并系细腰鼓，戴胡公头，及作金刚力士，以逐疫，沐浴转除罪障。其日，并以豚酒祭灶神。
		岁前又为藏弭之戏，始于钩弋夫人。
		岁暮，家家具肴蕨，诣宿岁之位，以迎新年。相聚酺饮，留宿岁饭至新年十二日，则弃之街衢，以为去故纳新也。
闰月		不举百事。

　　从表 5-7 可以看出："月令模式"应时设事、顺时而动的基本精神，在荆楚岁时民俗中有着非常显著的表现。固然，其中不少岁时活动是在当地自然形成的，并非北方风俗的移植，但是，不论就这些活动本身还是从作者的撰述意图看，《月令》影响是显而易见的。只是与《月令》和《四民月令》相比，《荆楚岁时记》具有一些新的特点。首先，其叙事虽然仍是依照自然时序的先后，把相关内容纳入一年四季十二月的时间框架，却是以人事（风俗活动）立目，更具"人本"色彩；其次，从该书所载之岁时活动内容中，看不到对国家时政的重视，对农业生产也仅有数条文字涉及，饮食起居、游乐、集会、宗教、占候和祈禳等则成为重点[1]。但是这并不影响我们对"月令模式"的观察，因它从

---

[1] 民俗学者萧放曾撰文比较了《月令》与《岁时记》之间的差异，认为"上层社会的王官之时与一般平民百姓的日用之时在文化性质上有着历时的差别与层位歧异"，《荆楚岁时记》"改变了中国古代以《月令》为代表的政令性时间表达方式，以地方民众的岁时节日作为时间生活的节点，开创了民俗记述的新体裁。"我们认为：这种变化，既是《岁令》传统下移的结果，亦是中国社会文化发展空间转移（包括南方地域社会发展和地方意识增强）所致，而在顺应自然变化节奏开展社会生活这一点上，两者之间并无显著差异。参见萧放：《地域民众生活的时间表述——〈荆楚岁时记〉学术意义探赜》，《北京师范大学学报》2000 年第 6 期，第 51-57 页。

另一侧面反映了民间社会对自然变化节奏的文化适应,同样具有重要的环境史意义。

该书给予我们最突出的印象是:荆楚人民对于不同时节的不利自然因素,特别是那些对生命健康构成威胁的环境因素,表现出了特殊的警惕,多数活动都是围绕防疫、避恶、除害而开展。例如爆竹以辟山臊恶鬼,贴门神镇邪,服却鬼丸,火照井厕驱百鬼,种戒火草厌火胜,食辟恶饼,朱墨点小儿头额以压疾,作赤豆粥禳疫,作金刚力士逐疫等,均属此类。最典型的是后代演化为端午节的五月风俗。由于五月正值多雨炎热,天气蒸溽,毒虫滋生,易生疾患,故民间称之为"恶月",采取各种方式以禳除毒虫,防止病瘟。事实上,应对潮湿炎热季节来自自然环境中的各种威胁,乃是古老端午习俗的真正主题[1]。此外,《月令》主要提倡调整饮食起居以应对不同时气变化、保证身体健康;《四民月令》则于多个月份有家庭采药与合药的安排;而在《荆楚岁时记》中,除了饮食起居调节之外,更引人注目的是防备邪、鬼、恶、毒的各种巫术方法,"楚人好巫鬼"的区域文化特色从中得到了充分的体现。追寻该书在后代历史发展中的余绪,我们可以发现两个重要事实:一方面,随着中国文明空间的扩张,"月令模式"在日益广泛的区域被遵循,成为一种具有普适性的生命节律,同时也是人与自然关系的一种普遍模式;然而另一方面,由于自然环境(包括气候、生物等)存在诸多差异,各地民众对自然变化节奏的认知与顺应,不论方式还是具体内容,都表现出了显著的地区差异,呈现出统一的文化模式下多姿多彩的地方风貌。人与自然之间的历史关系,毕竟要在特定空间与生态环境条件下展开,对自然变化节奏的适应亦不能例外。

通过以上叙述,可以清楚地看到"月令模式"在汉代以后由王官政治规范向家庭生活和地方风俗延伸、流播的过程。随着"顺时而动"逐渐成为普遍意识,"月令模式"亦成为安排和规范自国家政治、家庭事务至地方风俗一切人事活动的普适框架。在这个框架中,时间不是一个抽象的量度,而是包含着众多自然物象和社会现象;对时间的认识和把握不是僵化的,而是随着社会空间的变化而变化。透过后世大量涌现的月令、时令类著述,包括民间广泛流行和沿用的日用手本——皇历,可以看到:"月令模式"作为规范社会活动节律适应自

---

[1] 详细论述,请参见王利华:《端午风俗中的人与环境——基于社会生态史的新考察》,《南开大学学报》2008年第2期,第22-34页。

然变化节奏的一套文化体系，对中国传统社会生活方式具有广泛的塑模作用。

　　总而言之，"月令模式"形成于古代黄河中下游地区。那里四季分明，气候的冷暖干湿变化节奏明快，大自然的色调变换韵律清晰，深刻地影响了当地人民的生命活动节律。它的某些内容可能早在采集捕猎时代就已经产生，但形成一个完整的文化知识体系和社会行为规范，则是在战国、秦、汉之际——中原地区进入定向化农耕社会发展阶段的时代。在此后的数千年中，伴随着中国文明区域拓展的历史进程，"月令"精神不断传播，具体内容则不断丰富、演绎、分化和下移，成为规约中华民族生命活动节律的一套普适模式，至今依然具有重要影响。

　　"月令模式"并不仅仅是一种时间结构，而是一套"天—地—生—人"的关系秩序。它以春夏秋冬四时更替为主线，以众多自然现象（特别是天象、物候）为标识，确定展开各种社会事务的时宜与禁忌；它是伴随着农业生产发展而产生的，作用却远不止于指导农事，而是从自然连接到社会，从时间推演到空间，其思想原则不断推行、实践于国家政治和个人生活；它以时间（季节、月份）为经，自然现象为纬，天地变化为因，社会活动为应，构筑了一个包罗万象、蔚然大观的文化体系，是一个"天人相应"的政治运作、经济生产和社会生活指导框架。最后，它是一套人类适应自然变化节奏的社会文化机制，体现了中国传统社会最深层的环境伦理精神——对自然节奏的积极顺应和对天地万物的高度尊重。

参考文献

一、古籍文献（大致按四库分类）

（清）阮元校刻本：《十三经注疏》，中华书局，1980年影印本。

（汉）伏胜撰，郑玄注，（清）陈寿祺辑校：《尚书大传》，《四部丛刊》本。

（宋）朱熹：《诗集传》，《四部丛刊》（三编）影印宋本。

（明）陈启源：《毛诗稽古编》，文渊阁《四库全书》本。

（清）姚际恒撰，顾颉刚标点：《诗经通论》，中华书局，1958年。

（宋）蔡沈集传，朱熹订定，（元）陈栎纂疏：《尚书集传纂疏》，文渊阁《四库全书》本。

方向东撰：《大戴礼记汇校集解》（全二册），中华书局，2008年。

（宋）魏了翁：《春秋左传要义》，文渊阁《四库全书》本。

程树德撰，程俊英、蒋见元点校：《论语集释》，中华书局，1990年。

夏纬瑛：《夏小正经文校释》，农业出版社，1981年。

（汉）司马迁：《史记》，中华书局，1959年。

（汉）班固：《汉书》，中华书局，1962年。

（南朝宋）范晔：《后汉书》，中华书局，1965年。

（西晋）陈寿：《三国志》，中华书局，1959年。

（唐）房玄龄：《晋书》，中华书局，1974年。

（北齐）魏收：《魏书》，中华书局，1974年。

（宋）司马光：《资治通鉴》，中华书局，1956年。

（明）宋濂等：《元史》，中华书局，1976年。

（清）朱右曾辑，王国维校补，黄永年校点：《古本竹书纪年辑校》，辽宁教育出版社，1997年。

范祥雍编：《古本竹书纪年辑校订补》，上海人民出版社，1957年。

黄怀信、张懋镕、田旭东撰，李学勤审定：《逸周书汇校集注》，上海古籍出版社，1995年。

上海师范大学古籍整理研究所校勘：《国语》，上海古籍出版社，1978年。

（汉）刘向集录，范祥雍笺证，范邦瑾协校：《战国策笺证》，上海古籍出版社，2006年。

（汉）刘珍等撰，吴树平校注：《东观汉记校注》，中州古籍出版社，1987年。

（汉）刘珍等撰，吴树平校注：《东观汉记校注》（全二册），中华书局，2008年。

袁珂校注：《山海经校注》，上海古籍出版社，1980年。

（梁）宗懔撰，谭麟译注：《荆楚岁时记译注》，湖北人民出版社，1985年。

（梁）宗懔撰，宋金龙校注：《荆楚岁时记校注》，山西人民出版社，1987年。

（汉）桑钦（？）撰经，（后魏）郦道元注，（清）杨守敬、熊会贞疏，段熙仲点校，陈桥驿复校：《水经注疏》，江苏古籍出版社，1989年。

（唐）段公路：《北户录》，中华书局，1985年。

（明）王圻纂集：《稗史汇编》，北京出版社，1993年影印本。

（清）顾炎武：《日知录》，乾隆年间刻本。

（清）屈大均：《广东新语》，中华书局，1985年。

（清）严如煜：《三省边防备览》，清朝道光九年（1829年）刻本。

（汉）氾胜之撰，万国鼎辑释：《氾胜之书辑释》，农业出版社，1957年。

（汉）崔寔著，石声汉校注：《四民月令校注》，中华书局，1965年。

（汉）崔寔著，缪启愉辑释，万国鼎审订：《四民月令辑释》，农业出版社，1981年。

（北魏）贾思勰著，缪启愉校释：《齐民要术校释》，中国农业出版社，1998年。

（晋）嵇含（？）撰：《南方草木状》，广东科技出版社，2009年。

王毓瑚辑：《区种十种》，财政经济出版社，1955年。

（曹魏）王弼注，楼宇烈校释：《老子道德经注校释》，中华书局，2008 年。

（清）王先谦撰，沈啸寰、王星贤点校：《荀子集解》，中华书局，1988 年。

（清）王先谦撰，刘武撰，沈啸寰点校:《庄子集解·庄子集解内篇补正》，中华书局，1987 年。

（清）孙诒让撰，孙启治点校：《墨子闲诂》，中华书局，2001 年。

吴毓江撰，孙启治点校：《墨子校注》，中华书局，1993 年。

蒋礼鸿撰：《商君书锥指》，中华书局，1986 年。

（清）王先慎撰，钟哲点校：《韩非子集解》，中华书局，2003 年重印。

黎凤翔撰，梁运华整理：《管子校注》（全三册），中华书局，2004 年。

马非百著：《管子轻重篇新诠》（全二册），中华书局，1979 年。

许维遹撰，梁运华整理：《吕氏春秋集释》（全二册），中华书局，2009 年。

王利器校注：《新语校注》，中华书局，1986 年。

刘文典撰，冯逸、乔华点校：《淮南鸿烈集解》（全二册），中华书局，1988 年。

苏舆撰，钟哲点校：《春秋繁露义证》，中华书局，1992 年。

王利器校注：《盐铁论校注》（定本，全二册），中华书局，1992 年。

（清）陈立撰，吴则虞点校：《白虎通疏证》，中华书局，1994 年。

（汉）桓谭著：《新论》，上海人民出版社，1976 年。

黄晖撰：《论衡校释》（附刘盼遂集解）（全四册），中华书局，1990 年。

（汉）王符著，（清）汪继培笺，彭铎校正：《潜夫论笺校证》，中华书局，1985 年。

（汉）应劭撰，王利器校注：《风俗通义校注》（全二册），中华书局，1981 年。

（汉）许慎撰：《说文解字》（附检字），中华书局，1985 年。

（晋）刘徽：《九章算术》，《四部丛刊》影印清朝《微波榭丛书》本。

（宋）黎靖德编：《朱子语类》，中华书局，1986 年。

（唐）欧阳询撰，汪绍楹校：《艺文类聚》（全二册），上海古籍出版社，1965 年。

（唐）徐坚等著：《初学记》（全二册），中华书局，1962 年。

（宋）李昉等撰：《太平御览》（全四册），中华书局，1960 年影印本。

黄灵庚疏证：《楚辞章句疏证》（全五册），中华书局，2007 年。

（南朝梁）萧统编，（唐）李善注：《文选》（全六册），上海古籍出版社，1986年。

（东汉）张衡著，张震泽校注：《张衡诗文集校注》，上海古籍出版社，1986年。

（东汉）蔡邕：《蔡中郎集》，《四部丛刊》影印明活字本。

（宋）胡寅：《斐然集》，文渊阁《四库全书》本。

（宋）韩琦：《韩魏公集》，商务印书馆（上海），1936年。

（宋）韩琦著，李之亮、徐正英笺注：《安阳集编年笺注》，巴蜀书社，2000年。

黄叔琳注，季详补注，杨明照校注拾遗：《增订文心雕龙校注》，中华书局，2000年。

（明）章潢：《图书编》，文渊阁《四库全书》本。

（明）胡维霖：《胡维霖集》，明代崇祯年间刻本。

（清）戴震：《戴震集》，上海古籍出版社，1980年。

二、近人研究论著

1. 著作和论文集（以出版年为序）

罗振玉：《殷虚书契考释》，永慕园石印本，1914年。

胡厚宣：《甲骨学商史论丛》第二集，成都齐鲁大学国学研究所，1944年。

胡厚宣：《甲骨学商史论丛》第三集，成都齐鲁大学国学研究所，1945年。

吴闿生：《诗义会通》，中华书局，1959年。

王国维：《观堂集林》，中华书局，1959年。

中国农业科学院、南京农学院中国农业遗产研究室编著：《中国农学史》（上册），科学出版社，1959年。

徐旭生：《中国古史的传说时代》，科学出版社，1960年。

冯友兰：《中国哲学史新编》第一册，人民出版社，1962年。

［英］汤因比著，曹未风等译：《历史研究》，上海人民出版社，1964年。

何炳棣：《黄土与中国农业的起源》，香港中文大学，1969年。

山东省文物管理处，济南市博物馆编：《大汶口——新石器时代墓葬发掘报告》，文物出版社，1974 年。

王国维：《王观堂先生全集》，大通书局，1976 年。

中国社会科学院考古研究所：《殷墟妇好墓》，文物出版社，1980 年。

陈遵妫：《中国天文学史》，上海人民出版社，1980 年。

《辞海》编辑委员会编：《辞海》(缩印本)，上海辞书出版社，1980 年。

冀朝鼎著，朱诗鳌译：《中国历史上的基本经济区与水利事业的发展》，中
国社会科学出版社，1981 年。

史念海：《河山集》（二集），生活·读书·新知三联书店，1981 年。

高敏：《云梦秦简初探》（增订本），河南人民出版社，1981 年。

顾颉刚：《古史辨》（1—7），上海古籍出版社，1982 年。

胡厚宣主编：《甲骨文与殷商史》，上海古籍出版社，1983 年。

刘东生：《黄土与环境》，科学出版社，1985 年。

河北省文物研究所：《藁城台西商代遗址》，文物出版社，1985 年。

杨育彬：《郑州商城初探》，河南人民出版社，1985 年。

葛剑雄：《西汉人口地理》，人民出版社，1986 年。

郭文韬等编：《中国传统农业与现代农业》，中国农业科技出版社，1986 年。

[古罗马] M.P.加图著，马香雪、王阁森译：《农业志》，商务印书馆，
1986 年。

谭其骧：《长水集》，人民出版社，1987 年。

武汉水力水电学院《中国水利史稿》编写组：《中国水利史稿》，水力水电
出版社，1987 年。

史念海：《河山集》三集，人民出版社，1988 年。

中国社会科学院考古研究所编著：《胶县三里河》，文物出版社，1988 年。

中国社会科学院考古研究所等：《夏县东下冯》，文物出版社，1988 年。

半坡博物馆，陕西省考古研究所，临潼县博物馆：《姜寨——新石器时代遗
址发掘报告》（上），文物出版社，1988 年。

潘纪一：《人口生态学》，复旦大学出版社，1988 年。

容肇祖：《容肇祖集》，齐鲁书社，1989 年。

[美] 卡尔·A.魏特夫著，徐氏谷译：《东方专制主义》，中国社会科学出版
社，1989 年。

梁家勉主编：《中国农业科学技术史稿》，农业出版社，1989年。

［美］张光直：《中国青铜时代》（二集），生活·读书·新知三联书店，1990年。

睡虎地秦墓竹墓整理小组编：《睡虎地秦墓竹简·秦律杂抄释文注释》，文物出版社，1990年。

睡虎地秦墓竹简整理小组：《睡虎地秦墓竹简》（释文注释部分），文物出版社，1990年。

袁清林：《中国环境保护史话》，中国环境科学出版社，1990年。

葛剑雄：《中国人口发展史》，福建人民出版社，1991年。

陈昌远：《中国历史地理简编》，河南大学出版社，1991年。

[古希腊]赫西俄德著，张竹明、蒋平译：《工作与时日·神谱》，商务印书馆，1991年。

周昆叔主编：《环境考古研究》（第一辑），科学出版社，1991年。

施雅风主编：《中国全新世大暖期气候与环境》，海洋出版社，1992年。

吴忱主编：《华北平原四万年来自然环境演变》，中国科学技术出版社，1992年。

李克让：《中国气候变化及其影响》，海洋出版社，1992年。

王会昌：《中国文化地理》，华中师大出版社，1992年。

张兰生：《环境演变研究》，科学出版社，1992年。

杨升南：《商代经济史》，贵州人民出版社，1992年。

刘绍民：《中国历史上气候之变迁》，台湾商务印书馆，1992年。

林华东：《河姆渡文化初探》，浙江人民出版社，1992年。

河南省文物研究所：《郑州商城考古新发现与研究（1985—1992）》，中州古籍出版社，1993年。

苏秉琦：《华人·龙的传人·中国人——考古寻根记》，辽宁大学出版社，1994年。

叶青超：《黄河流域环境演变与水沙运行规律研究》，山东科学技术出版社，1994年。

吴祥定、钮仲勋、王守春等主编：《历史时期黄河流域环境变迁与水沙变迁》，气象出版社，1994年。

文焕然等：《中国历史时期植物与动物变迁研究》，重庆出版社，1995年。

陈炜湛：《甲骨文田猎刻辞研究》，广西教育出版社，1995年。

罗桂环等：《中国环境保护史稿》，中国环境科学出版社，1995年。

［德］恩格斯：《家庭、私有制和国家的起源》，人民出版社，1995年。

刘翠溶、［英］伊懋可主编：《积渐所至：中国环境史论文集》，台湾"中央研究院"经济研究所，1995年。

张钧成：《中国古代林业史·先秦篇》，五南图书出版公司，1995年。

文焕然、文榕生：《中国历史时期冬半年气候冷暖变迁》，科学出版社，1996年。

李学勤：《古文献丛论》，上海远东出版社，1996年。

施雅风主编：《中国历史气候变化》，山东科学技术出版社，1996年。

赵冈：《中国历史上生态环境之变迁》，中国环境科学出版社，1996年。

牟重行：《中国五千年气候变迁的再考证》，气象出版社，1996年。

方建军：《中国古代乐器概论（远古—汉代)》，陕西人民出版社，1996年。

邹逸麟主编：《黄淮海平原历史地理》，安徽教育出版社，1997年。

［古罗马］M.T.瓦罗著，王家绶译：《论农业》，商务印书馆，1997年。

刘信芳、梁柱：《云梦龙岗秦简》（竹简释文），科学出版社，1997年。

何业恒：《中国珍稀爬行类两栖类和鱼类的历史变迁》，湖南师范大学出版社，1997年。

常玉芝：《殷商历法研究》，吉林文史出版社，1998年。

张洲：《周原环境与文化》，三秦出版社，1998年。

许倬云：《历史分光镜》，上海文艺出版社，1998年。

［德］雅斯贝斯著，魏楚雄、俞新天译：《历史的起源与目标》，华夏出版社，1998年。

张敏：《龙虬庄——江淮东部新石器时代遗址发掘报告》，科学出版社，1999年。

史念海：《河山集》（七集），陕西师范大学出版社，1999年。

苏秉琦：《中国文明起源新探》，生活·读书·新知三联书店，1999年。

史念海：《黄河流域诸河流的演变与治理》，陕西人民出版社，1999年。

王玉哲：《中华远古史》，上海人民出版社，1999年。

张光直著，毛小雨译：《商代文明》，北京工艺美术出版社，1999 年。

张光直：《中国考古学论文集》，生活·读书·新知三联书店，1999 年。

李衡眉：《先秦史论集》，齐鲁书社，1999 年。

吴汝康、吴新智主编：《中国古人类遗址》，上海科技教育出版社，1999 年。

王妙发：《黄河流域聚落论稿——从史前聚落到早期都市》，知识出版社，1999 年。

中国社会科学院考古研究所：《偃师二里头》，中国大百科全书出版社，1999 年。

严文明：《农业发生与文明起源》，科学出版社，2000 年。

郭沫若：《中国古代社会研究》，河北教育出版社，2000 年。

王利华：《中古华北饮食文化的变迁》，中国社会科学出版社，2000 年。

谭其骧：《长水粹编》，河北教育出版社，2000 年。

周昆叔、宋豫秦主编：《环境考古研究》第二辑，科学出版社，2000 年。

胡谦盈：《胡谦盈周文化考占研究选集》，四川大学出版社，2000 年。

［英］阿诺德·汤因比著，徐波等译：《人类与大地母亲》，上海人民出版社，2001 年。

许倬云：《西周史》，生活·读书·新知三联书店，2001 年。

史念海：《黄土高原历史地理研究》，黄河水利出版社，2001 年。

中国文物研究所、甘肃省文物考古研究所编：《敦煌悬泉月令诏条》，中华书局，2001 年。

葛剑雄：《中国人口史》第一卷，复旦大学出版社，2002 年。

胡厚宣：《甲骨学商史论丛初集》（外一种）下，河北教育出版社，2002 年。

俞伟超：《古史的考古学探索》，文物出版社，2002 年。

洛阳市文物工作队：《洛阳皂角树——1992—1993 年洛阳皂角树二里头文化聚落遗址发掘报告》，科学出版社，2002 年。

浙江文物考古研究所：《河姆渡——新石器时代遗址考古发掘报告》（上），文物出版社，2003 年。

杜金鹏：《偃师商城初探》，中国社会科学出版社，2003 年。

孙作云：《诗经研究》，河南大学出版社，2003 年。

孙作云：《孙作云文集》，河南大学出版社，2003 年杜金鹏、王学荣：《偃师商城遗址研究》，科学出版社，2004 年。

杨宽：《中国古代冶铁技术发展史》，上海人民出版社，2004 年。

蓝勇：《中国历史地理学》，高等教育出版社，2004 年。

陈业新：《灾害与两汉社会研究》，上海人民出版社，2004 年。

王星光：《生态环境变迁与夏代的兴起探索》，科学出版社，2004 年。

施雅风主编：《中国第四纪冰川与环境变化》，河北科学技术出版社，2005 年。

闻一多：《神话与诗》，上海人民出版社，2005 年。

高明干、佟玉华、刘坤合著：《诗经动物释诂》，中华书局，2005 年。

[英] 爱德华·泰勒著，连树声中译：《原始文化：神话、哲学、宗教、语言、艺术和习俗发展之研究》，广西师范大学出版社，2005 年。

甘肃文物考古研究所：《秦安大地湾——新石器时代遗址发掘报告》，文物出版社，2006 年。

朱乃诚：《中国文明起源研究》，福建人民出版社，2006 年。

洪石：《战国秦汉漆器研究》，文物出版社，2006 年。

周昆叔、莫多闻、佟佩华、袁靖、张松林主编：《环境考古研究》第三辑，北京大学出版社，2006 年。

李京华：《冶金考古》，文物出版社，2007 年。

陈文华：《中国农业通史·夏商西周春秋卷》，中国农业出版社，2007 年。

李守奎、曲冰、孙伟龙编著：《上博藏战国楚竹简》，作家出版社，2007 年。

莫多闻、曹锦炎、郑文红、袁靖、曹兵武主编：《环境考古研究》第四辑，北京大学出版社，2007 年。

梁启超：《梁启超讲国学》，凤凰出版社，2008 年。

梁方仲：《中国历代户口、田地、田赋统计》，中华书局，2008 年。

满志敏：《中国历史时期气候变化研究》，山东教育出版社，2009 年。

袁祖亮主编，焦培民等著：《中国灾害通史·秦汉卷》，郑州大学出版社，2009 年。

张新斌主编：《黄河流域史前聚落与城址研究》，科学出版社，2010 年。

[英] 伊懋可著，梅雪芹等译：《大象的撤退》，江苏人民出版社，2014 年。

2. 论文和考古报告（以发表年期为序）

徐中舒：《殷人服象及象之南迁》，《中央研究院历史语言研究所集刊》第二本第一分册，1930 年。

秉志：《河南安阳之龟壳》，《静生生物调查所汇报》第一卷第 13 号，1930 年。

容肇祖：《〈月令〉的来源考》，《燕京学报》第 18 期，1935 年。

陶希圣：《唐代管理水流的法令》，《食货》（半月刊）第 4 卷 7 期，1936 年。

德日进、杨钟健：《安阳殷墟之哺乳动物群》，《中国古生物志》丙种第 12 号第 1 期，1936 年。

杨宽：《月令考》，《齐鲁学刊》第 2 期，1941 年。

董作宾：《读魏特夫格商代卜辞中之气象纪录》，《中国文化研究所集刊》第三册，成都华西协和大学，1942 年。

董作宾：《殷文丁时卜辞中一旬间之气象记录》，《气象学报》第 17 卷 21 期，1943 年。

傅筑夫：《关于殷人不常厥邑的一个经济解释》，《文史杂志》第四卷第 5、6 期合刊，1944 年。

董作宾：《殷历谱》下编卷九《日谱二·殷代气候与近世无大差异说》，《中央研究院历史语言研究所专刊》第四册，1945 年。

冯汉骥：《自商书盘庚篇看殷商社会的演变》，《文史杂志》第五卷第 5、6 期合刊，1945 年。

齐思和：《西周地理考》，《燕京学报》第 30 期，1946 年。

董作宾：《再谈殷代气候》，《中国文化研究所集刊》第五册，成都华西协和大学，1946 年。

董作宾：《殷墟文字乙编自序》，《中国考古学报集刊》之二《小屯》第二本，中央研究院历史语言研究所，1948 年。

杨钟健、刘东生：《安阳殷墟之哺乳动物群补遗》，《中国考古学报》第 4 册，商务印书馆，1949 年。

伍献文：《记殷墟出土之鱼骨》，《中国考古学报》第 4 册，商务印书馆，1949 年。

安志敏：《一九五二年秋季郑州二里冈发掘记》，《考古学报》1954 年第 2 期。

胡厚宣：《殷代农作施肥说》，《历史研究》1955 年第 1 期。

文焕然：《从秦汉时代中国的柑桔荔枝地理分布大势之史料来初步推断当时黄河中下游南部的常年气候》，《福建师范学院学报（自然科学版）》1956 年第 2 期。

河南省文化局文物工作队第一队：《郑州商代遗址的发掘》，《考古学报》1957 年第 1 期。

于省吾：《商代的谷类作物》，《东北人民大学人文科学学报》1957 年第 1 期。

胡厚宣：《说贵田》，《历史研究》1957 年第 7 期。

李济：《安阳遗址出土之狩猎卜辞、动物遗骸与装饰纹样》，《考古人类学刊》第 9、10 合刊，1957 年。

河南省文化局文物工作队第一队：《一九五五年秋安阳小屯殷墟的发掘》，《考古学报》1958 年第 3 期。

河北省文物管理委员会：《河北唐山市大城山遗址发掘报告》，《考古学报》1959 年第 3 期。

李有恒、韩德芬：《陕西西安半坡新石器时代遣址中之兽类骨骼》，《古脊椎动物与古人类》1959 年第 4 期。

山东省文物管理处：《济南大辛庄商代遗址试掘简报》，《考古》1959 年第 4 期。

王振铎：《汉代冶铁鼓风机的复原》，《文物》1959 年第 5 期。

裴文中：《中国原始人类的生活环境》，《古脊椎动物与古人类》1960 年第 1 期。

中国科学院考古研究所安阳发掘队：《1958—1959 年殷墟发掘简报》，《考古》1961 年第 2 期。

周廷儒：《中国第三纪与第四纪以来地带性与非地带性的分化》，《北京师范大学学报（自然科学版）》1960 年第 2 期。

刘东生、张宗佑：《中国的黄土》，《地质学报》1962 年第 1 期。

谭其骧：《何以黄河在东汉以后会出现一个长期安流的局面——从历史上论证黄河中游的土地合理利用是消弥下游水害的决定性因素》，《学术月刊》1962 年第 2 期。

陈桥驿：《古代鉴湖兴废与山会平原农田水利》，《地理学报》1962 年第 3 期。

任伯平：《关于黄河在东汉以后长期安流的原因——兼与谭其骧先生商榷》，《学术月刊》1962 年第 9 期。

胡厚宣：《殷代农作施肥说补证》，《文物》1963 年第 5 期。

周昆叔：《西安半坡新石器时代遗址的孢粉分析》，《考古》1963 年第 9 期。

中国科学院考古研究所内蒙古工作队：《内蒙古巴林左旗富河沟门遗址发掘简报》，《考古》1964 年第 1 期。

文焕然、林景亮：《周秦两汉时代华北平原与渭河平原盐碱土的分布及利用改良》，《土壤学报》1964 年第 1 期。

中国科学院考古研究所洛阳发掘队：《河南偃师二里头遗址发掘简报》，《考古》1965 年第 5 期。

丁骕：《华北地形史与殷商的历史》，《"中央研究院"民族学研究集刊》第 20 期，1965 年。

竺可桢：《中国近五千年来气候变迁的初步研究》，《考古学报》1972 年第 1 期。

尤玉柱、祁国琴：《云南元谋更新世哺乳动物化石新材料》，《古脊椎动物与古人类》1973 年第 1 期。

中国科学院考古研究所甘肃工作队：《甘肃永靖大何庄遗址发掘报告》，《考古学报》1974 年第 2 期。

李有恒：《大汶口墓群的兽骨及其它动物骨骼》，收入山东省文物管理处，济南市博物馆编：《大汶口——新石器时代墓葬发掘报告》，文物出版社，1974 年。

中国科学院考古研究所二里头工作队：《河南偃师二里头遗址三——八区发掘简报》，《考古》1975 年第 5 期。

张秉权：《甲骨文中所见的数》，《"中央研究院"历史语言研究所集刊》第 46 本 3 分册，1975 年。

昌潍地区艺术馆、考古研究所山东队：《山东胶县三里河遗址发掘简报》，《考古》1977 年第 4 期。

贾兰坡、张振标：《河南淅川县下王岗遗址中的动物群》，《文物》1977 年第 6 期。

邯郸市文物保管所等：《河北磁山新石器遗址试掘》，《考古》1977 年第 6 期。

北京市古墓发掘办公室：《大葆台西汉木椁墓发掘简报》，《文物》1977 年第 6 期。

鲁琪：《试谈大葆台西汉墓的“梓宫”、“便房”、“黄肠题凑”》，《文物》1977 年第 6 期。

张振新：《汉代的牛耕》，《文物》1977 年第 8 期。

中国历史博物馆考古调查组等：《河南登封阳城遗址的调查与铸铁遗址的试掘》，《文物》1977 年第 12 期。

河南省博物馆等：《河南汉代冶铁技术初探》，《考古学报》1978 年第 1 期。

浙江省博物馆自然组：《河姆渡遗址动植物遗存的鉴定研究》，《考古学报》1978 年第 1 期。

黄象洪、曹克清：《上海马桥、崧泽新石器时代遗址中的动物遗骸》，《古脊椎动物与古人类》1978 年第 1 期。

林剑鸣：《我国古代劳动人民对生漆的发现和利用》，《西北大学学报（自然科学版）》1978 年第 1 期。

开封地区文管会等：《河南新郑裴李岗新石器时代遗址》，《考古》1978 年第 2 期。

刘昌明、钟骏襄：《黄土高原森林对年径流影响的初步分析》，《地理学报》1978 年第 2 期。

刘云珍：《中国古代高炉的起源和演变》，《文物》1978 年第 2 期。

《中国冶金史》编写组：《从古荥遗址看汉代生铁冶炼技术》，《文物》1978 年第 2 期。

中国科学院动物研究所脊椎动物分类区系研究室、北京师范大学生物系：《动物骨骼鉴定报告》，《长沙马王堆一号汉墓出土动植物标本的研究》，文物出版社，1978 年。

中国社会科学院考古研究所内蒙古工作队：《赤峰蜘蛛山遗址的发掘》，《考古学报》1979 年第 2 期。

吴新智、尤玉柱：《大荔人遗址的初步观察》，《古脊椎动物与古人类》1979

年第 4 期。

徐锡台：《早周文化的特点及其渊源的探索》，《文物》1979 年第 10 期。

李民：《〈禹贡〉与夏史》，《史学月刊》1980 年第 2 期。

雷从云：《三十年来春秋战国铁器发现述略》，《中国历史博物馆馆刊》1980 年第 2 期。

宁可：《有关汉代农业生产的几个数字》，《北京师院学报》1980 年第 3 期。

胡厚宣：《再论殷代农作施肥问题》，《社会科学战线》1981 年第 1 期。

李炎贤：《我国南方第四纪哺乳动物群的划分和演变》，《古脊椎动物与古人类》1981 年第 1 期。

李仲立：《试论先周文化的渊源——先周历史初探之一》，《社会科学》1981 年第 1 期。

田世英：《历史时期山西水文的变迁及其与耕牧业更替的关系》，《山西大学学报》1981 年第 1 期。

黄秉维：《确切地估计森林的作用》，《地理知识》1981 年第 1 期。

毛树坚：《甲骨文中有关野生动物的记述——中国古代生物学探索之一》，《杭州大学学报》1981 年第 2 期。

河北省文物管理处等：《河北武安磁山遗址》，《考古学报》1981 年第 3 期。

周本雄：《河北武安磁山遗址的动物骨骸》，《考古学报》1981 年第 3 期。

常征：《周都南郑与郑桓封国辨》，《中国历史博物馆馆刊》1981 年第 3 期。

李炎贤、计宏祥：《北京猿人生活时期自然环境及其变迁的探讨》，《古脊椎动物与古人类》1981 年第 4 期。

谭其骧：《西汉以前的黄河下游河道》，《历史地理》创刊号，上海人民出版社，1981 年。

徐钦琦、尤玉柱：《华北四个古人类遗址的哺乳动物群及其与深海沉积物的对比》，《人类学学报》1982 年第 2 期。

甘肃省博物馆等：《一九八〇年秦安大地湾一期文化遗存发掘简报》，《考古与文物》1982 年第 2 期。

张家诚：《气候变化对中国农业生产的影响初探》，《地理学报》1982 年第 2 期。

黄秉维：《再谈森林的作用》，《地理知识》1982 年第 2—4 期。

中国社会科学院考古研究所河南一队：《1979 年裴李岗遗址发掘简报》，《考古》1982 年第 4 期。

黎虎：《殷都屡迁原因试探》，《北京师范大学学报》1982 年第 4 期。

黄秉维：《森林对环境作用的几个问题》，《中国水利》1982 年第 4 期。

吴于廑：《世界历史上的游牧世界与农耕世界》，《云南社会科学》1983 年第 1 期。

刘东生、丁梦林：《关于元谋人化石地质时代的讨论》，《人类学学报》1983 年第 1 期。

陈万勇：《山西"丁村人"生活时期的古气候》，《人类学学报》1983 年第 2 期。

凌大燮：《我国森林资源的变迁》，《中国农史》1983 年第 2 期。

周廷儒：《中国第四纪古地理环境的分异》，《地理科学》1983 年第 3 期。

刘东生、丁梦林：《晚第三纪以来中国古环境的特征及其发展历史》，《地球科学——武汉地质学院学报》1983 年第 4 期。

中国社会科学院考古研究所河南一队：《河南新郑沙窝李新石器时代遗址》，《考古》1983 年第 12 期。

孟世凯：《商代田猎性质初探》，胡厚宣主编：《甲骨文与殷商史》，上海古籍出版社，1983 年。

史念海：《由地理的因素试探远古时期黄河流域文化最为发达的原因》，《历史地理》第三辑，上海人民出版社，1983 年。

中国社会科学院考古所河南一队：《1979 年裴李岗遗址发掘报告》，《考古学报》1984 年第 1 期。

马世骏、王如松：《社会－经济－自然复合生态系统》，《生态学报》1984 年第 1 期。

佟伟华：《磁山遗址的原始农业遗存及其相关的问题》，《农业考古》1984 年第 1 期。

王吉怀：《新郑沙窝李遗址发现碳化粟粒》，《农业考古》1984 年第 2 期。

杨升南：《周族的起源及其播迁——从邰的地望说起》，《人文杂志》1984 年第 6 期。

周本雄：《中国新石器时代的家畜》，载于《新中国考古发现和研究》，文物出版社，1984年。

唐嘉弘：《论畜牧和渔猎在西周社会经济中的地位》，收入《人文杂志》编辑部编：《西周史研究》（《人文杂志丛刊》第二辑），1984年。

张传玺：《两汉大铁犁研究》，《北京大学学报》1985年第1期。

袁清林：《先秦环境保护的若干问题》，《中国科技史料》1985年第1期。

王贵民：《商代农业概述》，《农业考古》1985年第2期。

夏武平、夏经林：《先秦时代对野生生物资源的管理及其生态学的认识》，《生态学报》1985年第2期。

周本雄：《山东潍县鲁家口遗址动物遗骸》，《考古学报》1985年第3期。

邹逸麟：《历史时期黄河流域水稻生产的地域分布和环境制约》，《复旦学报》1985年第3期。

李根蟠：《先秦时代的沟洫农业》，《中国经济史研究》1986年第1期。

逄振镐：《两汉时期山东漆器手工业的发展》，《齐鲁学刊》1986年第1期。

魏仰浩：《试论黍的起源》，《农业考古》1986年第2期。

李根蟠：《先秦农器名实考辨——兼谈金属农具代替石木骨蚌农具的过程》，《农业考古》1986年第2期。

金春峰：《月令图式与中国古代思维方式的特点及其对科学、哲学的影响》，收入《中国文化与中国哲学》，东方出版社，1986年。

史念海：《论两周时期农牧业地区的分界线》，《中国历史地理论丛》1987年第1辑。

胡谦盈：《太王以前的周史管窥》，《考古与文物》1987年第1期。

何幼琦：《〈夏小正〉的内容和时代》，《西北大学学报》1987年第1期。

孟世凯：《商和西周时期献禽制初探》，《史学月刊》1987年第5期。

李仲均：《中国古代用煤历史的几个问题考辨》，《地球科学——武汉地质学院学报》1987年第6期。

文焕然、徐俊传：《距今约8 000—2 500年前长江、黄河中下游气候冷暖变迁初探》，《地理集刊》第18号，科学出版社，1987年。

邹逸麟：《历史时期华北大平原湖沼变迁述略》，《历史地理》第五辑，上海人民出版社，1987年。

朱士光：《秦汉时期关中地区的经济发展及其对都城建设的影响》，《中国古都研究（第五、六合辑）——中国古都学会第五、六届年会论文集》，1987 年。

朱士光：《全新世中期中国天然植被分布概况》，《中国历史地理论丛》1988 年第 1 辑。

赵景波：《第四纪气候变化的旋回和周期》，《冰川冻土》1988 年第 2 期。

彭邦炯：《商代农业新探》，《农业考古》1988 年第 2 期。

张民服：《黄河下游段河南湖泽陂塘的形成及其变迁》，《中国农史》1988 年第 2 期。

卫斯：《我国汉代大面积种植小麦的历史考证——兼与（日）西嶋定生先生商榷》，《中国农史》1988 年 4 期。

祁国琴：《姜寨新石器时代遗址动物群的分析》，半坡博物馆，陕西省考古研究所，临潼县博物馆：《姜寨——新石器时代遗址发掘报告》（上），文物出版社，1988 年。

彭邦炯：《商代农业新探（续）》，《农业考古》1989 年第 1 期。

刘兴林：《论商代渔业性质》，《古今农业》1989 年第 1 期。

郭豫庆：《黄河流域地理变迁的历史考察》，《中国社会科学》1989 年第 1 期。

杨怀仁、徐馨、李国胜：《第四纪中国自然环境变迁的原因机制》，《第四纪研究》1989 年第 2 期。

吉林大学考古教研室：《农安左家山新石器时代遗址》，《考古学报》1989 年第 2 期。

侯连海：《记安阳殷墟出土早期的鸟类》，《考古》1989 年第 10 期。

丁仲礼、刘东生等：《250 万年以来的 37 个气候旋回》，《科学通报》1989 年第 19 期。

史念海：《西周与春秋时期华族与非华族的杂居及其地理分布》（上），《中国历史地理论丛》1990 年第 1 辑。

史念海：《西周与春秋时期华族与非华族的杂居及其地理分布》（下），《中国历史地理论丛》1990 年第 2 辑。

马克·柯恩撰，王利华译：《人口压力与农业起源》，《农业考古》1990 年第 2 期。

王子今：《秦汉时期的内河航运》，《历史研究》1990 年 2 期。

刘起釪：《重论盘庚迁殷及迁殷的原因》，《史学月刊》1990 年第 4 期。

孟世凯：《殷商时代田猎活动的性质与作用》，《历史研究》1990 年第 4 期。

李民：《殷墟的生态环境与盘庚迁殷》，《历史研究》1991 年第 1 期。

彭适凡、刘林、詹开逊：《江西新干商墓出土一批青铜生产工具》，《农业考古》1991 年第 1 期。

杨善群：《周族的起源地及其迁徙路线》，《史林》1991 年第 3 期。

李峰：《先周文化的内涵及其渊源探讨》，《考古学报》1991 年第 3 期。

周魁一、蒋超：《古鉴湖的兴废及其历史教训》，《中国历史地理论丛》1991 年第 3 辑。

张芳：《夏商至唐代北方的农田水利和水稻种植》，《中国农史》1991 年第 3 期。

龚胜生：《唐长安城薪炭供销的初步研究》，《中国历史地理论丛》1991 年3 辑。

宋镇豪：《夏商人口初探》，《历史研究》1991 年第 4 期。

王宜涛：《紫荆遗址动物群及其古环境意义》，收入周昆叔主编：《环境考古研究》（第一辑），科学出版社，1991 年。

谭斌：《马坝人遗址生态环境初探》，《南方文物》1992 年第 4 期。

保定地区文物管理所等：《河北徐水县南庄头遗址试掘简报》，《考古》1992 年第 11 期。

施雅风等：《中国全新世大暖期的气候波动与重要事件》，《中国科学》（B 辑）1992 年第 12 期。

叶文宪：《部族冲突与征服战争：酋邦演进为国家的契机》，《史学月刊》1993 年第 1 期。

冯时：《殷代农季与殷历历年》，《中国农史》1993 年第 1 期。

刘秀铭、刘东生、John Shaw：《中国黄土磁性矿物特征及其古气候意义》，《第四纪研究》1993 年第 3 期。

龚胜生：《2000 年来中国瘴病分布变迁的初步研究》，《地理学报》1993 年第 4 期。

王廷洽：《〈周易〉时代的渔猎和畜牧》，《上海师范大学学报》1993 年第 4 期。

王建民等：《晚冰期新仙女木事件的研究历史及现状》，《冰川冻土》1994年第 4 期。

张丕远等：《中国近 2000 年来气候演变的阶段性》，《中国科学》（B 辑）1994年第 9 期。

王子今：《试论秦汉气候变迁对江南经济文化发展的意义》，《学术月刊》1994年第 9 期。

王廷洽：《〈诗经〉与渔猎文化》，《中国史研究》1995 年第 1 期。

汤英俊、李毅、陈万勇：《河北阳原小长梁遗址哺乳类化石及其时代》，《古脊椎动物学报》1995 年第 1 期。

王子今：《秦汉时期气候变迁的历史学考察》，《历史研究》1995 年第 2 期。

陈美东：《月令、阴阳家与天文历法》，《中国文化》1995 年第 2 期。

刘兴林：《论商代农业的发展》，《中国农史》1995 年第 4 期。

蓝勇：《从天地生综合研究角度看中华文明东移南迁的原因》，《学术研究》1995 年第 6 期。

刘兴林：《殷商田猎性质考辨》，《殷都学刊》1996 年第 2 期。

曹兵武：《中国史前城址略论》，《中原文物》1996 年第 3 期。

王会昌：《2000 年来中国北方游牧民族南迁与气候变化》，《地理科学》1996年第 3 期。

龚胜生：《中国先秦两汉时期疟疾地理研究》，《华中师范大学学报（自然科学版）》1996 年第 4 期。

王铮：《历史气候变化对中国社会发展的影响——兼论人地关系》，《地理学报》1996 年第 4 期。

刘兴林：《殷商以田猎治军事说质疑》，《殷都学刊》1997 年第 1 期。

严文明：《黄河流域文明的发祥与发展》，《华夏考古》1997 年第 1 期。

李民昌、张敏等：《高邮龙虬庄遗址史前人类生存环境与经济生活》，《东南文化》1997 年 2 期。

[日] 冈村秀典著，张玉石译：《中国新石器时代的战争》，《华夏考古》1997年第 3 期。

任伯平：《关于黄河在东汉以后长期安流问题的研究》，《人民黄河》1997年第 8 期。

赵淑贞、任伯平：《关于黄河在东汉以后是否长期安流的初步探讨》，《土壤侵蚀与水土保持学报》1998 年第 1 期。

张明华：《良诸文化突然消亡的原因是洪水泛滥》，《江汉考古》1998 年第 1 期。

张明华：《良诸文化突然消亡的原因是洪水泛滥》，《江汉考古》1998 年第 1 期。

张之恒：《黄河流域的史前粟作农业》，《中原文物》1998 年第 3 期。

赵淑贞、任伯平：《历史时期黄河中游环境变迁与下游水患问题的研究》，《中国沙漠》1998 年第 4 期。

中国社会科学院考古研究所安阳工作队：《河南安阳市洹北花园庄遗址1997 年发掘简报》，《考古》1998 年第 10 期。

邢义田：《月令与西汉政治——从尹湾集簿中的"以春令成户"说起》，《新史学》第 9 卷第 1 期（1998 年）。

史念海：《司马迁规划的农牧地区分界线在黄土高原上的推移及其影响》，《中国历史地理论丛》1999 年第 1 辑。

李根蟠：《先秦时代保护和合理利用自然资源的理论》，《古今农业》1999 年第 1 期。

袁靖：《论中国新石器时代居民获取肉食资源的方式》，《考古学报》1999 年第 1 期。

周伟：《商代后期殷墟气候探索》，《中国历史地理论丛》1999 年第 1 辑。

王方：《从考古发现看汉代成都水利的发展》，《四川文物》1999 年第 3 期

杨振红：《汉代自然灾害初探》，《中国史研究》1999 年第 4 期。

吴忱：《华北平原河道变迁对土壤及土壤盐渍化的影响》，《地理学与国土研究》1999 年第 4 期。

黄万波：《从巫山龙骨坡文化探索人类的起源》，《四川三峡学院学报》1999 年第 6 期。

孔昭宸等：《山东滕州市庄里西遗址植物遗存及其在环境考古学上的意义》，《考古》1999 年第 7 期。

陈元胜：《论〈国风〉田猎小赋》，《学术研究》1999 年第 9 期。

廖幼华：《史书所记唐代关中平原诸堰》，《中国历史地理论丛》1999 年增刊。

王守春：《汉唐长安城的水文环境》，《中国历史地理论丛》1999年增刊。

刘焱光等：《新仙女木事件的发生及其全球性意义》，《黄渤海海洋》2000年第1期。

于雪棠：《〈周易〉、〈诗经〉及汉赋狩猎作品主题之比较》，《中州学刊》2000年第1期。

牛世山：《论先周文化的渊源》，《考古与文物》2000年第2期。

黄琳斌：《周代狩猎文化述略》，《文史杂志》2000年第2期。

满志敏等：《气候变化对历史上农牧过渡带影响的个例研究》，《地理研究》2000年第2期。

黄琳斌：《周代狩猎文化述略》，《文史杂志》2000年第2期。

黄琳斌：《论〈诗经〉中的狩猎诗》，《黔东南民族师专学报》2000年第2期。

李月从、王开发、张玉兰：《南庄头遗址的古植被和古环境演变与人类活动的关系》，《海洋地质与第四纪地质》2000年第3期。

李根蟠：《"天人合一"与"三才"理论——为什么要讨论中国经济史上的"天人关系"》，《中国经济史研究》2000年第3期。

周鸿、郑祥民：《试析环境演变对史前人类文明发展的影响——以长江三角洲南部平原良渚古文化衰变为例》，《华东师范大学学报（自然科学版）》2000年第4期。

萧放：《地域民众生活的时间表述——〈荆楚岁时记〉学术意义探赜》，《北京师范大学学报》2000年第6期。

袁靖、唐际根：《河南安阳市洹北花园庄遗址出土动物骨骼研究报告》，《考古》2000第11期。

曹兵武：《从仰韶到龙山：史前中国文化演变的社会生态学考察》，周昆叔、宋豫秦主编：《环境考古研究》（第二辑），科学出版社，2000年。

何德亮：《山东史前自然环境的考古学观察》，周昆叔、宋豫秦主编：《环境考古研究》（第二辑），科学出版社，2000年。

景爱：《来自古代北京的自然信息——从大葆台和老山汉墓看北京生态环境演变》，《科技潮》2001年第1期。

黄春长等：《西周兴衰与自然环境变迁》，《光明日报》2001年2月17日，第 A04 版。

　　杨际平：《试论秦汉铁农具的推广程度》，《中国社会经济史研究》2001 年 2 期。

　　奇格等：《古代蒙古生态保护法规》，《内蒙古社会科学（汉文版）》2001 年第 3 期。

　　王尚义、董靖保：《统万城的兴废与毛乌素沙地之变迁》，《地理研究》2001 年第 3 期。

　　杨际平：《秦汉农业：精耕细作抑或粗放耕作》，《历史研究》2001 年第 4 期。

　　王利华：《中古时期北方地区畜牧业的变动》，《历史研究》2001 年第 4 期。

　　樊宝敏、董源：《中国历代森林覆盖率的探讨》，《北京林业大学学报》2001 年第 4 期。

　　吴文祥、刘东生：《4000aB.P.前后降温事件与中华文明的诞生》，《第四纪研究》2001 年第 5 期。

　　刘贵华：《先秦狩猎诗论》，《沈阳师范学院学报》2001 年第 6 期。

　　王星光、李秋芳：《太行山地区与粟作农业的起源》，《中国农史》2002 年第 1 期。

　　王晖、黄春长：《商末黄河中游气候环境的变化与社会变迁》，《史学月刊》2002 年第 1 期。

　　宋豫秦等：《周原现代地貌考察和历史景观复原》，《中国历史地理论丛》2002 年第 1 辑。

　　裴树文：《泥河湾盆地大长梁旧石器地点》，《人类学学报》2002 年第 2 期。

　　王利华：《中古华北的鹿类动物与生态环境》，《中国社会科学》2002 年第 3 期。

　　郭旭东：《殷商时期的自然灾害及其相关问题》，《史学集刊》2002 年第 4 期。

　　钱耀鹏：《史前聚落的自然环境因素分析》，《西北大学学报（自然科学版）》2002 年第 4 期。

　　赵哈林、赵学勇、张铜会、周瑞莲：《北方农牧交错带的地理界定及其生态问题》，《地球科学进展》2002 年第 5 期。

马新：《历史气候与两汉农业的发展》，《文史哲》2002 年第 5 期。

白云翔：《中国的早期铜器与青铜器的起源》，《东南文化》2002 年第 7 期。

宋豫秦、郑光、韩玉玲、吴玉新：《河南堰师市二里头遗址的环境信息》，《考古》2002 年第 12 期。

左鹏：《汉唐时期的瘴与瘴意象》，《唐研究》第 8 卷，北京大学出版社，2002 年。

杨振红：《试论汉代人与自然的互动关系》，收入李根蟠等主编：《中国经济史上的天人关系》，中国农业出版社，2002 年。

曾雄生：《"却走马以粪"解》，《中国农史》2003 年第 1 期。

秦小光、刘东生等：《中国北方典型时段环境格局与植被演替区带及其对生态环境建设的启示》，《中国水土保持科学》2003 年第 2 期。

马新：《气候与汉代水利事业的发展》，《中国经济史研究》2003 年第 2 期。

蒋卫东：《自然环境变迁与良诸文化兴衰关系的思考》，《华夏考古》2003 年第 2 期。

黄春长等：《渭河流域先周——西周时代环境和水土资源退化及其社会影响》，《第四纪研究》2003 年第 4 期。

蔡保全、李强：《泥河湾早更新世早期人类遗物和环境》，《中国科学》（D 辑）2003 年第 5 期。

王翠霞：《雁意象探析》，《淮北煤炭师范学院学报》2003 年第 6 期。

王子今：《马王堆一号汉墓出土梅花鹿标本的生态史意义》，载北京大学中国考古学研究中心编：《古代文明》第 2 卷，文物出版社，2003 年。

王巍：《公元前 2000 年前后我国大范围文化变化原因探讨》，《考古》2004 年第 1 期。

游修龄：《〈夏小正〉的语译和评估——与郭文韬先生商榷》，《自然科学史研究》2004 年第 1 期。

方修琦等：《环境演变对中华文明影响研究的进展与展望》，《古地理学报》2004 年第 1 期。

殷光熹：《〈诗经〉中的田猎诗》，《楚雄师范学院学报》2004 年第 1 期。

庞小霞、胡洪琼：《商代城邑给排水设施初探》，《殷都学刊》2004 年第 1 期。

宋镇豪：《商代的疾患医疗与卫生保健》，《历史研究》2004 年第 2 期。

李维明：《二里头文化动物资源的利用》，《中原文物》2004 年第 2 期。

刘毓庆：《〈诗经〉地理生态背景之考察》，《南京师范大学学报》2004 年第 2 期。

何德章：《魏晋南北朝时期南北水路交通的拓展》，《武汉大学学报》2004 年第 2 期。

何德亮：《山东新石器时代农业试论》，《农业考古》2004 年第 3 期。

杨振红：《月令与秦汉政治再探讨——兼论月令源流》，《历史研究》2004 年第 3 期。

刘东生：《开展"人类世"环境研究，做新时代地学的开拓者——纪念黄汲清先生的地学创新精神》，《第四纪研究》2004 年第 4 期。

佳宏伟：《近十年来生态环境变迁史研究综述》，《史学月刊》2004 年第 6 期。

沈长云、李晶：《春秋官制与〈周礼〉比较研究——〈周礼〉成书年代再探讨》，《历史研究》2004 年第 6 期。

中国社会科学院考古研究所内蒙古第一工作队：《内蒙古赤峰市兴隆沟聚落遗址 2002—2003 年的发掘》，《考古》2004 年第 7 期。

山东大学东方考古研究中心等：《山东济南大辛庄商代居址与墓葬》，《考古》2004 年第 7 期。

孙机：《关于汉代漆器的几个问题》，《文物》2004 年第 12 期。

章典等：《气候变化与中国的战争、社会动乱和朝代变迁》，《科学通报》2004 年第 23 期。

陈业新：《近些年来关于儒家"天人合一"思想研究述评——以"人与自然"关系的认识为对象》，《上海交通大学学报》2005 年第 2 期。

杨晓燕、夏正楷、崔之久：《环境考古学发展回顾与展望》，《北京大学学报（自然科学版）》2005 年第 2 期。

李春华：《北方地区史前旱作农业的发现与研究》，《农业考古》2005 年第 3 期。

郑建明：《西方农业起源研究理论综述》，《农业考古》2005 年第 3 期。

朱彦民：《关于商代中原地区野生动物诸问题的考察》，《殷都学刊》2005

年第 3 期。

黄润、朱诚、郑朝贵：《安徽淮河流域全新世环境演变对新石器遗址分布的影响》，《地理学报》2005 年第 5 期。

陈杰：《良渚文明兴衰的生态史观》，《东南文化》2005 年第 5 期。

吴文祥、葛全胜：《夏朝前夕洪水发生的可能性及大禹治水真相》，《第四纪研究》2005 年第 6 期。

刘增城：《论雁意象的历史积淀性及审美差异性》，《安徽理工大学学报》2006 年第 1 期。

朱彦民：《从考古发现看商族发展过程中的经济转型》，《殷都学刊》2006 年第 2 期。

王子今：《汉晋时代的"瘴气之害"》，《中国历史地理论丛》2006 年第 3 辑。

于德源：《浅议北京东胡林遗址的新发现》，《农业考古》2006 年第 4 期。

叶舒宪：《经典的误读与知识考古——以〈诗经·鸤鸠〉为例》，《陕西师范大学学报》2006 年第 4 期。

李潮流等：《全球新仙女木事件的恢复及其触发机制研究进展》，《冰川冻土》2006 年第 4 期。

叶玮、李凤全、沈叶琴、朱丽东、王天阳、杨立辉：《良渚文化期自然环境变化与人类文明发展的耦合》，《浙江师范大学学报（自然科学版）》2006 年第 4 期。

朱彦民：《商代晚期中原地区生态环境的变迁》，《南开大学学报》2006 年第 5 期。

杜水生：《中西方农业起源研究思想比较》，《晋阳学刊》2006 年第 6 期。

王学荣、谷飞：《偃师商城宫城布局与变迁研究》，《中国历史文物》2006 年第 6 期。

王利华：《生态环境史的学术界域与学科定位》，《学术月刊》2006 年第 9 期。

王文涛：《汉代的疫病及其流行特点》，《史学月刊》2006 年第 11 期。

杜金鹏：《试论商代早期王宫池苑考古发现》，《考古》2006 年第 11 期。

辛德勇：《西汉时期陕西航运之地理研究》，《历史地理》第 21 辑，上海人民出版社，2006 年。

郑景云、田砚宇、张丕远：《过去 2000 年中国北方地区农牧交错带位置移动》，周昆叔、莫多闻等主编：《环境考古研究》（第三辑），北京大学出版社，2006 年。

周昆叔：《十五年来的中国环境考古》，周昆叔、莫多闻等主编：《环境考古研究》（第三辑），北京大学出版社，2006 年。

胡松梅：《黄河中游地区前仰韶文化遗址分布的规律与古环境变迁的关系》，周昆叔、莫多闻等主编：《环境考古研究》（第三辑），北京大学出版社，2006 年。

王守功、李芳：《后李文化时期环境与社会生活初探》，周昆叔、莫多闻等主编：《环境考古研究》（第三辑），北京大学出版社，2006 年。

何德亮：《山东新石器时代的自然环境》，周昆叔、莫多闻等主编：《环境考古研究》（第三辑），北京大学出版社，2006 年

王青：《鲁北地区的先秦遗址分布与中全新世海岸变迁》，周昆叔、莫多闻等主编：《环境考古研究》（第三辑），北京大学出版社，2006 年。

侯毅：《从东胡林遗址发现看京晋冀地区农业文明的起源》，《首都师范大学学报》2007 年第 1 期。

张之恒：《中国新石器时代遗址的分布规律》，《四川文物》2007 年第 1 期。

陈业新：《战国秦汉时期长江中游地区气候状况研究》，《中国历史地理论丛》2007 年第 1 辑。

贾文忠：《与猪有关的几件文物》，《中国文物报》2007 年 2 月 14 日 5 版。

黄英伟、张法瑞：《考古资料所见中国新石器时期家猪的分布》，《古今农业》2007 年第 4 期。

魏继印：《殷商时期中原地区气候变迁探索》，《考古与文物》2007 年第 6 期。

浙江省文物考古研究所、浦江博物馆：《浙江浦江县上山遗址发掘简报》，《考古》2007 年第 9 期。

蔡保全、李强、郑绍华：《泥河湾盆地马圈沟遗址化石哺乳动物及年代讨论》，《人类学学报》2008 年第 2 期。

王晖：《大禹治水方法新探——兼议共工、鲧治水之域与战国之前不修堤防论》，《陕西师范大学学报》2008 年第 2 期。

王利华：《端午风俗中的人与环境——基于社会生态史的新考察》，《南开大学学报》2008 年第 2 期。

李龙：《中原史前聚落分布与特征演化》，《中原文物》2008 年第 3 期。

史威等：《太湖地区多剖面地层学分析与良渚期环境事件》，《地理研究》2008 年第 5 期。

王利华：《"三才"理论：中国古代社会建设的思想纲领》，《天津社会科学》2008 年第 6 期。

杨杰：《二里头遗址出土动物遗骸研究》，收入《中国早期青铜文化——二里头文化专题研究》，科学出版社，2008 年。

朱彦民：《商代中原地区的水文条件与降雨情况》，2008 年 7 月南开大学主办"社会——生态史研究圆桌会议"论文。

汪受宽：《豳国地望考》，《中华文史论丛》第 90 辑（2008 年）。

杨煜达、王美苏、满志敏：《近三十年来中国历史气候研究方法的进展——以文献资料为中心》，《中国历史地理论丛》2009 年第 2 辑。

刘禹等：《青藏高原中东部过去 2 485 年以来温度变化的树轮记录》，《中国科学》（D 辑）：《地球科学》2009 年第 2 期。

武仙竹等：《中国三峡地区人类化石的发现与研究》，《考古》2009 年第 3 期。

傅道彬：《〈月令〉模式的时间意义与思想意义》，《北方论丛》2009 年第 3 期。

吴伟、李兆友、姜茂发：《我国古代冶铁燃料问题浅析》，《第七届中国钢铁年会论文集（补集）》（2009 年）。

章启群：《〈月令〉思想纵议——兼议中国古代天文学向占星学的转折》，赵敦华主编：《哲学门》，北京大学出版社，2009 年。

张飞龙：《中国生漆文明的起源》，《中国生漆》2010 年第 2 期。

吴文祥：《"限制理论"与中国古代文明诞生》，《华夏考古》2010 年第 2 期。

张修龙、吴文祥、周扬：《西方农业起源理论评述》，《中原文物》2010 年第 2 期。

武仙竹、肖琳：《三峡地区旧石器时代人工用火遗迹的重要发现》，《重庆师范大学学报》2010 年第 3 期。

龚胜生、刘杨、张涛：《先秦两汉时期疫灾地理研究》，《中国历史地理论丛》2010 年第 3 辑。

王利华：《"生态认知系统"的概念及其环境史学意义——兼议中国环境史上的生态认知方式》，《鄱阳湖学刊》2010 年第 5 期。

侯旭东：《渔采狩猎与秦汉北方民众生计——兼论以农立国传统的形成与农民的普遍化》，《历史研究》2010 年第 5 期。

陈峰：《唯物史观与二十世纪中国古代铁器研究》，《历史研究》2010 年第 6 期。

张志强等编译：《新的地质时期——人类世》，《地球科学进展》2010 年第 9 期。

贺娜、张飞龙、张瑞琴：《漆树资源、环境与人类文化》，《中国生漆》2011 年第 2 期。

贺娜、张飞龙、张瑞琴：《漆树资源、环境与人类文化——漆树与科学技术》，《中国生漆》2011 年第 3 期。

贺娜、张飞龙、张瑞琴：《漆树资源、环境与人类文化——漆树与经济社会、人类健康》，《中国生漆》2011 年第 4 期。

［美］唐纳德·沃斯特著，侯文蕙译：《环境史研究的三个层面》，《世界历史》2011 年第 4 期。

赵春燕：《二里头遗址出土动物来源初探——根据牙釉质的锶同位素比值分析》，《考古》2011 年第 7 期。

童永生、惠富平：《内蒙古岩画中的动物群落结构及其生态环境的研究——以阴山和乌兰察布两地岩画对比研究为例》，《干旱区资源与环境》2011 年第 11 期。

辛德勇：《由元光河决与所谓王景治河重论东汉以后黄河长期安流的原因》，《文史》2012 年第 1 期。

谢高地等：《保持县域边界完整性的中国生态区划方案》，《自然资源学报》2012 年第 1 期。

李欣：《秦汉社会的木炭生产和消费》，《史学月刊》2012 年第 5 期。

陈建立等：《甘肃临潭磨沟寺洼文化墓葬出土铁器与中国冶铁技术起源》，《文物》2012 年第 8 期。

许宏：《公元前 2000 年：中原大变局的考古学观察》，载山东大学东方考古研究中心，山东大学文化遗产研究院编年刊《东方考古》第 9 集（2012 年）。

赵志军：《中国古代农业的形成过程——浮选出土植物遗存证据》，《第四纪研究》2014 年第 1 期。

刘炳涛、满志敏：《中国历史气候研究述评》，《史学理论研究》2014 年第 1 期。

王利华：《〈月令〉中的自然节律与社会节奏》，《中国社会科学》2014 年第 2 期。

张飞龙、赵晔：《中国史前漆器文化源与流——中国史前生漆文化研究》，《中国生漆》2014 年第 2 期。

向金辉：《中国磨制石器起源的南北差异》，《南方文物》2014 年第 2 期。

洪石：《战国秦汉漆器研究》，博士学位论文，中国社会科学院研究生院，2002 年。

杨杰：《河南偃师二里头遗址的动物考古学研究》，硕士学位论文，中国社会科学院研究生院，2006 年。

三、相关英文论著

V. G. Childe，Man Makes Himself，London：Watts，1936.

Karl August Wittfogel，Meteorological Records from the Divination Inscriptions of Shang，Geographical Review，Vol.30，No.1（Jan.，1940）.

John E. Chappell，Jr.，Society Climatic Change Reconsidered：Another Look at "The Pulse of Asia"，Geographical Review，Vol. 60，No. 3（Jul.，1970）.

Reed，C. A. ed. The Origins of Agriculture，Mouton，The Hague，1977.

Bar-Yosef O and Kislev M，Early Farming Communities in the Jordan Valley，In Harris D and Hillman G，eds. Foraging and Farming：The Evolution of Plant Exploitation，Unwin Hyman，London，1989.

Bar-Yosef O and Belfer-Cohen A，The Origins of Sedentism and Farming Communities in the Levant，Journal of World Prehistory，1989a 3.

McCorriston J，Hole E，The Ecology of Seasonal Stress and the Origins of

Agriculture in the Near East，American Anthropologist，1991，93.

Wright H E，Environmental Determinism in Near Eastern Prehistory，Current Anthropology，1993，34（4）.

Bar-Yosef O and Meadow R. H. The Origins of Agriculture in the Near East，In Price T D，and Gebauer A B eds，Last Hunters-First Farmers：New Perspectives on the Prehistoric Transition to Agriculture，School of American Research Press，Santa Fe，1995.

Blumler M A，Ecology，Evolutionary Theory and Agricultural Origins，In Harris，D.R. ed.，The Origins and Spread of Agriculture and Pastoralism in Eurasia，Smithsonian Institution Press，Washington，D C，1996.

Crutzen P J ，Stoermer E F. The Anthropocene，IGBP Newsletter，2000（41）.

Savolainen，P. et al. Genetic Evidence for an East Asian Origin of Domestic Dogs. Science，2002（298）.

Leonard，J.A. et al. Ancient DNA Evidence for Old World Origin of New World Dogs，Science，2002（298）.

Hare，B. et al. The Domestication of Social Cognition in Dogs. Science，2002（298）.

Yuan Jing and Rowan Flad，Pig Domestication in Ancient China，Antiquity，2002，76（293）.

Mark Elvin，The Retreat of the Elephants，An Environmental History of China，Yale University Press，New Haven and Landon，2004.